Prinzipien der Pflanzenphysiologie

Ulrich Kutschera

Prinzipien der Pflanzenphysiologie

2. Auflage

Spektrum Akademischer Verlag   Heidelberg · Berlin

Anschrift des Verfassers:
Prof. Dr. U. Kutschera
Fachbereich Biologie
Universität Kassel
Heinrich-Plett-Str. 40
D-34109 Kassel
E-mail: kut@hrz.uni-kassel.de

Die Deutsche Bibliothek – CIP-Einheitsaufnahme

Kutschera, Ulrich:
Prinzipien der Pflanzenphysiologie / U. Kutschera. – 2. Aufl. – Heidelberg ; Berlin : Spektrum,
Akad. Verl., 2002
   ISBN 3-8274-1121-1

Lektorat: Ulrich G. Moltmann, Martina Mechler
Produktion: Katrin Frohberg
Umschlaggestaltung: Kurt Bitsch, Birkenau
Gesamtherstellung: Konrad Triltsch, Print und Digitale Medien GmbH, Ochsenfurt-Hohestadt
Titelfoto: A. Kutschera

Vorwort

Im Frühjahr 2001 publizierte die amerikanische Botanikervereinigung (*The Botanical Society of America*) einen bemerkenswerten Aufsatz, in dem das Phänomen der „Pflanzenblindheit" (*plant blindness*) vorgestellt wurde. Führende Wissenschaftler (Pflanzen-Systematiker, -Physiologen und -Paläontologen) hatten seit Jahren beklagt, dass die Studierenden der Biologie sowie naturwissenschaftlich interessierte Laien wenig Interesse an den grünen, fest gewachsenen Organismen zeigen, während den frei beweglichen Tieren große Aufmerksamkeit geschenkt wird. Eine Analyse dieses Phänomens führte zum Resultat, dass bereits im Kindesalter eine erziehungsbedingte Prägung in Richtung Zoologie erfolgt: Die Pflanzen werden üblicherweise als „minderwertige", zwischen der unbelebten Umgebung und der Tierwelt stehende Organismen eingestuft. Aus dieser Fehleinschätzung resultiert zum Teil das spätere Desinteresse an den Pflanzen. Zur Bekämpfung der *plant blindness* (d. h. das Nichtbeachten bzw. Ignorieren der Pflanzenwelt) sind in den USA entsprechende Bildungsprogramme eingeleitet worden. Ob diese Erziehungsmaßnahmen zu einer „Aufwertung" der Pflanzenbiologie führen werden, ist derzeit noch offen.

Obwohl diese Fakten nicht direkt auf die an deutschen Universitäten zu beobachtenden Verhältnisse übertragen werden können, ist auch in unserem Land eine tendenzielle „Pflanzenblindheit" feststellbar. Während der Systematiker und Morphologe auf Grund der ästhetischen Qualitäten der Gewächse problemlos das Interesse der Studierenden wecken kann, setzt der Physiologe mit seiner „Lehre von den Lebensvorgängen" das abstrakte, formale Denkvermögen der Hörer voraus. Die Experimentalphysiologie basiert zum einen auf der Physik und Chemie und ist andererseits eng mit den Nachbargebieten Biochemie, Zell- und Molekularbiologie vernetzt. Die moderne Physiologie ist somit eine quantitative, fachübergreifende Disziplin.

Das vorliegende Lehrbuch basiert auf Vorlesungen, die ich in Bonn und Kassel abgehalten habe und 1995 unter dem Titel *Kurzes Lehrbuch der Pflanzenphysiologie* bei Quelle & Meyer (Wiesbaden) publiziert wurden. Bei der Überarbeitung des Textes zur zweiten Auflage wurde der Umfang der meisten Kapitel zum Teil beträchtlich erweitert, wobei einige mir heute unwichtig erscheinende Passagen gestrichen werden konnten. Da der Umfang des Buches sowie die Zahl der Abbildungen deutlich zugenommen haben, wurde ein neuer Titel gewählt, der dem Inhalt eher gerecht wird als jener der Erstauflage. Aus dem *Kurzen Lehrbuch* entstand ein kompaktes Kompendium zur Physiologie der Nutzpflanzen, wobei manche Sachverhalte der Übersicht wegen nur „im Prinzip" dargestellt werden konnten. Grundsätzlich wurde angestrebt, den klassischen Lehrstoff der Pflanzenphysiologie, auf aktuellem Stand referiert, in übersichtlicher, eingängiger Form zu vermitteln.

Obwohl die Molekularbiologie heute im Zentrum des Interesses steht, sollte hervorgehoben werden, dass der manchmal als „altmodisch" angesehenen Pflanzenphysiologie im Kanon der biologischen Pflichtfächer noch immer eine Sonderstellung zukommt. Diese zentrale biologische Grundlagenwissenschaft ist von großer praktischer Bedeutung für die Agrarwissenschaften (Nutzpflanzenanbau). Man kann diesen Sachverhalt in dem folgenden Satz zusammenfassen: Die moderne Pflanzenphysiologie hat für die Sicherung der Ernährung der Menschheit den selben Stellenwert wie die Humanphysiologie für die naturwissenschaftlich ausgerichtete Medizin. Jeder Studierende der Biologie sollte daher ein solides Grundlagenwissen zur Pflanzenphysiologie erwerben, da die Frage, wie jene Organismen funktionieren, denen wir unsere Existenz verdanken, jeden denkenden Menschen interessieren sollte. In Anbetracht der drängenden Probleme, vor denen die gesamte Menschheit derzeit steht (globale

Bevölkerungszunahme bei begrenzten Agrarflächen) ist eine „Aufwertung" bzw. „Popularisierung" der Pflanzenwissenschaften auch in Deutschland dringend erforderlich.

Bezüglich der Darstellung der Lehrstoffes galten die folgenden Prinzipien. Ausgehend von den klassischen Beobachtungen und Experimenten der Pioniere der Pflanzenphysiologie wurden alle wesentlichen Teilgebiete dieser Wissenschaft abgehandelt, wobei ich eine möglichst anschauliche Form der Darstellung angestrebt habe. Angewandte Aspekte, wie z.B. nachwachsende Rohstoffe, moderne Methoden zur Unkrautbekämpfung oder die Phytoremediation, wurden angemessen berücksichtigt. Das Buch sollte daher auch für Nebenfach-Biologen (z.B. Agrar- und Forstwissenschaftler; Lehrende an Gymnasien) von Nutzen sein. Die Resultate des Arabidopsis Genom Projekts (Sequenzierung des gesamten Genoms der Modellpflanze *Arabidopsis thaliana*, veröffentlicht im Dezember 2000) wurden aufgenommen und diskutiert. Es ist jedoch ein weit verbreiteter Irrglaube, man könnte nach und nach die gesamte Pflanzenphysiologie auf dieses kleine „Ackerunkraut" reduzieren. Zum einen baut der heute aktuelle Kenntnisstand auf den an Nutzpflanzen erarbeiteten Resultaten unserer wissenschaftlichen

Vorgänger auf; zum anderen sind zahlreiche physiologische Prozesse (z.B. Keimung, Wassertransport, Blattbewegungen) aus rein praktisch-methodischen Gründen an größeren Objekten (z.B. Gartenerbse, Mais, Bohne) besser analysierbar.

Evolutionsbiologische Aspekte wurden verstärkt berücksichtigt, da die Frage nach der Funktion der heute lebenden Organismen (Physiologie) und die Rekonstruktion der Stammesgeschichte der Lebewesen unserer Biosphäre (Evolutionsforschung) zu den großen, übergeordneten Problemen der modernen Biowissenschaften zählen.

Bei der Neubearbeitung des *Kurzen Lehrbuchs* wurde ein Großteil der Abbildungen ergänzt, verbessert oder ausgetauscht, wobei in der Regel auf Grafiken der aktuellen Fachliteratur zurückgegriffen wurde. Die Quellenangaben sind in den Legenden angeführt.

Mein Dank gilt Frau O. Brand (Schreibarbeit) sowie Herrn Dr. U.G. Moltmann, der durch konstruktive Zusammenarbeit entscheidend dazu beigetragen hat, dass die Neuauflage dieses Lehrbuchs nach Ausverkauf der Vorläuferversion bald im Druck erscheinen konnte.

Kassel, im November 2001   U. Kutschera

Inhaltsverzeichnis

1 Einleitung:
Kurze Geschichte der Pflanzenphysiologie

Um ein wirkliches Verständnis für die verschiedenen Teilgebiete der Biologie zu erlangen, ist es notwendig, zumindest in Grundzügen die historische Entwicklung des jeweiligen Faches kennen zu lernen. Dies gilt insbesondere für die Pflanzenphysiologie: Dieser Zweig der Naturwissenschaften hat sich erst gegen Ende des 19. Jahrhunderts vom allen Fortschritt lähmenden Einfluss der spekulativen Naturphilosophie befreien können, während dies in der Tierphysiologie schon wesentlich früher der Fall war. Wer waren die Männer, denen die Grundlagen unserer Wissenschaft zu verdanken sind? Wie hat sich die Definition des Begriffs **Pflanzenphysiologie** im Verlauf der letzten 150 Jahre geändert? Welche Bedeutung hat die Pflanzenphysiologie heute, d.h. im „Zeitalter der Molekularbiologie"? Diese Fragen sollen im nachfolgenden kurzen historischen Abriss beantwortet werden.

Obwohl in der letzten Hälfte des 17. Jahrhunderts die Funktionen der wichtigsten Organe des menschlichen und tierischen Körpers zumindest in Grundzügen aufgeklärt waren, lagen kaum entsprechende, Erkenntnisse über die Pflanzen vor. Was bekannt war, resultierte aus der praktischen Beschäftigung mit den Nutz- und Zierpflanzen der damaligen Zeit (Landwirtschaft, Gartenbau). Während die physiologischen Funktionen der Organe des Tierkörpers leicht durch Beobachtung der Bewegungen ermittelt werden konnten, war dies bei der festgewachsenen Pflanze nicht möglich. Es war notwendig, entsprechende **Experimente** unter definierten Bedingungen durchzuführen, um z.B. die Rolle der Blätter bei der Ernährung der Pflanze zu entschlüsseln. Die Kunst des Experimentierens und der Ableitung entsprechender Hypothesen war jedoch damals noch völlig unterentwickelt. Im Folgenden wird die Geschichte der Pflanzenphysiologie der Übersicht wegen in drei Perioden unterteilt.

1.1 Die Vorläufer der modernen Physiologen

Die ersten Anfänge einer wissenschaftlichen Analyse physiologischer Prozesse bei Pflanzen können zu Beginn des 18. Jahrhunderts erkannt werden. Ein Höhepunkt dieser frühen Periode bildet das umfangreiche, der Ernährung und Wasserbewegung gewidmete Werk des englischen Pfarrers Stephen Hales (1677–1761). Sein 1727 erschienenes Buch *Vegetable Staticks* enthält zahlreiche Experimente zum **Wasserhaushalt** der Pflanze, die noch heute in modifizierter Form für Demonstrationszwecke eingesetzt werden (Wasseraufnahme durch die Wurzel; Transpiration der Blätter; Nachweis des Wurzeldruckes) (Abb. 1-1). Weiterhin erkannte Hales, dass die Luft Bestandteile enthält, die der Ernährung der Pflanze dienen: Die Blätter sind somit zur Produktion der Pflanzensubstanz von entscheidender Bedeutung.

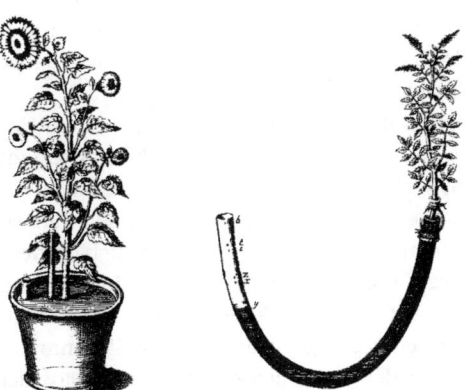

Abb. 1-1: *Experimente zur Analyse der Transpiration und Wasserleitung bei höheren Pflanzen: Intakte Sonnenblume im Topf; Spross einer Wasserminze auf gebogenem Glasrohr. (Nach Hales, S.: Vegetable Staticks. London, 1727).*

Erst gegen Ende des Jahrhunderts fanden die von Hales begonnenen Untersuchungen eine wirkliche Fortführung. Im Jahr 1779 entdeckte Joseph Priestley (1733–1804), dass grüne Pflanzen „Lebensluft" (= Sauerstoff) abgeben. Diese Beobachtung wurde durch die ausführlichen Experimente des Arztes Jan Ingen-Housz (1730–1799) beträchtlich erweitert. Nachdem Antoine Lavoisier (1743–1794) im Jahr 1777 die **Atmung** der Tiere als einen mit Wärmebildung einhergehenden Oxidationsprozess erkannt hatte, entdeckte Ingen-Housz kurz darauf, dass die Pflanzen in Dunkelheit ständig Kohlensäure abgeben (d. h. atmen). Erst nach Belichtung grüner Organe (z. B. Laubblätter) beobachtete er eine Sauerstoffabgabe. Außerdem erkannte Ingen-Housz, dass das Kohlendioxid in der Luft die wichtigste Kohlenstoffquelle der Pflanze darstellt. Zu ähnlichen Resultaten kam der Pastor Jean Senebier (1742–1809), der ausführliche Untersuchungen zur Wirkung des Lichts auf die Vegetation durchführte und im Jahr 1800 eine fünfbändige *Physiologie Vegetale* publizierte. Nur vier Jahre später erschien ein umfassendes Werk von Theodore De Saussure (1767–1845) zur Atmung und „Kohlensäurezersetzung" der Pflanzen. Dieser erkannte, dass ohne Atmung (Sauerstoffaufnahme) kein Wachstum stattfinden kann; weiterhin beobachtete er, dass die „Zersetzung der Kohlensäure" erst nach Belichtung der Blätter eintritt (**Photosynthese**). Nicht minder bedeutsam war seine Entdeckung, dass ohne Aufnahme von Stickstoffverbindungen und Salzen eine normale Entwicklung der Pflanze ausbleibt.

Von ähnlich großer Tragweite waren die Untersuchungen des Gutsbesitzers Thomas Knight (1759–1838) zur Wirkung der **Schwerkraft** auf die Vegetation. Er befestigte keimende Pflanzen auf einem horizontal angeordneten, sich drehenden Rad. Die Keimwurzeln wuchsen in Richtung der Zentrifugalkraft, während sich die Keimstängel in entgegengesetzter Richtung krümmten. Dies war der experimentelle Nachweis, dass der vertikale Wuchs der Stämme und Hauptwurzeln der Pflanzen durch die Wirkung der Schwerkraft hervorgebracht wird (**Gravitropismus**).

1.2 Lebenskraft und Naturphilosophie

Die erste Periode bedeutsamer Entdeckungen wurde durch das Aufkommen der spekulativen Naturphilosophie, die den Glauben an das Wirken einer **Lebenskraft** in der Pflanze mit sich brachte, abrupt beendet. So schrieb z. B. der Philosoph Friedrich Schelling (1775–1854) in seinem einflussreichen Buch *Von der Weltseele* (1798) über die Physiologie der Pflanzen das Folgende: „Die Vegetation ist der negative Lebensprozess. Die Pflanze selbst hat kein Leben, sie entsteht nur durch Entwicklung des Lebensprinzips, und hat nur den Schein des Lebens im Moment dieses negativen Prozesses. Das Tier hat Leben in sich selbst, denn es erzeugt selbst unaufhörlich das belebende Prinzip, das der Pflanze durch fremden Einfluss entzogen wird". Ähnliche Spekulationen wurden auch von Friedrich Hegel (1770–1831) verbreitet. In seiner 1817 erschienenen *Enzyklopädie der philosophischen Wissenschaften* steht: „Die Physiologie der Pflanze erscheint notwendig als dunkler als die des tierischen Körpers, weil sie einfacher ist, die Assimilation wenige Vermittlungen durchgeht und die Veränderung als unmittelbare Infektion geschieht". Die Annahme einer Lebenskraft im Organismus war damals weit verbreitet. Ein eiserner Verfechter dieser Hypothese war der Philosoph Arthur Schopenhauer (1788–1860). In seinen *Parerga und Paralipomena* (1850) wird dieses Thema unter der Überschrift *Zur Philosophie und Wissenschaft der Natur* wie folgt abgehandelt: „Das heut zu Tage Mode werdende Polemisieren gegen die Lebenskraft verdient, trotz seiner vornehmen Mienen, nicht sowohl falsch, als geradezu dumm genannt zu werden. Denn wer die Lebenskraft leugnet, leugnet im Grunde sein eigenes Dasein, kann sich also rühmen, den höchsten Gipfel der Absurdität erreicht zu haben. Allerdings wirken im Organismus physikalische und chemische Kräfte: aber was diese zusammenhält und lenkt, das ist die Lebenskraft. Die Lebenskraft ist identisch mit dem Willen".

Die Annahme des Wirkens metaphysischer Kräfte in der Pflanze fand sofort Eingang in die Lehr- und Handbücher der Pflanzenphysiologie der damaligen Zeit (Tab. 1-1). Das im Jahr 1833 erschienene, mehr als 1500 Seiten umfassende Werk

Tabelle 1-1: Lehrbücher der Pflanzenphysiologie im 19. Jahrhundert.

A. P. De Candolle (1833): Pflanzen-Physiologie, oder Darstellung der Lebenskräfte und Lebensverrichtungen der Gewächse
L. C. Treviranus (1835): Physiologie der Gewächse
F. J. F. Meyen (1839): Neues System der Pflanzen-Physiologie
F. Unger (1855): Anatomie und Physiologie der Pflanzen
H. Schacht (1859): Lehrbuch der Anatomie und Physiologie der Gewächse
J. Sachs (1865): Handbuch der Experimental-Physiologie der Pflanzen
J. Sachs (1887): Vorlesungen über Pflanzen-Physiologie
W. Pfeffer (1897/1904) Pflanzenphysiologie. Ein Handbuch der Lehre vom Stoffwechsel und Kraftwechsel in der Pflanze

Pflanzen-Physiologie von Augustin Pyramus De Candolle (1778–1841) ist vom Gedankengut der Naturphilosophen durchdrungen. Der Autor unterschied zwischen vier Kräften (Anziehungskraft, Wahlverwandtschaft, Lebenskraft, Seelenkraft) und lehrte: „Die Anziehungskraft nämlich veranlasst die mit dem Gesamtausdrucke physische bezeichneten Erscheinungen; die Wahlverwandtschaft umfasst alle chemischen Tatsachen; die Lebenskraft ist der Urquell aller physiologischen Phänomene, und die Seelenkraft endlich, zu welcher ich den Instinkt und den Verstand bringe, ist die Ursache der mannigfaltigen Erscheinungen, deren eigentliches Wesen die Psychologie zu enthüllen sucht. Die Lebenskraft ist diejenige Kraft, welche, allen organischen Körpern gemein, ihnen aber nur während ihres Lebens einwohnend, Erscheinungen veranlasst, welche man einerseits weder als Wirkungen der Anziehungskraft, noch der chemischen Verwandtschaft betrachten kann, und welche andererseits nicht als Eigenthum der intellectuellen Kraft können angesehen werden". In dem zwei Jahre später erschienenen Lehrbuch von Ludolph Christian Treviranus (1779–1864) wurde der Begriff „Lebenskraft" durch das Synonym „Lebensmaterie" ersetzt. Er definiert diese als „jenes halbflüssige Wesen, welches man durch Kochen, sowie durch Fäulnis, d.h. durch freiwillige Decomposition aus allen belebt gewesenen Körpern erhält". Im Jahr 1839 erschien das etwa 1600 Seiten umfassende *Neue System der Pflanzen-Physiologie* von Franz Meyen (1804–1840). Der Autor führte die Begriffe „Wille, Psychisches Prinzip und Pflanzenseele" ein und führte insbesondere die **Bewegungsvorgänge** niederer Pflanzen auf das Wirken dieser metaphysischen Kräfte zurück: „Die Erscheinungen des Schlafes der Pflanzen, sowie das Öffnen und Schließen der Blüthen hängen nur mittelbar von dem Einflusse des Lichtes ab und

sind also Bewegungen, welche aus inneren Ursachen und zweckmäßig erscheinen, was doch nur erfolgen kann, wenn wir den Pflanzen etwas psychisches Prinzip zuerkennen. Wenn wir die freien Bewegungen der niederen Pflanzen betrachten, so bleibt wohl nichts übrig, als diesen Geschöpfen eine Art von Willen zuzuerkennen, welcher die Äußerung eines psychischen Prinzips ist. Man denke sich das geistig belebende Prinzip einer Sinnpflanze (Mimose), einer Oscillatorie usw., so wird man die Annahme einer Pflanzenseele nicht mehr lächerlich finden dürfen". Auch die beiden in den 1850er Jahren erschienenen Lehrbücher von Franz Unger (1800–1870) und Hermann Schacht (1814–1864) brachten in Bezug auf eine kausale Erklärung physiologischer Prozesse keinen Fortschritt. So steht etwa bei Unger (1855): „Unter Lebenskraft der Pflanze im physikalischen Sinne verstehen wir somit jenen Komplex der uns bisher noch unbekannten, aus den Modifikationen der Molekülkräfte hervorgehenden Ursachen, welche die Entstehung, Erhaltung und Fortpflanzung derselben als Einzelwesen bedingen". Ähnliches findet man bei Schacht (1859): „Die Vegetationskraft bedingt sowohl die Art des Entstehens als auch des Wachstums und der Ausbildung der Zellen". Der Autor kommt zur Schlussfolgerung: „Durch Chemie allein den ganzen Lebensprozess der Pflanzenzelle erklären zu wollen, würde zur Zeit nur lächerlich erscheinen".

Die genannten Lehrbücher (Tab. 1-1) enthalten selbstverständlich eine Fülle interessanter Beobachtungen und qualitativer Experimente. Eine konsequente Rückführung der beschriebenen physiologischen Prozesse auf physikalisch-chemische Vorgänge war allerdings durch den Glauben an das Wirken einer Lebenskraft in der Pflanze ausgeschlossen. Es sollte an dieser Stelle hervorgehoben werden, dass einer der Begründer der Zellenlehre, Matthias Jacob Schleiden (1804–1881), im Jahr 1848 die Lehre von der Lebenskraft in schärfster Form verurteilte. In seinen *Grundzügen der wissenschaftlichen Botanik* steht: „Nur Unwissenheit und Geistesträgheit sind bei dem jetzigen Stande unserer Naturwissenschaften die Verteidiger einer Lebenskraft, die Alles machen, Alles erklären soll, und von der Keiner angeben kann, wo sie steckt, wie sie wirkt, an welche Gesetze sie gebunden ist. Der Wilde, der eine Locomotive ein lebendes Tier nennt, ist nicht unwissender als der Naturforscher, der von Lebenskraft im Organismus spricht". Diese Bemerkung hatte jedoch auf die Entwicklung der Pflanzenphysiologie keine Auswirkung.

1.3 Die Begründung der Experimentalphysiologie durch J. Sachs und W. Pfeffer

Erst in der zweiten Hälfte des 19. Jahrhunderts konnte sich die Pflanzenphysiologie zu einer quantitativen naturwissenschaftlichen Disziplin weiterentwickeln. Dies ist dem Lebenswerk der beiden bedeutendsten Pflanzenphysiologen des 19. Jahrhunderts zu verdanken: Julius Sachs (1832–1897) und Wilhelm Pfeffer (1845–1920) (Abb.

1-2 A, B). Im Folgenden sollen die beiden Begründer der experimentellen Pflanzenphysiologie vorgestellt werden.

Julius Sachs wurde 1832 als siebtes Kind eines in ärmlichen Verhältnissen lebenden Kupferstechers in Breslau geboren. Als 1848 der Vater und kurz darauf die Mutter starb, übersiedelte der heranwachsende Vollwaise nach Prag, wo er vom Physiologen Jan Purkinje (1787–1869) als Zeichner und Privatassistent aufgenommen wurde. Nach dem Studium der Naturwissenschaften und Promotion habilitierte sich Sachs im Jahr 1857 in Prag für das damals noch nicht existierende Fach Pflanzenphysiologie. Er war somit der erste Dozent, den es jemals auf diesem Gebiet gegeben hat und muss schon deshalb als der „Begründer der neueren Pflanzenphysiologie" angesehen werden. Nach kurzen Aufenthalten in Tharandt und Chemnitz war Sachs von 1861–1867 als Dozent für Botanik und Naturgeschichte an der Landwirtschaftlichen Akademie in Bonn tätig. Dort verfasste er sein epochemachendes *Handbuch der Experimental-Physiologie der Pflanzen*. Im Gegensatz zu seinen Vorläufern (Tab. 1-1) finden sich in diesem Buch keine naturphilosophischen Spekulationen. Physiologische Prozesse werden konsequent und logisch auf physikalisch-chemische Gesetze zurückgeführt, wobei ein Fülle neuer Methoden und Hypothesen eingeführt werden. Das

Abb. 1-2: *Julius Sachs (1832–1897) (A) und Wilhelm Pfeffer (1845–1920) (B), die Begründer der modernen Pflanzenphysiologie.*

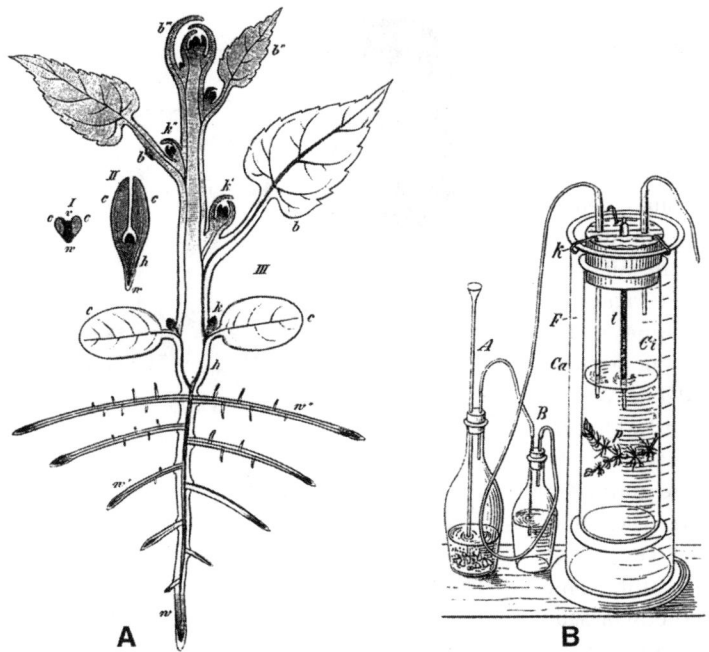

Abb. 1-3: *Schema einer zweikeimblättrigen Pflanze. I, II: embryonale Zustände, III: nach der Keimung (A). Blasenzählmethode zur Bestimmung der Photosyntheserate einer Wasserpflanze (B). (Nach Sachs, J.: Vorlesungen über Pflanzen-Physiologie. Leipzig, 1887).*

1865 erschienene *Handbuch* muss als das erste wissenschaftliche Lehrbuch der Pflanzenphysiologie angesehen werden.

Nach einem kurzen Aufenthalt als Professor für Botanik an der Universität Freiburg lehrte Sachs von 1868 bis zu seinem Tod (1897) an der Universität Würzburg. Dort verfasste er neben einer *Geschichte der Botanik* und einem mehrfach aufgelegten *Lehrbuch der Botanik* sein wohl bedeutendstes Werk, die *Vorlesungen über Pflanzen-Physiologie* (1887, 1. Aufl. 1882). Dieses vermutlich diktierte Buch beinhaltet praktisch das gesamte Wissen zur Physiologie der Pflanzen der damaligen Zeit. Neben der Physiologie wird auch die Anatomie der Pflanzen ausführlich besprochen. Das von Sachs entwickelte Schema einer höheren Pflanze (Abb. 1-3 A) ist noch heute in den meisten Lehrbüchern der Botanik abgebildet.

Die historische Bedeutung von Sachs für die Entwicklung der modernen Pflanzenphysiologie ist jedoch nicht nur auf die herausragende Qualität und Wirkung seiner Lehrbücher zurückzu-

führen. Dies wird deutlich, wenn man sich die Definition des Begriffs **Physiologie** in der Mitte des 19. Jahrhunderts (d.h. vor Erscheinen der Werke von Sachs) anschaut. Man verstand darunter die Lehre von den Lebensformen und Lebensvorgängen, einschließlich Entwicklungsgeschichte, Morphologie und vergleichende Anatomie. Diese sehr allgemeine Definition deckt sich weitgehend mit dem, was man heute unter **Biologie** versteht. Wie die Titel der älteren Lehrbücher andeuten (Tab. 1-1), war damals keine scharfe Trennung zwischen der Anatomie und Physiologie feststellbar: Die Vorgänger von Sachs waren Mikroskopierer, die sich primär mit der Struktur der Zellen, Gewebe und Organe beschäftigten. Sachs war der erste systematische Experimentator auf dem Gebiet der Botanik. Er entwickelte zahlreiche Apparate und Methoden zur quantitativen Analyse pflanzenphysiologischer Prozesse. Diese für die damalige Zeit völlig neue Arbeitsweise soll nun anhand von drei Beispielen erläutert werden.

Es war seit langem bekannt, dass Wasserpflanzen bei Belichtung sauerstoffreiche Luftblasen abgeben. Sachs nutzte dieses Phänomen zur quantitativen Bestimmung der Photosyntheserate aus. Er baute die in Abb. 1-3 B dargestellte Apparatur, welche aus einer der CO_2-Produktion dienenden Flasche A (Marmor in Schwefelsäure), einer Waschflasche B und den beiden Glaszylindern C bestand. Im inneren Zylinder Ci lag eine mit CO_2-haltiger Luft begaste Wasserpflanze (*Ceratophyllum demersum*). Der Zylinder Ci konnte in das größere Gefäß Ca eingesetzt werden. Zur Bestrahlung der Pflanze mit Licht verschiedener Wellenlängen wurde der Zwischenraum mit Farblösungen gefüllt. Als Maß für die Photosyntheserate zählte Sachs die pro Minute aus der Schnittfläche des Stängels aufsteigenden Luftblasen. Diese **Blasenzählmethode** lieferte wichtige Erkenntnisse zur Rolle des CO_2 und der Lichtquantität und -qualität in Bezug auf die photosynthetische Sauerstoffbildung. Noch heute wird dieses klassische Experiment (Abb. 1-3 B) für Demonstrationszwecke in Praktika reproduziert (**Photosynthese**).

Auch auf dem Gebiet der **Pflanzenernährung** leistete Sachs Grundlegendes. Die von ihm wieder entdeckte und verbesserte Technik der Hydrokultur führte zu der Erkenntnis, dass Luft und Wasser allein für die pflanzliche Entwicklung nicht ausreichend sind: Nur nach Zugabe gewisser Salze konnten ausgewachsene, reproduktionsfähige Pflanzen in Wasserkultur herangezogen werden. Weiterhin bestätigten diese Experimente die von Justus Liebig (1803–1873) formulierte **Mineralsalz-Theorie** der Pflanzenernährung. Die ältere, aus der spekulativen Naturphilosophie hervorgegangene „Humustheorie", die eine organische Ernährung der Pflanze postulierte, war hiermit endgültig widerlegt.

Von besonders weitreichender Bedeutung waren die von Sachs entwickelten Methoden zur Analyse des pflanzlichen Wachstums. Mit Hilfe der in Abb. 1-4 dargestellten Apparatur („das selbstregistrierende Auxanometer") war es erstmals möglich, die Längenzunahme einer intakten Pflanze kontinuierlich zu messen. Als Wegaufnehmer fungierten die aus Faden, Rolle und Zeiger bestehenden Elemente. Der Schreiber bestand aus einer durch ein Pendeluhrwerk angetriebenen Trommel, die mit berußtem Papier beklebt war. Das

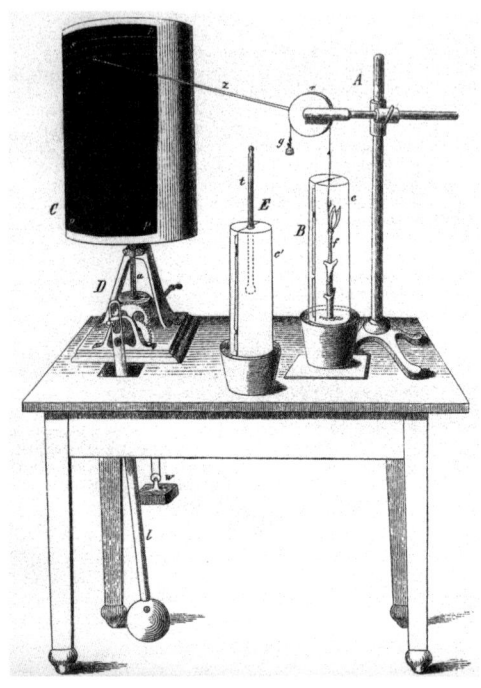

Abb. 1-4: *Apparatur zur kontinuierlichen Messung und Aufzeichnung des Wachstums einer Samenpflanze (Auxanometer). (Nach Sachs, J.: Vorlesungen über Pflanzen-Physiologie. Leipzig, 1887).*

Wachstum des Stängels konnte somit aufgezeichnet werden. Die von Sachs erhaltenen Wachstumskurven waren die ersten graphisch dargestellten Versuchsergebnisse in der Geschichte der Pflanzenphysiologie. Weiterhin war es möglich, die im Blumentopf wachsende Pflanze durch Überstülpen eines schwarzen Kartons zu verdunkeln. Sachs analysierte den Effekt von Licht auf das Wachstum bei konstanter Temperatur (s. Thermometer t) und konnte nachweisen, dass sichtbare Strahlung eine Verlangsamung des Längenwachstums bewirkt. Mit der von Sachs konstruierten Apparatur konnten grundlegende Erkenntnisse zum zeitlichen Verlauf und Mechanismus der pflanzlichen **Zellstreckung** erarbeitet werden.

Diese drei Beispiele sollen genügen, um die damals völlig neue Art und Weise der Forschung zu illustrieren: Die Pflanzenphysiologie hatte sich zu einer experimentellen Naturwissenschaft entwickelt.

Von ähnlich großer Wirkung waren die Forschungsarbeiten und Lehrbücher des etwas jün-

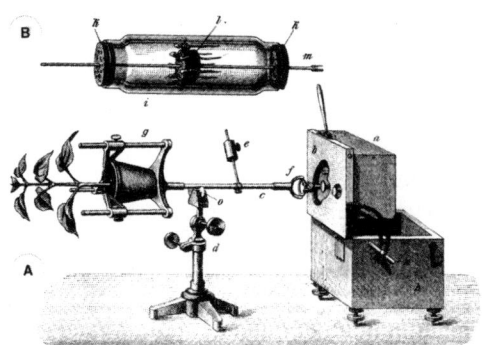

Abb. 1-5: *Apparatur zur Ausschaltung der einseitigen Wirkung der Schwerkraft auf eine ausgewachsene Pflanze (A) oder heranwachsende Keimlinge (B) (Klinostat). (Nach Pfeffer, W.: Pflanzenphysiologie Bd. II. Leipzig, 1904).*

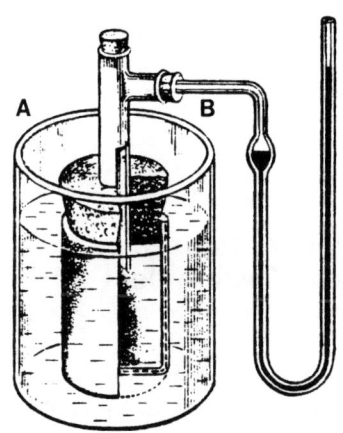

Abb. 1-6: *Osmometer-Zelle nach W. Pfeffer. Ein Tonzylinder, der mit einer selektiv permeablen Niederschlagsmembran versehen wurde (Ferrocyankupfer-Schicht, gestrichelte Linie) wird mit Zuckerlösung gefüllt und in reines Wasser gestellt (A). Nach Aufsetzen eines Quecksilbermanometers (B) kann der osmotische Druck der Zuckerlösung gemessen werden (Anstieg der Quecksilbersäule).*

geren **Wilhelm Pfeffer** (Abb. 1-2 B). Dieser wurde 1845 in Grebenstein bei Kassel als Sohn eines Apothekers geboren. Nach der Mittleren Reife verließ er das Gymnasium, um eine Lehre als Apotheker zu beginnen. Nach Abschluss der Apotheker-Gehilfen-Prüfung studierte Pfeffer in Göttingen Che-

mie und Physik und war später als Professor für Botanik in Bonn, Basel und Tübingen tätig. Von 1887 bis zu seinem Tod (1920) lehrte Pfeffer an der Universität Leipzig.

Ähnlich wie Sachs ging auch Pfeffer vom Grundsatz aus, dass alle Lebensvorgänge letztlich physikalisch erklärbar sind. Im ersten Band seiner *Pflanzenphysiologie* (1897, Bd. II, 1904) steht: „Will man aber unser Unvermögen, das Getriebe des Lebens zu durchschauen, als einen zureichenden Grund für die Forderung einer Lebenskraft zu Felde führen, so muss man auch dem Australneger die Berechtigung zugestehen, für die ihm gänzlich unverständliche Spieldose oder Uhr eine besondere unbegreifliche Kraft anzunehmen". Nach Pfeffer besteht die Aufgabe der Physiologie darin, die „Lebenserscheinungen zu studieren, sie auf Ursachen zurückzuführen und in ihrer Bedeutung für den Organismus kennen zu lernen". Er betrachtete physiologische Prozesse als „Ketten von Ursachen und Wirkungen" und kam zum Schluss, dass „ohne tatkräftige Unterstützung von Seite der Chemie und Physik ein erfolgreiches Vordringen in das wunderbare Getriebe des lebendigen Organismus gar nicht möglich ist".

Pfeffer war nicht nur ein äußerst scharfsinniger Denker, sondern auch ein begabter Experimentator. Er hat z. B. den von Sachs erfundenen Klinostaten (Apparatur zur Ausschaltung der einseitigen Wirkung der Schwerkraft durch Rotation der Pflanze) technisch verbessert (Abb. 1-5). Von besonderer Tragweite waren Pfeffers *Osmotische Untersuchungen*: Das von ihm erfundene Tonzylinder-**Osmometer** (Synonym: **Pfeffersche Zelle**) und die damit ermittelten osmotischen Drücke bildeten die Grundlage für das von J. H. van't Hoff (1852–1911) formulierte Gesetz über die Beziehung zwischen dem Druck und der Konzentration von Lösungen (Abb. 1-6).

Mit den von Sachs und Pfeffer eingeführten Methoden und Anschauungen entwickelte sich die Pflanzenphysiologie gegen Ende des 19. Jahrhunderts zu einer experimentellen Naturwissenschaft. Metaphysische Spekulationen wurden durch Formulierung von Hypothesen und Theorien, die mit den bekannten Gesetzen der Physik und Chemie in Einklang stehen, ersetzt. Die Lehrbücher von Sachs (1887) und Pfeffer (1897/1904) bilden die Grundpfeiler der modernen Pflanzenphysiologie.

1.4 Definition und Ziele der modernen Pflanzenphysiologie

Wie bereits von Pfeffer (1897) betont wurde, werden zur Analyse der physiologischen Prozesse neben physikalischen vor allem chemische Methoden verwendet. Dieser chemisch orientierte Zweig der Physiologie hat sich zu einem eigenständigen Teilgebiet der Naturwissenschaften entwickelt, den man heute als **Biochemie** (früher: Physiologische Chemie) bezeichnet. Die Biochemie der Pflanzen (**Pflanzenbiochemie**) behandelt im Prinzip dieselben Grundprobleme wie die moderne Pflanzenphysiologie, d. h. ihr Ziel ist es, die Lebensprozesse zu erforschen und kausal zu erklären. Mit dem experimentellen Beweis, dass die **Desoxyribonucleinsäure** (DNA) der Träger der genetischen Information ist, setzte in der Mitte der 1950er Jahre die Ära der molekularen Genetik oder **Molekularbiologie** ein (Zweig der Biochemie, der die Lebensprozesse auf dem Niveau der Nucleinsäuren zu erklären versucht).

Man könnte daher auch folgendermaßen argumentieren: Nach dem Ende des „Zeitalters der klassischen Physiologie" folgte die Ära der Pflanzenbiochemie, die heute langsam von der Molekularbiologie der Pflanzen abgelöst wird. Diese manchmal vertretene Ansicht ist nicht gerechtfertigt. Die moderne Pflanzenphysiologie ist eine interdisziplinäre Wissenschaft, die unter Einsatz verschiedenster Methoden aus der Zellbiologie (z. B. Fluoreszenz- und Transmissionselektronenmikroskopie), Biophysik (z. B. Extensiometer, Druckmess-Sonde), Biochemie (z. B. enzymatische Analysen) und Molekularbiologie (z. B. Analyse der Genexpression) ein übergeordnetes Ziel verfolgt: die Lebensprozesse kausal zu verstehen und letztlich auf physikalisch-chemische Vorgänge zurückzuführen. Die physiologischen Prozesse (z. B. Keimung, Wassertransport, Atmung, Photosynthese, Wachstum) sind so komplex, dass eine Methode allein heute nicht mehr ausreicht, um einen wirklichen Fortschritt zu Stande zu bringen. Der interdisziplinäre Charakter der modernen Pflanzenphysiologie ist es, der diese Naturwissenschaft auszeichnet und den Erkenntnisstand vorantreibt.

In den 1980er Jahren hat sich ein Zweig der Pflanzenphysiologie entwickelt, der heute als eigenständiges Fachgebiet unter der Bezeichnung **Pflanzen-Biotechnologie** bekannt ist. Allgemein werden unter dem Begriff „Biotechnologie" alle jene industrielle Verfahren zusammengefasst, die das Ziel verfolgen, unter Einsatz lebender Zellen bestimmte chemische Verbindungen (Produkte) zu erzeugen (z. B. Herstellung von Nahrungsmitteln wie Käse, Bier oder Wein; Gewinnung von Arzneimitteln wie Penicillin). Unter Einsatz molekularbiologischer Methoden (gezielter Gen-Transfer) konnten im Rahmen der Pflanzen-Biotechnologie transgene Nutzpflanzen produziert werden, die neue genetische Eigenschaften zeigen (z. B. Resistenz gegen Schadinsekten oder Herbizide). Diese genetisch modifizierten Pflanzen werden in der Agrikultur des 21. Jahrhunderts mehr und mehr an Bedeutung gewinnen (Sicherung bzw. Erhöhung der Flächenerträge zur Ernährung der wachsenden Weltbevölkerung). Die Pflanzen-Biotechnologie basiert auf der modernen Pflanzenphysiologie, deren Grundlagen in diesem Buch in anschaulicher Form zusammengefasst sind.

1.5 Stellung der Pflanzen im Fünf-Reiche-System der Organismen

Aus den Werken von J. Sachs (1887) und W. Pfeffer (1897/1904) geht hervor, dass im 19. Jahrhundert die Definition des Begriffs **Pflanze** noch recht verschwommen war. Die Botaniker untersuchten Bakterien, Einzeller, Pilze, Algen und verschiedene Wasser- und Landpflanzen. In einem Standard-Lehrbuch der Botanik des Sachs-Schülers Karl Prantl (1849–1893), das im Jahr 1900 in der 11. Auflage publiziert wurde, ist die folgende (veraltete) „Systematische Übersicht des Pflanzenreichs" abgedruckt: 1. Myxothallophyta (Schleimpilze); 2. Thallophyta (Bakterien, Cyanophyceen, Algen, Pilze); 3. Archegoniatae (Moose, Farngewächse) und 4. Phanerogamae (Samenpflanzen). Diesen vier Abteilungen wurden als fünfte Organismengruppe die Animalia (Tiere) gegenüber gestellt. Die Eingliederung der Algen und Pilze in das Pflanzenreich wurde über Jahrzehnte hinweg beibehalten.

Tabelle 1-2: Klassifizierung der Organismen nach dem Fünf-Reiche-System. Zell (bzw. Organismen)-Typ: Reich 1 = Protocyte (Prokaryoten); Reiche 2 bis 5 = Eucyte (Eukaryoten). Cyanobakterien, Algen und Pflanzen bilden die Gruppe der grünen (photosynthetisch aktiven) Organismen. (Nach Margulis, L.: Proc. Natl. Acad. Sci. USA 93: 1071–1076, 1996).

Reich	Kurz-Definition	Beispiele
1. Monera (Bakterien)	Prokaryoten (Bakterienzellen) ohne membranumgrenzten Kern; einzeln oder zu Fäden vereinigt	Archae-, Eu- und Cyanobakterien
2. Protoctista (Einzeller, gewebelose Mehrzeller)	Eukaryotische Mikroorganismen mit Zellkern und deren mehrzellige Abkömmlinge	Amöben, Schleimpilze, Ciliaten; Grün-, Braun- und Rotalgen
3. Fungi (Pilze)	Aus Sporen hervorgehende Organismen, die durch Chitinwände und ein- (bzw. mehrkernige) Zellen gekennzeichnet sind	Hefen; Schimmel-, Mehltau- und Blätterpilze
4. Plantae (Pflanzen)	Aus einem mehrzelligen Embryo hervorgehende, festgewachsene Organismen mit obligatorischem Generationswechsel	Moose, Farn- und Samenpflanzen
5. Animalia (Tiere)	Aus einer Blastula (mehrzellige, kugelförmige Embryo-Vorstufe) hervorgehende, meist frei bewegliche Organismen	Platt-, Faden- und Ringelwürmer; Insekten, Krebse; Wirbeltiere

Seit dem Jahr 1990 hat sich – insbesondere als Resultat molekulargenetischer Verwandtschaftsanalysen (DNA-Sequenzvergleiche) – eine Systematik der Lebewesen durchgesetzt, die als **Fünf-Reiche-Klassifizierung** bezeichnet wird. In Tab. 1-2 sind Kurz-Definitionen und Beispiele zu allen fünf Organismengruppen zusammengestellt. Die **Monera** (Syn.: Bacteria, Prokaryotae) umfassen alle Bakterien und Cyanobakterien (veraltete Bezeichnung: „Blaualgen"); diese Mikroorganismen (**Prokaryoten**) sind durch einfach gebaute Zellen (**Protocyten**) gekennzeichnet, denen ein membranumgrenzter Kern fehlt. Die **Protoctista** (Syn.: Protista) bilden eine heterogene Gruppe von Mikroorganismen (und deren mehrzellige Verwandte), die durch kernhaltige „echte" Zellen (**Eucyten**) gekennzeichnet sind und daher, gemeinsam mit den Pilzen, Tieren und Pflanzen, als **Eukaryoten** bezeichnet werden. Sämtliche ein- und mehrzellige **Algen**, einschließlich der Riesen-Tange, werden dem Reich der Protoctista zugeordnet. Die **Fungi** (Pilze) und **Animalia** (Tiere) sind stammesgeschichtliche Schwestergruppen, während die **Plantae** (Pflanzen) als separates Organismenreich identifiziert werden konnten.

Als **Pflanze** werden alle jene fest gewachsenen Organismen bezeichnet, die aus einem mehrzelligen, vom Mutterorganismus ernährungsphysiologisch abhängigen **Embryo** hervorgehen, einen im Prinzip in Wurzel, Sprossachse und Blätter unterteilbaren Körperbau zeigen (Thallus bzw. Kormus) und durch einen spezifischen **Generationswechsel** (Sporophyt/Gametophyt) gekennzeichnet sind (grüne Landpflanzen; wissenschaftliche Namen: **Embryophyten** oder **Cormobionta**). Das Pflanzenreich umfasst die Abteilungen der **Moose** (Bryophyta), **Farngewächse** (Pteridophyta) und die **Samenpflanzen** (Spermatophyta). Die Moose nehmen innerhalb der Embryophyten eine Sonderstellung ein, da diese Thallus-Gewächse einen speziellen Körperbau zeigen. An Stelle von „echten" Wurzeln, Sprossachsen und Blättern sind Rhizoide, Cauloide und Phylloide ausgebildet. Weiterhin ist bei manchen Bryophyta kein Embryo entwickelt; ein als **Placenta** bezeichnetes Gewebe (Transferzellen) verbindet bei jenen Gewächsen den Sporophyt mit dem diesen ernährenden Gametophyten (Moospflanze). Bei den Pteridophyta und Spermatophyta bildet der Sporophyt den eigentlichen Pflanzenkörper (Kormus), während der Gameophyt reduziert ist (Kap. 11). Diese Organismen werden, da sie durch Leitbündel gekennzeichnet sind, auch als Gefäßpflanzen (Tracheophyta) bezeichnet.

Da nahezu alle für die Ernährung des Menschen notwendigen **Nutzpflanzen** den Samenpflanzen angehören (**Nacktsamer**, Gymnospermae; Bedecktsamer, Angiospermae), wird in den folgenden Kapiteln nur auf diese Pflanzengruppen eingegangen. Die hoch entwickelten, bedecktsamigen **Blütenpflanzen** (Angiospermae) werden im Zentrum des Interesses stehen.

Es gilt heute als erwiesen, dass die **Grünalgen** (Chlorophyta) die nächsten Verwandten und stammesgeschichtlichen Vorfahren der Landpflanzen sind. Es werden daher einige klassische Experimente besprochen, die mit Algensuspensionen durchgeführt wurden, obwohl diese aquatischen Organismen dem Reich der Protoctista und nicht dem der Plantae zugeordnet sind (Tab. 1-2). Die Erforschung der Algen ist Gegenstand der **Phykologie**. Dieses Teilgebiet der Botanik hat sich inzwischen als eigenständige Disziplin etabliert.

2 Die Pflanzenphysiologie als induktive Naturwissenschaft

Gegen Ende des 19. Jahrhunderts konnte sich die Pflanzenphysiologie als eigenständiges Teilgebiet der **Botanik** (Pflanzenkunde) etablieren. Die Institutionalisierung dieser Wissenschaft ist u. a. durch die Gründung mehrerer eigenständiger „Pflanzenphysiologischer Universitäts-Laboratorien" dokumentiert (z. B. 1862 in München, 1877 in Berlin und 1884 in Wien).

Die moderne Pflanzenphysiologie ist – genau wie die Physik und die Chemie – eine induktive Naturwissenschaft. Ihr Ziel ist es, aus experimentell gewonnenen Fakten allgemeine Gesetze abzuleiten. Diese Naturgesetze können auch als **Theorien** (griech.: Anschauungen) bezeichnet werden. Im Verlauf der letzten 150 Jahre hat sich in der Biologie ein allgemein anerkanntes Verfahren zur Erarbeitung wissenschaftlicher Theorien entwickelt, das man heute als die **Wissenschaftliche Methode** bezeichnet (Abb. 2-1). Die Grundprinzipien dieses Problemlösungsverfahrens gelten sowohl für unbelebte Naturobjekte (physikalisch-chemische Forschung) als auch für die wesentlich komplexeren lebenden Systeme des Biowissenschaftlers. Es sollte allerdings hervorgehoben werden, dass es zahlreiche Varianten der hier dargestellten Methodik zur Erforschung naturwissenschaftlicher Zusammenhänge gibt. Hier soll eine Version vorgestellt werden, die auf das Wesentliche begrenzt ist und von der Mehrzahl der Experimentalphysiologen als Grundlage ihrer wissenschaftlichen Arbeit akzeptiert wird.

2.1 Das Experiment

Die Beobachtung von Pflanzen und Tieren unter natürlichen Umweltbedingungen ist die Grundlage aller biologischen Forschung. Erst die wiederholte Beobachtung eines biologischen Prozesses unter definierten Bedingungen liefert jedoch Resultate von wissenschaftlichem Wert. Ein wissenschaftliches **Experiment** ist die gezielte Herbeiführung einer Reaktion eines lebenden Systems unter kontrollierten Versuchsbedingungen. Unter „lebenden Systemen" sind Organellen, Zellen, Organe, Organismen oder ganze Populationen von Pflanzen bzw. Tieren zu verstehen. Die im Experiment herbeigeführte Reaktion kann daher auch als Systemantwort bezeichnet werden. Experimentell ermittelte Resultate (**Daten**) sind fast immer quantitativer Natur (Zahlenwerte); qualitative Daten (ja/nein-Entscheidungen) sind in der Regel von geringerer Aussagekraft.

Wissenschaftliche Experimente müssen so durchgeführt und beschrieben werden, dass sie unter gleichen Versuchsbedingungen auch von anderen Wissenschaftlern mit gleichem Resultat wiederholt (reproduziert) werden können. Nur re-

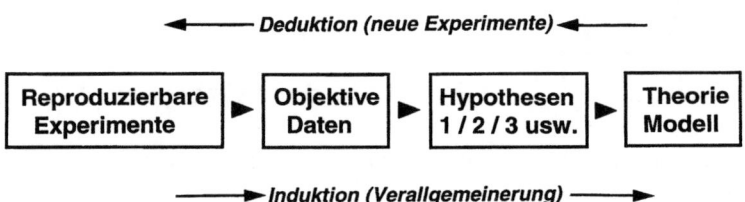

Abb. 2-1: *Schematische Darstellung des Erkenntnisprozesses in den Experimentalwissenschaften. Induktion (Hypothesen- bzw. Theorienbildung) und Deduktion (Ableitung entsprechender Rückschlüsse) sind als die beiden wesentlichen abstrakten Denkmethoden eingezeichnet.*

produzierbare Experimente liefern vom Experimentator unabhängige (= objektive) Daten. Nicht reproduzierbare Einzelbeobachtungen sind ohne wissenschaftlichen Wert und gehören in den Bereich der „Parawissenschaften".

Zur Veranschaulichung folgt ein einfaches Beispiel. Wie groß ist ein vier Tage alter Keimling einer Sonnenblumenpflanze? Man kann unter natürlichen Umweltbedingungen (z. B. Aussaat im Garten) beobachten, dass die Keimlinge am 4. Tag ein gewisses Entwicklungsstadium erreicht haben. Da das Wachstum jedoch von verschiedenen Umweltfaktoren abhängt (Luft- und Bodentemperatur, Licht, Wassergehalt der Erde, Luftfeuchtigkeit), lässt sich die oben gestellte Frage nur unter willkürlich gewählten Versuchsbedingungen eindeutig beantworten. Man könnte z. B. fragen: Wie groß sind vier Tage alte Sonnenblumenkeimlinge, die bei 25 °C in Dunkelheit bei Aussaat in wassergesättigter Erde und 100 % relativer Luftfeuchtigkeit angezogen wurden?

Zur Beantwortung dieser Frage muss man ein einfaches wissenschaftliches Experiment durchführen. Werden 100 Keimlinge unter den genannten Bedingungen angezogen und als Maß für „Größe" z. B. die Länge des Hypocotyls (Keimstängel) gemessen, so ergeben sich sehr heterogene Resultate: Die Hypocotyllängen innerhalb der Population von Individuen schwanken zwischen 35 und 64 mm, wobei sich ein Mittelwert

von 46 mm ergibt (Abb. 2-2 A). Man teilt die 100 Messwerte in 6 Klassen von gleicher Breite ein (Klasse 1: Hypocotyle der Länge 35–39 mm; Klasse 2: 40–44 mm usw.) und trägt diese gegen deren Häufigkeit (%) auf. Das gewonnene Histogramm (Abb. 2-2 A) zeigt, dass Hypocotyle der Größenklasse 3 (45–49 mm) am häufigsten sind (40 %), während nur 3 % der Keimlinge eine Länge von 60–64 mm aufweisen (Klasse 6). Greift man einen Keimling durchschnittlicher Größe heraus und bestimmt die Länge der Epidermiszellen in der Region 5–10 mm unterhalb des Hypocotylhakens, so misst man Werte zwischen 80 und 200 Mikrometer (μm; Mittelwert: 123 μm). Die Erstellung eines entsprechenden Histogramms (Abb. 2-2 B) ergibt – wie bei der Darstellung der Hypocotyllängen – eine mehr oder weniger symmetrisch-eingipfelige Verteilung der Messwerte (Verteilungsfunktion). Dies entspricht in grober Annäherung einer **Normalverteilung**, die durch die Größen Mittelwert (arithmetisches Mittel) und Schätzung der Standardabweichung (= mittlerer Fehler des Einzelwertes) charakterisiert werden kann.

Das Experiment lehrt Folgendes: In der Pflanzenphysiologie sind auf Grund der großen Heterogenität der Individuen immer nur Aussagen über gemittelte **Populationen** von Messwerten relevant (z. B. vier Tage alte Sonnenblumenkeimlinge weisen unter den genannten Anzuchtbedingungen eine durchschnittliche Hypocotyllänge von 46 mm auf). Anders formuliert: Das einzelne Individuum zählt nicht, sondern nur der Mittelwert aus zahlreichen Einzelmessungen ist von wissenschaftlicher Aussagekraft. Die Variabilität ist nicht nur auf dem Niveau des Organismus (bzw. Organes) zu beobachten, sondern auch auf Zellniveau ausgeprägt.

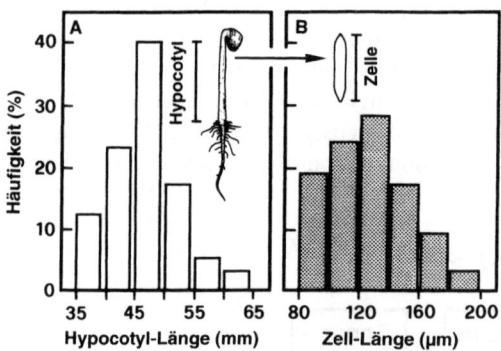

Abb. 2-2: *Häufigkeitsverteilung der Hypocotyllängen von 100 Sonnenblumenkeimlingen (Helianthus annuus). Die Pflanzen wurden für vier Tage in Dunkelheit angezogen (25 °C) (A). Die Häufigkeitsverteilung der Zell-Längen (n = 100) zeigt eine ähnlich große Variabilität (B).*

2.2 Prinzip der Faktorenanalyse

Es wurde bereits dargelegt, dass das Wachstum von zahlreichen Umweltvariablen (= Faktoren) abhängt. Dies gilt auch für praktisch alle anderen physiologischen Prozesse (z. B. Zellatmung, Photosynthese, Protoplasmaströmung). Die Wirkung eines Faktors lässt sich nur durch Konstanthaltung aller anderen Faktoren untersuchen (kontrollierte und somit konstante Versuchsbedingungen). Physiologische Forschung kann somit im Prinzip als **Faktorenanalyse** bezeichnet werden.

Dieser wichtige Grundsatz wurde bereits von J. Sachs (1887) klar erkannt. Unter Verwendung seines „selbstregistrierenden Auxanometers" und Konstanthaltung der Faktoren Temperatur und Wasserzufuhr wies er erstmals nach, dass das Licht einen hemmenden Effekt auf das Wachstum der Pflanze ausübt (Kap. 1).

Das Prinzip der Faktorenanalyse soll nun anhand des oben beschriebenen Wachstums des Sonnenblumenhypocotyls veranschaulicht werden. Die Wirkung des Faktors Licht lässt sich leicht unter natürlichen Umweltbedingungen nachweisen, indem man z. B. einige gekeimte Sonnenblumenkerne durch Überstülpen eines lichtundurchlässigen Gefäßes (z. B. Blechtopf) verdunkelt. Einige Tage später kann man beobachten, dass die verdunkelten Keimlinge wesentlich längere Hypocotyle aufweisen als die im Sonnenlicht gewachsenen Kontrollpflanzen (Abb. 2-3 A). Warum ist dies eine Beobachtung und nicht ein Experiment? Im lichtdichten Gefäß wird sich bei Wassersättigung des Bodens eine wesentlich höhere Luftfeuchtigkeit einstellen als im Sonnenlicht. Außerdem erwärmt sich die Luft im geschlossenen Behälter auf Grund der Sonneneinstrahlung beträchtlich und dürfte am Tag daher deutlich über der Lufttemperatur außerhalb des Gefäßes liegen. Neben dem Faktor Licht variieren somit auch die Faktoren Luftfeuchtigkeit und Temperatur, d.h. das erhöhte Hypocotylwachstum im lichtdichten Gefäß könnte im Prinzip auch auf erhöhte Luftfeuchtigkeit und Tagestemperatur zurückzuführen sein. Daraus folgt: Ein Experiment ohne angemessene Kontrolle (Konstanthaltung aller übrigen Faktoren) ist ohne große Aussagekraft und bestenfalls als qualitative Beobachtung zu bewerten.

Ein wissenschaftliches Experiment zur Analyse der Lichtwirkung auf das Hypocotylwachstum ist in Abb. 2-3 B dargestellt. In einem Raum mit konstanter Temperatur (25 ± 0,5 °C) werden die Pflanzen unter identischen Bedingungen (z.B. in geschlossenen, lichtdurchlässigen Plastikdosen) angezogen. Ein Ansatz wird lichtdicht verpackt und gezogen. Ein Ansatz wird lichtdicht verpackt und

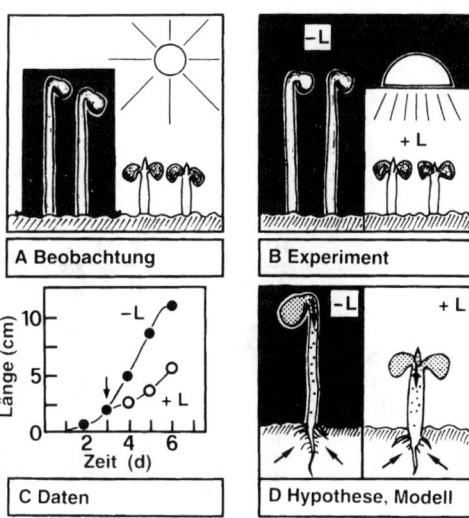

| A Beobachtung | B Experiment |
| C Daten | D Hypothese, Modell |

Abb. 2-3: *Grundprinzip der Erforschung eines physiologischen Prozesses am Beispiel der Wirkung von Licht auf das Wachstum von Sonnenblumenkeimlingen. Die im Freiland durchgeführte Beobachtung (A) wird im Labor unter kontrollierten Versuchsbedingungen quantitativ analysiert (B). Die gewonnenen Daten (C) ergeben eine Kinetik des Hypocotylwachstums in Dunkelheit (− L) und bei Bestrahlung mit Weißlicht (Pfeil: + L). Nach entsprechender Analyse des Lichteffektes auf andere Parameter (z. B. Zellwanddehnbarkeit, Turgordruck) kann eine Hypothese (bzw. Theorie) formuliert werden, die in Form eines Modells veranschaulicht wird (D).*

ins Dunkle gestellt (− Licht, Kontrolle), der zweite wird mit Licht einer definierten spektralen Energieverteilung und bekanntem Photonenfluss bestrahlt (+ L). Es wird deutlich, dass das Licht nicht nur eine Hemmung des Hypocotylwachstums verursacht, sondern auch die Gestalt der Keimpflanze ändert (Abb. 2-4). Die Entwicklung im Licht wird als **Photomorphogenese** bezeichnet, die Entwicklungsstrategie im Dunkeln als **Skotomorphogenese** (Etiolement). Der Keimling „versucht" unter rascher Investition an Speicherstoffen in Längenwachstum noch vor Verbrauch der Reserven ans Licht zu gelangen (Kap. 13).

Zur Bestimmung der Lichtwirkung auf die mittlere Wachstumsrate einer Population von Keimlingen werden in täglichen Abständen einige Individuen entnommen und deren Hypocotyllän-

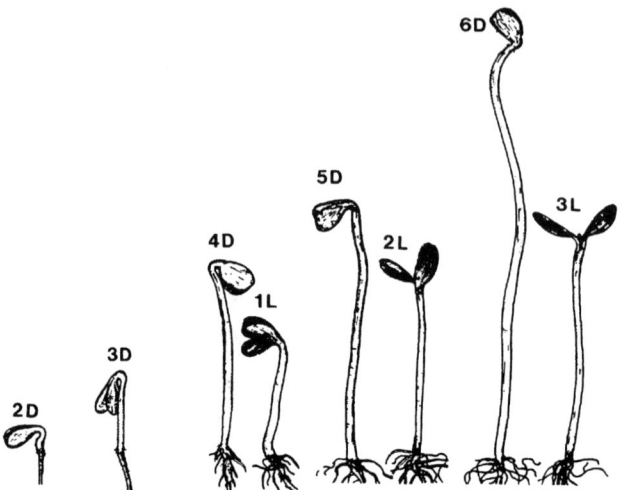

Abb. 2-4: *Entwicklung von Keimlingen der Sonnenblume (Helianthus annuus) in Dunkelheit (Skotomorphogenese, links) und im Weißlicht (Photomorphogenese, rechts). Die Pflanzen wurden für 2–6 Tage im Dunkeln angezogen (2 D–6 D) oder am 3. Tag nach Aussaat für 1–3 weitere Tage mit kontinuierlichem Weißlicht bestrahlt (1 L, 2 L, 3 L). Temperatur: 25 °C; Photonenfluss: 100 μmol · m⁻² · s⁻¹; rel. Luftfeuchtigkeit: 98%.*

gen gemessen. Die Mittelwerte dieser Daten werden gegen die Zeitachse aufgetragen; es entsteht eine Kinetik des Hypocotylwachstums. Werden die Keimlinge z. B. am 3. Tag nach Aussaat mit Weißlicht bestrahlt, so lässt sich aus den Wachstumsmessungen (Abb. 2-3 C) errechnen, dass die Wachstumsrate (Steigung der Kurven, mm Längenzunahme pro Stunde) ein Tag nach Beginn der Bestrahlung um 70% niedriger ist als in der Dunkelkontrolle. Der Effekt von Weißlicht auf die Wachstumsrate etiolierter Hypocotyle von Sonnenblumenkeimlingen wurde mit diesem Experiment quantitativ ermittelt.

Um den biophysikalischen Mechanismus der wachstumshemmenden Wirkung des Lichtes zu entschlüsseln, wurden zahlreiche Experimente durchgeführt, wobei eine Vielzahl von Methoden zum Einsatz kamen. Es konnte gezeigt werden, dass die Lichtwirkung im Wesentlichen auf eine Hemmung der Zellstreckung zurückführbar ist. Die Dehnbarkeit der Zellwände (**Extensibilität**) ist im Licht erniedrigt, während der hydrostatische Druck der Zellen (**Turgor**) sowie die Konzentration an Osmotica im Zellsaft unbeeinflusst bleiben. Durch Auftragen dieser Messgrößen (Länge der Zellen, Extensibilität, Turgor, Konzen-

tration an Osmotica) gegen die Zeit können weitere Kinetiken erarbeitet werden. Die so gewonnenen Datensätze liefern die Bausteine für eine kausale Erklärung der Lichtwirkung auf die Hemmung der Zellstreckung in der heranwachsenden Organachse (Kap. 11).

2.3 Intakte Systeme und In vitro-Analyse

Die hier dargestellten Experimente (Abb. 2-2–2-4) wurden mit intakten Keimpflanzen durchgeführt (In vivo-Ansatz). Zur detaillierten Analyse eines physiologischen Prozesses muss die Pflanze häufig in Teilsysteme zerlegt werden (Organe, Gewebe, Zellen, Organellen). Die somit im „Reagenzglas" (in vitro) studierten Reaktionen können wichtige Informationen zur Aufklärung des Prozesses in der intakten Pflanze liefern; aus rein methodischen Gründen ist eine In vitro-Analyse oft unumgänglich.

So wird z. B. der oben schon angesprochene Mechanismus der Zellstreckung bevorzugt an isolierten Organstücken (Koleoptil- oder Hypocotylsegmente) studiert. Diese reagieren, in einer belüfteten Lösung inkubiert, nach Zugabe von Wachstumshormonen (Auxine, Gibberelline) mit einem Anstieg der Zellstreckungsrate (Kap. 12). Durch Zugabe radioaktiv markierter Aminosäuren oder Zucker können nun biochemische Reaktionen (Protein- und Zellwandsynthese) während des Einsetzens der Zellstreckung in vitro analysiert werden.

Außerdem eignen sich isolierte Segmente zur Durchführung von Hemmstoffexperimenten. So konnte man durch Zugabe entsprechender Inhibitoren zeigen, dass die Zellstreckung nur bei ungehinderter Proteinbiosynthese ablaufen kann. Es ist offensichtlich, dass intakte Keimlinge (Abb. 2-4) für derartige Experimente aus rein praktischen Gründen ungeeignet sind. Auch isolierte Zellen oder Organellen können, in entsprechenden In vitro-Kulturen gehalten, als geeignete Systeme zur Analyse physiologischer Vorgänge dienen. So wurden z. B. die der Photosynthese zugrundeliegenden Teilprozesse (Licht- und Dunkelreaktion) mit aus Spinatblättern isolierten Chloroplasten aufgeklärt (Kap. 10).

2.4 Hypothesen, Theorien und Modelle

Die experimentell gewonnenen Daten müssen gedeutet (interpretiert) werden, um dem Ziel der Forschung, d. h. der Aufstellung von Theorien, näher zu kommen (Abb. 2-1). Eine vorläufige Interpretation experimenteller Daten wird als **Hypothese** bezeichnet (griech.: Unterstellung). Eine Hypothese ist allerdings noch keine gesicherte Erkenntnis, sondern muss als Vorläufer einer **Theorie** (Gesetz) angesehen werden. Wissenschaftliche Hypothesen müssen experimentell überprüfbar sein, sonst sind sie ohne Bedeutung .

In der ersten Hälfte des 19. Jahrhunderts glaubten viele Pflanzenphysiologen noch an das Wirken einer **Lebenskraft** im Organismus. Da diese metaphysische Größe mit experimentellen Methoden nicht analysiert (d. h. gemessen) werden kann, hat die Hypothese von der Lebenskraft (**Vitalismus**) keinerlei naturwissenschaftliche Relevanz. Auch andere metaphysische Begriffe (z. B.

Geist, Wille) haben in der Terminologie der Naturwissenschaften keinen Platz. Kurz gesagt: Nur reale Dinge sind erforschbar und in die Formulierung wissenschaftlicher Hypothesen einzubeziehen.

Häufig wird eine Hypothese durch neue Experimente nicht, wie in der Regel vom Experimentator beabsichtigt, bestätigt, sondern widerlegt (falsifiziert). Sie muss dann durch eine neue, modifizierte Hypothese ersetzt werden. Die Aufstellung einer Hypothese auf Grund experimenteller Daten ist, wie eingangs dargelegt wurde, die Grundlage naturwissenschaftlicher Forschung. Dieses Verfahren wird als **Induktion** bezeichnet (lat.: Hinführung, d. h. Schließen von allgemeingültigen Sätzen aus Einzeltatsachen). Die Ableitung neuer Experimente zur weiteren Überprüfung einer Hypothese bezeichnet man als **Deduktion** (lat.: Herabführung; Gegenteil der Induktion) (Abb. 2-1). Der Übergang von der Hypothese zur Theorie ist fließend. Man kann jedoch im Prinzip die Theorie als ein durch zahlreiche experimentelle Daten unterstütztes Hypothesen-System definieren.

Allerdings können auch gesicherte Hypothesen-Systeme (Theorien) durch neue Daten, die dann oft mit neuartigen Methoden erarbeitet wurden, experimentell widerlegt werden. Es gibt in den Naturwissenschaften keine **Dogmen**, d. h. der Erkenntnisstand von heute kann in einigen Jahrzehnten schon weitgehend überholt sein. Die Lebensvorgänge der Pflanzen und Tiere sind allerdings derart komplex, dass viele physiologische Prozesse heute erst in groben Umrissen verstanden sind.

Zur Veranschaulichung von Hypothesen und Theorien werden oft **Modelle** gezeichnet. Ein Modell ist ein abstraktes Abbild eines physiologischen Prozesses, wobei alle unwichtigen Fakten weggelassen werden („Karikatur der Natur"). Die Erarbeitung von Modellen hat in der physiologischen Forschung den Sinn, einen komplexen Prozess in kompakter, übersichtlicher Form so darzustellen, dass die wesentlichen Zusammenhänge klar ersichtlich sind. Oft setzt sich eine bestimmte Theorie erst nach Entwicklung eines anschaulichen, leicht nachvollziehbaren Modells durch, während eine abstrakte Darstellung desselben Sachverhaltes weit weniger überzeugend ist. Das

Prinzip der Interpretation experimenteller Daten sowie die Formulierung von Theorien soll nun anhand des schon oben besprochenen Beispiels der Lichtwirkung auf das Hypocotylwachstum erläutert werden.

Bereits in den 1930er Jahren wurde experimentell nachgewiesen, dass nach Bestrahlung etiolierter Keimlinge die Dehnbarkeit (Extensibilität) der Zellwände abnimmt; man zog die Schlussfolgerung, dass das Licht die Zellstreckung durch Herabsetzung der Wanddehnbarkeit hemmt. Diese Hypothese wird durch zahlreiche, an verschiedenen Pflanzenarten durchgeführte Experimente unterstützt. Neuere Untersuchungen zeigten, dass die Dicke der Zellwände in bestrahlten Hypocotylen etwa doppelt so groß ist wie in der rasch wachsenden Dunkelkontrolle. Da weder der **Turgor** (treibende Kraft für die Zellstreckung) noch die Konzentration an Osmotica innerhalb der Hypocotylzellen durch Licht signifikant beeinflusst werden, folgt, dass die Hemmung der Zellstreckung durch Erniedrigung der Dehnbarkeit der wachstumsbegrenzenden Zellwände verursacht wird. Diese gesicherte Hypothese (Theorie) der Lichtwirkung auf das Zellwachstum lässt sich in Form eines einfachen deskriptiven Modells veranschaulichen (Abb. 2-3 D). Dieses Modell macht deutlich, dass die Keimblätter im Licht und in Dunkelheit osmotisch aktive Substanzen (lösliche Zucker) in das Hypocotyl abgeben. Über die Wurzel nehmen die Keimlinge Wasser auf, wodurch in den Zellen des Hypocotyls ein hydrostatischer Druck entsteht (Turgor). Da im Licht die Dehnbarkeit der Wände niedriger ist als in der Kontrolle, strecken sich die Zellen bei gleichem Innendruck langsamer als in Dunkelheit. Die Frage, über welche biochemischen Mechanismen das Licht eine mechanische Verfestigung der Zellwände hervorbringt, wird von diesem biophysikalischen Modell allerdings nicht beantwortet.

2.5 Das internationale Einheitensystem in der Pflanzenphysiologie

Die Pflanzenphysiologie ist eine quantitative Wissenschaft, d.h. die experimentell gewonnenen Daten sind in der Regel Zahlenwerte. Beschäftigt

Tabelle 2-1: Einige abgeleitete SI-Einheiten mit eigenem Namen (Zusatzeinheiten).

Kraft:	Newton (N)	$1\,N = 1\,kg \cdot m \cdot s^{-2}$
Druck:	Pascal (Pa)	$1\,Pa = 1\,N \cdot m^{-2}$
Energie:	Joule (J)	$1\,J = 1\,N \cdot m$
Leistung:	Watt (W)	$1\,W = 1\,J \cdot s^{-1}$
Frequenz:	Hertz (Hz)	$1\,Hz = 1\,s^{-1}$
Elektrische Ladung:	Coulomb (C)	$1\,C = 1\,A \cdot s$
Elektrische Spannung:	Volt (V)	$1\,V = 1\,W \cdot A^{-1}$
Radioaktivität:	Becquerel (Bq)	$1\,Bq = 1\,s^{-1}$

man sich mit der Geschichte der Naturwissenschaften, so wird deutlich, dass auf Grund des Fehlens eines einheitlichen Maßsystems die Reproduzierbarkeit mancher klassischer Experimente heute praktisch unmöglich ist: Einige quantitative Angaben in den Lehrbüchern des 19. Jahrhunderts (s. Kap. 1, Tab. 1-1) sind uns heute auf Grund der Vielzahl der damals verwendeten Bezugsgrößen unverständlich. Da ein verbindliches und in allen Regionen eines Landes gleiches Maßsystem von großem Nutzen für Wirtschaft, Wissenschaft und Technik ist, wurde für Deutschland das *System International d'Unites* (**SI-Einheiten**) ab 1970 verbindlich eingeführt. In der Pflanzenphysiologie werden in der Regel ausschließlich folgende SI-Einheiten verwendet.

Die sieben Basiseinheiten Länge, Zeit, Masse, Temperatur, Stromstärke, Lichtstärke und Stoffmenge mit den Einheiten (Symbolen) Meter (m), Sekunde (s), Kilogramm (kg), Kelvin (K), Ampere (A), Candela (cd) und Mol (mol) bilden die Grundlage des Maßsystems.

Die Einheit der Stoffmenge, das **Mol**, ist definiert als diejenige Menge, die aus ebensoviel Teilchen besteht wie Kohlenstoffatome in 12 g des Isotops ^{12}C enthalten sind. Daraus folgt, dass 1 mol einer jeden Substanz immer die gleiche Zahl kleinster Teilchen enthält. Diese molare Teilchenzahl wird als **Avogadrosche Konstante** (ältere Bezeichnung: Loschmidtsche Zahl) bezeichnet:

$$1\,Mol = 6{,}022 \cdot 10^{23}\ \text{Teilchen}$$

Als Teilchen kommen Atome, Moleküle, Ionen, Elementarteilchen oder Lichtquanten (Photonen) in Frage. Eine weitere, insbesondere in der Biochemie bedeutsame Größe ist die relative Molekülmasse Mr (ältere Bezeichnung: Molekulargewicht). Diese dimensionslose Zahl erhält man durch Addition der relativen Massen der in einem Molekül enthaltenen Atome.

Wasserstoff und Sauerstoff haben, bezogen auf $^{12}C = 12$, die relativen Molekülmassen Mr (H_2) = $2 \times 1,008 = 2,016$ bzw. Mr (O_2) = $2 \times 15,999 = 31,998$. Wasser hat somit eine Mr (H_2O) von $2 \times 1,008 + 15,999 = 18,015$. Anders formuliert: 1 mol H_2O ($6,022 \cdot 10^{23}$ Moleküle) besitzen eine Masse von etwa 18 g; die molare Masse von Wasser beträgt somit $18\,g \cdot mol^{-1}$ (vereinfachte Schreibweise: 18 g/mol).

Aus den sieben Basiseinheiten lassen sich zahlreiche abgeleitete SI-Einheiten wie z. B. Fläche (m^2), Volumen (m^3), Dichte ($kg \cdot m^{-3}$), Geschwindigkeit ($m \cdot s^{-1}$), Beschleunigung ($m \cdot s^{-2}$) oder Stoffmengenkonzentration ($mol \cdot m^{-3}$) gewinnen. Von besonderer Bedeutung für die Pflanzenphysiologie sind die abgeleiteten SI-Einheiten mit eigenem Namen (Tab. 2-1). Außerdem gibt es einige Einheiten, die in der Pflanzenphysiologie verwendet werden, ohne jedoch zum SI-System zu gehören (Tab. 2-2). So wird die SI-Einheit für das Volumen (m^3) in der Praxis durch die Einheit Liter (l) ersetzt. Daraus folgt, dass die Stoffmengenkonzentration (Kurzbezeichnung: Konzentration c) nicht in der abgeleiteten SI-Einheit $mol \cdot m^{-3}$, sondern als Anzahl Mole eines Stoffes pro Liter (**Molarität**, $mol \cdot l^{-1}$) angegeben wird. Die Molalität (Mole pro kg Lösungsmittel, $mol \cdot kg^{-1}$) spielt in der Chemie als Konzentrationsangabe eine untergeordnete Rolle. Allerdings wird in der Pflanzenphysiologie die Größe **Osmolalität** verwen-

det. Man versteht darunter die Mole osmotisch wirksamer Teilchen (z. B. Zuckermoleküle im Gewebepress-Saft) pro kg Lösungsmittel (Wasser). Weiterhin ist auch die Massenkonzentration ($g \cdot l^{-1}$) immer noch im Gebrauch, obwohl, wie oben dargestellt, die Einheit Liter nicht Bestandteil des SI-Systems ist.

Bei der Angabe von Drücken (z. B. Zellturgor, osmotischer Druck, Wasserpotential) verwendet man heute anstelle der älteren Einheit bar die SI-Einheit Megapascal (MPa). Im Gegensatz dazu werden Temperaturangaben nicht in der SI-Einheit Kelvin (K), sondern in Grad Celsius (°C) gemacht. Physiologische Experimente sollten normalerweise bei einer Standardtemperatur von T = 298 K (25 °C) durchgeführt werden. Da die dazu notwendigen Konstant-Temperaturräume nicht überall verfügbar sind, wird allerdings auch in der heutigen Zeit noch vielfach bei Temperaturen von > oder < 25 °C experimentiert.

Tabelle 2-2: Einige in der Pflanzenphysiologie verwendete Einheiten, die jedoch nicht Bestandteil des Internationalen Systems sind.

Volumen:	Liter (l)	$1\,l = 10^{-3}\,m^3 = 1\,dm^3$
Konzentration:	Molarität (M)	$1\,M = 1\,mol \cdot l^{-1}$
Enzymaktivität:	Katal (kat)	$1\,kat = 1\,mol \cdot s^{-1}$
Druck:	Bar (bar)	$1\,bar = 10^5\,Pa = 0,1\,MPa$
Zeit:	Minute (min),	
	Stunde (h)	
	Tag (d)	
Temperatur:	Grad Celsius (°C)	0 °C = 273,15 K
	Standard-	25 °C =
	temperatur	298,15 K

3 Die Pflanze als überzellulärer Organismus

Der englische Physiker Robert Hooke (1635–1702) war ein ungewöhnlich vielseitiger Naturforscher. Er formulierte nicht nur das nach ihm benannte Hookesche Gesetz (Proportionalität zwischen Dehnung und Spannung), sondern prägte auch den noch heute gültigen Begriff **Zelle**. Unter Verwendung des von ihm technisch verbesserten Lichtmikroskops untersuchte er Scheiben aus Kork; dieser besteht aus einzelnen Kammern und erinnert an den Aufbau einer Bienenwabe. Auch die Gewebe lebender Pflanzen wurden von R. Hooke (1665) im Mikroskop beobachtet. Schlussfolgerung: Der Pflanzenkörper ist aus zahlreichen von Wänden umgebenen Kammern aufgebaut, die Hooke als „cells" (= Zellen) bezeichnete (Abb. 3-1 A, B).

Die **Zellentheorie** der Organismen wurde allerdings erst wesentlich später von Th. Schwann und M. J. Schleiden (1839) formuliert: Tiere und Pflanzen sind aus ähnlichen Bausteinen, den Zel-

len, zusammengesetzt. Diese Kammern wurden als Ur-Einheiten aller lebenden Organismen erkannt. Einige Jahre später beobachteten H. v. Mohl und J. E. Purkinje unabhängig voneinander, dass die Zellen neben dem Kern (Nucleus) eine wässrige, gallertartige Substanz enthalten. Diese „trübe, zähe, mit Körnchen gemengte Flüssigkeit von weißer Farbe" wurde von dem zuerst genannten Forscher als Protoplasma bezeichnet.

Heute weiß man, dass das **Protoplasma** (Syn.: der Protoplast, d. h. Inhalt der Zellkammern, einschließlich Kern) der eigentliche Lebensträger aller Tier- und Pflanzenzellen darstellt. Die nur bei Pflanzen ausgebildete Zellwand ist ein extrazelluläres Ausscheidungsprodukt des Protoplasten. Die Zelle ist somit die kleinste lebensfähige Einheit aller Lebewesen und kann daher auch als „Elementarorganismus" bezeichnet werden. Allerdings zerfällt das Reich der Organismen bezüglich der Zellorganisation in zwei nicht durch Über-

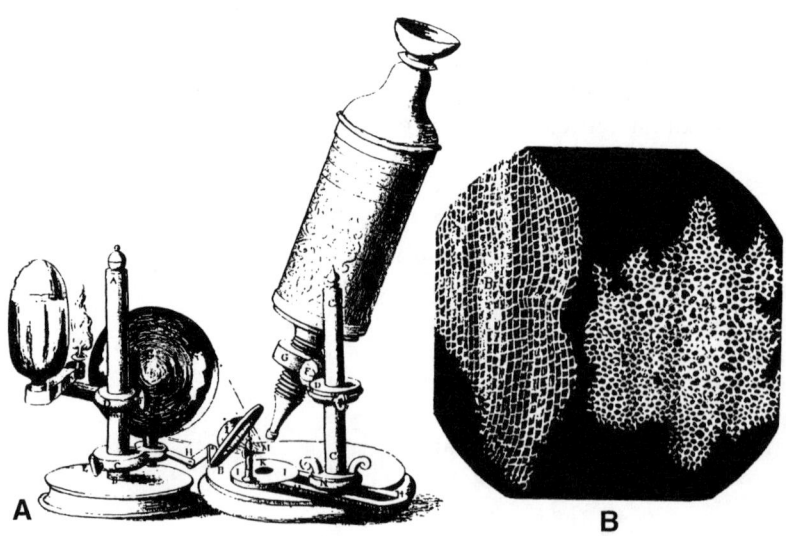

Abb. 3-1: *Das von R. Hooke entwickelte Lichtmikroskop (A), mit welchem die Feinstruktur von Flaschenkork erkannt werden konnte. Die Hohlräume wurden als Zellen (= cells) bezeichnet (B). (Nach Hooke, R.: Micrographia. London, 1665).*

gangsformen verbundene (separate) Untergruppen. Die **Protocyten** sind sehr kleine, nur wenige Mikrometer (μm) lange Zellen ohne Kernhülle, d. h. deren Erbsubstanz (Desoxyribonucleinsäure, DNA) ist von keiner Membran umschlossen. Die durch Protocyten gekennzeichneten **Prokaryoten** (Bakterien, Cyanobakterien) sollen hier nicht näher besprochen werden; die Erforschung dieser Organismen ist Gegenstand der Mikrobiologie. Alle anderen Lebewesen (Protisten, Pilze, Tiere und Pflanzen) werden unter der Bezeichnung **Eukaryoten** zusammengefasst. Der Nucleus der Zellen dieser Organismen (**Eucyten**) ist von einer Hülle (doppelte Kernmembran) umschlossen und gegen das Cytoplasma abgegrenzt (s. u.).

In diesem Kapitel ist zunächst der stammesgeschichtliche Ursprung der Eucyte sowie der Bau einer typischen Tier- und Pflanzenzelle dargestellt. Nach dieser Übersicht wird die chemische Zusammensetzung und die Struktur der pflanzlichen Zellwand beschrieben. Im letzten Abschnitt wird die Zellentheorie in Bezug auf den Pflanzenkörper diskutiert.

3.1 Zell-Evolution und Ursprung der Eucyte

In diesem Abschnitt sind einige Fakten zur evolutiven Entstehung der Eucyte rekapituliert. Die Erde ist etwa 4600 Millionen Jahre (Mio. J.) alt. Bereits 1100 Mio. J. nach Entstehung unseres Planeten waren die warmen Ur-Ozeane mit Lebewesen besiedelt. Die ältesten Mikrofossilien, an heutige Cyanobakterien erinnernde prokaryotische Zell-Reihen, sind nahezu 3500 Mio. J. alt. Man vermutet, dass diese zur Photosynthese fähigen Ur-Mikroorganismen im Präkambrium (Zeitraum vor 3500–550 Mio. J.) die Meeres-Lebewelt dominierten.

Die ersten aquatischen Eucyten entstanden vor etwa 2000 Mio. J. in den von Einzellern besiedelten Ur-Ozeanen. Dieser entscheidende Schritt in der Evolution der Organismen eröffnete den Weg vom urtümlichen prokaryotischen Einzeller (Bakterium) zu den höher organisierten Mehrzellern (Algen, Pilze, Tiere, Pflanzen). Zahlreiche Fakten unterstützen die Vorstellung, dass die ersten Eucyten in Folge einer **Endo-Cytobiose** entstan-

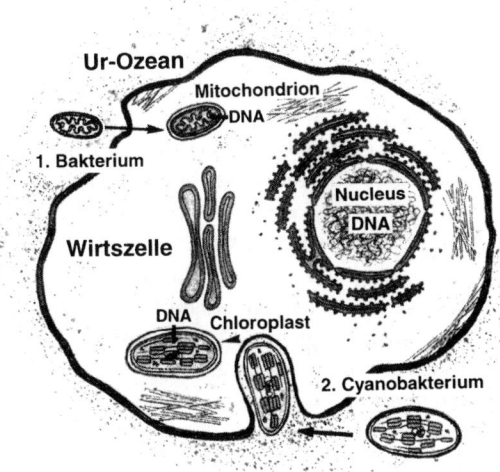

Abb. 3-2: *Entstehung der Eucyte gemäß der Endosymbiontentheorie der Zell-Evolution. Vor etwa 2000 Mio. J. entwickelten sich im Ur-Ozean die ersten Eucyten. Frei lebende Bakterien (1.) wurden von einer Wirtszelle aufgenommen (→ heterotrophe Eucyte mit Mitochondrien). Photosynthetisch aktive Cyanobakterien (2.) wanderten in diese mitochondrienhaltigen Zellen ein und wurden zu Chloroplasten (→ photoautotrophe Eucyte). Die so entstandene Ur-Pflanzenzelle verfügte bereits über drei separate genetische Informationsspeicher: Kern (Nucleus)-, Mitochondrien- und Chloroplasten-DNA. Diese drei DNA-Typen findet man noch heute in jeder Pflanzenzelle. (Nach de Duve, C.: Sci. Amer. 274(4), 38–45, 1996).*

den sind (Aufnahme frei lebender Mikroorganismen in das Innere einer Wirtszelle unter Aufgabe der eigenen Selbstständigkeit). Die **Endosymbiontentheorie** der Zell-Evolution beschreibt zwei historische Ereignisse (Abb. 3-2). Zahlreiche mit „echtem" Kern (Nucleus) versehene Wirtszellen bewohnten gemeinsam mit Bakterien bestimmte Regionen der Ur-Meere. Die Einzeller ernährten sich durch Aufnahme und biologische Oxidation „fremder" organischer Substanzen, d. h. sie waren **heterotrophe Organismen**. Einzelne Bakterien wurden in den Cytoplasmaraum der größeren Wirtszellen aufgenommen und lebten von diesem Zeitpunkt an als Endosymbionten (Kooperationspartner) weiter. Aus diesen ehemals frei lebenden (α-Proteo)-Bakterien entwickelten sich im Lauf der Jahrmillionen die Mitochondrien der Zelle (Schritt 1: Entstehung heterotropher Eucyten).

Einige Mio. J. später ereignete sich eine zweite, ganz ähnliche Verschmelzung zweier artverschiedener Organismen: Frei lebende Cyanobakterien wurden als Endosymbionten in die mitochondrienhaltigen Ur-Eucyten aufgenommen. Diese grünen „Gäste" entwickelten sich im Verlauf der Jahrmillionen zu den Chloroplasten der Zelle (Schritt 2: Entstehung zur Photosynthese fähiger Eucyten). Die mit Cyanobakterien (d. h. Ur-Chloroplasten) ausgestatteten Zellen waren die ersten komplex gebauten photoautotrophen Organismen der Erde. Sie konnten „sich selbst" unter Absorption von Sonnenlicht alle lebensnotwendigen energiereichen organischen Substanzen herstellen, wobei nur anorganische Ausgangsstoffe notwendig waren (CO_2, H_2O, Mineralsalze). Diese Lebewesen bezeichnet man daher als **photoautotrophe Organismen**.

Die archaischen Ur-Eucyten (Abb. 3-2) gelten als die stammesgeschichtlichen Vorfahren aller höher organisierten Wasser-, und Land-Lebewesen der Erde. Fadenförmige eukaryotische Algen sind aus 1200 Mio. J. alten Gesteinsformationen bekannt. Mit Beginn des Erd-Altertums (Paläozoikum), d. h. im Kambrium (Zeitraum vor 550–500 Mio. J.), entwickelten sich neben den mehrzelligen Algen die ersten hartschaligen Meerestiere. Vor etwa 400 Mio. J. (Silur/Devon) entstanden aus aquatischen Grünalgen die ersten, an heutige Moose erinnernde Ur-Landpflanzen (*Rhynia*). Die ältesten Wälder wurden vor 360 Mio. J. von Baumfarnen gebildet (*Archaeopteris*). Aus dem Erd-Mittelalter (Mesozoikum) sind die urtümlichsten Nadelgewächse bekannt (**Gymnospermen**). Die ersten bedecktsamigen Blütenpflanzen (**Angiospermen**) traten zu Beginn der Kreidezeit auf (*Archaefructus*, vor etwa 140 Mio. J.). Das „Zeitalter der Angiospermen" setzte mit Beginn der Erd-Neuzeit ein (Känozoikum, vor 65 Mio. J.) und dauert bis heute an.

Wie bereits dargelegt wurde, soll in diesem Buch die Physiologie der stammesgeschichtlich relativ „jungen" Blütenpflanzen dargestellt werden. Diese hoch entwickelten photoautotrophen Organismen sind die derzeitigen Endprodukte einer Jahrmillionen langen aquatischen und terrestrischen Evolution.

3.2 Tier- und Pflanzenzelle: Gemeinsame Merkmale

Um die Physiologie der höheren Pflanzen zu verstehen, ist es notwendig, die besonderen Merkmale der Pflanzenzelle – im Vergleich zur Tierzelle – kennen zu lernen. Durch welche Strukturen und Eigenschaften unterscheiden sich die Zellen dieser beiden Reiche der Organismen? Zur Beantwortung dieser Frage sollen eine typische Tier- und Pflanzenzelle miteinander verglichen werden. Die „typische Zelle" ist, genau wie der „Durchschnittsbürger", eine nicht real existierende statistische Abstraktion. Dennoch gibt es Zellen, die alle wesentlichen Merkmale spezieller Zellformen aufweisen und somit als Repräsentant der tierischen und pflanzlichen Eucyte betrachtet werden können: Die Grundgewebe (Parenchyme) bestehen aus den am wenigsten spezialisierten Zellen des Organismus. In Abb. 3-3 ist eine Leberparenchymzelle der Ratte einer typischen Blattparenchymzelle einer höheren Pflanzen gegenüber gestellt. Folgende Strukturen bzw. **Organellen** (membranumgrenzte Räume mit spezifischer Funktion) sind in beiden Zelltypen zu finden (Gemeinsamkeiten):

Plasmamembran. (Syn.: Plasmalemma, Zellmembran). Diese äußere Hüllmembran des Protoplasten besteht aus einer Lipid-Doppelschicht (Biomembran), in die verschiedene Proteine für aktive Transportvorgänge (*carrier*), Ionenkanäle und -pumpen (z. B. H^+-ATPasen) eingelagert sind (s. Abb. 3-8). Die Plasmamembran ist durch eine **selektive Permeabilität** gekennzeichnet: für H_2O ist die Membran durchlässig; für große Moleküle (z. B. Saccharose) ist sie hingegen weitgehend undurchlässig. Man spricht daher von einer (näherungsweise) selektiv permeablen (semipermeablen) Membran. Bei Tierzellen ist die Plasmamembran von einer Glyko-Protein-Schicht umgeben, die bei Pflanzenzellen fehlt (Glykokalyx-Saum der tierischen Zelle).

Cytoplasma. (Syn.: Grundplasma, Cytosol). Die nicht von Biomembranen durchzogene Grundsubstanz des Protoplasmas ist der Ort (d. h. das Kompartiment) der Zelle, in dem der Grundstoffwechsel (z. B. Glykolyse) und die Proteinbiosyn-

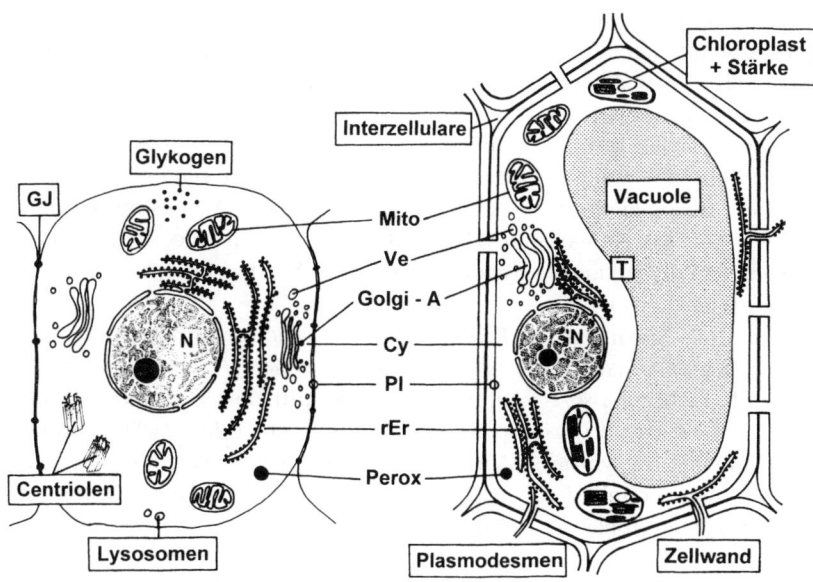

Abb. 3-3: *Vergleich des Feinbaus einer typischen Tierzelle (Leberparenchymzelle der Ratte, links) mit dem einer vacuolisierten Pflanzenzelle (Blattparenchymzelle der höheren Pflanze, rechts). Das Cytoskelett wurde nicht eingezeichnet. Cy = Cytoplasma, GJ = Gap Junctions, Golgi-A = Golgi-Apparat, Mito = Mitochondrion, N = Nucleus (Zellkern), Perox = Peroxisom, Pl = Plasmamembran, rER = raues endoplasmatisches Reticulum, T = Tonoplast, Ve = Sekretionsvesikel. Die Unterschiede Tier-/Pflanzenzelle sind hervorgehoben (Begriffe in Kästen).*

these stattfinden. Das Cytoplasma besteht aus einer konzentrierten Proteinlösung mit einer Viskosität, die zwei bis drei mal höher ist als jene von Wasser. Außerdem ist das Cytoplasma von einem Maschenwerk an Proteinfilamenten durchzogen, das als **Cytoskelett** bezeichnet wird und die Diffusionsgeschwindigkeit der Proteine deutlich herabsetzt. Als weitere Bestandteile des Cytoplasmas können die **Ribosomen** (Orte der Proteinbiosynthese), die **Proteasomen** (Multiproteinkomplexe, die den Proteinabbau regulieren) und Einschlüsse wie **Glykogen** und **Lipidtropfen** (Oleosomen) angeführt werden.

Nucleus. (Syn.: Zellkern). Diese meist kugelförmige Organelle ist bei der Eucyte von einer vom endoplasmatischen Reticulum abgeleiteten Membranzisterne umschlossen. Die Kernhülle enthält zahlreiche Poren, so dass ein Austausch von Molekülen zwischen dem Cytoplasma und dem Kernlumen (Karyoplasma) gewährleistet ist. Die genetische Information der Zelle ist in linearen DNA-Doppelsträngen gespeichert, die an Proteine ge-

bunden sind und als Chromatin bezeichnet werden. Als **Genom** bezeichnet man die Gesamtheit aller DNA-Sequenzen des Zellkerns sowie der Mitochondrien und Plastiden. Während der Kernteilung (Mitose) ist das Chromatin in Form der **Chromosomen** lichtmikroskopisch sichtbar. Neben dem Chromatin enthält der Nucleus zahlreiche Nucleoproteine (z.B. DNA- und RNA-Polymerasen, Histone) und meist mehrere Nucleolen. In diesen „Kernkörperchen" entstehen die Vorläufer der Ribosomen. Im Zellkern wird die genetische Information der Zelle nicht nur gespeichert, sondern auch verdoppelt (repliziert) und in Boten (m)-RNA abgeschrieben (Transkription). Es gibt kernlose Eucyten (z.B. Siebröhrenelemente im Pflanzenkörper; Erythrocyten im Blut der Säugetiere).

Endoplasmatisches Reticulum (ER). Das Cytoplasma der Zelle ist von einem dichten „Kanalsystem" durchsetzt: Dieses Endomembransystem besteht aus dem ER, dem Golgi-Apparat und den dazugehörigen Vesikeln. Das ER ist ein aus Membran-Zisternen und röhrenförmigen Strukturen zusammengesetztes Biomembran-System. Das raue ER trägt auf der Cytoplasmaseite **Ribosomen**, während das mehr tubulär ausgebildete glatte ER frei an Ribosomen ist; zwischen beiden Formen treten Übergänge auf. An den Ribosomen des ER findet eine Proteinbiosynthese statt. Membranproteine verbleiben zunächst in der ER-Membran, während zur Sekretion bestimmte Polypeptide in das Lumen des Membransystems transportiert werden und dann über den Golgi-Apparat zur Plasmamembran gelangen. Cytoplasmatische Proteine werden an freien (d.h. nicht ER-assoziierten Ribosomen) synthetisiert. Weiterhin werden am ER Reserve- und Membranlipide synthetisiert; als Speicher für Calcium-Ionen erfüllt das ER eine weitere wichtige Funktion im Cytoplasma der Zelle.

Golgi-Apparat. Im Cytoplasma der Zelle sind zahlreiche flache Membranvesikel zu beobachten. Als **Dictyosom** bezeichnet man eine Ansammlung von 4–30 derartiger Zisternen. Die Gesamtheit der Dictyosomen der Zelle wird nach seinem Entdecker auch als Golgi-Apparat bezeichnet. Am Rand der Zisternen sind häufig Sekretionsvesikel (Syn.: Exocytose- oder Golgi-V.) zu sehen. Der Golgi-Apparat hat die Funktion, die Synthese, Verpackung und den gerichteten Versand von Sekreten (Proteine; bei Pflanzenzellen außerdem Matrixpolysaccharide) zu gewährleisten. Er wird üblicherweise als das „Drüsenorganell der Zelle" bezeichnet (genauer: „Drehscheibe" für den gerichteten Versand von Proteinen und Polysacchariden mit intra- und extrazellulärer Zielbestimmung).

Mitochondrien. Als Endosymbionten (halbselbständige, d.h. semiautonome Organellen) sind die Mitochondrien mit einem eigenen Klein-Genom ausgestattet (mt-DNA, Abb. 3-2) und durch eine Doppelmembran gegen das Cytoplasma abgegrenzt. Diese Zellorganellen vermehren sich durch Zweiteilung (Abb. 3-6 A). Die innere Mitochondrienmembran bildet Einstülpungen (Cristae), die einen Großteil des Innenraums (Matrix) ausfüllen und eine Oberflächenvergrößerung dieser Membran mit sich bringen. Zwischen äußerer und innerer Mitochondrienmem-

bran liegt der so genannte Intracristaeraum. Die Mitochondrien sind die „Kraftwerke" der Zelle: Der Citrat-Zyklus ist in der Matrix lokalisiert, während auf der Innenmembran Atmungskette und oxidative Phosphorylierung ablaufen. Die **Zellatmung** und die damit verknüpfte Bildung der „Energiewährung" Adenosintriphosphat (ATP) sind die physiologisch bedeutsamsten mitochondrialen Stoffwechselprozesse.

Peroxisomen. Diese auch als *microbodies* bezeichneten kleinen Vesikel sind von einer Biomembran umschlossen und enthalten eine dichte, membranfreie Grundsubstanz (Matrix). Die Organellen verfügen über einige Enzyme (Oxidasen, Katalase), die sonst nirgendwo in der Zelle nachgewiesen werden können. Im Leberparenchym dienen die Peroxisomen der β-Oxidation von Fettsäuren. Die Peroxisomen der Blattparenchymzellen erfüllen bei der **Photorespiration** der C3-Pflanzen eine wichtige Rolle (Kap. 10, Photosynthese). Das im Licht gebildete Glykolat wird in die Aminosäuren Glycin und Serin umgewandelt; diese Produkte werden von der Pflanze als Bausteine gewisser Proteine verwendet. In fetthaltigen Samen (z.B. Rizinus, Sonnenblume) konnten spezielle *microbodies* gefunden werden. Die als **Glyoxysomen** bezeichneten Zelleinschlüsse sind an der Umwandlung der Reservefette zum Kohlenhydrat Saccharose beteiligt.

Cytoskelett. Das Cytoplasma ist keine homogene, gelartige Masse, sondern von Proteinfilamenten durchzogen, die letztlich die Architektur des Cytosols bestimmen. Die als Cytoskelett bezeichneten Strukturen umfassen die Actinfilamente, die Mikrotubuli und die wahrscheinlich nur in Tierzellen vorhandenen intermediären Filamente. Die Elemente des Cytoskeletts sind u.a. für die intrazellulären Bewegungen (z.B. **Protoplasmaströmung, Vesikeltransport**) verantwortlich und können daher als die „Schienen" für den Kurzstreckentransport angesehen werden. Bei tierischen Zellen dient das Cytoskelett der Formgebung des Protoplasten (Zeltstangen-Modell der Zellarchitektur); bei der Pflanzenzelle wird die Form durch das System Vacuole/Zellwand determiniert (hydraulisches Modell, Kap. 4).

3.3. Merkmale der typischen Pflanzenzelle

Nach dieser kurzen Darstellung der Gemeinsamkeiten der Tier- und Pflanzenzelle sollen nun die Unterschiede diskutiert werden. Wie Abb. 3-3 zeigt, ist der Innenraum der ausgewachsenen Pflanzenzelle von einer großen Vacuole ausgefüllt; in der Tierzelle sind nur kleine „Hohlräume", die Lysosomen, zu beobachten. Eine für die Pflanzenzelle typische Zellwand fehlt bei Tierzellen; diese verfügen über die bereits erwähnte Glykokalyx. Die Cytoplasmabrücken zwischen den Einzelzellen des pflanzlichen Gewebes (**Plasmodesmen**) sind bei Tierzellen nicht zu beobachten; die so genannten *gap junctions* können jedoch als analoge Strukturen betrachtet werden. **Chloroplasten** gibt es nur in der im Licht wachsenden Pflanzenzelle, während Centriolen in der Tier-, nicht jedoch in der Angiospermenzelle anzutreffen sind (s. u.). Die charakteristischen Strukturen einer jungen (meristematischen) und einer ausgewachsenen (vacuolisierten) Pflanzenzelle sollen nun etwas näher beschrieben werden.

Abbildung 3-4 A zeigt die elektronenmikroskopische Aufnahme einer jungen, noch wenig vacuolisierten Epidermiszelle. Der von starren Wänden umschlossene Protoplast ist durch einen großen Zellkern (Nucleus) gekennzeichnet. Im Cytoplasmasaum sind zahlreiche Mitochondrien, Proplastiden (Vorläufer der Chloroplasten), das endoplasmatische Reticulum und kleine Vacuolen zu erkennen. Die abgebildete Zelle ist Baustein eines Bildungsgewebes (Meristem) des Spross-Vegetationspunktes der Keimpflanze. Sie entwickelt sich durch Vacuolisierung und Wasseraufnahme zur „typischen Pflanzenzelle", deren charakteristische Merkmale und Strukturen im Folgenden zusammengestellt sind (Abb. 3-3, 3-4 B).

Vacuole. (Syn.: Zellsaftraum). Das auffallendste Merkmal einer ausgewachsenen Pflanzenzelle ist das Vorhandensein einer großen Zentralvacuole, die bis zu 90% des Zellvolumens einnehmen kann. Die Vacuole ist eine mit wässriger Lösung gefüllte „Blase", deren Wand (Tonoplast) – wie die Plasmamembran – für Wasser durchlässig und für größere Moleküle (z. B. Zucker) nur bedingt permeabel ist (selektiv permeable Membran).

Die Vacuole erfüllt drei Funktionen:

- Turgordruck: Der wässrige Vacuoleninhalt enthält osmotisch aktive Substanzen (Ionen, Zucker, Proteine). Bei ausreichender Wasserversorgung kommt es somit zu einem osmotischen Wassereinstrom aus dem Zellwandraum in die Vacuole hinein. Es entsteht ein hydrostatischer Druck des Protoplasten gegen die Zellwand (**Turgor**), wodurch die Festigkeit der krautigen Pflanze hervorgerufen wird. Tierzellen enthalten weder große Vacuolen, noch sind sie von einer Zellwand umgeben. Ihr Turgordruck ist vernachlässigbar gering.

- Speicherung: Der Vacuoleninhalt variiert oft von Zelle zu Zelle und ist je nach Pflanzenart verschieden. Die wässrige Lösung kann Mineralsalze, Kohlenhydrate (häufig Saccharose), Proteine, Alkaloide, organische Säuren oder Anthocyane (Pigmente) enthalten. Auch Kristalle (Calciumoxalat) oder Reservestoffe (Aleuronkörner bzw. Phytinkristalle in Samen) können in der dann entwässerten Vacuole abgelagert sein.

- Verdauung: Die Vacuole mancher Zellen enthalten hydrolytische Enzyme, die nach Zerfall des Tonoplasten einen Abbau (Verdauung) der Cytoplasmabestandteile bewirken; sie übernehmen somit die Funktion der Lysosomen in der Tierzelle. Die Vacuole wird daher auch als das „lytische Kompartiment der ausgewachsenen Zelle" bezeichnet. Auch bei einigen Pflanzenzellen sind Lysosomen beobachtet worden.

Zellwand. Die äußere Grenzschicht des lebenden Inhalts der Zelle (Protoplast) besteht aus der Plasmamembran, während die extrazelluläre Wand der Pflanzenzelle ein Ausscheidungsprodukt darstellt. Die Zellwand verhindert, dass die Expansion der Vacuole in Folge osmotischer Wasseraufnahme zum Platzen der Zelle führt. Dies tritt bei isolierten (d. h. zellwandfreien) **Protoplasten** ein, wenn nicht die Wasseraufnahme durch ein externes Osmotikum kompensiert wird. Als **Primärwand** wird die dehnbare Zellwand der noch wachsenden Zelle bezeichnet. Sie enthält bis zu 65% Wasser. Die starre, wesentlich dickere **Sekundärwand** wird erst abgelagert, wenn die Zelle ihr Wachstum eingestellt hat. Da die Zellwand vom

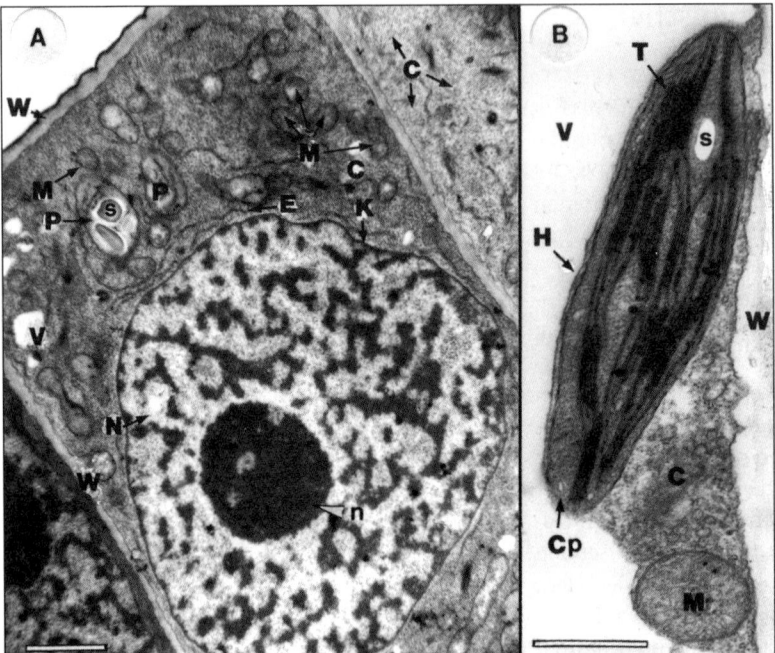

Abb. 3-4: *Feinstruktur der Pflanzenzelle im Transmissionselektronenmikroskop. Meristematische Zelle mit großem zentralen Nucleus (A). Feinbau des Cytoplasmasaums einer vacuolisierten Zelle mit Chloroplast (B) (Objekt: Hypocotyl der Sonnenblume, Helianthus annuus). C = Cytoplasma, Cp = Chloroplast, E = Endoplasmatisches Reticulum, H = Chloroplastenhülle, K = Kernhülle, M = Mitochondrion, N = Nucleus (Zellkern), n = Nucleolus, P = Proplastide, S = Stärke, T = Thylakoidmembran, V = Vacuole, W = Zellwand. Balken = 2 µm (A) bzw. 1 µm (B). (Originalaufnahmen).*

Protoplasten abgesondert wird, folgt, dass die Sekundärwand „innerhalb" der Primärwand liegt. Die chemische Zusammensetzung und Ultrastruktur der pflanzlichen Zellwand ist so kompliziert, dass sie separat besprochen werden soll (s. Absatz 3.4).

Der Wand der Pflanzenzelle analog ist die nur im tierischen Gewebe vorkommende Interzellularsubstanz. Diese besteht – wie die Zellwand – aus flexiblen Fibrillen (Collagen-Fasern), die in eine quellbare Matrix (Proteoglykane) eingelagert sind. Da der Turgordruck in Folge fehlender Vacuolenbildung sehr gering ist, wird der Interzellularsubstanz der tierischen Gewebe in erster Linie eine Stützfunktion zugeschrieben. Bei Wirbeltieren wird das Knochenskelett aus einer extrazellulären Matrix gebildet. Nach Einlagerung von Calciumphosphat entsteht eine starre, mechanisch stabile Interzellularsubstanz (Exoskelett).

Plasmodesmen. (Syn.: Plasmodesmata). Die Zellen der Gewebe höherer Pflanzen sind nicht voneinander getrennt, sondern durch Plasmodesmen (cytoplasmatische Kanäle) miteinander verbunden. Ein Plasmodesmos (Durchmesser: 30–50 nm) ist im Längsschnitt als ein die Zellwand durchdringender Kanal zu erkennen, dessen Lumen von einer ER-Zisterne durchzogen ist (Abb. 3-3). Da vermutlich alle Zellen eines Gewebes durch zahlreiche Plasmodesmen zu einer cytoplasmatischen Einheit miteinander verbunden sind, wurde der Begriff **Symplast** geprägt (Gesamtheit der über Plasmodesmen in Verbindung stehenden lebenden Zellinhalte des Pflanzenkörpers). Einige Zellen sind in Folge degenerierter Plasmodesmen symplastisch isoliert (z. B. Schließzellen der Stomata). Unter der Bezeichnung **Apoplast** wird der gesamte extra-protoplasmatische Raum des pflanzlichen Organismus zu-

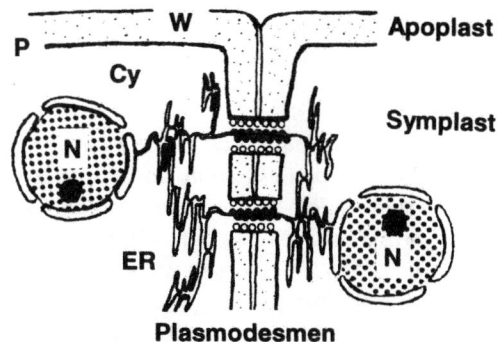

Abb. 3-5: *Schematische Darstellung des Systems Symplast/Apoplast im pflanzlichen Gewebe. Die Zellen sind über Plasmodesmen (Cytoplasmakanäle) miteinander verbunden (Symplast). Die außerhalb der Plasmamembranen liegenden Bereiche werden als Apoplast bezeichnet (Zellwandraum, Interzellularen, Lumen der Gefäße). Cy = Cytoplasma, ER = Endoplasmatisches Retikulum, P = Plasmamembran, N = Nucleus (Zellkern), W = Zellwand. (Nach Lucas, W. J., Ding, B. & Van der Schoot, C.: New Phytol. 125, 435–476, 1993).*

sammengefasst (Zellwände, Interzellular-Räume, Lumen der Gefäße).

Man bezeichnet die bei sekundärem Dickenwachstum unverdickt gebliebenen Aussparungen in der Sekundärwand als **Tüpfel**. Sie grenzen an der so genannten Schließhaut (Mittellamelle und beidseitige Primärwand) an die Nachbarzelle. Zahlreiche Plasmodesmen durchziehen die Schließhaut und ermöglichen somit den Kontakt von Zelle zu Zelle.

In tierischen Geweben kann auf Grund der fehlenden Zellwände nicht von einem Apoplasten gesprochen werden. Allerdings sind die Einzelzellen durch sehr kleine cytoplasmatische Verbindungen miteinander verknüpft. Die in den *gap junctions* der Zelle lokalisierten Strukturen werden als Connexone bezeichnet.

Chloroplasten: Diese charakteristischen, von J. Sachs (1887) und anderen Forschern als „Chlorophyllkörner" bezeichneten Organellen kommen nur in belichteten Pflanzenzellen vor (Vorläuferform: Proplastiden, s. Abb. 3-4 A, 3-6 B). Chloroplasten sind, wie die Mitochondrien, semiauto-

nome Organellen mit eigenem Klein-Genom (cl-DNA). Sie sind von zwei Membranen umschlossen (doppelte Plastidenhülle).

Chloroplasten (und Mitochondrien) in jungen Zellen vermehren sich im Cytoplasma durch Zweiteilung, als wären sie eigenständige Organismen. Wir bezeichnen diesen Prozess in Analogie zur Zellteilung (Cytokinese) als **Organellokinese** (Plastido- bzw. Mitochondriokinese, Abb. 3-6 A, B). Zum Vergleich sei an dieser Stelle auf das Cytokinese-Schema in Abb. 3-15 B verwiesen (Teilungsstadium der Tierzelle). Beide Organellen werden in der Regel über die Eizelle der Mutterpflanze an die Nachkommen vererbt, wobei alle Plastiden der Zygote aus den übertragenen Proplastiden der Eizelle hervorgehen. Die in Abb. 3-2 dargestellte **Endosymbiontentheorie** besagt, dass Mitochondrien und Chloroplasten aus ehemals frei lebenden prokaryotischen Mikroorganismen (α-Proteobakterien, Cyanobakterien) entstanden sind (s. Absatz 3.2). Dieses Modell vom stammesgeschichtlichen Ursprung der Pflanzenzelle wird durch zahlreiche Fakten unterstützt, auf die hier nicht näher eingegangen werden kann (z. B. Organellokinese, Abb. 3-6).

Eine elektronenmikroskopische Aufnahme (Abb. 3-4 B) zeigt die Feinstruktur des typischen Chloroplasten. Die Grundsubstanz (**Stroma**) ist von einem Membransystem durchzogen. Die Grana-**Thylakoide** bestehen aus runden, scheibenförmigen Membranstapeln, während die Stroma-Thylakoide die Grundsubstanz durchziehen und die Grana miteinander verbinden. Weiterhin können Lipidtropfen (Plastoglobuli) im Stroma vorkommen. In den Chloroplasten sind die Photosyntheseprozesse der photoautotrophen Pflanze lokalisiert. Eine Speicherform des fixierten Kohlendioxids ist die **Assimilationsstärke**; diese wird am Tag (Belichtung) in Form länglicher Körner im Chloroplasten abgelagert und in der Nacht wieder abgebaut. Auch Proplastiden können Stärkekörner enthalten (Abb. 3-6 B).

Die Tierzellen enthalten keine Chloroplasten. Stärke kommt im Tierreich als Reservestoff nicht vor. Das intrazelluläre Reserve-Kohlenhydrat tierischer Zellen ist das **Glykogen**. Leberparenchym- und Skelettmuskelzellen sind normalerweise reich an Glykogengranula.

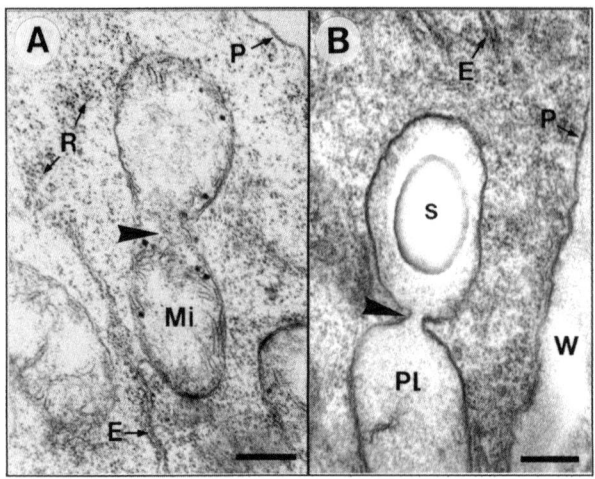

Abb. 3-6: *Feinstruktur des Cytoplasmas im Transmissionselektronenmikroskop. Meristematische Zelle aus dem Primärblatt des Roggens (Secale cereale). Organellenteilungen sind durch Pfeile markiert. Mitochondriokinese (A), Plastidokinese (B). E = endoplasmatisches Reticulum mit Ribosomen, Mi = Mitochondrion, P = Plasmamembran, PL = Proplastide, R = freie Ribosomen im Cytoplasma, S = Stärke, W = Zellwand. Balken = 0,5 μm (Originalaufnahmen).*

Centriolen. Die primäre Funktion dieser röhrenförmige Strukturen, die aus 9 Dreifachtubuli zusammengesetzt sind, besteht u. a. in der Bildung von Geißelbasen. Sie werden daher auch als Basalkörper bezeichnet. In tierischen Zellen, Pilzen, niederen Pflanzen (Algen, Moose, Farne) und Gymnospermen (z. B. Cycadales) können Centriolen beobachtet werden. Bei den Angiospermen fehlen sie vollständig (keine Ausbildung von Flagellen; Befruchtung durch **Pollenschlauch**, d. h. Siphonogamie) (Kap. 11).

Interzellularraum. Die Pflanzenzelle ist, im Gegensatz zur Tierzelle (Abb. 3-3), von Interzellularen umgeben. Die Gesamtheit dieser mit Luft gefüllten Zell-Zwischenräume bildet das Interzellularsystem des Gewebes. Die Epidermisaußenwände der typischen Landpflanzen sind von einer für Gase und Wassermoleküle weitgehend undurchlässigen **Cuticula** überzogen. Über die Spaltöffnungen (**Stomata**) wird der Stoffaustausch zwischen Interzellularraum und der Atmosphäre reguliert (Abb. 3-7 A, B). Die von zwei meist bohnenförmigen Schließzellen umgebene Pore (Spalt) kann je nach Bedarf geöffnet oder geschlossen werden.

Der Interzellularraum erfüllt drei Funktionen:

• Gastransport: Während der **Zellatmung** wird ständig Sauerstoff (O_2) verbraucht und gleichzeitig Kohlendioxid (CO_2) abgegeben. Bei Wirbeltieren verläuft der Gastransport zunächst im Trachealsystem und dann im zirkulierenden Blut. Ein derartiges aktives Gastransportsystem ist bei Pflanzen nicht ausgebildet. Der Ferntransport von O_2 und CO_2 erfolgt per Diffusion im Interzellularsystem des Gewebes.

• Wasserdampfabgabe: Das in den Gefäßen der Pflanze transportierte Wasser verlässt die transpirierenden Organe (z. B. Blätter) in Form von Wasserdampf. In den großen Interzellularräumen unterhalb der Stomata („Atemhöhle", Abb. 3-7 B) tritt Wasser in die Gasphase über; die H_2O-Moleküle diffundieren über die geöffneten Poren der Stomata in die trockene Außenluft. Dieser Prozess wird als stomatäre **Transpiration** bezeichnet.

• Hormontransport: Der Interzellularraum ist der Transportweg für gasförmige Botenstoffe (Phytohormone). So kann sich das endogen gebildete „Stresshormon" **Ethylen** (C_2H_4) per Diffusion im Interzellularsystem der Pflanze rasch über alle Organe ausbreiten. Auch das **Methyljasmonat** (bzw. dessen Vorstufe) scheint zumindest in den Ranken einiger Pflanzenarten als gasförmiger Signalstoff von Bedeutung zu sein.

Zellgröße. Typische Tierzellen haben einen Durchmesser von 10–20 μm (z. B. Rattenleberzellen). Die Größe der Zellen der höheren Pflanzen ist sehr variabel. Während die wenig vacuolisierten Zellen der Bildungsgewebe (Meristeme) (Abb. 3-4 A) etwa die Größe der Rattenleberzelle auf-

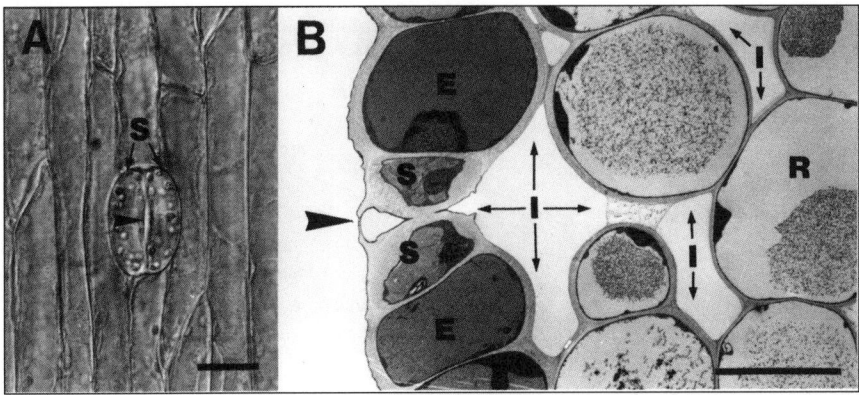

Abb. 3-7: *Das Interzellularsystem der höheren Pflanze. Die Aufsicht auf die Epidermis des Hypocotyls der Sonnenblume (Helianthus annuus) zeigt eine geschlossene Spaltöffnung (A). Im Querschnitt sind die Interzellularräume deutlich zu erkennen (B). Die Pore der Spaltöffnung (Pfeil) ist geschlossen. E = Epidermis, I = Interzellularraum, R = Rinde, S = Schließzelle (ohne Plasmodesmen). Balken = 20 µm (A), 10 µm (B).*

weisen (20 × 20 µm), erreichen ausgewachsene, voll vacuolisierte Pflanzenzellen (Durchmesser 20–30 µm) Längen von 100 bis 1000 µm (z. B. Epidermiszellen des Roggenkeimlings). Die ausgewachsene, vacuolisierte Zelle der höheren Pflanze ist somit wesentlich größer als die typische Tierzelle (Ausnahmen: z. B. Eizellen bei Amphibien).

Kompartimentierung. (Syn.: Unterkammerung). Die Pflanzenzelle ist nicht ein homogener, mit verschiedenen Biomolekülen gefüllter chemischer Reaktionsraum, sondern ein komplexes, in zahlreiche Reaktionsorte (**Kompartimente**) untergliedertes System. Jedes Kompartiment ist durch eine Biomembran abgegrenzt.

Zählt man die Zellwand hinzu, so können zehn Kompartimente unterschieden werden: 1. Cytoplasma (membranfreie Grundsubstanz), 2. Endoplasmatisches Reticulum (Kanalsystem), 3. Golgi-Apparat (Gesamtheit der Dictyosomen), 4. Peroxisomen (Reaktionsräume mit Spezialfunktion), 5. Vacuole (Zellsaftraum), 6. Nucleus (Steuerzentrale, Kern-DNA), 7. Mitochondrien (Zell-Kraftwerke mit mt-DNA), 8. Chloroplasten (Photosynthese-Organellen mit cl-DNA) bzw. andere Plastiden, 9. Plasmamembran (Außenhülle des Protoplasten, mit eingelagerten Transport- und Rezeptorproteinen) und 10. Zellwandraum (extrazellulärer Bereich, mit Enzymen). Durch diese räum-

liche Untergliederung (Kompartimentierung) der Eucyte ist eine Separation der Zelle in einzelne biochemische Reaktionsbereiche erreicht (s. Regulation des intrazellulären Stoffwechsels, Kap. 7).

3.4 Die Zellwand: Biosynthese und chemische Zusammensetzung

Die noch wachsende **Primärwand** ist eine aus zwei „Phasen" zusammengesetzte Struktur. Ein Netzwerk aus **Cellulosemikrofibrillen** bildet das lasttragende Grundgerüst (Phase 1, „Skelett der Wand"). Die Mikrofibrillen sind in eine gelartige Grundsubstanz eingebettet (Phase 2). Diese **Matrix** besteht aus Polysacchariden (Hemicellulosen, Pectine), Glykoproteinen und (bei Gräsern) aus Phenolen (Tab. 3-1). Chemische Analysen ergaben, dass die Primärwand zu über 90 % aus Polysacchariden und zu < 10 % aus Proteinen besteht.

Die Biosynthese und Exkretion der beiden „Phasen" der Zellwand erfolgt auf ganz unterschiedliche Art und Weise. Die Matrix-Komponenten werden im endoplasmatischen Reticulum (ER) bzw. Golgi-Apparat synthetisiert und wandern in Vesikel verpackt zur Peripherie der Zelle. Dort fusio-

Tab. 3-1: Chemische Zusammensetzung der Primärwände bei zweikeimblättrigen Pflanzen (Dicotyledonen) und bei Gräsern (Gramineae), Angaben in % Trockenmasse. (Ergänzt nach Fry, S. C.: The Growing Plant Cell Wall: Chemical and Metabolic Analysis. Longman, New York, 1988).

Komponente	Bausteine (Monomere)	% Dicot.	% Gramin.
A. Mikrofibrillen			
1. Cellulose	D-Glucose	20–40	20–50
B. Matrix			
1. Hemicellulosen			
Xyloglucan	D-Glucose, D-Xylose, D-Galactose, L-Fucose, L-Arabinose	20	1–5
β-Glucan	D-Glucose	0	30
Xylan	D-Xylose, L-Arabinose, D-Glucuronsäure	5	20
2. Pectine		30	1–2
Homogalacturonan	D-Galacturonsäure, L-Rhamnose, Calcium		
Rhamnogalacturonan	D-Galacturonsäure, L-Rhamnose, D-Galactose		
	L-Arabinose, L-Fucose, D-Xylose, Calcium, Bor		
3. Proteine		10	1
Extensin	L-Arabinose, Hydroxyprolin		
Arabinogalactanprotein	L-Arabinose, Hydroxyprolin		
Enzyme	z. B. Peroxidasen		
4. Phenole	Ferulat	0	2
	Lignin	(im Xylem)	

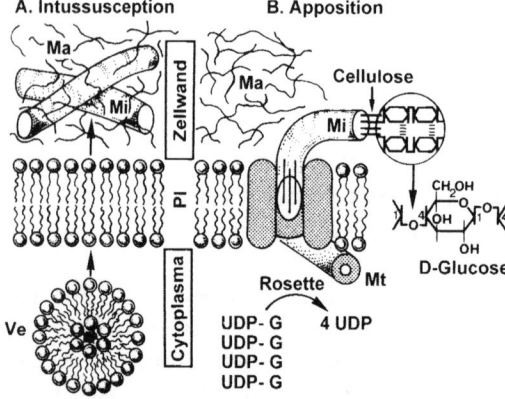

Abb. 3-8: *Biosynthese und Exkretion der beiden „Phasen" der Zellwand. Die Matrixmoleküle (A) werden im ER/Golgi-Apparat gebildet und wandern in Sekretionsvesikel verpackt zur Plasmamembran. Dort gelangen sie über Exocytose in die Wand, wo sie zwischen die bereits vorhandenen Polysaccharide eingelagert werden (Intussusception). Die Cellulosemikrofibrillen (B) werden an membranintegrierten Proteinkomplexen (Rosetten) synthetisiert und der Zellwand aufgelagert (Apposition). G = Glucose, Ma = Matrix, Mi = Mikrofibrille, Mt = Mikrotubuli, PL = Plasmamembran, UDP = Uridindiphosphat, UDP-G = Uridindiphosphatglucose, Ve = Sekretionsvesikel.*

niert die Vesikelhülle mit der Plasmamembran und die Polysaccharide gelangen über **Exocytose** in die Wand. Da die Matrixmoleküle zwischen die Mikrofibrillen eingelagert werden, bezeichnet man diesen Prozess als **Intussusception** (Abb. 3-8 A). Die Cellulosemikrofibrillen werden nicht im Cytoplasma, sondern an der Plasmamembran synthetisiert. Dort sind Cellulose synthetisierende Proteinkomplexe (Rosetten) zwischen die Lipide der Biomembran eingelagert (Abb. 3-8 B). Im Zentrum dieser Rosetten werden Zuckerphosphate, d. h. Uridindiphosphat (UDP)-Glucose (Kap. 7) nach Abspaltung des UDP-Restes zu langen Glucoseketten verknüpft, die dann über Wasserstoffbrücken miteinander verbunden als Mikrofibrille der Wand aufgelagert werden. Diese von innen (Plasmamembranseite) her erfolgende Auflagerung von Zellwandpolysacchariden wird als **Apposition** bezeichnet. Wie Abb. 3-8 B außerdem zeigt, sind im peripheren Cytoplasmasaum unterhalb der Rosetten in der Regel **Mikrotubuli** zu beobachten. Eine Funktion dieser röhrenförmigen Bestandteile des Cytoskeletts bei der Biosynthese und Ausrichtung der Cellulosemikrofibrillen wird vermutet; sie konnte bisher allerdings noch nicht eindeutig nachgewiesen werden. Eine ausführliche Beschreibung der Mikrotubuli-Dynamik

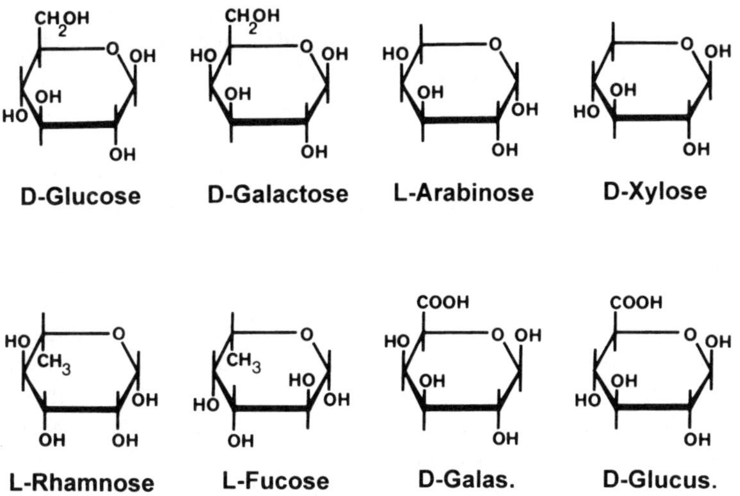

Abb. 3-9: Struktur der acht wichtigsten Bausteine der Zellwandpolysaccharide. Pentosen (L-Arabinose, D-Xylose), Hexosen (D-Glucose, D-Galactose, L-Rhamnose, L-Fucose) und Uronsäuren (D-Galacturonsäure, D-Glucuronsäure) sind die dominierenden Monosaccharide der Zellwand. (Nach Fry, S. C.: The Growing Plant Cell Wall: Chemical and Metabolic Analysis. Longman, New York, 1988).

während der Teilung der Pflanzenzelle ist in Kap. 11 zu finden (Wachstum und Entwicklung).

Die in Tab. 3-1 zusammengestellten Zellwandkomponenten sollen nun etwas ausführlicher dargestellt werden. Da sich die Zusammensetzung der Primärwand zweikeimblättriger Pflanzen (Dicotyledonen) deutlich von jener der Gräser (Gramineae, Monocotyledonen) unterscheidet, sind diese beiden Zellwandtypen separat besprochen.

Cellulose. Die Primärwände bestehen zu 20–50 % aus Cellulose. Dieses Polysaccharid ist die häufigste organische Verbindung der Welt und aus dem Alltag bekannt: Baumwolle (und somit Watte) besteht zu 98 % aus Cellulose. Die weißen, reißfesten Fasern erhält man auch nach Kochen von Zellwandmaterial in konzentrierter Lösung von Essig- und Salpetersäure. Der zurückbleibende „Zellstoff" besteht aus reiner Cellulose. Die Cellulose ist aus D-Glucose-Molekülen zusammengesetzt, die durch β1,4-Bindungen kovalent miteinander verknüpft sind und lange Ketten bilden. Etwa 40–70 dieser linearen, unverzweigten Polysaccharide sind über Wasserstoffbrücken miteinander verbunden; sie bilden eine kristalline Struktur, die als Mikrofibrille (Durchmesser: 3 nm) bezeichnet wird (Abb. 3-8 B).

Hemicellulosen. Unter diesem Begriff werden all jene Polysaccharide zusammengefasst, die nicht aus Cellulosemikrofibrillen bestehen und nicht der Pectinfraktion zuzurechnen sind. Hemicellulosen sind – im Gegensatz zu den Pectinen – in der Regel über Wasserstoffbrückenbindungen an die Mikrofibrillen angelagert. In Abb. 3-9 sind die Strukturen der acht wichtigsten Monosaccharide der Matrix-Polysaccharide dargestellt (Pentosen, Hexosen, Uronsäuren). Hemicellulosen enthalten als Hauptkomponenten die vier Zucker D-Glucose, D-Xylose, L-Arabinose und D-Glucuronsäure. Die **Xyloglucane** sind die wichtigsten Hemicellulosen der Zellwände zweikeimblättriger Pflanzen; bis zu 20 % ihrer Trockenmasse besteht aus Xyloglucan. In der Primärwand der Gräser fehlt diese Hemicellulose fast vollständig. Die Xyloglucane bestehen aus langen, linearen D-Glucose-Ketten, die identisch mit jenen der Cellulose sind. Die Polysaccharide enthalten jedoch kurze Seitenketten, die kovalent mit der –CH_2-OH-Gruppe der Glucose-Moleküle verbunden sind. Diese Seitenketten bestehen aus 1 bis 3 Zuckermolekülen.

Die **β-Glucane** sind die wichtigsten Hemicellulosen der Gräser; sie fehlen in der Primärwand der Dicotyledonen. β-Glucane bestehen, wie die Cellulose, aus D-Glucose-Ketten. Allerdings sind die Monomere durch β1,3- und β1,4-Bindungen miteinander verknüpft, d. h. es liegen keine parallel angeordneten, durch Wasserstoffbrücken miteinander verbundene Molekülketten (wie in der Cellulose) vor. Die durch β1,4-Bindungen verknüpften Bereiche der Glucan-Polysaccharide sind über

Wasserstoffbrücken an die Mikrofibrillen assoziiert. Beim Wachstum der Zellwände der Gramineae wird ein Teil der $\beta1,3$-$\beta1,4$-Glucane abgebaut. Die Hydrolyseprodukte (D-Glucose-Moleküle) sammeln sich vermutlich im Apoplasten des Gewebes an.

Im Gegensatz zu den β-Glucanen sind die **Xylane** in den Primärwänden aller untersuchten Pflanzengruppen anzutreffen. Die Xylane bestehen aus langen Molekülketten, in denen D-Xylose-Monomere durch $\beta1,4$-Bindungen verknüpft sind. Die Xylose-Ketten tragen Seitengruppen, die aus einzelnen Monosacchariden bestehen (D-Glucuronsäure, L-Arabinose). In geringer Menge kommt in der Primärwand unverletzter Pflanzen außerdem die nicht in Tab. 3-1 aufgeführte **Callose** vor. Diese Hemicellulose besteht wie die Cellulose aus D-Glucose-Molekülen, die allerdings nicht durch $\beta1,4$-, sondern durch $\beta1,3$-Bindungen miteinander verknüpft sind. In alten (d. h. nicht mehr voll funktionstüchtigen) Phloemelementen wird Callose gebildet; die Makromoleküle verstopfen dann die Siebporen. Nach mechanischer Verletzung der Zellwand (z. B. Insektenstich) kommt es zu einer raschen Akkumulation von Callose: dieses Polysaccharid bildet einen wirksamen Wundverschluss. Weiterhin wird Callose während der Zellteilung (Cytokinese) in der Zellplatte abgelagert (Kap. 11).

Pectine. Im Gegensatz zu den Hemicellulosen sind die Pectine wasserlösliche Polysaccharide; die Molekülketten sind durch einen hohen Anteil an D-Galacturonsäure charakterisiert. Durch Oxidation der endständigen CH_2OH-Gruppe der Galactose zur Carboxylgruppe (–COOH) entsteht die Galacturonsäure (Abb. 3-9). Die als Homo- und Rhamnogalacturonane bezeichneten Polymere sind im Wesentlichen aus den Monosacchariden D-Galacturonsäure, L-Arabinose, D-Galactose und L-Rhamnose aufgebaut. Die Molekülketten sind u. a. über Calcium-Ionen miteinander verknüpft ($-COO^-\,Ca^{2+}\,^-OOC-$). Die Ca^{2+}-Brücken scheinen allerdings für die Stabilität der Zellwand von geringer Bedeutung zu sein. Die Primärwand der Gräser enthält nur sehr wenig Pectin.

Proteine. Die Primärwand der zweikeimblättrigen Pflanzen besteht aus bis zu 10 %, die der Gräser zu etwa 1 % aus Proteinen. Die mengenmäßig dominierenden Proteine sind mit Kohlenhydraten verbunden und werden daher als Glykoproteine bezeichnet. Das **Extensin** ist ein kovalent mit den Zellwandpolysacchariden verknüpftes Glykoprotein. Etwa 50 % des Extensin-Moleküls besteht aus Kohlenhydraten, wobei der Zucker L-Arabinose der wichtigste Baustein zu sein scheint. Der Proteinanteil besteht im Wesentlichen aus der Aminosäure Hydroxyprolin; außerdem wurden die Aminosäuren Serin, Lysin, Valin, Tyrosin und Histidin nachgewiesen. Die Funktion des Extensins beim Wachstum der Primärwand ist nicht eindeutig geklärt; vermutlich werden die Extensin-Moleküle nach Beendigung der Zellstreckung in die Wand eingelagert und dienen dann der mechanischen Stabilisierung der Zellwandstruktur. Die **Arabinogalactanproteine** enthalten ähnlich wie das Extensin als Hauptbestandteile Hydroxyprolin und L-Arabinose; weiterhin konnte die Aminosäure Serin und das Monosaccharid D-Galactose nachgewiesen werden. Im Gegensatz zum Extensin sind die Arabinogalactanproteine wasserlösliche Moleküle, die nur locker (nicht kovalent) an die Polysaccharide angelagert sind. Die Funktion dieser Glykoproteine ist unbekannt.

Die Primärwand enthält neben diesen beiden Glykoproteinen noch zahlreiche **Enzyme** (z. B. Peroxidasen, Glykosidasen, Endoglykanasen, Transglycosylasen, Oxidasen und Malat-Dehydrogenasen). Die bisher genauer untersuchten Zellwandenzyme scheinen Glykoproteine zu sein; sie spielen bei der Regulation der Zellwandextension vermutlich eine wichtige Rolle. Seit 1990 kennen wir eine Klasse weiterer Primärwand-Proteine, die als **Expansine** beschrieben wurden. Diese in äußerst geringer Konzentration anzutreffenden Zellwandkomponenten scheinen das durch Säure induzierbare Streckungswachstum zu vermitteln. Die Frage, ob die Expansine bei der Zellstreckung intakter Organe eine Rolle spielen, ist derzeit noch unbeantwortet.

Phenole. Die Primärwände der Gräser (Gramineae) enthalten durch Ester-Brücken mit den Matrixpolysacchariden verknüpfte Phenolverbindungen. Besonders intensiv untersucht wurde die Ferulasäure; diese bildet Ferulat-Seitengruppen. Über eine enzymatische Reaktion (Peroxidase)

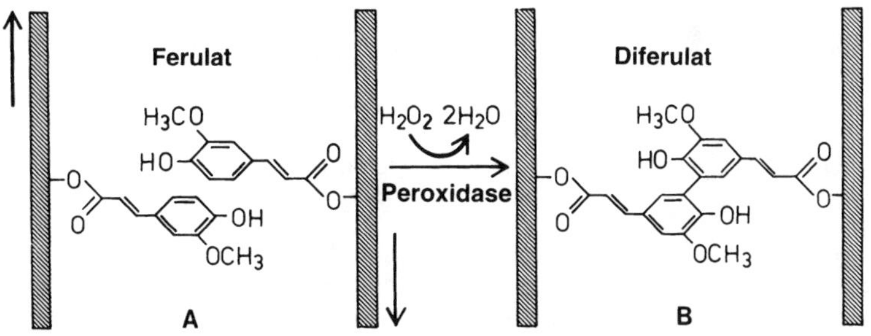

Abb. 3-10: *Vernetzung der Hemicellulose-Moleküle (graue Balken) in der Primärwand durch Ausbildung kovalenter Bindungen (Diferulat-Brücken). Die wachsende, dehnbare Wand (A) verliert nach oxidativer Vernetzung (Enzym: Peroxidase) ihre Fähigkeit zur plastischen Deformation (B). (Nach Fry, S. C.: Ann. Rev. Plant Physiol. 37, 165–186, 1986).*

können Diferulat-Brücken ausgebildet werden (Abb. 3-10). Die dadurch bedingte Vernetzung der Hemicellulose-Moleküle scheint zur mechanischen Verfestigung der Primärwand beizutragen (Erniedrigung der Extensibilität). Die Primärwände enthalten außerdem das aus verschiedenen Phenolen aufgebaute Polymer **Lignin**; die Lignifizierung ist in wachsenden Organen allerdings fast ausschließlich auf die Xylemelemente beschränkt (Tracheiden, Tracheen). Ausgewachsene (Sekundär)- Wände bestehen bis zu 30 % aus Lignin. Diese zweithäufigste organische Verbindung der Welt, die eine Hauptkomponente von Holz ist, wird in Kap. 17 (Sekundärstoffe) beschrieben.

Abschließend sollen noch zwei Polyester erwähnt werden, die in geringer Menge Phenolgruppen tragen und in einigen speziellen Zellwandtypen vorkommen. Das **Cutin** ist ein hydrophober Polyester aus Hydroxy-Fettsäuren; die Polymere sind Bestandteil der äußeren Epidermiswand (Cuticula) der oberirdischen Organe der Pflanze (Stängel, Blätter). Sie liegen in der Regel der peripheren Organwand auf, reichen jedoch nicht selten auch in die inneren Bereiche der Zellwand hinein. Die Funktion des Cutins besteht darin, das der trockenen Luft ausgesetzte Gewebe vor zu starker Wasserdampfabgabe zu schützen (Erniedrigung der Transpiration). Auch das **Suberin** ist eine hydrophobe, aus Fettsäuren, Alkoholen und Phenolen zusammengesetzte polymere Verbindung. Suberin wurde in Kork, Samenschalen und im Caspary schen Streifen der Endoder-

mis der Wurzel nachgewiesen. Genau wie das Cutin ist das Suberin eine den Wassertransport hemmende Einlagerung; die damit inkrustierten Zellwände fungieren als Barrieren für den Wasserfluss im Gewebe.

3.5 Dicke und Architektur der Zellwände

Es wurde bereits erwähnt, dass das Netzwerk aus Cellulosemikrofibrillen als „Skelett" der Primärwand interpretiert wird. Der vom Protoplasten der turgeszenten Zelle ausgeübte hydrostatische Druck führt zu einer Dehnung der Zellwandpolymere, bis die Elastizitätsgrenze des lasttragenden Mikrofibrillen-Netzwerkes erreicht ist. Es ist offensichtlich, dass die räumliche Anordnung der Cellulosemikrofibrillen einen entscheidenden Einfluss auf die mechanischen Eigenschaften (Dehnbarkeit) der Primärwand ausübt. Unter dem Begriff **Zellwandarchitektur** versteht man die dreidimensionale (räumliche) Anordnung der Cellulosemikrofibrillen innerhalb der Matrix der Wand.

Untersuchungen zur Cellulose-Architektur der Wand wurden bisher praktisch ausschließlich an wachsenden, achsenförmigen Organen durchgeführt (Hypocotyle, Epicotyle, Koleoptilen der Gräser). Das Hypocotyl des Sonnenblumenkeimlings (*Helianthus annuus*, s. Abb. 3-12 A, *inset*) ist ein besonders gut analysiertes Objekt und soll daher als

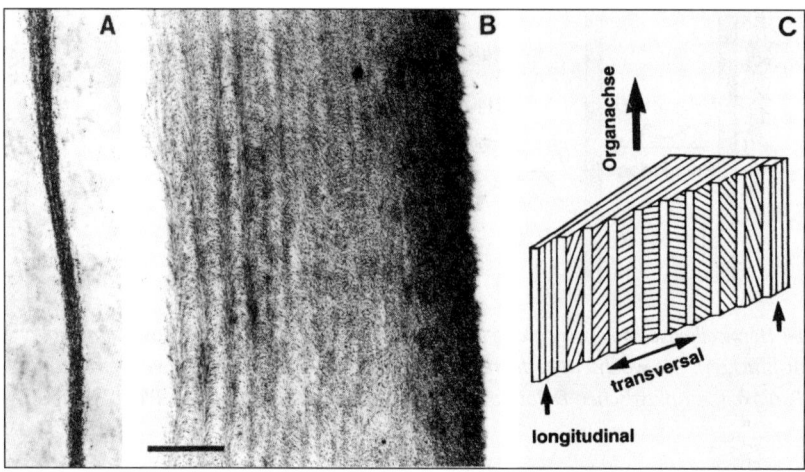

Abb. 3-11: *Elektronenmikroskopische Aufnahmen von Querschnitten durch eine Zellwand im Mark (A) und die Epidermisaußenwand (B) des Hypocotyls der Sonnenblume (Helianthus annuus). Die Schichtenstruktur (Cellulosemikrofibrillen) der helicoidal gebauten Innenseite der Epidermisaußenwand ist schematisch dargestellt (C). Balken: 0,5 μm. (Nach Kutschera, U.: Bot. Acta 105, 246–252, 1992).*

repräsentatives Beispiel herangezogen werden. Elektronenmikroskopische Untersuchungen ergaben, dass sich die Zellwände verschiedener Gewebe bezüglich ihrer Dicke und Ultrastruktur deutlich voneinander unterscheiden: Die Zellwände der äußeren Gewebe (Epidermis, Subepidermis) sind wesentlich dicker als die Wände im Zentrum des Hypocotyls (Mark). Abbildung 3-11 A, B zeigt, dass die Epidermisaußenwand (OEW = outer epidermal wall) etwa 2,0 μm, eine Wand im Mark jedoch nur 0,1 μm dick ist: Die periphere Zellwand des Hypocotyls ist somit etwa 20 mal dicker als die Wände im Zentrum des Organs. Weiterhin zeigen die Zellwände eine ganz unterschiedliche Ultrastruktur (Abb. 3-11): Die äußere Wand (B) ist aus mehreren Lamellen aufgebaut und wird daher auch als polylamellierte Wand bezeichnet. Die inneren Zellwände (A) bestehen hingegen aus nur einer Lamelle.

Detaillierte ultrastrukturelle Untersuchungen haben gezeigt, dass die Lamellen der OEW aus einzelnen Schichten parallel verlaufender Cellulosemikrofibrillen aufgebaut sind; die Schichten sind von Lage zu Lage gegeneinander um einen konstanten Winkel versetzt, so dass im Querschnitt ein Bogenmuster sichtbar wird. Diese helicoidale Mikrofibrillen-Architektur bedingt, dass in der

Epidermisaußenwand sowohl longitudinal (d. h. parallel zur Organachse) als auch transversal (d. h. in der Querschnittsebene des Stängels) verlaufende Mikrofibrillen-Schichten aufgelagert sind (Abb. 3-11 C). Im Gegensatz dazu sind die Cellulosemikrofibrillen in den inneren, unilamellierten Zellwänden (Rinde, Mark) ausschließlich transversal angeordnet. Es sind in diesen dünnen Zellwänden der inneren Gewebe somit keine in Längsrichtung verlaufende Cellulose-Schichten ausgebildet. Diese quantitativen und qualitativen Unterschiede zwischen den peripheren und inneren Zellwänden des Hypocotyls führen im turgeszenten Organ zur Erscheinung der **Gewebespannung** (Abb. 3-13, A, B).

Die helicoidal (Epidermis) bzw. transversal (Rinde, Mark) angeordneten Mikrofibrillen sind in der Wand von einer Matrix umgeben (Abb. 3-8). Durch welche chemischen Bindungen sind die Cellulosemoleküle mit den Matrixkomponenten verknüpft? Diese entscheidende Frage konnte bis heute nicht eindeutig geklärt werden. Man nimmt an, dass die Hemicellulosemoleküle über Wasserstoffbrückenbindungen an die Cellulose-Mikrofibrillen gebunden sind. Außerdem sind in der Pectin-Fraktion der Wand ionische Bindungen (Ca^{2+}-Brücken) ausgebildet. Die Bedeutung dieser nicht-

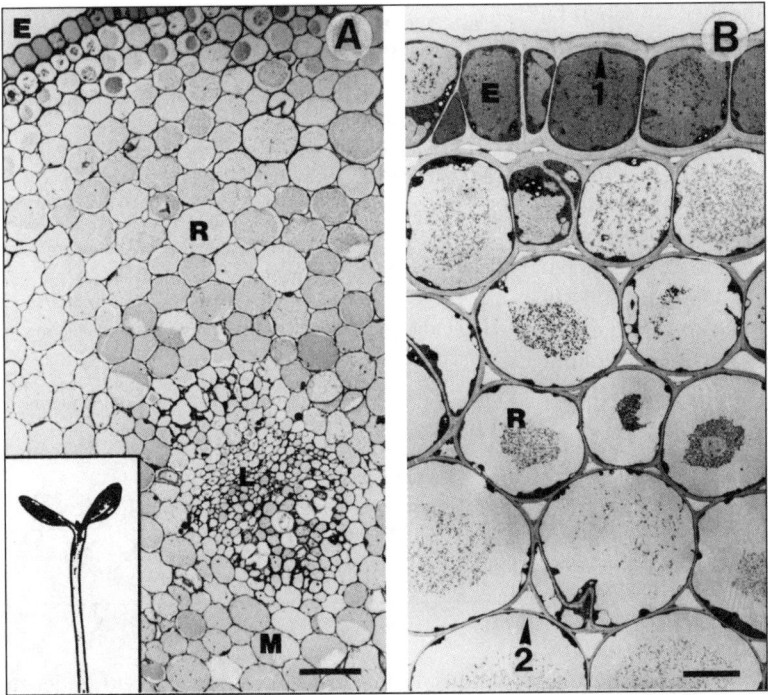

Abb. 3-12: *Querschnitte durch das Hypocotyl des Sonnenblumenkeimlings (Helianthus annuus, Inset in A). Im lichtmikroskopischen Bild sind Epidermis (E), Rinde (R), Mark (M) sowie ein Leitbündel (L) zu erkennen (A). Balken: 0,2 mm. Im elektronenmikroskopischen Bild wird deutlich, dass die Zellwanddicke von außen (Epidermis) nach innen (Rinde) abnimmt (B). Die Epidermisaußenwand (Pfeil 1) ist etwa 10 mal dicker als die Zellwände in der Rinde des Organs (Pfeil 2). Balken: 10 µm. (Nach Kutschera, U.: Planta 181, 316–323, 1990).*

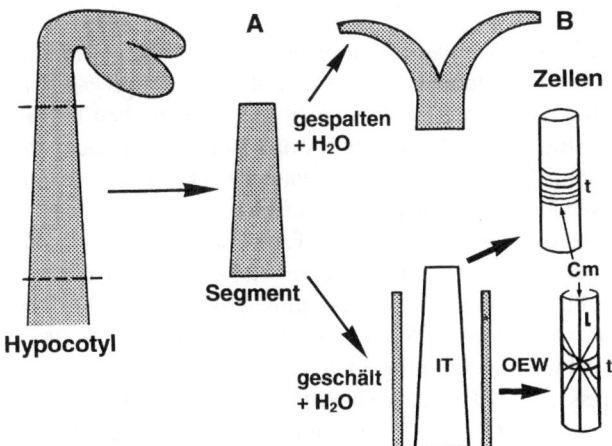

Abb. 3-13: *Darstellung der beiden klassischen Experimente, die zur Entdeckung der Gewebespannung geführt haben (A). Die Orientierung der Cellulosemikrofibrillen (Cm) in den Wänden der Zellen der inneren Gewebe (IT) und der Epidermisaußenwand (OEW) ist schematisch wiedergegeben (B). L = longitudinal, t = transversal orientierte Cellulosemikrofibrille in Bezug auf die Achse der Zelle. (Nach Kutschera, U.: Plant Biol. 3, 466–480, 2001).*

kovalenten Bindungen für die mechanischen Eigenschaften der Primärwand ist ungeklärt. Die Ausbildung kovalenter Bindungen zwischen den Polysacchariden der Matrixfraktion hat hingegen vermutlich drastische Konsequenzen für die Dehnbarkeit der Wand: In der Primärwand der Gräser kommt es vor dem Wachstumsstopp zur Ausbildung kovalenter Diferulat-Brücken zwischen benachbarten Hemicellulose-Polymeren (Abb. 3-10). Die Extensibilität der Wand sinkt in Folge dieser Vernetzung deutlich ab, d. h. die vom Turgor getriebene Streckung der Zellen kommt zum Stillstand.

3.6 Gewebespannung, Plasmodesmen und Organismustheorie

In der Einleitung dieses Kapitels wurde die von Th. Schwann und M.J. Schleiden (1839) formulierte **Zellentheorie** vorgestellt. Diese besagt, dass sowohl die Pflanze als auch das Tier als ein Aggregat aus gleichwertigen Zellen anzusehen ist. Der Organismus ist gemäß dieser Vorstellung als „Zellenstaat" zu interpretieren. Die Zellentheorie gilt vermutlich für tierische Gewebe; bei der **Zellteilung** (Cytokinese) trennen sich die Protoplasten vollständig voneinander und stehen danach lediglich über die *gap junctions* miteinander in Verbindung. Über diese Brücken verläuft z. B. der Austausch elektrischer Signale (Abb. 3-15 B).

Welche Relevanz hat die Zellentheorie in Bezug auf die höhere Pflanze? Genau wie beim Tier sind auch im Pflanzenkörper (Kormus) morphologisch und funktionell gleichartige Zellen zu Geweben zusammengeschlossen. (Tab. 3-2). Die verschiedenen Gewebe sind wiederum die Bauelemente der Organe des Kormus (Wurzel, Sprossachse, Blätter). Als repräsentatives Beispiel dient das Hypocotyl des Sonnenblumenkeimlings. Der Keimstängel besteht aus einem primären Abschlussgewebe (Epidermis), das ein Rinden- und ein zentrales Markparenchym umschließt. Zwischen Rinde und Mark sind sechs Leitbündel eingelagert. Abbildung 3-12 A zeigt einen Ausschnitt des Querschnittes durch das Sonnenblumenhypocotyl. Im lichtmikroskopischen Bild sind die Gewebe Epi-

Tab. 3-2: Einteilung der Gewebe bei höheren Pflanzen (nach verschiedenen Autoren).

1. Grundgewebe (Parenchyme):	z. B. Rinden-, Mark-, Blattparenchym
2. Bildungsgewebe (Meristeme):	Apicalmeristeme (Spross- und Wurzelspitze) Intercalare Meristeme (z. B. Knoten der Grashalme) Verdickungsmeristeme, Kambium
3. Leitgewebe:	Xylem (Tracheen, Tracheiden) Phloem (Siebröhren, Geleitzellen)
4. Abschlussgewebe:	Äußere Abschlussgewebe: Epidermis, Rhizodermis, Exodermis, Periderm (Kork) Innere Abschlußgewebe: Endodermis
5. Festigungs gewebe (Stereom):	Collenchym, Sklerenchym
6. Gewebe mit spez. Funktion:	Sekretions-, Exkretions- und Absorptionsgewebe Gewebe der Reproduktionsorgane (Blüten, Samen, Pollen)

dermis, Rinde und Mark sowie ein Leitbündel zu erkennen. Bei stärkerer Vergrößerung (elektronenmikroskopische Aufnahme, Abb. 3-12 B) wird deutlich, dass die Zellwände der Epidermis wesentlich dicker sind als diejenigen der Rinde. Weiterhin fällt auf, dass zwischen den Einzelzellen große, dreieckige Interzellularräume liegen. Dort erfolgt der Gasaustausch zwischen Zelle und Umgebung.

Symplast. Nahezu alle Zellprotoplasten eines bestimmten Organs sind über Plasmabrücken (Plasmodesmen) zu einer cytoplasmatischen Einheit, dem Symplasten, miteinander verbunden. Vermutlich bilden die Gewebe des Hypocotyls einen einzigen großen, organübergreifenden Symplasten. Wie bereits erwähnt, sind die Schließzellen der Stomata symplastisch isoliert, da sie während ihrer Entwicklung funktionstüchtige Plasmodesmen verloren haben (Degeneration der Zell-Zell-Verbindungen).

Die außerhalb des Symplasten liegenden Räume (Zellwände, Interzellularen, Lumen der Xylemelemente) bilden den Apoplasten des Stängels. Die elektronenmikroskopischen Aufnahmen (Abb. 3-11 A, B; Abb. 3-12 B) zeigen, dass das Hypocotyl durch eine deutlich verdickte Epidermisaußenwand gekennzeichnet ist. Diese vielschich-

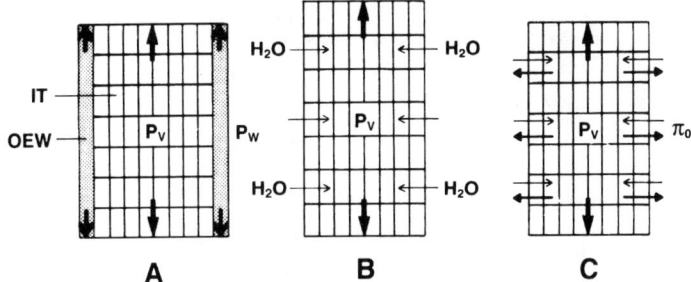

Abb. 3-14: *Mechanisches Modell eines achsenförmigen Organs einer höheren Pflanze (z. B. Hypocotyl, Koleoptile) (A). Der Turgordruck (P_v) der Zellen der dehnbaren inneren Gewebe (IT) wird von der dicken Epidermisaußenwand (OEW) getragen. Die OEW ist in manchen Organen durch verdickte subepidermale Zellwände mechanisch verstärkt. Sie fungiert als Organwand, da sie die Wandspannung (P_w) der inneren Zellen trägt. Nach Abschälen der Epidermis und Zugabe von Wasser wird eine rasche Längenzunahme gemessen (B). Diese Gewebe-Elongation kann durch ein Osmotikum mit definiertem osmotischem Druck (π_o, etwa 0,5 MPa) auf Null reduziert werden (C). (Nach Kutschera, U.: J. Plant Physiol. 146, 126–132, 1995).*

tige (polylamellierte) **Organwand** umschließt das Hypocotyl und bildet gewissermaßen eine Außenhülle von großer mechanischer Stabilität. Im Hypocotyl der Sonnenblume (und in manchen anderen Organen) sind auch die Wände der Subepidermis im Vergleich zu den Zellwänden der Rinde und des Marks deutlich verdickt, d. h. die Epidermisaußenwand ist mechanisch verstärkt. Diese drastischen Unterschiede in der Dicke und Architektur der Zellwände der äußeren und inneren Gewebe sind die Ursachen einer mechanische Organ-Eigenschaft, die von J. Sachs (1865) als Gewebespannung beschrieben wurde. Im Folgenden soll diese physikalische Eigenschaft wachsender Organe erläutert werden.

Gewebespannung. Wird ein herausgeschnittenes Segment einer aufrecht wachsenden, turgeszenten Keimpflanze längs gespalten, so krümmen sich die Spalthälften konkav nach außen (Abb. 3-13 A). Dies zeigt, dass die epidermalen Zellwände im intakten Organ unter longitudinaler Spannung stehen; sie üben somit auf die inneren Gewebe eine Kompression aus. Schält man einen Epidermisstreifen mit einer Pinzette ab, so verkürzt sich das isolierte Gewebe spontan um etwa 10 %: Im intakten Hypocotyl (vor der Isolation) waren die dicken peripheren Organwände somit in Längsrichtung gespannt, nach dem Abschälen sind sie entspannt. Wird ein vollständig geschäl-

tes Segment (= innere Gewebe, d. h. Rinde, Leitbündel und Mark) in Wasser inkubiert, so kann eine rasche Längenzunahme beobachtet werden (Abb. 3-13 A, 3-14 B). Einige Stunden nach Wasserzugabe sind die geschälten Stängel um bis zu 10 % länger als zu Beginn des Experiments. Mit elektronischen Wegaufnehmern (Extensiometer, Kap. 11) ist es möglich, die Kinetik dieser spontanen Elongation (Streckung der dünnwandigen, dehnbaren inneren Gewebe in Folge einer Wasseraufnahme) zu messen.

Durch Zugabe von Lösungen mit definiertem osmotischem Druck kann die Gewebeelongation auf Null reduziert werden. Als **Osmotikum** verwendet man heute die Verbindung Polyethylen-Glykol (PEG 8000). Dies ist eine hochmolekulare Substanz (rel. Molekülmasse ca. 8000). Die PEG-Moleküle sind chemisch stabil, biologisch inert und dringen auf Grund ihrer Größe nicht in den Zellwandraum (Apoplasten) ein. Abbildung 3-14 C zeigt, dass bei einem Druck (π_o) von etwa 0,5 MPa ein Gleichgewicht zwischen Wasseraufnahme (Elongation) und Wasserabgabe (Schrumpfen) eingestellt ist. Die inneren Gewebe üben im intakten Organ somit einen hydrostatischen Druck von etwa 0,5 MPa auf die epidermalen Zellwände aus, die dadurch gespannt werden. Experimente mit der Druckmess-Sonde (Kap. 11) haben gezeigt, dass dieser **Gewebedruck** numerisch dem Zellturgor entspricht.

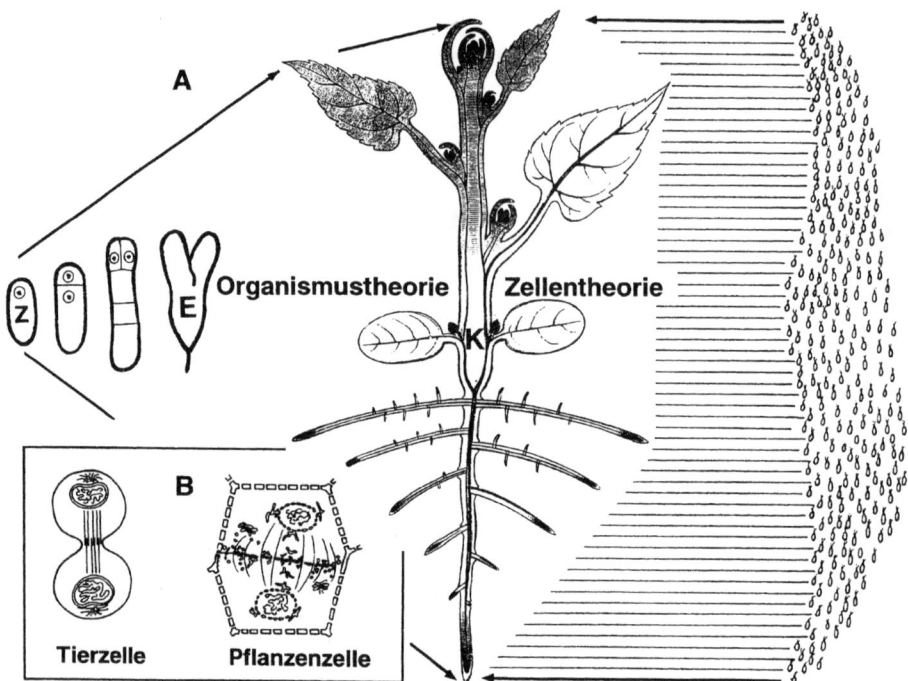

Abb. 3-15: *Gegenüberstellung von Organismustheorie und Zellentheorie der pflanzlichen Entwicklung (A). Die Organismustheorie postuliert eine Unterkammerung der Zygote (Z); bereits der Embryo (E) ist von einer umfassenden Organwand umhüllt. Der Kormus (Pflanzenkörper, K) ist ein überzelluläres System. Gemäß der Zellentheorie soll der Kormus durch Zusammenlagerung gleichartiger (isolierter) Einzelzellen zu interpretieren sein. Die Zellteilungs(Cytokinese)-Muster der Tier- und Pflanzenzelle sind in einer separaten Abbildung dargestellt (B). (Nach Kaplan, D. R.: Int. J. Plant Sci. 153, 28–37, 1992).*

Diese Versuche haben zur Schlussfolgerung geführt, dass das Hypocotyl bezüglich seiner mechanischen Eigenschaften als gigantische, turgeszente Zelle betrachtet werden kann (Abb. 3-14 A). Die dehnbaren inneren Gewebe (überzellulärer „Protoplast") üben einen hydrostatischen Druck (Zellturgor, P_v) auf die dicken peripheren Zellwände aus. Die Organwand steht daher unter longitudinaler Spannung (**Wandspannung,** P_w). Turgordruck und Wandspannung in der Peripherie des Stängels sind somit die Gegenkräfte im Organ; die Spannung der dünnen, inneren Zellwände ist im intakten, turgeszenten Hypocotyl gering oder gleich Null. Dieses Modell (Abb. 3-14 A) gilt nicht nur für das Sonnenblumenhypocotyl, sondern auch für andere wachsende achsenförmige Organe (z. B. Koleoptilen und Epicotyle). Die Gewebespannung (d.h. Verlagerung der Wandspannung auf die peripheren Zellwände im tur-

geszenten Organ) führt zu zwei wichtigen Konsequenzen:

• Die Festigkeit des unverholzten, krautigen Stängels wird durch diese Organ-Eigenschaft deutlich erhöht.

• Die Wachstumsrate des Organs wird durch die Dehnbarkeit der peripheren Zellwände begrenzt und somit reguliert (Kap. 11).

Organismuskonzept. Diese Resultate können abschließend wie folgt zusammengefasst werden. Während der tierische Organismus vermutlich als „Zellenstaat" betrachtet werden kann, gilt die klassische Zellentheorie der Organismen nur mit Einschränkungen für die Organe der Pflanze: die Zellen sind über Plasmodesmen zu einem Symplasten verbunden. Über diese Cytoplasmabrücken, die von einem ER-Strang durchzogen sind, können relativ große Moleküle, wie z. B. Disaccharide (Saccharose), Phytohormone, Proteine und Nucleinsäuren von Zelle zu Zelle transportiert werden (Abb. 3-5). Im Gegensatz zum mehrzelligen Tier ist die Pflanze ein überzelluläres Lebewesen. Die durch stabile Wände in ihrer Position fixierten (d. h. nicht mobilen) Zellen bilden ein aus Symplast und Apoplast bestehendes organumfassendes System, das von dicken, mehrschichtigen Außenwänden umschlossen ist, die den hydrostatischen Druck der turgeszenten inneren Gewebe tragen (Abb. 3-14 A). Der Pflanzenkörper besteht somit nicht aus aneinander gelagerten separaten Einzelzellen, wie es die **Zellentheorie** fordert. Der Kormus muss viel mehr als großer, zusammenhängender, durch Wände in einzelne Kammern untergliederter Protoplast interpretiert werden.

Diese **Organismustheorie** der pflanzlichen Entwicklung ist in Abb. 3-15 A veranschaulicht. Es wird deutlich, dass die befruchtete Eizelle (Zygote) bei der Entwicklung zum Embryo unterkammert wird (Zellteilung unter Beibehaltung cytoplasmatischer Kanäle). Die organübergreifende, stabile Epidermisaußenwand des Embryos (bzw. des Kormus) entwickelt sich aus der peripheren Zygotenwand. Zum Vergleich ist in Abb. 3-15 B der Zellteilungs-Modus (Cytokinese) einer typischen Tier- und Pflanzenzelle gegenüber gestellt. Es wird deutlich, dass während der Cytokinese der Tierzelle eine völlige Separation der Protoplasten eintritt, während bei der sich teilenden Pflanzenzelle eine „mit Plasmodesmen durchlöcherte Querwand" eingezogen wird.

Die hier abgeleitete Erkenntnis kann in dem folgenden Satz zum Ausdruck gebracht werden: Nicht einzelne Zellen bilden den Kormus, sondern die sich entwickelnde Pflanze bildet die Zellen. Tiere und Pflanzen unterscheiden sich somit nicht nur bezüglich ihrer Ernährungsweise von einander (frei beweglich, heterotroph bzw. fest gewachsen, photoautotroph). Tiere sind als „Zellenstaaten" zu interpretieren, die aus einzelnen „Elementarorganismen" zusammengesetzt sind. Die Pflanze ist hingegen ein **überzellulärer Organismus**, dessen viele Millionen Einzelzellen als Produkte einer sekundären Unterkammerung der Zygote anzusehen sind (Abb. 3-15).

4 Wasserhaushalt der Pflanzenzelle: Diffusion, Osmose, Wasserpotential

Etwa 75 % der Erdoberfläche ist in Form der Ozeane und Binnengewässer von Wasser bedeckt. Das Wachstum der Landpflanzen ist nur in jenen Regionen möglich, wo genügend Wasser vorhanden ist, d. h. die Verbindung H_2O bildet die Grundvoraussetzung für das Leben auf der Erde. In der Regel können nur dort Tiere leben, wo auch Pflanzen gedeihen. Die Besiedelung des Festlandes durch die ersten urtümlichen Moose im Silur/Devon ereignete sich viele Jahrmillionen vor der Entwicklung der ersten terrestrischen Wirbeltiere (Ur-Lurche, am Ende des Devons) (Kap. 3). Die vom Wasser abhängige Landvegetation lieferte damals (und bildet noch heute) die Lebensgrundlage für die zahlreichen heterotrophen Festlandbewohner unseres Planeten (z. B. Pilze, Tiere).

Sinkt der **Wassergehalt** einer typischen krautigen (d. h. nicht verholzten) Pflanze um 10–15 % ab, so verlieren die Blätter und Stängel ihre Festigkeit und Form: sie werden welk. Nach erneuter Wasserzufuhr über die Sprossachse nimmt die Pflanze wieder ihre ursprüngliche Gestalt an. Ein klassisches Welke-Experiment ist in Abb. 4-1 A dargestellt. Die Festigkeit der krautigen Organe wird durch den hydrostatischen Druck der Protoplasten gegen die Zellwände hervorgebracht (**Turgor**). Bei optimaler H_2O-Versorgung, der daraus resultierenden vollen Turgeszenz der Zellen und Wasserdampfsättigung der Luft kann an den Blättern mancher Landpflanzen eine Abgabe von flüssigem Wasser beobachtet werden. Diese Wassersekretion (Abb. 4-1 B) tritt insbesondere an den Blattzähnen in Erscheinung und wird als **Guttation** bezeichnet. Bei überoptimaler Wasserversorgung kann es zu einem regelrechten Abtropf-Strom kommen, d. h. der Organismus scheidet die über die Wurzel aufgenommenen, in den Geweben gespeicherte H_2O-Moleküle in großer Menge wieder aus.

In diesem Kapitel sind die Beziehungen zwischen dem Wasser und der Pflanzenzelle auf Grundlage der entsprechenden physikalisch-chemischen Gesetze dargestellt, wobei ausschließlich Landpflanzen berücksichtigt werden.

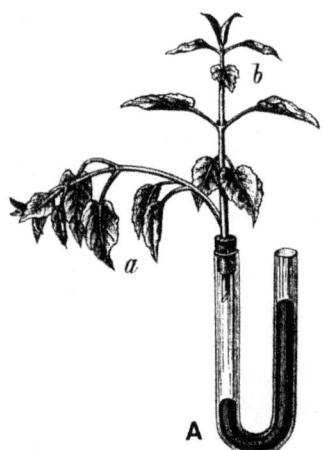

A   **B**

Abb. 4-1: *Klassische Versuche zum Wasserhaushalt der Pflanze (Springkraut, Impatiens). Ein welker Spross kann durch Einpressen von Wasser unter Wirkung einer Quecksilbersäule seine Turgeszenz (Festigkeit) wieder erlangen (Zustand a/b) (A). Bei Überangebot an H_2O gibt die Pflanze an den Blatträndern flüssiges Wasser ab (B).(Nach Pfeffer, W.: Pflanzenphysiolgie Bd. I, Leipzig, 1897).*

4.1 Der Wassergehalt und die Lebensfähigkeit der Pflanze

Die fundamentale Bedeutung des Wassers für die Pflanze lässt sich leicht an einem einfachen Experiment verdeutlichen. Werden keimfähige Samen (z. B. Kerne der Sonnenblume, *Helianthus annuus*) in Abwesenheit von Wasser (trocken) gelagert, so findet bekanntlich keine Keimung statt. Nach Zugabe von H_2O entwickelt sich der Embryo unter Verbrauch der Speicherstoffe sowohl in Dunkelheit als auch im Licht zu einer jungen Pflanze (Keimling).

Abbildung 4-2A zeigt einen Sonnenblumenkern nach Entfernung der Samenschale sowie die daraus in Dunkelheit und im Weißlicht herangewachsenen Keimlinge. Bestimmt man die **Frischmasse** (Fm) der Samen (Kerne) und Keimlinge, so zeigt sich, dass diese Größe während der Entwicklung von 50 mg auf 752 bzw. 781 mg, d.h. um etwa 1400%, zunahm. Entwässert man die Samen bzw. Keimlinge vollständig und bestimmt anschließend deren **Trockenmasse** (Tm), so wird deutlich, dass diese von 44 auf 43 mg abnahm: Die gesamte Volumen- und Massenzunahme der Keimpflanzen ist somit auf Wasserzufuhr zurückführbar. Aus den Frisch- und Trockenmassen kann

man den **Wassergehalt** (Prozentsatz an H_2O, bezogen auf die Frischmasse) berechnen. Das Experiment zeigt, dass die Samen zu 12 % und die Keimlinge zu 94–95 % aus Wasser bestehen.

Hiermit wurden die beiden Extreme im Wassergehalt lebender pflanzlicher Gewebe und Organe bestimmt. Allgemein gilt, dass der Wassergehalt trockener Samen (d. h. Embryo, Nährgewebe) im Bereich zwischen 5–15 % (im Mittel bei 10 %) liegt. Es ist nicht bekannt, wie die Zellen des Embryos eine derart extreme Dauer-Austrocknung, oft über Jahrzehnte hinweg, ohne Verlust an Keimfähigkeit überleben können (Kap. 8). Das andere Extrem wird durch krautige Pflanzen repräsentiert. Optimal mit Wasser versorgte Organe (Blätter, Stängel, Wurzeln) dieser Gewächse enthalten, ähnlich wie die Sonnenblumenkeimlinge, bis zu 95 % Wasser.

Mittlere Wassergehalte von 40–60 % werden in verholzten Sprossachsen (z. B. Baumstämme, Zweige) gemessen. Der H_2O-Gehalt von Früchten und Knollen (z. B. Äpfel, Kartoffeln) liegt bei etwa 80 %. Diese Beispiele zeigen, dass der lebende Kormus zu einem Großteil aus Wasser besteht.

Es wurde bereits dargelegt, dass bei typischen Landpflanzen nach Abfall des H_2O-Gehalts um mehr als 15 % ein Welken und bei anhaltender Dehydratisierung das **Austrocknen** der Gewebe eintritt. Der Kormus stirbt im entwässerten Zustand ab; nur die Embryonen innerhalb der Samen und die Pollenkörner können bei einem Wassergehalt von < 10 % überleben. Es gibt jedoch bemerkenswerte Ausnahmen von dieser Regel.

Die Gruppe der **Auferstehungspflanzen** (*resurrection plants*) umfasst Wüstenbewohner aus Südafrika, Südamerika und Westaustralien. Diese Gewächse besiedeln Lebensräume, in denen oft über Monate hinweg völlige Trockenheit herrscht (Temperaturmaxima > 60 °C); die Gebiete werden nur periodisch durch einzelne Regenfälle bewässert. Die *resurrection plants* (z. B. Vertreter der Gattungen *Craterostigma*, *Xerophyta*, *Myrothamnus*) verlieren im gesamten Kormus bis zu 90 % an Wasser (H_2O-Gehalt der eingetrockneten Gewebe < 8 %). In diesem extrem dehydratisierten Zustand können die Pflanzen Jahre lang überdauern. Nach Regenfällen (rasche H_2O-Absorption) „stehen" die völlig eingetrockneten Gewächse „von der Totenstarre" auf: innerhalb von zwei Tagen sind die

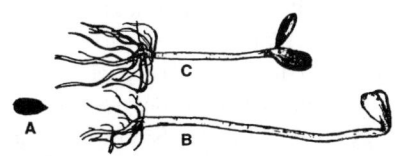

Fm (mg)		Tm (mg)	H$_2$O (%)
A.	50	44	12
B.	752	43	94
C.	781	43	95

Abb. 4-2: *Änderung der Frischmasse (Fm), der Trockenmasse (Tm) und des Wassergehalts (% H$_2$O pro Frischmasse) während der Entwicklung von Sonnenblumenkeimlingen (Helianthus annuus). Die Samen (A) wurden in feuchtem, sterilen Substrat bei 99 % relativer Luftfeuchtigkeit (25 °C) für 6 Tage im Dunkeln (B) oder im Weißlicht (C) angezogen. Die Samenschalen wurden vor der Wägung entfernt (Mittelwerte von jeweils 50 Messungen; Standardfehler < 2%).*

resurrection plants erneut voll lebensfähig. Der Gehalt des Stresshormons **Abscisinsäure** (ABA) steigt während der Austrocknung rasch an und sichert auf noch unbekannte Art und Weise das Überleben der Zellen und Gewebe der Auferstehungspflanzen (Kap. 12).

4.2 Eigenschaften des Wassers

In diesem Abschnitt sollen die physikalisch-chemischen Eigenschaften des Wassers in Kurzform dargestellt werden. Das Wassermolekül (H_2O) ist ein Dipol; die beiden O-H-Bindungen bilden einen Winkel von etwa 105°. Das Dipolmolekül ist polarisiert: der Sauerstoff trägt eine partielle negative und die Wasserstoffatome eine partielle positive Ladung (Abb. 4-3), weil das Element Sauerstoff eine größere Elektronenaffinität (= Elektronegativität) als Wasserstoff aufweist. Zwischen

den H_2O-Molekülen bestehen wegen des Dipolcharakters der Teilchen Anziehungs (= Kohäsions)-kräfte. Diese werden durch Wasserstoffbrücken zwischen den einzelnen Molekülen hervorgerufen. Auf Grund dieser **Kohäsionskräfte** ist Wasser trotz seiner geringen relativen Molekülmasse (16 + 2 × 1 = 18) eine Flüssigkeit (Schmelzpunkt: 0°C, Siedepunkt bei Normaldruck: 100°C, Definition der Celsius-Skala). Die Anziehungskraft zwischen den H_2O-Molekülen und einem Festkörper wird als **Adhäsion** bezeichnet. So „kleben" zwei feuchte Glasplatten fest aneinander, weil Adhäsions- (H_2O-Glas) und Kohäsionskräfte (H_2O-H_2O) zusammenwirken.

In engen Röhren (Kapillaren) steigt von unten angebotenes Wasser in Folge der Adhäsion und Kohäsion aufwärts (Abb. 4-3). Man bezeichnet diese Erscheinung als **Kapillarität**. In sehr engen Glaskapillaren ist die zu den Wänden hin gerichtete Adhäsion meist deutlich stärker als die Kohäsionskraft zwischen den H_2O-Molekülen. Das Wasser steigt daher entgegen der Schwerkraft einige Zentimeter weit nach oben, wobei die Höhe der Wassersäule davon abhängt, wie eng die Röhre ist. Adhäsion, Kohäsion und die daraus resultierende Kapillarität bilden die physikalische Grundlage für den Wasserferntransport in der transpirierenden Pflanze. Um die Wasseraufnahme der Samen bei der Quellung und Keimung, den Wassertransport in die Wurzel sowie den Ferntransport von H_2O bis in die Blätter zu verstehen, ist es zunächst notwendig, die Diffusionsgesetze zu rekapitulieren. Danach wird die Osmose abgehandelt, um dann die Wasserverhältnisse der typischen Pflanzenzelle darzustellen.

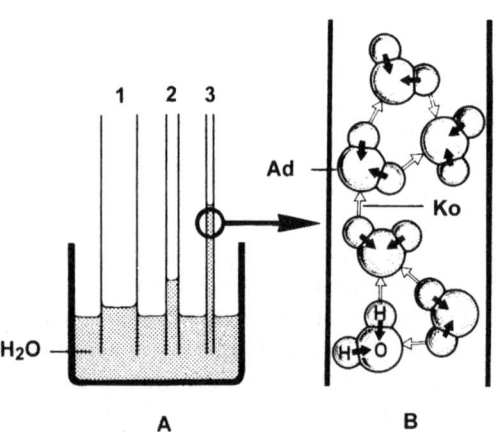

Abb. 4-3: Kohäsion und Adhäsion des Wassers. Werden Glasröhren (1, 2, 3) in Wasser gestellt, so steigt die Flüssigkeit nach oben (Kapillarität) (A). Die Wassermoleküle sind polar, weil das Sauerstoff (O)-Atom die Elektronen stärker anzieht als die beiden Wasserstoff (H)-Atome (schwarze Pfeile). Zwischen den Dipolmolekülen bilden sich Wasserstoffbrücken aus (weiße Pfeile), daher der Zusammenhalt (Kohäsion, Ko) der H_2O-Moleküle. Die Anziehungskraft zwischen der Kapillarinnenwand und den Wassermolekülen wird als Adhäsion (Ad) bezeichnet (B).

4.3 Diffusion und Osmose

Überschichtet man eine konzentrierte Zuckerlösung, die sich am Grund eines hohen Glaszylinders befindet, vorsichtig mit reinem Wasser, so wird die Trennfläche immer diffuser, d. h. die beiden Flüssigkeiten gleichen sich aus, bis überall dieselbe Konzentration an Zucker- und Wassermolekülen herrscht. Diese spontane gegenseitige Vermischung verschiedener aneinandergrenzender Stoffe (Flüssigkeiten oder Gase) wird als **Diffusion** bezeichnet. Sie beruht auf der Wärmebewegung der kleinsten Teilchen (Moleküle, Ionen). Die Diffusion ist beendet, sobald die Teilchenzahldichten ausgeglichen sind, d. h., wenn überall dieselbe Konzentration herrscht. Die „treibende Kraft" der Diffusion ist somit das Bestreben des Gesamtsystems nach einem Konzentrationsausgleich.

Diffusionsgesetze. Die Grundgesetze der Diffusion wurden von A. Fick (1855) formuliert und sollen anhand des oben beschriebenen Experiments erläutert werden. Das 1. **Diffusionsgesetz** besagt, dass die pro Zeiteinheit diffundierende Stoffmenge eine Funktion des Querschnittes des Diffusionsfeldes sowie des Konzentrationsgefälles ist:

$$\frac{dn}{dt} = -D \cdot q \frac{dc}{dx} \qquad (4.1)$$

Die pro Zeiteinheit (t) diffundierende Stoffmenge (n) (= dn/dt) entspricht der Zahl der Zuckermoleküle, die in reines Wasser einwandern. Die Querschnittsfläche des Diffusionsfeldes (q) entspricht in diesem Experiment dem Querschnitt des Glaszylinders. Der Ausdruck dc/dx beschreibt das Konzentrationsgefälle (dc) pro Diffusionsstrecke x (dx). Die Größe D ist der **Diffusionskoeffizient**. Es handelt sich hierbei um eine spezifische Stoffkonstante (Einheit: m^2/s), deren Wert von der Temperatur abhängt. Gleichung 4.1 enthält ein Minus-Zeichen, weil die Stoffmenge, die betrachtet wird (Zuckermoleküle in der unteren Lösung), mit der Zeit abnimmt: Die Teilchen verlassen die konzentrierte Lösung.

Das 2. **Diffusionsgesetz** gibt Information über den zeitlichen Verlauf des Stofftransports. Unter der Annahme von zwei Grenzbedingungen (1. Zu Beginn der Diffusion soll die Zuckerkonzentration im aufgeschichteten Wasser gleich Null sein; 2. Am Boden des Zylinders soll sich immer eine gesättigte Zuckerlösung befinden) gilt, dass das Quadrat der Höhe (Diffusionsstrecke x) proportional zur Zeit (t) ist:

$$x^2 \approx 4\,D \cdot t \qquad (4.2)$$

Um ein bestimmtes Konzentrationsverhältnis Zuckerlösung/reines Wasser zu erreichen, benötigen die Zuckermoleküle mit steigender Höhe (= Diffusionsstrecke x) eine immer längere Zeit, da

z. B. eine Verdoppelung von x eine Vervierfachung von t mit sich bringt usw. (Gl. 4.2).

In der Gasphase erfolgt der durch Diffusion hervorgerufene Konzentrationsausgleich rasch, in Flüssigkeiten hingegen sehr langsam. Daher muss man Lösungen rühren, um die Diffusion zu beschleunigen (Kaffeelöffel zur Förderung des Konzentrationsausgleichs des Zuckers). Dies wird deutlich, wenn man den Diffusionskoeffizienten (D) eines Gases (z. B. Ethylen) in Luft und in Wasser miteinander vergleicht. In Luft beträgt D etwa 13,5 mm^2/s (20 °C), im Wasser hingegen nur 13,3 $\cdot$ 10^{-4} mm^2/s (20 °C). Ethylen diffundiert in Luft somit etwa 10 000 mal rascher als in Wasser. Auch für andere Gase (O_2, CO_2) gilt, dass die Diffusion in Luft um etwa den Faktor 10^4 schneller erfolgt als in flüssigem Wasser.

In der Pflanze sind reine Diffusionsprozesse, abgesehen vom Gaswechsel und dem Austritt von H_2O-Molekülen aus den Stomata, nur für den intrazellulären Kurzstreckentransport von Bedeutung. Für alle anderen Transportprozesse in der flüssigen Phase (z. B. Wasseraufnahme in die Wurzel; Xylem- und Phloemtransport) ist die Diffusion als Triebkraft bedeutungslos.

Zur Veranschaulichung ein konkretes Beispiel. Der Diffusionskoeffizient von Calcium-Ionen (Ca^{2+}) beträgt in Wasser (25 °C) 1,2 $\cdot$ 10^{-9} m^2/s. Nach Gl. 4.2 kann man berechnen, dass die Ca^{2+}-Ionen zum Durchwandern einer Diffusionsstrecke von 50 µm (Länge einer jungen Pflanzenzelle) nur etwa 0,5 Sekunden benötigen. Schlussfolgerung: In jungen, noch nicht vollständig vacuolisierten Pflanzenzellen bzw. innerhalb der Organellen (Chloroplasten, Mitochondrien) kann der Stofftransport u. a. per Diffusion erfolgen. Betrachtet man eine Diffusionsstrecke von 1 m (Länge der Wasserleitbahnen in einer heranwachsenden Pflanze), so ergeben sich ganz andere Resultate. Aus Gl. 4.2 folgt, dass die Ca^{2+}-Ionen etwa 7 Jahre benötigen, um diese Strecke per Diffusion zu durchwandern. Für den Ionen-Ferntransport in den Wasserleitgefäßen der Pflanzen ist die Diffusion daher ohne Bedeutung.

Osmose. Die oben dargestellte gegenseitige Vermischung zweier Flüssigkeiten (Zuckerlösung, reines Wasser) in Folge der Diffusion kann man experimentell auch in eine Richtung laufen lassen.

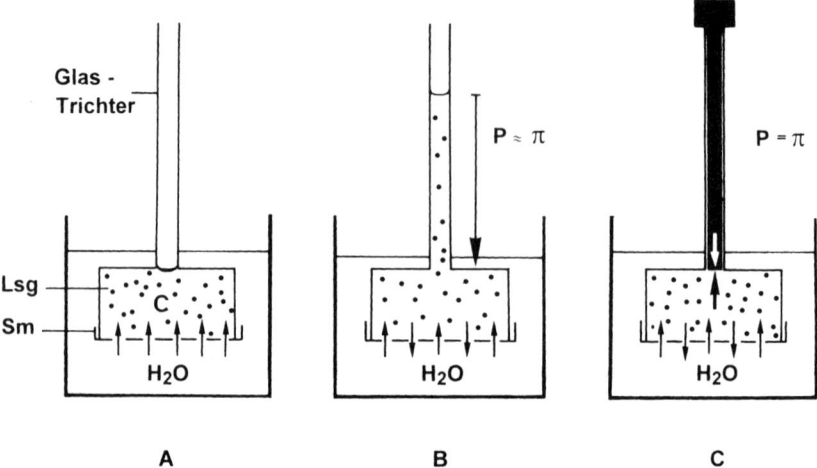

Abb. 4-4: *Modellversuch zur Erläuterung der Osmose. Ein unten mit einer selektiv permeablen Membran (Sm) verschlossener Glastrichter wird mit Zuckerlösung (Lsg., Konzentration c) gefüllt und in reines Wasser getaucht (Osmometer) (A). In Folge der osmotischen Wasseraufnahme (Konzentrationsausgleich) steigt die Lösung an, bis der hydrostatische Druck (P) gleichviel Wasser zurückpresst wie gleichzeitig aufgenommen wird; P entspricht dann etwa dem osmotischen Druck π (B). Zur exakten Bestimmung von π wird die osmotische Wasserauf-nahme durch einen von außen wirkenden Druck verhindert (schwarzer Stempel). Dieser exogene Druck (P) ent-spricht dem osmotischen Druck π der Lösung (C).*

Durch Einfügen einer nur für eine Komponente (das Lösungsmittel) durchlässigen Trennwand (selektiv permeable, d. h. semipermeable Membran) kann die Diffusion nur einseitig erfolgen. Die in nur einer Richtung verlaufende Vermischung zweier Flüssigkeiten durch eine semipermeable Membran wird als **Osmose** bezeichnet.

In Abb. 4-4 A, B ist ein klassisches Experiment dargestellt. Ein **Osmometer** (mit Zuckerlösung gefüllter Trichter, unten durch semipermeable Membran verschlossen) wird in reines Wasser getaucht. In Folge der Wasseraufnahme der Zuckerlösung durch die selektiv permeable Membran ist ein Anstieg der Lösung zu beobachten. Der einseitige Einstrom von Wasser kommt zum Stillstand, wenn der hydrostatische (= durch unbewegte Flüssigkeit hervorgebrachte) Druck der Wassersäule (P) so groß ist, dass er eine weitere Wasseraufnahme hemmt. Mit anderen Worten: Es wird gleichviel Wasser osmotisch aufgenommen, wie – bedingt durch den Gegendruck P – wieder ausgepresst wird (osmotisches Gleichgewicht).

Man kann den Wassereinstrom verhindern, indem man auf die Lösung mit einem Stempel einen exogenen Druck ausübt (Abb. 4-4 C). Der **osmotische Druck** der Lösung (π) entspricht dem exogenen Druck (P), der den Wassereinstrom gerade zum Stillstand bringt. Der osmotische Druck wirkt saugend gegen die Außenlösung und ist somit eine negative Größe („Saugdruck"). Bei der in Abb. 4-4 B dargestellten Versuchsanordnung kommt es, bedingt durch die bis zum Gleichgewicht stattfindende Wasseraufnahme, zu einer Verdünnung der Lösung. Der hydrostatische Gegendruck P der Wassersäule entspricht somit nur ungefähr dem osmotischen Druck π der unverdünnten Lösung.

Die **Saugkraft** (S) des Osmometers weist zu Beginn des Experiments (direkt nach dem Eintauchen des Trichters, Abb. 4-4 A) seinen Maximalwert auf (S = π). Nach Erreichen des Gleichgewichtes (π ≈ P) ist S gleich Null, d.h. es wird kein Wasser mehr aufgesaugt (Abb. 4-4 B). Die Größen π und P bestimmen somit das Potential für die Wasseraufnahme des Osmometers. Es gilt daher die folgende **Saugkraftgleichung**:

$$S = \pi - P \qquad (4.3)$$

Es sollte betont werden, dass die Größen S, π und P physikalisch betrachtet Drücke sind (Einheit: Megapascal, MPa).

Der osmotische Druck. Die quantitative Beziehung zwischen der Konzentration einer osmotisch wirksamen Lösung (c) und π wurde von W. Pfeffer (1877) erstmals systematisch untersucht. Er verwendete als **Osmometer** einen mit semipermeabler Membran verschlossenen Tonzylinder, ersetzte das Steigrohr des Glasrichters durch ein Druckmessgerät (Manometer) und bestimmte den osmotischen Druck π in Abhängigkeit von der Konzentration c (**Pfeffersche Zelle**, Kap. 1). Für verdünnte Lösungen besteht folgende Beziehung (Gesetz von J. H. van't Hoff):

$$\pi = c \cdot R \cdot T \qquad (4.4)$$

Der osmotische Druck π ist somit proportional der osmotischen Konzentration c (mol/l) (Syn.: osmot. Wert), wobei sich die Proportionalitätskonstante (R · T) aus der allgemeinen Gaskonstanten R (0,0083 MPa · l · mol^{-1} · K^{-1}) und der absoluten Temperatur T (K) zusammensetzt.

Das Gesetz von van't Hoff entspricht der Zustandsgleichung idealer Gase:

$$P \cdot V = n \cdot R \cdot T \qquad (4.5)$$

mit P (MPa) = Gasdruck; V(l) = Gasvolumen; n = Molzahl, wenn man P durch π und n/V durch die osmotische Konzentration c ersetzt. Verdünnte Lösungen und ideale Gase zeigen somit in Bezug auf ihren Druck ganz ähnliche Eigenschaften, d. h. die gelösten Teilchen (Moleküle, Ionen) verhalten sich so, als wäre das Lösungsmittel (Wasser) nicht vorhanden und als schwebten sie wie Gasteilchen im leeren Raum.

Aus Gleichung 4-4 kann man den osmotischen Druck verdünnter Lösungen berechnen. So beträgt z. B. π einer 0,1 molaren Saccharoselösung bei 25 °C (298 K) etwa 0,25 MPa: Wird das Osmometer mit einer 0,1 molaren Lösung gefüllt und in reines Wasser gestellt, so werden die H$_2$O-Moleküle im Moment des Eintauchens mit einem Druck von 0,25 MPa angesaugt (Abb. 4-4 A). Anders formuliert: Ein exogener Druck P von 0,25 MPa muss von außen appliziert werden, um den Anstieg der Wassersäule zu verhindern (Abb. 4-4 C).

Als Synonym für den Begriff „osmotischer Druck" wird gelegentlich der Ausdruck „osmotisches Potential" verwendet. Welche Überlegung liegt dieser alternativen Terminologie zu Grunde? Eine Zuckerlösung entfaltet erst nach Einschalten einer selektiv permeablen Membran und Zugabe von reinem Wasser einen osmotischen Druck: die isolierte Lösung besitzt somit das **Potential**, im Osmometer einen Druck auszuüben. In Übereinstimmung mit der internationalen Terminologie soll hier der Begriff „osmotischer Druck" (π) verwendet werden. Man sollte jedoch im Gedächtnis behalten, dass dieser Druck nur im Osmometer in Erscheinung tritt.

4.4 Osmotisches Zustandsdiagramm der Pflanzenzelle

Die Tatsache, dass sich eine ausgewachsene, voll vakuolisierte Pflanzenzelle im Prinzip wie ein Osmometer verhält, wurde erstmals von W. Pfeffer (1877) klar erkannt und quantitativ beschrieben. Am Beispiel der Plasmolyse/Deplasmolyse (Wasserabgabe/-aufnahme) der zylinderförmigen Markzellen aus dem Blattstiel des Springkrautes (*Impatiens*) (s. Abb. 4-1) sollen die Wasserverhältnisse der typischen ausgewachsenen Pflanzenzelle dargestellt werden. Wird ein abgeschnittener Spross des Springkrautes für einige Stunden in trockener Luft gehalten, so sind die Blätter und die Blattstiele welk. Nach Eintauchen in Wasser gewinnen die Organe rasch wieder ihre ursprüngliche Form und Festigkeit. Das Welken der krautigen Pflanze wird durch Turgorverlust der Zellen verursacht, wobei sich hierbei in der Regel Zellwand und Protoplast gemeinsam einfalten (**Cytorrhyse**). Die nach Wasserzugabe zu beobachtende Regeneration der Turgeszenz (Festigkeit) beruht auf einer H$_2$O-Aufnahme der partiell entwässerten Zellinhalte.

Die Zellen des ausgewachsenen Organs bestehen aus der elastisch/plastisch dehnbaren, für Wasser durchlässigen Zellwand und dem Protoplasten. Der **Protoplast** enthält eine mit wässriger Lösung gefüllte Zentralvacuole (Zellsaft, > 90%

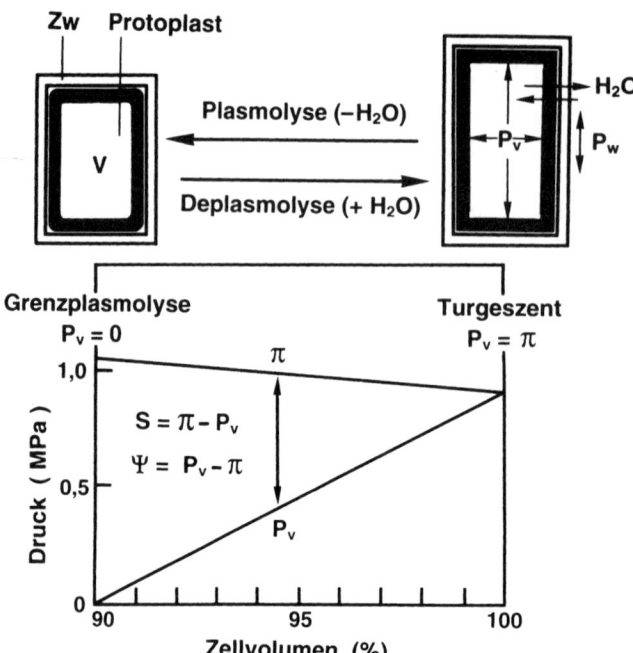

Abb. 4-5: *Osmotisches Zustandsdiagramm der Pflanzenzelle (Markzelle des Springkrautes Impatiens). Oben links: Markzelle bei Grenzplasmolyse: der Protoplast hebt sich von der Zellwand ab ($P_v = 0$). Als Plasmolyticum wurde eine konzentrierte Saccharoselösung verwendet (0,4 mol/l). Oben rechts: Die turgeszente Zelle ($P_v = \pi$). Außenmedium: reines Wasser. $P_v =$ Turgordruck, $P_w =$ Wandspannung, $\pi =$ osmotischer Druck des Protoplasten, $S =$ Saugkraft, $V =$ Vacuole, $Zw =$ Zellwand, $\Psi =$ Wasserpotential.*

des Zellvolumens) sowie den von zwei selektiv permeablen Membranen (Plasmamembran, Tonoplast) umschlossenen Protoplasmaraum (< 10% des Zellvolumens). Der Protoplast und die Zellwand bilden ein osmotisches (bzw. hydraulisches) System, das letztlich auf der selektiven Permeabilität der Biomembranen beruht. Wasser kann in die Vacuole ein- und ausdringen; die im Zellsaft gelösten Osmotica (Zucker, Salze) werden hingegen – wie im Osmometer (Abb. 4-4) – zurück gehalten. Die **Semipermeabilität** geht mit dem Tod der Pflanzenzelle verloren. Man kann durch Plasmolyse/Deplasmolyse-Experimente überprüfen, ob die Zellen eines Gewebes, die hierbei in wässrige Lösungen getaucht werden, leben oder abgestorben sind.

Ist die Zelle von einer hoch konzentrierten (hypertonischen), nicht permeablen Lösung (z. B. Saccharose, Mannitol) umgeben, so wird der Vacuole (sowie dem Cytoplasma) Wasser entzogen. Diese osmotische Wasserabgabe tritt ein, wenn der osmotische Druck der Außenlösung (= Plasmolyticum) (π_o) größer ist als der osmotische Druck des Vacuoleninhalts der turgeszenten Zelle (π). Die elastisch gedehnte Zellwand kontrahiert, das Zell-

volumen nimmt um etwa 10% ab, die Wand ist daraufhin entspannt. Nach Loslösen des Protoplasten von der Zellwand ist der Zustand der **Grenzplasmolyse** erreicht (Abb. 4-5). Wird das Plasmolyticum wieder durch reines Wasser ersetzt, so tritt Deplasmolyse (H_2O-Absorption) ein: dieser Vorgang entspricht dem Eintauchen des Osmometers in reines Wasser (Abb. 4-4 A).

Die plasmolysierte Zelle nimmt osmotisch Wasser auf, der Protoplast nimmt entsprechend an Volumen zu und dehnt die entspannte Zellwand bis zur Elastizitätsgrenze (**Turgordehnung**, d. h. Volumenzunahme um ca. 10%) (Abb. 4-5). Die Differenz zwischen dem osmotischen Druck des Zellsaftes bei Grenzplasmolyse (π) und dem Außenmedium (π_o, hier Wasser) führt somit wie beim Osmometer (Abb. 4-4 A, B) zu einem passiven Wassereinstrom. Es ist offensichtlich, dass die Saugkraft der Zelle (S) bei Grenzplasmolyse ihren Maximalwert erreicht hat und dann dem osmotischen Druck des Zellsaftes entspricht ($S = \pi$). Bedingt durch die osmotische Wasseraufnahme entsteht in der Zelle ein allseitig wirkender hydrostatischer Druck (> Atmosphärendruck) des Protoplasten gegen die Zellwand (= **Turgor** P_v).

Die elastisch gedehnte Wand übt auf den Zellinhalt eine dem Turgordruck entgegengesetzte Kraft, die **Wandspannung** P_w (veraltete Bezeichnung: Wanddruck), aus. Der osmotische Druck π ist somit der saugend gegen die Außenlösung wirkende negative Druck des Zellsaftes. Der Turgordruck P_v ist der vom Protoplasten (Vacuole) gegen die Zellwand gerichtete positive hydrostatische Druck. Die Wandspannung P_w ist der von der elastisch gedehnten Zellwand (Turgordehnung) ausgeübte Druck auf den Zellinhalt und somit die Gegenkraft zu P_v. Der sich aufbauende Turgor wirkt der osmotischen Wasseraufnahme entgegen, so dass bei Wassersättigung (Turgeszenz) gleichviel Wasser eingesaugt wie ausgepresst wird: Die Saugkraft der Zelle ist gleich Null. Die **Saugkraftgleichung** der Pflanzenzelle lautet somit, analog zum Osmometer (Gl. 4.3), wie folgt:

$$S = \pi - P_v \qquad (4.6)$$

Die in Abb. 4-5 dargestellte Abhängigkeit der Größen P_v und π vom Zellvolumen wird als das **Osmotische Zustandsdiagramm** der Pflanzenzelle bezeichnet (Syn.: Höfler-Diagramm). Die Resultate zeigen, dass in der vollständig mit Wasser gesättigten Markzelle von *Impatiens* Zellturgor (P_v) bzw. osmotischer Druck π) einen Wert von etwa 0,9 MPa aufweisen. In Kapitel 11 (Wachstum) werden moderne Methoden zur direkten Bestimmung von P_v und π dargestellt. Die in Abb. 4-5 angegebenen Drücke wurden indirekt durch Plasmolyseversuche ermittelt und sind daher nur Näherungswerte.

Abschließend soll darauf hingewiesen werden, dass das Höfler-Diagramm (Abb. 4-5) nur für ausgewachsene, voll vacuolisierte Zellen gilt. Man geht davon aus, dass der Turgordruck von der Wand derselben Zelle getragen wird. In wachsenden Organen (z.B. Hypocotyle, Koleoptilen) tritt auf Grund ungleicher Zellwandeigenschaften die **Gewebespannung** in Erscheinung. Der Turgordruck der dünnwandigen Zellen der inneren Gewebe wird von den dicken peripheren Organwänden (im Wesentlichen der Epidermisaußenwand) getragen, d.h. der Turgor pflanzt sich bis in die Epidermis fort und wird dort aufgefangen (Kap. 3).

4.5 Aquaporine

Experimentelle Untersuchungen haben gezeigt, dass die aus einer Lipid-Doppelschicht und Proteinen zusammengesetzten **Biomembranen** der Zelle für die relativ kleinen Wasserteilchen (H_2O) permeabel sind, während sie für organische Moleküle und Ionen eine Diffusionsbarriere darstellen (selektive Permeabilität). Seit 1994 wissen wir, dass die relativ hohe H_2O-Durchlässigkeit der Plasmamembran und des Tonoplasten der Pflanzenzelle durch spezielle Proteine, die feine Wasserkanäle enthalten, bedingt ist. Diese **Aquaporine** (Wassertransport-Kanäle) bestehen aus membranintegrierten Proteinen, die je eine Pore umschließen, die so eng ist, dass ausschließlich einzelne H_2O-Moleküle passiv hindurch treten können (Durchmesser der Kanäle: etwa 0,3–0,4 nm). Ein Wassermolekül weist einen durchschnittlichen Durchmesser von nur 0,28 nm auf. Für größere Moleküle (Ionen, Zucker) sind die Wasserporen zu eng (Abb. 4-6). Diese voluminöseren Teilchen werden aktiv über Carrier-Proteine bzw. Ionenkanäle transportiert, während der H_2O-Fluss via Aquaporine ohne Aufwendung von Stoffwechselenergie, d.h. passiv, erfolgt (Triebkraft:

Cytoplasma   Plasmamembran   Apoplast

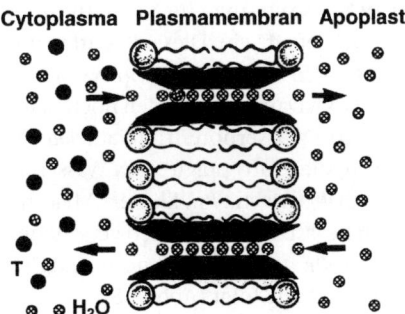

Abb. 4-6: Wassertransport über eine selektiv permeable Biomembran (z. B. Plasmamembran der Zelle) via Aquaporine (schwarze Strukturen). Die Lipid-Doppelschicht ist für H_2O sowie gelöste Teilchen (T, d. h. organische Moleküle und Ionen) weitgehend undurchlässig. Die Wasserkanäle sind so eng, dass nur einzelne H_2O-Moleküle nacheinander passieren können (Pfeile). (Nach Steudle, E.: Biol. Cell 89, 259–273, 1997 und Murata, K.: Nature 407, 599 –605, 2000).

Wasserpotential-Gradient, s. u.). Es sollte allerdings betont werden, dass eine geringe H_2O-Durchlässigkeit der reinen Lipid-Doppelschicht nachgewiesen ist. Etwa 90 % der H_2O-Permeation erfolgt jedoch über die in die Biomembranen eingelagerten Wasserkanäle (Aquaporine).

Die Wasserleitfähigkeiten der Biomembranen verschiedener Gewebe der Pflanze weisen unterschiedliche Werte auf. Es wird daher derzeit diskutiert, ob der Wasserfluss von Zelle zu Zelle durch Regulation der Öffnungsweite der Aquaporine gesteuert wird. Gesicherte experimentelle Daten zur Unterstützung dieser Hypothese vom aktiv regulierten Wassertransport über pflanzliche Biomembranen liegen bisher noch nicht vor.

4.6 Saugkraft und Wasserpotential

Der anschauliche Begriff **Saugkraft** (S) wurde 1920 von K. Höfler zur Beschreibung der osmotischen Verhältnisse der ausgewachsenen Pflanzenzelle geprägt (s. Gl. 4.6). Er ist physikalisch betrachtet nicht korrekt, da es sich bei dieser Größe nicht um eine Kraft, sondern um einen Druck (Kraft pro Fläche) handelt. B. S. Meyer führte daher im Jahr 1945 als Synonym für S den Ausdruck „Diffusionsdruckdefizit" ein. Dieser Begriff wurde allerdings nicht von allen Pflanzenphysiologen akzeptiert, so dass J. Dainty (1963) den noch heute verwendeten Term **Wasserpotential** (lat.: *potentia* = das Vermögen, die Kraft) prägte. Das Wasserpotential der Zelle (Ψ), griech.: *Psi*, Einheit: MPa entspricht der mit negativem Vorzeichen versehenen Saugkraft ($-S = \Psi$); die **Wasserpotentialgleichung** lautet somit wie folgt (Abb. 4-5):

$$\Psi = - S = P_v - \pi \tag{4.7}$$

Da auch die Zellwände sowie das Cytoplasma (Makromoleküle, d. h. „Matrix") zur Wasseraufnahme der Zelle beitragen, führte J. Dainty (1963) eine weitere Komponente ein: das **Matrixpotential** (= Matrixdruck) (τ, griech.: *tau*, Einheit: MPa). Die vollständige Wasserpotentialgleichung der Zelle lautet daher:

$$\Psi = P_v - \pi - \tau \tag{4.8}$$

Manchmal findet man in der Literatur auch eine andere Schreibweise, die sich nur in den Vorzeichen von der oben dargestellten Terminologie unterscheidet:

$$\Psi = \Psi_p + \Psi_\pi + \Psi_\tau \tag{4.9}$$

In diesem Buch wird die international gebräuchliche Terminologie (Gl. 4.8) verwendet; es soll daher nicht näher auf Gl. 4.9 eingegangen werden. Der heute nicht mehr gebrauchte, physikalisch inkorrekte Ausdruck „Saugkraft" ist wesentlich anschaulicher als der abstrakte Begriff Wasserpotential und soll hier aus rein didaktischen Gründen als Synonym beibehalten werden. Man sollte sich merken, dass das Wasserpotential von reinem H_2O (25 °C, Luftdruck $\approx$ 0,1 MPa) per Definition gleich Null gesetzt wird. Je negativer das Wasserpotential der Zelle ist (genauer: des Protoplasten), desto größer (positiver) ist deren Saugkraft.

Es ist offensichtlich, dass nicht nur lebende Zellen, sondern auch tote Stoffe (Lösungen, Festkörper wie z. B. Erde, Luft) ein Potential zur Wasseraufnahme besitzen. Das Wasserpotential der Zelle (bzw. der Lösung, Erde, Luft) ist somit ein Maß für die Fähigkeit (Potential), Wasser aus der Umgebung anzusaugen. Da in der Pflanze keine aktiven Transportprozesse für H_2O-Moleküle nachgewiesen werden konnten („Wasserpumpen"), folgt, dass das Wasser passiv entlang von Ψ-Gradienten transportiert wird ($\Delta \Psi$).

Die Größe Ψ lässt sich auch vom **chemischen Potential** des Wassers ableiten. Allgemein gilt: Das Wasserpotential ist das chemische Potential (molare freie Enthalpie) von H_2O (μ_w) in einem Mischsystem, bezogen auf Standardbedingungen von reinem Wasser bei Normaldruck und Standardtemperatur ($\approx$ 0,1 MPa und 25 °C) (μ_w^0). Um die Einheit Energie pro Volumen (Druck) zu erhalten, wird die Differenz $\mu_w - \mu_w^0$ durch das partielle Molal-Volumen von H_2O ($V_w = 18 \text{ cm}^3/\text{mol}$) dividiert. Man erhält dann die allgemeine Definition von Ψ:

$$\Psi = \frac{\mu_w - \mu_w^0}{V_w} \tag{4.10}$$

Diese thermodynamische Definition von Ψ hat für die Beschreibung der Wasserverhältnisse der Pflanzenzelle keine direkte praktische Bedeutung und soll daher nicht weiter diskutiert werden.

Für Pflanzenzellen, Transportprozesse im Xylem/Phloem, sowie für die Beschreibung der Wasserverhältnisse von Lösungen gilt die Wasserpotentialgleichung 4-8):

$$\Psi = P_v - \pi - \tau$$

Anhand einer Reihe von Beispielen soll die Anwendung dieser Gleichung erläutert werden (Regeln 1-8):

1. Für reines Wasser bei Normaldruck (Luftdruck ≈ 0,1 MPa) und Standardtemperatur (25 °C) gilt: $\Psi = 0$ (Definition des Nullpunktes der Wasserpotential-Skala). Daraus folgt, dass reines Wasser keine Saugkraft für H_2O-Moleküle aufweist.
2. Wird reines Wasser unter Spannung (= negativer Druck) gesetzt, so gilt: $\Psi = -P$. Im Xylemwasser transpirierender Pflanzen wurden Werte von – 0,1 bis – 2,0 MPa gemessen. In den Gefäßen liegen weder signifikante Mengen an Osmotica noch Makromoleküle vor: $\pi \approx 0$, $\tau \approx 0$.
3. Wird reines Wasser einem positiven Druck ausgesetzt, so gilt: $\Psi = P$. Da Wasser eine Dichte von 1 (g/cm³) hat, übt eine Wassersäule von 10 m Höhe einen hydrostatischen Druck von 0,1 MPa auf die Grundfläche aus (Kap. 5).
4. Für Lösungen bei Normaldruck gilt: $\Psi = -\pi$, da $P = 0$ (d.h. nicht größer als Luftdruck) und $\tau = 0$ ist. Der osmotische Druck (negatives Wasserpotential, d.h. positive Saugkraft) einer Lösung kommt jedoch erst nach Einschalten einer selektiv permeablen Membran zur Wirkung. Wie Abb. 4-4 A zeigt, ist $-\Psi$ (= S) direkt nach Eintauchen des Osmometers in reines H_2O gleich π der Lösung, da der hydrostatische Druck der Wassersäule (P) gleich Null ist.
5. Steht eine Lösung unter einem positiven Druck, so gilt: $\Psi = P - \pi$ ($\tau = 0$). Nach Anstieg der Wassersäule entsteht ein Gegendruck P (Gewicht des Wassers im Glasrohr) (Abb. 4-4 B). Das Wasserpotential Ψ (= $-\pi$) wird somit um den hydrostatischen Druck P erhöht, d.h. die Saugkraft sinkt mit Anstieg der Wassersäule ab, bis Gleichgewicht erreicht ist: $\pi = P$, d.h. $\Psi = 0$.
6. Ausgewachsene, vacuolisierte Pflanzenzelle: Da das Zellvolumen zu > 90 % aus der Zentralvacuole besteht, wird τ in der Regel vernachlässigt: $\Psi = P - \pi$. Die Analogie zwischen dem Osmometer (Abb. 4-4 A, B) und der Zelle (Abb. 4-5) soll nochmals hervorgehoben werden. Für die plasmolysierte Zelle (entspricht Osmometer direkt nach Eintauchen in Wasser) gilt: $\Psi = -\pi$, da P_v (und somit P_w) = 0. Nach Zugabe von Wasser (Deplasmolyse, H_2O-Aufnahme) baut sich ein Turgordruck (P_v) auf, so dass für die turgeszente Zelle (bei Wassersättigung) gilt: $\Psi = 0$, da $P_v = \pi$ (entspricht Osmometer nach Anstieg der Wassersäule). Bei typischen, mit Wasser gesättigten Pflanzenzellen liegen die Größen π und P_v im Bereich zwischen 0,2 und 1,0 MPa.
7. Wachsende, partiell vacuolisierte Pflanzenzelle: Die Wasserverhältnisse der wachsenden Zelle können ebenfalls durch Gleichung 4.8 beschrieben werden. Da die expandierende Zelle ständig Wasser aufnimmt, um ihr Volumen zu vergrößern, folgt, dass im Protoplasten ein negativer Ψ-Wert vorliegen muss. Experimente mit wachsenden Hypocotylen und Koleoptilen haben gezeigt, dass der Wert $P_v - \pi$ im Bereich zwischen –0,1 und –0,3 MPa liegt. Diese Saugkraft reicht aus, um aus der mit Wasser gesättigten Erde ($\Psi \approx -0,01$ MPa) bzw. dem Xylem kontinuierlich H_2O-Moleküle entnehmen zu können.
8. Für trockene Samen (nicht vacuolisierte Zellen) gilt die folgende Gleichung: $\Psi = -\tau$, da weder P_v noch π ausgebildet sind. Die Wasseraufnahme erfolgt durch Quellung der Proteine und Zellwände („Matrixmoleküle"). Trockene Samen können Ψ-Werte von –100 MPa und weniger aufweisen, d.h. die weitgehend entwässerten Makromoleküle besitzen eine enorme Saugkraft für Wassermoleküle (Kap. 8, Keimung).

4.7 Das Wasserpotential der Erde und der Luft

Die Darlegung des Wasserhaushaltes der Zelle bleibt unvollkommen, wenn nicht auch auf das Wasserpotential der für die Pflanze wichtigen „Substrate" Erde und Luft eingegangen wird. Unter natürlichen Umweltbedingungen ist die Landpflanze mit der Wurzel in der Erde verankert und nimmt über dieses Organ Wasser und Ionen auf.

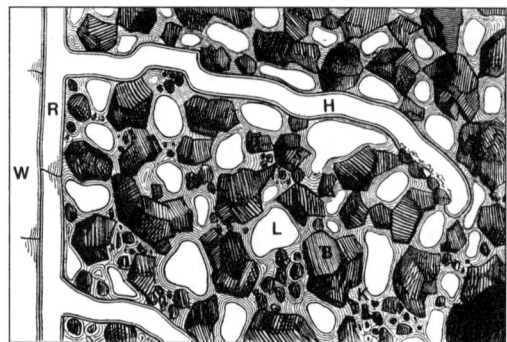

Abb. 4-7: *Schematische Darstellung der Struktur wassergesättigter Erde, die von Wurzeln durchwachsen ist. Es wird deutlich, dass die Erde aus drei Komponenten besteht (feste Bodenpartikel, Kapillarwasser, Lufträume). B= Bodenpartikel, H= Wurzelhaar, K= Kapillarwasser, L= Luftraum, R= Rhizodermis, W= Wurzel. (Nach Sachs, J.: Handbuch der Experimentalphysiologie der Pflanzen. Leipzig, 1865).*

Direkt nach einem starken Regenfall ist die Erde mit Wasser gesättigt, d. h. die mikroskopisch kleinen Bodenpartikel sind von einer dünnen Wasserschicht umgeben (Abb. 4-7). Das Wasserpotential dieses Kapillarwassers, das von den Wurzelhaaren leicht absorbiert werden kann, liegt auf Grund der geringen Konzentration an Ionen im Bereich von etwa –0,01 MPa. Dieser Ψ-Wert des Bodens wird als **Feldkapazität** bezeichnet. Wenn nach einem Regenfall die Sonne scheint und somit durch Evaporation und Transpiration der Pflanzen sowie durch Abfall des Kapillarwassers (Drainage) der Wassergehalt in der Erde absinkt, wird Ψ immer negativer. Bei einem Ψ-Wert von –1,5 MPa sind die meisten Pflanzen nicht mehr in der Lage, Wasser aus der Erde aufzunehmen: sie beginnen zu welken. Das Wasserpotential von mit Pflanzen bewachsener Erde liegt somit im Bereich zwischen – 0,01 MPa (Feldkapazität) und –1,5 MPa (permanenter **Welkepunkt**). Es gibt jedoch zahlreiche Pflanzenarten (Xerophyten), die auch unterhalb eines Ψ-Wertes von –1,5 MPa noch Wasser aus der Erde aufnehmen können.

Der Spross (Stängel, Blätter) der in der Erde verankerten Landpflanze ragt in die Luft und ist daher einer je nach Luftfeuchtigkeit unterschiedlich großen Saugkraft für Wasser ausgesetzt. Wasser verdunstet bekanntlich bei jeder Temperatur. Die absolute Luftfeuchtigkeit gibt die Wassermenge an, die bei einer bestimmten Temperatur in 1 m³ Luft enthalten ist. Die Sättigungsmenge ist die Wassermenge, die 1 m³ Luft maximal aufnehmen kann. Bei 20 °C beträgt die Sättigungsmenge 17,3 g/m³, bei 25 °C können maximal 23,0 und bei 30 °C 30,3 g H_2O in 1 m³ Luft enthalten sein. Die relative **Luftfeuchtigkeit** (RH) wird wie folgt definiert:

$$RH\,(\%) = 100\,\frac{\text{Absolute Feuchtigkeit}}{\text{Sättigungsmenge}} \quad (4.11)$$

In der Luft über dem Wasser eines geschlossenen Behälters (Abb. 4-8) herrscht ein Gleichgewicht zwischen Verdunstung und Kondensation, d. h. die Luft ist mit Wasserdampf gesättigt und hat somit eine RH von 100 %. Da diese Luft kein weiteres Wasser mehr aufnehmen (ansaugen) kann, ist deren Wasserpotential gleich Null. Wird der mit Wasser gefüllte Behälter nach Entfernen des Deckels der Außenluft ausgesetzt, so verdunsten die H_2O-Moleküle. Die Luft kann je nach RH-Wert eine bestimmte zusätzliche Wassermenge aufnehmen, bis der temperaturabhängige Sättigungswert erreicht ist. Luft einer RH von < 100 % hat somit ein negatives Wasserpotential. Für die Beziehung zwischen Ψ der Luft und deren relativer Feuchtigkeit (RH) gilt folgende Gleichung:

$$\Psi_{\text{Luft}} = -1,06 \cdot T \cdot \log \frac{100}{RH} \quad (4.12)$$

Für eine Temperatur von 25 °C (T=298 K) ergibt sich die in Abb. 4-8 dargestellte Funktion. Man erkennt, dass die Ψ-Skala der Luft vom Wert Null (100 % RH) bis zum theoretischen Wert minus Unendlich (= 0 % RH) reicht. Feuchte Luft (RH= 98 %) hat bereits ein Ψ von –2,8 MPa. Normale Zimmerluft (50 % RH) hat ein Wasserpotential von etwa –95 MPa, d. h. die Saugkraft für Wasser beträgt fast 1000 bar (veraltete, jedoch anschauliche Druckeinheit).

Die Fähigkeit der trockenen Luft, große Mengen an Wasser „aufzusaugen" und zu speichern, ist uns aus dem Alltag bekannt. So trocknet ein feuchtes Handtuch um so rascher, je größer die luftexponierte Fläche ist (Ausbreiten des Tuches). Wird feuchte Wäsche einer Luft durchschnittlicher RH (50 %) ausgesetzt, so verschwinden in-

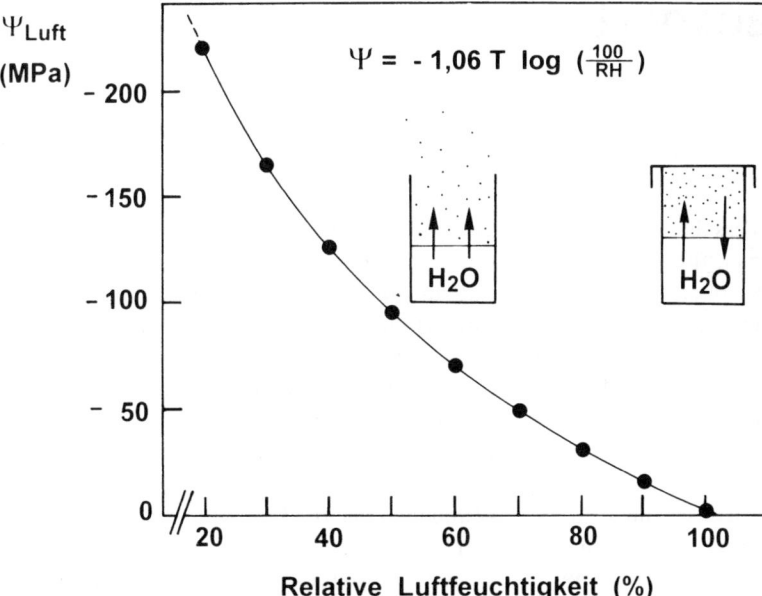

Abb. 4-8: *Die Beziehung zwischen der relativen Luftfeuchtigkeit (RH) und dem Wasserpotential der Luft (Ψ), berechnet nach Gleichung 4.12 (25 °C, d. h. 298 K). Im geschlossenen Behälter (rechts) stellt sich ein Gleichgewicht ein (RH der Luft = 100 %). Wird das Wasser der trockenen Luft ausgesetzt (Deckel geöffnet), so treten H_2O-Moleküle in die Gasphase über (links).*

nerhalb weniger Stunden viele Liter Wasser. Die H_2O-Moleküle werden von der Luft aufgenommen und gespeichert. Umgekehrt trocknet feuchte Wäsche bei sehr hoher RH (> 99 %) überhaupt nicht, da die Luft keine weiteren Wasserteilchen mehr speichern kann ($\Psi \approx 0$). Werden Trockenperlen erhitzt (d. h. vollständig entwässert) und auf 25 °C abgekühlt, so kann über diesen Perlen eine RH von 5 % gemessen werden.

Diese extrem trockene Luft hat somit ein Ψ von –411 MPa (Abb. 4-8); dies entspricht etwa den Verhältnissen in der Wüste. Wasserpotentiale von ≤ 400 MPa scheinen unter natürlichen Umweltbedingungen nur selten vorzukommen, d. h. auch extrem trockene Luft enthält noch eine gewisse Menge gasförmiger H_2O-Moleküle (Wasserdampf).

5 Wassertransport

Es wurde bereits dargelegt, dass die Verfügbarkeit einer angemessenen Menge an flüssigem Wasser (H_2O) die Voraussetzung für pflanzliches Leben darstellt (Kap. 4). Man kann die höheren Pflanzen je nach dem Grad ihrer Abhängigkeit von der Wasserzufuhr in vier Gruppen einteilen. **Hydrophyten** (Unterwasser- und Schwimmpflanzen) besitzen eine sehr dünne Cuticula; Spaltöffnungen (Stomata) fehlen in den untergetauchten Organen oder sind nur vereinzelt ausgebildet, da die Pflanzen das Wasser sowie darin gelöste Ionen und Gase über die gesamte Oberfläche aufnehmen können. Ein Wasserleitungssystem sowie Festigungselemente sind nur in geringem Maße entwickelt (z. B. Hornblatt *Ceratophyllum*, Kap. 1). **Hygrophyten** (an immerfeuchten, meist schattigen Standorten wachsende Landpflanzen) zeichnen sich durch eine dünne Cuticula und über die Blattfläche emporgehobene Stomata aus. Bekannte Vertreter sind die Springkräuter der Gattung *Impatiens* (Kap. 4). Als Landpflanzen besitzen sie je-

doch ein gut entwickeltes Wassertransportsystem sowie Festigungsgewebe. Auf Grund der zarten Cuticula und der damit verbundenen deutlichen cuticulären Transpiration können die Hygrophyten ihre Wasserdampfabgabe nur in Grenzen aktiv regulieren. Vorübergehende Turgorverluste können durch erneute Wasseraufnahme leicht überstanden werden. Dieses Phänomen kann man in der Natur beobachten (Springkräuter am Waldboden bei Trockenheit bzw. nach Regenfällen).

Als **Mesophyten** werden die an mäßig feuchte bis trockene Standorte wachsenden Pflanzen bezeichnet. Fast alle wichtigen Nutzpflanzen sowie die meisten Kräuter, Sträucher und Bäume gehören dieser größten Gruppe an. Die Epidermis ist von einer wasserundurchlässigen Cuticula überzogen. Die Wasserdampfabgabe (Transpiration) wird durch die Öffnungsweite der gut entwickelten Stomata von der Pflanze aktiv reguliert (stomatäre Transpiration, > 90 % der Gesamt-Wasserabgabe). Ein klassisches Experiment zur quantitativen Analyse der Transpiration ist in Abb. 5-1 dargestellt. Bei den **Xerophyten** (an trockenen Standorten wachsende Pflanzen) ist zur Herabsetzung der Transpiration die Epidermis nicht selten mehrschichtig ausgebildet und die Cuticula stark verdickt. Die Stomata sind meist in die Oberfläche eingesenkt. Oft sind Wasserspeichergewebe ausgebildet (Stamm-, Blatt- oder Wurzelsukkulenz). Zu dieser Gruppe gehören z. B. die Dickblattgewächse der Gattung *Crassula* (Kap. 10).

In diesem Kapitel ist der Wassertransport und dessen Antriebskräfte bei typischen Mesophyten dargestellt (Kräuter, Sträucher, Bäume).

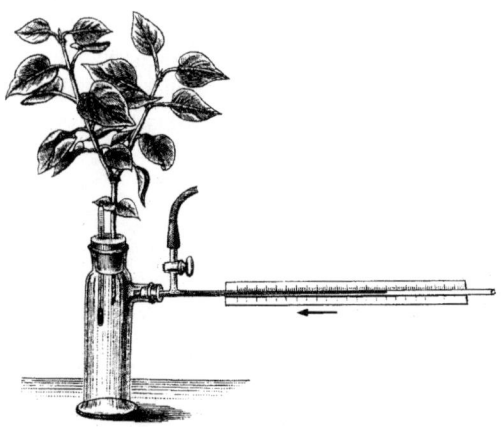

Abb. 5-1: *Apparatur zur Bestimmung der Transpiration eines verholzten Zweiges (Potetometer). Der Wasserfluss durch das Hydrosystem kann auf der Skala abgelesen werden (Pfeil). (Nach Pfeffer, W.: Pflanzenphysiologie Bd. I. Leipzig, 1897).*

5.1 Die drei Wasserleitsysteme

Im Prinzip kann die Wasserbewegung innerhalb der Pflanze über drei verschiedene Transportsys-

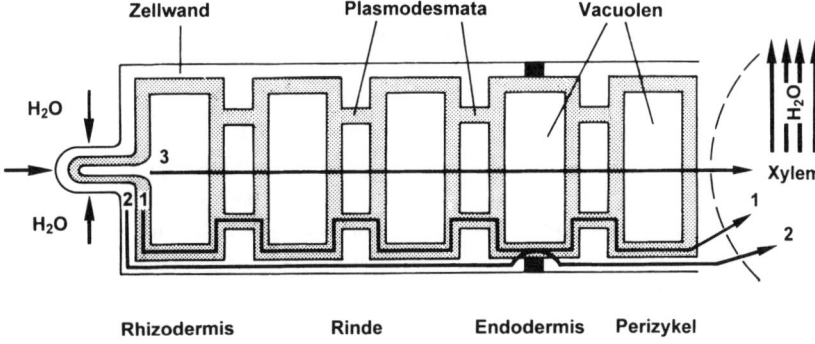

Abb. 5-2: *Radialer Wasserfluss in der Wurzel einer höheren Pflanze (Mittelstreckentransport). Das Wasser dringt durch die Wurzelhaare der Rhizodermiszellen ein und wird durch die Rinde (mehrschichtig) über Endodermis (mit Casparyschem Streifen, schwarz) und Perizykel in die Gefäße des Xylems transportiert. 1 = Symplastentransport; 2 = Apoplastentransport; 3 = Vacuolentransport. (Nach Newman, E. I.: Phil. Trans. R. Soc. Lond. B. 273, 463–478, 1976).*

teme erfolgen. Der **Kurzstreckentransport** ist nur innerhalb der Zelle von Bedeutung. Dieser intrazelluläre Wassertransport erfolgt in kleinen meristematischen Zellen (Länge : 20–50 µm) durch Diffusion. In den langgestreckten, vacuolisierten Zellen der Pflanzen (Länge: 100–1000 µm) wird der Kurzstreckentransport durch die Protoplasmaströmung beschleunigt bzw. ermöglicht. Der Wasserfluss zwischen einzelnen Zellen eines Gewebes oder Organs (z. B. von der Wurzeloberfläche in das Xylem) wird als **Mittelstreckentransport** bezeichnet. Als Antriebskräfte kommen sowohl die Diffusion als auch eine durch Wasserpotential-Gradienten getriebene Massenströmung in Frage, wobei die zuletzt genannte Triebkraft die dominierende zu sein scheint. Der Mittelstreckentransport kann entweder im Apoplasten (Zellwandraum, Xylemlumen) oder im Symplasten (Gesamtheit der Protoplasten der Zellen des Gewebes, verbunden durch Plasmodesmen) erfolgen. Im Prinzip ist auch ein Wasserfluss von Vacuole zu Vacuole möglich. In Abb. 5-2 sind die drei Wege (Apoplasten-, Symplasten- und Vacuolentransport) schematisch dargestellt. Der Langstrecken- oder **Ferntransport** von Wasser ist an das Vorhandensein von Leitgewebesystemen gebunden. Das Wassertransport- und das Assimilattransport-System (Xylem/Phloem) bildet in nicht verholzten oberirdischen Organen ein Leitbündel.

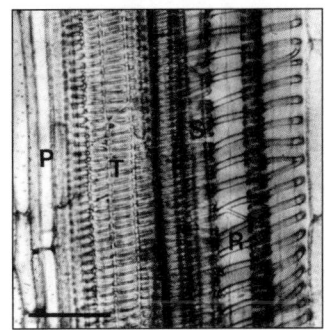

Abb. 5-3: *Längsschnitt durch das Xylem der Sprossachse einer Kürbispflanze (Cucurbita pepo). P = Parenchym, R = Ringgefäß, S = Spiralgefäß, T = Tüpfelgefäß. Balken = 100 µm. (Originalaufnahme)*

Das **Xylem** (Gefäß- oder Holzteil) wird bei Holzpflanzen auch als „Hydrosystem" bezeichnet. Es besteht aus Tracheiden (tote, langgestreckte, verholzte Einzelzellen mit stark verdickten Sekundärwänden, die durch Tüpfel verbunden sind), Tracheen oder Gefäßen (tote, wasserleitende Röhren ohne Querwände, aus hintereinandergereihten, langgestreckten Einzelzellen bestehend), Holzparenchymzellen (Reservespeicher) und Holzfasern (Abb. 5-3). Bei Laubbäumen sind die Tracheen (Gefäße) von parenchymatischen Nebengeweben, dem paratrachealen Kontaktparenchym und den Kontaktzellen der Holzstrahlen, umschlossen. Das paratracheale Kontaktparenchym liegt den Tracheen unmittelbar an und ist durch Tüpfel mit dem Hydrosystem verbunden. Je nach Holzbautyp kommt das Kontaktparenchym nur in Einzelsträngen vor (z.B. Buche, *Fagus sylvatica*) oder es umschließt die Gefäße teilweise (z.B. Frühholzgefäße der Eiche, *Quercus robur*) oder vollständig (z.B. Frühholzgefäße der Esche, *Fraxinus excelsior*). Die Kontaktzellen der Holzstrahlen sind Parenchymzellen, die mit den Gefäßen durch Tüpfel verbunden sind.

5.2 Der Wasserfluss durch das Hydrosystem

Nach Darstellung der Transportsysteme soll nun der **Wasserfluss** durch die Leitgewebe einer typischen Pflanze beschrieben werden (Abb. 5-4 A). Das Wurzelsystem der höheren Pflanze hat neben

der mechanischen Verankerung des Kormus die Funktion, Wasser (sowie darin gelöste Ionen) der Erde zu entnehmen und den überirdischen Organen zuzuführen. Die Wurzelepidermis (Rhizodermis) zeichnet sich durch dünne Außenwände aus. Eine Cuticula sowie Stomata fehlen. Zur Oberflächenvergrößerung besitzen die Rhizodermiszellen im ausgewachsenen Bereich der Wurzel (Differenzierungszone) schlauchförmige Ausstülpungen, die durch Spitzenwachstum expandieren. Diese sogenannten **Wurzelhaare** entstehen entweder an allen Rhizodermiszellen oder nur an bestimmten Haarbildnern (Trichoblasten) und haben eine Lebensdauer von nur wenigen Tagen.

Der Wasserfluss vom Boden in das Xylem der Wurzel ist ein recht komplexer Vorgang, da das Wasser zunächst die Rhizodermiszellen, dann die mehrschichtige Rinde, die Endodermis sowie das Perikambium (Perizykel) durchwandern muss. Da ein Wasserleitungssystem entlang des Radius der

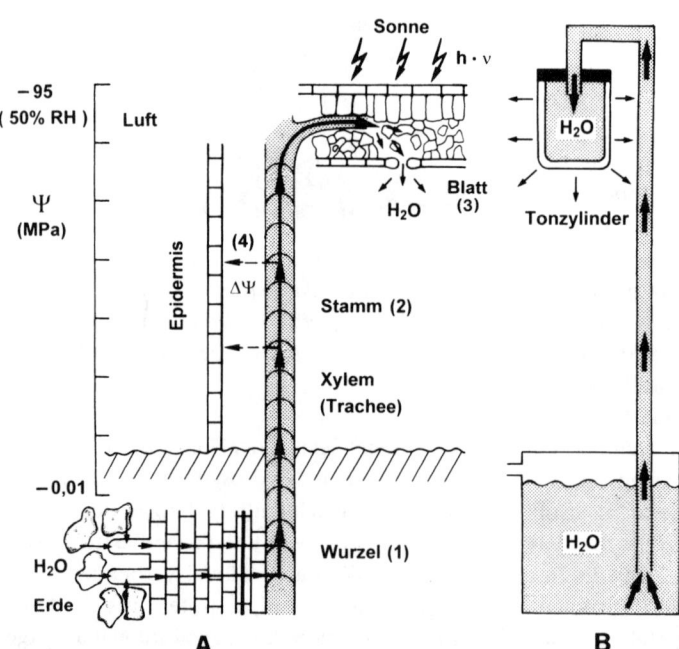

Abb. 5-4: *Transport von Wasser über Wurzel (1), Stamm (2) und Laubblatt (3) in der transpirierenden Pflanze (A). Über die Spaltöffnungen (Stomata) wird Wasserdampf an die Luft abgegeben (Transpiration, getrieben durch Sonnenenergie = h · ν). Außerdem findet im Stamm ein radialer Wassertransport statt (Xylem → Epidermis) (4). Abbildung B zeigt ein physikalisches Modell zur Erläuterung der Kohäsionstheorie des Wasserferntransports. (In Anlehnung an Weatherley, P. E.: Phil. Trans. R. Soc. Lond. B. 273, 435–444, 1976).*

Wurzel fehlt, bezeichnet man diesen Prozess als Mittelstreckentransport (Abb. 5-2). Der Apoplast ist – bedingt durch den Casparyschen Streifen der Endodermiszellen – für Wasser undurchlässig. Somit kann der Wasserfluss im Zellwandraum hier nur über den Symplasten (Cytoplasma der Endodermiszellen) erfolgen: Der Wassertransport im Apoplasten der Wurzel ist durch diese Diffusionsbarriere drastisch eingeschränkt. Beim Symplastentransport fließt das Wasser im Cytoplasma der Zellen, wobei die Plasmodesmata als „Wasserrohre" fungieren. Das vom Wurzelhaar aufgenommene Wasser gelangt somit vom Protoplasten der Perizykelzellen direkt ins Xylem. Untersuchungen an Maiswurzeln ergaben, dass der symplastische Wasserfluss den geringsten Widerstand leistet und daher wahrscheinlich der wichtigste Transportweg für den radialen H_2O-Transfer in der Wurzel ist. Der Vacuolentransport scheint hingegen von geringer Bedeutung zu sein, da hier Plasmamembran und Tonoplast jeder Einzelzelle aller Gewebe durchwandert werden müssen.

Nachdem das von den Wurzelhaaren aufgenommene Wasser (sowie darin gelöste Ionen) ins Xylem des Zentralzylinders gelangt ist, setzt der Langstrecken- oder Ferntransport ein (Abb. 5-4 A). Die Translokationsgeschwindigkeit des Wassers im Xylem transpirierender Pflanzen beträgt bei Nadelhölzern bis zu 1,2 m/h. Bei krautigen Pflanzen und ringporigen Laubhölzern konnten Transportraten von 10–60 bzw. 4–44 m pro Stunde gemessen werden. Im Mesophyll der Blätter enden die Leitbündel, wobei häufig „blinde" Schraubentracheiden beobachtet werden können. Das Wasser gelangt über das Schwammparenchym in die Interzellularräume und wird zu >90 % über die Stomata in Form von Wasserdampf nach außen abgegeben (stomatäre Transpiration; <10 % der H_2O-Abgabe erfolgt über die Cuticula).

Die mittlere **Transpirationsrate** kann an heißen Sommertagen beachtliche Werte erreichen. So liegt z. B. der Wasserverlust einer zwei Meter hohen Sonnenblume im Bereich von etwa 1 Liter pro 24 h; ausgewachsene Laubbäume transpirieren 100 – 400 L H_2O pro Tag. Die zwei Hauptfunktionen der stomatären Transpiration können wie folgt zusammengefasst werden: 1. Wasser- und Ionen-Versorgung der Blätter; 2. Kühlwirkung, d. h. Schutz der sonnenexponierten Zellen vor Überhitzung.

5.3 Antriebskräfte für den Wasserferntransport: Übersicht

Das in Abb. 5-4 A dargestellte Schema beschreibt ganz allgemein den Wasserfluss durch die transpirierende Pflanze. Betrachtet man den Lebenszyklus einer typischen krautigen (oder verholzten) Pflanze, so wird deutlich, dass der in Abb. 5-4 A wiedergegebene Modus des Wasserferntransportes lediglich einen von drei Mechanismen darstellt. Normalerweise wächst der Keimling in feuchter Erde heran. Es findet unter diesen Bedingungen ein Wassertransport statt, obwohl die Transpiration so gut wie ausgeschaltet ist (Keimlinge wachsen unter künstlichen Bedingungen bei 100 % relativer Luftfeuchtigkeit mit maximaler Rate, d. h. ohne dass eine Wasserdampfabgabe an die Luft stattfinden kann). Es folgt daraus, dass in Keimlingen ein Wasserferntransportsystem existiert, das unabhängig vom Transpirationsstrom arbeitet (Mechanismus a). Nach Entwicklung der Blätter setzt, bedingt durch das negative Wasserpotential der Luft, bei der heranwachsenden Pflanze die Transpiration ein. Zahlreiche Fakten belegen, dass der Wasserferntransport in der transpirierenden Pflanze im Prinzip wie in Abb. 5-4 A dargestellt erfolgt (Mechanismus b).

Im Herbst verlieren die Laubbäume und Sträucher bekanntlich ihre Blätter. Wie kann im nächsten Frühjahr vor Auswachsen der Blätter ein Ferntransport von Wasser angetrieben werden? Wir wissen, dass auch die ausgewachsene Pflanze (ähnlich wie der Keimling) über einen Mechanismus zum Wassertransport verfügt, der unabhängig vom Transpirationsstrom funktioniert (c).

Nach dieser Übersicht sollen nun die drei Mechanismen des Wasserferntransportes bei höheren Pflanzen im Detail dargestellt werden. Danach wird die Frage diskutiert, ob die Kapillarität einen Wasseranstieg in den Gefäßen des Xylems hervorbringen kann.

5.4 Wassertransport in Keimpflanzen: Der Wurzeldruck

Werden Keimlinge in feuchter Erde in geschlossenen Gefäßen angezogen (100 % rel. Luftfeuch-

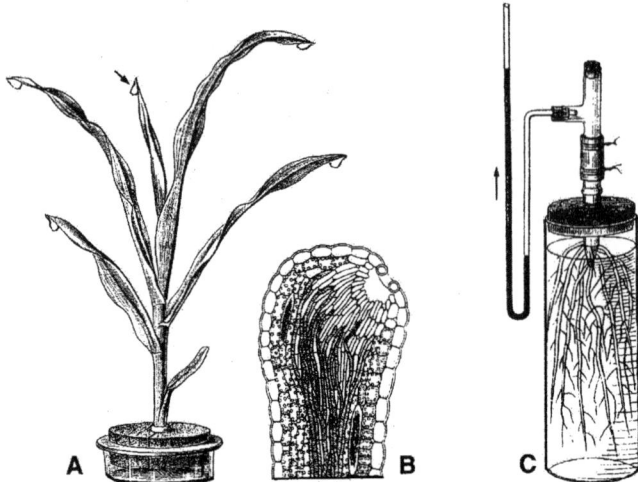

Abb. 5-5: *Wassertransport in Keimpflanzen. Ein Maiskeimling (Zea mays) wurde eine Stunde lang bei Wasser-dampfsättigung der Luft gehalten (feuchte Kammer). An den Blattspitzen sind Wassertropfen zu erkennen (Gut-tation, Pfeil) (A). Schematische Darstellung der Anatomie einer typischen Hydathode (Wasser-Austrittsort) (B). Experiment zum Nachweis des Wurzeldruckes. (C) Eine in Hydrokultur angezogene Maispflanze wird abge-schnitten. Nach Aufsetzen des Glasrohres kann ein Anstieg des Quecksilbers beobachtet werden (Pfeil). (Nach Sachs, J.: Vorlesungen über Pflanzenphysiologie. Leipzig, 1887).*

tigkeit), so kann man nicht selten an den Spross- oder Blattspitzen Wassertropfen beobachten. Ab- bildung 5-5 A zeigt einen Maiskeimling, der bei Wasserdampfsättigung der Luft angezogen wurde. An den Blattspitzen sind zahlreiche Wassertrop- fen zu erkennen, die nicht selten auch am Keim- ling herunterfließen. Die Abgabe von flüssigem Wasser bei hoher Luftfeuchtigkeit wird als **Gutta- tion** bezeichnet (Kap. 4). Bei vielen Pflanzen (z.B. Kapuzinerkresse *Tropaeolum*; Springkraut *Impati- ens*) erfolgt die Guttation nur an bestimmten Stel- len des Blattes, die man als **Hydathoden** be- zeichnet (Abb. 5-5 B). Andere Pflanzen (z.B. Son- nenblumenkeimlinge) zeigen unter diesen An- zuchtbedingungen keine Guttation. Schneidet man allerdings das obere Drittel des Keimlings ab, so tritt aus der Schnittfläche bald ein Tropfen Xy- lemflüssigkeit aus („Blutungssaft").

Diese Beobachtungen zeigen, dass das Wasser in den Gefäßen der Keimlinge unter einem posi- tiven Druck steht. Dieser Druck wird in der Wur- zel der Pflanze erzeugt und daher als **Wurzeldruck** bezeichnet. Die Größe dieses hydrostatischen Druckes lässt sich z.B. durch Aufsetzen eines Druckmessgerätes (Manometer) auf den Stumpf

einer dekapitierten Pflanze messen (Abb. 5-5 C). In der Regel liegt der Wurzeldruck im Bereich von 0,1–0,3 MPa. Die Entstehung des Wurzeldruckes konnte noch nicht im Detail geklärt werden (Kap. 14, Pflanzenernährung). Es handelt sich um einen aktiven, stoffwechselabhängigen Prozess, da nach Zugabe von Atmungshemmstoffen (z.B. Kali- umcyanid, KCN) der Druck rasch abfällt. Man nimmt an, dass durch Ausscheidung osmotisch wirksamer Substanzen (im wesentlichen Ionen) vom Symplasten der Parenchymzellen des Zent- ralzylinders und des Perizykels in die Xylemgefäße hinein ein Wasserpotentialgradient entsteht. Da die Wurzel von nahezu reinem Wasser umgeben ist, erfolgt ein passiver Einstrom von H_2O-Mo- lekülen in das Xylem. Der resultierende Über- druck führt dann zur Guttation (Abb. 5-5 A) bzw. zum Austritt des „Blutungssaftes" nach Dekapita- tion der Keimlinge.

Es konnte gezeigt werden, dass der Wasser- transport in nicht transpirierenden Keimlingen und anderen kleinen Pflanzen (Sproßhöhe < 2 m) bei Wassersättigung der Erde und der Luft (z.B. nach Regenfällen) durch den Wurzeldruck getrie- ben wird. Diese „Druckpumpe" reicht jedoch nicht aus, um das Wasser in einem 30 oder 40 m hohen Baum bis in die Gipfeltriebe zu transportieren. Außerdem tritt der Wurzeldruck nur in Erscheinung, wenn die Erde mit Wasser gesättigt ist. Sinkt das Wasserpotential im Erdreich unter den Wert der Xylemflüssigkeit ab, so kann die „Druckpumpe" nicht mehr arbeiten, da die Triebkraft fehlt.

5.5 Die Kohäsionstheorie

Die Keimpflanzen wachsen aus dem feuchten Erdreich in die trockene Luft empor und bilden hierbei ein umfangreiches System von Wurzeln und beblätterten Sprossen aus. Von der Größe des Wurzelsystems ausgewachsener Pflanzen kann man sich nur mit Mühe eine Vorstellung machen. Das **Wurzelsystem** einer Weizenpflanze (*Triticum aestivum*) wächst 1,5–2 m in die Tiefe und erreicht eine Breite von 40–50 cm. Bei der Sonnenblume wird die Hauptwurzel bis zu 1,5 m lang; die unterhalb der Erdoberfläche radial in alle Richtungen wachsenden Nebenwurzeln erreichen etwa dieselbe Länge. Die Gesamtoberfläche der weitgehend mit Haaren besetzten Wurzeln ausgewachsener krautiger Pflanzen ist beträchtlich und beträgt in der Regel >100 m² (z. B. Roggen, *Hordeum vulgare*: 635 m²).

Während der Entfaltung der Laubblätter entwickeln sich die Spaltöffnungen (**Stomata**) zu funktionstüchtigen Apparaten zur aktiven Regulation des Wasserhaushaltes (Abb. 5-6). Wie aus Tab. 5-1 hervorgeht, sind die Stomata bei Getreidepflanzen auf beiden Blattseiten etwa gleich dicht verteilt, während die Laubblätter von Bäumen (z. B. Eiche, Linde) nur auf der Unterseite

Tab. 5-1: Dichte der Stomata bei Laubblättern. Die Fläche der Poren (in % Blattfläche) wurde bei einer Öffnungsweite von 6 μm berechnet (Nach Willmer, C. M.: Stomata. Longman, London und New York , 1983).

Art	Stomata (per mm²)		Porenfläche (%)
	untere	obere	
	Epidermis		
Mais (*Zea mays*)	108	98	0,70
Weizen (*Triticum vulgare*)	40	50	0,63
Gerste (*Hordeum vulgare*)	85	70	0,65
Hafer (*Avena sativa*)	45	50	0,50
Sonnenblume (*Helianthus annuus*)	175	120	1,10
Tabak (*Nicotiana tabacum*)	190	50	0,80
Eiche (*Quercus triloba*)	1192	0	0,43
Linde (*Tilia europaea*)	370	0	0,90
Kiefer (*Pinus sylvestris*)	120	120	1,20
Lärche (*Larix decidua*)	16	14	0,15

Spaltöffnungen aufweisen. Die Dichte der Stomata ist je nach Pflanzenart sehr unterschiedlich. So enthält z. B. das Nadelblatt der Lärche nur etwa 16 Stomata pro mm², während auf der Unterseite von Eichenblättern über 1000 Spaltöffnungen pro mm² gezählt wurden. Tabelle 5-1 zeigt außerdem, dass bei geöffneten Poren (= Spalten) die Wasserdampfabgabe über nur etwa 1 % der Blattfläche erfolgt: Etwa 99 % der Blattfläche der transpirierenden Pflanze ist von der für Wasser weitgehend undurchlässigen Cuticula überzogen. Durch simultanes Öffnen und Schließen von mehreren hunderttausend Poren pro Blatt wird der Wasserfluss durch die Pflanze reguliert (Tab. 5-3).

Wie funktioniert der Wasserferntransport in der heranwachsenden (bzw. ausgewachsenen)

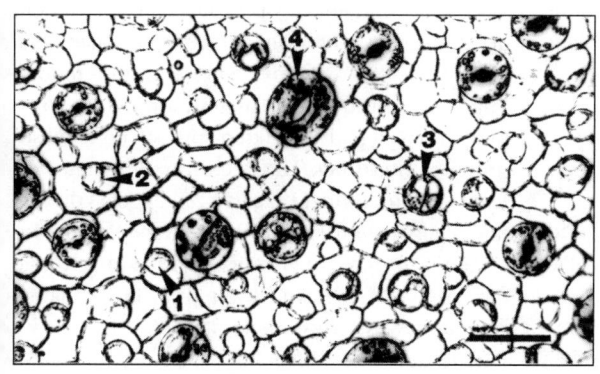

Abb. 5-6: Entwicklung der Stomata auf der Unterseite eines kurzzeitig belichteten Blattes einer Bohnenpflanze (Vicia faba). 1 = Schließzellenmutterzelle, 2 = inäquale Zellteilung, 3 = junge Spaltöffnung, 4 = ausdifferenzierte Spaltöffnung, bestehend aus 2 Schließzellen (mit Chloroplasten) und Pore (= Spalt). Balken = 50 μm. (Originalaufnahme)

Pflanze? Man muss sich vergegenwärtigen, dass eine Wassersäule von 10 m Höhe einen hydrostatischen Druck von 0,1 MPa ausübt, da das Wasser (Dichte: 1 g/cm³), wie bei einem Wasserfall, von der Erdanziehungskraft nach unten „gezogen" wird. Außerdem sind zwischen den Innenwänden der Gefäße und dem Wasser Adhäsionskräfte ausgebildet, d. h. es ist ein nicht unerheblicher Reibungswiderstand zu überwinden. Andererseits erreichen manche Bäume eine beträchtliche Größe. In Kalifornien stehen einzelne Redwood-Bäume (*Sequoia sempervirens*), die eine Höhe von bis zu 110 m aufweisen. Dies scheinen die höchsten Bäume der Erde zu sein.

Der Mechanismus des Wasserferntransportes in der transpirierenden, ausgewachsenen Pflanze wird derzeit nach der von H. Dixon (1909) formulierten **Kohäsionstheorie** erklärt. Diese besagt, dass der Wassertransport passiv entlang des Wasserpotentialgefälles zwischen dem Boden (Ψ bei Wassersättigung etwa –0,01 MPa) und der Luft (Ψ bei 50 % RH etwa – 95 MPa) erfolgt. Mit anderen Worten: Die Saugkraft (negatives Ψ) der trockenen Luft führt zu einer Wasserdampfabgabe (**Transpiration**) an den geöffneten Stomata der Blätter. Die mit H_2O-Molekülen gesättigten Zellwände des Blattgewebes verlieren über die Atemhöhle an „Imbibitionswasser", das mit den Wassersäulen im Xylen in direkter Verbindung steht.

Im Hydrosystem entsteht somit ein Sog (negativer Druck), der sich bis in die Wurzelhaare fortpflanzt und somit das Wasser nach oben zieht. Der Übergang des Xylemwassers von der flüssigen Phase in die Gasphase (stomatäre Transpiration) verbraucht bei diesem Transportprozess die meiste Energie, die, wie in Abb. 5-4 A dargestellt, von der **Sonne** geliefert wird. Der Wasserfluss durch die transpirierende Pflanze kann in Analogie zum Ohmschen Gesetz wie folgt beschrieben werden:

$$\text{Fluss} = \frac{\text{Potentialdifferenz}}{\text{Widerstand}} \quad \text{oder} \quad J = \frac{\Delta \Psi}{r}$$
$$(5.1)$$

Die Potentialdifferenz ($\Delta \Psi$) zwischen Erde und Luft beträgt, wie Abb. 5-4 A zeigt, etwa – 95 MPa. Die Gesamtdifferenz ist aus Teilbeträgen zusammengesetzt. Für die typische höhere Pflanze werden folgende Wasserpotentiale gemessen (Näherungswerte):

Erde: $\Psi \approx -\ 0,01\,\text{MPa}$
Wurzel: $\Psi \approx -\ 0,2\,\text{MPa}$
Stamm: $\Psi \approx -\ 1\,\text{MPa}$
Blatt: $\Psi \approx -\ 1\,\text{MPa}$
Luft: $\Psi \approx -\ 95\,\text{MPa}$ (bei 50 % RH)

Es wird deutlich, dass die Wasserpotentialdifferenz zwischen Blatt und Luft weitaus am größten ist und fast der Gesamtdifferenz Erde/Luft entspricht. Da außerdem der Widerstand für den Wasserfluss (r) beim Übergang der H_2O-Moleküle in die Gasphase am größten ist, folgt, dass der Wasserfluss durch die Pflanze (J) über die Öffnungsweite der Stomata reguliert wird.

Die Wasserfäden im Xylem können diesem Transpirationssog nur widerstehen, wenn die **Kohäsion** (Zusammenhalt der Wassermoleküle) innerhalb des Hydrosystems groß genug ist. Durch Rotationsexperimente mit wassergefüllten Glaskapillaren konnte gezeigt werden, dass ein Wasserfaden erst bei einem negativen Druck (Sog) von etwa –20 MPa reißt, d. h. die Kohäsionskräfte sind groß genug, um den Wasserferntransport bis in die Gipfel hoher Bäume zu ermöglichen. Die Kohäsionstheorie wird durch eine Reihe von Beobachtungen und Experimente unterstützt, die im Folgenden kurz diskutiert werden sollen.

Klassische Untersuchungen. Es ist seit langem bekannt, dass der Wasserferntransport in transpirierenden Pflanzen auch stattfindet, wenn einzelne Abschnitte des Stammes zuvor durch Hitzebehandlung abgetötet wurden. Der Wassertransport erfolgt somit unabhängig von der Aktivität lebender Zellen, d. h. es gibt keine vom Zellstoffwechsel getriebene „Wasserpumpen" im Xylem der Pflanze. Wird Wasser auf die Schnittfläche eines abgesägten Stammes einer transpirierenden Pflanze getropft, so wird dieses momentan eingesaugt: im Xylem des intakten Sprosses herrscht somit ein Unterdruck. Längsschnitte durch das Xylem transpirierender Pflanzen zeigen, dass die Gefäße – genau wie die Luftröhren (Tracheen) der Insekten – durch ringförmige Verdickungen mechanisch verstärkt sind (Abb. 5-3). Ein Kollabieren der Wasserröhren bei starkem Unterdruck wird dadurch verhindert.

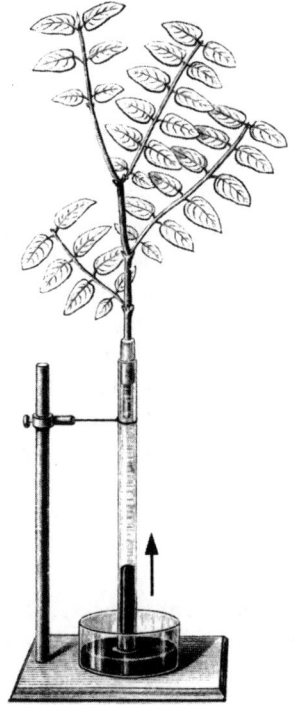

Abb. 5-7: *Demonstrationsexperiment zum direkten Nachweis des Unterdruckes im Hydrosystem einer transpirierenden Pflanze. Das Glasrohr enthält im oberen Bereich entgastes Wasser. Eine Quecksilberlösung, die von unten angeboten wurde, wird auf Grund der stomatären Transpiration der Blätter nach oben gesaugt (Pfeil).*

Modellversuch zum Wassertransport. Wird ein poröser Tonzylinder mit abgekochtem Wasser gefüllt und über ein Rohr mit einem Wasserbehälter verbunden, so erfolgt ein Ferntransport entgegen der Schwerkraft (Abb. 5-4 B). Dieses Experiment zeigt, dass durch Verdunstung (Transpiration an der Blattunterseite) und Nachsaugen von Wasser über die Kohäsionskräfte der H_2O-Moleküle aus dem unteren Reservoir (mit H_2O gesättigte Erde) Wasser aufgenommen und durch das System transportiert werden kann. In Abb. 5-7 ist ein weiteres klassisches Experiment dargestellt. Ein transpirierender Zweig saugt eine Quecksilberlösung entgegen der Schwerkraft nach oben. Der Transpirationssog (Unterdruck im Xylem) wird direkt demonstriert.

Kontraktion der Stämme. Messungen des Stammumfangs belaubter Bäume mit Hilfe einer Spezialapparatur (Dendrograph) ergaben, dass bei starker Transpiration (in der Mittagszeit) der Durchmesser des Stammes um 0,1 bis 0,2 mm geringer ist als in der Nacht (Stomata geschlossen, geringe Transpiration). Dies beweist, dass mit Einsetzen des Transpirationsstromes der im Xylem entstandene Unterdruck zu einer Kontraktion des Hydrosystems (und somit des Stammes) führt.

Transpiration und Wasserverlust. Gemäß der in Abb. 5-4 A dargestellten Kohäsionstheorie sollte der Wasserverlust einer transpirierenden Pflanze deutlich größer sein als bei Wachstum in wasserdampfgesättiger Atmosphäre. In Tab. 5-2 ist das Ergebnis eines entsprechenden Langzeitexperiments dargestellt. Maispflanzen wurden in Hydrokultur bis zur Blüte herangezogen. Bei Wachstum in trockener Luft (50% rel. Luftfeuchtigkeit) geht auf Grund der Transpiration etwa 2,7 mal mehr Wasser verloren als bei Anzucht in feuchter Luft. Die Frisch- und Trockenmasse der Pflanzen sowie deren Wassergehalt ist unter beiden Umweltverhältnissen sehr ähnlich. Berechnet man den Wasserverlust pro g Frischmasse, so beträgt dieser Quotient in der transpirierenden Pflanze etwa 10, in der Kontrolle (keine oder geringe Transpiration) jedoch nur 2,7. Fazit: Die „Saugkraft" der trockenen Luft ($-\Psi$) ist für einen enorm gesteigerten Wasserfluss durch das Hydrosystem der Pflanze verantwortlich. Andererseits zeigen die Daten jedoch, dass die Maispflanze auch bei weitgehend ausgeschalteter stomatärer Transpiration wachsen kann. Der Ferntransport von H_2O wird unter diesen Bedingungen vom Wurzeldruck getrieben.

Tab. 5-2: Frischmasse, Trockenmasse und Wasserverlust (Transpiration, Guttation) von Maispflanzen (*Zea mays*) bei Anzucht in Hydrokultur. (Nach Tanner, W. & Beevers, H.: Plant Cell Environm. 13, 745–750, 1990).

rel. Luftfeuchtigkeit (%)	Frischmasse (g)	Trockenmasse (g)	Wasserverlust (g)
50	881	87	8875
> 95	1194	97	3251

Die Pflanzen waren bei der Ernte 5 Wochen alt, hatten geblüht und eine Sprosshöhe von etwa 1,5 m erreicht.

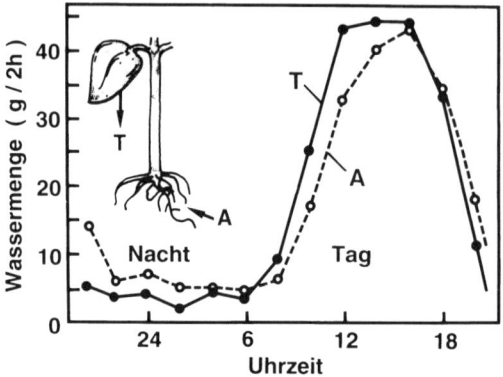

Abb. 5-8: *Transpiration (T) und Wasseraufnahme (A) einer im Tag/Nacht-Rhythmus wachsenden Sonnenblume (Helianthus annuus). (Nach Kramer, P.J.: Amer. J. Bot. 24, 10–15, 1937).*

man einen entsprechenden täglichen Anstieg und Abfall in der Transpirationsrate beobachten. In Abb. 5-8 ist ein entsprechendes Experiment dargestellt. Wasseraufnahme (Absorption) und Transpiration (Wasserverlust) wurden durch Wiegen der im Tag/Nacht-Rhythmus wachsenden Sonnenblumenpflanzen ermittelt. Es wird deutlich, dass in der Nacht mehr Wasser aufgenommen als abgegeben wird: Die Pflanzen wachsen durch Wasseraufnahme und Streckung der Zellen. Am Morgen setzt eine drastische Zunahme der Transpirationsrate ein, die am Mittag ein Maximum erreicht (Triebkraft: Sonnenenergie) und am Nachmittag wieder rasch abfällt. Die Wasseraufnahme ist gegenüber der Transpiration zeitlich verzögert. Dies zeigt, dass sich der am Blatt ansetzende Transpirationssog nur langsam über das Xylem bis zur Wurzel hinunter fortpflanzt.

Beziehung Wasseraufnahme/Transpiration. Die Kohäsionstheorie besagt, dass mit der Öffnung der Stomata und Einsetzen der Transpiration ein Wasserfluss durch die Pflanze induziert wird. Da sich die Stomata bei normaler Wasserversorgung morgens öffnen und abends wieder schließen, sollte

Direkte Messung des Xylem-Unterdruckes. Das entscheidende Experiment zur kritischen Überprüfung der Kohäsionstheorie besteht in der direkten Bestimmung des Xylemdruckes in Abhängigkeit von der Transpirationsintensität der Pflanze. Zwei Methoden wurden eingesetzt, die

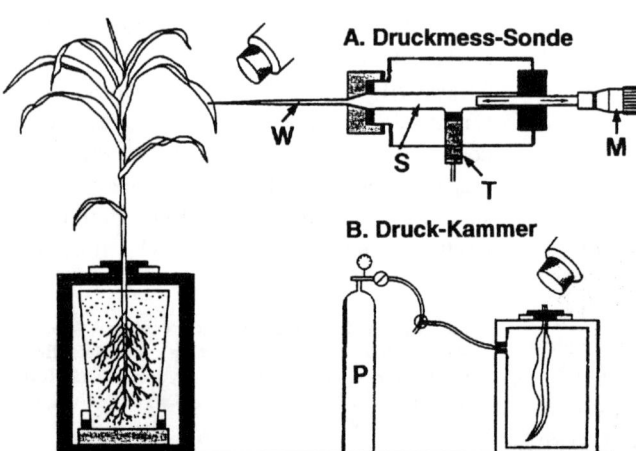

Abb. 5-9: *Versuchsaufbau zur direkten Bestimmung des Xylem-Unterdruckes in einer Maispflanze (Zea mays) mit Hilfe der Druckmess-Sonde (A). Die Mikrokapillare ist mit Silikonöl gefüllt; nur die Spitze enthält Wasser. Unter Einsatz der Scholander-Bombe (Druck-Kammer) (B) kann der Xylem-Unterdruck nach Abschneiden eines Blattes indirekt ermittelt werden. M = Mikrometer-Schraube zur Verschiebung der Si-Öl/Wasser-Grenzschicht, W = Meniskus (Si-Öl/H$_2$O), S = Silikonöl, T = Druck-Übertrager (Transducer), P = Pressluft. (Nach Wei, C., Steudle, E. & Tyree, M. T.: Trends Plant Sci. 4, 372–375, 1999).*

Druckkammer und die Druckmess-Sonde (Abb. 5-9 A, B). Wird ein abgeschnittener Zweig einer transpirierenden Pflanze in eine geschlossene Kammer gebracht, so dass nur der Stiel herausragt, so kann durch Zufuhr von Pressluft ein Wassertropfen aus der Schnittfläche herausgedrückt werden. Der exogene Druck, bei dem gerade das Xylemwasser aus den Gefäßen hervortritt, sollte (im Prinzip) dem Xylemunterdruck vor Abschneiden entsprechen. Mit dieser Druckkammer (Scholander-Bombe) wurden Xylemdrücke von –0,1 bis –2,0 MPa gemessen. Die zweite Methode besteht in der Anwendung der Druckmess-Sonden-Technik zur Ermittlung des Zellturgors (Kap. 11). Anstatt turgeszente Zellen anzustechen, kann man auch einzelne Gefäße des Leitbündels punktieren. In Abb. 5-9 A ist eine entsprechender Versuchsaufbau dargestellt. Im Xylem transpirierender Maispflanzen (*Zea mays*) wurden Unterdrücke von bis zu –1,0 MPa gemessen; diese Resultate unterstützen die Kohäsionstheorie des Wasserferntransports.

Cavitation. In Folge der stomatären Transpiration wird über das Xylem der Sprossachse und Wurzel stetig Wasser aus der Bodenlösung nachgesaugt. Das unter Spannung (negativem Druck) stehende Xylemwasser befindet sich in einem „metastabilen Zustand": kleine Ereignisse (z. B. winzige Luftbläschen) können ein Abreißen des H_2O-Fadens hervorrufen. Dieser plötzliche Zusammenbruch des Xylem-Unterdruckes wird als **Cavitation** bezeichnet. Es tritt Luft in die Gefäße ein (Embolie) und der Wasserfluss wird momentan unterbrochen. Dieses mit der Kohäsionstheorie übereinstimmende physikalische Phänomen wird seit Jahrzehnten erforscht, wobei auch akustische Methoden zum Einsatz kommen (Abhören feiner „click-Geräusche" an den Stämmen transpirierender Bäume). Obwohl noch viele Fragen zu den Ursachen und Folgen der Cavitation offen sind, beweisen die messbaren Wasserfaden-Abrisse, dass in der transpirierenden Pflanze ein enormer Xylem-Unterdruck herrscht.

Wie Abb. 5-4 A veranschaulicht, wird die stomatäre Transpiration durch die Öffnungsweite der Stomata reguliert. Der Mechanismus der Öffnungs- und Schließbewegungen ist in Kap. 18 (Bewegungsvorgänge) im Detail dargestellt. Tabelle

Tab. 5-3: Abhängigkeit der Transpirationsrate bei einer Zebrinapflanze (*Zebrina pendula*) von der Öffnungsweite der Stomata und der Luftbewegung. (Nach Bange, G.G.: Acta Bot. Neerl. 2, 255–296, 1953).

Transpirationsrate
(g $H_2O \cdot cm^{-2}$ Blattfläche $\cdot s^{-1} \cdot 10^{-7}$)

Unbewegte Luft			Bewegte Luft		
Porenweite	0 µm	0,1	Porenweite	0 µm	0,1
	10 µm	0,5		10 µm	1,5
	20 µm	0,7		20 µm	2,4

5-3 zeigt, dass die Transpirationsrate der Blätter sowohl von der Öffnungsweite der Poren als auch von der Luftbewegung abhängt. Unter natürlichen Umweltbedingungen (leichter Wind) wird die Wasserdampfabgabe aktiv durch Öffnen bzw. Verschließen der Stomata gesteuert.

5.6 Wassertransport vor Laubausbruch

Im Frühjahr, d. h. vor Ausbruch des Laubes, ist auf Grund fehlender Stomata praktisch keine Transpiration messbar. Dennoch wird Wasser bis in die Spitzen der Bäume transportiert, wodurch das Auswachsen der Knospen ermöglicht wird. Den Mechanismus dieses Wasserferntransportes (**Saftsteigen**) erklärt man sich derzeit wie folgt. Durch Sekretion osmotisch wirksamer Substanzen der Nebengewebe der Gefäße (paratracheales Kontaktparenchym, Kontaktzellen der Holzstrahlen) in das Hydrosystem hinein wird das Xylemwasser im Frühjahr bis zu einer 1%igen Lösung mit Zucker angereichert (bevorzugt Saccharose). Gleichzeitig wird die in der Rinde des Baumes gespeicherte Stärke abgebaut. Vor Laubausbruch und Einsetzen der Transpiration erfolgt nun eine osmotische Aufnahme von Wasser über die Wurzel (Tab. 5-4). Im Xylem entsteht ein positiver Druck, da Wasser aufgenommen, aber nicht abgegeben wird. Dieser Überdruck im Hydrosystem ermöglicht im Frühjahr das Austreiben der Knospen. Nach Verletzung der Bäume kann ein Austritt von sogenanntem „Blutungssaft" (mit Zucker angereichertes Xylemwasser) beobachtet werden. Bei dem in Nordamerika und Kanada beheimate-

Tab. 5-4: Wasseraufnahme junger Bäume in der frühjahrszeitlichen Mobilisierungsphase, d.h. vor Laubausbruch. (Nach Braun, H.J.: Ber. Deutsch. Bot. Ges. 96, 29–47, 1983).

Art	Höhe (m)	Zeitraum	Wasseraufnahme (L)
Ahorn *(Acer pseudoplatanus)*	5,4	12.3. – 3.5.1982	4,9
Birke *(Betula pubescens)*	5,1	11.3. – 16.4.1982	5,4
Vogelkirsche *(Prunus avium)*	4,5	26.3. – 23.4.1982	7,5

ten Zuckerahorn (*Acer saccharum*) wird das „Saftsteigen" im Februar/März durch Anbohren der Stämme kommerziell genutzt. Der austretende, mit 3–7% Zucker angereicherte Xylemsaft wird gesammelt und nach Eindicken als „Maplesyrup"

Abb. 5-10: *Gewinnung von Rohrzucker durch Anbohren des Stammes beim Zuckerahorn (Acer saccharum). In Nordamerika werden große Baum-Plantagen im Frühjahr durch Anzapfen der Xylemelemente (Metallrohr) und Anhängen eines Eimers „gemolken". Der austretende Xylemsaft enthält das Disaccharid Saccharose. (Nach Nicholson, B. E.: The Oxford Book of Food Plants. Oxford University Press, London, 1975).*

zum Süßen von Getränken und Speisen verwendet (Abb. 5-10).

Neben den drei oben dargestellten Mechanismen des longitudinalen Wassertransports innerhalb des Hydrosystems der Pflanze existiert noch eine radiale Wasserverschiebung vom Xylem bis zur Epidermis des krautigen Stammes (Abb. 5-4 A). Da im Xylem ein positiveres Wasserpotential als in den Epidermiszellen vorherrscht, folgt, dass der radiale Wassertransport durch einen „Saugkraft-Gradienten" ($\Delta \Psi$) getrieben wird. Dieser radiale Mittelstreckentransport ist im Prinzip mit dem Wasserfluss in der Wurzel zu vergleichen (Abb. 5-2). Wie im unterirdischen Befestigungsorgan kann auch der radiale Wassertransport in der Rinde des Stängels über den Apoplasten oder im Symplasten der Gewebe stattfinden. Die Frage, welcher Transportweg der dominierende ist, kann auf Grund fehlender experimenteller Daten derzeit nicht beantwortet werden.

5.7 Kapillarität und Wasserfluss

Bei der Darstellung des Wasserhaushalts der Pflanzenzelle wurde das physikalische Phänomen der Kapillarität beschrieben (Kap. 4). Werden Glasröhren in reines Wasser gestellt, so steigt die Flüssigkeit an den Wänden aufwärts, wobei die Höhe der Wassersäule umgekehrt proportional zum Innendurchmesser der Kapillare ist. An der Oberfläche der Flüssigkeitssäule bildet sich ein U-förmiger Meniskus aus. Man könnte nun annehmen, dass die auf Adhäsion und Kohäsion beruhende **Kapillarität** als Antriebskraft für den Wasserferntransport in der Pflanze dient. Zunächst stellt sich die Frage, welchen Innendurchmesser die Wasserleitgefäße haben. Typische Tracheiden weisen Durchmesser zwischen 10 und 30 μm auf. Die Tracheen der zweikeimblättrigen Pflanzen haben ganz unterschiedliche Dimensionen (Abb. 5-3). Bei der Olive (*Olea europaea*) wurden durchschnittliche Tracheeninnendurchmesser von 16 μm gemessen; im Holz der Eiche (*Quercus pedunculata*) weisen einzelne Gefäße Durchmesser von bis zu 300 μm auf. Untersuchungen zur Wasserleitfähigkeit der Tracheen ergaben, dass hier Strukturen vorliegen, die sich im Prinzip wie ideale Kapillaren verhalten.

Man kann berechnen, dass das Wasser in einer Kapillare mit einem Innendurchmesser von 40 µm (durchschnittliches Gefäß) etwa 37 cm hoch steigt. Bei kleinen Gewächsen (Sprosshöhe < 40 cm) könnte die Kapillarität zumindest theoretisch einen beträchtlichen Wasseranstieg in den Gefäßen hervorbringen. Voraussetzung für den Anstieg der Wassersäule ist jedoch eine offene, der Luft ausgesetzte, U-förmige Flüssigkeitsoberfläche. Da das im Xylem der Pflanze eingeschlossene Wasser keine nach außen hin offenen Menisken bildet, geht man davon aus, dass die Kapillarität als Antriebskraft für den Wassertransport keine Rolle spielt.

6 Translokation organischer Substanzen

Die Beobachtung, dass in den grünen Laubblättern unter der Wirkung des Sonnenlichts **Stärke** entsteht und dass dieses Assimilationsprodukt durch die Blattstiele den wachsenden Sprossachsen zugeführt wird, ist seit dem 19. Jahrhundert wiederholt dokumentiert worden. In den Wachstumszonen der Pflanze werden die organischen Substanzen zum Aufbau neuer Zellen und Gewebe verbraucht. J. Sachs (1887) hat erstmals darauf hingewiesen, dass nach Ende der Wachstumsperiode die aus der Blattstärke gebildeten „plastischen Stoffe" in unterirdischen Reservebehältern, wie z. B. Wurzelstöcken, Zwiebeln oder Knollen, deponiert werden. Mit Beginn der nächsten Vegetationsperiode werden diese **Reservestoffe** mobilisiert; die freigesetzten organischen

Abb. 6-1: *Junge Kartoffelpflanze (Solanum tuberosum), die aus einem Samen angezogen wurde. Aus den Achseln der unteren Blätter entspringen unterirdische Ausläufer, die in Dunkelheit zu Knollen heranwachsen. Die Bausteine der Stärke dieser Kartoffelknollen wurden in den grünen Laubblättern gebildet. Pfeile: Ferntransport organischer Moleküle. (Nach Sachs, J.: Vorlesungen über Pflanzenphysiologie. Leipzig, 1887).*

Moleküle ermöglichen im Frühjahr das Auswachsen der Wurzeln, Sprosse und Blätter.

In Abb. 6-1 ist eine junge Kartoffelpflanze (*Solanum tuberosum*) dargestellt, die noch durch Primärblätter gekennzeichnet ist. Obwohl die arttypische Beblätterung erst in einem späteren Entwicklungsstadium ausgebildet wird, sind an den unterirdischen Ausläufern dicke Knollen zu erkennen. Die darin deponierte Stärke ist in den Blättern gebildet und über die Transportbahnen nach unten gebracht worden. Aus diesen Tatsachen folgt, dass in der höheren Pflanze Produktionsgewebe für organische Moleküle ausgebildet sind (z. B. Mesophyll der grünen, photosynthetisch aktiven Blätter). Diese werden allgemein als „Quelle" oder **Exportgewebe** (*source*) bezeichnet. Andererseits gibt es im Organismus Verbrauchsorte oder **Importgewebe** (*sinks*) für energiereiche Substanzen. So sind alle heterotrophen Organe sowie deren Speichergewebe als die *sinks* der Pflanze zu betrachten (z. B. die Wurzel, unterirdische Stärkespeicher wie Knollen, junge Blätter und Sprosse, Nährgewebe der Samen). Export- und Importgewebe sind durch Leitungsbahnen für die Translokation organischer Moleküle miteinander verbunden. Diese Transportkanäle sind die Siebröhren des Phloems innerhalb der Leitbündel der Pflanze.

In den nachfolgenden Abschnitten sind die anatomischen Grundlagen sowie die physikalisch-chemischen Mechanismen des Ferntransports dieser energiereichen organischen Substanzen dargestellt.

6.1 Übergang vom Import- zum Exportgewebe

Bis zur Ausbildung eines funktionstüchtigen Photosyntheseapparates ernährt sich die junge Pflanze (wie ein Tier) ausschließlich heterotroph.

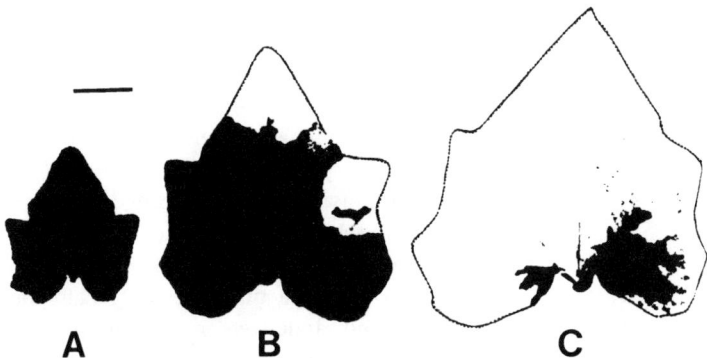

Abb. 6-2: *Autoradiogramme der Blattspreiten junger, wachsender Laubblätter einer Kürbispflanze (Cucurbita pepo). A–C: verschiedene Altersstadien. Einem älteren, entwickelten Blatt derselben Pflanze wurde $^{14}CO_2$ angeboten; die abgebildeten jungen Blätter wurden 2 Stunden später analysiert. Schwarze Blattbereiche: Import von ^{14}C-Zuckern; weiße Blattbereiche: kein Import. Balken = 2 cm. (Nach Turgeon R. & Webb J. A.: Planta 113, 179 –191, 1973).*

Der Keimling verbraucht die von der Mutterpflanze mitgelieferten Nährstoffe, ohne die er absterben (verhungern) würde. Da die Speicherstoffe in bestimmten Organen des Keimlings untergebracht sind (z. B. Keimblätter), muss zur Ernährung der sich entwickelnden Organe der Pflanze (Spross, Primärblätter, Wurzel) eine Translokation (Ferntransport) organischer Verbindungen stattfinden. Auch in der ausgewachsenen (grünen) Pflanze gibt es Organe, die auf Grund der Differenzierung des Kormus ihre Fähigkeit zur Autotrophie eingebüßt haben und somit auf die Zufuhr organischer Moleküle angewiesen sind. So ist z. B. die Wurzel ein heterotrophes Organ, das über den Spross mit organischen Substanzen und den sogenannten „Wurzelvitaminen" (Thiamin, Pyridoxin, Nicotinsäure, Glycin) versorgt wird (isolierte Wurzeln können mit Zucker, Ionen und den genannten Vitaminen versorgt über Jahre hinweg in-vitro kultiviert werden). Auch Samen, Früchte und unterirdische Speicherorgane (Spross- und Wurzelknollen) beziehen ihre Reservestoffe (z. B. Stärke bei Kartoffeln) letztlich von den photosynthetisch aktiven Blättern der Pflanze.

Während der **Blattentwicklung** kann in ein und demselben Organ ein Übergang von heterotropher zu autotropher Ernährung beobachtet werden. Das junge, sich entfaltende Blatt ist heterotroph, d. h. es wird von den ausgewachsenen grünen Blättern mit organischen Substanzen versorgt. Nachdem das junge Blatt zu 30–60 % entfaltet und ergrünt ist, kommt es zu einem Stillstand des Importes und ein Export photosynthetischer Produkte setzt ein. Die Translokation organischer Substanzen in der Pflanze kann durch Begasung einzelner Organe (z. B. grüner Blätter) mit radioaktiv markiertem Kohlendioxid ($^{14}CO_2$) und anschließender Lokalisation der exportierten ^{14}C-Zucker mittels der **Autoradiographie** analysiert werden.

In Abb. 6-2 ist ein entsprechendes Experiment dargestellt. Eine Kürbispflanze (*Cucurbita pepo*) wuchs im Tag/Nacht-Rhythmus heran. Ein grünes, photosynthetisch aktives Blatt der Pflanze wurde in eine Plastiktüte gepackt. Diese geschlossene, dem Licht exponierte Kammer wurde nun 5 min lang mit $^{14}CO_2$ begast. Die im Licht gebildeten Photosyntheseprodukte (^{14}C-markierte Zucker) wandern in die heterotrophen Importgewebe der Pflanze; sie können durch Abschneiden der entsprechenden Organe (z. B. junge Blätter) und Auflegen eines Röntgenfilms identifiziert werden. Eine Schwärzung des Röntgenfilms zeigt an, dass in der betreffenden Blattregion ein Import von ^{14}C-Zuckern stattgefunden hat. Wie Abb. 6-2 A zeigt, importiert das junge, sich entwickelnde Blatt aus den älteren, photosynthetisch aktiven Laubblättern radioaktiv markierte (d. h. dort gebildete) Assimilate. Mit zunehmendem Alter geht, beginnend in der Peripherie des Blattes, der Import von ^{14}C-Zuckern stetig zurück (Abb. 6-2 B, C). Das Blatt wandelt sich mit Ausbildung des Photosyntheseapparates zum Exportgewebe um und ernährt dann die nächsten, sich entfaltenden Blätter der wachsenden Pflanze.

6.2 Siebröhren: kernlose Spezialisten für den Zuckertransport

Im Jahr 1837 wurden an Stängelquerschnitten von Kürbispflanzen „Röhren mit siebartig durchbrochenen Querwänden" beobachtet, die daher als **Siebröhren** bezeichnet wurden. Erst 1933 wurde erkannt, dass innerhalb des Phloems der Leitbündel die Siebröhren (oder Siebelemente) für den Langstreckentransport organischer Substanzen verantwortlich sind. Die Entstehung dieser „Spezialisten für den Zuckertransport" unter den Pflanzenzellen soll kurz dargestellt werden (Abb. 6-3).

Siebröhrenmutterzellen unterscheiden sich bezüglich ihrer Ultrastruktur nicht von anderen Phloemzellen. Die Ausdifferenzierung zum reifen (funktionstüchtigen) Siebröhrenglied geht mit dem Verlust des Zellkerns einher: Die Kernhülle reißt auf, der Nucleus zerfällt. Es entsteht eine kernlose, metabolisch aktive Zelle (Kap. 3). Wei-

terhin zerfällt die Vacuolenmembran (Tonoplast) und ein spezielles, nur im Phloem lokalisiertes Protein, das P (= Phloem)-Protein wird synthetisiert. Die mit Zellkern und zahlreichen Mitochondrien versehenen **Geleitzellen** sind über Plasmodesmen symplastisch mit den Siebröhren verbunden. Aus den Plasmodesmen der Endwände der röhrenförmigen Siebröhrenglieder (Einzelzellen) entstehen die Siebporen, d.h. Durchgänge zur Nachbarzelle innerhalb der Röhre. Die Endwände werden auch als Siebplatten bezeichnet. Junge Siebröhren sind durch offene Poren gekennzeichnet (funktionstüchtige Transportwege, Abb. 6-3 D). Nach einiger Zeit kommt es zum Verschluss der Siebporen, weil das Polysaccharid **Callose** synthetisiert wird und die Öffnungen nach und nach vollständig verstopft. Alte Siebröhren sind daher funktionsuntüchtig, d.h. sie transportieren keine Stoffe mehr.

Welche organischen Substanzen werden transportiert? Zur Beantwortung dieser zentralen Frage ist es notwendig, eine Methode zur Gewinnung von reinem Siebröhrensaft zu entwickeln. Wird eine Pflanze angeschnitten, so quillt aus der Schnittfläche verunreinigter Siebröhrensaft aus, dessen chemische Analyse nur bedingt Auskunft über den Inhalt des Lumens der Siebröhren gibt. Bei Rizinuspflanzen (*Ricinus communis*) kann durch Anschneiden praktisch reiner **Phloemsaft** gewonnen werden. Nahezu alle anderen bisher

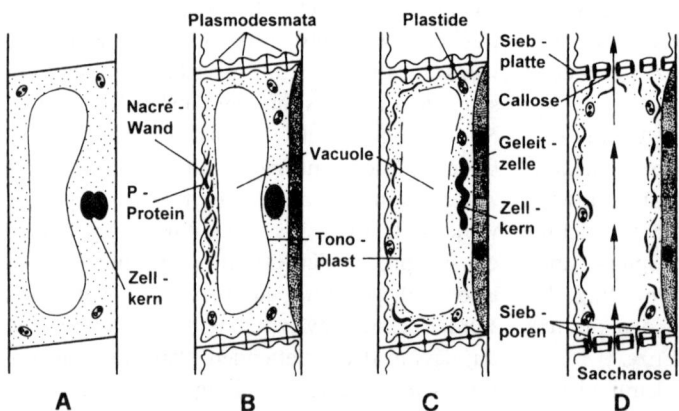

Abb. 6-3: *Schematische Darstellung der Entwicklung eines Siebelements (Baustein der Siebröhre bei Angiospermen). Eine Siebröhrenmutterzelle (A) teilt sich und ergibt eine Sieb- und Geleitzelle (B). Nach Auflösung des Tonoplasten (C) entsteht die aus einzelnen Siebelementen zusammengesetzte Siebröhre (D), in der die Saccharose transportiert wird (Pfeile). (Nach Esau, K.: Anatomy of Seed Plants. Wiley and Sons, New York, 1977).*

untersuchten Pflanzenarten liefern nach Anschneiden jedoch keinen reinen Siebröhrensaft, so dass eine andere Methode entwickelt werden musste.

Seit den 1950er Jahren ist bekannt, dass **Blattläuse** Aphidina, Ordnung Rhynchota = Hemiptera) ihren Rüssel in das Phloem der Blätter und Zweige ihrer Wirtspflanzen einstechen und dann am Inhalt der Siebröhren saugen. Nicht selten quillt auch Phloemsaft aus dem Insekt heraus („Honigtau"). Diese Beobachtung führte zur Entwicklung der „Blattlaus (= Aphiden)-Technik". Werden Blattläuse auf die zu untersuchenden Pflanzen gesetzt und nach Einstechen ihrer Saugrüssel abgetötet und entfernt, so bleibt der Stumpf des Saugapparates im Phloem stecken. Aus diesem abgeschnittenen Saugrüssel quillt bald reiner Siebröhrensaft aus, der mit einer Glaskapillare aufgenommen und dann analysiert werden kann (Abb. 6-4).

Analysen des Phloemsaftes verschiedener dicotyler Pflanzen ergaben, dass das Siebröhrenlumen eine wässrige Lösung mit 10–25 % Trockensubstanz enthält. Der dominierende Zucker ist die **Saccharose**; außerdem wurden in geringer Konzentration Proteine, verschiedene Aminosäuren sowie Ionen nachgewiesen. Wie Tab. 6-1 zeigt, enthält das Phloem außerdem ATP (Kap. 7) und verschiedene Phytohormone. Der pH-Wert der Phloemflüssigkeit liegt im alkalischen Bereich. Die Viscosität entspricht der einer 10 %igen Saccharose-Lösung (13,37 Nsm^{-2}). Reines Wasser hat bei 20 °C eine dynamische Viskosität von 1,00 Nsm^{-2}: Der Siebröhrensaft ist somit eine recht zähflüssige Lösung. Warum wird das Disaccharid Saccharose und nicht etwa Glucose oder ein anderer Zucker transportiert? Man nimmt an, dass dies mit der guten Löslichkeit zusammenhängt. Saccharose (Abb. 6-7) ist ein Anelektrolyt und hat daher in Wasser keine Hydrathülle. Eine 66,4 %ige Saccharoselösung (Konzentration: etwa 2 mol/l) ist bei Normaltemperatur (20 °C) noch flüssig. Das Disaccharid Saccharose eignet sich daher besonders gut als Transportform für Kohlenhydrate. Bei einigen Pflanzen wurden allerdings neben der Saccharose auch andere Zucker (Raffinose, Stachyose) nachgewiesen.

Im Phloem der meisten Pflanzen wurden Transportgeschwindigkeiten zwischen 0,5 und 2,0 m/h

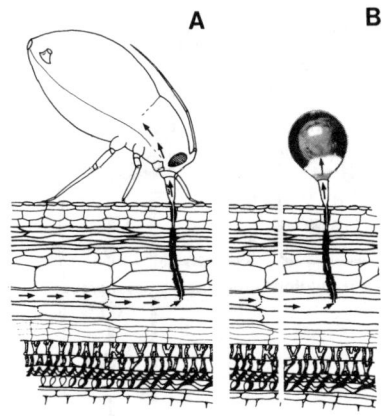

Abb. 6-4: *Blattlaustechnik zur Gewinnung von reinem Siebröhrensaft. Blattläuse stechen mit ihrem Saugrüssel selektiv in die Siebröhren der Wirtspflanze (A). Das getötete Insekt wird abgeschnitten. Aus dem Saugrüssel tritt Siebröhrenflüssigkeit aus (B). (Nach Dixon A. F. G.: In: Encycl. Plant Physiol. NS Vol. 1. Springer Verlag, Berlin, 1975).*

Tab. 6-1: Zusammensetzung und Eigenschaften der Phloemflüssigkeit einer Rizinuspflanze (*Ricinus communis*). (Nach Hall S.M. & Baker D.A.: Planta 106, 131–140, 1972).

Konzentration (g/l)			
Trockenmasse	100–125	Calcium	0,02–0,09
Saccharose	80–106	Magnesium	0,10–0,12
Protein	1,5–2,2	Ammonium	0,029
Aminosäuren	5,2	ATP	0,24–0,36
Malat	2,0–3,2	Auxin	$10,5 \cdot 10^{-6}$
Phosphat	0,4–0,6	Gibberellin	$2,3 \cdot 10^{-6}$
Sulfat	0,02–0,05	Cytokinin	$10,8 \cdot 10^{-6}$
Chlorid	0,4–0,7	pH-Wert	8,0–8,2
Kalium	2,3–4,4	osmot. Druck	1,4–1,5 MPa
Natrium	0,05–0,28	Viscosität	13,4 Nsm^{-2}

Der Siebröhrensaft wurde durch Anschneiden der Rinde gewonnen (Exudat).

gemessen. In Maisblättern scheint der Phloemtransport unter bestimmten Bedingungen besonders rasch zu erfolgen. Translokationsraten von bis zu 6 m/h wurden wiederholt dokumentiert. Neben den in Tab. 6-1 aufgelisteten Substanzen konnten noch weitere Inhaltsstoffe in isolierten Phloemsäften identifiziert werden: verschiedene Proteine, Boten (m)-RNA-Moleküle und Viruspartikel (Virionen). Das Phloem ist somit ein univer-

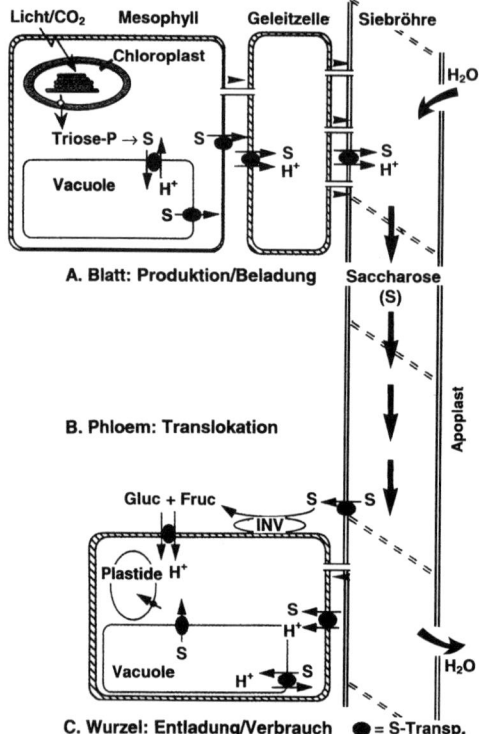

Abb. 6-5: *Modell des Zucker-Ferntransports in einer höheren Pflanze. Das Disaccharid Saccharose (S) wird im Mesophyll gebildet (Photosynthese) und über die Geleitzellen in die Siebröhren transferiert (A). Die Beladung erfolgt entweder über den Zellwandraum (Apoplast) oder die Plasmodesmen (Symplast, s. Pfeilspitzen). Nach Translokation (B) wird die Siebröhre am Verbrauchsort entladen (C). Gluc, Fruc = Glucose, Fructose, INV = Invertase, SH+ = S-Protonen-Cotransport unter Verbrauch von ATP. Die verschiedenen S-Transporter sind als schwarze Ovale eingezeichnet. (Nach Lalonde, S. et al.: The Plant Cell 11, 707– 726, 1999).*

seller Transport- und Signalweg innerhalb des Pflanzenkörpers.

6.3 Mechanismus des Siebröhrentransports

Der Ferntransport von Saccharose lässt sich in drei Teilprozesse untergliedern: Beladung der Sieb-

röhre, Translokation im Phloem und Entladung des Siebelements am Verbrauchsort. Im Folgenden sind diese Prozesse nacheinander beschrieben. Zur Veranschaulichung soll das System Blatt/Sprossachse/Wurzel dargestellt werden (Abb. 6-5).

Phloembeladung. Die Einschleusung von Saccharose in das Lumen der Siebröhre (Beladung) erfolgt, wie in Abb. 6-5 A verdeutlicht ist, immer in einem Exportgewebe (*source*, z. B. Mesophyll ausgewachsener Blätter). Den Mechanismus der Phloembeladung stellt man sich derzeit folgendermaßen vor. Saccharose (S) wird über die Photosynthese (Ort: Chloroplasten der Mesophyllzellen) im Cytoplasma synthetisiert (Kap. 10); das Molekül wandert im Apoplasten des Exportgewebes zur Plasmamembran einer Geleitzelle. Dort bindet das Molekül an ein membranassoziiertes Carrier-Protein (C, d. h. ein S-Transporter), so dass ein Komplex entsteht. Nach Anlagerung eines Protons bildet sich ein H^+-S-Carrier-Komplex, der die Membran durchwandert. Nach Abspaltung des Protons und Zerfall des SC-Komplexes gelangt das Saccharosemolekül in die Geleitzelle. Dieser Saccharose-Protonen-Cotransport wird durch eine membrangebundene Protonenpumpe (H^+-ATPase) angetrieben. Da zum Export der Protonen Adenosintriphosphat (ATP) verbraucht wird, ist die **Phloembeladung** ein aktiver, vom Zellstoffwechsel abhängiger Prozess (Kap. 7). Zum Ladungsausgleich werden wahrscheinlich Kaliumionen (K^+) nach innen transportiert. Aus den Geleitzellen gelangt die Saccharose entweder über Plasmodesmen (symplastisch) oder über den Zellwandraum (apoplastisch) in das Lumen der Siebröhre.

Das hier beschriebene Modell des Transportervermittelten Saccharose-Protonen-Cotransfers wird durch folgende experimentelle Befunde unterstützt:

• Protonenpumpen im Phloem: Unter Einsatz von Antikörpern konnten die H^+-ATPasen der Plasmamembranen der Zellen an Querschnitten von Blättern und Stängeln lokalisiert werden. Die Membranen der Phloemzellen sind dicht mit Protonenpumpen besetzt, während die anderen Gewebe (Parenchym, Epidermis) nur eine sehr geringe Dichte an membrangebundenen H^+-ATPasen aufweisen. Weiterhin zeigen Analysen der Phloemflüssigkeit, dass im Siebröhrensaft Phosphat-Ionen und ATP-Moleküle vorhanden sind (Tab. 6-1). Diese Beobachtungen unterstützen die Hypothese, dass die „Triebkraft" für die Phloembeladung von einem aktiven (d. h. ATP verbrauchenden) Protonenefflux geliefert wird.

- pH-Gradient: Wie Tab. 6-1 zeigt, beträgt der pH-Wert der Phloemflüssigkeit des *Ricinus*-Stammes etwa 8. Bei anderen Pflanzenarten wurden ähnliche Werte ermittelt. Da der pH-Wert des Apoplasten (Zellwandraum) normalerweise im Bereich von 5 bis 6 liegt, folgt, dass zwischen dem Lumen der Siebröhre und dem Außenraum ein drastischer pH-Gradient (Differenz in der H^+-Ionenkonzentration) besteht.
- Alkalisierung des Apoplasten durch Saccharose: Wird der pH-Wert des Zellwandraumes im Bereich einer Siebröhre gemessen, so kann nach Zugabe von Saccharose eine vorübergehende Alkalisierung (d. h. H^+-Aufnahme) beobachtet werden. Experimente mit Cotyledonen von *Ricinus* und Maisblättern haben gezeigt, dass die Saccharose der einzige Zucker ist, der einen vorübergehenden Anstieg des Apoplasten-pHs induziert. Glucose, Galactose und Fructose sind unwirksam. Die Tatsache, dass Saccharose der einzige Zucker ist, der aktiv in das Lumen der Siebröhre aufgenommen wird, unterstützt die Hypothese, dass dieser Import unter Verbrauch von H^+-Ionen stattfindet.

Bei den meisten Kulturpflanzen erfolgt die Aufnahme der Saccharose über den Zellwandraum (Apoplasten) des Gewebes. Neben dieser apoplastischen Phloembeladung kann die Saccharose im Prinzip auch durch die Plasmodesmen in das Lumen der Siebröhren einwandern. Diese symplastische Phloembeladung, an der auch die Geleitzellen als aktive Partner teilnehmen, scheint bei Pflanzen, die bevorzug Raffinose transportieren, der dominierende Aufnahmeweg zu sein. Gut untersuchte Beispiele sind der Kürbis (*Cucurbita pepo*) und die Melone (*Cucumis melo*).

Translokation der Saccharose. Nach Eintritt der Saccharose in das Lumen der Siebröhre erfolgt der Ferntransport der Zuckermoleküle zum Verbrauchsort (Abb. 6-5 B). Worin besteht die trei-

bende Kraft dieses Massentransportes der konzentrierten Saccharoselösung? Diese Frage konnte bis heute noch nicht eindeutig geklärt werden. Es wurden zwei Hypothesen formuliert, die im Folgenden durch physikalische Modellversuche veranschaulicht werden sollen. Die von E. Münch (1930) formulierte **Druckstromhypothese** postuliert, dass die treibende Kraft des Massentransports durch einen longitudinalen Gradienten im hydrostatischen Druck (Turgor) entlang der Siebröhre hervorgebracht wird (ΔP). Die Tatsache, dass Blattläuse beim Saugen große Mengen an Phloemsaft („Honigtau") ausscheiden bzw. der Siebröhrensaft aus abgeschnittenen Saugrüsseln quillt (Abb. 6-4) zeigt, dass zumindest bei einigen Pflanzenarten ein positiver hydrostatischer Druck im Lumen der Siebröhren vorliegt. Die direkte Bestimmung des Phloemdruckes ist aus technischen Gründen nicht einfach. Aus der Beobachtung, dass der osmotische Druck des Siebröhrensaftes im Bereich von > 1 MPa liegt (Tab. 6.1) kann geschlossen werden, das im Lumen der Gefäße ein hydrostatischer Druck von ähnlicher Größe existieren dürfte. An abgeschnittenen Saugrüsseln von Blattläusen konnten mit Kapillar-Mikromanometern Phloemdrücke von 0,5 bis 1,0 MPa gemessen werden. Diese direkten Druckmessungen wurden an Zweigen von 2–3 m hohen Weiden (*Salix babylonica*) durchgeführt. Ob derart hohe Phloemdrücke auch in anderen Pflanzen auftreten, wurde bisher noch nicht systematisch untersucht. Die Existenz eines hydrostatischen Druckes (P) im Phloem sagt noch nichts darüber aus, ob ein Druckgradient (ΔP) entlang der Siebröhre zwischen Export- und Importgewebe ausgebildet ist. Ein derartiger Gradient konnte bisher nur indirekt, nicht jedoch durch eindeutige Messungen nachgewiesen werden.

Die Druckstromhypothese wird üblicherweise durch den in Abb. 6-6 A dargestellten Modellversuch veranschaulicht. Zwei osmotische Zellen (Glastrichter) werden durch ein Glasrohr („Siebröhre") miteinander verbunden. Zelle I enthält eine konzentrierte, mit Farbstoff versehene Saccharoselösung und taucht in reines Wasser ein. Zelle II ist über einen Trichter mit einem Auffangbehälter verbunden. Zelle I nimmt nach Eintauchen über eine semipermeable Membran osmotisch Wasser auf. Im Verbindungsrohr steigt

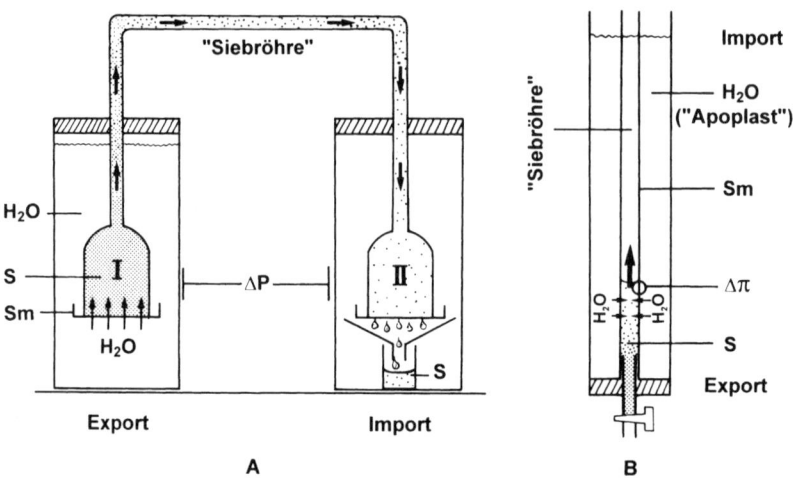

Abb. 6-6: *Modellversuche zur Illustration der Druckstrom-(A) und Volumenstromhypothese (B) des Phloem-transports. I, II = osmotische Zellen. S = Saccharoselösung; Sm = semipermeable bzw. durchlässige Membran (I bzw. II); ΔP = longitudinaler Gradient im hydrostratischen Druck; Δ π = transversaler Gradient im osmotischen Druck. (A, nach Münch E.: Die Stoffbewegungen in der Pflanze. G. Fischer, Jena, 1930; B, nach Eschrich W. & Heyser R.: Biologie in unserer Zeit 14, 133–139, 1984).*

die sich verdünnende Saccharoselösung an, d. h. es entsteht ein hydrostatischer Druck (P). Nach einiger Zeit gelangt die Saccharose über eine durchlässige Membran in den Glastrichter und kann im Gefäß unterhalb der Zelle II aufgefangen werden. Die treibende Kraft für den Zuckertransport ist somit die Differenz im hydrostatischen Druck zwischen Zelle I und Zelle II (ΔP). In analoger Weise kann man sich die Translokation der Saccharose im Phloem der Pflanze vorstellen.

Die in Abb. 6-6 A veranschaulichte Modellvorstellung des Phloemtransports basiert auf zwei Annahmen:

- Entlang des Transportweges verläuft ein Druckgradient (ΔP).
- Wasser und Saccharose werden simultan (gemeinsam) transportiert.

Experimente mit Weidenzweigen haben gezeigt, dass zumindest in diesem Versuchsobjekt die Saccharose offensichtlich unabhängig von einem Druckgradienten und ohne simultane Wasserverschiebung wandert.

Als Alternative zur klassischen Druckstromtheorie formulierten W. Eschrich und Mitarbeiter daher im Jahr 1972 die **Volumenstromhypothese**

des Saccharosetransports. Diese besagt, dass Saccharose in der Siebröhre drucklos (ΔP = 0) bewegt wird. Die treibende Kraft wird durch die Differenz im osmotischen Druck (Δπ) zwischen Apoplast und Siebröhrenlumen geliefert, wobei Wasser überall entlang des Transportweges ein- und austreten kann. Ähnlich wie die Druckstromhypothese kann auch dieses alternative Modell anhand einer einfachen Versuchsanordnung (Prinzip des Stofftransports durch Verdünnung) veranschaulicht werden (Abb. 6-6 B).

Ein Dialyseschlauch wird durch einen Niederschlag von $Cu_2Fe(CN)_6$ in eine semipermeable Membran umgewandelt und über einen Glashahn gezogen. Dieser befindet sich in einem mit reinem Wasser gefüllten Glasrohr. Zunächst wird der oben befestigte Dialyseschlauch mit Wasser gefüllt. Zur Demonstration des Transportprinzips wird nun der Schlauch von unten her (durch den Hahn) 2 –3 cm hoch mit gefärbter Saccharoselösung (1 mol/l) gefüllt. Nach Verschluss des Glashahns steigt die Saccharose (+ Farbstoff) mit sinkender Geschwindigkeit unter Verdünnung nach oben. Die Translokationsgeschwindigkeit erhöht sich nach Einhängen eines Glasrohres in das Lumen des semipermeablen Schlauches („Siebröhre"), da hierdurch dessen Querschnittsfläche verkleinert wird (in Abb. 6-6 B nicht eingezeichnet).

Dieses Experiment zeigt, dass Saccharose in Abwesenheit eines hydrostatischen Druckes transportiert werden kann, wobei die Translokation des Zuckers durch einen transversalen Gradienten im osmotischen Druck zwischen Außenmedium (H_2O) und Lumen des Schlauches (Saccharoselösung) bewirkt wird.

Während die Druckstromhypothese einen longitudinalen hydrostatischen Druckgradienten entlang der Siebröhre (ΔP) als Triebkraft für den Saccharosetransport postuliert, erklärt die Volumenstromhypothese diesen Prozess durch einen transversalen Gradienten im osmotischen Druck ($\Delta \pi$). Die Frage, ob eines der beiden alternativen Modelle (Abb. 6-6 A, B) den Saccharosetransport in der Pflanze korrekt beschreibt, ist derzeit noch offen. Möglicherweise ist der Translokationsprozess im Lumen der Siebröhren der Leitbündel auch komplizierter als es die beiden Hypothesen implizieren: Eine Kombination beider Triebkräfte ($\Delta P + \Delta \pi$) wäre in der intakten Pflanze durchaus vorstellbar, insbesondere, weil der Widerstand für den longitudinalen Stofftransport in den engen Siebporen beträchtlich ansteigt (Abb. 6-3 D).

Phloementladung. Die im Exportgewebe (*source*) in die Siebröhre aufgenommene Saccharose wird nach Translokation am Verbrauchsort (Importgewebe, *sink*) entladen (Abb. 6-5 C). Der Mechanismus der Phloementladung ist noch nicht im Detail bekannt. Vermutlich handelt es sich hierbei – wie bei der Beladung – um einen Saccharose-H$^+$-Cotransport, der unter Verbrauch von ATP abläuft. Die Saccharose gelangt wahrscheinlich zunächst in den Apoplasten der Zellen. Dort wird sie, vermutlich unter Wirkung zellwandgebundener Enzyme (saure Invertasen), in die Monosaccharide Glucose und Fructose gespalten; die Zucker werden dann über membrangebundene Transporter in die Protoplasten der Zellen des Importgewebes aufgenommen. Neben dieser apoplastischen Phloementladung wird auch ein Saccharoseimport über die Plasmodesmen der Empfängerzelle diskutiert. Dieser symplastische Importweg scheint zumindest in einigen Geweben (z. B. junge Blätter der Zuckerrübe, *Beta vulgaris*) ausgebildet zu sein.

6.4 Saccharose, das Grundnahrungsmittel der Pflanze

Das aus D-Glucose und D-Fructose zusammengesetzte Disaccharid **Saccharose** ist die wichtigste (bei vielen Arten die einzige) Transportform der Kohlenhydrate bei höheren Pflanzen (Tab. 6-1). Saccharose ist unser gewöhnlicher, im Alltag verwendeter Rohrzucker, der aus der Zuckerrübe (*Beta vulgaris*), einem tropischen, mehrjährigen Gras, dem Zuckerrohr (*Saccharum officinarum*), oder dem Zuckerahorn (*Acer saccharum*) gewonnen wird (Kap. 5). Das Disaccharid (Abb. 6-7) ist neben der Stärke das wichtigste Assimilationsprodukt der photosynthetisch aktiven Blätter der Pflanze; es wird in den grünen Zellen nicht nur gebildet, sondern dort auch gleichzeitig verbraucht (Kap. 10). Da die heterotrophen Zellen der Pflanze aus der importierten Saccharose praktisch sämtliche Kohlenhydrate (einschließlich der Zellwandpolysaccharide) synthetisieren können, soll nun die Biosynthese und der Abbau des „Grundnahrungsmittels der Pflanzenzelle" dargestellt werden. Die Grundprinzipien enzymatischer Reaktionen, die an dieser Stelle als bekannt vorausgesetzt werden müssen, sind in Kap. 7 (Energetik des Stoffwechsels) im Detail dargestellt. Die Biosynthese der Saccharose findet im Cytoplasma der Zellen der Exportgewebe statt und erfolgt in zwei enzymatischen Schritten (Gl. 6.1 und 6.2) (s. Abb. 6-7):

- Bildung von Saccharose-Phosphat aus Uridindiphosphat (= UDP)-Glucose und Fructose-6-Phosphat (P = Phosphat, $H_2PO_4^-$):

$$\text{UDP-Glucose + Fructose-6-P} \underset{1}{\overset{}{\rightleftharpoons}} \text{Saccharose-6-P + UDP} \quad (6.1)$$

- Abspaltung des Phosphatrestes:

$$\text{Saccharose-6-P} + H_2O \overset{2}{\rightleftharpoons} \text{Saccharose + P} \quad (6.2)$$

Die beiden Enzyme sind die Saccharosephosphat-Synthase (1) und die Saccharose-Phosphatase (2). Das Enzym 1 scheint die Rate der Saccharosesynthese in grünen Blättern zu limitieren (Kap. 10).

Nach Translokation im Phloem der Organachse gelangt das Disaccharid in eine heterotrophe Empfängerzelle (Importgewebe, z. B. Wurzel). Die

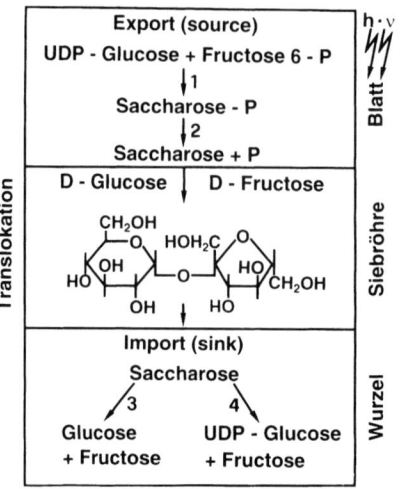

Abb. 6-7: *Schematische Darstellung von Biosynthese und Abbau des Disaccharids Saccharose in der höheren Pflanze. P = Phosphat, UDP = Uridindiphosphat; Enzyme: 1 = Saccharosephosphat-Synthase, 2 = Saccharose-Phosphatase, 3 = Invertase, 4 = Saccharose-Synthase. (Nach Hawker J. S., Jenner C. F. & Niemietz C. M.: Austr. J. Plant Physiol. 18, 227–237, 1991).*

Phloementladung erfolgt, wie oben dargestellt, vermutlich über den Apoplasten des Gewebes. Der Abbau der Saccharose kann im Prinzip über zwei verschiedene Wege verlaufen. Im Zellwandraum (sowie in der Vacuole) ist ein Enzym lokalisiert, das die Hydrolyse der Saccharose katalysiert (Gl. 6.3). Diese bei einem pH-Wert von etwa 5 optimal aktive saure **Invertase** zerlegt das Disaccharid in die Monosaccharide Glucose und Fructose:

$$\text{Saccharose} + \text{H}_2\text{O} \overset{3}{\rightleftharpoons} \text{Glucose} + \text{Fructose} \tag{6.3}$$

Dieses Schlüsselenzym des Saccharosestoffwechsels ist in Abb. 6-5 C eingezeichnet (INV). Neben dieser sauren Invertase (3) ist auch eine im Cytoplasma lokalisierte alkalische Invertase bekannt, d. h. die Hydrolyse kann im Prinzip auch intrazellulär erfolgen. In wachsenden Geweben ist die saure Invertase (3) das wichtigste saccharosespaltende Enzym. Speichergewebe (z. B. Kartoffeln) zerlegen die importierte Saccharose im Cytoplasma der Zellen. Dort ist ein weiteres Enzym (4) aktiv, die Saccharose-Synthase:

$$\text{Saccharose} + \text{UDP} \overset{4}{\rightleftharpoons} \text{UDP-Glucose} + \text{Fructose} \tag{6.4}$$

Die Spaltung der Saccharose verläuft unter Anlagerung von Uridindiphosphat (UDP), wobei die Produkte UDP-Glucose und Fructose entstehen. Das Enzym Saccharose-Synthase (4) katalysiert, trotz des irreführenden Namens, nicht die Synthese, sondern den Abbau der Saccharose im Cytoplasma der Zellen von Speichergeweben. Der in Abb. 6-7 schematisch dargestellte **Saccharosestoffwechsel** (Biosynthese/Abbau der S-Moleküle) wird somit durch vier Enzyme reguliert. Die Spaltprodukte des Saccharoseabbaus (Glucose, UDP-Glucose, Fructose) werden im *sink*-Gewebe (Verbrauchsort) entweder über die Glykolyse abgebaut und dann zur Energiegewinnung veratmet, oder zur Biosynthese von Kohlenhydraten u. a. C-Verbindungen verwendet. So entsteht z. B. die Stärke in den Sprossknollen der Kartoffelpflanze (Abb. 6-1) aus der importierten Saccharose, die in den photosynthetisch aktiven Blättern gebildet wurde. Ohne eine Translokation der Saccharose (d. h. Massenströmung von Zuckermolekülen) wäre die Ausbildung dieser für die Ernährung des Menschen so wichtigen unterirdischen Stärkespeicher nicht möglich.

7 Energetik des Stoffwechsels: ATP, Enzyme und Genexpression

Lebewesen sind offene, sich selbst erhaltende Systeme und stehen daher im ständigen Stoff- und Energieaustausch mit ihrer Umgebung. Der Austausch von Stoffen zwischen dem Organismus und seiner Umgebung wird als äußerer Stoffwechsel bezeichnet. Der Transport sowie die Umsetzung dieser Stoffe innerhalb des Individuums wird dagegen dem inneren Stoffwechsel zugeschrieben. Als Synonym für den Begriff Stoffwechsel wird in der Regel der Fachterminus **Metabolismus** (d.h. Austausch, Transport und Umsetzung von Stoffen) verwendet. Der Anabolismus beschreibt den Aufbau und der Katabolismus den Abbau der Körpersubstanz im lebenden Organismus.

Diese grundlegenden Befunde lassen sich an einem einfachen Beispiel verdeutlichen. In Abb. 7-1 ist ein klassisches Experiment dargestellt, welches zeigt, dass die Entwicklung von Erbsenkeimlingen (*Pisum sativum*) nur unter kontinuierlicher Wasseraufnahme erfolgen kann; wird diese Wasserzufuhr unterbunden, so kommt es bald zu einem Wachstumsstopp. Die Trockenmasse der sich entwickelnden Keimlinge nimmt geringfügig ab, während gleichzeitig die Aufnahme von Sauerstoff (O_2) ansteigt und eine Abgabe von Kohlendioxid (CO_2) messbar ist. Außerdem kann eine deutliche Erwärmung der keimenden Samen festgestellt werden (+ 1,5 °C im Vergleich zur Kontrolle). Diese Beobachtungen zeigen, dass in der lebenden Pflanze chemische Reaktionen ablaufen, da aus gewissen Ausgangsstoffen (molekularer Sauerstoff und Speichersubstanzen) neue Stoffe (oder Reaktionsprodukte) entstehen. Als Beispiele seien das Atmungs-CO_2 und die Zellwände der Keimwurzel bzw. der Sprossachse genannt.

Chemische Reaktionen sind fast immer mit einem Energieumsatz verbunden (Erwärmung der keimenden Samen, Abb. 7-1). Unter Verwendung entsprechender Apparaturen (Kalorimeter) kann die Wärmeproduktion pflanzlicher Organe in der Einheit Watt (W), bezogen auf die Frischmasse (g), exakt quantifiziert werden (W/g Fm). Neben dieser **Atmungswärme** konnte mit speziellen Messmethoden (Photonenzähler) in völliger Dunkelheit eine ultraschwache Lichtabstrahlung lebender Zellen gemessen werden (**Chemilumineszenz** oder Biophotonen- Emission). Dieses gut charakterisierte Phänomen ist, wie die Atmungswärme, eine Begleiterscheinung des O_2-abhängigen Zellstoffwechsels.

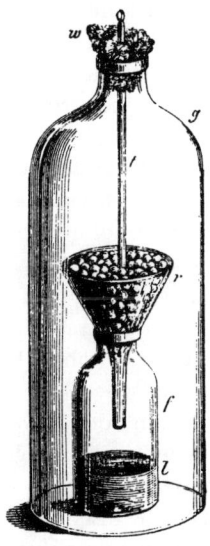

Abb. 7-1: Nachweis des Stoff- und Energiewechsels bei keimenden Erbsensamen (Pisum sativum). Etwa einhundert feuchte Keimlinge wurden in einen Glastrichter, der auf ein mit Kalilauge (KOH) versehenes Gefäß gestellt wurde (CO₂-Absorption), gefüllt. Nach Eintauchen eines Thermometers und Aufsetzen einer oben luftdurchlässig verschlossenen Glasglocke beginnt das Experiment. Beobachtungen: 1. Zell-Wachstum durch Wasseraufnahme, 2. Gaswechsel (O₂-Aufnahme/CO₂-Abgabe) und 3. Temperaturanstieg (d.h. Wärmeabgabe der Samen). (Nach Sachs, J.: Vorlesungen über Pflanzen-Physiologie. Leipzig, 1887).

In diesem Kapitel sind die Grundlagen der **Bioenergetik** zusammengefasst, wobei auch auf Struktur und Funktion der Erbsubstanz DNA sowie der Proteine eingegangen wird.

7.1 Hauptsätze der Thermodynamik

Als **Energie** bezeichnet man die Fähigkeit (Kapazität), Arbeit zu leisten. Es gibt eine Reihe von Energieformen (Elektrizität, Wärme, Licht, mechanische Energie, chemische Energie), die ineinander konvertierbar sind. So wird in einer Dampfmaschine Wärme in mechanische Energie umgewandelt, während in einer Batterie chemische in elektrische und in einem Elektromotor elektrische in mechanische Energie konvertiert wird. Diese Energieumwandlungen sind immer mit einem Verlust an Energie in Form von Wärme verbunden, wobei allerdings die Gesamtenergie des Systems erhalten bleibt (Energie kann weder entstehen noch vergehen).

Die **Thermodynamik** ist ein Teilgebiet der Physikalischen Chemie. Diese Wissenschaft beschreibt die Gesetze der Energieumwandlungen in entsprechenden Systemen. Es soll hier in Kurzform auf die beiden Hauptsätze der Thermodynamik eingegangen werden. Der 1. Hauptsatz (Erhaltung der Energie) wurde bereits erwähnt. Er lautet wie folgt: In einem abgeschlossenen System (kein Energie- und Stoffaustausch mit der Umgebung) bleibt die darin enthaltene Energiemenge konstant (**Energieerhaltungssatz**).

Der 2. Hauptsatz besagt, dass chemische Prozesse die Tendenz haben, in einer Richtung abzulaufen, bei der verwertbare Energie irreversibel in eine statistisch (d.h. ungeordnet) verteilte Form umgewandelt wird. Die **Entropie** (Unordnungsgrad der Moleküle) des betreffenden Systems nimmt somit ständig zu. Die beiden Hauptsätze gelten für isolierte (abgeschlossene) Systeme: Ein Stoff- und Energieaustausch mit der Umgebung liegt nicht vor (z.B. im Kleinen: ein thermisch isolierter, geschlossener Reaktionskolben; im Großen: das Universum als Ganzes).

Organismen sind, wie bereits dargelegt wurde, offene Systeme (Abb. 7-1). Ihr stetiger Stoff- und Energiewechsel dient dem Erhalt der geordneten Zell-, Gewebe- und Körperstruktur. Lebewesen erhalten ihre Ordnung (d.h. erniedrigen ihre körpereigene Entropie) auf Kosten der Umgebung. Pflanzen bauen im Licht aus Molekülen geringer Ordnung (CO_2, H_2O, Mineralsalze) komplexe, in hohem Grad geordnete makromolekulare Strukturen auf (Kap. 10, Photosynthese). Heterotrophe Organismen (z.B. Tiere, Pilze) nehmen diese energiereichen Stoffe als Nahrung auf und oxidieren (d.h. entwerten) jene, wobei als Endprodukte die bereits erwähnten niedermolekularen Substanzen (CO_2, H_2O, Salze) an die Umwelt abgegeben werden (Kap. 9, Zellatmung). Mit dem **Tod** des Organismus setzt ein rascher Zerfall des Körpers ein. Diese Entropiezunahme ist zum Großteil auf einen mikrobiellen (oxidativen) Abbau der geordneten Körperstruktur zurückführbar (Zersetzung der Tier- oder Pflanzenleiche durch Bakterien und Pilze).

7.2 Die freie Standardenergie

Die bei chemischen Reaktionen stattfindenden Energieänderungen sollen nun am Beispiel einfacher Verbrennungsvorgänge erläutert werden. Bei der Verbrennung wird bekanntlich Wärme frei. Man bezeichnet diese Umsetzung als **exergonische Reaktion**. Der Endzustand ist energieärmer als der Ausgangszustand. Energie wird an die Umgebung abgegeben, d.h. das System verliert Energie (−). Im Gegensatz dazu wird bei einer **endergonischen Reaktion** Energie aus der Umgebung aufgenommen (+); der Endzustand ist somit energiereicher als der Ausgangszustand. Zur Bestimmung der bei chemischen Reaktionen abgegebenen (bzw. aufgenommenen) Wärmemengen werden spezielle Apparaturen, sogenannte **Kalorimeter**, verwendet (s.o.). Bis vor einigen Jahren wurde als Einheit der Wärmemenge die anschauliche Größe **Kalorie** verwendet: Eine Kalorie (cal) ist derjenige Wärmebetrag, der benötigt wird, um 1g Wasser um 1 Grad Celsius zu erwärmen. Heute ist das **Joule** (J) die international gebräuchliche Einheit der Wärme- (und Energie)-menge:

$$1 \text{ J} = 1 \text{ Nm} = 1 \text{ Ws}; \quad 1 \text{ cal} = 4.1868 \text{ J}$$

Bei der kaloriemetrischen Bestimmung der ausgetauschten Wärmemengen werden immer Standardbedingungen zu Grunde gelegt (Temperatur: 25 °C; Druck: 1 atm = 0,1013 MPa; Konzentrationen der Reaktionspartner: 1 mol/l). Die unter Standardbedingungen maximal in Form von Arbeit gewinnbare Energiemenge wird als **freie Standardenergie** (oder Standardenthalpie) bezeichnet (G°, *Gibbs free energy*). Da bei chemischen Umsetzungen keine Absolutwerte, sondern immer nur Änderungen (Energieabgabe, Energieaufnahme) gemessen werden, wird die Änderung der freien Standardenergie (ΔG°) als Maßeinheit benutzt.

Bei der kaloriemetrischen Bestimmung der Verbrennungswärme von Glucose wurde experimentell ermittelt, dass eine Energiemenge von 2870 kJ/mol in Form von Arbeit gewonnen werden kann (exergonische Reaktion):

$$C_6H_{12}O_6 + 6\ O_2 \rightarrow 6\ CO_2 + 6\ H_2O$$
$$\Delta G° = -2870\ kJ/mol \qquad (7.1)$$

Wird der Energieumsatz der **Knallgasreaktion** (Verbrennung von Wasserstoff in reinem Sauerstoff) im Kalorimeter quantifiziert, so zeigt sich, dass ein Energiebetrag von 286 kJ/mol freigesetzt wird. Etwa 83 % dieser Bildungsenergie des Wassers ist in Form von Arbeit gewinnbar:

$$H_2 + 1/2\ O_2 \rightarrow H_2O$$
$$\Delta G° = -237\ kJ/mol \qquad (7.2)$$

Umgekehrt muss zur Zerlegung von 1 mol H_2O in seine elementaren Bestandteile ein Energiebetrag von 286 kJ aufgebracht werden (Spaltungsenergie des Wassers, endergonische Reaktion):

$$H_2O \rightarrow H_2 + 1/2\ O_2 \qquad (7.3)$$

Die Spaltungsenergie kann z. B. durch einen elektrischen Strom zugeführt werden (Elektrolyse des Wassers).

Nach Darstellung dieser drei biologisch wichtigen chemischen Reaktionen soll nun ganz allgemein die Beziehung zwischen ΔG° und der Gleichgewichtskonstanten (K_{eq}) einer chemischen Umsetzung dargestellt werden. Für die Reaktion der Ausgangsstoffe (Edukte) A und B zu den Produkten C und D gilt:

$$A + B \rightleftarrows C + D \qquad K_{eq} = \frac{[C]\,[D]}{[A]\,[B]} \qquad (7.4)$$

Die eckigen Klammern [ ] geben die Konzentrationen (mol/l) der Reaktionspartner an, die sich im Gleichgewicht eingestellt haben.

Zwischen der Gleichgewichtskonstanten K_{eq} und der Änderung der freien Standardenergie ΔG° besteht folgende Beziehung:

$$\Delta G° = -2,303\ RT\ \lg K_{eq} \qquad (7.5)$$

wobei R die Gaskonstante (0,0083 MPa · l · mol⁻¹ · K⁻¹) und T die absolute Temperatur (298 K) darstellt. Ist die Gleichgewichtskonstante einer Reaktion gleich 1, so wird ΔG° = 0. Für $k_{eq} > 1$ wird ΔG° negativ (exergonische Reaktion, Energieabgabe). Umgekehrt gilt für $k_{eq} < 1$, dass ΔG° positiv wird (endergonische Reaktion, Energieaufnahme). Anders formuliert: ΔG° kann als Differenz zwischen dem Gehalt an freier Energie der Produkte und Edukte (Ausgangsstoffe) angesehen werden. Ist bei einer Umsetzung ΔG° negativ, so enthalten die Produkte weniger freie Energie als die Edukte; diese Reaktionen laufen in Richtung der Produktbildung ab. Bei positivem ΔG° enthalten die Produkte mehr freie Energie als die Edukte, d. h. zur Ermöglichung der Reaktion muss Energie aufgewendet werden.

Abschließend soll noch auf eine weitere Komplikation hingewiesen werden. Da die Mehrzahl der in der Zelle lokalisierten biochemischen Reaktionen bei einem pH von etwa 7 ablaufen, wird dieser pH-Wert als Standard-pH für biochemische Umsetzungen definiert. Die bei pH 7 außerhalb der Zelle (in-vitro) ermittelte Änderung der freien Standardenergie wird als ΔG°′ bezeichnet.

7.3 ATP, der universelle chemische Träger der freien Energie in der Zelle

Die oben beschriebenen Energieänderungen bei chemischen Reaktionen können nun zur Erläuterung des Energiezyklus in der Zelle herangezogen werden. Lebende Zellen, die sich durch Aufnahme organischer Moleküle (d. h. heterotroph) ernähren (z. B. Gewebe des wachsenden Keimlings; Wurzeln und Knollen grüner Pflanzen) beziehen ihre Energie aus dem Abbau (Katabolismus) energiereicher organischer Verbindungen. Dies sind

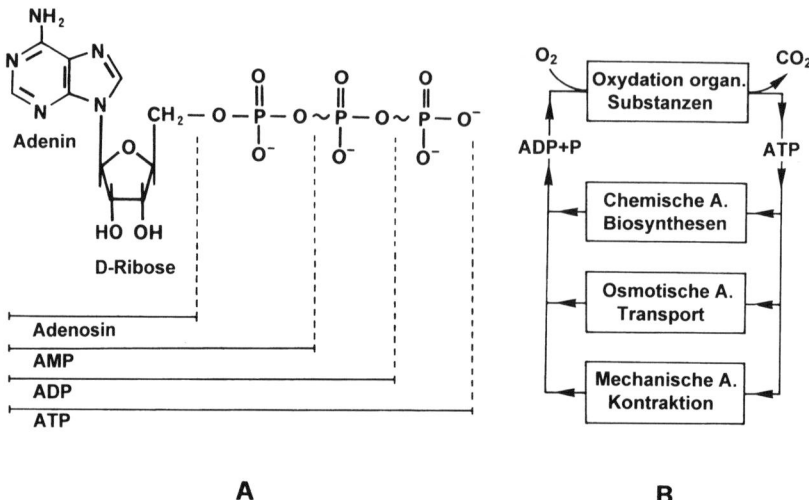

Abb. 7-2: *Struktur des Nucleosids Adenosin und der Adenosinphosphate (Nucleotide) AMP, ADP, ATP (A) (MP = Monophosphat, DP = Diphosphat, TP = Triphosphat) (A). Schematische Darstellung des Adenosintriphosphat (ATP)-Zyklus in der Tier- und heterotrophen Pflanzenzelle (B).*

im Wesentlichen Kohlenhydrate, Fette und Proteine. Die Zelle verwendet die hierbei freigesetzte Energie

- zur Biosynthese energiereicher Substanzen (chemische Arbeit),
- um Moleküle oder Ionen aktiv gegen ein Konzentrationsgefälle durch Biomembranen zu transportieren (osmotische Arbeit) und
- zur Ermöglichung der Kontraktion von Proteinstrukturen wie Geißeln, Mikro- und Actinfilamente (mechanische Arbeit).

Das **Adenosintriphosphat** (ATP) ist der zentrale Energieüberträger der Zelle (Abb. 7-2 A). Während der Oxidation energiereicher Substanzen wird ein Teil der freigesetzten Energie für die Zelle nutzbar gemacht (gespeichert), indem aus Adenosindiphosphat (ADP) und Phosphat ($H_2PO_4^-$ = P) ATP gebildet wird. Diese Phosphorylierung von ADP erfolgt unter Zufuhr von Energie:

$$ADP + P \rightarrow ATP + H_2O$$
$$\Delta G° = + 30,5 \text{ kJ/mol} \qquad (7.6)$$

Die ATP-Produktion in der Pflanzenzelle erfolgt über drei verschiedene Reaktionsmechanismen, die, gemeinsam mit dem Reaktionsort, wie folgt zusammengefasst werden können (Abb. 7-3 A):

- **Substratphosphorylierung** (Cytoplasma/Mitochondrien): Die bei einem exergonischen Stoffwechselschritt freigesetzte Energie wird zur ATP-Bildung ausgenutzt (z.B. Glykolyse und Citrat-Zyklus).
- **Oxidative Phosphorylierung** (Mitochondrien): Beim Elektronentransport der in der inneren Mitochondrienmembran lokalisierten Atmungskette wird an membrangebundenen ATP-Synthasen (= Kopplungsfaktoren) ATP gebildet (Kap. 9, Zellatmung).
- **Photophosphorylierung** (Chloroplasten): In den Thylakoidmembranen der „Chlorophyllkörner" findet eine an die Elektronentransportkette gebundene ATP-Synthese statt. Ähnlich wie in der Atmungskette wird auch auf der Thylakoidmembran die nach Gl. 7.6 verlaufende ATP-Bildung von ATP-Synthasen katalysiert (Kap. 10, Photosynthese). Das im Zuge des Zellstoffwechsels in den Mitochondrien produzierte ATP wird im Cytoplasma verbraucht, während die photosynthetisch gebildeten ATP-Moleküle innerhalb der Chloroplasten verbleiben und dort im Wesentlichen der CO_2-Fixierung dienen.

Die in Form von ATP gespeicherte Energie kann durch Hydrolyse freigesetzt werden und dabei

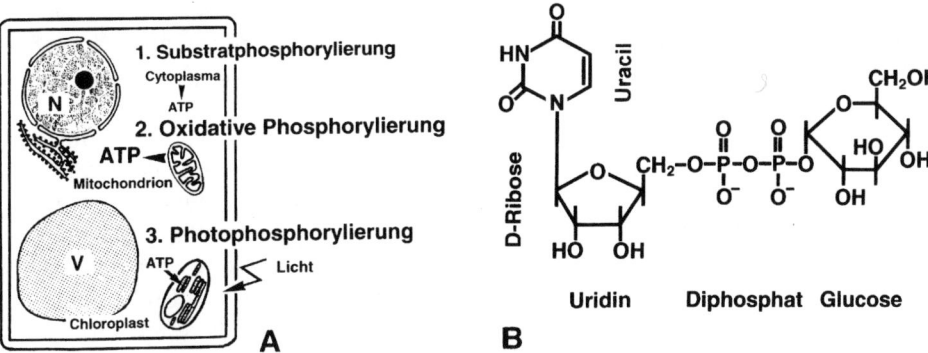

Abb. 7-3: *Die drei Produktionsorte des Energieüberträgers Adenosintriphosphat (ATP) in der Pflanzenzelle (Substrat-, oxidative und Photo-Phosphorylierung). Die Pfeile zeigen den ATP-Verbrauchsort an: Cytoplasma bzw. Chloroplast. N = Nucleus, V = Vacuole (A). Struktur der Uridindiphosphat (UDP)-Glucose. Die Verbindung fungiert bei der Biosynthese der Cellulose und der Saccharose als Donor für Glucose-Reste (B).*

energiebedürftige Prozesse unterhalten:

$$ATP + H_2O \rightarrow ADP + P$$
$$\Delta G° = -30,5 \text{ kJ/mol}$$
$$ADP + H_2O \rightarrow AMP + P$$
$$\Delta G° = -30,5 \text{ kJ/mol}$$
$$AMP + H_2O \rightarrow Adenosin + P$$
$$\Delta G° = -14,2 \text{ kJ/mol} \qquad (7.7)$$

Dieser Vergleich der freien Standardenergien bei der Hydrolyse von ATP, ADP und AMP (Adenosinmonophosphat) zeigt, dass bei der Abspaltung der beiden terminalen Phosphatreste jeweils −30,5 kJ/mol freigesetzt werden. Die Hydrolyse von AMP zu Adenosin und Phosphat bringt jedoch nur einen Energiegewinn von 14,2 kJ/mol. Man bezeichnet daher die beiden äußeren Phosphatbindungen als energiereich, während die dritte Bindung als energiearm gilt (Abb. 7-2 A).

Wie bereits dargelegt wurde, beziehen sich die $\Delta G°$-Werte auf abstrakte Standardbedingungen, die von den Verhältnissen innerhalb lebender Zellen deutlich abweichen. So liegen z. B. die intrazellulären Konzentrationen an ATP, ADP und P weit unterhalb von 1 mol/L. Die in vivo-Werte der ATP-Bildung (bzw.-Hydrolyse) $\Delta G°'$ (Zelle) liegen nach aktuellen Abschätzungen im Bereich von etwa + (bzw. −) 50 kJ/mol (Kap. 9, Zellatmung).

ATP sowie die Hydrolyseprodukte ADP und AMP sind Nucleotide (Nucleosidphosphate), d.h. sie bestehen aus einer heterocyclischen Purinbase (Adenin), einem aus 5 C-Atomen aufgebauten

Zucker (D-Ribose) und mehreren Phosphatgruppen. Nucleotide sind außerdem die Bausteine der Nucleinsäuren. In der Zelle (pH ≈ 7) liegen ATP und ADP als Anionen vor (ATP^{4-}, ADP^{3-}), meist als Komplexe des Magnesiums ($Mg~ATP^{2-}$ und $MgADP^-$). Man hat die Nucleotide ATP, ADP und AMP bisher in allen untersuchten Organismengruppen nachgewiesen (Bakterien, Pilze, Tiere, Pflanzen). Sie wurden im Cytoplasma, den Mitochondrien, den Chloroplasten sowie im Zellkern gefunden. Der Anteil des ATPs an der Gesamtmenge der drei Nucleotide liegt normalerweise im Bereich von 80–90%.

Zur quantitativen Erfassung der Konzentrationsverhältnisse von ATP, ADP und AMP in der Zelle wurde der Begriff „Energiebeladung" geprägt und wie folgt definiert:

$$(7.8)$$
$$\text{Energiebeladung} = \frac{[ATP] + \frac{1}{2}[ADP]}{[ATP] + [ADP] + [AMP]}$$

Ob dieser Ausdruck für die Beschreibung physiologischer Prozesse in der Zelle eine große Aussagekraft hat, ist allerdings umstritten.

Abschließend soll darauf hingewiesen werden, dass in der Zelle neben dem ATP noch andere energiereiche Nucleosidtriphosphate vorkommen, die in einigen speziellen Stoffwechselwegen als Energieüberträger dienen (Uridintriphosphat, UTP; Guanosintriphosphat, GTP; Cytidintriphosphat, CTP). Ihre Konzentration im Cytoplasma der Zelle ist allerdings viel geringer als die des

ATPs. Das Uridindiphosphat (UDP) ist wie das ADP aufgebaut, wobei die Base Adenin durch Uracil ersetzt ist. UDP fungiert als Träger (Carrier) für Zuckergruppen und spielt im Stoffwechsel der Pflanzenzelle eine zentrale Rolle. Die Verbindung UDP-Glucose (Abb. 7-3 B) dient als Zucker-Donor für die Biosynthese der Gerüstsubstanz der Zellwand, das Polysaccharid **Cellulose**. Auch das Disaccharid **Saccharose** („Grundnahrungsmittel der Pflanzenzelle") wird aus UDP-Glucose (+ Fructose 6-P) synthetisiert.

7.4 Enzyme: Definition

Die im vorigen Abschnitt dargestellte **Knallgasreaktion** (Wasserbildung aus den Gasen O_2 und H_2) findet nur statt, wenn das Gasgemisch mit einer Flamme auf etwa 600 °C erhitzt wird (Steigerung der Reaktionsgeschwindigkeit). Bei Zimmertemperatur kann man ein Gemisch von H_2 und O_2 (Volumenverhältnis 2:1) beliebig lange aufbewahren, ohne dass eine Reaktion der beiden Gase stattfindet. Wird allerdings zu diesem Gasgemisch etwas fein verteiltes Platinmetall gegeben, durch

das der Wasserstoff in atomare Form gebracht wird, so kommt die Wasserbildung auch bei Zimmertemperatur rasch in Gang. Platin hat als **Katalysator** gewirkt.

Ganz allgemein versteht man unter einem Katalysator einen Stoff, der die Geschwindigkeit einer chemischen Reaktion erhöht, ohne dabei verbraucht zu werden. Die Aktivierungsenergie der Reaktion wird durch Bildung eines energieärmeren aktivierten Komplexes erniedrigt, ohne dass die Lage des Gleichgewichts geändert wird.

Die in der lebenden Zelle ablaufenden chemischen Umsetzungen (= biochemische Reaktionen) werden durch die Wirkung von Biokatalysatoren ermöglicht. Diese Katalysatoren der Zelle werden **Enzyme** genannt. Bisher konnten über 2000 verschiedene Enzyme identifiziert werden. Wie beschleunigen die Enzyme biochemische Reaktionen? Zur Veranschaulichung ist das vereinfachte Schlüssel/Schloss (Substrat/Enzym)-Modell der Enzymkatalyse dargestellt (Abb. 7-4 A). In Abb. 7-4 B ist das Energiediagramm einer ohne und mit Katalysator (Enzym) verlaufenden Reaktion gezeigt. Das Enzym setzt die Aktivierungsenergie (A) des Prozesses herab, ohne die Änderung in der freien Energie ($\Delta G°'$) oder die Lage des Gleich-

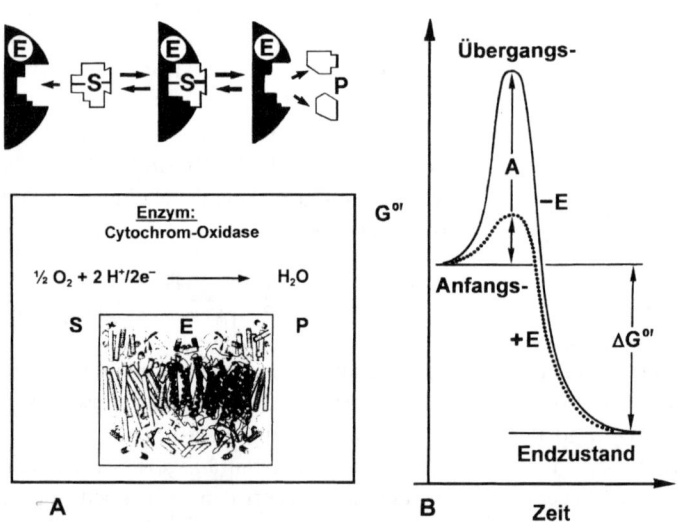

Abb. 7-4: *Schema einer enzymatischen Reaktion (A). Beispiel: Cytochrom-Oxidase (Kasten). Energiediagramm einer mit und ohne Enzym ablaufenden Reaktion (B). Der Biokatalysator (Enzym) setzt die Aktivierungsenergie herab, ohne die Änderung der freien Standardenergie ($\Delta G°'$) zu beeinflussen. Die Reaktionsgeschwindigkeit (Produktbildung pro Zeit) wird durch das Enzym bis zu dem Faktor 10^8 beschleunigt. A = Aktivierungsenergie, E = Enzym, P = Produkte, S = Substrate. (Nach Saraste, M.: Science 283, 1488–1493, 1999).*

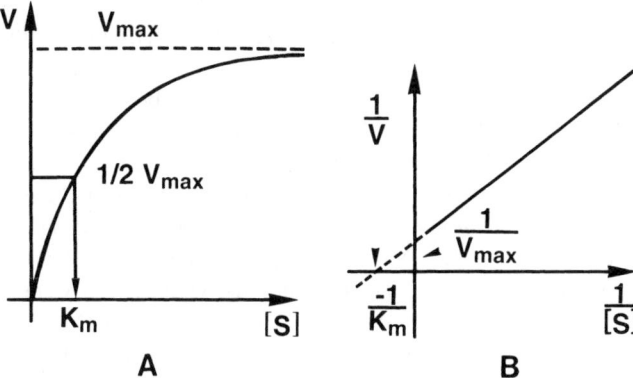

Abb. 7-5: *Abhängigkeit der Anfangsgeschwindigkeit einer enzymatischen Reaktion (V) von der Substratkonzentration [S]. Die Sättigungskurve ist aus zahlreichen Messpunkten (= Einzelexperimenten) zusammengesetzt, die hier nicht dargestellt sind. Die Enzymkonzentration im Medium [E] ist konstant (A). Durch doppeltreziproke (= Lineweaver-Burk) Darstellung kann die Sättigungskurve in eine Gerade verwandelt und somit die Michaelis-Konstante (K_m) exakt als Schnittpunkt mit der Abszisse ermittelt werden (B). S = Substratkonzentration, V = Initialgeschwindigkeit, V_{max} = Maximalgeschwindigkeit.*

gewichts zu ändern. Das Maximum der Aktivierungsenergie entspricht einem angeregten (Übergangs)-Zustand des Enzym-Substrat-Komplexes. Ohne Enzym entsteht aus einem Substrat (S) nach Aktivierung (z.B. Erwärmung) ein Produkt (P):

$$S \underset{}{\overset{\text{Wärme}}{\rightleftharpoons}} P \qquad (7.9)$$

In Anwesenheit eines Enzyms (E) bildet sich ohne Erwärmung (d.h. bei Normaltemperatur von 25 °C) der oben erwähnte Enzym-Substrat-Komplex (ES), der dann in Enzym und Produkt(e) (P) zerfällt (Abb. 7-4 B):

$$E + S \rightleftharpoons ES \rightleftharpoons E + P \qquad (7.10)$$

Abbildung 7-5 A zeigt die Abhängigkeit der Anfangsgeschwindigkeit (V) einer enzymkatalysierten Reaktion von der Konzentration des eingesetzten Substrates (S). Die Größe V (Initial-Geschwindigkeit) kann durch Bestimmung der Produktbildung oder der Abnahme des Substrates pro Zeiteinheit ermittelt werden. Die Anfangsgeschwindigkeit nimmt zunächst rasch und dann immer langsamer zu, bis sich V asymptotisch einem konstanten Wert angenähert hat, der Maximalgeschwindigkeit (V_{max}). Bei diesem Wert sind alle Enzym-Moleküle mit Substrat gesättigt (ES); der Biokatalysator kann bei weiterer Substratzu-

gabe nicht schneller das Produkt (P) bilden („arbeiten", s. Abb. 7-4 A): Man erhält daher eine Sättigungskurve.

Die Bestimmung der Substratkonzentration, bei der V_{max} erreicht wird, ist auf Grund des asymptotischen Kurvenverlaufs in der Praxis oft schwierig. Es wird daher die Substratkonzentration, bei der die Reaktionsgeschwindigkeit 50 % des Maximalwerts aufweist, als charakteristische Größe herangezogen. Diese sogenannte Michaelis-Konstante (K_m) eines Enzyms ist definiert als die Substratkonzentration [S], bei der die Geschwindigkeit (V) der katalysierten biochemischen Reaktion genau halb so groß ist wie die Maximalgeschindigkeit (V_{max}). Der kinetische Verlauf der Substrat-Sättigungskurve bei konstanter Enzymkonzentration (Abb. 7-5 A) wird durch die **Michaelis-Menten-Gleichung** beschrieben. Man geht von der Annahme aus, dass die Spaltung des ES-Komplexes unter Bildung des Produktes (P) und Freisetzung des Enzyms (E) der geschwindigkeitsbestimmende Schritt der Gesamtreaktion ist:

$$V = \frac{V_{max}\,[S]}{K_m + [S]} \qquad (7.11)$$

mit V= Anfangsgeschwindigkeit bei Substratkonzentration [S], V= Maximalgeschwindigkeit und

K_m = Michaelis-Konstante des Enzyms. Der K_m-Wert eines Enzyms (Einheit: mol/l) ist eine für das gegebene Substrat charakteristische Größe. Die Michaelis-Konstanten der meisten Enzyme liegen im Bereich von 10^{-2}–10^{-7} mol/l. Zur graphischen Ermittlung von K_m kann man die Parameter V und [S] entweder direkt (Abb. 7-5 A) oder doppelt-reziprok gegeneinander auftragen (Abb. 7-5 B). Ein Vergleich der beiden Diagramme zeigt, dass die doppelt-reziproke „Lineweaver-Burk"-Darstellung den Vorteil hat, dass K_m (Schnittpunkt mit der Abszisse: $-1/K_m$) wesentlich genauer ermittelt werden kann als es die einfache Darstellung erlaubt.

Besitzt ein Enzym für ein bestimmtes Substrat eine große Michaelis-Konstante, so benötigt der Biokatalysator eine hohe Konzentration an Molekülen [S], um mit halbmaximaler Geschwindigkeit arbeiten zu können: Die Affinität zum Substrat ist gering. Bei kleiner Michaelis-Konstante reicht bereits eine geringe Substratkonzentration aus, um $1/2\ V_{max}$ zu erreichen: Das Enzym besitzt eine hohe Affinität zum betreffenden Substrat. Zur Erläuterung ein konkretes Beispiel. Das Schlüsselenzym des Calvin-Zyklus, die Ribulose-1,5-bisphosphat-Carboxylase/Oxygenase (**Rubisco**, s. Abb. 7-10 B) zeigt bei typischen (C3)-Pflanzen für das Substrat CO_2 einen K_m-Wert von 10–20 µmol/l. Für das konkurrierende Gas O_2 wurden K_m-Werte von 400–600 µmol/l ermittelt. Daraus folgt, dass die Affinität von Rubisco zu Substrat 1 (CO_2) wesentlich größer ist als zu Substrat 2 (O_2) (Kap. 10, Photosynthese).

7.5 Eigenschaften und Einteilung der Enzyme

Nahezu alle Enzyme sind Proteine (bzw. Proteide) mit relativen Molekülmassen von etwa 12 000 bis über 1 Million. Die Aktivität des Enzyms ist an eine intakte Struktur der betreffenden Polypeptidkette(n) gebunden: Wird diese z. B. durch Erhitzen in Säure zerstört, so geht die katalytische Aktivität verloren. Enzyme besitzen ein aktives Zentrum. Diese Region des Molekülkomplexes ist im Vergleich zum Volumen des Gesamtenzyms allerdings relativ klein. Ein Beispiel zeigt Abb. 7-10 B. Manche Enzyme bestehen nur aus Polypeptiden

(z. B. Ribonuclease). Die Mehrzahl der Enzyme benötigt zur Entfaltung der katalytischen Wirksamkeit jedoch eine zusätzliche Komponente, die man ganz allgemein als **Cofaktor** bezeichnet. Cofaktoren sind entweder anorganische Elemente (Metall-Ionen wie z. B. Fe^{2+}, Cu^{2+}, Zn^{2+}, Mg^{2+}; Mo, Se) oder organische Moleküle, die dann **Cosubstrate** (veraltetes Synonym: Coenzyme) genannt werden. Manche Enzyme benötigen zur Entfaltung ihrer katalytischen Aktivität sowohl Metall-Ionen als auch ein Cosubstrat. Ist der Cofaktor dauerhaft mit dem Enzym verbunden, bezeichnet man ihn als prosthetische Gruppe. Komplexe, die aus aktivem Enzym und reversibel gebundenem Coenzym (oder Metall-Ion) zusammengesetzt sind, werden als Holoenzym bezeichnet. Der Proteinanteil dieses Komplexes (das Enzym) erhält dann die Bezeichnung Apoenzym:

$$\text{Holoenzym} \rightleftarrows \text{Apoenzym} \qquad (7.12)$$
$$+\text{Coenzym (oder Metall-Ion)}$$

Die Klassifizierung der Enzyme erfolgt nach den katalysierten Reaktionen. Neben den sogenannten Trivialnamen (z. B. Hexokinase, Urease, Invertase, Pepsin) existiert ein internationales System zur Einteilung und Bezeichnung der Enzyme. Je nach Art der katalysierten Reaktionen werden die Enzyme in 6 Hauptklassen (mit entsprechenden Unterklassen) eingeteilt:

1. **Oxidoreduktasen**: Katalyse biologischer Oxidation und Reduktion. Hierzu gehören die Dehydrogenasen, Oxidasen und Reduktasen.
2. **Transferasen**: Gruppenübertragende Enzyme. Folgende Gruppen werden transferiert: Methyl-, Carboxyl-, Glycosyl-, Phosphat-, Amino-Gruppen.
3. **Hydrolasen**: Katalyse hydrolytischer Spaltungen. Esterbindungen, Glycoside und Peptidbindungen werden gespalten.
4. **Lyasen**: Katalyse von Eliminierungsreaktionen unter Ausbildung einer Doppelbindung oder die Umkehrung, d.h. Addition von Gruppen an Doppelbindungen.
5. **Isomerasen**: Katalyse von Umlagerungen innerhalb des Moleküls.
6. **Ligasen**: Knüpfung von Bindungen bei gleichzeitiger Spaltung von ATP: Ausbildung von C–S-, C–O-, C–N- und C–C-Bindungen.

Als Beispiel für die Benennung eines Enzyms soll der erste Schritt der **Glykolyse** (Abbauweg der Kohlenhydrate) dienen. Die Startreaktion dieses zentralen Stoffwechselweges besteht in der Phosphorylierung der Glucose. Das Enzym ist unter dem Trivialnamen **Hexokinase** bekannt:

$$\text{D-Glucose} + \text{ATP} \qquad\qquad (7.13)$$
$$\xrightarrow{\text{Hexokinase}} \text{D-Glucose-6-Phosphat} + \text{ADP}$$

Legt man das internationale System zur Bezeichnung von Enzymen zugrunde, so lautet der systematische Name der Hexokinase ATP:Glucose-Phosphotransferase. Dieser Name zeigt an, dass das Enzym den Transfer einer Phosphatgruppe von ATP auf die D-Glucose ermöglicht. Es ist somit eine Transferase (Klasse 2). Die Klassifikationszahl (E.C.-Nummer) lautet: 2.7.1.1. Die erste Zahl (2) gibt die Hauptklasse an (Transferase), die zweite Zahl (7) kennzeichnet die übertragene Gruppe (Phospho-Transferase). Ziffer drei (1) verweist auf die Untergruppe (Phospho-Transferase mit Hydroxylgruppe als Akzeptor), während die vierte Zahl (1) eine fortlaufende Nummer zur Bezeichnung der verschiedenen Typen dieser Untergruppe darstellt (Phosphatgruppen-Akzeptor: D-Glucose).

7.6 Cosubstrate und prosthetische Gruppen

Bei zahlreichen enzymatischen Reaktionen sind Cofaktoren notwendig. Zunächst sollen die beiden wichtigsten Cosubstrate und dann einige prosthetische Gruppen dargestellt werden.

Die reversibel an das (Apo)-Enzym gebundenen Cosubstrate fungieren als Wasserstoff- oder Gruppendonatoren. Die Mehrzahl der bekannten Cosubstrate sind Nucleotide (Nucleosidphosphate), d.h. sie bestehen aus einer Base, einem Monosaccharid (meist Ribose) und Phosphorsäure. Die beiden wichtigsten wasserstoffübertragenden Cosubstrate sind **Nicotinamid-adenin-dinucleotid** (NAD$^+$) und **Nicotinamid-adenin-dinucleotid-phosphat** (NADP$^+$) (Abb. 7-6A). NAD$^+$ und NADP$^+$ unterscheiden sich nur durch einen dritten Phosphat-Rest am Adenosin-Teil des Moleküls von einander. Auf Grund der positiven Ladung des Stickstoff-Atoms des Pyridinringes im Nicotinamid liegen die Cosubstrate als Kationen vor (NAD$^+$, NADP$^+$).

Die Funktion von NAD$^+$ und NADP$^+$ (= NAD(P)$^+$) besteht in einer reversiblen Aufnahme von Wasserstoffatomen. Inzwischen sind über 50 Oxidoreduktasen (Dehydrogenasen) bekannt, deren katalytische Aktivität an diese Cosubstrate gekoppelt ist. Einem Substrat (S-H$_2$) werden 2 Wasserstoffatome (2 H$^+$ + 2e$^-$) entzogen und auf NAD(P)$^+$ übertragen. Wegen der positiven Ladung des Cosubstrats werden von diesem allerdings nur 2 Elektronen und ein Proton in Form eines Hydrid-Ions (H$^-$ = H$^+$ + 2e$^-$) übernommen, so dass ein H$^+$-Ion in ungebundener Form übrigbleibt:

$$\text{S-H}_2 + \text{NAD(P)}^+ \underset{}{\overset{\text{H}^+,\, 2e^-}{\rightleftharpoons}} \text{S} + \text{NAD(P)H} + \text{H}^+$$
$$(7.14)$$

Die oxidierte Form des Cosubstrats steht links, die reduzierte Form auf der rechten Seite der Gleichung. In Abb. 7-6 B ist die reduzierte Form der Cosubstrate dargestellt.

Ein Beispiel soll die Funktion des NADH + H$^+$ erläutern. Bei der **Alkohol-Gärung** (Glucoseabbau unter anaeroben Bedingungen) entsteht aus dem Glykolyse-Produkt Pyruvat zunächst das Zwischenprodukt Acetaldehyd. Dieses wird anschließend zu Ethanol reduziert. Das Enzym Alkohol-Dehydrogenase (ADH) benötigt als Cosubstrat reduziertes NADH + H$^+$. Man bezeichnet die Coenzym-gebundenen Wasserstoffatome (2H) auch als **Reduktionsäquivalente**:

$$\text{H}_3\text{C–CHO} + \text{NADH} + \text{H}^+ \qquad\qquad (7.15)$$
$$\underset{\text{Acetaldehyd}}{} \xrightarrow{\text{ADH}} \underset{\text{Ethanol}}{\text{H}_3\text{C-CH}_2\text{OH} + \text{NAD}^+}$$

Die beiden Nicotinamid-Cosubstrate unterhalten im Stoffwechsel der Pflanze nicht dieselben Reaktionen. Das NAD$^+$ übernimmt bei der **Zellatmung** (Glykolyse, Fettsäureabbau, Citrat-Zyklus) die durch Dehydrogenasen abgespaltenen Wasserstoffatome und überträgt diese in Form von NADH + H$^+$ in die Atmungskette. Dort entsteht durch Vereinigung des cosubstrat-gebundenen Wasserstoffes mit atmosphärischem O$_2$ zu Wasser das Adenosintriphosphat (ATP) (Atmungskettenphosphorylierung) (Kap. 9). Das Cosubstrat NADPH + H$^+$ entsteht während der Lichtreaktion

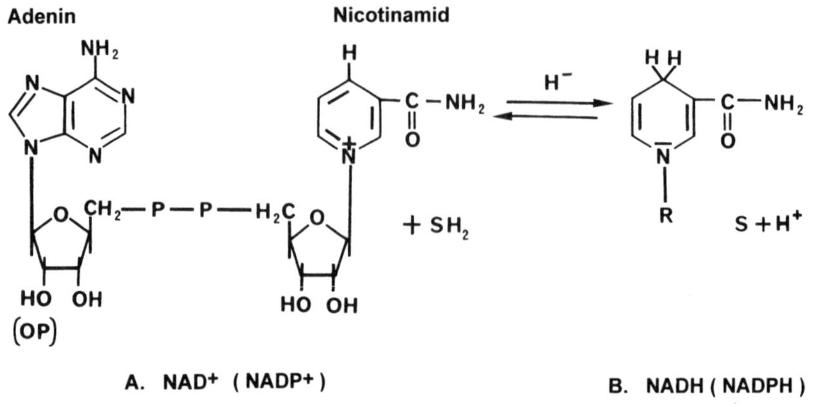

A. NAD⁺ (NADP⁺)

B. NADH (NADPH)

Abb. 7-6: Struktur der oxidierten (A) und reduzierten Form (B) der wasserstoffübertragenden Cosubstrate NAD⁺ (–OH, Nicotinamid-adenin-dinucleotid) und NADP⁺ (–OP, P = Phosphatrest, Nicotinamid-adenin-dinucleotidphosphat). SH_2 = reduziertes Substrat, S = oxidiertes Substrat, H^- = Hydrid-Ion (= H^+ + 2 e^-).

der **Photosynthese** und dient u. a. bei der Sekundärreaktion der Reduktion des Kohlendioxids (CO_2) zum Kohlenhydrat (Kap. 10).

Die **Flavinnucleotide** sind wasserstoffübertragende Cosubstrate, die permanent mit dem entsprechenden Enzym verbunden sind und daher als prosthetische Gruppen bezeichnet werden. Es gibt zwei Flavinnucleotide, das **Flavin-adenin-dinucleotid** (FAD) und das seltenere **Flavin-mononucleotid** (FMN). Durch Anlagerung von zwei Wasserstoffatomen werden die gelb gefärbten Moleküle (reversibel) zu farblosen Dihydroverbindungen reduziert:

$$FAD\ (FMN) + 2\ H \rightleftarrows FADH_2\ (FMNH_2)\ (7.16)$$

Die oxidierte Form des Flavinnucleotids ist links, das reduzierte Molekül auf der rechten Seite der Gleichung dargestellt.

Als **Flavoproteine** (Syn.: Flavinenzyme) werden jene Oxidoreduktasen bezeichnet, die entweder FAD oder FMN als prosthetische Gruppe enthalten. In der Atmungskette treten mehrere Flavoproteine auf. So ist z. B. das Enzym Succinat-Dehydrogenase mit FAD zu einem membrangebundenen Flavoprotein zusammengeschlossen.

7.7 Experimentelle Bestimmung der Enzymaktivität

Enzyme sind spezifische Biokatalysatoren, die in der Zelle meist selektiv nur ein Substrat umsetzen. Wie kann die Enzymaktivität in der Pflanzenzelle experimentell ermittelt werden? In den meisten Fällen können gereinigte Rohextrakte aus den entsprechenden Organen der Pflanze (Wurzel, Stängel, Blätter) als „Enzymquelle" verwendet werden (Abb. 7-7).

Man homogenisiert das Pflanzenmaterial in der Kälte und bestimmt dann im Reagenzglas (invitro) die Enzymaktivität bei sättigender Substratkonzentration (V_{max}) in Anwesenheit entsprechender Cofaktoren. Die Temperatur wird willkürlich auf 25–30 °C eingestellt. Nach einer Zeit von 30–60 min wird die Reaktion z. B. durch Erhitzen der Proben (Denaturierung der Proteine) gestoppt. Der Testreaktion ist in den meisten Fällen eine spezifische Indikatorreaktion nachgeschaltet, mit Hilfe derer der Substratverbrauch bzw. die Produktbildung quantitativ ermittelt werden kann. Häufig wird die Lichtabsorption der oxidierten bzw. reduzierten Cosubstrate (Pyridinnucleotide) NAD⁺/NADH + H⁺ bzw. NADP⁺/NADPH + H⁺ zur Quantifizierung des Substratumsatzes eingesetzt (Abb. 7-6). Die reduzierten Cosubstrate zeigen bei einer Wellenlänge von 340 nm (UV-Bereich) ein Absorptionsmaximum, das nach Oxidation fast vollständig verschwindet. Neben dieser photometrischen Messmethode sind auch andere Verfahren zum Nachweis des Substratverbrauchs (bzw. der Produktbildung) etabliert, auf die hier nicht näher eingegangen werden soll.

Die SI-Einheit für die Enzymaktivität ist das **Katal** (kat). Ein kat entspricht einer Aktivität von 1 mol Substratumsatz pro Sekunde bei einer Standardtemperatur von 25 °C und optimalem pH-Wert. In den meisten Fällen werden In-vitro-Enzymaktivitäten gemessen, die im Bereich zwischen 10^{-9} bis 10^{-12} kat (= n kat bis p kat) liegen. Als biologisches Bezugssystem wird häufig die Größe „pro Organ" herangezogen. Die Enzymaktivität pro Proteinmenge wird als spezifische Aktivität bezeichnet (Einheit: kat pro g Protein).

Zur Veranschaulichung soll nun ein konkretes Beispiel dargestellt werden. Das bereits erwähnte Enzym saure **Invertase** (β-Fructofuranosidase, E. C. 3.2.1.26) katalysiert die Spaltung (Hydrolyse) der Saccharose, wobei die Hexosen Glucose und Fructose entstehen:

$$\text{Saccharose} + H_2O \xrightarrow{\text{Invertase}} \text{Glucose} + \text{Fructose}$$

$$(7.17)$$

Es ist seit langem bekannt, dass die Invertaseaktivität in rasch wachsenden Organen (z. B. Internodien, Blätter) höher ist als in den ausgewachsenen Bereichen der Pflanze. So ist z. B. die Aktivität des saccharosespaltenden Enzyms im wachsenden fünften Internodium von Bohnenpflanzen etwa zehnfach höher als im ausgewachsenen ersten Internodium. Die Substratmenge (Saccharose) ist im wachsenden Internodium geringer als im basalen Stängelabschnitt, während die Konzentration an Reaktionsprodukten (Hexosen) in der Wachstumszone wesentlich größer ist als im ausgewachsenen Bereich der Sprossachse. Diese Befunde zeigen somit, dass unter der katalytischen Wirkung der sauren Invertase eine Spaltung der Transportform für Kohlenhydrate (Saccharose) in die Produkte Fructose und Glucose (Hexosen) beobachtet werden kann.

Welche Rückschlüsse lassen sich aus der Bestimmung der Enzymaktivität in-vitro auf die Funktion des Biokatalysators in der intakten Pflanze (in-vivo) ziehen? Unter der Voraussetzung, dass im Rohextrakt keine Enzyminhibitoren vorliegen, kann geschlossen werden, dass die Enzymaktivität in-vitro (Abb. 7-7) ein relatives Maß für die Anzahl aktiver Enzymmoleküle im Organ ist. Die Frage, über welche Prozesse die Enzymaktivität in der lebenden Zelle (in-vivo), d.h. vor Zerstörung der Struktur durch Extraktion des Gewebes, reguliert wird, kann durch die oben diskutierten In-vitro-Experimente nicht beantwortet werden. Einige aktuelle Hypothesen sind im nächsten Abschnitt dargestellt.

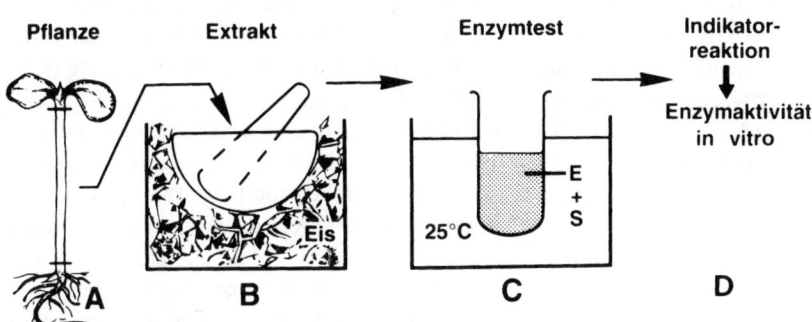

Abb. 7-7: Prinzip der experimentellen Bestimmung der Enzymaktivität in-vitro. Das Pflanzenmaterial (Organe wie z. B. Cotyledonen oder Hypocotyle) (A) wird in der Kälte (0–2 °C) extrahiert (B). Der Extrakt wird zur Durchführung des Enzymtests eingesetzt (sättigende Substratkonzentration, Zugabe von Cosubstraten, optimaler pH-Wert, 25–30 °C) (C). Nach Ablauf der Enzymreaktion wird die Produktbildung (bzw. der Substratverbrauch) über eine geeignete Indikatorreaktion ermittelt (D). E = Enzym, S = Substrat.

7.8 Regulation der Enzymaktivität in der intakten Zelle

Die mehr als 1000 Enzyme der typischen eukaryotischen Zelle sind nicht gleichmäßig über die Reaktionsräume verteilt, sondern je nach ihrer Funktion nur in bestimmten Kompartimenten zu finden (Kap. 3). So beobachtet man z. B. das Enzym DNA-Polymerase ausschließlich im Zellkern, während das Enzym Ribulose-1,5-bisphosphat-Carboxylase/Oxygenase (Abb. 7-10 B) nur in den Chloroplasten nachweisbar ist. Durch diese **Kompartimentierung** der Eucyte ist ein erstes übergeordnetes Prinzip der Regulation der zahlreichen, simultan ablaufenden Stoffwechselprozesse erreicht: die räumliche Separation des Metabolismus in verschiedene Reaktionsorte. Betrachtet man nun ein Kompartiment (z. B. das Cytoplasma) und greift einen durch Enzyme katalysierten Stoffwechselweg heraus (Gl. 7.18), so ergibt sich das folgende Bild. In aller Regel sind mehrere, hintereinander geschaltete Enzyme (1–4) an der Anfertigung eines Produktes beteiligt:

$$A\ (Edukt) \xrightarrow{1} B \xrightarrow{2} C \xrightarrow{3} D \xrightarrow{4} E\ (Produkt)$$
$$(7.18)$$

Die Geschwindigkeit, mit der der Stoffwechselweg durchlaufen bzw. das Produkt gebildet wird, hängt in vielen gut untersuchten Fällen nicht in gleicher Weise von der Aktivität aller Enzyme ab, sondern sie wird durch einen irreversiblen ratenlimitierenden Schritt determiniert. Wird z. B. in der oben dargestellten Reaktionssequenz die Rate der Produktbildung (E) durch Schritt 1 (A → B) bestimmt, so bezeichnen wir das betreffende Enzym (1) als das Schlüsselenzym des Stoffwechselweges A → E. Manche Reaktionswege werden durch zwei oder mehrere ratenlimitierende Schrittmacherenzyme reguliert. Durch welche Prozesse wird die Aktivität der Schlüsselenzyme in der Pflanzenzelle gesteuert? Wir müssen zwei ganz verschiedene Regulationsprinzipien unterscheiden, die Grob- und die Feinkontrolle.

Grobkontrolle. Wird die Anzahl der Enzymmoleküle in einem bestimmten Kompartiment erhöht oder erniedrigt, so bezeichnet man diesen Vorgang als Grobkontrolle (*coarse metabolic control*). Die Neubildung bzw. Degradation ganzer Populationen von Enzymen erfolgt relativ langsam (Stunden bis Tage) und ist mit einem hohen Energie(= ATP)verbrauch verbunden. Diese Prozesse sind z. B. während der Organentwicklung und Gewebedifferenzierung oder nach Änderung der Umweltbedingungen zu beobachten (z. B. Hitzeschock, Überflutung, Belichtung etiolierter Keimlinge). Die Gesamtmenge an Enzymen hängt von der Geschwindigkeit der Bildung und des Abbaus der Moleküle ab: Genexpression und Proteinbiosynthese (bzw. Proteindegradation) determinieren somit die Konzentration an Enzymen im jeweiligen Kompartiment der Zelle (s. u.).

Feinkontrolle. Während bei der oben dargestellten Stoffwechselregulation die Zahl der Enzymmoleküle moduliert wird, wird bei der Feinregulation (*fine metabolic control*) die Aktivität der im Kompartiment bereits vorhandenen Enzyme erhöht bzw. erniedrigt. Diese Aktivierung/Repression der Enzyme erfolgt in der Regel rasch (Sekunden bis Minuten), wobei nur wenig Stoffwechselenergie verbraucht wird.

Im Folgenden sollen einige Prinzipien der Feinkontrolle des Stoffwechsels kurz dargestellt werden.

- Änderung der Substratkonzentration: In der Zelle (in-vivo) scheint die Substratkonzentration – im Gegensatz zum Enzymtest in-vitro (Abb. 7-7) – nicht saturierend zu sein. Es ist somit möglich, dass die Umsatzrate einer biochemischen Reaktion durch Variation der intrakompartimentären Substratkonzentration reguliert wird.

- Variation des pH-Werts: Die meisten Enzyme sind durch ein pH-Optimum gekennzeichnet. Weicht die im Kompartiment vorhandene H^+-Ionenkonzentration deutlich vom Optimum ab, so ist die Aktivität des Enzyms – trotz ausreichender Substratmenge – drastisch reduziert. Über eine Änderung des pH-Wertes kann somit eine Feinregulation der Enzymaktivität erreicht werden.

- Allosterische Regulation: Enzyme, die aus mehreren Untereinheiten zusammengesetzt sind, besitzen oft Regionen, an die reversibel spezifische Aktivatoren (A) bzw. Inhibitoren (I) binden können. Diese nicht als Substrat fungierenden Effektormoleküle ändern die Umsatzrate der enzymatischen Reaktion durch Modulation der Konformation (räumliche Struktur) des Enzyms (E):

$$E \text{ (inaktiv)} + A \rightarrow EA \text{ (aktiv)} \qquad (7.19)$$
$$\rightarrow \text{ enzymat. Reaktion}$$
$$E \text{ (aktiv)} + I \rightarrow EI \text{ (inaktiv)}$$
$$\rightarrow \text{ keine Reaktion}$$

Im Gegensatz zu diesen allosterischen Hemmstoffen (I) binden kompetitive Inhibitoren am aktiven Zentrum des Enzymmoleküls: sie blockieren die Bindungsstelle für das Substrat und unterbinden somit die Reaktion.

• Phosphorylierung/Dephosphorylierung: Durch Anlagerung bzw. Abspaltung von Phosphat-Ionen (P) kann die Aktivität eines Enzyms (E) moduliert und somit die Umsatzrate verändert werden. Diese Phosphorylierung erfolgt unter Verbrauch von ATP, während die Dephosphorylierung durch Hydrolyse der Phosphatbindung zu Stande kommt:

$$E + ATP \xrightarrow{1} E - P + ADP$$
$$E - P + H_2O \xrightarrow{2} E + P \qquad (7.20)$$

Die Phosphorylierung des Enzymproteins (E) verläuft unter der katalytischen Wirkung des Enzyms Proteinkinase(n) (1), während die Phosphoproteinphosphatase(n) (2) eine Abspaltung des Phosphatrestes ermöglicht. Da die Proteinkinasen der Zelle allosterisch durch bestimmte Effektormoleküle aktiviert werden können (z. B. cyclisches AMP, Calcium-Ionen), ist dieser Mechanismus der Feinkontrolle des Stoffwechsels möglicherweise von zentraler Bedeutung.

Für alle hier aufgeführten Regulationsprinzipien sind heute einzelne Beispiele bekannt. Es sollte dennoch betont werden, dass viele zentrale Fragen der Feinkontrolle des Stoffwechsels (Enzymaktivierung/-repression) noch völlig offen sind. So ist z. B. nicht im Detail bekannt, durch welche Prozesse die Substratkonzentration oder der pH-Wert im jeweiligen Kompartiment der Zelle reguliert wird.

7.9 Informationsübertragung durch Nucleinsäuren

Die Speicherung und Expression der genetischen Information erfolgt bei allen Lebewesen in den (bzw. über die) **Nucleinsäuren** (Abb. 7-8). Diese Polynucleotide sind aus heterozyklischen Basen, Kohlenhydrat und Phosphorsäure aufgebaut, wobei man zwischen der Desoxyribonucleinsäure (**DNA**, Kohlenhydrat = 2-Desoxyribose) und den Ribonucleinsäuren (**RNA**s, Kohlenhydrat = Ribose) unterscheidet. Die beiden Nucleinsäuretypen haben ganz unterschiedliche Funktionen in der Zelle. Die DNA (Abb. 7-8 A) ist Träger der genetischen Information (Erbsubstanz), während

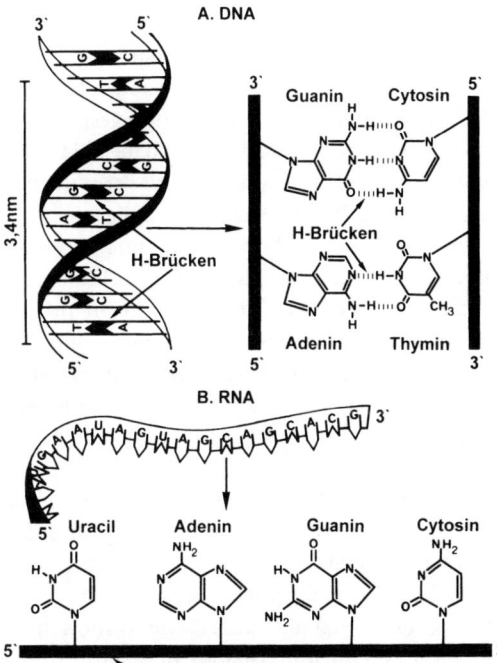

Abb. 7-8: Struktur der Desoxyribonucleinsäure (DNA) (A) und der Ribonucleinsäure (RNA) (B). Die beiden Einzelstränge der DNA (Zucker-Phosphat-Ketten, verknüpft mit den vier Nucleo-Basen Adenin, Thymin, Guanin und Cytosin) werden durch Wasserstoffbrückenbindungen zusammengehalten (DNA-Doppelhelix). Die RNA ist einsträngig und enthält anstelle der Base Thymin das Uracil. Das 5'-Ende des Einzelstranges wird durch einen Phosphatrest, das 3'-Ende durch ein Zuckermolekül (Desoxyribose oder Ribose) abgeschlossen.

die RNAs (Abb. 7-8 B) die „Übersetzung" der Erbinformation in Genprodukte (Proteine) bewerkstelligen.

Die DNA ist somit der Informationsspeicher der Erbfaktoren (**Gene**) der Zelle. In der Pflanzenzelle ist die DNA im Zellkern sowie in zwei Organellen (Mitochondrien, Plastiden) lokalisiert. Das pflanzliche **Genom** (Gesamtheit aller DNA-Sequenzen) ist somit auf drei Kompartimente verteilt: Nucleus, Mitochondrien und Chloroplasten. Im Kern liegt die Erbinformation in Form von Chromatin vor (Komplex aus DNA und Proteinen). Als **Chromosomen** bezeichnet man die während der Kernteilung (Mitose, Meiose) lichtmikroskopisch erkennbaren Chromatinstrukturen des Nucleus (Kap. 11). Der Sporophyt der Samenpflanzen ist ein diploider Organismus, d. h. jedes Chromosom (und Gen) liegt in doppelter Ausfertigung vor (mütterliche und väterliche Erbsubstanz). Im Kern wird die Erbinformation nicht nur gespeichert und verdoppelt (**Replikation**); auch die RNA-Synthese (Transkription) und deren Verarbeitung (*processing*) erfolgt im Nucleus der Zelle.

Die Informationsübertragung durch Nucleinsäuren („Grundregel der Molekularbiologie") verläuft nach dem Prinzip der komplementären Basenpaarungen. Die in einer Abfolge (Sequenz) von Nucleo-Basen kodierte genetische Information kann durch Paarung gegenüberliegender Basen nicht nur vervielfältigt, sondern auch in Boten-RNA (*messenger* = mRNA) übersetzt werden (Transkription). Auch die räumliche Struktur der DNA (Doppelhelix) ist durch Basenpaarung der beiden komplementären Stränge bedingt.

Die DNA enthält 4 Nucleo-Basen, durch deren Abfolge (Sequenz) die genetische Information festgelegt ist: A̲denin, G̲uanin (Purin-Derivate), C̲ytosin und T̲hymin (Pyrimidin-Derivate). Die 4 „Buchstaben" A, G, C und T ergeben gewissermaßen ein „Alphabet". Die Basen Adenin/Thymin und Cytosin/Guanin bilden über Wasserstoffbrücken verknüpft jeweils ein Basenpaar. Die Basen (d. h. Nucleotid)-Sequenz der DNA determiniert die Aminosäuresequenz der Proteine, wobei eine spezifische Folge von 3 benachbarten Basen (1 Codon) eine der 20 verschiedenen Aminosäuren festlegt. Die Basensequenz (Nucleotidabfolge) der DNA wird allerdings nicht direkt, sondern erst nach „Abschrift" (**Transkription**) in

mRNA (einsträngige Kopie der DNA mit der Base Uracil anstelle von Thymin) in die entsprechende Aminosäure-Sequenz übersetzt (**Translation**). Die Transkription findet im Zellkern statt, die Translation (Proteinbiosynthese) hingegen überwiegend an den Ribosomen im Cytoplasma der Zelle.

7.10 Genexpression und Proteinbiosynthese

In diesem Abschnitt sind allgemeine Prinzipien der Expression kerncodierter Gene in der Eucyte dargestellt. Ein **Gen** (Transkriptionseinheit) ist ein Abschnitt auf der DNA, der für eine Polypeptidkette (Protein) kodiert. Diese klassische Definition wurde in den letzten Jahren beträchtlich erweitert bzw. modifiziert. Ein Protein codierendes Gen eukaryotischer Zellen besteht aus zwei Elementen: einem **Promotor**, d. h. der informationstragenden DNA-Sequenz vorgeschaltete Steuerabschnitte mit Ansatzstelle für die RNA-Polymerase, und dem **Leseraster** (*open reading frame*), d. h. die für ein Protein zuständige DNA-Sequenz. Das Leseraster (d. h. das „Gen" im oben genannten Sinne) beginnt mit einem vorgeschalteten Translationsstart-Codon (ATG) und endet am Stopp-Codon (TAA, TAG oder TGA). Die eukaryotische Gen-Struktur kann somit vereinfacht wie folgt dargestellt werden:

5'-Promotor–(Start-Codon)–Leseraster
(codiert für mRNA)–(Stopp-Codon)-3'

Die Leserichtung auf der DNA erfolgt immer vom 5' zum 3'-Ende des Moleküls (Abb. 7-8 A). Bei der folgenden (vereinfachten) Darstellung der Prinzipien der Genexpression soll das Gen als Transkriptionseinheit für ein Protein definiert werden.

Neben diesen Protein-Genen gibt es auch DNA-Abschnitte im Kerngenom, die für bestimmte Ribonucleinsäuren (rRNAs, tRNAs) codieren. Diese Genprodukte erfüllen zentrale Aufgaben bei der Biosynthese der Proteine (Abb. 7-9). Auf die Expression dieser RNA-Gene kann hier nicht näher eingegangen werden. Weiterhin soll darauf hingewiesen werden, dass das Kern-Genom nur zu einem definierten Prozentsatz genetische Informationen trägt. Ein gewisser Teil der DNA-Sequen-

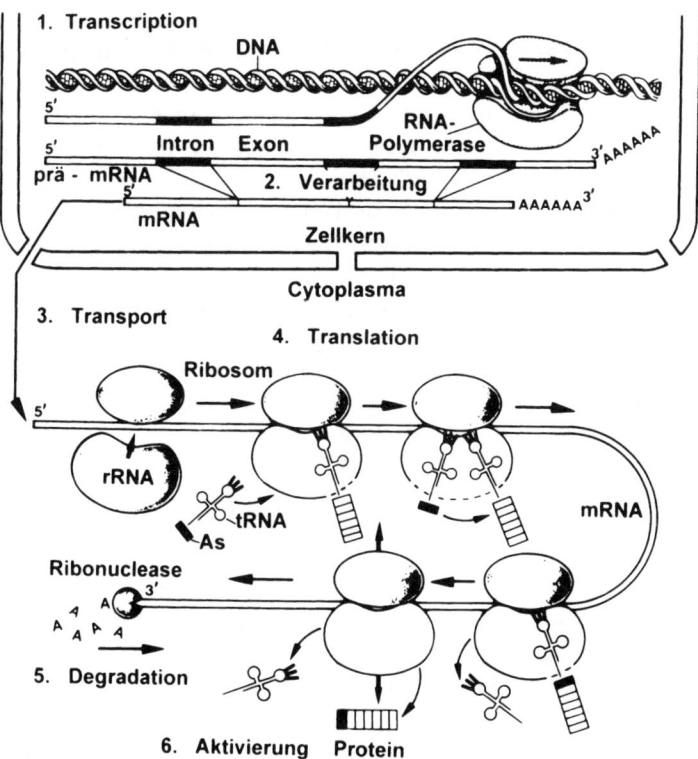

Abb. 7-9: *Prinzip der Genexpression und Proteinbiosynthese bei Pflanzen (Eucyte). Nach Transkription eines Stranges der doppelsträngigen DNA (Enzym: RNA-Polymerase II) (1) und Verarbeitung (processing) der prä-mRNA (2) gelangt die einsträngige mRNA durch Poren in der Kernhülle ins Cytoplasma der Zelle (3). Dort erfolgt die Translation (4). Ribosomen (enthalten rRNA) lagern sich an die mRNA an. Die Übersetzung der DNA-Sequenz in eine Aminosäure-Abfolge (= Polypeptid, Protein) wird durch Anlieferung entsprechender, an transfer-RNAs gekoppelte Aminosäuren (As-tRNA) ermöglicht. Das Ribosom wandert während der Translation entlang der mRNA (Pfeile). Die mRNA wird durch cytoplasmatische Enzyme (Ribonucleasen, 5) abgebaut. Das Genprodukt (z. B. Enzym) kann im Cytoplasma aktiviert werden (6).*

zen besteht aus wiederholten (repetitiven) Basenabfolgen, deren Funktion weitgehend unbekannt ist.

Die Kontrolle der Genexpression (und somit die Synthese spezifischer Proteine) erfolgt immer nach folgendem Schema:

$$\text{DNA} \xrightarrow{\text{Transkription}} \text{mRNA} \xrightarrow{\text{Translation}} \text{Protein}$$

$$(7.21)$$

Genexpression und Proteinbiosynthese sind sehr komplexe biochemische Prozesse. Bei Eukaryoten kann der Gesamtvorgang in vereinfachter Form folgendermaßen veranschaulicht werden (Abb. 7-9). An der Übersetzung der genetischen Infor-

mation (DNA-Sequenz) in ein Protein (Genprodukt) sind drei verschiedene RNA-Typen beteiligt: die messenger RNA (mRNA), die transfer-RNA (tRNA) und die ribosomale RNA (rRNA, > 80% der Gesamt-RNA der Zelle). Nach Transkription der doppelsträngigen DNA in einsträngige RNA unter der katalytischen Wirkung des Enzyms RNA-Polymerase II (1) und Anhang einer Poly-A-Sequenz erfolgt die Verarbeitung (*processing*) des Primärtranskriptes (prä-mRNA) (2); nicht-kodierende Bereiche der RNA (Introns) werden entfernt, so dass nur noch kodierende Basensequenzen (Exons) übrig bleiben und den Kern verlassen (Transport ins Cytoplasma, 3). Im Cytoplasma wird die mRNA in eine Aminosäurekette (Polypeptid = Protein) übersetzt (Translation, 4). Die mRNA lagert sich hierbei an **Ribosomen** an. Diese Organellen bestehen aus ribosomaler RNA und Protein und werden daher auch als Ribonucleoproteinpartikel bezeichnet. Ribosomen sind aus zwei Untereinheiten zusammengesetzt (nicht funktionstüchtige Präribosomen). Diese Vorläufer (große und kleine Untereinheit) lagern sich erst im Cytoplasma zu Monoribosomen (= Monosomen) zusammen. Der aus mRNA und zahlreichen einzelnen Ribosomen bestehende Komplex wird als Polyribosom (= Polysom) bezeichnet und kann als „Proteinsynthese-Maschine" angesehen werden. Die mit jeweils einer Aminosäure beladenen Transfer-RNAs (tRNAs) lagern sich nun an die mRNA der Polysomen an. Jede tRNA bindet an ein spezifisches, für eine Aminosäure kodierendes Basentriplett (Codon) der mRNA. Die komplementäre Basensequenz der tRNA wird als Anticodon bezeichnet. Durch Peptidbindung lagern sich die Aminosäuren nun zu langen Ketten aneinander (Polypeptid), wobei die Aminosäuresequenz durch die Basensequenz der mRNA bestimmt wird. Die mRNA wird nach Ende der Translation und Zerfall der Ribosomen durch spezifische Enzyme (**Ribonucleasen**) wieder in einzelne Nucleotide zerlegt (Degradation, 5). Das Genprodukt (Protein) kann, wenn es ein Enzym ist, im Cytoplasma aktiviert oder inaktiviert werden (6). Strukturproteine lagern sich meist mit anderen Polypeptidketten zu einem größeren Proteinkomplex zusammen. Das **Proteom** der Zelle umfasst die Gesamtheit der Proteine, die von einem Genom exprimiert werden. Genom (Gesamtheit aller DNA-Sequenzen) und Proteom (Proteinausstattung) sind über die in Gl. 7.21 dargestellte Beziehung miteinander verknüpft, wobei nur die für Genprodukte codierenden DNA-Sequenzen des Genoms von Bedeutung sind.

Folgende Mechanismen der Kontrolle der Zellkern-Genexpression (Proteinbiosynthese) sind für höhere Pflanzen denkbar und zum Teil experimentell nachgewiesen worden (s. Abb. 7-9):

I. Transkriptions-Kontrolle: selektive Transkription spezifischer Gene (mRNA-Neusynthese) (1)

II. Posttranskriptionale Kontrolle: Verarbeitung und Transport der mRNA ins Cytoplasma der Zelle (2 ,3).

III. Translationskontrolle: Neusynthese von Protein unter Verwendung vorhandener mRNA-Moleküle (4)

IV. Abbau (Degradation) der mRNA durch Ribonucleasen im Cytoplasma (5)

V. Posttranslationale Kontrolle: Aktivierung/Inaktivierung des Enzymproteins im Cytoplasma der Zelle (6)

Die Mechanismen I–IV können unter dem Begriff **Grobkontrolle** des Stoffwechsels (*coarse metabolic control*) zusammengefasst werden. Die posttranslationale Kontrolle (V) erfolgt nach Abschluss der Genexpression und Proteinbiosynthese. Diese **Feinkontrolle** der Enzymaktivität (*fine metabolic control*) ist der Vollständigkeit halber in Abb. 7-9 mit eingezeichnet. Die Frage, ob ein bestimmter Entwicklungsprozess über eine Neusynthese (Mechanismen I–IV) oder durch Aktivierung eines vorhandenen Enzyms (Mechanismus V) ausgelöst wird, ist von zentraler Bedeutung. Bei der Besprechung der Phytohormone (Kap. 12) und der Photomorphogenese (Kap. 13) wird auf diese Problematik eingegangen.

Durch welche Prozesse wird die Proteinbiosynthese in der Pflanzenzelle reguliert? Allgemein gilt: Die Rate der Biosynthese eines Proteins wird durch die Menge der entsprechenden mRNA im Cytoplasma bestimmt. Die Transkription scheint hierbei der entscheidende, ratenlimitierende Prozess zu sein. Neuerdings wurde jedoch nachgewiesen, dass auch die Degradation (Abbau der mRNA durch Ribonucleasen) an der Steuerung der Proteinbiosynthese entscheidend beteiligt ist. Über die Regulation der cytoplasmatischen Ribonucleaseaktivität in der Pflanzenzelle ist allerdings bis heute nur wenig bekannt. Wie aus Abb. 7-9 hervorgeht, sind die Hauptprodukte der Genexpression verschiedene Proteine. Diese auch als „Eiweiße" bezeichneten Moleküle sollen nun noch etwas ausführlicher beschrieben werden.

7.11 Proteine: Endprodukte der Genexpression

Die früher als „Eiweißstoffe" bezeichneten **Proteine** sind aus Aminosäuren aufgebaute Makromoleküle, die aus einer oder mehreren Einzelketten bestehen. Ihre relativen Molekülmassen reichen von etwa 6000 bis über 1 Million. Die Bausteine der Proteine sind die linksdrehenden (L)-α-Aminosäuren (organische Verbindungen, die Amino- und Carboxyl-Gruppen enthalten und durch eine Seitengruppe charakterisiert sind) (Abb. 7-10 A). Es gibt 20 in der DNA codierte eiweißaufbauende (proteinogene) Aminosäuren, die wie folgt benannt sind (mit Symbol):

1. Alanin (Ala), 2. Arginin (Arg), 3. Asparagin (Asn), 4. Asparaginsäure (Asp), 5. Cystein (Cys*), 6. Glutamin (Gln), 7. Glutaminsäure (Glu), 8. Glycin (Gly), 9. Histidin (His), 10. Isoleucin (Ile), 11. Leucin (Leu), 12. Lysin (Lys), 13. Methionin (Met*), 14. Phenylalanin (Phe), 15. Prolin (Pro), 16. Serin (Ser), 17. Threonin (Thr), 18. Tryptophan (Trp), 19. Tyrosin (Tyr), 20. Valin (Val).
Die mit * gekennzeichneten Aminosäuren enthalten ein Schwefel-Atom.

Weiterhin kennt man einige seltene Aminosäuren, die Derivate der oben genannten Verbindungen sind (z.B. 4-Hydroxyprolin, Derivat des Prolins). Außerdem wurden aus höheren Pflanzen eine große Zahl von Aminosäuren isoliert, die nicht Bestandteil der Proteine sind. Die Funktion dieser nicht-proteinogenen Aminosäuren im Stoffwechsel der Pflanze ist teilweise noch unbekannt (Kap. 17).

Einzelne Aminosäuren lagern sich unter Abspaltung von Wasser zu kettenförmigen Makromolekülen zusammen, die man als **Peptide** bezeichnet. Die Verknüpfung zwischen den einzelnen Aminosäuren (–CO–NH–) ist eine Peptidbindung. Abbildung 7-10 A zeigt ein aus 4 Aminosäuren zusammengesetztes Tetrapeptid. Bei der Bezeichnung des Peptids beginnt man immer mit der N-terminalen Aminosäure. Je nach Anzahl der Aminosäuren gilt folgende Terminologie: Oligopeptide bestehen aus bis zu 10 Aminosäuren (z.B. Abb. 7-10 A). **Polypeptide** sind Ketten, die aus 11 bis 100 Aminosäuren zusammengesetzt sind. Als **Proteine** (Makropeptide) bezeichnet man all jene Verbindungen, die mehr als 100 Bausteine enthalten.

Die **Primärstruktur** der Proteine wird durch die Aminosäuresequenz bestimmt. Das in Abb. 7-10 A dargestellte Tetrapeptid zeigt z.B. die Abfolge Gly-Met-Gln-Glu. Die Aminosäuresequenz aller zellulären (und extrazellulären) Proteine ist durch eine Nucleotid-Abfolge in einem Abschnitt der Desoxyribonucleinsäure (DNA) festgelegt. Ein Basen-Triplett der DNA-Kette (Codon) kodiert für eine bestimmte Aminosäure. Wie bereits erwähnt wurde, ist ein Protein-Gen derjenige Abschnitt auf

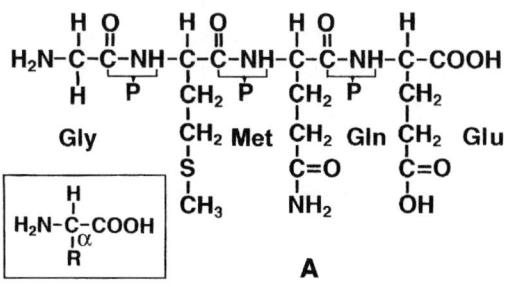

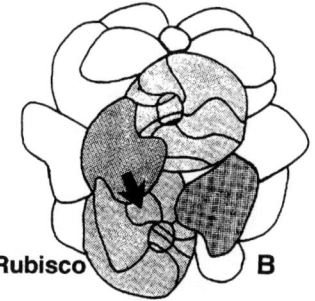

Abb. 7-10: *Struktur einer L-α-Aminosäure. Am α-C-Atom des Moleküls befindet sich eine Amino-(-NH₂) und eine Carboxylgruppe (-COOH). Die Seitengruppe (-R) ist variabel (Molekül im Kasten). Durch Verbindung von vier verschiedenen Aminosäuren über Peptidbindungen (P) (–H₂O) entsteht ein Tetrapeptid (A). Schematische Darstellung der Tertiärstruktur des Enzyms Ribulose-1,5-bisphosphat Carboxylase/Oxygenase (Rubisco) in der inaktiven Form. Pfeil: aktives Zentrum des Enzyms. (B) (Nach Chapman, M. S. et al.: Science 241, 71–74, 1988).*

der DNA, der eine vollständige Polypeptidkette (oder ein Makropeptid) codiert.

Die **Sekundärstruktur** der Peptidkette beschreibt die räumliche Gestalt (Konformation) des Moleküls. Durch Ausbildung von Wasserstoffbrücken zwischen den Peptidbindungen ($C=O\cdots H-N$) kann das Kettenmolekül die Form einer Schraube (α-Helix) einnehmen. Werden Wasserstoffbrücken zwischen zwei Polypeptidabschnitten ausgebildet, so liegt eine Faltblattstruktur („Peptidrost") vor.

Die **Tertiärstruktur** eines Proteins wird durch Wechselwirkung der Aminosäure-Seitenketten hervorgebracht. Die wichtigste Verknüpfung zwischen den Seitenketten ist die Disulfid-Bindung. Diese entsteht durch Dehydrierung zwischen zwei benachbarten Cystein-SH-Gruppen. Weiterhin tragen hydrophobe Bindungen, Ionenbeziehungen zwischen positiv/negativ geladenen Seitengruppen und Wasserstoffbrücken zwischen den Nebengruppen der Aminosäuren zur Ausbildung der Tertiärstruktur des Proteins bei. Sekundär- und Tertiärstruktur (d. h. Wechselwirkungen zwischen den Peptidbindungen bzw. Seitengruppen) bestimmen somit die räumliche Gestalt (Konformation) des Proteins.

Zahlreiche Proteine sind aus mehreren nicht miteinander verbundenen Peptidketten zusammengesetzt. Diese Zusammenlagerung mehrerer Aminosäureketten ergibt die **Quartärstruktur** des Proteins. Die einzelnen Peptidketten bilden die Untereinheiten des Proteins. So ist z. B. das Enzym Ribulose-1,5-bisphosphat Carboxylase/Oxygenase (**Rubisco**) aus acht großen (*large*) und acht kleinen (*small*) Untereinheiten (subunits, d.h. Polypeptid-Ketten) zusammengesetzt (L 8 / S 8). In Abb. 7-10 B ist die Quartärstruktur der inaktiven Form dieses Schlüsselenzyms der photosynthetischen Kohlendioxid-Fixierung dargestellt. Es wird deutlich, dass das aktive Zentrum des Enzyms (Pfeil) nur ein Bruchteil der Gesamtoberfläche des Polypeptidkomplexes ausmacht.

Proteine lassen sich nach ihrer biologischen Funktion einteilen. Die **Strukturproteine** bilden die Hauptmasse des pflanzlichen „Eiweißanteils", da sie wesentlicher Bestandteil des Cytoplasmas der Zelle sind. Die **Enzyme** sind als Biokatalysatoren für die Steuerung praktisch aller Stoffwechselreaktionen unentbehrlich. **Speicherproteine** sind insbesondere in Samen als Energiereserve von großer Bedeutung. **Kontraktile Proteine** (Proteinfilamente) wie Actin und Myosin sind als Bestandteil des Cytoskeletts der Zelle für die Protoplasmaströmung, die Chromosomenbewegung bei der Zellteilung und die Chloroplastenbewegung verantwortlich. Neben den nur aus Aminosäuren aufgebauten „reinen Eiweißstoffen" gibt es auch zahlreiche zusammengesetzte Proteine. Diese enthalten neben den Aminosäuren noch andere Komponenten wie z. B. Kohlenhydrate (Glycoproteine, z. B. Bestandteil der Zellwände), Nucleinsäuren (Nucleoproteine, z. B. Ribosomen), chromophore Gruppen (Chromoproteine, z. B. Phytochrom, Chlorophyll-Proteinkomplexe in der Thylakoidmembran, Cytochrome, Leghaemoglobin), Lipide (Lipoproteine, z. B. Bestandteile der Biomembranen), Metalle (Metalloproteine, z. B. zahlreiche Enzyme) oder Phosphorsäure (Phosphoproteine). Die zusammengesetzten Proteine werden auch als **Proteide** bezeichnet.

7.12 Experimentelle Analyse der Genexpression und des Proteoms

Die Frage, ob ein bestimmter physiologischer Prozess (z. B. Keimung, Wachstum, Pigmentakkumulation) über eine Neusynthese spezifischer Proteine via Genaktivierung gesteuert wird oder unabhängig davon erfolgt, kann unter Einsatz verschiedenster Methoden untersucht werden. Im Prinzip verläuft eine derartige Analyse jedoch immer in vier Schritten, die nun dargestellt werden sollen.

1. Inhibitorexperimente. Am Anfang einer Untersuchung zur Rolle der Genexpression stehen in aller Regel Hemmstoff (Inhibitor)-Versuche. Es sind heute eine Reihe spezifischer Translations- und Transkriptionsinhibitoren bekannt, deren Wirkungsmechanismen weitgehend aufgeklärt sind. Die Substanz **Cycloheximid** hemmt spezifisch die Proteinbiosynthese an den 80 S-Ribosomen im Cytoplasma der Zelle, während die Translation an den 70 S-Ribosomen in den Organellen (Mitochondrien, Chloroplasten) unbeeinträchtigt bleibt (S = Svedberg-Einheit, d. h. rel. Maß für Molekülmasse). Das vom Schimmelpilz *Streptomyces alboniger* synthetisierte Antibiotikum **Puromycin** hemmt die cytoplasmatische Proteinsynthese durch Unterbrechung der Verlängerung der entstehenden Polypeptidkette. Die beiden Inhibitoren unterbinden somit den in Abb. 7-9 dargestellten Prozess 4 (Translation der mRNA). Auch die im Zellkern ablaufende Transkription der DNA (Prozess 1) kann durch Zugabe bestimmter Substanzen spezifisch gehemmt werden. Das Antibiotikum **Actinomycin D** bewirkt eine Verformung der DNA-Doppelhelix. Infolgedessen kann die RNA-Polymerase II nicht mehr weiterwandern: Die Transkription kommt zum Stillstand. Ein Wirkstoff aus dem Gift des Knollenblätterpilzes (*Amanita phalloides*), das α-**Amanitin**, hemmt das Enzym RNA-Polymerase II: Die Biosynthese der RNA wird damit blockiert.

Die hier vorgestellten Hemmstoffe sind wichtige Hilfsmittel bei der experimentellen Analyse der molekularen Mechanismen physiologischer Prozesse. Kommt ein Lebensvorgang nach Zugabe der genannten Inhibitoren zum Stillstand, so kann geschlossen werden, dass der Prozess von einer kontinuierlichen Neusynthese von mRNAs und Proteinen abhängig ist.

2. Proteinmuster, Enzymaktivität. Proteine sind die Endprodukte der Genexpression (Abb. 7-9). Um zu überprüfen, ob auf dem Hintergrund der zahlreichen vorhandenen Proteine der Zelle ein neues Genprodukt entsteht, sind im Prinzip zwei Wege möglich: Analyse der Proteinbiosynthese und Bestimmung der Aktivität von Enzymen. Zur Klärung der Frage, ob ein bestimmter physiologischer Prozess mit der Neusynthese eines Proteins einhergeht, bietet man den Zellen eine radioaktiv markierte Aminosäure an (z. B. ^{3}H-Leucin, ^{35}S-Methionin). Dieser **Marker** (tracer) wird – nach Bindung an die entsprechende tRNA der Zelle – in die entstehenden Proteine eingebaut (Abb. 7-9). Nach Abschluss der Inkubation werden die radioaktiv markierten Proteine extrahiert und mittels einer Gelelektrophorese aufgetrennt.

In der Regel erfolgt die Separation nach Zerlegung der Proteine in ihre entsprechenden Untereinheiten (Polypeptidketten). Dies wird durch Kochen der Proteinextrakte in Anwesenheit eines Detergenz (Natrium dodecyl sulfat, SDS) erreicht. Unter diesen Bedingungen binden die Polypeptide an die SDS-Moleküle und können dann durch Anlegen eines elektrischen Stroms in der Elektrophoreseapparatur gemäß ihrer relativen Molekülmassen aufgetrennt werden. Bei dieser eindimensionalen SDS-Polyacrylamid-Gelelektrophorese entsteht ein Bandenmuster, das durch Auflegen eines Röntgenfilms sichtbar gemacht werden kann (Autoradiographie). Jede Bande repräsentiert eine (oder mehrere) neusynthetisierte Polypeptidketten.

Ein wesentlich detaillierteres Bild liefert die zweidimensionale Gelelektrophorese. Die radioaktiv markierten Proteine werden im ersten Schritt durch isoelektrische Fokussierung (IEF) in einem pH-Gradienten-Gel entsprechend ihrer isoelektrischen Punkte aufgetrennt (1. Dimension). Danach werden die in einem wurmförmigen IEF-Gel separierten Polypeptide einer SDS-Polyacrylamid-Gelelektrophorese unterzogen und wie oben dargestellt gemäß ihrer relativen Molekülmassen aufgetrennt (2. Dimension). Man erhält nach Autoradiographie ein zweidimensionales Muster dunkler Flecken: Jeder Punkt repräsentiert ein neusynthetisiertes Polypeptid unbekannter Funktion (Abb. 7-11 A, B).

Unter Einsatz dieser zweidimensionalen Gelelektrophorese kann das **Proteom** (Gesamtheit der exprimierten Proteine der Zelle) analysiert werden. Hierzu werden die (nicht radioaktiv markierten) Proteine eines Organs bzw. einer Zelle extrahiert, zweidimensional auftrennt und angefärbt (Abb. 7-11 A, B). Zur weiteren Analyse verfährt man wie folgt. Ausgewählte Protein-Flecken (*spots*) werden ausgeschnitten, enzymatisch verdaut (zerlegt) und dann unter Einsatz der **Massenspektrometrie** untersucht. Durch Vergleich der rel. Molekülmassen der einzelnen Proteinfragmente mit Datenbanken kann in vielen Fällen das Protein identifiziert werden (Abb. 7-11 C, D). Diese für die Pflanzenphysiologie nützliche Protein-Biochemie (*Proteomics*) steht noch am Anfang ihrer technischen Entwicklung.

Die zweite Methode zur selektiven Analyse der Genexpression auf dem Niveau ausgewählter Proteine wurde bereits oben dargestellt (Abb. 7-7): Die Bestimmung der Aktivität von Enzymen. Ein Anstieg in der Aktivität eines Enzyms deutet an,

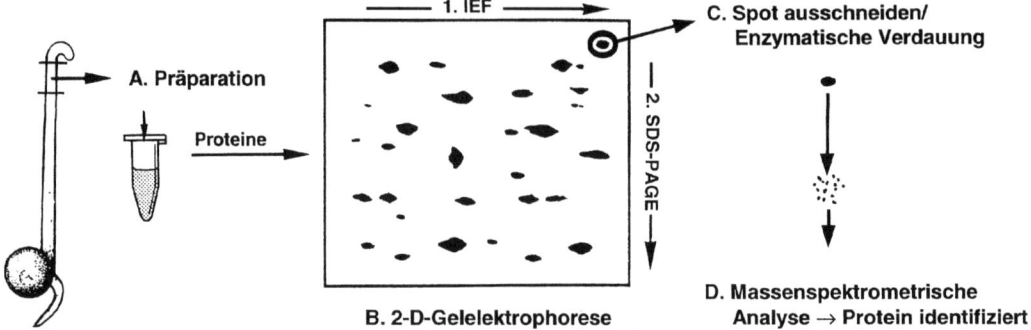

Abb. 7-11: *Prinzip der Analyse des Proteoms eines Organs bzw. der entsprechenden Zellen. Nach Präparation (A), Extraktion der Proteine und zweidimensionaler Gelelektrophorese (B) kann das Proteinmuster durch Anfärbung sichtbar gemacht werden (schwarze Flecken). Nach Ausschneiden eines Proteins (spot) und enzymatischer Verdauung (C) kann die Probe mit Hilfe der Massenspektrometrie identifiziert werden (D). 1. Dimension = isoelektrische Fokussierung (IEF), d. h. Auftrennung der Polypeptide im pH-Gradient. 2. Dimension = SDS-Polyacrylamid-Gelelektrophorese (SDS-PAGE), d. h. Auftrennung nach der rel. Molekülmasse. (Nach Nock, S. & Wagner, P.: Chemie in unserer Zeit 34, 348–354, 2000).*

dass eine Genaktivierung stattgefunden haben könnte (Grobregulation des Stoffwechsels). Da jedoch eine Aktivierung bereits vorhandener Enzyme nicht ausgeschlossen werden kann (posttranslationale Kontrolle oder Feinregulation), ist die Aussagekraft enzymatischer Analysen begrenzt.

3. Translation isolierter mRNAs im Reagenzglas. Im Jahr 1975 wurde erstmals eine Methode zur Isolation und zellfreien Translation von mRNA beschrieben. Dieses Verfahren entwickelte sich in den darauffolgenden Jahren zum Standardtest, um das Muster der in der Zelle vorhandenen, translatierbaren mRNAs zu analysieren. Das Grundprinzip dieser klassischen Technik kann wie folgt zusammengefasst werden. Zunächst wird aus dem Gewebe (bzw. Organ) die Gesamt-mRNA isoliert. Im zweiten Schritt erfolgt die Translation der aufgereinigten mRNA außerhalb der Zelle (in-vitro), wobei die codierten Proteine synthetisiert werden. Man verwendet hierzu in der Regel ein spezielles Medium (Kaninchen-Reticulocytenlysat). Diese in-vitro-Translationsflüssigkeit enthält funktionstüchtige Ribosomen, Ionen und „kalte" Aminosäuren. Durch Zugabe einer radioaktiv markierten Aminosäure (z. B. ^{35}S-

Methionin) erhält man nach einer willkürlich gewählten Inkubationszeit (z. B. 90 min, 30 °C) „heiße" in-vitro Translationsprodukte (Proteine), die einer zweidimensionalen Gelelektrophorese unterzogen werden können (Abb. 7-11 A, B). Nach Sichtbarmachung der radioaktiv markierten Polypeptide (Röntgenfilm) erhält man ein Muster dunkler Flecken: Jeder Fleck (*spot*) repräsentiert ein Translationsprodukt, das von einer isolierten mRNA der Zelle codiert ist.

In Abb. 7-12 ist ein repräsentatives Beispiel dargestellt. Segmente aus dem Epicotyl etiolierter Erbsenkeimlinge (*Pisum sativum*) wurden mit dem Phytohormon **Auxin** behandelt bzw. in Wasser inkubiert (Kontrolle). Nach Isolation und in-vitro-Translation der mRNA wurden die Polypeptide zweidimensional aufgetrennt. Die Autoradiogramme zeigen, dass mit und ohne Auxinbehandlung ein sehr ähnliches Muster entsteht. Die überwiegende Mehrzahl (>95%) der mRNAs in den Zellen des Epicotyls weist eine weitgehend hormonunabhängige Expression auf. Ein detaillierter Vergleich der beiden Gele zeigt jedoch, dass einige Translationsprodukte (*spots*) in den auxinbehandelten Segmenten in größerer Menge auftreten: Das Phytohormon bewirkt in den Zellen eine erhöhte Bildung einiger spezifischer mRNAs,

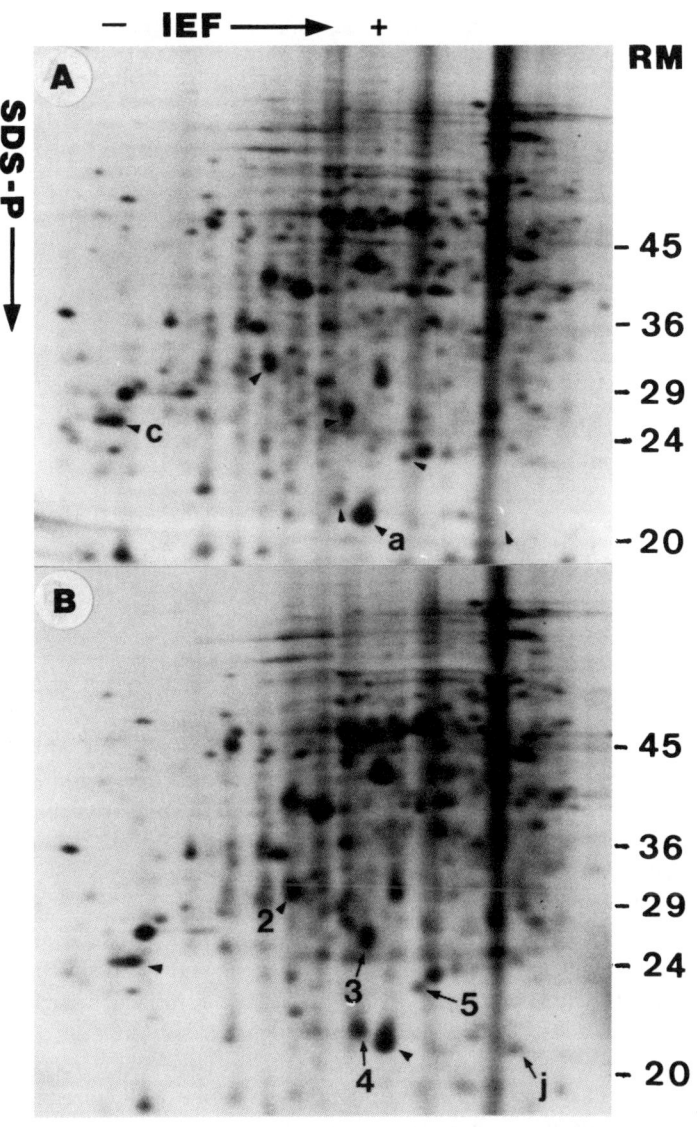

Abb. 7-12: *Autoradiogramme von zweidimensional elektrophoretisch aufgetrennten In-vitro-Translationsprodukten. Segmente aus der Streckungszone etiolierter Erbsenkeimlinge (Pisum sativum) wurden für 30 min mit dem Phytohormon Auxin (20 µmol/l) behandelt (B) bzw. zur Kontrolle in Wasser inkubiert (A). Nach Isolation der mRNA und In-vitro-Translation (in Anwesenheit von ³⁵S-Methionin) wurden die radioaktiv markierten Polypeptide elektrophoretisch getrennt und mittels Autoradiographie sichtbar gemacht. Das Translationsprodukt 4 wurde nach Inkubation in Auxin vermehrt synthetisiert (Genaktivierung). IEF = isoelektrische Fokussierung; RM = rel. Molekülmasse (x 1000); SDS-P = SDS-Polyacrylamid-Gelelektrophorese. (Nach Dietz A., Kutschera U. & Ray P.M.: Plant Physiol. 93, 432–438, 1990).*

d.h. der Wuchsstoff greift in das Aktivitätsmuster der Gene ein.

4. RNA-DNA-Hybridisierung. Das in Abb. 7-12 dargestellte qualitative Experiment zeigt, dass einige in-vitro-Translationsprodukte nach Behandlung mit Auxin in größerer Menge auftreten als in der Kontrolle. Um die Expression eines spezifischen Gens auf dem Niveau der mRNA quantitativ zu ermitteln, ist es notwendig, eine DNA-Kopie (complementary = **cDNA**) der mRNA zu isolieren und zu vermehren.

Die **Klonierung** eines Gens verläuft im Prinzip in drei Schritten. Zunächst wird die mRNA (= poly A-RNA) aus den Zellen isoliert. Unter Verwendung der Enzyme Reverse Transkriptase und DNA-Polymerase kann nun zu jeder isolierten mRNA eine Kopie (= cDNA) synthetisiert werden. Die doppelsträngigen cDNA-Moleküle werden daraufhin in einen Plasmid- oder Phagenvektor (ringförmiges DNA-Molekül) eingebaut und in einem Wirtsbakterium (*Escherichia coli*) vermehrt. Man erhält aus jedem infizierten Bakterium eine Kolonie, die ein bestimmtes cDNA-Fragment trägt. Diese Genbank speichert in der Regel alle in cDNA umge-schriebene mRNA-Sequenzen der Zelle. Im dritten Schritt wird die Genbank (= Bakterienkolonien) auf eine bestimmte DNA-Sequenz hin abgesucht. Man kann z. B. durch differentielle Hybridisierung diejenigen cDNA-Klone auswählen, die nur mit mRNA aus auxinbehandelten Segmenten hybri-disieren. Diese cDNA-Sequenzen können, nach ra-dioaktiver Markierung, zur quantitativen Bestim-mung der Menge einer spezifischen mRNA in der Zelle herangezogen werden. Eine Hybridisierung isolierter mRNA mit der radioaktiven cDNA kann man durch Autoradiographie (Röntgenfilm) nachweisen: Je dunkler das Signal ist, desto mehr spezifische mRNA wurde in der betreffenden Zelle synthetisiert. Unter Einsatz klonierter cDNAs lässt sich somit die Expression spezifischer DNA-Se-quenzen (Gene) auf dem Niveau der transkribier-ten mRNA quantitativ nachweisen.

7.13 Das Genom der höheren Pflanze

Seit Mitte der 1980er Jahre wird eine kleine zwei-keimblättrige Rosettenpflanze, die Ackerschmal-wand *Arabidopsis thaliana*, als Modellsystem zur molekulargenetischen Analyse verschiedener phy-siologischer Prozesse verwendet. Dieses auf Schutt-halden und trockenen Grashügeln verbreitete Kreuzblütlergewächs (Brassicaceae) ist mit Kultur-pflanzen wie z. B. dem Gemüse-Kohl (*Brassica ole-racea*), dem Senf (*Sinapis alba*) und dem Raps (*Bras-sica napus*) verwandt. Da die *Arabidopsis*-Pflänz-chen sehr klein sind (etwa 1000 ausgewachsene In-dividuen haben auf einer DIN A 4-Seite Platz), eine Generationszeit von nur etwa sechs Wochen ha-ben, über ein kleines diploides Genom verfügen (2 × 5 Chromosomen) und zahlreiche **Mutanten** bekannt sind, ist dieses „Unkraut" eine bevorzug-tes Modellsystem der Entwicklungsbiologen. Als weitere wichtige Modellorganismen seien die Bäckerhefe (*Saccharomyces*), der Fadenwurm (*Cae-norhabditis*) und die Taufliege (*Drosophila*) ge-nannt. Die an *Arabidopsis* erarbeiteten Resultate können im Prinzip auf größere Blütenpflanzen, die als domestizierte Nutzorganismen unsere Ernährungsgrundlage bilden, übertragen werden.

Tab. 7-1: Daten zum Genom der Modellpflanze *Arabidopsis thaliana* **. Das Kern-Genom (Nucleus) ist auf 2 × 5 Chromosomen pro Zelle verteilt; das Mito-chondrien- bzw. Chloroplasten-Genom ist durch-schnittlich 26 × bzw. 560 × pro Zelle vorhanden. Bp = Basenpaare. (Nach The Arabidopsis Genome Initiative: Nature 408, 796 – 813, 2000).**

A. Unter-teilung:	Nucleus	Mito-chondrien	Plastiden
Genomgröße (Bp)	125 000 000	367 000	154 000
Protein-Gene	25 498	58	79

B. Funktionelle Klassifizierung (Nucleus)

Allgemeiner Zellstoffwechsel	4009 Gene (22,5 %)
Transkription	3018 Gene (16,9 %)
Wachstum	2079 Gene (11,7 %)
Abwehrstoffe	2055 Gene (11,5 %)
Signalübertragung	1855 Gene (10,4 %)
Proteinstoffwechsel	1766 Gene (9,9 %)
Intrazellulärer Transport	1472 Gene (8,3 %)
Membrantransport	849 Gene (4,8 %)
Proteinbiosynthese	730 Gene (4,1 %)
Summe:	17 833 von 25 498 Genen

Im Dezember 2000 publizierte eine aus zahlrei-chen Forschergruppen zusammengesetzte inter-nationale **Arabidopsis Genome Initiative** die ge-samte Sequenz des *Arabidopsis*-Genoms. Hiermit war erstmals der vollständige genetische Bauplan einer höheren Pflanze offengelegt. Aus den Nucleotid (Basen)-Sequenzen der drei Genome (Zellkern-, Mitochondrien- und Plastiden-DNA) können wichtige Schlussfolgerungen bezüglich wesentlicher physiologischer Vorgänge im Ent-wicklungszyklus der Pflanze abgeleitet werden. In Tab. 7-1 A sind die drei Genome der Pflanzenzelle gegenübergestellt. Die Organellen-Genome ko-dieren für nur 58 bzw. 79 Proteine (Mitochondrien bzw. Plastiden), während die Kern-DNA Bauan-leitungen für 25 498 verschiedene Eiweißstoffe trägt. Der Großteil des Kern-Genoms (ca. 44%) co-diert für Genprodukte (Proteine, RNAs); der Rest ist nicht codierender „DNA-Schrott" (die Funk-tion dieses DNA-Vorrats ist noch unbekannt).

Vergleichende Sequenzanalysen haben gezeigt, dass die Mitochondrien- und Plastiden-DNAs je-weils rudimentäre Genome ehemals freileibender Mikroorganismen darstellen. Diese Organellen stammen von α-Proteobakterien bzw. Cyanobak-terien ab. Im Verlauf der Jahrmillionen, die seit dieser Endo-Cytobiose vergangen sind, wurden etwa 70% der prokaryotischen Gene in den Nucleus transferiert. Die verbliebenen Organellen-Gene kodieren für Proteine der Atmungskette (Mitochondrien) bzw. Untereinheiten der Photosysteme und des Enzyms Rubisco (Chloroplasten). Diese DNA-Sequenzdaten unterstützen die **Endosymbiontentheorie** der Zell-Evolution (Kap. 3).

Das *Arabidopsis*-Genom ist mit 25 498 für Proteine kodierende DNA-Sequenzen der derzeit größte vollständig entschlüsselte Gen-Bestand eines eukaryotischen Organismus. Vergleichswerte: Fadenwurm *Caenorhabditis*: 19 099 Gene; Taufliege *Drosophila*: 13 601 Gene. Wie Tab. 7-1 B zeigt, konnten 17 833 Protein-Gene (70% der kodierenden DNA-Sequenzen) bestimmten Stoffwechselprozessen zugeordnet werden. Die restlichen 30% der Gene sind derzeit nicht klassifizierbar, d. h. deren Funktionen sind unbekannt.

Aus den in Tab. 7-1 B zusammengestellten Daten können die folgenden allgemeinen Schlussfolgerungen gezogen werden:

Stoffwechselwege. Pflanzen sind als sessile photoautotrophe Organismen in der Lage, aus einfachen Ausgangsstoffen (CO_2, H_2O, Salze) unter Ausnutzung der Sonnenenergie eine Vielzahl komplexer organischer Verbindungen zu synthetisieren (Kap. 10). Ein Großteil des Genoms (> 4000 Gene) codiert für Enzyme, die dem allgemeinen Zellstoffwechsel zugeordnet werden (Photosynthese, Zellatmung, Ionenaufnahme, Biosynthese von Primär- und Sekundärstoffen).

Wachstum. Die Expansion der von cellulosehaltigen Wänden umschlossenen Pflanzenzellen ist ein komplexer mehrstufiger Prozess (Kap. 11). Über 2 000 für Proteine kodierende Gene konnten mit dieser zentralen Lebenserscheinung der „Gewächse" in Verbindung gebracht werden (Zellteilung und -streckung). Mehr als 400 Gene sind der Biosynthese und Modifikation der wachsenden Zellwände zugeordnet. Diese DNA-Sequenzen (bzw. homologe Strukturen) kommen in den Genomen der wandlosen Tierzellen nicht vor, d. h. die „Zellwand-Gene" sind charakteristische Merkmale der Pflanzenzelle.

Pathogenabwehr. Die festgewachsenen Pflanzen sind stetig verschiedenen potentiellen Schadorganismen ausgesetzt (z. B. Insekten, Fadenwürmer, Bakterien, Pilze). Um sich vor Fraßschäden und Krankheiten zu schützen, sind komplexe Stoffwechselnetze ausgebildet (über 2000 Gene), die der Biosynthese verschiedenster Abwehrstoffe dienen (Kap. 17).

Signalübertragung. Die Entwicklung der Pflanze ist ein durch Umweltfaktoren gesteuerter Prozess. Das Licht ist, neben der Schwerkraft, der Temperatur und der Wasserversorgung, der wichtigste Parameter, der vom Organismus wahrgenommen (perzipiert) und in entsprechende physiologische Reaktionen umgewandelt wird (z. B. Modifikation des Wachstums). Insgesamt konnten 1855 Gene identifiziert werden, die mit der Übertragung von Umweltsignalen in Verbindung stehen (Kap. 13, 18). An dieser Stelle sei nochmals auf die oben genannte Pathogenabwehr verwiesen. Diese Signale (z. B. Verletzung der Laubblätter) werden ebenfalls rasch weitergeleitet und induzieren entsprechende Abwehrreaktionen (Kap. 17).

Zusammenfassend zeigen die Resultate des Arabidopsis-Genom-Projekts, dass eine einfache höhere Pflanze, wie das „Unkraut" Ackerschmalwand, über ein beträchtliches Gen-Repertoire verfügt. Das Pflanzengenom ist etwa doppelt so groß wie jenes der Taufliege (13 601 Protein-Gene) und nahezu so umfassend wie das des Menschen (etwa 25 000 bis 40 000 Gene). Die festgewachsenen Pflanzen sind somit bezüglich ihrer biochemisch-physiologischen Leistungen nicht weniger komplex als die frei beweglichen Tiere (Kap. 1).

Es sollte allerdings hervorgehoben werden, dass das **Proteom** von *Arabidopsis* noch nicht vollständig entschlüsselt werden konnte. Über die Expression, Lokalisation und Aktivitäten der vielen tausend Proteine der metabolisch aktiven Pflanzenzelle liegen jedoch die ersten Resultate vor. Die Molekularbiologen sprechen daher von der beginnenden **Post-Genom-Ära**, die im Verlauf der kommenden Jahre tiefe Einblicke in die Stoffwechselleistungen der hier genannten Modellorganismen erbringen wird.

8 Keimung

Der Entwicklungszyklus einer typischen höheren Pflanze beginnt mit der Keimung eines Samens und endet mit dem Tod des Individuums. Die **Entwicklungsphysiologie** befasst sich mit all jenen Prozessen, die zwischen der Keimung und dem Absterben der Pflanze zu beobachten sind. Als Beispiel soll der Lebenszyklus einer Sonnenblume (*Helianthus annuus*) betrachtet werden. Dieses bis zu vier Meter hohe einjährige Kraut durchläuft sämtliche Entwicklungsstadien innerhalb einer Vegetationsperiode. Man kann den Gesamtprozess in drei Phasen unterteilen (Abb. 8-1). Der Übergang vom ruhenden, im Samen eingeschlossenen Embryo zur jungen Pflanze (Keimling) wird als **Keimung** bezeichnet (Abb. 8-1 A, B). Unter natürlichen Umweltbedingungen keimen die Achänen (Samen der Korbblütler) in der Erde, d. h. in Abwesenheit von Licht. Der Keimling tritt in die zweite Entwicklungsphase, die Periode des Wachstums, ein (Abb. 8-1 B, C). Zunächst wächst die junge Pflanze unter weiterem Verbrauch der

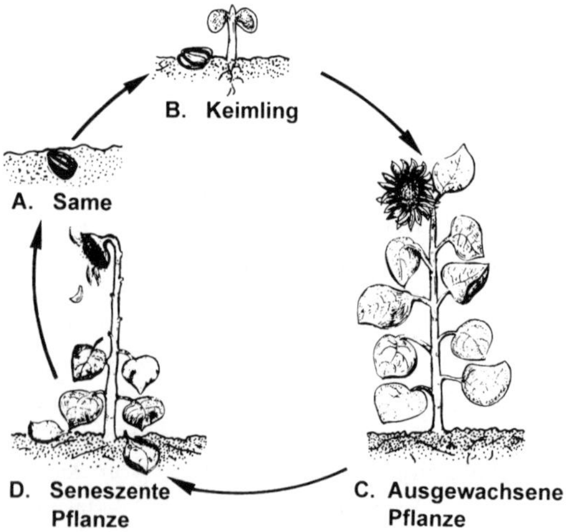

Abb. 8-1: *Entwicklungszyklus einer einjährigen höheren Pflanze (Sonnenblume, Helianthus annuus). Keimung (A, B), Wachstum mit Blütenbildung (B, C), Seneszenz und Absterben des Organismus (C, D).*

von der Mutterpflanze mitgelieferten Reservestoffe; sie ernährt sich somit heterotroph. Nach Erreichen der Erdoberfläche und Ausbildung eines funktionstüchtigen Photosyntheseapparates beginnt die photoautotrophe Wachstumsphase. Der Begriff **Wachstum** wird als quantitative Zunahme der Frischmasse (bzw. des Volumens) der Organe der Pflanze definiert. Das Wachstum ist in der Regel mit einer qualitativen Veränderung (Differenzierung) der Zellen, Gewebe und Organe verbunden. Die Wachstumsphase endet mit der **Blütenbildung** (Abb. 8 C). Nach Bestäubung, Befruchtung und Samenbildung durchläuft die ausgewachsene Pflanze eine dritte Entwicklungsperiode, die man als **Seneszenz** bezeichnet (Abb. 8-1 C, D). Nach Abfall der Blüten- und Laubblätter stirbt die Sonnenblume ab. Die Samen (Achänen) überwintern, und der Entwicklungszyklus beginnt im nächsten Frühjahr von neuem.

Diese Betrachtungen zeigen, dass die Keimung eine der entscheidenden Entwicklungsphasen im Leben der Pflanze darstellt: Nur ausgekeimte, bis zur Erdoberfläche emporgewachsene Individuen können sich zur photoautotrophen, adulten Pflanze weiterentwickeln. Im ersten Absatz ist der anatomische Bau repräsentativer Samen beschrieben. In den folgenden Abschnitten sind die biophysikalischen und biochemischen Prozesse, die mit dem Auswachsen des Embryos einhergehen, dargestellt. Zur Illustration dieser Vorgänge wurden zwei repräsentative Nutzpflanzen ausgewählt (Raps, Gerste).

8.1 Anatomischer Bau der Samen

Die Samenpflanzen (Spermatophyta) bilden mit mehr als 250 000 Arten die Hauptmasse der über die Erde verbreiteten Landvegetation. Fast alle für die Ernährung der Menschheit wichtigen **Kulturpflanzen** gehören dieser Pflanzengruppe an. Die wichtigste Verbreitungseinheit zur Vermehrung

Tab. 8-1: Zusammensetzung und Lokalisation der Speicherstoffe der Samen (bzw. Karyopsen) einiger Nutzpflanzen. (Nach Bewley, J. D. & Black, M.: Physiology and Biochemistry of Seeds. Springer Verlag, Berlin, 1978).

Art	Speicherstoffe (% Trockenmasse)			
	Protein	Fett	Kohlenhydrate	Speicherorgan
Mais (*Zea mays*)	11	5	75 (Stärke)	Endosperm
Hafer (*Avena sativa*)	13	8	66 (Stärke)	Endosperm
Weizen (*Triticum aestivum*)	12	2	75 (Stärke)	Endosperm
Gerste (*Hordeum vulgare*)	12	3	76 (Stärke)	Endosperm
Ackerbohne (*Vicia faba*)	23	1	56 (Stärke)	Cotyledonen
Erbse (*Pisum sativum*)	25	6	52 (Stärke)	Cotyledonen
Sojabohne (*Glycine max*)	37	17	26 (Stärke)	Cotyledonen
Raps (*Brassica napus*)	21	48	19 (Stärke)	Cotyledonen
Erdnuss (*Arachis hypogaea*)	31	48	12 (Stärke)	Cotyledonen
Rizinus (*Ricinus communis*)	18	70	4 (Stärke)	Endosperm

und Ausbreitung der Spermatophyta sind die **Samen**. Obwohl es große artspezifische Unterschiede im Bauplan der Samen verschiedener Angiospermengruppen gibt, können immer drei Strukturen unterschieden werden: Embryo, Nährgewebe und Schutzhülle.

Der **Embryo** ist die aus der befruchteten Eizelle hervorgegangene junge, unentwickelte Pflanze. Diese besteht aus dem Keimstängel (Hypocotyl), dem ein, zwei oder mehrere Keimblätter (Cotyledonen) anliegen. Das Hypocotyl geht unten in die Keimwurzel (Radicula) über und schließt an seinem oberen Ende mit der Sprossknospe (Plumula) ab. Das von der Mutterpflanze mitgelieferte **Nährgewebe** hat die Funktion, den sich entwickelnden Embryo bis zur Ausbildung des Photosyntheseapparates mit organischen Substanzen und Ionen zu versorgen. Die Entwicklung der Keimpflanze beginnt also mit einer heterotrophen Phase. Das Nährgewebe ist entweder intraembryonal (und dann meist in den Keimblättern eingelagert) oder extraembryonal als Endosperm (aus Embryosack entstanden) oder als Perisperm (aus Nucellus entstanden) ausgebildet. Die wichtigsten **Speicherstoffe** sind Proteine, Kohlenhydrate und Fette (Tab. 8-1). Daneben dient Phytin (K$^+$, Mg^{2+}, Ca^{2+}, Mn^{2+}, Ba^{2+}, Fe^{2+}-Salz der Phytinsäure) als Phosphat- und Ionenspeicher. Das auch als myo-Inosit-Hexaphosphat bezeichnete Anion (Abb. 8-2) ist, gebunden an verschiedene Kationen, in den Proteinkörpern des Nährgewebes der Samen zu finden. Phytin wird bei der Keimung gemeinsam mit den anderen Speicherstoffen abgebaut.

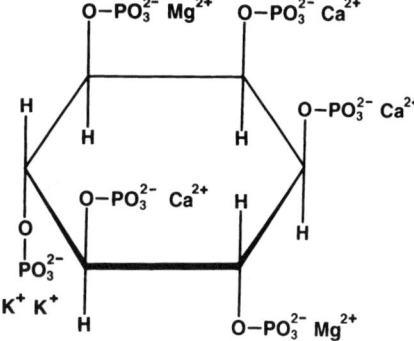

Abb. 8-2: *Phytin ist das unlösliche Salz des myo-Inosit-Hexaphosphats. Die Verbindung liegt im Proteinkörper der Samen vor und dient als Speicher für anorganische Ionen und Phosphat. Bei der Keimung wird das Phytin enzymatisch abgebaut, so dass die wachsenden Zellen mit entsprechenden Nährelementen versorgt werden.*

Embryo und Nährgewebe sind von einer **Schutzhülle** umgeben. Diese besteht bei den meisten Samenpflanzen aus der Samenschale (**Testa**, in der Regel von einer **Cuticula** überzogen), die aus den Integumenten hervorgegangen ist. Bei Gräsern (Gramineae) und Korbblütlern (Asterales) ist die Samenschale mit der Fruchtwand (Perikarp) verwachsen. Es liegen in diesen Fällen anatomisch betrachtet nicht Samen, sondern Früchte vor (**Karyopsen** bei Gräsern, **Achänen** bei Korbblütlern). Da die Karyopsen bzw. Achänen jedoch die

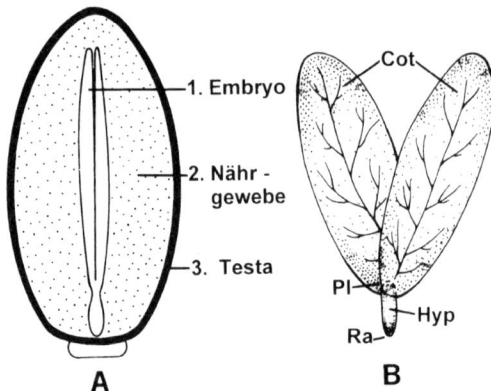

1. Embryo

2. Nähr - gewebe

3. Testa

Cot

Pl

Ra

Hyp

A

B

Abb. 8-3: *Same (Längsschnitt) (A) und herauspräparierter Embryo (B) der Rizinuspflanze (Ricinus communis). Cot = Cotyledonen, Hyp = Hypocotyl, Pl = Plumula, Ra = Radicula.*

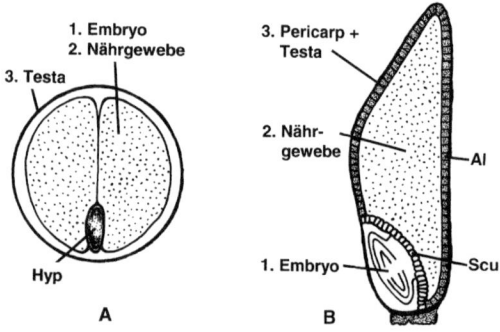

1. Embryo
2. Nährgewebe

3. Testa

Hyp

3. Pericarp + Testa

2. Nähr- gewebe

1. Embryo

Al

Scu

A

B

Abb. 8-4: *Längsschnitte durch einen Rapssamen (Brassica napus) (A) und eine Gerstenkaryopse (Hordeum vulgare) (B). Al = Aleuronschicht, Hyp = Hypocotyl, Scu = Scutellum.*

Verbreitungseinheiten der entsprechenden Pflanzengruppen darstellen, sollen sie in Anlehnung an die international gebräuchliche Terminologie hier als Samen (*seeds*) bezeichnet werden.

Ein besonders übersichtlich aufgebauter „Grundtyp" des Samens ist bei der Rizinuspflanze (*Ricinus communis*) ausgebildet. Wie Abb. 8-3 A zeigt, besteht der Rizinussame aus den drei Bausteinen Embryo, Nährgewebe (Endosperm) und Samenschale (Testa). Am herauspräparierten Embryo (Abb. 8-3 B) können die beiden Keimblätter

(Cotyledonen) sowie das Hypocotyl mit Plumula und Radicula leicht erkannt werden.

Bei den für pflanzenphysiologische Experimente verwendeten Nutzpflanzen sind die anatomischen Verhältnisse allerdings nicht so übersichtlich wie bei *Ricinus* (Abb. 8-3 A, B). Die Samen der meisten zweikeimblättrigen Pflanzen (z. B. Sonnenblume, Erbse, Senf, Raps, Bohne) zeichnen sich durch ein intraembryonales Nährgewebe aus: Die Speicherstoffe sind in den Cotyledonen abgelagert, d. h. der Same besteht aus nur zwei Bausteinen, der Testa und dem Embryo (Abb. 8-4 A). Von besonders großer ökonomischer Bedeutung sind die Getreidearten Weizen, Reis, Mais, Gerste, Hafer und Roggen. Die zu den Gräsern (Gramineae) zählenden Pflanzen gehören in die Gruppe der Monocotyledonen. Getreidekörner (Graskaryopsen) zeigen einen ganz besonderen Bau. Als repräsentatives Beispiel sei ein Längsschnitt durch eine Karyopse der Gerste (*Hordeum vulgare*) betrachtet (Abb. 8-4 B). Der Embryo des Getreidekorns liegt dem mächtigen Endosperm seitlich an (dieses besteht im Wesentlichen aus Stärke, s. Tab. 8-1); eine aus Fruchtwand und Samenschale bestehende Schutzhülle umschließt die empfindlichen Gewebe des Gerstenkorns. Unterhalb der Testa liegt ein aus zwei bis drei Zell-Lagen bestehendes proteinreiches Gewebe, die **Aleuronschicht**. Die Zellen des Embryos und der Aleuronschicht sind lebend (d. h. sie zeigen Stoffwechselaktivität), während das Endosperm aus toten, im Wesentlichen mit Stärkekörnern ausgefüllten Zellen besteht. Der Grasembryo zeigt eine ganz besondere Anatomie, die mit dem des „Grundtyps" (Abb. 8-3 B) nicht homologisierbar ist. Der Sprossvegetationspunkt (Plumula) ist vom Primärblatt umschlossen; dieses ist wiederum von einem röhrenförmigen, oben verschlossenen Organ, der **Koleoptile**, umhüllt. Die Radicula ist ebenfalls von einer Hülle, der Koleorrhiza, umschlossen. Wo ist das Keimblatt dieser einkeimblättrigen Pflanzen? Zwischen Embryo und Endosperm liegt ein Gewebe, das als **Scutellum** („Saugorgan") bezeichnet wird. Diese lebenden Zellen absorbieren die bei der Keimung gebildeten Hydrolyseprodukte der Stärke (Oligosaccharide) und führen sie dem wachsenden Embryo zu. Das Scutellum hat somit die Funktion, den Embryo zu ernähren und wird daher als das Keimblatt des Grasembryos angesehen. Die Koleoptile ist ein Organ, das zwar oberflächlich betrachtet mit einem Keimblatt verwechselt werden könnte, jedoch, da es keine Ernährungsfunktion hat, ein für Gräser charakteristisches Schutzorgan ist (s.u.).

8.2 Lebensdauer der Samen

Eine oft gestellte Frage ist, wie lange die Samen unserer Nutzpflanzen ihre Keimfähigkeit aufrecht erhalten können. Der Wassergehalt keimfähiger, trockener Samen beträgt im Durchschnitt etwa 10% (zum Vergleich: frische Blätter bestehen zu 90% aus H_2O, Kap. 4). Über wie viele Jahre hinweg kann der Embryo diese extreme Austrocknung (Dehydratisierung) überdauern? Die Lebensfähigkeit (**Vitalität**) einer Probe von Samen lässt sich ganz einfach durch Aussaat und anschließendes Auszählen der gekeimten Individuen ermitteln. So konnte unter Verwendung von Samenproben aus Herbarien nachgewiesen werden, dass einzelne Körner nach 80 bis 120 Jahren noch keimten. Dieser Befund steht mit einem berühmten Langzeitexperiment in Einklang. Im Jahr 1879 wurden am Agricultural College in East Lansing (Michigan, USA) Samenproben von 23 wildwachsenden Pflanzenarten mit Sand vermischt, in Glasgefäße gefüllt und in die Erde eingegraben. In regelmäßigen Zeitintervallen (5, 10 und 20 Jahre) wurden einzelne Glasgefäße ausgegraben und die Keimfähigkeit der Samen ermittelt. Bei der Mehrzahl der untersuchten Arten war nach etwa 30–40 Jahren die Vitalität der Samen erloschen. Nur bei zwei Spezies (*Oenothera biennis, Rumex crispus*) wurden nach 80 Jahren, bei einer Art (*Verbascum blattaria*) nach 90 Jahren noch keimfähige Samen der Erde entnommen. Diese Resultate zeigen, dass trocken gelagerte Samen einiger Pflanzenarten offenbar bis zu 100 Jahre lang ihre Keimfähigkeit aufrecht erhalten können. Die durchschnittliche Lebensdauer der Samen von Nutzpflanzen dürfte allerdings deutlich kürzer sein und im Bereich von etwa 30 Jahren liegen.

Es existieren zahlreiche unbestätigte Berichte über die erfolgreiche Auskeimung von Samen, die angeblich mehrere tausend Jahre alt sein sollen (z.B. Getreidekörner aus ägyptischen Pyramidengräbern). Im Jahr 1994 wurden in China Samen der Lotosblume (*Nelumbo nucifera*) ausgegraben, die auf ein Alter von 600–1300 Jahre datiert werden konnten. Nach ausreichender Wasserzugabe (Quellung) wurde in diesem Einzelexperiment eine Keimung ausgelöst, wobei kräftige Lotospflanzen heranwuchsen, die Blüten ausbildeten und nach Bestäubung wieder keimfähige Samen hervorbrachten. Dieses Beispiel zeigt, dass in Ausnahmefällen eine Samen-Lebensdauer von über 1000 Jahren erreicht werden kann. Die Frage, über welche biochemischen Mechanismen die Lebensfähigkeit (Vitalität) der extrem dehydratisierten Zellen des Embryos aufrechterhalten wird, ist derzeit noch unbeantwortet.

8.3 Beschreibung der Keimung

Zunächst soll der Begriff **Keimung** etwas genauer definiert werden. Man versteht darunter die Gesamtheit all jener Entwicklungsprozesse, die einen ruhenden Embryo in eine junge, entwicklungsfähige Pflanze (= Keimling) überführen. Ein Keimling ist durch das Vorhandensein von ein, zwei oder mehrerer Keimblätter charakterisiert. Während der Weiterentwicklung des Keimlings zur photoautotrophen Pflanze sterben die Cotyledonen ab. Die Speicherstoffe sind nach einer gewissen Zeit vollständig abgebaut worden, d.h. die Hauptfunktion der Keimblätter, den Embryo mit Nährstoffen zu versorgen, ist somit erloschen.

Die Keimung ist ein „Alles-oder-Nichts-Ereignis", d.h. es gibt nur gekeimte oder nicht gekeimte, jedoch keine „partiell gekeimten" Individuen. Betrachtet man eine Population von Samen (z.B. 100 Individuen in einer Anzuchtschale bei gleichmäßiger Wasserversorgung), so wird deutlich, dass man die Keimung auch als statistisches Phänomen beschreiben kann. Zunächst muss allerdings ein Keimkriterium definiert werden, z.B. „gekeimt = Hypocotyl-Länge der Keimlinge >5 mm". In der Praxis wird allerdings häufig das Austreten der Radicula aus der Testa als Keimkriterium herangezogen (z.B. „gekeimt = Radicula >2 mm"). Man nimmt hierbei an, dass sich all jene Individuen zu Keimlingen weiterentwickeln werden, deren Radiculae die Samenschalen durchstoßen haben. Verfolgt man den zeitlichen Verlauf (Kinetik) der Keimung einer Population von Samen, so lässt sich dieser Prozess statistisch etwa folgendermaßen beschreiben: Am ersten Tag nach der Aussaat waren 2 %, am zweiten Tag 30 %, am dritten Tag 70 % und am vierten Tag 90 % der Samen gekeimt (Sättigungswert). Man erhält nach Auftragen der Keimhäufigkeit gegen die Zeit nach Aussaat eine S-förmige Sättigungskurve (akkumulative **Keimkinetik**). Bei der nachfolgenden Beschreibung des Keimungsvorgangs soll das Verhalten eines individuellen Samens betrachtet werden, der den Mittelwert einer Population von Individuen repräsentiert.

8.4 Quieszenz, Dormanz und Keimstimulus

In diesem Abschnitt sind einige Begriffe definiert, die für das Verständnis des Keimungsgeschehens von zentraler Bedeutung sind. Unter dem Ausdruck **Quieszenz** versteht man die durch äußere Faktoren bedingte Keimruhe; sie wird durch Wasserzugabe aufgehoben. Quieszente Samen sind Lebewesen in Ruhestellung. Die Stoffwechselaktivität ist auf ein Minimum reduziert; nach Aufnahme von H_2O (Quellung) steigt diese rasch an. Im Gegensatz zur Quieszenz ist die **Dormanz** eine durch innere Faktoren hervorgebrachte Keimruhe. Diese wird u. a. durch das Phytohormon **Abscisinsäure** (ABA) aufrecht erhalten; sie kann z. B. durch Belichtung oder Kältebehandlung der Samen überwunden werden (Kap. 12). Quieszente Samen keimen somit bei geeigneter Temperatur in feuchter Erde, während sich dormante Samen trotz optimaler Wasserversorgung nicht weiterentwickeln, wenn der entsprechende **Keimstimulus** fehlt (z. B. Licht, Kälteperiode). Unsere Nutzpflanzen keimen, im Gegensatz zu den meisten wildwachsenden Pflanzen („Unkräuter"), in Dunkelheit (d. h. in der Erde) und ohne vorherige Kälteeinwirkung. Bei der Besprechung des Phytochromsystems ist die Bedeutung der lichtunabhängigen Keimung der Samen kultivierter Pflanzen im Detail dargestellt (Kap.13).

Die Zahl dormanter „Unkraut"-Samen auf Agrarflächen (Ackerboden) wurde wiederholt abgeschätzt. In den oberen 20 cm der Erde konnten etwa 80 000 Samen pro m² gezählt werden. Ein Großteil dieser „Samen in Ruhestellung" (Diasporen) keimt unter geeigneten Bedingungen irgendwann einmal aus (Voraussetzung: ausreichende Wasserversorgung, geeignete Temperatur). Der entscheidende Keimstimulus wird von der Sonne geliefert (kurze Belichtung der gequollenen Körner bei der Bodenbearbeitung, Kap. 13).

In Trockenregionen der Erde, deren Vegetation immer wieder durch Brände vernichtet wird (Ursache: Blitzeinschläge), gibt es Pflanzenarten, die erst nach einer umfassenden **Brandkatastrophe** auskeimen. Hierzu gehören u. a. Vertreter der Familien der Schmetterlingsblütler (Fabaceae), der Windengewächse (Convolvulaceae) und der Kreuzdorngewächse (Rhamnaceae). Als Keimstimulus konnten je nach Spezies zwei Umweltfaktoren identifiziert werden:

- Hitzeschock während des Feuers mit daraus resultierender Reduktion der Cuticuladicke der Testa (Ermöglichung der Wasseraufnahme).
- Rauchgas-induzierte Keimungsinduktion durch Stickstoffdioxid (NO_2).

Die Frage, über welche Mechanismen die Rauchgaskomponente NO_2 bei manchen Samen als Keimstimulus wirkt, ist derzeit noch offen.

Das rasche Auskeimen zahlreicher Samen nach Erlöschen der Vegetationsbrände ist ökologisch sinnvoll, da nun genügend Licht und Nährstoffe (Aschebestandteile) zur Verfügung stehen. Nach einigen Regentagen ergrünt die sonnenbeschienene „Aschewüste" erneut, wodurch der Lebensraum für heterotrophe Organismen (Tiere, Pilze) wieder hergestellt ist.

8.5 Biophysik der Keimung

Im Folgenden soll ein allgemeines Schema der Samenkeimung besprochen werden, das für zahlreiche Pflanzenarten experimentell bestätigt werden konnte. Zur Veranschaulichung ist als repräsentatives Beispiel die gut untersuchte Keimung der Samen der Rapspflanze dargestellt. Raps (*Brassica napus*) ist die wichtigste Öl-liefernde Nutzpflanze Europas und eine typische dicotyle

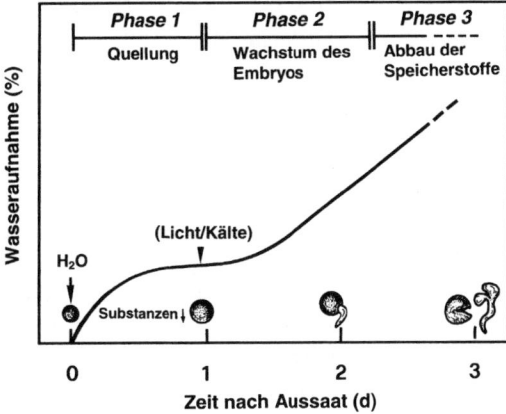

Abb. 8-5: *Die drei Phasen der Keimung, illustriert am Beispiel von Raps (Brassica napus). Bei wildwachsenden Pflanzenarten kann die Keimruhe durch Belichtung oder Kältebehandlung aufgehoben werden (Pfeilspitze). Während der Quellung werden organische Substanzen in das Außenmedium abgegeben. (Nach Bewley, J. D.: The Plant Cell 9, 1055–1066, 1997)*

Pflanze mit Speichercotyledonen (Abb. 8-4 A). Bestimmt man die Wasseraufnahme (Zunahme der Frischmasse) unter optimalen Keimbedingungen, so können drei ineinander übergehende Phasen unterschieden werden (Abb. 8-5):

Phase 1. Reversible Quellung (Imbibition): Der Wassergehalt trockener, reifer Samen liegt im Bereich von etwa 10 %; das Wasserpotential der Zellen (Ψ) ist somit sehr niedrig und beträgt in der Regel <-100 MPa. Diese enorme „Saugkraft" für Wasser kommt durch den Matrixdruck τ zustande, da in den noch nicht vacuolisierten Zellen weder ein Zellsaftraum mit osmotisch aktivem Material (π) noch ein hydrostatischer Druck (P_v) ausgebildet ist:

$$\Psi = P_v - \pi - \tau \qquad (8.1)$$

mit $P_v = 0$ und $\pi = 0$

$$\text{wird } \Psi = -\tau \qquad (8.2)$$

Der Matrixdruck τ wird durch Hydratisierung (Wasseraufnahme) der weitgehend entwässerten Proteine und Zellwände des Samens erzeugt. Die

resultierende Quellung tritt auch bei toten oder dormanten Samen auf, ist unabhängig vom Stoffwechsel der Zellen und reversibel. Man kann z. B. quellende Rapssamen noch 12 Stunden nach Beginn der Wasseraufnahme wieder eintrocknen, ohne deren Keimfähigkeit (nach wiederholter Hydratisierung) zu beeinträchtigen. Die Fähigkeit gequollener Rapssamen, nach Wasserentzug wieder erneut zu keimen, geht allerdings etwa 24 Stunden nach Beginn der Wasseraufnahme ganz verloren. Dies zeigt, dass die Samen zu diesem Zeitpunkt irreversibel Wasser aufnehmen, d. h. das Wachstums des Embryos hat begonnen.

Während der ersten Stunden der Quellung werden lösliche organische Moleküle von den Zellen des Samens in das Außenmedium abgegeben, da die Biomembranen im entwässerten Zustand relativ permeabel sind. Nach Hydratisierung der Zellen kommt dieses Auslaufen osmotisch aktiver Substanzen rasch zum Stillstand.

Wie groß ist der mechanische Druck quellender Samen? Es ist seit langem bekannt, dass trockene Erbsensamen, in ein geschlossenes Gefäß gefüllt und mit einer entsprechenden Menge an Wasser versehen, einen Glasbehälter zersprengen können. Experimente mit Raps zeigten, dass während der ersten Phase (trockene Samen + H_2O) ein **Quellungsdruck** von >100 MPa entsteht. Ähnliche Werte wurden mit Getreidekörnern (Weizen, Mais) ermittelt. Die Bedeutung dieses enormen Druckes ist offensichtlich: Die Samen müssen in der Erde große mechanische Widerstände überwinden, um die Bodenpartikel auseinander zu schieben. Ist der Druck der Erde größer als der Quellungsdruck der Samen, so unterbleibt die Keimung trotz ausreichender Wasserversorgung. Der Quellungsdruck fällt proportional zur Wasseraufnahme rasch ab. Mit Einsetzen der sichtbaren Keimung (Auswachsen der Radicula) hat der vom Samen ausgeübte Druck einen Wert von etwa 1 MPa erreicht. Wir bezeichnen diese Größe als **Keimungspotential** und werden auf die Quantifizierung dieses Parameters weiter unten zurück kommen.

Bei manchen Pflanzenarten (z. B. Vertreter der Familien der Kreuzblütler, Brassicaceae, der Nachtschattengewächse, Solanaceae und der Leingewächse, Linaceae) bilden die Samen während der Keimung eine **Schleimhülle** aus. Die Epidermiszellen (Testa) enthalten große Mengen an Pectinen. Diese hydrophilen Polysaccharide quellen nach H_2O-Aufnahme so stark an, dass die Zellen aufplatzen und einen geschlossenen Gallertmantel um die Samenschale bilden. Dieses Phänomen, das u. a. bei der Gartenkresse (*Lepidium sativum*) und beim Ackerschmalwand (*Arabidopsis thaliana*) gut untersucht ist, wird als **Myxospermie** bezeichnet (Funktionen: Haftung des gequollenen Samens am feuchten Substrat; Optimierung der Wasseraufnahme des eingeschlossenen Embryos).

Bei den hier diskutierten Samen der Rapspflanze (Abb. 8-5) wird keine Schleimhülle ausgebildet.

Phase 2. Irreversibles, aktives Wachstum des Embryos: Die sichtbare Keimung der Samen (Auswachsen der Radicula aus der Schutzhülle) zeigt an, dass der Embryo die irreversible Entwicklungsphase erreicht hat. Der Stoffwechsel der Zellen wird durch Hydratisierung des Protoplasmas aktiviert. Der Übergang von der Quellung zum Wachstum ist durch die Abhängigkeit von der Sauerstoffzufuhr gekennzeichnet: Während die Quellung auch unter anaeroben Bedingungen stattfindet ($-O_2$), ist das aktive Wachstum des Embryos nur unter aeroben Umweltverhältnissen möglich ($+O_2$). Die Sauerstoffaufnahme und der ATP-Gehalt der Zellen steigen beim Übergang von Phase 1 zu Phase 2 drastisch an. Die Keimhäufigkeit (% gekeimter Samen innerhalb der Population, Keimkriterium: Radicula > 2mm) hat mit Abschluss von Phase 2 ihren Sättigungswert erreicht (80–90%). Die Zellen des Embryos bauen durch Vacuolisierung einen hydrostatischen Druck (Turgor) auf, der letztlich die treibende Kraft für das Wachstum der embryonalen Gewebe liefert. Samen, die Phase 2 erreicht haben, sind nicht mehr in der Lage, nach Wasserentzug und anschließender Wasserzufuhr erneut zu wachsen: die angelaufenen Kei-

mungsprozesse sind irreversibel. In Tab. 8-2 sind einige quantitative Angaben zur Aktivierung des Stoffwechsels bei der Keimung von Rapssamen zusammengestellt; gemeinsam mit Abb. 8-5 liefern sie ein anschauliches Bild von der frühen Entwicklungsphase der Pflanze.

Bei zahlreichen Pflanzenarten konnte während des Auswachsens des Embryos eine Abgabe von Ethanol (bzw. Lactat) gemessen werden. Diese alkoholische (bzw. Milchsäure)-**Gärung** wird durch O_2-Mangel (Anaerobiose) der metabolisch hoch aktiven Zellen verursacht. Bei ausreichender Sauerstoffversorgung wird die Keimlings-Gärung bald überwunden und durch die Zellatmung (aerobe Dissimilation) ersetzt (Kap. 9).

Phase 3. Abbau der Speicherstoffe: Da der wachsende Embryo sich nur dann zum Keimling weiterentwickeln kann, wenn die von der Mutterpflanze mitgelieferten Speicherstoffe mobilisiert, abgebaut und dem jungen Keimling (über die Keimblätter) zugeführt werden, betrachtet man diese Prozesse als integralen Bestandteil des Keimungsgeschehens. Bei der Keimung der Rapssamen (Abb. 8-5) beginnt der Abbau der Speicherstoffe am zweiten Tag nach Wasserzugabe. Am vierten Tag sind 80–90% der Speicherproteine (Napin, Cruciferin) und etwa 30% der Fette abgebaut. Zwei Tage später (6. Tag nach Aussaat) sind die Speicherproteine vollständig hydrolysiert, während noch etwa 40% der Fette gespeichert (d. h. nicht abgebaut) sind und der weiteren heterotrophen Ernährung der jungen Keimpflanze dienen (Tab. 8-3). Das Phytin (Abb. 8-2) wird mit Einsetzen des Embryowachstums unter der Wirkung des Enzyms Phytase rasch abgebaut. Die freigesetzten Ionen (Phosphat, K^+, Mg^{2+}, Ca^{2+}, Mn^{2+}, Ba^{2+}, Fe^{2+}) sind für die Biosynthese organischer Verbindungen (z. B. Nucleinsäuren, ATP) von es-

Tab. 8-2: Anstieg der Sauerstoffaufnahme und des ATP-Gehalts bei der Keimung von Rapssamen (*Brassica napus*). Die drei Stadien entsprechen den in Abb. 8-5 dargestellten Phasen 1 und 2; gekeimt = Radicula > 2 mm. (Nach Schopfer, P. & Plachy, C.: Plant Physiol. 76: 155–160, 1984).

Zeit nach Aussaat (h)	Wassergehalt (mg pro Same)	Sauerstoffaufnahme (nmol $O_2 \cdot$ min^{-1} pro Same)	ATP-Gehalt (nmol pro Same)
0 (trocken)	< 0,5	< 0,01	0
10 (gequollen)	4,0	0,5	0,25
30 (gekeimt)	10,0	5,0	0,95

Tab. 8-3: Abbau der Speicherstoffe (Fett; Speicher-proteine Cruciferin und Napin) während der Keimung von Rapssamen (*Brassica napus*). (Nach Murphy, D. J. Cummins, I. & Ryan, A. J.: Plant Physiol. Biochem. 27: 647–657, 1989).

Zeit nach Aussaat (d)	Fett (mg pro Embryo)	Cruciferin	Napin
		(µg pro Embryo)	
0 (trocken)	2,1	470	270
2	1,9	400	150
4	1,5	110	10
6	0,8	0	0

sentieller Bedeutung. Der junge Keimling ist somit für die ersten Tage ausreichend mit Mineralsalzen versorgt, die von der Mutterpflanze geliefert worden sind. Die während der Phasen 2 und 3 ablaufenden Stoffwechselprozesse sind in Kap. 9 (Zellatmung) im Detail beschrieben.

8.6 Das Keimungspotential

Wie Abb. 8-5 zeigt, sprengt der wachsende Embryo die Testa, d. h. die Gewebe üben bei der Kei-mung einen mechanischen Druck auf die Schutz-hülle aus. Man bezeichnet diesen vom Embryo ausgeübten Druck als **Keimungspotential**. Diese Größe lässt sich, ähnlich wie der longitudinale Gewebedruck im Hypocotyl wachsender Keimlinge, durch osmotische Hemmung der Wasserauf-nahme bestimmen. Abbildung 8-6 A zeigt einen gequollenen Rapssamen (Testa zerbrochen). Die Wasseraufnahme des wachsenden Embryos kann experimentell auf Null reduziert werden, indem man die keimenden Samen auf Lösungen mit definiertem osmotischem Druck (π_0) umsetzt. Man verwendet hierzu das bereits in Kapitel 3 besprochene Osmotikum Polyethylen-Glykol (PEG). Werden keimende Rapssamen auf destilliertem Wasser inkubiert, so ist eine kontinuierliche Zunahme der Frischmasse (= Wasseraufnahme) zu beobachten (Abb. 8-6 B). Nach Transfer auf eine PEG-Lösung mit $\pi_0 = 1,1$ MPa bleibt die Frischmasse der Samen über Stunden hinweg etwa konstant, d.h. ein Gleichgewicht zwischen embryonaler Wasseraufnahme und Wasserentzug durch die PEG-Lösung wird eingestellt (Abb. 8-6 A). Daraus folgt, dass das Keimungspotential (= hydrostatischer Druck der Gewebe des wachsenden Embryos gegen die Schutzhülle) im Rapssamen

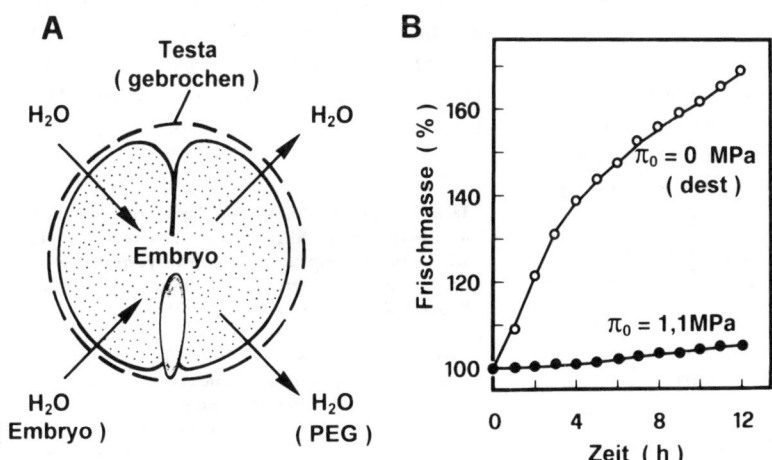

Abb. 8-6: Bestimmung des Keimungspotentials bei Rapssamen (Brassica napus). Während der Keimung in destilliertem Wasser (osmotischer Druck, $\pi_0 = 0$ MPa) nimmt der Embryo kontinuierlich Wasser auf. Durch Inkubation in einem Osmotikum (Polyethylenglykol, PEG) mit $\pi_0 = 1,1$ MPa kann die Wasseraufnahme auf Null reduziert werden (A). Der zeitliche Verlauf der Zunahme an Frischmasse (H$_2$O-Aufnahme) in Wasser ($\pi_0 = 0$ MPa) und in PEG-Lösung ($\pi_0 = 1,1$ MPa) (B) wurde drei Tage nach Keimungsbeginn (= Zeitpunkt Null) gemessen. (Nach Schopfer, P. & Plachy, C.: Plant Physiol. 76, 155–160, 1984).

etwa 1,1 MPa beträgt. Allgemein gilt, dass das Keimungspotential der bisher untersuchten Samen repräsentativer Nutzpflanzen im Bereich zwischen 0,8–1,5 MPa liegt.

Durch welche Prozesse wird die Keimung ausgelöst? Im Prinzip kann das aktive, irreversible Wachstum des Embryos durch Erhöhung des Turgordruckes der Zellen (Zunahme an Osmotica) oder durch Erniedrigung des mechanischen Widerstandes der embryonalen Zellwände (Zellwandlockerung) eingeleitet werden. Experimente mit Raps haben gezeigt, dass die Konzentration an Osmotica in den Zellen der Samen während der Keimung konstant bleibt, d.h. der Keimungsprozess ist nicht auf eine Erhöhung des Zellturgors zurückführbar. Man nimmt an, dass die Keimung (d.h. das Auswachsen des Embryos, Phase 2) durch mechanische Lockerung der Zellwände ausgelöst wird. Direkte experimentelle Daten zur Unterstützung dieser Hypothese (Keimungsinduktion durch Zellwanderweichung) liegen bisher allerdings noch nicht vor. Die hier angesprochene Problematik ist in Kap. 11 (Biophysik der Zellstreckung) im Detail dargestellt.

8.7 Die Keimung der Getreidekaryopse

Die im vorigen Abschnitt beschriebenen Keimungsprozesse verlaufen vermutlich bei allen zweikeimblättrigen Pflanzen mit Speichercotyledonen in ähnlicher Weise ab (Abb. 8-5). Es wurde bereits erwähnt, dass der Embryo der Getreidekaryopse als kleines „parasitisches" Gebilde einem großen, seiner Ernährung dienenden Stärkekorn seitlich anliegt (Abb. 8-4 B). Da sich der Keimungsprozess des Getreidekorns auf Grund der besonderen Anatomie der Karyopse nicht direkt mit dem Schema für dicotyle Samen (Abb. 8-5) homologisieren lässt, soll die Keimung der Getreidekörner separat besprochen werden. Man kann allerdings auch hier die drei Phasen der Keimung (Quellung, Wachstum des Embryos, Abbau der Speicherstoffe) klar voneinander unterscheiden.

Bereits J. Sachs (1887) beobachtete, dass nach Entfernung des Embryos der Abbau der Stärke im Getreidekorn unterbleibt. Der Embryo ist somit der „Auslöser" für die Hydrolyse des Endosperms. Im Jahr 1890 erschien eine grundlegende Untersuchung zur Keimung der Karyopse des Roggens (*Secale cereale*). Der Botaniker G. Haberlandt konnte nachweisen, dass die Aleuronschicht (sowie das Scutellum) in Anwesenheit des Embryos das Enzym „Diastase" (α-Amylase) ausscheidet; dieser Biokatalysator bewirkt den Abbau der Stärke. Er bezeichnete daher die **Aleuronschicht** als das „Drüsengewebe des Getreidekorns". Siebzig Jahre später wurde entdeckt, dass das Pflanzenhormon **Gibberellinsäure** (GA) den Embryo ersetzen kann. Werden embryofreie Gerstenkörner mit GA behandelt, so setzt, ähnlich wie in der intakten Karyopse, ein rascher Stärkeabbau ein, während in der Kontrolle (embryolose Körner, – GA) keine Hydrolyse des Endosperms beobachtet wurde. Man nimmt daher an, dass die GA das vom Embryo ausgeschiedene „Keimsignal" darstellt. Es sollte jedoch darauf hingewiesen werden, dass diese Hypothese ausschließlich auf indirekter Evidenz beruht: Der direkte experimentelle Nachweis, dass der Embryo (in-vivo) als „Keimsignal" das Phytohormon GA absondert, konnte bisher noch nicht erbracht werden.

Die Keimung der **Graskaryopse** (z.B. Gerste, *Hordeum vulgare*) kann man somit folgendermaßen veranschaulichen (Abb. 8-7). Nach Ablauf der Phase 1 (Quellung) setzt der Embryo ein Hormonsignal (vermutlich GA) frei. Etwa zwei Tage nach Beginn der Wasserzugabe (Phase 2, Wachstum des Embryos) werden im Scutellum sowie in

Tab. 8-4: Stärkeabbau, Zunahme löslicher Zucker und Anstieg der Aktivität des Enzyms α-Amylase während der Keimung der Reiskaryopse (*Oryza sativa*). (Nach Palmiano, E. P.& Juliano, B. O.: Plant Physiol. 49: 751–756, 1972).

Zeit nach Aussaat (d)	Stärke (mg pro Karyopse)	lösliche Zucker (mg pro Karyopse)	α-Amylase (rel. Einheiten)
0 (trocken)	16,2	0,15	0,3
3	13,9	0,37	1,0
4	12,4	0,77	6,3
5	10,8	1,14	14,1
7	5,6	1,79	55,2

Die Getreidekörner wurden in feuchter Luft (Dunkelheit) zur Keimung gebracht; nur die Karyopse, ohne Koleoptile, Primärblatt und Wurzel, wurde analysiert.

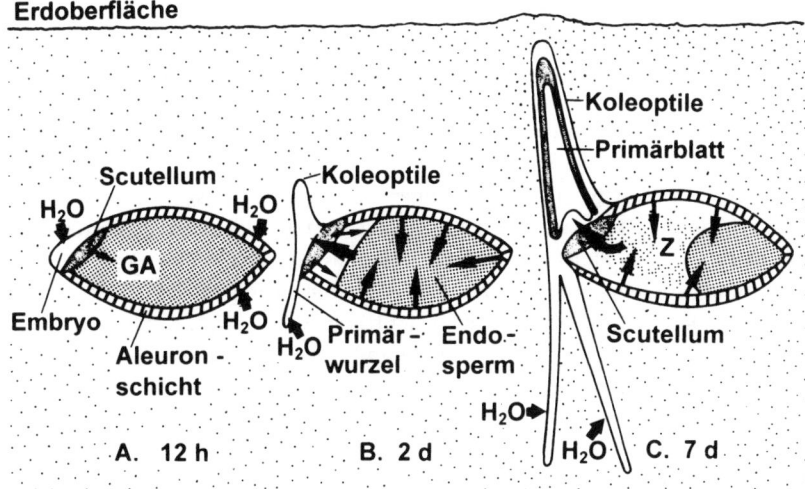

Abb. 8-7: *Keimung der Gerstenkaryopse (Hordeum vulgare). Quellung durch Wasseraufnahme (A) (Phase 1): Der Embryo setzt Gibberelline frei (GA). Irreversibles Wachstum des Embryos (B) (Phase 2): GA-Einwirkung führt zur Synthese und Sekretion hydrolytischer Enzyme (α-Amylase), zunächst im Scutellum und dann in der Aleuronschicht; Beginn der Stärke-Degradation. Abbau der Speicherstoffe (C) (Phase 3): Die Abbauprodukte (lösliche Zucker, Z) werden vom Scutellum aufgenommen und dem wachsenden Embryo zugeführt. (Nach Jones, R. L., Heupke, H.-J. & Robinson, D. G.: Naturwiss. 76, 15–23, 1989)*

den Aleuronzellen hydrolytische Enzyme (im Wesentlichen α-Amylase) gebildet und in das Endosperm sezerniert. Der Abbau des Endosperms (Hydrolyse der Stärke) wird eingeleitet. Die Spaltprodukte (lösliche Zucker = Oligosaccharide) sammeln sich im Korn an und werden über das **Scutellum** („Saugorgan") dem wachsenden Embryo zugeführt (Tab. 8-4). Die Koleoptile umschließt das Primärblatt und wächst zur Erdoberfläche, während die Wurzel den Keimling im Erdreich verankert und die Wasseraufnahme gewährleistet (Phase 3, Abbau der Speicherstoffe). Wie die Abb. 8-7 B, C zeigen, ist die **Koleoptile** ein embryonales Schutzorgan des Graskeimlings. Ohne diese turgeszente, stabile Hülse würde das zarte Primärblatt auf Grund mechanischer Verletzung durch Steine usw. in der Erde bald zugrunde gehen. Nach Erreichen der Erdoberfläche setzt eine rasche Beschleunigung des Primärblattwachstums ein. Die Spitze der Koleoptile wird an einer präformierten Stelle (Pore) durchbrochen; dies bewirkt einen raschen Wachstumsstopp des Organs (Ursache: Zerstörung der „Hormondrüse"). In Abb. 8-8 ist die Spitze einer jungen Roggenkoleoptile dargestellt.

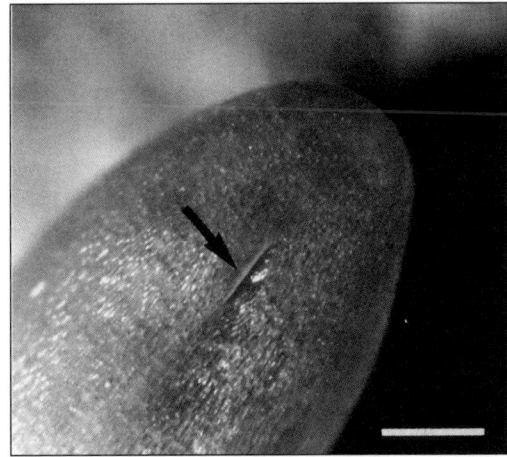

Abb. 8-8: *Spitze der Koleoptile eines 24 Stunden alten Roggenkeimlings (Secale cereale). Die Koleoptile ist etwa 3 mm lang. Der Pfeil zeigt auf die Pore. An dieser präformierten Stelle wird einige Tage später das Primärblatt hervortreten. Balken = 0,3 mm. (Nach Fröhlich, M. & Kutschera, U.: Bot. Acta 107, 12–17, 1994).*

Bei der Besprechung des Phytohormons Auxin wird auf die Funktion der Koleoptilspitze bei der Regulation der Zellstreckung eingegangen (Kap. 12).

Nach der Entdeckung, dass die Gibberellinsäure (GA), ähnlich wie der Embryo, die Bildung von α-Amylase auslösen kann, wurde ein geeignetes In-vitro-System zur Analyse der Hormonwirkung im keimenden Getreidekorn etabliert. Die Experimente zur Aufklärung der Wirkung von GA an isolierten Aleuronschichten sind in Kap. 12 im Detail dargestellt.

8.8 Keimlingsentwicklung

Zum Abschluss dieses Kapitels sollen noch zwei Begriffe erläutert werden, die sich auf die frühe Entwicklungsphase der Keimpflanze beziehen. Je nach Lage und Funktion der Keimblätter unterscheidet man zwischen der epi- und hypogäischen Keimung. Bei der **epigäischen Samenkeimung** wächst der Achsenabschnitt unterhalb der Cotyledonen (**Hypocotyl**) durch Zellstreckung in die

Länge, wodurch die Keimblätter aus der Erde herausgehoben werden, ergrünen und eine gewisse Zeit lang photosynthetisch aktiv sind. Der Achsenabschnitt oberhalb der Cotyledonen wird als **Epicotyl** bezeichnet. Als repräsentatives Beispiel für die epigäische Keimung (d. h. Entwicklung von Keimlingen mit Hypocotyl) ist in Abb. 8-9 A die Rizinuspflanze (*Ricinus communis*) dargestellt. Die Samenschale (Testa) platzt bei der Keimung auf und wird abgestreift. Die Cotyledonen entfalten sich im Licht, ergrünen und bilden die ersten Blätter der Keimpflanze. Als weitere analoge Beispiele sei auf die Sonnenblume (Abb. 8-1) und die Rapspflanze (Abb. 8-5) verwiesen.

Im Gegensatz dazu bleiben bei der **hypogäischen Keimung** die Cotyledonen in der Erde, ohne sich zu photosynthetisch aktiven Organen weiter zu entwickeln. Die Keimblätter sind somit reine Speichercotyledonen, deren Reservestoffe nach und nach verbraucht werden. Das Hypocotyl wächst bei Pflanzen mit hypogäischer Keimung nicht aus. Der Achsenabschnitt oberhalb der Cotyledonen (Epicotyl) bildet den Stängel der Keimpflanze. Die am Apex des Epicotyls lokalisierten Primärblätter entfalten sich, ergrünen und

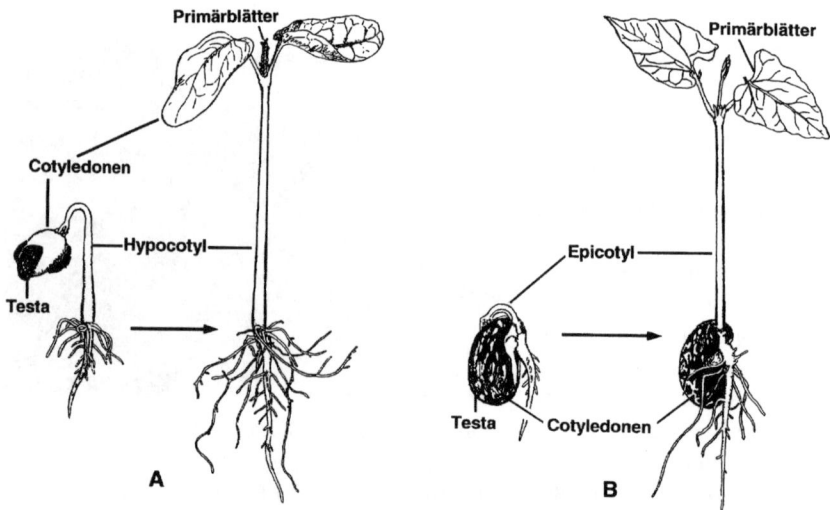

Abb. 8-9: *Gegenüberstellung der epigäischen und hypogäischen Keimung am Beispiel der Rizinuspflanze (Ricinus communis) (A) und der Feuerbohne (Phaseolus coccineus) (B). Bei Ricinus wächst das Hypocotyl in die Länge und bildet die Keimachse, welche die entfalteten Cotyledonen trägt. Im Gegensatz dazu streckt sich bei Phaseolus das Epicotyl, wodurch die Primärblätter emporgehoben werden. Die Speichercotyledonen bleiben als Reservebehälter in der Erde.*

leiten somit die photoautotrophe Wachstumsphase der Pflanze ein. Als Beispiel für hypogäische Keimung (d.h. Entwicklung von Keimpflanzen mit Epicotyl) ist in Abb. 8-9 B die Feuerbohne (*Phaseolus coccineus*) dargestellt. Die Testa bleibt als permanente Schutzhülle für die in Bodennähe lokalisierten Speichercotyledonen über Wochen hinweg erhalten. Als weitere analoge Beispiele sollen die Gartenerbse (*Pisum sativum*) (Kap. 11) und

die Ackerbohne (*Vicia faba*) genannt werden. Weiterhin keimen auch unsere Getreidearten hypogäisch. Das „Keimblatt" (Scutellum) bleibt unterhalb der Erdoberfläche, während das emporwachsende Primärblatt im Licht rasch ergrünt und schon nach kurzer Zeit als photosynthetisch aktives Organ der Ernährung des Getreidekeimlings dient (Abb. 8-7 C).

9 Zellatmung

Wird einer Pflanze durch Begasung mit Stickstoff der atmosphärische Sauerstoff (O_2) entzogen, so ist bald ein Stillstand aller Lebensprozesse zu beobachten (z. B. Rückgang der Protoplasmaströmung und des Wachstums; Verlust der Reizbarkeit). Genau wie Tiere ersticken auch Pflanzen bei Sauerstoffentzug. Unterbleibt die Sauerstoffzufuhr über längere Zeit hinweg, so stirbt die Pflanze ab. Die strikte Sauerstoffabhängigkeit der Lebensprozesse bei der höheren Pflanze wurde bereits kurz angesprochen: die zweite Phase der Keimung (irreversibles Wachstum des Embryos) erfolgt nur bei ausreichender Sauerstoffversorgung der Zellen (Kap. 8). Werden gequollene Samen einer **Anaerobiose** (O_2-Mangel) unterzogen, so kommt der Entwicklungsprozess sofort zum Erliegen. Eine Ausnahme von dieser Regel ist der Reis (*Oryza sativa*); die Karyopsen dieses Grases keimen auch bei Luftabschluss (d. h. in stehendem Wasser). Die Keimlinge müssen allerdings zum Überleben innerhalb weniger Tage den atmosphärischen Sauerstoff der Luft oberhalb der Wasseroberfläche erreichen.

Das bei der Atmung der Pflanzen abgegebene Kohlendioxid (CO_2) lässt sich mit einem einfachen Experiment nachweisen (Abb. 9-1 A). Füllt man einen Glaszylinder zur Hälfte mit keimenden Erbsen oder sich entfaltenden Blütenknospen, verschließt diesen luftdicht und lässt das Gefäß einen Tag lang in Dunkelheit stehen, so erlischt nach vorsichtigem Öffnen eine eingesenkte brennende Kerze unmittelbar, als wäre sie in reines CO_2-Gas getaucht worden. Da Kohlendioxid deutlich schwerer ist als Luft, sammelt sich das Gas am Grund des Glaszylinders an und entweicht nach Öffnen nur langsam. Ein klassisches Experiment zur quantitativen Bestimmung der CO_2-Abgabe einer in Dunkelheit wachsenden Pflanze ist in Abb. 9-1 B dargestellt. Das Kohlendioxid wird durch Ausfällung von Bariumcarbonat ($BaCO_3$) nachgewiesen.

Diese Beobachtungen zeigen, dass zwischen Pflanze und Umgebung ein stetiger Austausch von Gasen stattfindet (**Gaswechsel**). Die nicht photosynthetisch aktiven (heterotrophen) Zellen und Gewebe nehmen molekularen Sauerstoff (O_2) auf

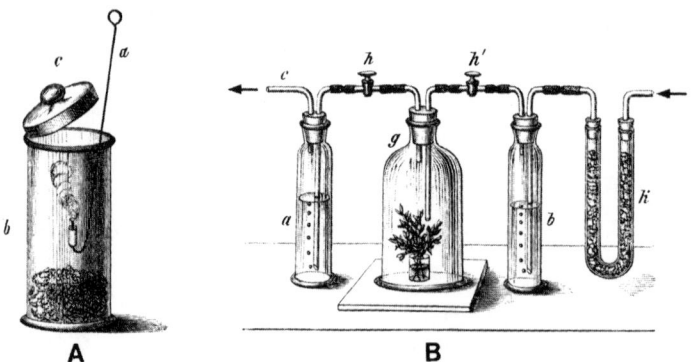

A   **B**

Abb. 9-1: *Klassische Experimente zum Nachweis der Kohlendioxid (CO_2)-Produktion atmender Pflanzenzellen. Eine brennende Kerze erlischt in Folge der CO_2-Akkumulation (A). Zur quantitativen Bestimmung der Kohlendioxid-Abgabe wird eine Versuchspflanze mit CO_2-freier Luft begast (Absorptionsmittel KOH; Pfeile: Luftstrom). In der Waschflasche a befindet sich Barytwasser Ba(OH)$_2$; als Resultat der CO_2-Produktion entsteht eine Trübung (Ausfall von Bariumcarbonat, $BaCO_3$). (B) (Nach Pfeffer, W.: Pflanzenphysiologie Bd. I. Leipzig, 1897).*

und geben Kohlendioxid (CO_2) ab. Allerdings sind auch grüne, im Licht wachsende und Photosynthese betreibende Pflanzen auf stetige Sauerstoffzufuhr angewiesen, d. h. sie atmen.

9.1 Sauerstoffverbrauch und Thermogenese

Unter dem Begriff **Zellatmung** (Syn.: aerobe Dissimilation, Respiration) versteht man die stufenweise Oxidation energiereicher Kohlenstoffverbindungen zu energiearmen, anorganischen Endprodukten (CO_2, H_2O) unter Freisetzung von Energie. Diese wird zum Teil in Form von **Adenosintriphosphat** (ATP) gespeichert und dem Organismus dann zur Verfügung gestellt. Allerdings entsteht bei der Atmung auch Wärme. Man kann berechnen, dass nur etwa 40 % der freigesetzten Energie bei der aeroben Dissimilation gespeichert wird (ATP); der Rest (etwa 60 %) geht dem Organismus als Atmungswärme verloren. Die Wärmebildung bei der Atmung pflanzlicher Gewebe lässt sich leicht nachweisen. Wird ein Thermometer in eine Ansammlung keimender Samen (z. B. Erbsen) eingeführt, so kann eine signifikante Temperaturerhöhung im Vergleich zur Kontrolle (abgetötete Samen) gemessen werden (Kap. 7). An Blütenkolben von Aronstabgewächsen (z. B. *Arum maculatum*) wurde eine Selbsterwärmung von bis zu 14 °C im Vergleich zur Lufttemperatur gemessen. Diese durch Aktivierung der Atmung erzeugte **Thermogenese** im oberen Abschnitt des Kolbens (Spadix) hält etwa sieben Stunden lang an (s. u.). Die Wärmeentwicklung wird durch Biosynthese und Transport des Phytohormons Salicylsäure ausgelöst (Kap. 12). Sie dient dazu, Duftstoffe (Amine, Indole) in die Luft zu entsenden. Insekten werden angelockt, wodurch die Bestäubung ermöglicht wird (Abb. 9-2).

9.2 Die Atmungsintensität

Zur quantitativen Bestimmung der Atmungsaktivität pflanzlicher Zellen kann entweder die O_2-Aufnahme oder die CO_2-Abgabe ermittelt werden.

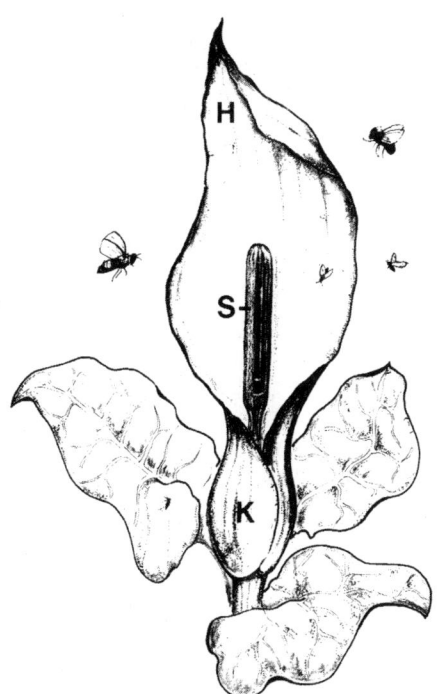

Abb. 9-2: *Wärmeproduktion (Thermogenese) beim Aronstab (Arum maculatum). Die Atmungsintensität im Blütenkolben (Spadix) erreicht Werte von 40 ml $O_2 \cdot h^{-1} \cdot g\ Fm^{-1}$, die der herbeifliegenden Insekten liegt im Bereich von etwa 20 ml $O_2 \cdot h^{-1} \cdot g\ Fm^{-1}$. H = Hüllblatt, K = Kesselfalle, S = Spadix.*

Eine häufig verwendete Maßeinheit ist die **Atmungsintensität**, bezogen auf die Frischmasse der Probe (Einheit: $\mu l\ O_2 \cdot h^{-1} \cdot g\ Fm^{-1}$). In Tab. 9-1 sind einige Atmungsmessungen zusammengestellt, wobei zum Vergleich auch Tiere (Grasfrosch, Insekten) mit aufgenommen sind. Es lassen sich folgende allgemeine Schlussfolgerungen ziehen:

- Die Atmungsintensität ruhender Samen und Speichergewebe (z. B. Karottenwurzel) ist sehr gering ($10-30\ \mu l\ O_2 \cdot h^{-1} \cdot g\ Fm^{-1}$), jedoch nicht gleich Null, da die Gewebe zum Teil aus lebenden Zellen bestehen.
- Mit Einsetzen der Keimung (bzw. dem Auswachsen der Sprosse) steigt die Atmungsintensität drastisch an.
- Rasch wachsende Organe (z. B. junge Blätter, Hypocotyle) zeigen meist eine höhere At-

Tab. 9.1: Atmungsintensität verschiedener Organismen, bezogen auf die Frischmasse bzw. das Lebendgewicht. (Nach mehreren Autoren).

Art	Temp. (°C)	Sauerstoff-Aufnahme ($\mu l\ O_2 \cdot h^{-1} \cdot g\ Fm^{-1}$)
Sonnenblume	22	
(*Helianthus annuus*)		
Trockene Samen		13
Cotyledonen, Keimling		360
Möhre (*Daucus carota*)	25	
Wurzel		25
alte Blätter		440
junge Blätter		1 133
Aronstab (*Arum maculatum*)		
Spadix, Hüllblatt geschlossen	20	700
Spadix, Hüllblatt öffnet sich		
(Thermogenese)	30	40 000
Grasfrosch (*Rana esculenta*)	20	
Winter		85
Sommer		437
Honigbiene (*Apis mellifera*)	42 (im Flug)	17 500
Fruchtfliege (*Drosophila sp.*)	– (im Flug)	21 000
Heuschrecke	– (im Flug)	15 000
(*Schistocera gregaria*)		

mungsaktivität als die entsprechenden ausgewachsenen Teile der Pflanze.

- Die Atmungsintensität pflanzlicher Organe ist etwa so hoch wie die mancher Tiere in Ruheposition (vgl. Grasfrosch/Sonnenblume/Karotte).
- Im Blütenkolben (Spadix) des Aronstabs (*Arum maculatum*) kommt es während der Öffnung des Hüllblattes zu einem massiven Anstieg der O_2-Aufnahme, wobei im Wesentlichen Stärke „verheizt" wird (Thermogenese). Die Atmungsintensität in den Zellen der Spadix erreicht Werte, die mehr als dem Doppelten der O_2-Aufnahme fliegender Insekten entspricht (Abb. 9-2). Werden die Zellen getötet (z. B. durch Kochen in Wasser), so erlischt auch die Atmung. Die „physiologische Verbrennung" ist somit ein charakteristisches Merkmal metabolisch aktiver Zellen („Flamme des Lebens").

9.3 Bilanz der Atmung: Übersicht

Die Respirationsaktivität sich heterotroph ernährender Pflanzen (z. B. in Dunkelheit wachsender Keimlinge) ist mit einem messbaren Verlust an Trockenmasse verbunden (Kap. 4). Als **Atmungssubstrate** fungieren die von der Mutterpflanze mitgelieferten Speicherstoffe (Kohlenhydrate, Fette, Proteine), die im Nährgewebe des Samens lokalisiert sind. Ausgewachsene Pflanzen verwenden als wichtigstes Substrat die photosynthetisch gebildete Stärke; insbesondere nachts (heterotrophe Phase) wird diese Assimilationsstärke mobilisiert und veratmet.

Die Zellatmung ist ein komplexer biochemischer Prozess, der aus etwa 50 nacheinander ablaufenden enzymatischen Reaktionen besteht. Zum Verständnis der hier dargestellten Zusammenhänge werden die Grundlagen zur Energetik des Stoffwechsels vorausgesetzt (Kap. 7).

Abbildung 9-3 zeigt ein vereinfachtes Schema der Zellatmung, wobei alle drei Substrate berücksichtigt wurden. Die vier Teilprozesse (Stufen 1–4) können wie folgt charakterisiert werden:

1. Mobilisierung der Atmungssubstrate. Zerlegung der langkettigen Nährstoffmoleküle in ihre Bausteine (Kohlenhydrate → Hexosen; Fette → Glycerin und Fettsäuren; Proteine → Aminosäuren).

2. Bereitstellung von Acetyl-CoenzymA (aktivierte Essigsäure). Dieses zentrale Stoffwechselzwischenprodukt entsteht dissimilatorisch aus Glucose (Abbauweg: Glykolyse) oder als Abbauprodukt der Fettsäuren (β-Oxidation). Der Abbau der 20 verschiedenen Aminosäuren ergibt neben dem Endprodukt Acetyl-CoA außerdem 2-Oxoglutarat, Succinat, Fumarat und Oxalacetat; diese Verbindungen können in den Citrat-Zyklus eingeschleust werden. Allerdings scheint die Veratmung von Proteinen in der vacuolisierten Pflanzenzelle nur selten vorzukommen (s. u.). In Abb. 9-8 ist die Struktur des Acetyl Co-A-Moleküls dargestellt.

3. Citrat-Zyklus. Zyklische Reaktionsfolge zum Abbau von Acetyl-CoA. Produkte: an Cosubstrate gebundene Wasserstoff-Atome (Nicotinamid-adenin-dinucleotid, NADH + H⁺ und Flavinadenin-dinucleotid, FADH$_2$, ATP) sowie CO_2. Der hiermit „konservierte" Wasserstoff wird in die Atmungskette eingeschleust und dort zur Energiegewinnung verwertet.

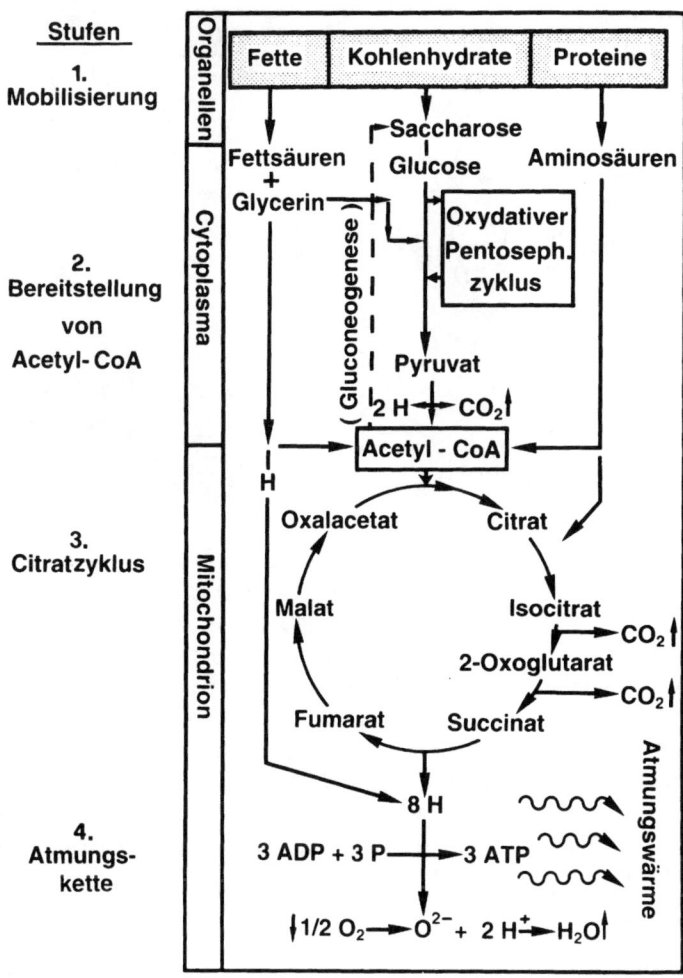

Abb. 9-3: *Vereinfachtes Schema der Zellatmung. Die vier Stufen des Gesamtprozesses sind auf drei Kompartimente der Pflanzenzelle verteilt (Organellen, Cytoplasma, Mitochondrien). (Nach verschiedenen Autoren).*

4. Atmungskette. Eine Folge von Oxidations-/Reduktionsprozessen (Redoxkette), die aus Enzymen (Oxidoreductasen) zusammengesetzt ist und den Wasserstoff (NADH + H$^+$, FADH$_2$) schrittweise unter Bildung von Adenosintriphosphat (ATP) zu Wasser oxidiert. Bei diesem Prozess wird außerdem Wärme frei, die von der Zelle nicht genutzt wird.

Das wichtigste Atmungssubstrat der Pflanzenzelle sind verschiedene Kohlenhydrate. Der **Respirationsquotient** (RQ) wird definiert als das Volumenverhältnis von produziertem CO_2 zu verbrauchtem O_2 (Vol. CO_2/Vol.O_2). Der RQ ist bei der Veratmung der Kohlenhydrate gleich 1, da die Zahl der abgegebenen CO_2-Moleküle der Zahl der

C-Atome im Substrat entspricht. Für die biologische Oxidation der Glucose ($C_6H_{12}O_6$) ergibt sich folgende Bruttogleichung:

$$C_6H_{12}O_6 + 6\ O_2 \rightarrow 6\ CO_2 + 6\ H_2O$$
$$(RQ = 1) \tag{9.1}$$

Die freie Enthalpie ($\Delta G°$) dieser exergonisch (d. h. unter Freisetzung von Energie) verlaufenden Reaktion beträgt etwa –2870 kJ pro mol Glucose. Da hiervon theoretisch nur 1100 kJ (= 38%) in Form von 36 mol ATP (pro 1 mol Glucose) vom Organismus „konserviert" werden, ist die beträchtliche Atmungswärme leicht verständlich. In Samen spielen als Reservestoffe die Fette und Proteine eine nicht unerhebliche Rolle (z. B. Raps, Sonnenblume, Sojabohne, s. Kap. 8). Da diese Atmungssubstrate – im Vergleich zu den Kohlenhydraten – H-reich und O-arm sind, beträgt der RQ bei der Veratmung dieser Substrate < 1 (bei Fetten ca. 0,7; bei Proteinen ca. 0,8).

Als Alternative zu dem in Abb. 9-3 dargestellten Atmungsweg (Glykolyse → Citrat-Zyklus) ist bei den Pflanzen außerdem der **oxidative Pentosephosphatzyklus** ausgebildet, der im letzten Abschnitt dieses Kapitels dargestellt ist. Nach diesem Überblick werden im Folgenden die einzelnen Stufen der Atmung im Detail dargestellt. Nebenbei soll auch die bei höheren Landpflanzen nur selten auftretende **Gärung** (anaerobe Dissimilation) angesprochen werden.

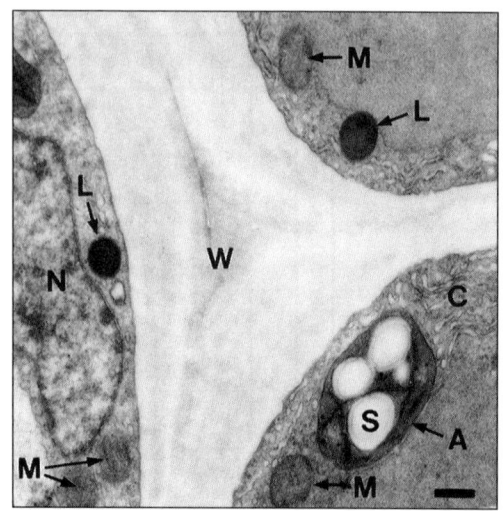

Abb. 9-4: Die beiden wichtigsten Substrate der Zellatmung in der Pflanzenzelle (Stärke, Fett) im elektronenmikroskopischen Bild. Objekt: Zwei Tage altes Hypocotyl der Sonnenblume (Helianthus annuus). Im Cytoplasma der drei angeschnittenen Zellen sind neben den Mitochondrien ein Amyloplast (mit Stärkekörnern) sowie zwei Lipidtropfen (Oleosomen) zu erkennen. A = Amyloplast, C = Cytoplasma, L = Lipidtropfen, M = Mitochondrion, N = Nucleus, S = Stärkekorn, W = Zellwand. Balken = 1 μm (Originalaufnahme).

9.4 Mobilisierung der Reservestoffe und Bereitstellung von Acetyl-Coenzym A

Von den drei genannten Atmungssubstraten der Pflanzenzelle (Kohlenhydrate, Fette, Proteine) sind die beiden zuerst genannten Stoffklassen die Wichtigsten. In Abb. 9-4 ist ein Querschnitt durch den Keimstängel eines zwei Tage alten Sonnenblumenkeimlings dargestellt. In den drei angeschnittenen Zellen sind neben dem Zellkern und einigen Mitochondrien Stärkekörner (Kohlenhydrat-Reserve) und Lipidtropfen (Speicherfette) zu erkennen. In den folgenden Abschnitten ist die Mobilisierung dieser Atmungssubstrate dargestellt.

1. Stärke. Diese mit Abstand wichtigste Nahrungsreserve der Pflanze ist ein aus Glucosemolekülen aufgebautes Polysaccharid, das zu 70–90 % aus wasserunlöslichem Amylopektin und zu 10–30% aus wasserlöslicher Amylose besteht. Amylopektin ist aus kurzen Ketten α-1,4-glycosidisch verbundener Glucose-Moleküle (20–25) aufgebaut, die durch α-1,6-Bindungen verknüpft sind: es ist ein verzweigtes Glucan. Amylose besteht hingegen aus langen D-Glucose-Ketten, deren Bausteine durch α-1,4-Bindungen miteinander verknüpft sind (Abb. 9-5). Dieses α-D-1,4-Glucan ist unter Ausbildung von Wasserstoffbrücken helical (schraubenförmig) gewunden. Mit Jod bilden sich blaue Einschlussverbindungen (Stärkenach-

weis). In der Pflanzenzelle liegt die Stärke ausschließlich in den Plastiden vor (Assimilationsstärke der Chloroplasten; Stärkekörner der Amyloplasten, Abb. 9-4). Speichergewebe wie das Endosperm der Graskaryopsen oder die Sprossknollen der Kartoffelpflanze bestehen bis zu 80% (pro Trockenmasse) aus Stärke: Das Polysaccharid ist in diesen Verbreitungseinheiten nahezu das einzige Atmungssubstrat.

Die **Mobilisierung** (enzymatische Spaltung) von Amylopektin und Amylose bis zur Stufe des Monosaccharids erfolgt entweder durch Hydrolyse oder durch Phosphorolyse. Beim hydrolytischen Stärkeabbau werden die Glycosidbindungen durch spezifische Enzyme (Glycosidasen = Hydrolasen) zunächst zum Disaccharid Maltose gespalten, das dann durch das Enzym Maltase in zwei Moleküle Glucose zerlegt wird (Endprodukt).

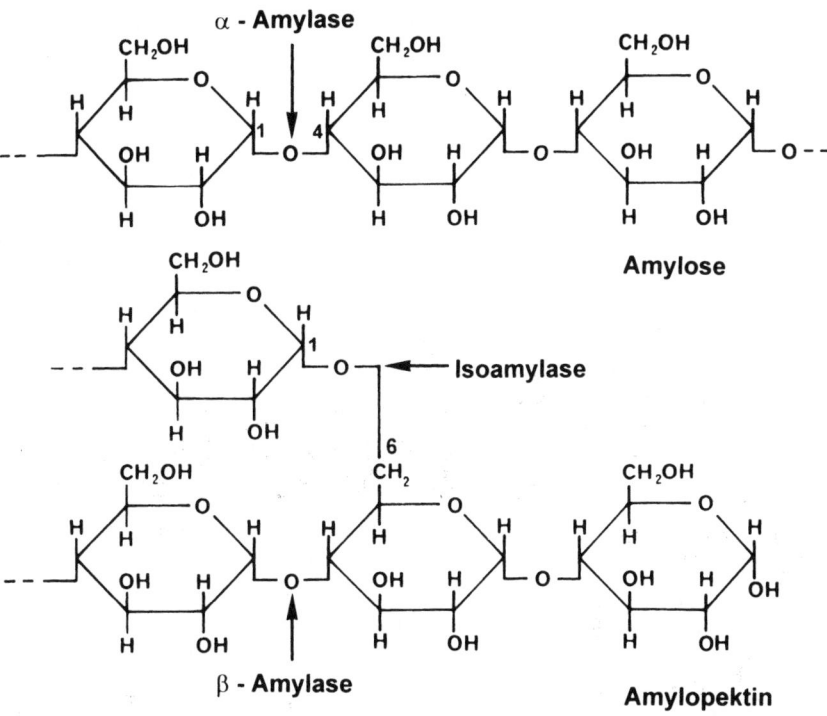

Abb. 9-5: *Stärke, das wichtigste Atmungssubstrat der Pflanzenzelle, besteht aus Amylose (unverzweigt) und Amylopektin (verzweigt). Die Angriffspunkte der stärkeabbauenden Hydrolasen (α-Amylase, β-Amylase, Isoamylase) sind eingezeichnet (Pfeile).*

Drei verschiedene Hydrolasen sind bekannt: die α-Amylase spaltet die 1,4-Bindungen im Inneren des Polysaccharids (Endoenzym), während die β-Amylase am C-4-Ende der Polysaccharide Maltosemoleküle abbaut (Exoenzym). Die 1,6-Bindungen im Amylopektin werden durch eine dritte Hydrolase, die Isoamylase (R-Enzym), getrennt (Abb. 9-5).

Beim phosphorolytischen Stärkeabbau wird vom C-4-Ende des Polysaccharids schrittweise jeweils ein Glucosemolekül abgespalten, das dann mit Phosphat ($H_2PO_4^- = P$) zu Glucose-1-Phosphat reagiert (Endprodukt). Diese Reaktion wird durch das Enzym Stärke-Phosphorylase (S-P) katalysiert:

$$\alpha\text{-Glucan}(n) + P \underset{}{\overset{S\text{-}P}{\rightleftarrows}} \alpha\text{-Glucan}(n-1) \quad (9.2)$$
$$+ \text{Glucose-1-P}$$

Die Frage, welcher Stärke-Abbauweg (Hydrolyse/Phosphorolyse) in welchem Pflanzenorgan dominiert, lässt sich derzeit nicht eindeutig be-antworten. In der Graskaryopse verläuft der Stärkeabbau ausschließlich über die Hydrolaseaktivität, während in den Keimblättern der Gartenerbse (*Pisum sativum*) die Phosphorolyse überwiegt. In Laubblättern wird der mit Beginn der Dunkelperiode einsetzende Stärkeabbau durch Kombination beider Degradationsmechanismen bewirkt, d.h. Hydrolasen und die Phosphorylase sind gleichzeitig aktiv.

2. Fette (Triacylglycerine). Die zweitwichtigsten Atmungssubstrate sind Triester, bestehend aus dem dreiwertigen Alkohol Glycerin und drei Fettsäure-Molekülen. Es liegen fast immer Gemische verschiedener Triacylglycerine vor. Die häufigsten Fettsäuren sind die gesättigen C_{16}- und C_{18}-Säuren (Palmitin- und Stearinsäure) und die ungesättigten (d.h. durch Doppelbindungen in der Kohlenstoffkette gekennzeichneten) C_{18}-Säuren (Öl-, Linol- und Linolensäure) (Abb. 9-6). Im

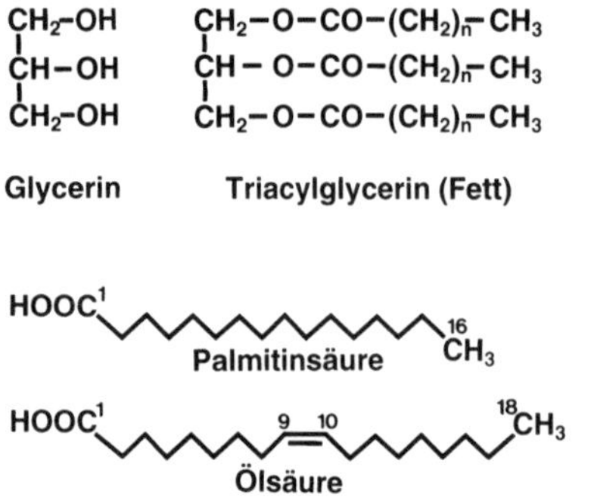

CH₂-OH   CH₂-O-CO-(CH₂)ₙ-CH₃

CH-OH   CH - O-CO-(CH₂)ₙ-CH₃

CH₂-OH   CH₂-O-CO-(CH₂)ₙ-CH₃

Glycerin   **Triacylglycerin (Fett)**

HOOC¹ ∿∿∿∿∿∿ ¹⁶CH₃
      Palmitinsäure

HOOC¹ ∿∿ ⁹ ¹⁰ ∿∿ ¹⁸CH₃
       Ölsäure

Abb. 9-6: *Struktur des dreiwertigen Alkohols Glycerin, eines Fettmoleküls (Triacylglycerin), der gesättigten Palmitin-(C_{16}) und der ungesättigten Ölsäure (C_{18}).*

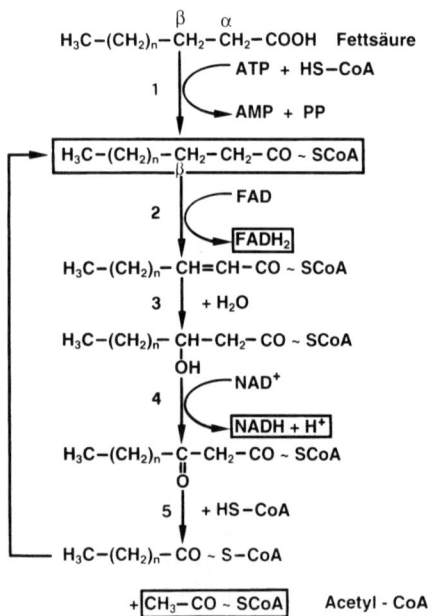

Abb. 9-7: *Fettsäureabbau über die β-Oxidation. Nach Aktivierung der Fettsäure (1) zum Fettsäure-CoA-Ester erfolgt die Oxidation des β-C-Atoms (2–4). In Schritt 5 wird unter Anlagerung von Coenzym A ein Acetyl-CoA-Rest abgespalten. Die Reaktionsfolge (2–5) wiederholt sich so oft, bis die aktivierte Fettsäure vollständig in Acetyl-CoA-Einheiten zerlegt ist. Enzyme: 1 = Acyl-CoA-Synthase, 2 = Acyl-CoA-Dehydrogenase, 3 = Enoyl-CoA-Hydratase, 4 = Hydroxyacyl-CoA-Dehydrogenase, 5 = β-Ketothiolase. PP = Pyrophosphat.*

Cytoplasten der vacuolisierten Zelle kann die Speichersubstanz Fett in Form kleiner **Lipidtropfen** (Oleosomen) beobachtet werden (Abb. 9-4). Die Speichercotyledonen der fetthaltigen Samen (z. B. Sonnenblume, Raps, Erdnuss, Rizinus) enthalten große Lipidtropfen, die das Cytoplasma weitgehend ausfüllen. Diese Reservefette werden bei der Keimung rasch abgebaut.

Der **Fettabbau** erfolgt in zwei Schritten. Zunächst werden die Triacylglycerine durch enzymatische Hydrolyse in Glycerin und Fettsäuren zerlegt. Die spezifischen Enzyme der Fettspaltung werden Lipasen genannt (Mobilisierung). Glycerin wird dann über die Zwischenstufe Dihydroxyacetonphosphat in die Glykolyse eingeschleust (Abb. 9-3). Die Fettsäuren werden in einer zweiten Reaktionssequenz durch β-Oxidation in Acetyl-CoA-Einheiten zerlegt, die dann entweder in den Citrat-Zyklus eingeschleust oder in Saccharose (Transportform der Kohlenhydrate) umgewandelt werden (**Gluconeogenese**). Der oxidative Fettsäureabbau (β-Oxidation) ist ein komplizierter zyklischer Prozess, der – soweit heute bekannt – bei Pflanzen und Tieren in ähnlicher Weise abläuft (Abb. 9-7).

Im ersten Schritt reagiert die Fettsäure unter Verbrauch von ATP mit einem Molekül Coenzym A (HS-CoA) (Abb. 9-8) zum Zwischenprodukt Acyl-CoA-Ester (1, Aktivierung der Fettsäure). Die nachfolgende Oxidation des β-C-Atoms der Fettsäure (Reaktionen 2–4) („β-Oxidation") verläuft folgendermaßen. Zunächst erfolgt eine Dehydrierung (2, Cosubstrat FAD), dann eine Hydratisierung (3) und anschließend eine zweite Dehydrierung (4, Cosubstrat NAD⁺). Nach Oxidation des β-C-Atoms wird der Acetylrest unter Anlagerung von Coenzym A (thiolytisch) abgespalten (5), d. h. als Endprodukt entsteht Acetyl-CoA. Der Acyl-CoA-Ester ist nun um zwei C-Atome verkürzt. Der Prozess (Reaktionen 2–5) wiederholt sich so oft (Zyklus), bis das Fettsäuremolekül in Acetyl-CoA-Einheiten zerlegt ist. Aus einem Palmitinsäure (C_{16})-Molekül entstehen nach Aktivierung zu Palmitoyl-CoA acht Moleküle Acetyl-CoA.

Neben dem Hauptprodukt Acetyl-CoA entstehen außerdem bei der β-Oxidation während der beiden Dehydrierungsreaktionen (2, 4) an Cosubstrate gebundene H-Atome (NADH + H⁺,

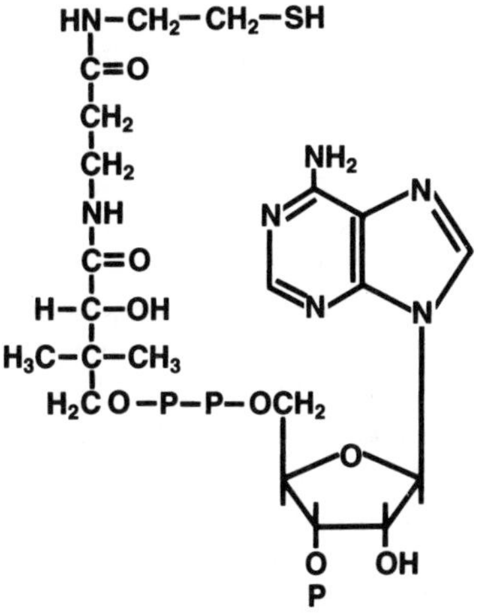

HN−CH₂−CH₂−SH
|
C=O
|
CH₂
|
CH₂
|
NH
|
C=O
|
H−C−OH
|
H₃C−C−CH₃
|
H₂C O −P−P−OCH₂

Abb. 9-8: *Struktur von Coenzym A (Abkürzung: CoA-SH). Das schwefelhaltige Molekül (−SH = Thiol-Gruppe) ist ein zentrales Stoffwechselintermediat der Zelle. Es überträgt Acetyl (= CO-CH₃)-Gruppen und erfüllt somit die Funktion eines Cosubstrats. P = Phosphat.*

FADH$_2$). Diese fließen über die Atmungskette zum Sauerstoff und bewirken hierbei die oxidative Phosphorylierung von ADP zum ATP (Abb. 9-3).

Das durch β-Oxidation entstandene Acetyl-CoA tritt bei einigen Pflanzen direkt in den Citrat-Zyklus ein, so z. B. bei manchen Aronstabgewächsen während der **Thermogenese**. In der Regel wird jedoch das Acetyl-CoA in Saccharose umgewandelt und dann vom Speicherort (z. B. Keimblatt) zum Verbrauchsorgan (z. B. Hypocotyl, Wurzel) transportiert. Diese Fett-Kohlenhydrat-Transformation (**Gluconeogenese**) wird weiter unten im Zusammenhang mit dem Citrat-Zyklus dargestellt. Nur Fettsäuren mit gerader Zahl an C-Atomen (z. B. C$_{16}$, C$_{18}$) können über den β-Oxidationszyklus vollständig in C$_2$-Einheiten abgebaut werden. Die selteneren Fettsäuren mit ungerader Zahl an Kohlenstoffatomen (z. B. C$_{13}$) werden über den Abbauweg der α-Oxidation durch Abspaltung einzelner CO$_2$-Moleküle zerlegt. Der Mechanismus dieses Reaktionsweges konnte noch nicht vollständig aufgeklärt werden.

3. Proteine. Reserveproteine sind in den „Proteinkörpern" der Samen lokalisiert und bei einigen Pflanzen die dominierenden Speicherstoffe. So besteht z. B. das Nährgewebe der Sojabohne (*Glycine max*) zu 37 % aus Protein. Die Mobilisierung der Speicherproteine bei der Keimung erfolgt durch proteolytische Enzyme (Peptidasen). Man unterscheidet je nach Angriffsort zwischen Endopeptidasen (Spaltung der Peptidbindungen im Inneren des Polypeptids) und Exopeptidasen (Angriff am Ende der Polypeptidkette). Die durch Proteolyse entstandenen Aminosäuren werden entweder in Acetyl-CoA umgebaut oder treten in den Citrat-Zyklus ein, d. h. sie werden zumindest zum Teil während der Keimung veratmet.

Im letzten Abschnitt wurde erwähnt, dass die **Proteinatmung** unter natürlichen Bedingungen, d. h. in der vacuolisierten Zelle der ausreichend mit Nährstoffen versorgten Pflanze, nicht auftritt. Neben dem oben dargestellten Spezialfall (Keimung proteinreicher Samen) scheint auch während der **Blattseneszenz** eine Veratmung der Abbauprodukte der Proteine (Aminosäuren) vorzukommen. Die Tatsache, dass die Proteolyse mit einem drastischen Anstieg in der Zellatmung des vergilbenden Blattes korreliert ist, unterstützt diese Annahme.

9.5 Glykolyse und Gärung

Das aus sechs Kohlenstoff (C)-Atomen bestehende Monosaccharid D-Glucose ist ein energiereiches Molekül, das in den Zellen zahlreicher Organismen als Kohlenhydrat-Reserve deponiert wird (z. B. in Form der Stärke, Abb. 9-4).

Die **Glykolyse** (Syn.: Embden-Meyerhof-Parnas-Weg) ist der wichtigste Abbauweg dieses Kohlenhydrats und verläuft bei Pflanzen, Tieren und Mikroorganismen in ganz ähnlicher Weise. Da nicht nur das Atmungssubstrat Stärke (polymerisierte Glucose), sondern auch ein Bestandteil der Fette (Glycerin) über diesen Stoffwechselweg abgebaut wird, soll die Glykolyse im Detail dargestellt werden. Bilanz: Ein Molekül Hexose (z. B. Glucose, C$_6$H$_{12}$O$_6$) wird zu zwei Molekülen Pyruvat (Brenztraubensäure, C$_3$H$_4$O$_3$) abgebaut, wobei die pro mol Hexose freiwerdende Energie (150 kJ) zur Synthese von 2 mol ATP aus ADP und Phosphat (P) verwendet wird. Weiterhin entstehen

2 mol NADH + H$^+$. Die Summenformel der Glykolyse lautet somit für Glucose wie folgt:

$$C_6H_{12}O_6 + 2\,NAD^+ + 2\,ADP + 2\,P$$
$$\rightarrow 2\ C_3H_4O_3\ (Pyruvat) + 2\ NADH$$
$$+ 2\ H^+ + 2\ ATP \tag{9.3}$$

Der Gesamtprozess umfasst zehn hintereinander geschaltete, durch Enzyme katalysierte Reaktionen, die in Abb. 9-9 dargestellt sind. Die Glykolyse ist im löslichen (d.h. nicht von Membranen durchsetzten) Teil des Cytoplasmas der Zelle lokalisiert und kann in zwei Stufen unterteilt werden. Im ersten Schritt (Reaktionen 1–5) wird Glucose phosphoryliert und unter ATP-Verbrauch in zwei Moleküle Glycerinaldehyd-3-Phosphat umgewandelt. Die zweite Glykolyse-Stufe (Reaktionen 6–10) ist ein für alle Ausgangssubstrate einheitlicher Prozess: Die Verbindung Glycerinalde-

hyd-3-Phosphat wird in Pyruvat umgewandelt, wobei unter energetischer Kopplung an Redoxreaktionen ATP entsteht.

Im Folgenden sollen die in Abb. 9-9 dargestellten Reaktionen kurz angesprochen werden. Die Startreaktion des Glykolyse-Prozesses ist die unter ATP-Verbrauch ablaufende Phosphorylierung des D-Glucosemoleküls (1). Das Enzym **Hexokinase** katalysiert allerdings nicht nur die Phosphorylierung der D-Glucose, sondern auch die zahlreicher anderer Hexosen (z.B. D-Mannose, D-Fructose). Die Umwandlung von Glucose-6-Phosphat in Fructose-6-Phosphat ist reversibel und wird durch das Enzym Glucosephosphat-Isomerase (2) katalysiert. Die anschließende Phosphorylierung von Fructose-6-Phosphat zu Fructose-1,6-bisphosphat wird durch die Phosphofructo-Kinase (3) ermöglicht. Die Spaltung von Fructose-1,6-bisphosphat

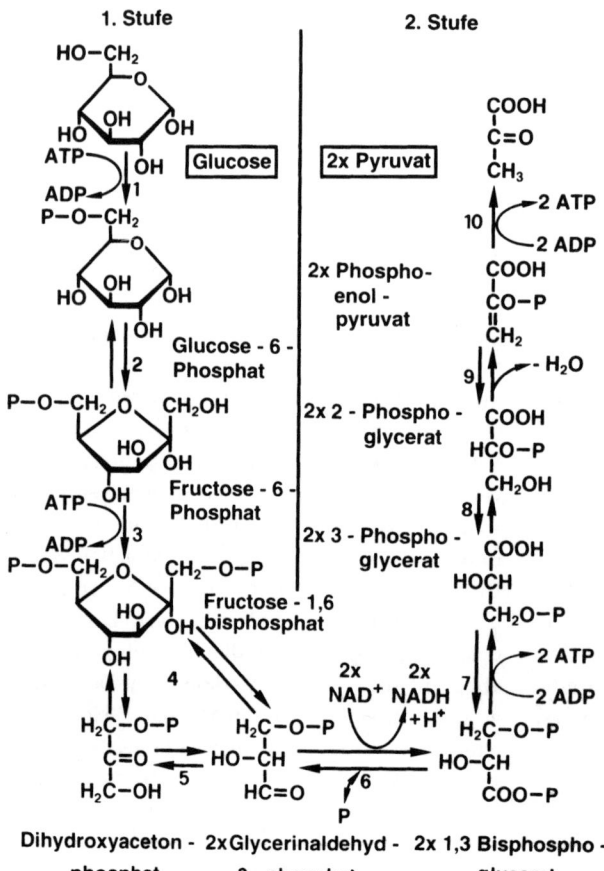

Abb. 9-9: Grundschema der Glykolyse, des zentralen Abbauweges der Kohlenhydrate in der Pflanzenzelle. Der Prozess kann in zwei Stufen unterteilt werden. 1. Stufe: Spaltung der Hexose, 2. Stufe: Bildung von ATP und NADH + H$^+$. Enzyme: 1 = Hexokinase, 2 = Glucosephosphat-Isomerase, 3 = Phosphofructo-Kinase, 4 = Aldolase, 5 = Triosephosphat-Isomerase, 6 = Glycerinaldehyd-3-Phosphat-Dehydrogenase, 7 = Phosphoglycerat-Kinase, 8 = Phosphoglycerat-Mutase, 9 = Enolase, 10 = Pyruvat-Kinase. P = Phosphat.

in Dihydroxyacetonphosphat und Glycerinaldehyd-3-phosphat sowie die Umwandlung der Triosephosphate werden durch die Enzyme Aldolase (4) und Triosephosphat-Isomerase (5) katalysiert.

Der zweite Schritt der Glykolyse beginnt mit der Oxidation von Glycerinaldehyd-3-phosphat zu 1,3-Bisphosphoglycerat, wobei das Oxidationsmittel NAD^+ unter Wirkung der Glycerinaldehyd-3-Phosphat-Dehydrogenase (6) zwei Wasserstoffatome aufnimmt und somit reduziert wird ($NADH + H^+$). Nach Übertragung der Phosphat-Gruppe von 1,3-Bisphosphoglycerat auf ADP (Enzym: Phosphoglycerat-Kinase, 7) und Umwandlung des entstandenen 3-Phosphoglycerats in 2-Phosphoglycerat (Enzym: Phosphoglycerat-Mutase, 8) entsteht durch Wasserabspaltung Phosphoenolpyruvat (Enzym: Enolase, 9). Die anschließende Übertragung der Phosphat-Gruppe vom Phosphoenolpyruvat auf ADP wird durch die Pyruvat-Kinase katalysiert, wobei nochmals ATP entsteht (10).

Ein Vergleich von Abb. 9-9 mit der Summenformel der Glykolyse (Gl. 9.3) zeigt, dass die Reduktionsäquivalente (2 $NADH + H^+$) in Schritt 6 entstehen. Die zwei ATP-Moleküle sind als Nettogewinn der Schritte 1 und 3 (–2 ATP) bzw. 7 und 10 (+4 ATP) zu betrachten (**Substratphosphorylierung**). Das gebildete Pyruvat kann je nach Sauerstoffversorgung der Zelle über verschiedene Stoffwechselwege weiter verarbeitet werden.

Aerobe Bedingungen. In Anwesenheit von Sauerstoff ($+O_2$) wird das Pyruvat in die Mitochondrien transportiert. Dort wird es durch Oxidation und Decarboxylierung unter der katalytischen Wirkung des Pyruvat-Dehydrogenase-Systems (Multienzymkomplex) in Acetyl-CoA umgewandelt (Abb. 9-3):

$$2 \text{ Pyruvat} + 2 \text{ NAD}^+ + 2 \text{ CoA-SH}$$
$$\rightarrow 2 \text{ Acetyl-S-CoA} + 2 \text{ NADH}$$
$$+ 2 \text{ H}^+ + 2 \text{ CO}_2 \qquad (9.4)$$

Die Reaktion erfordert drei verschiedene Enzyme sowie fünf verschiedene Cosubstrate und soll hier nicht näher beschrieben werden. Das entstandene Actyl-CoA wird direkt in den Citrat-Zyklus eingeschleust (s. Abb. 9-11).

Anaerobe Bedingungen. In Abwesenheit von Sauerstoff ($-O_2$) ist die aerobe Dissimilation (Zellat-

mung) gehemmt. Zur Energiegewinnung wird das organische Substrat (Pyruvat) daher nicht vollständig zu CO_2 und H_2O abgebaut, sondern in ein energiereiches Molekül umgewandelt. Dieser als **Gärung** bezeichnete Stoffwechselweg erfolgt im Cytoplasma der Zelle; er wird nach dem jeweiligen Endprodukt benannt. Es sind drei Gärungs-Typen beschrieben worden: Alkohol-, Milchsäure- und Alanin-Gärung.

Bei höheren Landpflanzen sind auf Grund des Interzellularsystems und der dadurch ermöglichten Sauerstoffversorgung der Zellen Gärungsprozesse nur selten zu beobachten (z. B. nach Überschwemmungen). Eine Ausnahme ist der Reis (*Oryza sativa*). Werden an Luft angezogene Keimlinge überflutet, so ist eine drastische Stimulation des Koleoptilwachstums zu beobachten (Abb. 9-10), wobei Ethanol ins Außenmedium abgegeben wird. Die Koleoptile wächst unter anaeroben Bedingungen (O_2-Mangel) rasch heran und gewinnt das notwendige ATP durch Alkohol-Gärung. Die Bilanz dieser Reaktion lautet für Glucose ($C_6H_{12}O_6$) wie folgt:

$$C_6H_{12}O_6 + 2 \text{ ADP} + 2 \text{ P}$$
$$\rightarrow 2 \text{ C}_2\text{H}_5\text{OH (Ethanol)} + 2 \text{ ATP} + 2 \text{ CO}_2$$
$$+ 2 \text{ H}_2\text{O} \qquad (9.5)$$

Es entstehen in Abwesenheit von Sauerstoff somit pro Molekül Glucose nur zwei ATP, während bei der aeroben Dissimilation etwa 36 ATP gebildet werden. Der energiereiche (brennbare) Ethanol (C_2H_5OH) sammelt sich erst in den Koleoptilzellen an und wird dann ins Wasser abgegeben.

Die Umwandlung von Pyruvat in Ethanol erfolgt in zwei Stufen. Zunächst entsteht unter CO_2-Abspaltung das Zwischenprodukt Acetaldehyd (Enzym 1: Pyruvat-Decarboxylase). Dieses wird dann unter Wirkung des Enzyms Alkohol-Dehydrogenase (2) zu Ethanol reduziert, wobei NADH + H^+ die Reduktionsäquivalente liefert:

$$\text{Pyruvat} \xrightarrow{1} \text{Acetaldehyd} + \text{CO}_2$$
$$\text{Acetaldehyd} + \text{NADH} + \text{H}^+ \xrightarrow{2} \text{Ethanol}$$
$$+ \text{NAD}^+ \qquad (9.6)$$

Nach Überflutung der an Luft angezogenen Reiskeimlinge (Abb. 9-10) konnte nicht nur eine Ethanolabgabe, sondern auch ein drastischer Anstieg der Aktivität des Enzyms Alkohol-Dehydrogenase (2) gemessen werden (Kap. 7). Allerdings

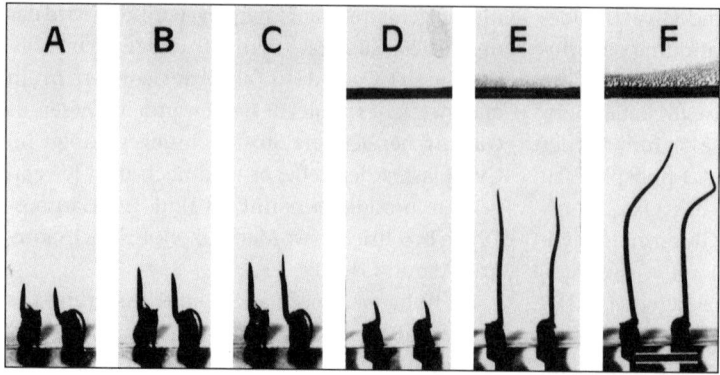

Abb. 9-10: *Überflutungseffekt bei Reiskeimlingen (Oryza sativa). Die Keimpflanzen wuchsen entweder für 4, 5 und 6 Tage in feuchter Luft (A, B, C) oder sie wurden am 4. Tag überflutet (D). Während des raschen Unterwasserwachstums (E, 5., F, 6. Tag nach Aussaat) schaltet der Zellstoffwechsel auf Alkohol-Gärung um. Das Stoffwechselprodukt Ethanol (C_2H_5OH) sammelt sich hierbei im Wasser an. Balken = 1 cm. (Nach Kutschera, U. et al.: Bot. Acta 106, 164–169, 1993).*

wurde bei Reispflanzen keine durch O_2-Mangel ausgelöste Beschleunigung des Glucoseabbaus via Glykolyse beobachtet, d.h. der bei zahlreichen anaerobiose-intoleranten Pflanzen auftretende **Pasteur-Effekt** ist bei Reis nicht nachweisbar.

9.6 Regulation und Kompartimentierung der Glykolyse

Wie wird die Geschwindigkeit, mit der die Glykolysekette (Abb. 9-9, Schritte 1–10) durchlaufen wird, reguliert? Eine Reihe von Untersuchungen an verschiedenen Pflanzenarten haben gezeigt, dass die Glykolyse im Wesentlichen durch drei ratenlimitierende **Schlüsselenzyme** reguliert wird: die Hexokinase (1), die Phosphofructo-Kinase (3) und die Pyruvat-Kinase (10). Besonders intensiv wurde die Phosphofructo-Kinase studiert, die den dritten Schritt der Glykolyse kalalysiert (Abb. 9-9):

$$\text{Fructose-6-P} \rightarrow \text{Fructose-1,6-bis-P}$$

Die Aktivität dieses Enzyms wird durch Substanzen wie ATP, Phosphoenolpyruvat und Citrat gehemmt, während Phosphat-Ionen (P) eine Akti-

vierung des Biokatalysators bewirken. Im Jahr 1979 wurde in Pflanzenzellen ein zweites, nicht in Abb. 9-9 eingezeichnetes Enzym entdeckt, das dieselbe Reaktion wie die Phosphofructo-Kinase (3) katalysiert. Diese Pyrophosphat (PP)-abhängige Phosphofructo-Kinase wird durch einen spezifischen Effektor, das Fructose-2,6-bisphosphat (F-2,6-P_2), aktiviert. Die Glykolyserate (bzw. die Gluconeogenese, d.h. die Umkehr der Glykolyse) wird in der Pflanzenzelle vermutlich in entscheidendem Ausmaß über den Enzymaktivator F-2,6-P_2 reguliert, der letztlich in Schritt 3 der Reaktionssequenz eingreift. Fructose-2,6-bisphosphat scheint auch bei der Regulation der lichtabhängigen Saccharosebiosynthese in Blättern eine zentrale Funktion zu erfüllen.

Die **Kompartimentierung** der Glykolyse in der Pflanzenzelle konnte inzwischen weitgehend aufgeklärt werden. Neben der cytoplasmatischen Reaktionsfolge (Abb. 9-9) existiert eine zweite, in den Plastiden lokalisierte Glykolyse. Die beiden Hexose-Abbauwege sind über Metabolit-Austauschwege (z.B. Glucose-6-P, Phosphoenolpyruvat) miteinander vernetzt. Über die Interaktionen der beiden pflanzenspezifischen Glykolysewege (Cytoplasma/Plastiden) liegen noch keine gesicherten Erkenntnisse vor.

9.7 Citrat-Zyklus

Wie Abb. 9-3 zeigt, erfolgt unter aeroben Bedingungen auf die Glykolyse eine zyklische Reaktionsfolge, die unter drei verschiedenen Namen bekannt ist.

Der **Citrat-Zyklus** (Syn.: Citronensäure-, Tricarbonsäure- oder Krebs-Zyklus) ist eine in den Mitochondrien der Zelle lokalisierte Folge von acht nacheinander geschalteten enzymatischen Reaktionen. Sie dient primär dem Abbau von Acetyl-CoA zu CO_2 und an Cosubstrate gebundenen Wasserstoff, der dann in die Atmungskette eingeschleust wird. Die Bilanz des Citrat-Zyklus lautet wie folgt:

$$CH_3-CO\sim S-CoA \text{ (Acetyl-CoA)} + H_2O$$
$$+ 3 \text{ NAD}^+ + \text{FAD} + \text{ADP} + P$$
$$\rightarrow 2 \text{ } CO_2 + \text{HS-CoA} + 3 \text{ NADH} + 3 \text{ H}^+$$
$$+ \text{FADH}_2 + 1 \text{ ATP} \qquad (9.7)$$

Der Zyklus (Abb. 9-11) beginnt mit der Bildung von Citrat aus Acetyl-CoA und Oxalacetat, wobei freies Coenzym A entsteht (Enzym 1: Citrat-Synthase). Nach Isomerisierung zu Isocitrat (Enzym 2: Aconitat-Hydratase) erfolgen zwei Decarboxylierungen (CO_2-Abspaltungen), verbunden mit der Bildung von 2 NADH + 2 H$^+$ (Enzyme 3,4: Isocitrat-Dehydrogenase, 2-Oxoglutarat-Dehydrogenase-Komplex). Das unter Anlagerung von HS-CoA entstandene Succinyl-CoA wird unter Bildung von ATP und Freisetzung des Coenzym A-Moleküls in Succinat überführt (Enzym 5: Succinat-CoA Ligase). Bei rein heterotrophen Zellen (Pflanzenwurzeln, Tiere) wird statt ADP das Guanosindiphosphat (GDP) phosphoryliert: GDP + P → GTP (Guanosintriphosphat). Anschließend erfolgt eine Transphosphorylierung: GTP + ADP → GDP + ATP. Aus dem Succinat wird dann durch Dehydrierung (Enzym 6: Succinat-Dehydrogen-

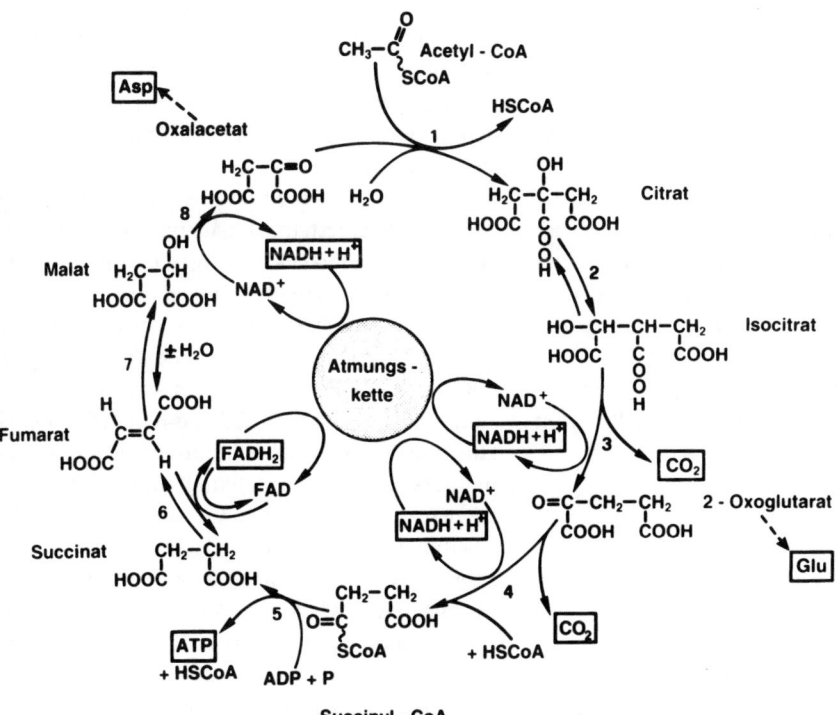

Abb. 9-11: *Der Citrat-Zyklus. Diese in der Matrix der Mitochondrien lokalisierte Abfolge acht enzymatischer Reaktionen ist über die reduzierten Cosubstrate (NADH + H$^+$, FADH$_2$) mit der Atmungskette verknüpft. Enzyme: 1 = Citrat-Synthase, 2 = Aconitat-Hydratase, 3 = Isocitrat-Dehydrogenase, 4 = 2-Oxoglutarat-Dehydrogenase-Komplex, 5 = Succinat-CoA-Ligase, 6 = Succinat-Dehydrogenase, 7 = Fumarat-Hydratase, 8 = Malat-Dehydrogenase. Asp = Asparaginsäure, Glu = Glutaminsäure, P = Phosphat.*

ase), Hydratisierung (Enzym 7: Fumarat-Hydratase) und nochmaliger Dehydrierung (Enzym 8: Malat-Dehydrogenase) das Oxalacetat regeneriert.

Einige Zwischenprodukte (Intermediate) des Citrat-Zyklus können zur Synthese von Aminosäuren aus dem Kreisprozess ausgeschleust werden. Aus dem Intermediat Oxalacetat kann die Asparaginsäure (Asp), aus 2-Oxoglutarat (Syn.: α-Ketoglutarat) die Glutaminsäure (Glu) synthetisiert werden. Die Aminosäuren dienen als Ausgangssubstanzen zur Biosynthese zahlreicher anderer organischer Verbindungen. Die **Regeneration** des Kreisprozesses erfolgt dann durch Carboxylierung (CO_2-Anlagerung) von Pyruvat bzw. Phosphoenolpyruvat zu Oxalat oder Malat. Diese Reaktion wird durch mehrere Enzyme katalysiert und soll hier nicht näher dargestellt werden. Der Citrat-Zyklus erfüllt somit drei Funktionen:

- Reduktion der Cosubstrate NAD^+ und FAD, d. h. Bereitstellung von H-Einheiten („Brennstoff") für die Atmungskette.
- Bildung von 1 ATP pro Umlauf (Substratphosphorylierung).
- Bereitstellung der Kohlenstoff-Gerüste zur Biosynthese der beiden Aminosäuren Asparaginsäure (Asp) und Glutaminsäure (Glu).

Über die **Regulation** des Citrat-Zyklus in der Pflanzenzelle ist bisher nur wenig bekannt. Möglicherweise wird die Verfügbarkeit von Acetyl-CoA über die Aktivität des Pyruvat-Dehydrogenase-Systems kontrolliert, so dass der Eintritt der „Aktivierten Essigsäure" in den Zyklus als ratenlimitierender Prozess angesehen werden muss (Reaktion 1 in Abb. 9-11).

9.8 Fett-Kohlenhydrat-Transformation

Es wurde bereits erwähnt, dass in den Speichercotyledonen fetthaltiger Samen **Lipidtropfen** (Oleosomen) beobachtet werden können, die während der Keimung abgebaut werden (Abb. 9-4). Allerdings wird das durch β-Oxidation der Fettsäuren entstandene Acetyl-CoA in der Regel nicht in den Citrat-Zyklus eingeschleust, sondern zunächst in **Saccharose** umgewandelt und dann abtransportiert. Die Umwandlung der wasserunlöslichen Speicherfette in die wasserlösliche Transportform (Saccharose) ist ein komplizierter Prozess, der aus einer Interaktion von drei Organellen (Lipidtropfen, Glyoxysom, Mitochondrion) sowie einer cytoplasmatischen Reaktionsfolge besteht. Die auch als **Gluconeogenese** bezeichneten biochemischen Reaktionen wurden insbesondere an Keimlingen der Rizinuspflanze (*Ricinus communis*) im Detail untersucht, deren extraembryonales Endosperm vollständig abgebaut wird. Die Cotyledonen des Rizinuskeimlings gehen nach Abbau und Absorption der Speicherfette nicht zu Grunde. Sie entwickeln sich, wie z.B. beim Sonnenblumenkeimling, zu photosynthetisch aktiven Organen weiter (Kap. 8).

Die Transformation der Speicherfette in Kohlenhydrate (Saccharose) während der Keimung ölhaltiger Samen ist in Abb. 9-12 dargestellt. Der Prozess ist mit einem der Zellatmung analogen Gaswechsel verbunden (O_2-Aufnahme, CO_2-Abgabe) und kann in vier Stufen unterteilt werden. Nach Hydrolyse der in den Lipidtropfen (Oleosomen) gespeicherten Fette (Triacylglycerine) werden die Fettsäuren in den benachbarten Glyoxysomen durch β-Oxidation in Acetyl-CoA-Einheiten zerlegt (A). Diese Reaktionsfolge ist in Abb. 9-7 im Detail dargestellt. Das Acetyl-CoA wird dann in den **Glyoxylat-Zyklus** eingeschleust und über eine Sequenz enzymatischer Reaktionen in Succinat umgewandelt (B). Der Glyoxylat-Zyklus ist eine nach dem Zwischenprodukt Glyoxylat (OCH-COOH) benannte Reaktionssequenz, die zum Teil dem in Abb. 9-11 dargestellten Citrat-Zyklus entspricht, wobei allerdings nur vier enzymatische Reaktionen beteiligt sind. Acetyl-CoA reagiert mit Oxalacetat zu Citrat (1), das dann in Isocitrat umgewandelt wird (2). Isocitrat (6 C-Atome) wird anschließend in Succinat (4-C-Atome) und Glyoxylat (2-C-Atome) gespalten (3). Das Succinat wird in ein benachbartes Mitochondrion transportiert und dort über die Zwischenprodukte Fumarat und Malat in Oxalacetat umgewandelt. Diese Folge von Reaktionen ist mit einer O_2-Aufnahme verbunden. Oxalacetat wird in das Glyoxysom zurücktransportiert und dient als Acetyl-CoA-Akzeptor (1). Das in Reaktion 3 neben dem Succinat gebildete Glyoxylat (OCH-COOH) reagiert mit einem Acetyl-CoA-Molekül

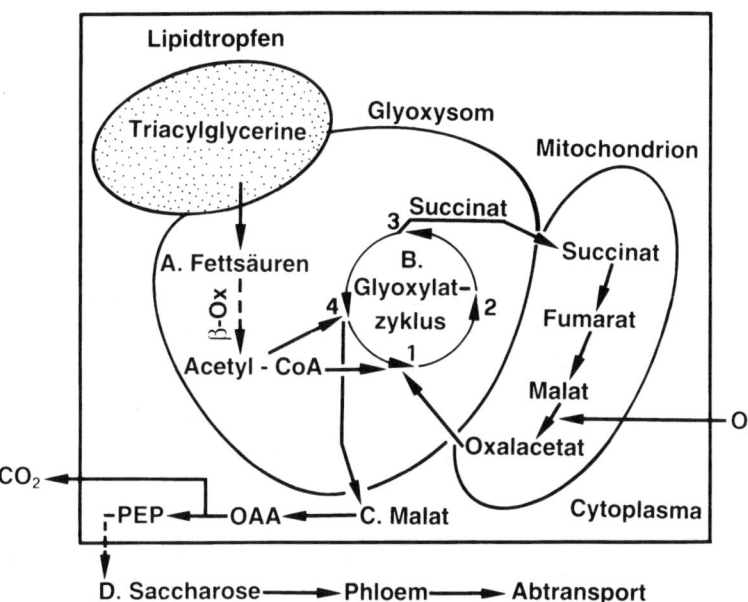

Abb. 9-12: *Schematische Darstellung der Fett-Kohlenhydrat-Transformation in den Zellen der Keimblätter öl-haltiger Samen (z. B. Rizinus, Raps, Sonnenblume). Die Fettsäuren werden in den Glyoxysomen über β-Oxidation zu Acetyl-CoA-Einheiten abgebaut (A). Im Glyoxylat-Zyklus (B) entsteht, über eine Umwandlung des Succinats in Oxalacetat (Mitochondrion), das Endprodukt Malat (Intermediate: 1. Citrat, 2. Isocitrat, 3. Glyoxylat, 4. Malat; Enzyme: 1. Citrat-Synthase, 2. Aconitat-Hydratase, 3. Isocitrat-Lyase, 4. Malat-Synthase). Im Cytoplasma der Zelle wird Malat (C) über die Zwischenstufen Oxalacetat (OAA) und Phosphoenolpyruvat (PEP) via reverse Glykolyse (→) in Saccharose umgewandelt (D), die im Phloem zum Verbrauchsort transportiert wird. (Nach verschiedenen Autoren).*

zum Endprodukt Malat (4), das, nach Transport ins Cytoplasma der Zelle, als Substrat für die Biosynthese der Saccharose dient (C). Aus Malat entsteht zunächst Oxalacetat (OAA), das nach Phosphorylierung und Decarboxylierung (CO_2-Abgabe) in Phosphoenolpyruvat (PEP) umgewandelt wird. Durch Umkehr der Glykolyse (Abb. 9-9) wird Fructose-1,6-bisphosphat gebildet; aus diesem Intermediat wird die Saccharose synthetisiert. Die als Resultat der Fett-Kohlenhydrat-Transformation gebildete **Saccharose** (D) wird in das Phloem der Cotyledonen geschleust und in die wachsenden Regionen des Keimlings (Hypocotyl, Wurzel) transportiert. Am Verbrauchsort (*sink*) angelangt, wird die aus Speicherfetten entstandene Saccharose zur Biosynthese von Zellwänden usw. sowie als Atmungssubstrat verwendet.

Die hier in abstrakter Form dargestellte Gluconeogenese (Abb. 9-12) kann an einem Beispiel ver-anschaulicht werden. Aus wasserunlöslicher Sonnenblumenmargarine (Fett) wird leicht löslicher Tafelzucker (Saccharose). Die in zahlreichen enzymatischen Einzelschritten verlaufende Umwandlung findet z. B. bei der Keimung ölhaltiger Samen statt (Kap. 8). Diese Reaktionsfolge muss als evolutiv hoch entwickelte biochemische „Meisterleistung" der Pflanzen interpretiert werden.

9.9 Redox-Prozesse und Atmungskette: Allgemeine Grundlagen

Die bei der Fettsäureoxidation sowie im Citrat-Zyklus entstandenen reduzierten Cosubstrate (NADH + H$^+$, FADH$_2$) reagieren im Mitochondrion mit Sauerstoff (O_2) zum Endprodukt Wasser (H_2O). Bei der direkten Oxidation des Wasserstoffs durch Erhitzen eines Gemisches der Gase O_2 und H_2 (**Knallgasreaktion**) kann Energie gewonnen werden:

$$H_2 + 1/2\ O_2 \rightarrow H_2O \quad \Delta G° = -237\ kJ/mol$$
$$(9.8)$$

Diese drastische Änderung der freien Energie ($\Delta G°$) kann in der Zelle (in- vivo) nicht in einem Schritt erfolgen; sie wird daher im Mitochondrion in zahlreiche Teilreaktionen zerlegt. Die bei der intrazellulären Wasserstoffoxidation freiwerdende Energie wird allerdings nicht ausschließlich in Form von Wärme abgegeben, sondern zum Teil zur ATP-Bildung ausgenutzt (**oxidative Phosphorylierung**).

Um den Mechanismus dieser biologischen H_2-Oxidation („intrazelluläre Knallgasreaktion") zu verstehen, ist es notwendig, zunächst das Grundprinzip von Redoxprozessen zu rekapitulieren. Ursprünglich verstand man unter dem Begriff **Oxidation** die Verbindung eines Stoffes (z. B. Metallatom) mit Sauerstoff (Oxygenium). Bei dieser Oxidbildung entzieht das Sauerstoffatom dem Metallatom Elektronen, da es die Tendenz hat, durch Aufnahme von zwei Elektronen eine Achterschale zu vervollständigen. Da auch andere Atome und Moleküle (z. B. Chlor, Cl_2) dem Metallatom Elektronen entreißen können, wurde der Oxidationsbegriff erweitert. Unter Oxidation versteht man ganz allgemein die Abgabe von Elektronen. Die Umkehrung der Oxidation wird als **Reduktion** bezeichnet (ursprünglich: Entzug von Sauerstoff aus einem Oxid). Heute wird der Begriff Reduktion als Aufnahme von Elektronen definiert. Ein Oxidationsmittel ist somit ein Stoff, der Elektronen aufnimmt und dabei reduziert wird; ein Reduktionsmittel gibt Elektronen ab und wird hierbei oxidiert. Da unter normalen Bedingungen keine freien Elektronen vorliegen, erfolgt die Elektronenabgabe (Oxidation) immer in Anwesenheit eines entsprechenden Reaktionspartners, der Elektronen aufnimmt und dabei reduziert wird. Man bezeichnet ein derartiges elektronenaufnehmendes und -abgebendes System als Reduktions-Oxidations (= Redox)-System (Syn.: korrespondierendes **Redox-Paar**).

Die Oxidations- bzw. Reduktionswirkung einer Substanz ist eine Funktion des Reaktionspartners; es gibt somit nur relative, jedoch keine absoluten Oxidations- und Reduktionsmittel. Zur Verdeutlichung dieser Prozesse soll das in Abb. 9-13 A dargestellte klassische Experiment dienen. Ein Stab aus Zink (Zn) wird in eine Lösung aus Zinksulfat ($ZnSO_4$) getaucht und über ein Voltmeter mit einem Kupferstab (Cu), der in eine Kupfersulfatlösung ($CuSO_4$) taucht, verbunden. Die beiden Lösungen sind durch eine poröse Wand (Diaphragma) getrennt, die ein Durchmischen verhindert, aber den Durchtritt der Anionen erlaubt. Zwischen den beiden Halbzellen dieses galvanischen Zink-Kupfer (= Daniell)-Elements kann eine Spannung (Potentialdifferenz) von + 1,10 Volt gemessen werden, falls die Konzentration an Zink- und Kupfer-Ionen jeweils 1 mol/l beträgt. Es fließt somit ein elektrischer Strom von der Anode (Zinkstab) zur Kathode (Kupferstab). Dieser Elektronenfluss kommt dadurch zustande, dass an der Anode (negativer Pol) metallisches Zink zu Zink-Ionen (Zn^{2+}) oxidiert wird. Die abgegebenen Elektronen (e^-) fließen über den externen Stromkreis (Voltmeter) zur Kathode (positiver Pol), wo sie die Reduktion der Kupfer-Ionen (Cu^{2+}) zu metallischem Kupferniederschlag (Cu) bewirken. Die das Diaphragma durchdringenden Sulfat-Ionen (SO_4^{2-}) wandern zur Anode (Ladungsausgleich). In analoger Weise lassen sich auch andere Halbzellen zusammen fügen, wobei – je nach Kombination – entsprechende Spannungen gemessen werden können.

Um diese vom Reaktionspartner abhängigen relativen Potentialdifferenzen zu normieren, wurde als Bezugssystem die **Normal-Wasserstoffelektrode** eingeführt und dieser Halbzelle willkürlich das Potential Null zugeordnet. Die Wasserstoffelektrode ist eine von Wasserstoff (H_2) umspülte, in eine 1-normale HCl-Lösung (pH-Wert = 0) bei 25 °C eingetauchte platinierte Platinelektrode (Abb. 9-13 B). Wird diese Normal-H_2-Elektrode über eine konzentrierte KCl-Lösung mit einer Kupfer-Halbzelle verbunden, so kann eine Spannung von + 0,34 Volt gemessen werden, wobei die Elektronen vom Wasserstoff zum Metall fließen. Wird die H_2-Elektrode mit einer Zinkhalbzelle verbunden, so beträgt die Spannung – 0,76 V: Die Elektronen fließen nun vom Metall zum Wasser-

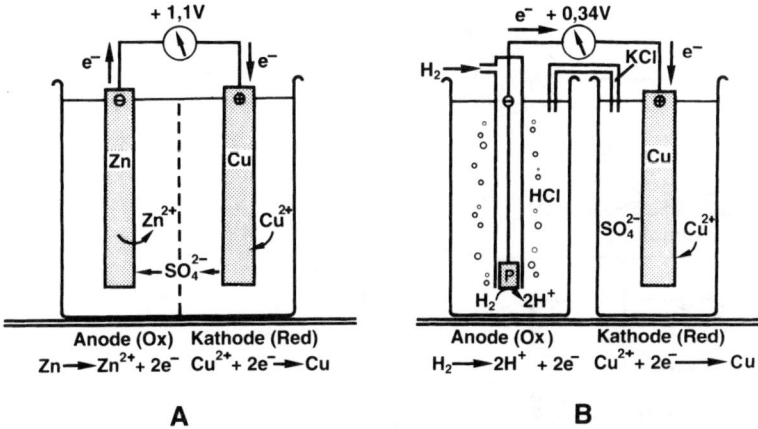

Abb. 9-13: *Galvanisches Zink-Kupfer-Element (A). Die Konzentrationen der Lösungen betragen 1 mol/l. (- - -) = Diaphragma. Die Normal-Wasserstoffelektrode (B) (1 n HCl-Lösung; P = Platin) liefert, über eine Salzbrücke (KCl-Lösung) mit einer Kupfer-Halbzelle verbunden, eine Spannung von + 0,34 V. Die H_2-Elektrode hat per Definition ein Potential von 0,00 V. (Nullpunkt der elektrochemischen Spannungsreihe).*

stoff. Die so gemessenen Spannungen der jeweiligen Halbzellen gegenüber der Standard-H_2-Elektrode (Spannung = Null) werden als **Normalpotentiale** (E_0) bezeichnet und können als elektrochemische Spannungsreihe angeordnet werden (Gl. 9.9):

Red. $\rightleftarrows$ Ox. + e⁻	E_0 (V)
Zn $\rightleftarrows$ Zn^{2+} + 2e⁻	– 0,76
H_2 $\rightleftarrows$ 2 H^+ + 2e⁻	0,00
Cu $\rightleftarrows$ Cu^{2+} + 2e⁻	+ 0,34

Es gilt hierbei folgende Regel: Je negativer das Normalpotential des Redox-Systems ist, desto stärker ist seine reduzierende Wirkung („positiver Elektronendruck").

Die Differenz zwischen den Normalpotentialen eines Redox-Paares (ΔE_0) ist ein Maß für die Änderung der freien Energie unter Standardbedingungen ($\Delta G°$) während des Redoxprozesses:

$$\Delta G° = - n \cdot F \cdot \Delta E_0 \qquad (9.10)$$

mit n = Zahl der übertragenen Elektronen, F = Faraday-Konstante (96,5 kJ/V). Bei einer Spannungsdifferenz (ΔE_0) von 1 Volt wird somit pro mol Elektronen und mol Substanz eine Energie von 96,5 kJ entwickelt ($\Delta G° = - 96,5$ kJ).

Die in Abb. 9-13 B dargestellte Normal-Wasserstoffelektrode ist auf einen pH-Wert von Null ein-

gestellt. Da in der Biochemie ein Bezugs-pH-Wert von 7,0 gilt, hat die Normal-H_2-Elektrode ein um –0,41 (= 7 · (–0,059)) Volt verschobenes Potential. Die Berechnung erfolgt nach der Nernstschen Gleichung (s. Lehrbücher der Chemie). Die **biochemischen Normalpotentiale** (E'_0) der beiden zentralen Redoxsysteme der Atmungskette lassen sich somit in einer elektrochemischen Spannungsreihe anordnen (Gl. 9.11):

Red. $\rightleftarrows$ Ox.+ e⁻	E'_0(V)
H_2 $\rightleftarrows$ 2 H^+ + 2e⁻	– 0,41
NADH + H^+ $\rightleftarrows$ NAD^+ + 2 H^+ + 2e⁻	– 0,32
H_2O $\rightleftarrows$ 1/2O_2 + 2 H^+ + 2e⁻	+ 0,82

Die hier referierten Fakten bilden die Voraussetzung für ein Verständnis der im nächsten Abschnitt dargestellten mitochondrialen Atmungskette in der Pflanzenzelle.

9.10 Die Atmungskette: Energiebilanz

Die auf der Innenmembran der Mitochondrien lokalisierte Atmungskette ist eine aus elektronenübertragenden Enzymen aufgebaute Redox-Abfolge, die den Wasserstoff der reduzierten Cosub-

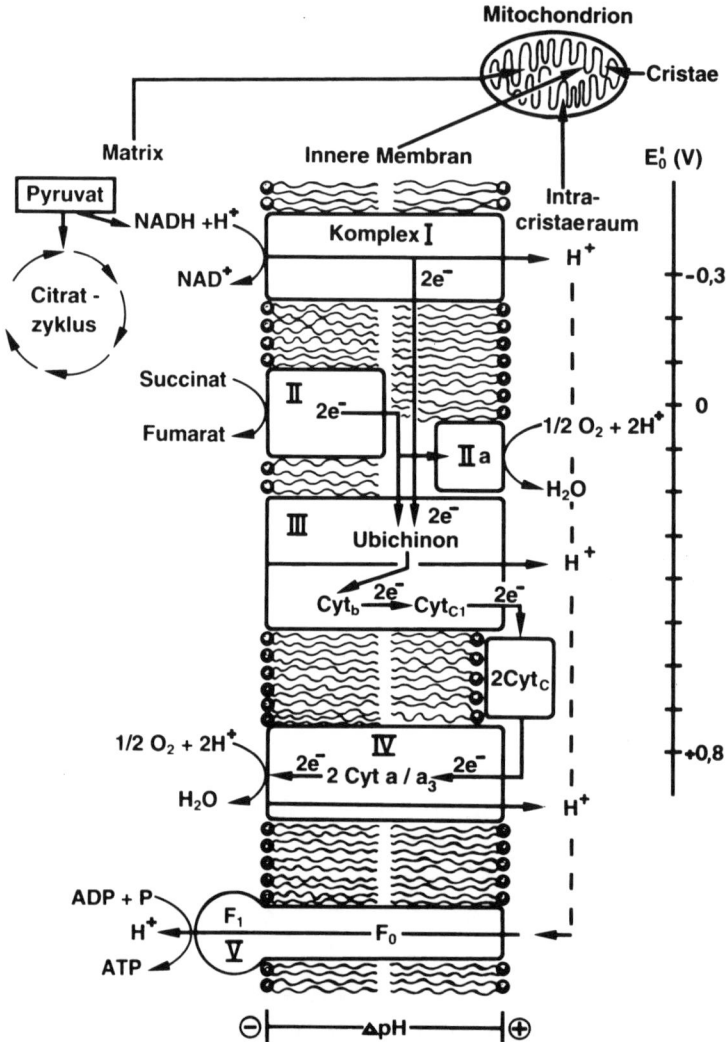

Abb. 9-14: *Hypothetische Struktur der Atmungskette in der inneren Mitochondrienmembran der höheren Pflanzen. Die Elektronentransport-Komplexe I–IV befördern die von NADH + H⁺ abgegebenen Elektronenpaare (2e⁻) zum Sauerstoff (1/2 O₂). Komplex IIa = cyanidresistente (alternative) Oxidase, Komplex V = F₀-F₁-ATP-Synthase (oxidative Phosphorylierung). Cyt = Cytochrome, E′₀ = biochemisches Normalpotential, ΔpH = H⁺-Konzentrationsgradient zwischen Matrix- und Intracristaeraum. (Nach verschiedenen Autoren).*

strate (NADH + H⁺, FADH₂) stufenweise zu Wasser oxidiert. Man kann diesen komplizierten Prozess sowie die damit gekoppelte **oxidative Phosphorylierung** im Prinzip folgendermaßen veranschaulichen (Abb. 9-14). In die eingefaltete Innenmembran (Cristae) der Mitochondrien sind vier verschiedene elektronentransportierende Redox- und Enzymkomplexe (I–IV) eingelagert.

Elektronenpaare (2e⁻) fließen von dem relativ negativen Redoxpaar NADH + H⁺/NAD⁺ (E'_0 = −0,32V) zum Redoxpaar $H_2O/1/2 O_2$ (E'_0 = +0,82V), wobei Redoxpaare mit intermediären E'_0-Werten dazwischengeschaltet sind (s.u.). Die Elektronenpaare fließen somit von einem Redoxsystem mit negativem Potential („positiver Elektronendruck") zu einem positiven Redoxsystem

(„Elektronensog"), wobei ein Verlust an freier Energie ($\Delta G°$) stattfindet. Gleichzeitig werden Protonen in den Zwischenraum (= Intracristae) der inneren Mitochondrienmembran gepumpt.

Nach Gleichung 9.10 kann die Änderung der freien Energie unter definierten Standardbedingungen ($\Delta G°$) für den Transport eines Elektronenpaares ($2e^-$) durch die gesamte Atmungskette (Komplexe I–IV) wie folgt berechnet werden:

$$\Delta G° = -2 \cdot 96{,}5 \text{ kJ/V} \qquad (9.12)$$
$$[0{,}82 - (-0{,}32)]\text{V} = -220 \text{ kJ/mol}$$

Bei der Passage eines Elektronenpaares von NADH + H^+ zum molekularen Sauerstoff über die Elektronentransportkette wird somit ein beträchtlicher Betrag an Energie frei (–220 kJ/mol); er entspricht 93% der bei der Knallgasreaktion freigesetzten Wärmemenge (–237 kJ/mol, s. Gl. 9.8). Diese Energie wird zum Teil in Form von ATP gespeichert. Bei der Bildung von ATP aus ADP und Phosphat wird unter Standardbedingungen folgender Energiebetrag verbraucht:

$$\text{ADP} + \text{Phosphat} \rightarrow \text{ATP} + H_2O \qquad (9.13)$$
$$\Delta G° = +30{,}5 \text{ kJ/mol}$$

Bei der Reaktion von einem mol NADH + H^+ mit $1/2\ O_2$ entstehen im Mitochondrion der Pflanzenzelle etwa 3 mol ATP, d.h. $3 \cdot 30{,}5 = 91{,}5$ kJ (= 42%) der freigesetzten Energie (–220 kJ) wird (theoretisch) in Form von ATP vom Organismus gespeichert. Etwa 58% der Energie wird demnach von der Pflanze als **Atmungswärme** an die Umgebung abgegeben. Die Gesamtbilanz der Atmungskette lautet somit wie folgt:

$$\text{NADH} + H^+ + 3\ \text{ADP} + 3\ \text{P} + 1/2\ O_2 \quad (9.14)$$
$$\rightarrow \text{NAD}^+ + 3\ \text{ATP} + 4\ H_2O$$
$$\Delta G° = -128{,}5 \text{ kJ/mol}$$

Drei der vier H_2O-Moleküle (Gl. 9.14) werden bei der ATP-Bildung freigesetzt; ein H_2O-Molekül ist das Produkt der „intrazellulären Knallgasreaktion".

9.11 Oxidative Phosphorylierung: Die ATP-Synthase

Wie aus Gleichung 9.14 hervorgeht, entsteht beim Passieren der e^--Paare durch die Elektronentransportkette ATP. Diese **Atmungskettenphosphorylierung** soll hier etwas näher dargestellt werden. Der Mechanismus der oxidativen Phosphorylierung wird nach der von P. Mitchell (1966) formulierten **chemiosmotischen Hypothese** erklärt. Diese postuliert, dass die Elektronentransportkette im Prinzip als Protonenpumpe fungiert. Die beim Elektronentransport freiwerdende Energie wird zur Ausschleusung von Protonen aus der Matrix des Mitochondrions in den Intracristaeraum hinein genutzt. Der pH-Wert sinkt dort ab, während er in der Matrix ansteigt. Es entsteht somit ein Konzentrationsgradient an Protonen (ΔpH) zwischen Innen- und Außenraum. Gleichzeitig wird an der inneren Mitochondrienmembran ein elektrisches Potential aufgebaut (innen negativ, außen positiv). Die im Intracristaeraum akkumulierten Protonen gelangen nun durch einen spezifischen H^+-Kanal in einer membrangebundenen **ATP-Synthase** (= Kopplungsfaktor) zurück in die Matrix. Die ATP-Synthase ist in Abb. 9-14 als Komplex V bezeichnet und besteht aus zwei Untereinheiten (F_0, in Membran integriert; F_1, aus Membran in die Matrix hineinragend).

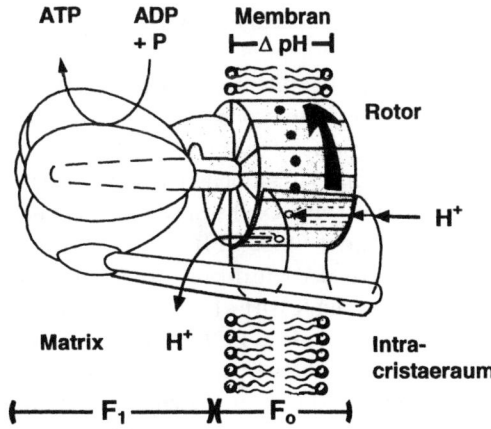

Abb. 9-15: *Struktur des Enzyms ATP-Synthase. Der Proteinkomplex besteht aus einer membranintegrierten Untereinheit (F_0, mit Rotor und Protonenkanal) und einem zweiten Teil (F_1), der in den Matrixraum ragt. F_1 besitzt drei katalytische Bindungsstellen zur Biosynthese von Adenosintriphosphat (ATP) aus Adenosindiphosphat (ADP) und Phosphat (P). (Nach Elston, T., Wang, H. & Oster, G.: Nature 391, 510– 513, 1998).*

Während des Durchtrittes der Protonen wird an der F_1-Untereinheit des Komplex V aus ADP und anorganischem Phosphat (P) ATP synthetisiert: Die freie Energie, die während des Konzentrationsausgleichs entsteht, wird somit zur ATP-Bildung genutzt.

In Abb. 9.14 ist die mitochondriale F_0-F_1-ATP-Synthase nur schematisch eingezeichnet. Im Verlauf der letzten Jahre konnte die dreidimensionale Struktur dieses aus zahlreichen Untereinheiten zusammengesetzten Enzyms aufgeklärt werden (Abb. 9-15). Die Proteindomäne F_0 (in der Membran) enthält den Protonen (H^+)-Kanal sowie einen Rotor („Trommel" oder „Drehmotor"). Am „Köpfchen" (F_1-Domäne) befinden sich die ATP-synthetisierenden Protein-Untereinheiten des Systems. Beim Durchtritt der Protonen dreht sich der F_0-Rotor („das kleinste Rad der Welt"). Diese Rotationsbewegung bewirkt die Synthese des Energieüberträgers ATP (1 mol ATP pro insgesamt 4 mol transferierter H^+-Ionen vom Intracristaeraum in die Matrix des Mitochondrions).

9.12 Elektronentransportkette und cyanidresistente Atmung

Die in die Mitochondrieninnenmembran eingelagerte Elektronentransportkette besteht bei höheren Pflanzen aus vier Komplexen (I–IV). Die Funktion sowie die Zusammensetzung dieser Elektronentransportkomplexe kann wie folgt zusammengefasst werden (Abb. 9-14).

Komplex I ist der Eintrittsort für Elektronenpaare aus internem NADH + H^+, das in der Matrix als Oxidationsprodukt des Citrat-Zyklus gebildet wurde. Komplex I besteht aus einem Flavinmononucleotid (FMN) und mehreren Eisen-Schwefel-Proteinen. Der Transfer des Elektronenpaares zu Komplex III ist mit einem Export von Protonen von der Matrix in den Intracristaeraum gekoppelt.

Alle Zwischenprodukte des Citrat-Zyklus werden, mit Ausnahme von Succinat, in der Matrix des Mitochondrions von löslichen Enzymen umgesetzt. Das Enzym Succinat-Dehydrogenase ist in die Innenmembran des Mitochondrions integriert (Komplex II): Bei der Oxidation von Succi-

nat zu Fumarat gelangt somit ein Elektronenpaar in die Transportkette. Komplex II enthält neben der Succinat-Dehydrogenase das FAD als prosthetische Gruppe sowie eine Reihe bisher noch nicht genau bekannter Proteine. Die Mitochondrieninnenmembran der höheren Pflanzen enthält außerdem eine externe NADPH-Dehydrogenase, die, ohne Protonen zu transportieren, Elektronenpaare in die Transportkette einschleust (in Abb. 9-14 nicht eingezeichnet). Die alternative Oxidase (Komplex II a) wird weiter unten im Zusammenhang mit der cyanidresistenten Atmung besprochen.

Komplexe III und IV enthalten neben einem Eisen-Schwefel-Protein (III) das Ubichinon sowie die Cytochrome b, c_1, c und a/a_3. Ubichinon (Syn.: Coenzym Q) ist ein fettlösliches Chinon mit einer langen Isoprenoid (= Polyisopren)-Seitenkette. Das Molekül kann in reduzierter (QH_2, Ubihydrochinon) und oxidierter Form (Q) vorliegen und überträgt die Elektronenpaare auf das Cytochrom b. Dabei werden Protonen von der Matrix in den Intracristaeraum transportiert:

$$QH_2 \rightleftarrows Q + 2\,H^+ + 2\,e^- \qquad (9.15)$$

Cytochrome sind rot bis braun gefärbte Haemproteine. Durch reversiblen Wechsel der Oxidationszahl des zentralen Eisenatoms ihres Porphyrinringsystems übertragen sie Elektronen:

$$Fe^{2+}\,(Red) \rightleftarrows Fe^{3+}\,(Ox) \qquad (9.16)$$

Die Cytochrome sind mit aufsteigenden (d. h. positiv werdenden) Redoxpotentialen nacheinander für den Transport der Elektronenpaare vom Ubichinon zum molekularen Sauerstoff verantwortlich:

$$\text{Ubichinon} \xrightarrow{2e^-} \text{Cyt b} \xrightarrow{2e^-} \text{Cyt } c_1 \xrightarrow{2e^-} \text{Cyt c}$$
$$\xrightarrow{2e^-} \text{Cyt a/}a_3 \xrightarrow{2e^-} 1/2\,O_2 + 2\,H^+ \longrightarrow H_2O$$
$$(9.17)$$

Der letzte Elektronen-Carrier der Atmungskette ist das Cytochrom a / a_3 (= **Cytochrom-Oxidase-Komplex**). Dieses Redox-System kann die Elektronenpaare direkt an Sauerstoffmoleküle abgeben, wodurch die „intrazelluläre Knallgasreaktion" ermöglicht wird ($1/2\,O_2 + 2\,H^+ + 2e^- \rightarrow H_2O$).

Bei Tierzellen kann die Cytochrom-Oxidase durch Zugabe des Stoffwechselgiftes Cyanid (z. B. KCN) gehemmt werden: Der Elektronentransport zum Sauerstoff wird durch Komplexbildung der Cyanid-Ionen mit dem zentralen Eisen-Ion der Cytochrome vollständig unterbunden, so dass die Zellatmung blockiert ist. Weitere Enzymgifte der Cytochrom-Oxidase sind Kohlenmonoxid (CO) und Hydrogensulfid (H_2S). Bei allen bisher untersuchten höheren Pflanzen kann der Cytochrom-Weg der Atmungskette (Elektronenfluss über Komplexe III und IV) durch Applikation von KCN jedoch nicht vollständig gehemmt werden. Diese **cyanidresistente Atmung** der Pflanzenzelle wird durch einen alternativen Elektronentransportweg ermöglicht, der als Komplex IIa in die innere Mitochondrienmembran eingelagert ist (Abb. 9-14). Bei der alternativen Reduktion des Sauerstoffs werden keine Protonen in den Intracristaeraum gepumpt. Da kein pH-Gradient (ΔpH) aufgebaut wird, entsteht auch kein ATP. Die entstehende freie Energie wird somit ausschließlich in Form von Wärme frei. Im Blütenkolben von Aronstabgewächsen (z. B. *Arum maculatum*) wird die cyanidresistente Atmung zur Hitzeproduktion (**Thermogenese**) während der Blütezeit eingesetzt (Abb. 9-2). Auch in Wurzeln und Blättern vieler Pflanzenarten wurde die Aktivität des alternativen Atmungsweges experimentell nachgewiesen. Die physiologische Bedeutung der cyanidresistenten Atmung in der Pflanzenzelle ist noch unklar.

9.13 Effizienz der Zellatmung

Nach dieser detaillierten Beschreibung der Teilprozesse der Zellatmung soll zum Abschluss die Bilanz des Gesamtprozesses betrachtet werden. Zu Beginn wurde dargelegt, dass pro mol Glucose etwa 36 mol ATP gebildet werden (Gl. 9.1). Wie kommt diese Energiebilanz zu Stande? Die **Substratphosphorylierung** liefert 4 ATP pro Glucose-Molekül (2 ATP in der Glykolyse; 2 ATP im Citrat-Zyklus, da pro Glucose 2 Acetyl-CoA entstehen, s. Gl. 9.3 und 9.7). Glykolyse und oxidative Decarboxylierung des Pyruvats liefern pro Glucose je 2, der Citrat-Zyklus $2 \cdot 4 = 8$ an Cosubstrate gebundene H-Atompaare (d. h. NADH + H$^+$- bzw. FADH$_2$-Einheiten).

Diese 12 H-Einheiten werden in der Atmungskette zur ATP-Bildung „verbrannt". Unter Verwendung isolierter Mitochondrien konnte experimentell gezeigt werden, dass pro Elektronenpaar nicht exakt 3, sondern nur etwa 2,7 ATP-Moleküle gebildet werden. Die 12 H-Einheiten liefern somit etwa 32 ATP (**Oxidative Phosphorylierung**). Als Summe (Substratphosphorylierung + Atmungskettenphosphorylierung) entstehen unter optimalen Bedingungen daher etwa 36 mol ATP pro mol Glucose. Man kann Gl. 9.1 (physiologische Verbrennung von Glucose) somit wie folgt schreiben:

$$C_6H_{12}O_6 + 6\,O_2 + 36\,ADP + 36\,P$$
$$\xrightarrow{\text{Zelle}} 6\,CO_2 + 6\,H_2O + 36\,ATP$$
$$\Delta G° = -1770\,\text{kJ/mol} \hspace{2cm} (9.18)$$

Die in Form von Wärme abgegebene Energiemenge von -1770 kJ/mol ist die Differenz aus dem Gesamtbetrag von -2870 kJ/mol (Verbrennung von Glucose) und den $+1100$ kJ/mol, die in der Zelle zur Bildung der 36 mol ATP verbraucht werden ($= 36 \cdot (+30,5\,\text{kJ/mol})$) ($= 38\%$).

Diese Berechnung der **Effizienz** der biologischen Oxidation von Glucose in der Pflanzenzelle ist nur als theoretische Abschätzung zu bewerten. Die verwendeten $\Delta G°$-Werte wurden unter abstrakten Standardbedingungen ermittelt (In vitro-Experimente). In der lebenden Zelle (in vivo) liegen andere, bisher noch nicht im Detail bekannte Reaktionsbedingungen vor (pH-Wert etwa 7; Konzentrationen der Reaktionspartner < 1 mol/l). Die tatsächliche Effizienz der Zellatmung ist daher nicht genau bekannt. Experimente und Berechnungen haben gezeigt, dass zur ATP-Bildung in der Zelle ein Energiebetrag von etwa $+50$ kJ pro mol aufgewendet werden muss ($\Delta G°$). Ersetzt man diesen in vivo-Betrag durch den $\Delta G°$-Wert der ATP-Produktion in vitro ($+30,5$ kJ/mol), so kann man eine Energieausbeute von 63 % errechnen. Der exakte in vivo-Wert liegt somit vermutlich im Bereich zwischen 40 und 60 %, d. h. etwa die Hälfte der Energie, die das Glucose-Molekül speichert, wird bei der Zellatmung in Form von ATP konserviert.

Wie gelangt das in den Mitochondrien gebildete ATP in das Cytoplasma der Zelle? Fraktionierungsexperimente mit isolierten Mitochondrien haben gezeigt, dass die Aussenmembran dieser semiautonomen Organellen für ADP, ATP und andere Moleküle permeabel ist. Auf der Innen-

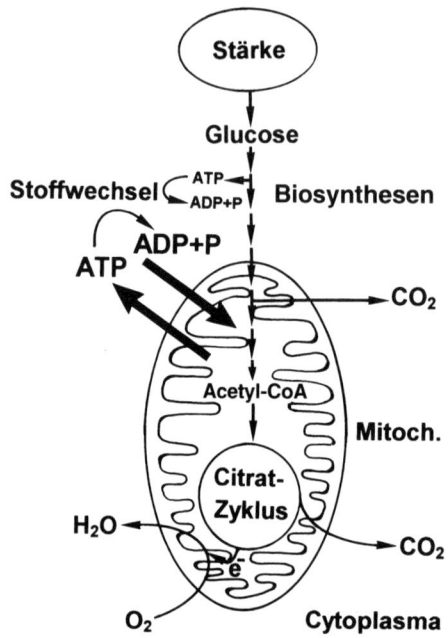

Abb. 9-16: *Schema der Zellatmung. Funktionen: 1. Produktion von Adenosintriphosphat (ATP) zur Aufrechterhaltung des Stoffwechsels; 2. Bereitstellung von Bausteinen zur Biosynthese verschiedener Moleküle. Die hier dargestellten Prozesse laufen in allen lebenden Zellen der Pflanze ab (Wurzel, Sprossachse, grüne Blätter in Dunkelheit und im Licht).*

membran sind ADP/ATP-Translokator-Proteine lokalisiert. Über diese *carrier* werden die Nucleotide ein- und ausgeschleust. Der ATP-Gehalt des Cytoplasmas kann somit ständig regeneriert und der jeweiligen metabolischen Aktivität der Zelle angepasst werden. In Abb. 9-16 sind die wichtigsten Reaktionswege und die beiden Hauptfunktionen der Zellatmung zusammengefasst. Es wird deutlich, dass über 80 % des im Cytoplasma benötigten ATPs in den Mitochondrien produziert wird. Diese semiautonomen „Kraftwerke" sind für die Eucyte von essentieller Bedeutung (frei lebende mitochondrienlose Zell-Mutanten sind unter aeroben Bedingungen auf Dauer nicht lebensfähig).

9.14 Der oxidative Pentosephosphatzyklus

Die Glykolyse (Abb. 9-9) ist nicht der einzige Weg zum Abbau der Glucose im Cytoplasma der Pflanzenzelle. Als alternativer Stoffwechselweg ist der oxidative Pentosephosphatzyklus ausgebildet (Abb. 9-3). Dieser Kreisprozess spielt allerdings im Vergleich zur Glykolyse nur eine untergeordnete Rolle; man nimmt an, dass 80–95 % des Glucoseabbaus über die Glykolyse verläuft. Die beiden Abbauwege sind, wie in Abb. 9-17 schematisch dargestellt ist, miteinander verknüpft. Glucose-6-Phosphat wird über Gluconat-6-Phosphat in Ribulose-5-Phosphat umgewandelt, wobei NADPH + H$^+$ und CO_2 entstehen. Eine Folge von Reaktionen führt dann zur Bildung der Glykolyse-Zwischenprodukte Glycerinaldehyd-3-Phosphat und Fructose-6-Phosphat. Die Bilanz des oxidativen Pentosephosphatzyklus lautet wie folgt:

$$\text{Glucose-6-P} + 12\ NADP^+ \qquad (9.19)$$
$$\rightarrow 6\ CO_2 + 12\ NADPH + 12\ H^+$$

Ein Molekül Glucose-6-Phosphat wird somit unter Bildung von 12 NADPH + 12 H$^+$ in 6 CO_2-Moleküle zerlegt, wobei zum vollständigen Abbau einer Glucose-Einheit sechs Durchgänge erforderlich sind.

Bei der Glykolyse entstehen aus einem Molekül Glucose 2 Pyruvat sowie 2 NADH + 2 H$^+$ und 2 ATP. Im Gegensatz dazu wird beim alternativen Abbauweg als einziges „verwertbares" Produkt NADPH + H$^+$ gebildet, das vermutlich als „Reduktionsäquivalent" für Biosynthesereaktionen eingesetzt wird. Außerdem entstehen als Zwischenprodukte verschiedene Pentosephosphate. Diese werden – als Bausteine der Nucleotide, Nukleinsäuren und Zellwandpolysaccharide – vermutlich aus dem Zyklus abgezweigt und dienen dann zur Biosynthese der genannten Substanzen. Die Bedeutung eines Zwischenproduktes des oxidativen Pentosephosphatzyklus (Erythrose-4-Phosphat) sollte hervorgehoben werden. Dieses Intermediat bildet mit Phosphoenolpyruvat (aus Glykolyse) den Startpunkt der Biosynthesekette der Phenole. Daraus folgt, dass der Nebenweg der Glykolyse (Abb. 9-17) bei der Biosynthese einer der drei Klassen der pflanzlichen Sekundärstoffe eine zentrale Rolle spielt (Kap. 17).

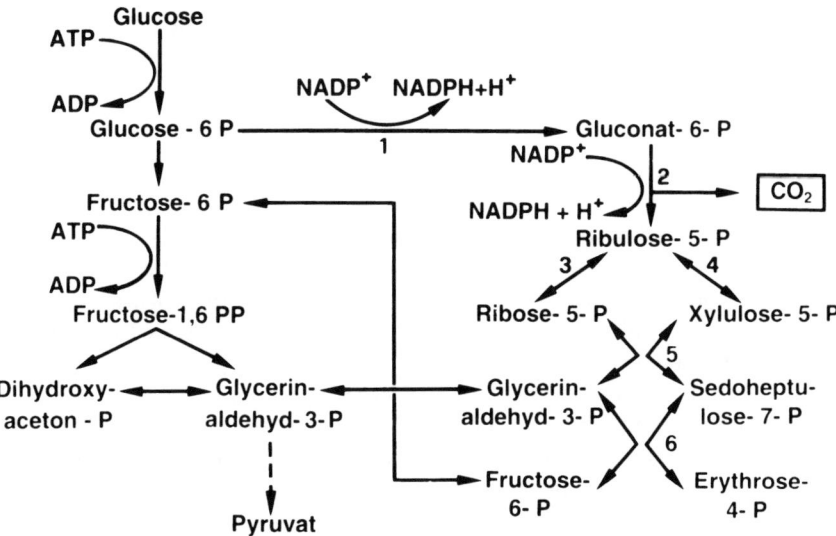

Abb. 9-17: *Glykolyse (links) und oxidativer Pentosephosphatzyklus (rechts). Enzyme: 1 = Glucose-6-P-Dehydrogenase, 2 = Phosphogluconat-Dehydrogenase, 3 = Pentosephosphat-Isomerase, 4 = Pentosephosphat-Epimerase, 5 = Transketolase, 6 = Transaldolase. (Nach verschiedenen Autoren).*

Die in diesem Kapitel besprochene aerobe Dissimilation (Zellatmung) (Abb. 9-16) sollte nicht mit der so genannten **Photorespiration** verwechselt werden. Als Photorespiration oder „Lichtatmung" bezeichnet man einen Nebenweg der Sekundärreaktion der Photosynthese grüner Organe (z. B. Laubblätter). Dieser Prozess ist mit einem der Zellatmung analogen Gaswechsel verbunden (O_2-Aufnahme / CO_2-Abgabe), wobei allerdings kein ATP gebildet wird. Die Photorespiration ist im Zusammenhang mit der Photosynthese dargestellt (Kap. 10).

10 Photosynthese

Experimente, die gegen Ende des 18. Jahrhunderts durchgeführt wurden, haben zu der Erkenntnis geführt, dass die grünen Laubblätter der Pflanzen im Licht unter Aufnahme von Kohlendioxid (CO_2) und Wasser (H_2O) das lebenserhaltende Gas Sauerstoff (O_2) abgeben. Die im Jahr 1804 veröffentlichten quantitativen Untersuchungen von T. de Soussure haben erstmals gezeigt, dass bei der „Kohlenstoffassimilation" das Volumen des ausgeschiedenen Sauerstoffs gleich dem Volumen des aufgenommenen Kohlendioxids ist ($O_2/CO_2 = 1$). Man nahm allerdings während der frühen Phase der Photosyntheseforschung fälschlicherweise an, der Sauerstoff stamme aus dem CO_2. Der Pflanzenphysiologe J. Sachs formulierte 1882 den Lehrsatz von der „Kohlensäurezersetzung im Chlorophyll unter Einfluss des Lichtes". Die von R. Hill (1939) durchgeführten Untersuchungen an isolierten Chloroplastenbruchstücken haben jedoch gezeigt, dass der molekulare Sauerstoff aus dem Wasser stammt (s.u.).

Zur Demonstration des bei der Photosynthese grüner Pflanzen abgegebenen Sauerstoffs eignen sich Wasserpflanzen besonders gut. Wird ein Spross der Wasserpest (*Elodea canadensis*) in CO_2-haltiges Wasser gebracht und belichtet, so steigen an der Schnittfläche Sauerstoffblasen auf, die mit einem übergestülpten Reagenzglas gesammelt werden können. Ein glühender Holzspan flammt nach Eintauchen in den photosynthetisch gebildeten Sauerstoff auf. Wird das Wasser vorher abgekocht (d.h. CO_2-frei gemacht), so entstehen

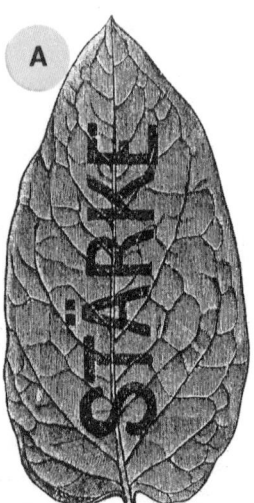
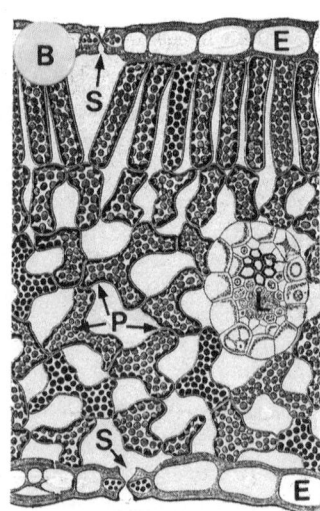
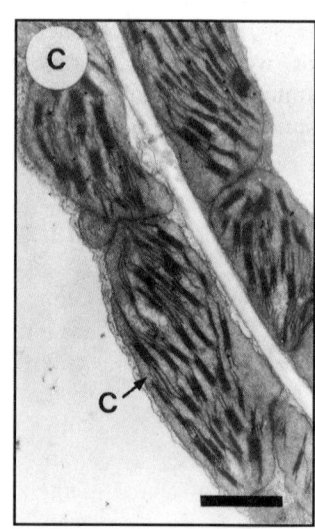

Abb. 10-1: Das Laubblatt als Photosyntheseorgan der Pflanze. In einem belichteten Blatt, das mit einer Schablone abgedeckt war, entsteht nur dort das Assimilationsprodukt Stärke, wo die Sonnenstrahlen absorbiert wurden (ausgeschnittene Buchstaben „Stärke") (A). Im lichtmikroskopischen Bild (Blattquerschnitt) können die Spaltöffnungen (Eintrittsorte des CO_2) sowie die chloroplastenreichen Assimilationsgewebe (Palisaden- und Schwammparenchym) erkannt werden (B). Die elektronenmikroskopische Aufnahme zeigt die Feinstruktur der Chloroplasten mit Grana- und Stroma-Thylakoidmembranen (C). C = Chloroplast, E = Epidermis, L = Leitbündel, P = Parenchymzellen, S = Spaltöffnung (Stoma). Balken = 1 μm.

trotz Belichtung keine O_2-reichen Blasen. Dieses klassische Experiment wurde bereits beschrieben (Kap. 1). Im Jahr 1865 entdeckte J. Sachs, dass die chlorophyllhaltigen Chloroplasten der Zellen die Orte der CO_2-Assimilation sind und dass die Stärke das erste sichtbare Assimilationsprodukt ist (Abb. 10-1 A–C). Die Stärkebildung lässt sich leicht nachweisen, indem man ein ausgewachsenes Laubblatt einer im Licht wachsenden Pflanze partiell mit Alufolie abdeckt. Nach einigen Tagen wird das Blatt abgeschnitten, in kochendem Wasser abgetötet und zur Extraktion des Chlorophylls in Alkohol eingelegt. Die farblosen Blätter werden anschließend mit Jod/Kaliumjodid-Lösung behandelt. Die in den belichteten Teilen des Blattes gebildete Stärke ist schwarzblau gefärbt, während die mit Alufolie abgedeckten (unbelichteten) Bereiche des Organs farblos bleiben. Dieses Demonstrationsexperiment zeigt, dass die Lichtwirkung auf die Stärkebildung lokal ist, d. h. nur dort, wo Licht absorbiert werden kann, entsteht in Anwesenheit von H_2O und CO_2 das Assimilationsprodukt Stärke.

In diesem Kapitel sind die physikalisch-chemischen Grundlagen der Photosyntheseprozesse dargestellt. Im letzten Abschnitt werden angewandte Aspekte diskutiert (Energiepflanzenbau).

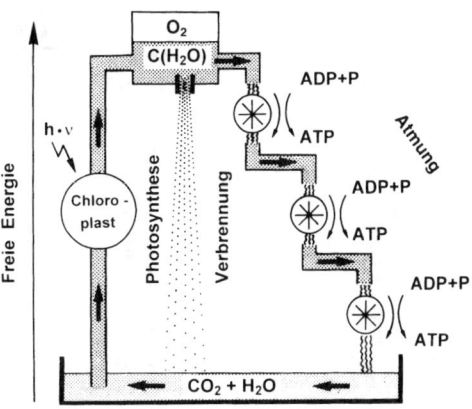

Abb. 10-2: Hydraulisches Modell von Photosynthese, Verbrennung und Atmung. Der Kreislauf wird durch die solare Strahlungsenergie (h · ν) angetrieben. (Nach Rabinowitch, E. & Govindjee, A.: Photosynthesis. Wiley & Sons, New York, 1969).

10.1 Heterotrophe und photoautotrophe Organismen

Heute wird der eingangs erwähnte Begriff „Assimilation des Kohlenstoffs" nur noch selten verwendet; er wurde durch das Synonym **Photosynthese** ersetzt. Man definiert die Photosynthese als Gesamtheit jener Prozesse photoautotropher Organismen (Pflanzen, Algen, Cyanobakterien), bei denen die solare Strahlungsenergie des sichtbaren Lichtes in freie Standardenergie (G°) umgewandelt und in Form organischer Verbindungen (Kohlenhydrate, CH_2O) gespeichert wird. Als Nebenprodukt dieses Energiewandlungsprozesses (oxigene Photosynthese) entsteht molekularer Sauerstoff:

$$CO_2 + H_2O \xrightarrow[\text{Verbrennung, Atmung}]{\text{Licht, Chloroplast}} (CH_2O) + O_2 \qquad (10.1)$$

Betrachtet man die Photosynthese global, so wird deutlich, dass die in der Sonne ablaufende Kernfusion (Wasserstoff zu Helium) letztlich die Energie für die Biosynthese energiereicher organischer Kohlenstoffverbindungen aus energiearmen anorganischen Ausgangsstoffen (CO_2, H_2O) liefert. Auch die fossilen Energieträger der Erde (Kohle, Erdöl, Erdgas) sind letztlich die Photosyntheseprodukte ausgestorbener photoautotropher Pflanzen früherer Erdepochen (Paläozoikum, Karbon: Zeitraum vor etwa 360–290 Millionen Jahren).

Heterotrophe Organismen (bzw. Organe, Gewebe, Zellen) ernähren sich durch Aufnahme organischer (energiereicher) Kohlenstoffverbindungen. Grüne Pflanzen sind als ganzes betrachtet **photoautotrophe Organismen**, d. h. sie sind von der Zufuhr organischer Substanzen unabhängig und ernähren „sich selbst" unter Ausnutzung des Sonnenlichts (Kap. 3). Es gibt jedoch bei höheren Pflanzen heterotrophe Entwicklungsstadien (Keimung, Wachstum in Dunkelheit), heterotrophe (nicht grüne) Organe (Wurzel, Knollen) sowie heterotrophe Gewebe (z. B. Epidermis, Meristeme), die wiederum Bestandteil eines photoautotrophen Organs sind (z. B. Blatt). Alle Tiere, die Pilze, die Mehrzahl der Bakterien sowie einige chlorophyllfreie höhere Pflanzen (Parasiten, z. B. Teu-

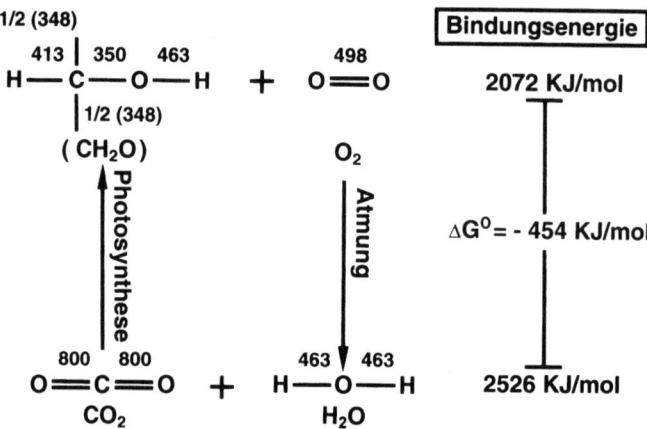

Abb. 10-3: *Abschätzung der bei Photosynthese und Zellatmung erfolgenden Änderung der freien Standard-energie (ΔG°), bezogen auf 1 C-Atom. Die Bindungsenergien zwischen den C-, H- und O-Atomen der Moleküle sind Näherungswerte. (Nach Nobel, P. S.: Physicochemical and Environmental Plant Physiology. Academic Press, London, 1991).*

felszwirn, *Cuscuta europaea*) sind heterotrophe Organismen (Kap. 18).

Heute ist bekannt, dass der lebensnotwendige Sauerstoff unserer Atmosphäre (O_2) ausschließlich als Nebenprodukt der oxigenen Photosynthese grüner Organismen (Pflanzen, Algen, Cyanobakterien) gebildet wurde und ständig nachproduziert wird (lichtabhängige O_2-Abgabe). Diese Lebewesen sind die **Biomasse-Produzenten der Erde**. Die heterotrophen Organismen (**Konsumenten**) ernähren sich von den energiereichen Photosyntheseprodukten der Pflanzen und verwenden den gebildeten Sauerstoff zum oxidativen Abbau der Kohlenhydrate (Atmung). Die Sonnenenergie liefert somit die Triebkraft für den Kreislauf der atmosphärischen Gase CO_2 und O_2 sowie die damit gekoppelte Biosynthese der Kohlenhydrate und anderer organischer Moleküle.

Photosynthese und Atmung lassen sich anhand eines hydraulischen Modells veranschaulichen (Abb. 10-2). Das Wasser im unteren Behälter (d. h. energiearme Verbindungen CO_2 und H_2O) wird durch eine lichtgetriebene Pumpe (Chloroplast) in Kohlenhydrat (CH_2O, d. h. energiereiche Verbindung) und das Nebenprodukt Sauerstoff (O_2) umgewandelt (Photosynthese). Die im oberen Behälter gespeicherten energiereichen Kohlenhydrate können sich direkt mit O_2 verbinden (Verbrennung, d. h. Abfluss des Wassers ohne Nutzung

der Energie). Die freie Standardenergie kann jedoch auch durch stufenweise Verbrennung zur Gewinnung von Adenosintriphosphat (ATP) verwendet werden (Zellatmung, d. h. Abfluss des Wassers unter Antrieb von Wasserrädern, die als Kraftwerke der ATP-Gewinnung dienen).

Warum ist das System „Kohlenhydrat plus Sauerstoff ($CH_2O + O_2$)" energiereicher als die Ausgangssubstanzen CO_2 und H_2O? Die Produkte und Edukte bestehen aus denselben Atomen C, H und O, die wiederum aus positiv geladenen Atomkernen und negativ geladenen Elektronen aufgebaut sind. In den Molekülen CO_2 und H_2O ist eine sehr stabile Anordnung der Atome ausgebildet, während in den Photosyntheseprodukten (CH_2O) und O_2 eine weniger „dichte" Verknüpfung derselben Bausteine vorliegt. Dies wird deutlich, wenn man die mittleren Bindungsenergien der Edukte und Produkte von Gl. 10.1 miteinander vergleicht (Abb. 10-3). Die Bindungsenergie ist der Energiebetrag, der aufgebracht werden muss, um die gasförmigen Moleküle A-B in die Atome A und B zu zerlegen („Atomisierungsenergie der Moleküle", Einheit: kJ/mol). Je größer die Bindungsenergie einer kovalenten Verknüpfung zweier Atome im Molekül A-B ist, desto stabiler oder „fester" ist die Bindung zwischen A und B. Wie Abb. 10-3 zeigt, beträgt die Summe der mittleren Bindungsenergien der Edukte CO_2 und H_2O

gleich 2526 kJ/mol (800+800+463+463). Die Photosyntheseprodukte CH_2O und O_2 weisen eine Gesamt-Bindungsenergie von nur 2072 kJ/mol auf (413+348+350+463+498), wobei die C–C-Bindung im Kohlenhydrat, da sie auf beiden Seiten desselben Kohlenstoffatoms ausgebildet ist, mit dem Faktor 1/2 multipliziert wurde. Die Differenz von −454 kJ/mol entspricht in etwa der freien Standardenergie ($\Delta G°$), die pro C-Atom aufgebracht werden muss, um das Kohlenhydrat zu bilden (Photosynthese) bzw. die frei wird, wenn (CH_2O) und O_2 miteinander reagieren (Verbrennung, Zellatmung).

In Kapitel 7 (Energetik des Stoffwechsels) wurde dargelegt, dass bei der Verbrennung von 1 mol Glucose ($C_6H_{12}O_6$) eine Energiemenge von etwa −2870 kJ in Form von Arbeit gewonnen werden kann. Bei der photosynthetischen Produktion von 1 mol Glucose aus CO_2 und H_2O muss hingegen ein Energiebetrag von +2870 kJ aufgebracht werden (s. Gl. 10.5). Aus den mittleren Bindungsenergien (Abb. 10.3) lässt sich ein Energiebetrag von 6 · 454=2724 kJ/mol Glucose berechnen. Diese indirekt ermittelte Energiedifferenz ($\Delta G° = +2724$ kJ/mol) stimmt somit mit dem experimentell bestimmten Wert ($\Delta G°=−2870$ kJ/mol) recht gut überein.

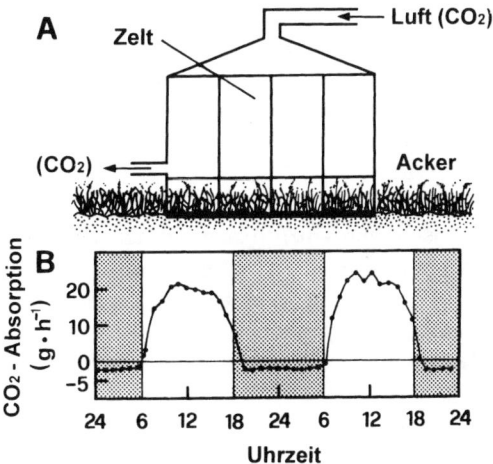

Abb. 10-4: *Atmung und Photosynthese im natürlichen Tag/Nacht Rhythmus. Ein mit durchsichtiger Folie bespanntes Zelt wurde auf einen mit Luzernen (Medicago sativa) bewachsenen Acker gestellt (A). Die CO_2-Absorption der Pflanzen (B) weist in der Nacht negative Werte auf (Atmung, d. h. CO_2-Abgabe). Am Tag wurden positive Raten gemessen (Photosynthese, d. h. CO_2-Aufnahme). (Nach Thomas, M. D. & Hill, G. R. In: Franck, I. I. & Loomis, W. E.: Photosynthesis in Plants. Iowa State Univ Press, Iowa, 1949).*

10.2 Photosynthesemessungen im Freiland

Nach diesen energetischen Betrachtungen sollen nun die Prozesse Atmung und Photosynthese der grünen Pflanzen unter natürlichen Umweltbedingungen dargestellt werden. Aus Gleichung 10.1 geht hervor, dass die **Photosyntheserate** entweder durch Messung der O_2-Abgabe oder der CO_2-Aufnahme der assimilierenden Organe bestimmt werden kann. Wie lässt sich die Photosyntheseaktivität der Pflanzen in der Natur experimentell nachweisen?

In den 1930er Jahren wurden Freilandversuche zur quantitativen Bestimmung der Photosyntheserate auf Ackerflächen durchgeführt. Abb. 10-4 A zeigt eine entsprechende Versuchsanordnung. Ein mit durchsichtiger Plastikfolie bespanntes Zelt (Fläche 1,8 · 1,8 m) wurde auf einen bewachsenen Acker gestellt. Die eingeschlossenen Pflanzen (z. B. Luzerne, *Medicago sativa*) wurden von oben mit Luft begast, die durch ein unten angebrachtes Rohr wieder entweichen konnte. Durch Bestimmung des die Kammer durchströmenden Luftvolumens (Einheit: l) und der CO_2-Konzentration der ein- und ausströmenden Luft (g/l) konnte die CO_2-Absorption pro Zeiteinheit (Stunde) ermittelt werden (g CO_2/h). Die Resultate (Abb. 10-4 B) zeigen, dass mit Beginn des Sonnenaufgangs (6 Uhr morgens) die CO_2-Absorption (d. h. eine Assimilation) einsetzt; sie erreicht in der Mittagszeit (12 Uhr) ein Maximum. Am Nachmittag sinkt die CO_2-Assimilationsrate ab. Nach Sonnenuntergang wurden negative Absorptionsraten gemessen: in der Nacht geben die grünen Pflanzen CO_2 ab, d. h. sie atmen. Ein Vergleich der Absolutwerte zeigt jedoch, dass die CO_2-Absorption am Tag um mehr als das Zehnfache höher ist als die CO_2-Abgabe in der nachfolgenden Nacht. Nur ein Bruchteil des am Tage assimilierten Kohlenstoffes wird in der Nacht (heterotrophe Phase) zur Aufrechterhaltung des Stoffwechsels wieder veratmet, d. h. es findet während des Wachstums der Luzernen-Population eine positive Netto-CO_2-Assimilation statt.

Seit Mitte der 1970er Jahre stehen moderne Methoden zur Quantifizierung der CO_2-Austauschraten an Blättern zur Verfügung. Unter Einsatz dieser mit einer Blattkammer ausgestatteter Infrarot-Gasanalysatoren konnten die in Abb. 10-4 dargestellten klassischen Experimente bestätigt werden.

10.3 Das Licht und die Pflanze

Als **Licht** bezeichnet man allgemein den für das menschliche Auge sichtbaren Bereich der elektromagnetischen Strahlung. Da Licht sowohl Wellen- als auch Teilchennatur besitzt (Dualität des Lichtes), müssen die Wellenlänge (Einheit: Nanometer; 1 nm = 10^{-9} m) und die Energie der Lichtquanten (Einheit: Joule; 1 J = 1 Nm) separat betrachtet werden. Nach der klassischen Theorie wird das sichtbare Licht als Mischung elektromagnetischer Wellen definiert. Der Wellenlängenbereich λ erstreckt sich von etwa 400 nm (violett) bis etwa 800 nm (dunkelrot). Die dazugehörigen Schwingungszahlen (= Frequenz ν) erstrecken sich über den Bereich von $750 \cdot 10^{12}$ bis $375 \cdot 10^{12}$ Hertz. Akustisch betrachtet entspricht das somit einer Oktave.

Die Wellenlänge λ (bzw. Frequenz ν) bestimmt die Farbe des Lichtes. Für das Gitterspektrum des Sonnenlichtes besteht etwa folgende Beziehung :

Die **Wellentheorie** des Lichtes erklärt eine Vielzahl optischer Erscheinungen (z. B. Brechung, Interferenz, Polarisation). Für die Veranschaulichung der Absorption und Emission des Lichtes versagt diese klassische Theorie allerdings. Das **Photonenmodell** des Lichtes besagt, dass die Energie der Strahlung nicht kontinuierlich über die Welle verteilt, sondern in Form kleiner „Energiepakete" (d. h. Photonen oder Lichtquanten) verpackt ist und ausgesandt wird. Die Photonen bewegen sich geradlinig mit Lichtgeschwindigkeit von der Strahlungsquelle weg. Die Energie eines Photons (E) hängt von der Frequenz (ν) des Lichtes ab:

$$E = h \cdot \nu \tag{10.2}$$

Die Konstante h wird als Plancksches Wirkungsquantum bezeichnet (h = $6{,}63 \cdot 10^{-34}$ Js). Die universelle Naturkonstante h hat die Dimension Energie (J) mal Zeit (s) (d. h. Wirkung), daher der Name Wirkungsquantum. Da ν die Einheit Schwingungen pro Sekunde (s^{-1}) hat, wird die Energie des Photons in Joule angegeben. Aus Gl. 10.2 folgt, dass kurzwelliges Licht (blau, violett) eine größere Energie als langwellige Strahlung aufweist: Lichtquanten der Wellenlänge 400 nm (violett) liefern etwa doppelt soviel Energie wie Photonen der Wellenlänge λ = 750 nm (dunkelrot).

Häufig wird jedoch nicht die Energie einzelner Photonen angegeben, sondern der Energiebetrag von einem mol Lichtquanten:

$$E = N \cdot h \cdot \nu \tag{10.3}$$

N = Avogadrosche Konstante (= $6{,}02 \cdot 10^{23}$ mol^{-1}). Die Größe N · h wird auch als Einstein bezeichnet (1E = $3{,}99 \cdot 10^{-10}$ Js).

Aus Gleichungen 10.2 und 10.3 folgt, dass man Licht einer definierten Wellenlänge (monochro-

λ (nm)	400–450	450–500	500–550	550–600	600–650	650–700	700–750
Farbe	violett	blau	grün	grün-gelb	gelb-orange	hellrot	dunkelrot

Der Wellenlängenbereich unterhalb von 400 nm (200–400 nm) wird als Ultraviolett (UV)-Region bezeichnet. Oberhalb von 750 nm (750–850 nm) befindet sich der als Infrarot (IR) bezeichnete Spektralbereich.

matisches Licht) entweder durch dessen Energie oder durch die Photonenmenge quantitativ beschreiben kann. Die Lichtenergie pro Fläche wird mit Thermosäulen gemessen und für mono- und polychromatische Strahlung als Energiefluss

$(J \cdot s^{-1} \cdot m^{-2} = W/m^2)$ angegeben. Die Photonenmenge pro Fläche misst man mit einem Photovervielfacher (Photomultiplier). Der Photonenstrom pro Fläche (Wellenlängenbereich: 400–700 nm = photosynthetisch aktive Strahlung) wird als **Photonenfluss** bezeichnet und als mol Photonen pro Quadratmeter und Sekunde (mol $\cdot$ m^{-2} $\cdot$ s^{-1}) angegeben. Im Sonnenlicht (unbedeckter Himmel, Mittagszeit) beträgt der Photonenfluss etwa 2000 µmol $\cdot$ m^{-2} $\cdot$ s^{-1}; bei Sonnenuntergang können Werte zwischen 25 und 30, bei Vollmond < 0,1 µmol $\cdot$ m^{-2} $\cdot$ s^{-1} gemessen werden. In einem künstlich beleuchteten Raum (z. B. Hörsaal) beträgt der Photonenfluss etwa 40–60 µmol $\cdot$ m^{-2} $\cdot$ s^{-1}.

Die veraltete Einheit Lichtfluss (= Beleuchtungsstärke, Einheit: Lux) sollte für die Beschreibung photobiologischer Prozesse vermieden werden. Die Definition dieser Einheit bezieht sich auf die spektrale Empfindlichkeit des menschlichen Auges (Maximum bei 550 nm) und eignet sich somit nicht für die Darstellung der Analyse der Lichtwirkung an anderen Photorezeptoren (z. B. Chlorophyll).

Bei der Photosynthese wird Licht (Strahlungs)energie zur Biosynthese energiereicher organischer Kohlenstoffverbindungen eingesetzt. Hierbei kommt es zur Wechselwirkung zwischen Licht und Materie (Chlorophyllmoleküle). Für diese Prozesse gilt das photochemische Äquivalenzgesetz. Dieses besagt, dass ein Molekül (oder Atom) immer nur mit einem Lichtquant (Photon) der Energie h $\cdot$ v (oder einem ganzzahligen Vielfachen davon) in Wechselwirkung treten kann. Für die Aufnahme (Absorption) und Abgabe (Emission) des Lichtes wird somit das Photonenmodell herangezogen, während die klassische Wellentheorie hier keine Aussagekraft besitzt.

10.4 Photosynthesepigmente

Die Aufnahme (Absorption) von Photonen wird durch speziell aufgebaute Moleküle ermöglicht, die man allgemein als **Pigmente** oder Photorezeptoren bezeichnet. Die Photosynthesepigmente der Pflanzen sind die **Chlorophylle** a und b sowie die als „Hilfspigmente" bezeichneten **Caroti-**

noide. Die wasserunlöslichen Moleküle sind in die Thylakoidmembran der Chloroplasten eingelagert und dort an Proteine gebunden (Abb. 10-1 C). Da keine kovalenten Bindungen ausgebildet sind, lassen sich die Pigmente mit leicht alkalischen organischen Lösungsmitteln (z. B. Aceton, Ethanol) aus frischen, grünen Blättern extrahieren (Abb. 10-5 A, B). Wird der Pigmentextrakt als Linie auf eine mit Kieselgel beschichtete Glasplatte aufgebracht, so kann das Pigmentgemisch nach Eintauchen in ein geeignetes Laufmittel in einzelne Komponenten getrennt werden (Dünnschichtchromatografie). Wie Abb. 10-5 C zeigt, steigt das Laufmittel auf, wobei an der Front der Flüssigkeit das Pigment β-Carotin sichtbar wird. Weiter unten sind die Chlorophylle a und b zu erkennen; etwa in der Mitte der Platte können weitere Carotinoide (Zeaxanthin, Lutein) identifiziert werden.

Chlorophylle sind Magnesium (Mg^{2+})-Komplexe, die als Tetrapyrrol-Verbindungen vorliegen. Man kennt heute fünf chemisch verschiedene Chlorophylle (Chl.a–e), wobei hier die bei Samenpflanzen, Farnen und Moosen (Plantae) vorkommenden grünen Photosynthesepigmente (Chl. a und b) dargestellt werden sollen. Das Chlorophyll a (und b) enthält vier substituierte Pyrrolringe (Abb. 10-5, Ringe 1–4), die über Methin (–CH=)-brücken einen Ring bilden (= Porphyrin). Außerdem enthält das Molekül noch einen fünften Ring, der allerdings kein Pyrrol ist. Das Fünfring-Porphyrinderivat wird als Phäoporphyrin bezeichnet. Die am Ring 4 angelagerte Carboxylgruppe (–CH$_2$-CH$_2$–COOH) ist mit dem Alkohol Phytol verestert. Das Chlorophyllmolekül besteht somit aus einem Phäoporphyrinring und einer langen, hydrophoben Phytol(= Isoprenoid)-Seitenkette. Die Chlorophylle a und b unterscheiden sich nur durch eine einzige Seitengruppe voneinander (Ring 2: Methyl- bzw. Aldehydgruppe).

Die Lichtabsorption wird durch die delokalisierten Doppelbindungselektronen (π-Elektronen) des Mg-Phäoporphyrinringes des Chlorophyllmoleküls ermöglicht, während die Seitenkette vermutlich zur Verankerung des Makromolekülkomplexes beiträgt.

Neben den Chlorophyllen lassen sich im Blattextrakt außerdem die bereits erwähnten „Hilfspigmente" nachweisen. Dazu gehören die gelb oder

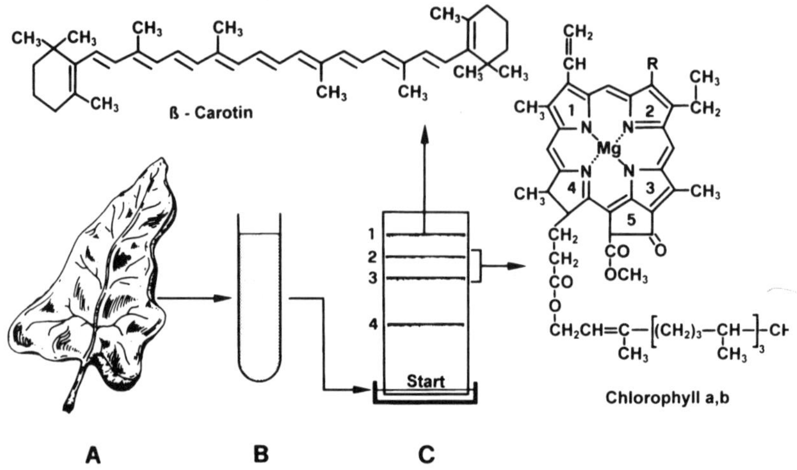

Abb. 10-5: *Extraktion (A, B) und Auftrennung (C) der Photosynthesepigmente der höheren Pflanzen (Dünn-schichtchromatographie). Die Strukturen von β-Carotin (1) und Chlorophyll a (2; R= CH₃) bzw. Chlorophyll b (3; R = CHO) sind dargestellt, während die Carotinoide Zeaxanthin und Lutein (Bande 4) nicht abgebildet wurden.*

rot gefärbten Carotinoide. Das wichtigste Caroti-noid, das orange gefärbte β-Carotin, ist in Abb. 10-5 dargestellt. Das Molekül enthält, ähnlich wie das Chlorophyll, zahlreiche konjugierte Doppel-bindungen, wodurch die Lichtabsorption ermög-licht wird. Das in Abb. 10-5 C dargestellte Dünn-schicht-Chromatogramm zeigt außerdem noch die Carotinoide Zeaxanthin und Lutein, deren Struktur hier nicht dargestellt ist.

Die **Carotinoide** erfüllen als Bestandteil der Thylakoidmembran zwei ganz verschiedene Funktionen: Sie unterstützen die Photosynthese („*light-harvesting*") und sie bilden bei starker Son-neneinstrahlung einen Schutz vor **Photooxida-tion**. Die „Hilfspigmente" zeigen in einem Spek-tralbereich eine Absorption, in dem die Chloro-phylle praktisch kein Licht aufnehmen (480–500 nm). Die von den Carotinoiden absorbierte Strahlungsenergie wird auf die Chlorophyllmo-leküle übertragen und dient somit dem „Antrieb" der Photosynthese.

Neben der Unterstützung der Chlorophylle bei der Absorption der sichtbaren Strahlung erfüllen die Carotinoide noch eine zweite, für das Überle-ben der Pflanze essentielle Funktion (Licht-schutz). Werden Keimlinge in Anwesenheit spe-zifischer Hemmstoffe der Carotinoid-Biosynthese

angezogen und anschließend mit starkem Weiß-licht bestrahlt, so kann eine Photooxidation der Chlorophyllmoleküle und Membranen beobach-tet werden (Ausbleichen); die carotinoidfreie Pflanze stirbt im Licht ab. Dieses Grundprinzip wird zur chemischen Bekämpfung von „Unkräu-tern" eingesetzt. Die Wirkung bleichender **Herbi-zide** (z. B. Norflurazon) beruht auf einer Blockie-rung der Biosynthese der Lichtschutz-Pigmente (Carotinoide) der „Unkräuter": Die auf dem Acker heranwachsenden, unerwünschten Konkurren-ten unserer Nutzpflanzen sterben somit noch im Keimlingsstadium ab. Auf der Ackerfläche können dann die gewünschten Kulturpflanzen angezogen werden.

Welche Prozesse führen in Abwesenheit der Ca-rotinoide zur Zerstörung der Chloroplasten? Im belichteten Chloroplast entsteht auf der Thyla-koidmembran molekularer Sauerstoff (O_2). Dieses relativ reaktionsträge Nebenprodukt der Photo-synthese reagiert mit angeregten Chlorophyll-molekülen (Chl*) zum sehr reaktiven Singulett-Sauerstoff ($^1O_2$), der dann eine Photooxidation der Chlorophylle und Membranen verursacht:

$$Chl \xrightarrow{h \cdot v} Chl^* + O_2 \rightarrow {}^1O_2 + Chl \qquad (10.4)$$
$$\rightarrow \text{Photooxidation}$$

Der photosynthetisch gebildete Sauerstoff übt im Licht somit eine destruktive Wirkung auf jene Struktur aus, die ihn hervor gebracht hat (Thylakoidmembran). Während der Entwicklung des Photosyntheseapparates werden die Chlorophylle von den Lichtschutz-Pigmenten umschlossen, d. h. die oben beschriebene Photooxidation der Membranstrukturen wird unterbunden. Wie „entgiften" die Carotinoid-Moleküle den entstehenden Singulett-Sauerstoff? Man nimmt an, dass die Schutzpigmente den reaktionsbereiten Sauerstoff ($^1O_2$) in die normale, reaktionsträge Form (O_2) umwandeln, wobei die übertragene Energie in Form von Wärme verloren geht.

Das Carotinoid **Zeaxanthin** (Bande 4 in Abb. 10-5) wird bei vielen Pflanzenarten im Dauer-Lichtstress (d. h. Bestrahlung mit Lichtenergien von > 1500 μmol · m^{-2} · s^{-1}) in erhöhter Menge synthetisiert. Zeaxanthin übernimmt die überschüssige Anregungsenergie der belichteten Chlorophyllmoleküle und gibt diese in Form von Wärme an die Umgebung ab. Der exakte Mechanismus dieses Lichtschutz-Systems (Zeaxanthinakkumulation bei hoher Lichtintensität) ist noch Gegenstand der Forschung.

10.5 Absorptionsspektrum der Pigmente und Wirkungsspektrum der Photosynthese

Die chromatographisch aufgetrennten Photosynthesepigmente (Abb. 10-5 C) können von der Glasplatte abgeschabt und nach Extraktion mit einem entsprechenden Lösungsmittel (z. B. Aceton) spektralphotometrisch untersucht werden. Hierbei wird ein Lichtstrahl (polychromatisches Weißlicht) mit einem Prisma in ein kontinuierliches Spektrum zerlegt. Ein enges Band (d. h. monochromatisches Licht einer bestimmten Wellenlänge) wird nun durch die Probe geleitet und die **Absorption** (Syn.: Extinktion, %) in Abhängigkeit von der eingestrahlten Wellenlänge gemessen. Die Absorptions (= Extinktions)spektren von Chlorophyll a, b und des β-Carotins in vitro sind in Abb. 10-6 A dargestellt. Es wird deutlich, dass die Chlorophyllmoleküle zwei Absorptionsmaxima aufweisen (Chl. a: 430 bzw. 662 nm; Chl. b:

456 bzw. 642 nm), während das Carotinoid (β-Carotin) ausschließlich im Spektralbereich von 400 – 500 nm absorbiert.

Das Chlorophyll absorbiert somit bevorzugt violett-blaues und orange-rotes Licht. Da die Komplementärfarben dazu im gelb-gelbgrünen bzw. grün-blaugrünen Bereich des Farbspektrums liegen, sieht eine Chlorophyll-Lösung (bzw. ein frisches Blatt) grün aus. Das β-Carotin absorbiert bevorzugt blaues Licht und ist daher orange gefärbt (Komplementärfarbe der absorbierten Strahlung).

Wirkungsspektrum. Zur Klärung der Frage, ob ein bestimmtes Pigment kausal mit einem physiologischen Prozess verknüpft ist, vergleicht man im ersten Schritt das Absorptionsspektrum des Photorezeptors mit dem entsprechenden Wirkungsspektrum der physiologischen Reaktion. Ein **Wirkungsspektrum** (Syn.: Aktionsspektrum) erhält man, indem der Wirkungsgrad des Lichtes bei verschiedenen Wellenlängen bestimmt wird: Man vergleicht somit die relative Wirksamkeit von Quanten verschiedener Energien miteinander. Das erste Wirkungsspektrum der Photosynthese wurde im Jahr 1883 von T. W. Engelmann ermittelt. Dieses einfache, sehr anschauliche Experiment ist schematisch in Abb. 10-6 B dargestellt. Ein Lichtstahl (schwaches Weißlicht) wird durch ein Prisma geleitet und das resultierende Spektrum auf eine fadenförmige Grünalge (*Spirogyra*) projiziert. Im Medium befinden sich Bakterien (z. B. *Pseudomonas aeruginosa*), die auf Sauerstoffzufuhr angewiesen sind. Die aerotaktischen Bakterien sammeln sich bevorzugt im roten und blauen Spektralbereich an, während grün-gelbes Licht fast keine attraktive Wirkung ausübt. Dies zeigt, dass rotes und blaues Licht eine größere Sauerstoffausscheidung (Photosynteserate) bewirken als Grünlicht.

Ein etwas moderneres Experiment, das dasselbe Resultat liefert, ist in Abb. 10-6 C dargestellt. Das Absorptionsspektrum eines Blattes einer Wasserpflanze (*Elodea densa*) und die relative Photosyntheserate (Sauerstoffabgabe) desselben Blattes wurden in Abhängigkeit von der Wellenlänge des eingestrahlten Lichtes geringer Intensität gemessen. Die relativ gute Übereinstimmung zwischen der Lichtabsorption (in vivo) und des Wirkungs-

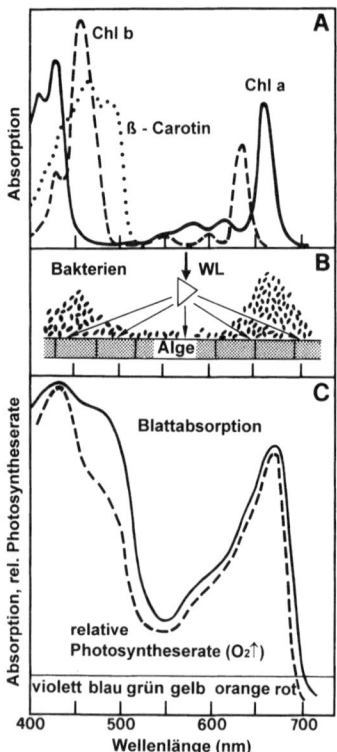

Abb. 10-6: *Beziehung zwischen der Lichtabsorption und der Photosyntheserate. Die Absorptions (= Extinktions)spektren der extrahierten Photosynthesepigmente Chlorophyll a, Chlorophyll b und β-Carotin in vitro zeigen deutliche Maxima im violett-blauen und orange-roten Spektralbereich (A). Der Bakterienversuch von T. W. Engelmann demonstriert, dass die absorbierte Strahlung eine von der Wellenlänge abhängige Sauerstoffproduktion in den Algenzellen hervorruft (B). Ein Vergleich des Absorptionsspektrums eines Blattes der Wasserpest Elodea densa (durchgezogene Linie) mit der Photosyntheserate (gestrichelte Linie) zeigt eine weitgehende Übereinstimmung (C). (Nach verschiedenen Autoren).*

spektrums der Photosynthese bei Schwachlicht beweist, dass die Pigmente Chl. a, b und β-Carotin (Abb. 10-6A) kausal mit der photosynthetischen Sauerstoffentwicklung verknüpft sind.

Weiterhin zeigt ein Vergleich von Abb. 10-6 A und C, dass das Absorptionsspektrum des Blattes im Prinzip als Summe der Absorptionsspektren der drei Pigmente (in vitro) angesehen werden

kann. Eine detaillierte Betrachtung von Abb. 10-6 C zeigt, dass Blaulicht ($\lambda = 450-500$ nm) vom Photosyntheseapparat absorbiert wird, jedoch eine relativ schwache Sauerstoffentwicklung bewirkt. Diese Diskrepanz ist auf die ineffiziente Energieübertragung zwischen den Carotinoiden und Chlorophyllen zurückzuführen (s. u.). Im langwelligen Spektralbereich ($\lambda = 680-720$ nm) ist ebenfalls eine geringe Photosyntheserate bei relativ starker Lichtabsorption zu beobachten.

Die in Abb. 10-6 dargestellten Zusammenhänge zwischen der Lichtqualität und der Photosyntheseraten gelten nur für Schwachlicht-Bedingungen (Photonenflüsse < 50 µmol $\cdot$ m^{-2} $\cdot$ s^{-1}). Werden ausgewachsene dunkelgrüne Laubblätter höherer Pflanzen mit Grünlicht hoher Intensität bestrahlt, so ist auf Grund der **Lichtstreuung** im Blattgewebe eine deutliche Photosyntheseleistung messbar (O$_2$-Abgabe). Die durch Grünlicht hervorgerufene Photosyntheseaktivität beruht auf der Absorption von Streulicht in den Chloroplasten der Mesophyllzellen der Blätter (s. Abb. 10-1 B).

Photosysteme. In der Thylakoidmembran des Chloroplasten sind die Photosynthesepigmente nicht gleichmäßig verteilt, sondern zu funktionellen Einheiten zusammengeschlossen. Diese **Photosysteme** bestehen z.B. in Spinat-Chloroplasten aus etwa 50 Carotinoid-Molekülen und etwa 200 Molekülen Chlorophyll. Bereits in den 1930er Jahren konnte experimentell gezeigt werden, dass etwa 2500 Chlorophyllmoleküle, zu einer „photosynthetischen Einheit" zusammengeschlossen, für die Produktion eines O$_2$-Moleküls verantwortlich sind. Wie Abb. 10-6 C zeigt, absorbieren die Photosysteme (d. h. Chlorophyll/Carotinoid-Komplexe in vivo) bevorzugt im blauen und roten Spektralbereich des Lichtes. Obwohl alle Pigmentmoleküle des Photosystems Photonen absorbieren können, ist jedoch (pro Photosystem) nur 1 Chlorophyll-a-Molekül-Paar (= 1 Dimer) in der Lage, Lichtenergie zum Weitertransport eines Elektrons auszunutzen. Dieses spezielle Chlorophyllmolekül-Paar ist Bestandteil eines sogenannten **Reaktionszentrums**. Alle anderen Pigmentmoleküle des Photosystems werden als Antennen (oder lichtabsorbierende = *light harvesting*)-Moleküle bezeichnet. Die **Antennenmoleküle** absorbieren Licht und leiten die Energie dann zum jeweiligen Reaktionszentrum weiter (s. u.).

Auf der Thylakoidmembran konnten zwei strukturell und funktionell verschiedene Photosysteme identifiziert werden. **Photosystem II** enthält ein bei 680 nm maximal absorbierendes Chlorophyllpaar (Reaktionszentrum), welches deshalb als P-680 bezeichnet wird. **Photosystem I** enthält im Reaktionszentrum hingegen ein bei 700 nm maximal absorbierendes Chlorophyll a-Paar, das P-700. In Abb. 10-12 ist schematisch die Struktur der Photosysteme I und II dargestellt. Die Funktion dieser Photosysteme bei der Lichtreaktion der Photosynthese soll erst nach einer Darstellung der Prinzipien der Lichtabsorption beschrieben werden.

10.6 Lichtabsorption: Fluoreszenz von Chlorophyll

Die Aufnahme (Absorption) von Lichtenergie durch ein Atom eines Pigmentmoleküls stellt man sich im Prinzip folgendermaßen vor (Abb. 10-7 A). Wird ein Lichtquant (Photon) von einem Atom absorbiert, so wird ein Elektron entgegen der Anziehung durch den Kern von einem energieärmeren, inneren Orbital (Grundzustand) auf ein weiter peripher liegendes, energiereicheres Orbital angehoben. Nach Absorption eines Photons befindet sich das Elektron somit in einem energiereichen Zustand. Dieser angeregte Zustand ist sehr instabil; das Elektron kehrt rasch wieder in den Grundzustand zurück und gibt die absorbierte Lichtenergie (h · ν) als Wärme oder Lichtquanten ab. Die dabei freiwerdende Energie ist geringer als jene des absorbierten Photons und wird, wenn es sich um Lichtemission handelt, als **Fluoreszenz** bezeichnet. Die delokalisierten Doppelbindungselektronen (π-Elektronen) des Phäoporphyrinrings der Chlorophyllmoleküle werden nach Absorption eines Photons auf eine weiter vom Kern entfernte Elektronenbahn gehoben. Das Pigmentmolekül gelangt somit in einen energiereichen (kurzlebigen) Anregungszustand. Bei der Anregung in vitro wird die Energie als Lichtemission (Fluoreszenz) abgegeben. Die grünen Photosynthesepigmente der Thylakoidmembran der Chloroplasten können mit organischen Lösungsmitteln extrahiert und im Reagenzglas untersucht werden. Wird die Probe belichtet (z. B. Bestrah-

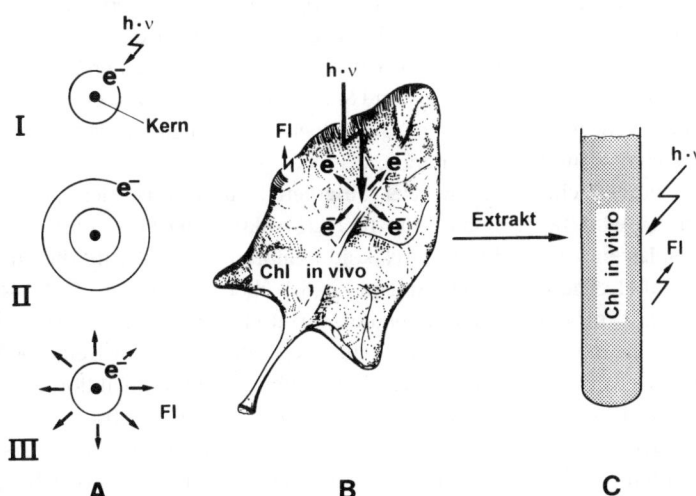

Abb. 10-7: *Lichtabsorption und Fluoreszenz des Chlorophylls in vivo und in vitro. Durch Absorption eines Photons (h · ν) gelangt ein Elektron (e⁻) vom Grundzustand (I) in den angeregten Zustand (II). Bei Rückkehr in den Grundzustand wird Licht emittiert (Fl, Fluoreszenz) (III) (A). Im intakten (grünen) Blatt kann nur eine sehr schwache Fluoreszenz beobachtet werden, da die absorbierte Lichtenergie zum Antrieb des photosynthetischen Elektronentransports benutzt wird (B). Extrahiertes Chlorophyll zeigt hingegen eine starke Rot-Fluoreszenz sowie eine Wärmeemission (C).*

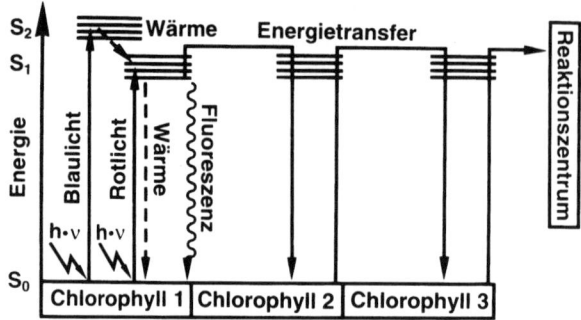

Abb. 10-8: *Vereinfachtes Schema zur Illustration der Lichtabsorption eines Chlorophyllmoleküls (Chl. 1) in vivo (Thylakoidmembran). Das Molekül befindet sich zunächst im Grundzustand (S_0). Nach Absorption eines energiereichen Photons (Blaulicht) wird der extrem kurzlebige, angeregte Singulettzustand 2 (S_2) erreicht. Das angeregte Elektron gelangt nach Wärmeabgabe in den Singulettzustand 1 (S_1), der auch nach Absorption eines energieärmeren Photons (Rotlicht) vorliegt. Die Anregungsenergie (= Differenz S_1–S_0) kann durch Wärme- oder Lichtemission (Fluoreszenz) verloren gehen oder durch Transfer auf andere Chlorophyllmoleküle (Chl. 2, Chl. 3 usw.) bis ins Reaktionszentrum geleitet werden.*

lung mit Blaulicht), so lässt sich die Fluoreszenz des Chlorophylls in vitro als rote Lichtemission nachweisen. Etwa 30 % der aufgenommenen Energie wird als Fluoreszenzlicht abgestrahlt. Der Rest der absorbierten Lichtenergie geht als Wärme verloren (Abb. 10-7 C). Im Chloroplast sind die Chlorophyllmoleküle in die Thylakoidmembran eingelagert und zu Funktionseinheiten zusammen gefasst (Photosysteme I und II). Wird das intakte Blatt mit Blau- oder UV-Licht bestrahlt, so lässt sich nur eine sehr schwache Fluoreszenz messen. Das angeregte Chlorophyll in vivo verliert etwa 1 – 2 % der absorbierten Energie durch Lichtemission. Mehr als 90 % der Lichtenergie wird (bei Schwachlicht) im intakten Chloroplasten zum Antrieb des Elektronentransports vom H_2O zum $NADP^+$ benutzt (s. u.). Daraus folgt, dass nur ein geringer Teil der aufgenommenen Energie in vivo als Fluoreszenz verloren geht (Abb. 10-7 B).

In diesem Abschnitt soll das in Abb. 10-8 dargestellte Energietransferdiagramm der Chlorophylle (**Termschema**) betrachtet werden. Wie bereits dargestellt wurde, absorbieren die Chlorophylle praktisch ausschließlich violett-blaues und orange-rotes Licht (Abb. 10-6A). Aus diesem Grund wurde in Abb. 10-8 nur die Absorption eines Photons aus dem blauen bzw. roten Spektralbereich berücksichtigt. Zunächst befinden sich

die Elektronen im Grundzustand (S_0). Die Lichtabsorption führt zu einer energetischen Anhebung der delokalisierten π-Elektronen des Chlorophylls: es werden weiter außen liegende Orbitale (= Singulettzustände) eingenommen. Nach Absorption eines energiereichen Photons (Blaulicht) wird der Singulettzustand S_2 erreicht; danach fällt das angeregte Elektron unter Wärmeabgabe in den etwas energieärmeren ersten Singulettzustand S_1 zurück. Photonen aus dem langwelligen Spektralbereich (Rotlicht) tragen weniger Energie, d. h. es wird nur der S_1-Zustand erreicht. Der Singulett-1-Zustand ist der „Startpunkt" für die Lichtreaktion der Photosynthese: In der Thylakoidmembran (in vivo) wird die Energiedifferenz (S_1–S_0) über benachbarte Chlorophyllmoleküle bis in ein Reaktionszentrum transferiert, wo dann die weiter unten im Detail beschriebene photochemische Primärreaktion ausgelöst wird. Nur ein geringer Teil der absorbierten Strahlungsenergie wird im intakten Chloroplasten in Form von Wärme oder Licht abgegeben (Fluoreszenz).

Das im Chlorophyllmolekül erzeugte Fluoreszenzlicht ist, unabhängig von der eingestrahlten Lichtqualität, immer rot, da die Elektronen vom energieärmeren S_1-Zustand in den Grundzustand (S_0) zurückkehren. Bestrahlt man eine Chlorophyll-Lösung z. B. mit starkem Blau/UV-Licht, so ist aus diesem Grund eine rote und nicht eine blaue Lichtemission zu beobachten (Abb. 10-7 C).

10.7 Experimente mit isolierten Chloroplasten: Licht- und Dunkelreaktion

Da die aus Glucose-Molekülen ($C_6H_{12}O_6$) aufgebaute Stärke das erste sichtbare Assimilationsprodukt darstellt, wird die Summenformel der Photosynthese üblicherweise wie folgt formuliert:

$$6\,CO_2 + 6\,H_2O \xrightarrow{h \cdot v} C_6H_{12}O_6 + 6\,O_2$$
$$\Delta G° = +2870 \text{ kJ/mol} \qquad (10.5)$$

Stammt der Sauerstoff aus dem CO_2 („Zersetzung der Kohlensäure") oder findet eine Spaltung des H_2O-Moleküls statt („Photolyse des Wassers")? Im Jahr 1941 formulierte C. B. van Niel die Hypothese, dass bei grünen Pflanzen der Sauerstoff aus dem Wasser (H_2O) als „Nebenprodukt" abgespalten wird; mit den gewonnenen H-Atomen soll dann das CO_2 zum Kohlenhydrat (CH_2O) reduziert werden. Er verglich die Photosynthese von Bakterien mit der grüner Pflanzen. Für Schwefelpurpurbakterien, die keinen Sauerstoff, sondern Schwefel abgeben (anoxigene Photosyn-these), ergibt sich folgende Gleichung:

$$CO_2 + 2\,H_2S \xrightarrow{h \cdot v} (CH_2O) + H_2O + 2\,S \qquad (10.6)$$

Für grüne Pflanzen lautet die Bruttogleichung der oxigenen Photosynthese entsprechend:

$$CO_2 + 2\,H_2O \xrightarrow{h \cdot v} (CH_2O) + H_2O + 2\,O \qquad (10.7)$$

Daraus lässt sich der Schluss ziehen, dass bei den Bakterien Schwefelwasserstoff (H_2S), bei den Pflanzen in analoger Weise Wasser (H_2O) als H-Donor fungiert, wobei die Nebenprodukte Schwefel (S) und Sauerstoff ($2\,O = O_2$) entstehen.

Die Hill-Reaktion. Der direkte experimentelle Beweis für die „Photolyse des Wassers" bei der Photosynthese grüner Pflanzen wurde etwa zur selben Zeit (1939) durch Untersuchungen des Chemikers R. Hill erbracht. Dieser isolierte aus Blättern der Spinatpflanze (*Spinacia oleracea*) Chloroplasten. Die Suspension enthielt auch zerbrochene Organellen und freie Thylakoidmembranen. Abbildung 10-9 zeigt ein Spinatblatt sowie das daraus gewonnene klassische in vitro-System zur Analyse der Teilprozesse der Photosynthese. Wie sich später herausstellte, geben die Chloroplasten-Bruchstücke (Thylakoidmembranen, Abb. 10-10 A) in Anwesenheit künstlicher Elektronenakzeptoren (z. B. Eisen-Ionen, Fe^{3+}) im Licht Sauerstoff ab:

$$4\,Fe^{3+} + 2\,H_2O \xrightarrow[Thylakoid]{h \cdot v} 4\,Fe^{2+} + O_2 + 4\,H^+ \qquad (10.8)$$

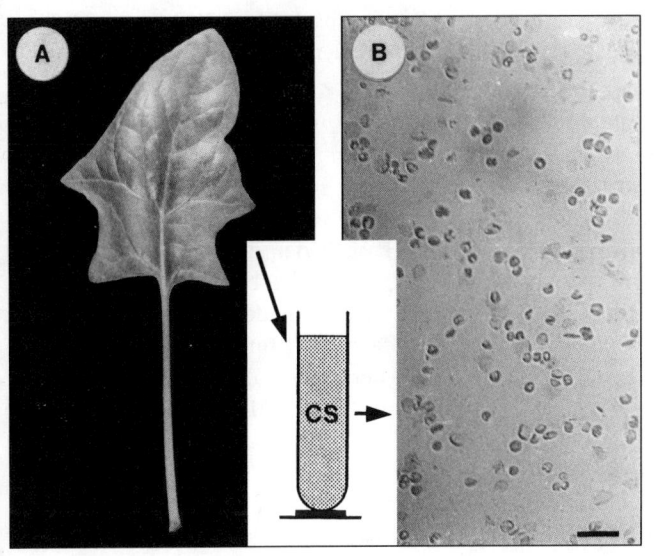

Abb. 10-9: Ausgewachsenes Laubblatt einer Spinatpflanze (Spinacia oleracea) (A), daraus gewonnene Chloroplasten-Suspension (CS, im Reagenzglas) und mikroskopische Aufnahme der entsprechenden Lösung. (B). Die Suspension enthält intakte Organellen (mit Hüllmembran) sowie Chloroplastenbruchstücke (Thylakoidmembranen ohne Stroma). Balken: 10 µm.

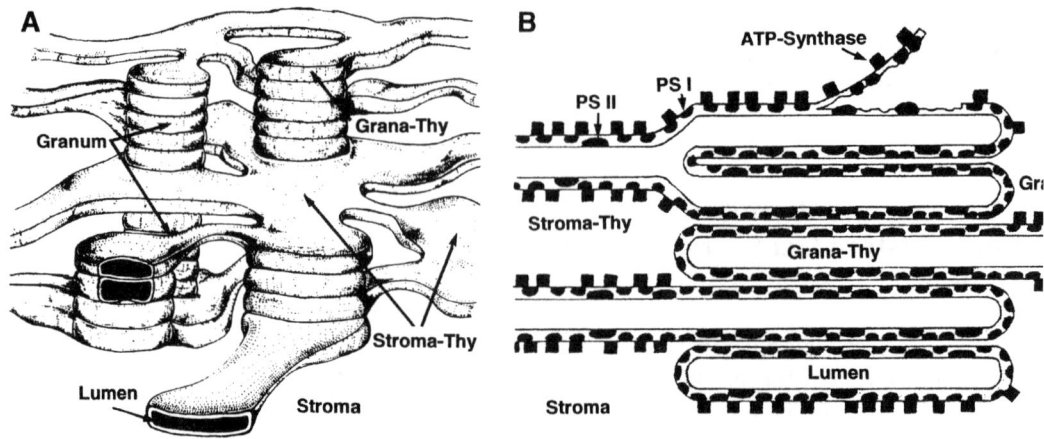

Abb. 10-10: *Räumliche Darstellung der Struktur des Thylakoid-Membransystems im Chloroplasten der Pflanze. Die Membranen sind in eine wässrige Grundsubstanz, das Stroma, eingebettet (A). Die Feinstruktur der Thylakoidmembran (B) zeigt eine ungleiche Verteilung der Photosysteme II / I (PS II / PS I, große bzw. kleine Ovale) und der ATP-Synthasen (Rechtecke). Das Modell basiert auf sogenannten Gefrierbruch-Präparaten, die im Elektronenmikroskop analysiert wurden. Thy = Thylakoidmembran. (Nach Schnepf, E.: In: Reinert, J.: Chloroplasts. Springer-Verlag, Berlin Heidelberg New York, 1980).*

Im Experiment wird gelbes Kaliumferricyanid (mit Fe^{3+}) als Elektronenakzeptor zur Thylakoidmembransuspension gegeben; dieses wird durch Aufnahme eines Elektrons zum farblosen Kaliumferrocyanid (mit Fe^{2+}) reduziert. Durch Messung der Absorption (Extinktion) der Lösung kann der Verlauf dieser „Hill-Reaktion" photometrisch bestimmt werden. Allgemein lässt sich diese in vitro-Reaktion wie folgt formulieren:

$$2\,A + 2\,H_2O \xrightarrow[\text{Thylakoid}]{h \cdot \nu} 2\,AH_2 + O_2 \qquad (10.9)$$

Substanz A ist ein künstlicher Elektronenakzeptor (z. B. Ferricyanid) und AH_2 repräsentiert die reduzierte Form dieser als „Hill-Reagenz" bezeichneten Verbindung. Chloroplastenbruchstücke (bzw. Thylakoidmembranen) sind somit in der Lage, unter Reduktion eines Elektronenakzeptors Sauerstoff zu produzieren. Allerdings kann mit den Membran-Suspensionen keine Fixierung von CO_2 gemessen werden, da beim Zerbrechen der Chloroplasten die Grundsubstanz (Stroma) der Organellen ausläuft (Abb. 10-10 A) und somit verloren geht. Aus diesen Beobachtungen folgt 1., dass der Sauerstoff aus dem H_2O stammt („Photolyse des Wassers") und 2., dass die mit O_2-Entwicklung einhergehende Reduktion ($\rightarrow AH_2$) unabhängig von

der CO_2-Fixierung stattfindet. Dies war der erste direkte experimentelle Hinweis darauf, dass die Photosynthese aus zwei Teilprozessen besteht (Primär- und Sekundärreaktion).

Im Jahr 1951 wurde entdeckt, dass das in Pflanzenzellen vorkommende Cosubstrat Nicotinamid-adenin-dinucleotid-phosphat ($NADP^+$) das künstliche Hill-Reagenz (A) ersetzen kann. Werden Chloroplastenbruchstücke in Anwesenheit des oxidierten Cosubstrats belichtet, so wird das $NADP^+$ unter Sauerstoffentwicklung zum NADPH + H^+ reduziert:

$$2\,NADP^+ + 2\,H_2O \xrightarrow[\text{Thylakoid}]{h \cdot \nu} 2\,NADPH + 2\,H^+ + O_2 \qquad (10.10)$$

Im Licht wird somit ein Reduktionsmittel (NADPH + H^+) gebildet, das in einer zweiten Reaktion unter Abgabe der H-Atome zur Bildung der Kohlenhydrate verwendet wird, wobei CO_2 als „Wasserstoffakzeptor" fungiert.

Seit Ende der 1950er Jahre ist bekannt, dass die Hill-Reaktion (Gl. 10.9) durch Begasung mit CO_2 deutlich stimuliert werden kann. Aus diesen Beobachtungen wurde von einigen Photosyntheseforschern noch 1964 die Schlussfolgerung gezogen, der Sauerstoff stamme aus dem Kohlendi-

Tab. 10-1: Experimenteller Nachweis der Photolyse des Wassers unter Einsatz der Hill-Reaktion. (Nach: Stemler, A. & Radmer, R.: Science 190, 457–458, 1975).

	Experiment 1 (−NaHC^{18}O$_3$/ +H$_2$^{16}O)	Experiment 2 (+NaHC^{18}O$_3$/ +H$_2$^{16}O)
Sauerstoff-Produktion (µmol ^{16}O$_2$)	7,7	38,5
Sauerstoff-Produktion (µmol ^{18}O$_2$)	0	0

Isolierte Chloroplastenfragmente wurden in Ab- bzw. Anwesenheit von Natriumhydrogencarbonat (−/+ NaHC^{18}O$_3$, enthält das schwere Sauerstoffisotop ^{18}O), Kaliumferricyanid (K$_3$Fe(CN)$_6$-Puffer) in normalem Wasser (H$_2$^{16}O) inkubiert (Experimente 1 u. 2). Nach Belichtung der Suspension (Dauer: 1 min) wurde die photosynthetische Sauerstoffproduktion (^{16}O$_2$ bzw. ^{18}O$_2$) mit Hilfe eines Atom-Massenspektrometers quantifiziert. Die Daten beweisen, dass der Sauerstoff aus dem H$_2$^{16}O stammt.

oxid. Der endgültige Beweis für die Photolyse des Wassers wurde 1975 erbracht. Unter Einsatz des „schweren" Sauerstoffisotops ^{18}O, das in Form von Natriumhydrogencarbonat (NaH C^{18}O$_3$) zugegeben wurde, konnte definitiv gezeigt werden, dass der Sauerstoff aus dem Wasser (H$_2$^{16}O) stammt (Tab. 10-1). Hydrogencarbonat-Ionen (HCO$_3^-$) sind Bestandteil von Photosystem II (Abb. 10-14).

Experimente mit intakten Chloroplasten. Wie bereits oben erwähnt wurde, sind die Chloroplastenbruchstücke nicht in der Lage, CO$_2$ zu fixieren. Im Jahr 1954 gelang es erstmals durch den Einsatz geeigneter Isolationsmedien, intakte Chloroplasten in Suspension zu erhalten. Die Organellensuspension wurde mit radioaktiv markiertem Kohlendioxid (^{14}CO$_2$) begast. Das Resultat zeigte, dass mit diesem in vitro-System eine Fixierung des Kohlenstoffs beobachtet werden kann. Das Verhältnis CO$_2$-Inkorporation zu O$_2$-Entwicklung betrug (wie bei intakten Pflanzen) etwa 1:1. Es wurden zahlreiche lösliche Photosyntheseprodukte (z. B. Phosphatester von Fructose, Glucose, Ribulose, Dihydroxyaceton, Glycerinsäure; Aminosäuren; Dihydroxyaceton und Glucose) nachgewiesen; weiterhin wurde unlösliche Stärke gebildet. Dieses Experiment war der direkte Beweis für die von J. Sachs (1865) formu-

lierte Hypothese, dass die Chloroplasten die Orte der Photosynthese sind. Weder der Zellkern noch andere Organellen der Pflanzenzelle sind somit zur CO$_2$-Assimilation, O$_2$-Entwicklung und Stärkebiosynthese im Licht notwendig. Nach Optimierung der Methoden zur Isolation intakter Chloroplasten konnte nachgewiesen werden, dass die Rate der CO$_2$-Assimilation isolierter Organellen (in vitro) ähnlich hoch ist wie diejenige intakter Zellen (in vivo). Isolierte Chloroplasten eignen sich zur Analyse der Lichtreaktion der Photosynthese jedoch weitaus besser als ganze Zellen (bzw. Gewebe oder Organe), weil sie keine Atmungsaktivität zeigen. Weder ein O$_2$-Verbrauch noch eine damit verbundene ATP-Synthese (Atmungskettenphosphorylierung) tritt in diesem in vitro-System in Erscheinung.

Mit den Chloroplasten-Suspensionen, die zur Entdeckung der CO$_2$-Fixierung außerhalb der Zelle führten (Abb. 10-9), wurde 1954 beobachtet, dass im Licht aus Adenosindiphosphat (ADP) und Phosphat (H$_2$PO$_4^-$ = P) Adenosintriphosphat (ATP) gebildet wird. Diese **Photophosphorylierung** konnte unter geeigneten experimentellen Bedingungen auch mit Chloroplastenfragmenten nachgewiesen werden. Die Photophosphorylierung (ATP-Bildung im Licht) findet somit auf der Thylakoidmembran (und nicht im Stroma) statt und erfolgt – wie die Bildung von NADPH+H$^+$ – unabhängig von der CO$_2$-Fixierung. Die lichtabhängigen Reaktionen auf der Thylakoidmembran der isolierten Chloroplasten können wie folgt beschrieben werden:

$$2\,NADP^+ + 2\,H_2O + 2\,ADP + 2\,P \quad\quad (10.11)$$
$$\xrightarrow[Thylakoid]{h \cdot v} 2\,NADPH + 2\,H^+ + 2\,ATP + O_2$$

Aus der Tatsache, dass nur intakte Chloroplasten (Thylakoidmembranen, eingebettet in Stroma und umschlossen von einer Doppelmembran, s. Abb. 10-1 C) das Gas CO$_2$ fixieren können, zerbrochene Organellen (Thylakoidmembranen ohne Stroma) hingegen dazu nicht fähig sind, folgt, dass in der wässrigen Phase zwischen den  Membranstapeln die Enzyme zur Reduktion des Kohlenstoffs lokalisiert sind.

Fraktionierungsexperimente mit intakten Chloroplasten haben gezeigt, dass die im Stroma lokalisierte CO$_2$-Fixierung auch nach Abschalten des Lichtes (d. h. in Dunkelheit) ablaufen kann.

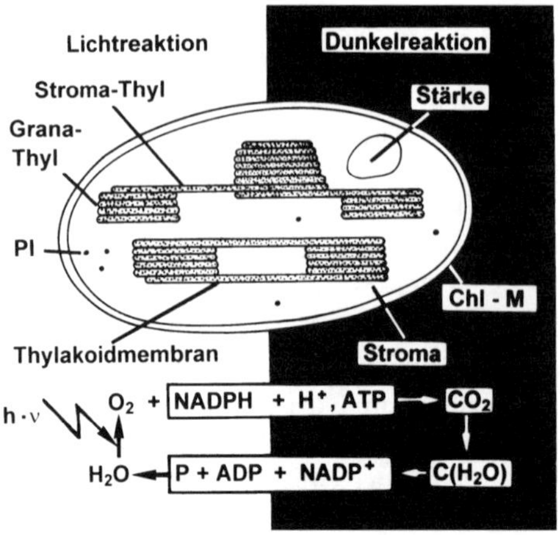

Abb. 10-11: *Schematische Darstellung der Licht (= Primär)- und Dunkel (= Sekundär)-Reaktion der Photosynthese. Chl-M = Chloroplasten-Doppelmembran, C(H₂O) = Kohlenhydrat, P = Phosphat, Pl = Plastoglobuli.*

Diese Untersuchungen führten zu den in Abb. 10-11 dargestellten Schlussfolgerungen: Die Photosynthese besteht aus einer Licht (= Primär)-Reaktion und einer nachgeschalteten Licht unabhängigen Dunkel (= Sekundär)-Reaktion. Die **Lichtreaktion** (Bildung von NADPH+H⁺ und ATP unter Freisetzung von O_2) ist auf der Thylakoidmembran lokalisiert, während die **Dunkelreaktion** (Verbrauch der Produkte NADPH+H⁺ und ATP zur Reduktion des CO_2) im Stroma des Chloroplasten stattfindet. Dort wird auch das Assimilationsprodukt Stärke abgelagert. Es sollte betont werden, dass die „Dunkelreaktion" auch im Licht abläuft. Wir wissen seit 1980, dass die CO_2-Reduktion in belichteten Chloroplasten mit höherer Rate erfolgt als in Dunkelheit (s. u.). Es handelt sich bei diesen Sekundärprozessen um einen vom Licht nur indirekt abhängigen Verbrauch der auf der Thylakoidmembran gebildeten Primärprodukte NADPH+H⁺ und ATP. In Abwesenheit von Licht unterbleibt die Primärreaktion. Die „Dunkelreaktion" hängt von der stetigen Zufuhr der Reduktionsäquivalente (und des ATPs) ab und läuft nach Abschalten des Lichts so lange weiter, bis die zur CO_2-Reduktion notwendigen Substanzen verbraucht sind.

10.8 Photolyse des Wassers und Elektronentransportkette

Die im letzten Abschnitt dargestellten Experimente mit isolierten Chloroplasten haben gezeigt, dass auf der Thylakoidmembran im Licht unter Spaltung (Photolyse) des Wassers reduziertes Cosubstrat (NADPH+H⁺ = Reduktionsäquivalente) sowie ATP entstehen. Der gebildete Sauerstoff entweicht als Nebenprodukt, d.h. die Pflanze benötigt die Protonen und Elektronen zur Reduktion des NADP⁺ und benutzt letztlich das H_2O-Molekül zur Gewinnung der an Cosubstrate gebundenen H-Atome.

Wie bereits dargelegt wurde, ist Wasser eine stabile, energiearme Verbindung (Kap. 7). Eine Spaltung der O-H-Bindung erfordert die Zufuhr einer beträchtlichen Energiemenge von +286 kJ/mol:

$$H_2O \text{ (flüssig)} \rightarrow H_2 + 1/2\ O_2 \qquad (10.12)$$

Bei der technischen Erzeugung von Wasserstoff aus flüssigem H_2O wird die Wasserspaltung unter Zufuhr von thermischer, chemischer oder elektrischer Energie erzwungen. Die thermische Spaltung des Wassers gelingt auch bei sehr hoher Temperatur nur unvollständig. So ist z. B. bei 2200° C nur etwa 4 % des H_2O-Dampfes in O_2- und H_2-Moleküle gespalten. Bei der chemischen Spaltung von Wasser (d. h. Gewinnung von H_2) wird unter anderem Eisen (Fe) bei Rotglut (700–900 °C) eingesetzt:

$$H_2O + Fe \rightarrow FeO + H_2 \qquad (10.13)$$

Es ist offensichtlich, dass zur Erhitzung des Eisens ein beträchtlicher Energiebetrag aufgewendet werden muss. Auch die Elektrolyse des Wassers ist mit einem hohen Energieverbrauch verbunden. Zur Gewinnung von 1 m³ H_2 (und 1/2 m³ O_2) sind etwa 4,5 Kilowattstunden (kWh) notwendig.

Auf der **Thylakoidmembran** der Chloroplasten erfolgt eine Spaltung des H_2O-Moleküls unter Zufuhr von Lichtenergie (Photolyse):

$$2\ H_2O \xrightarrow{4 \times h\nu} O_2 + 4\ H^+ + 4\ e^- \qquad (10.14)$$

Pro Elektron wird 1 Photon (Lichtquant) benötigt (photochemisches Aequivalenzgesetz). Auf der Thylakoidmembran fließen die Elektronen von einem Redoxpaar mit positivem Standardpotential

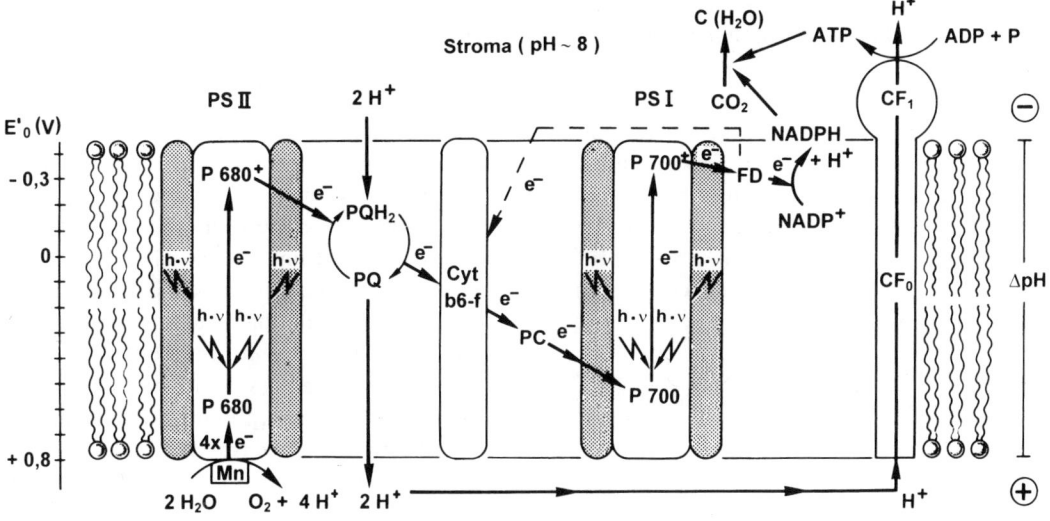

Abb. 10-12: *Hypothetische Struktur der Thylakoidmembran und photosynthetischer Elektronentransport (Z-Schema), gekoppelt mit ATP-Bildung (Photophosphorylierung). Die Bildung der Produkte der Lichtreaktion (O_2, NADPH+H+, ATP) ist an mehrere membranintegrierte Komplexe gebunden: Photosystem II (PS II), Plastochinon (PQ/PQH_2), Cytochrom b6-f, Plastocyanin (PC), Photosystem I (PS I), Ferredoxin (FD) und die CF_0-CF_1-ATP-Synthase. Die ausgezogenen Linien zeigen den nicht zyklischen, die gestrichelten den zyklischen Elektronentransport. Die Reaktionszentren (PS II mit P-680, PS I mit P-700) sind von Antennenkomplexen umschlossen (dunkel gezeichnete Bereiche). E_0' = biochemisches Normalpotential, ΔpH = H^+-Konzentrationsgradient zwischen Lumen und Stroma (= Ort der Sekundärreaktion), Mn = Mangan-Atome bzw. -Ionen. (In Anlehnung an Barber, J. & Anderson, B.: Nature 370, 31–34, 1994).*

($H_2O/1/2\ O_2\ E_0'$ =+0,82 V) zu einem System mit negativem Standardpotential (NADPH+H+/NADP+ E_0' = – 0,32 V). Die Elektronen werden somit unter Verbrauch von Lichtenergie energetisch „bergauf" transportiert, während sie in der Atmungskette unter Freisetzung von Energie in umgekehrter Richtung „bergab" fließen (Kap. 9).

In Abschnitt 10.4 wurde bereits dargelegt, dass die Chlorophyllmoleküle in vivo nicht homogen über die Thylakoidmembran verteilt, sondern zu Photosystemen zusammengefasst sind. Es ist bekannt, dass die beiden Photosysteme (PS II, PS I) über eine Elektronentransportkette miteinander verbunden sind. Da das Energieprofil (Redoxpotentiale) dieser durch Licht getriebenen Elektronentransportkette die Form des Buchstaben „Z" hat, spricht man auch vom Z (oder Zick-Zack)-Schema der Photosynthese (Abb. 10-12).

Der erste experimentelle Hinweis auf das Zusammenwirken zweier Photosysteme mit unterschiedlichen Lichtabsorptionsmaxima (PS II: λ_{max} bei 680 nm, hellrot; PS I: λ_{max} bei 700 nm, dunkelrot) wurde 1957 von R. L. Emerson und Mitarbeitern erbracht. Wurden photosynthetisch aktive Grünalgen (*Chlorella*) mit dunkelrotem Licht ($\lambda > 680$ nm) bestrahlt, so nahm die Photosyntheserate (im Vergleich zu monochromatischem Licht kürzerer Wellenlängen) drastisch ab, obwohl die Pigmente in vivo noch eine deutliche Absorption zeigten (in Abb. 10-6 C ist ein Abfall der Photosyntheserate im langwelligen Spektralbereich zu erkennen). Wurde gleichzeitig zur Dunkelrotbestrahlung ($\lambda > 680$ nm) noch monochromatisches Licht einer kürzeren Wellenlänge appliziert, so war die Photosyntheserate wieder deutlich höher. Unter geeigneten experimentellen Be-

Z-Schema ✗

dingungen konnte nachgewiesen werden, dass die Photosyntheserate bei simultaner Bestrahlung mit Dunkelrot ($\lambda > 680$ nm) und kurzwelligerem Licht ($\lambda < 680$ nm) größer war als die Summe der Raten bei Belichtung mit der jeweiligen monochromatischen Strahlung. Dieses Phänomen ist als **Emerson-Effekt** bekannt und führte zur Hypothese, dass bei der Lichtreaktion eine Kooperation von zwei Photosystemen (PS II, PS I), die durch eine **Elektronentransportkette** miteinander verbunden sind, ausgebildet ist:

$$PSII + 2\,H_2O \xrightarrow{h \cdot v} O_2 + 4H^+ + 4e^- \qquad (10.15)$$
$$\xrightarrow{e^-} PSI + 2NADP^+ \xrightarrow{h \cdot v} 2\,NADPH + 2\,H^+$$

Auf der Thylakoidmembran entsteht, energetisch gekoppelt an den Elektronentransport, außerdem aus ADP und Phosphat der Energieträger ATP (in Gl. 10.15 nicht eingetragen).

Die Reaktionszentren zeigen Absorptionsmaxima bei 680 (PS II) und 700 (PS I) nm, obwohl das Mischabsorptionsspektrum der Photosynthesepigmente (Abb. 10-6 C) im Prinzip im ganzen sichtbaren Spektrum eine gewisse Extinktion zeigt. Warum ist z. B. Blaulicht ($\lambda = 450$ nm) photosynthetisch wirksam, obwohl PS II und I im hell- bzw. dunkelroten Spektralbereich ihr Absorptionsmaximum aufweisen? Wie bereits erwähnt,

sind die Reaktionszentren von **Antennenpigmenten** umschlossen. Dieser Antennenkomplex enthält im Falle des PS II Carotinoide (Absorptionsmaximum im violett-blauen Bereich) sowie die Chlorophylle a und b. Man nimmt an, dass die von der als Lichtsammelfalle fungierenden „Antenne" absorbierte Anregungsenergie über Carotinoide, Chlorophyll b und Clorophyll a auf das Reaktionszentrum (P-680) übertragen wird (Abb. 10-13, 10-14). Der Transfer der Anregungsenergie erfolgt vermutlich nach dem Mechanismus der induktiven Resonanz (Resonanztransfer). Die Energieübertragung verläuft, da die Pigmente zum Zentrum hin Absorptionsmaxima im immer langwelligeren Bereich aufweisen, unter Abnahme der Anregungsenergie, d. h. ein geringer Energiebetrag geht als Wärme verloren. Vermutlich werden jedoch mehr als 95 % der von den Antennenpigmenten absorbierten Photonen ($h \cdot v$) in Form von Anregungsenergie auf das P-680 übertragen. Nur dort findet eine photochemische Reaktion statt, die letztlich in der Oxidation (Elektronenabgabe) des angeregten P-680 (Chl a)-Molekülpaares besteht. Die auf der Thylakoidmembran ablaufende Lichtreaktion soll im nächsten Abschnitt anhand eines Strukturmodells dieser Biomembran im Detail erläutert werden.

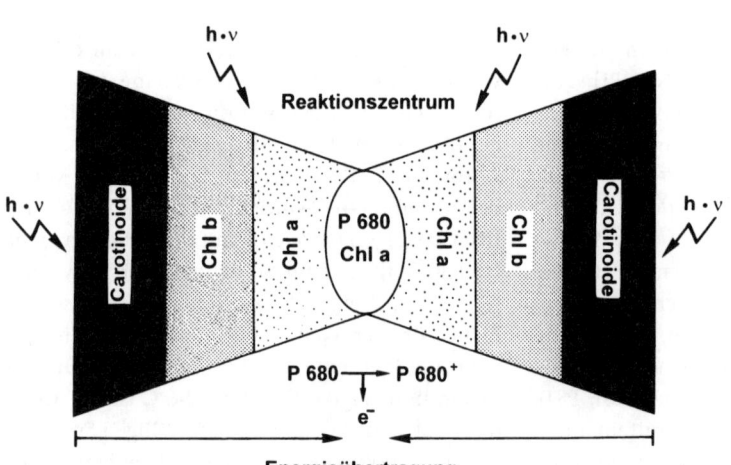

Abb. 10-13: *Lichtabsorption und Energieübertragung (Resonanztransfer) in Photosystem II. Die Antennenpigmente (Carotinoide, Chlorophyll b, Chlorophyll a = LHCII) übertragen die gesammelte Energie (light-harvesting) zum Reaktionszentrum. Dort findet die photochemische Reaktion statt (P-680 → P-680⁺ + e⁻).*

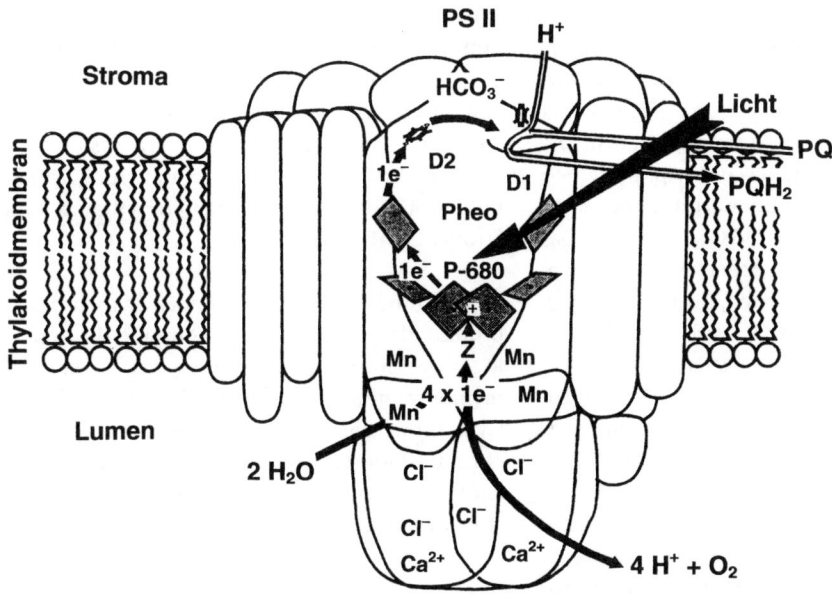

Abb. 10-14: *Hypothetische Struktur von Photosystem II (PS II), eines Pigment-Protein-Komplexes in der Thylakoid-Membran. Diese Assoziation zahlreicher Moleküle und Ionen erfüllt die Funktion einer „Lichtsammelfalle" bei gleichzeitiger Freisetzung von molekularem Sauerstoff (O_2). Der Elektronenfluss von den H_2O-Molekülen über das Reaktionszentrum (P-680, d. h. ein spezielles Chlorophyll a-Paar) zum reduzierten Plastochinon (PQ) wird durch die absorbierte Strahlungsenergie (h · v) angetrieben. Der wasseroxidierende Komplex (unten) enthält Chlorid- und Calcium-Ionen sowie Mangan. D 1/2 = Polypeptide, Pheo = Pheophytin, Z =Elektronenüberträger. (Nach Govindjee, A. & Coleman, W. J.: Sci. Amer. 262 (2), 42–51, 1990).*

10.9 Modell der Lichtreaktion der Photosynthese

Die Bildung von NADPH+H⁺ durch Photolyse des Wassers und die Synthese von ATP sind an vier Komplexe, die in die Membran eingelagert sind, gekoppelt: Photosystem II (PS II), Cytochrom b6-f, Photosystem I (PS I) und eine ATP-Synthase (Kopplungsfaktor CF_0-CF_1) (Abb. 10-12). Die ersten drei Komplexe arbeiten als Einheit zusammen und oxidieren den Sauerstoff des H_2O-Moleküls zum O_2, wobei NADPH+H⁺ entsteht; die nachgeschaltete ATP-Synthase dient der Synthese von ATP (Photophosphorylierung). Die räumliche Verteilung der Komplexe auf der Thylakoidmembran ist ungleich. PS II-Komplexe sind bevorzugt in der Grana-Region der Thylakoidmembran angeordnet, während die PS I-Komplexe und die ATP-Synthasen vorwiegend in den nicht zu Grana-Stapel vereinigten (exponierten) Regionen der Thylakoidmembran (Stroma-Thylakoide) zu finden sind (Abb. 10-10B). Die Cytochrom b6-f-Komplexe scheinen gleichmäßig über die Membran verteilt zu sein. Außer den vier fest in die Thylakoidmembran eingebauten Komplexen sind noch drei mobile Komponenten am Elektronentransport vom H_2O zum NADP⁺ beteiligt: Plastochinon (PQ/PQH_2), Plastocyanin (PC) und Ferredoxin (FD).

In Abb. 10-12 ist ein vereinfachtes Modell der Thylakoidmembran dargestellt und das Z-Schema der Photosynthese eingezeichnet. Die vier in die Membran integrierten Komplexe sowie die im Licht ablaufenden physiologischen Prozesse (Lichtabsorption, Photolyse des Wassers, Elektronentransport, Bildung der Reduktionsäquivalente und des ATPs) sollen im Folgenden nacheinander dargestellt werden.

Photosystem II. Das in Abb. 10-14 im Detail dargestellte PS II ist ein Protein-Pigment-Komplex, der aus Antennenpigmenten (*Light-harvesting-complex* = LHC-II) und dem davon eingeschlossenen Reaktionszentrum zusammengesetzt ist. Die „LHC-II-Antenne" besteht aus Apoproteinen (D1/D2-Polypeptide), mehreren Hundert Chlorophyll (a und b)-Molekülen und Carotinoiden. Das Reaktionszentrum enthält neben sechs Polypeptiden, Pheophytin, Chinonen, Ionen (Chlorid, Cl^-; Calcium, Ca^{2+}; Hydrogencarbonat, HCO_3^-) und Mangan-Atomen (Mn) ein spezielles Paar von Chlorophyll-a-Molekülen. Da dieses **Chlorophyllpaar** (Dimer) bei 680 nm (hellrot) eine maximale Absorption zeigt, bezeichnet man es als P-680. Bei Belichtung der Thylakoidmembran absorbieren die Antennenpigmente (LHCII) ein Photon und leiten dieses zum P-680 im Reaktionszentrum weiter (Abb. 10-12, 10-14). Das Chlorophyllpaar (P-680) geht in einen angeregten (energiereicheren) Zustand über (P-680*). Es transportiert dann ein Elektron (e^-) über Zwischenstufen (Pheophytin a, d. h. ein Chlorophyll a-Molekül ohne zentrales Mg^{2+}-Ion) zum Plastochinon (PQ). Das angeregte P-680* trägt nach Abgabe des e^- eine positive Ladung (P-680$^+$), die durch Elektronenaufnahme im Grundzustand wieder ausgeglichen wird. Bei der Reduktion des PQ zum Plastohydrochinon (PQH$_2$) wird Sauerstoff abgespalten (Photolyse des Wassers):

$$2\,H_2O + 2\,PQ + 4\,H^+ \xrightarrow{4xh \cdot \nu} O_2 + 4\,H^+ + 2\,PQH_2 \qquad (10.16)$$

PS II erfüllt somit die Funktion einer Wasser (H_2O)-Plastochinon (PQ)-Oxidoreduktase. Auf beiden Seiten der Gleichung erscheinen Protonen, da die PQ-Reduktion mit einer Protonenaufnahme aus dem Stroma verbunden ist, während die Photolyse des H_2O-Moleküls zu einer Abspaltung von H^+-Ionen führt. Pro freigesetztem Sauerstoffmolekül werden 4 Photonen ($4 \cdot h \cdot \nu$) absorbiert. Da pro Molekül O_2 somit vier Elektronen frei werden, das P-680 jedoch nur 1 e^- transportieren kann, nimmt man an, dass ein zyklischer Mechanismus der Wasserspaltung vorliegt. Diese (hypothetische) „wasseroxidierende Uhr" soll nacheinander 4 e^- an das P-680-Molekülpaar transferieren. Dieser zyklische Mechanismus der H_2O-Spaltung ist in Abschnitt 10.11 im Detail dargestellt.

Bei der Reduktion des PQ zum PQH$_2$ werden Protonen vom Stroma in das Lumen (Innenraum der Thylakoidmembrantaschen) gepumpt. Da außerdem pro abgegebenem O_2-Molekül vier H^+ entstehen, führt die Photolyse des Wassers und die Reduktion des PQ zu einer Ansäuerung des Lumens (pH-Gradient) zwischen Innenraum und Stroma (ΔpH).

Cytochrom b6-f-Komplex. Der den Cytochromen b und c der Atmungskette (Komplex III) homologe Cytochrom b6-f-Komplex der Thylakoidmembran besteht aus vier Polypeptiden, zwei Cytochrom b563-Molekülen und einem Cytochrom f-Molekül sowie einem Eisen-Schwefel-Zentrum (2Fe-2S). Der Komplex fungiert als Plastohydrochinon (PQH$_2$)-Plastocyanin (PC)-Oxidoreduktase:

$$PQH_2 + 2\,PC_{ox} \xrightarrow{e^-} PQ + 2\,PC_{red} + 2\,H^+ \qquad (10.17)$$

Das Plastocyanin ist ein kupferhaltiges Protein, welches in oxidierter (PC_{ox}) und reduzierter (PC_{red}) Form vorliegen kann und somit als lösliches Redox-Protein bezeichnet wird.

Photosystem I. Das in Abbildung 10-12 schematisch dargestellte PS I ist ein Protein-Pigment-Komplex, der aus lichtabsorbierenden (*light harvesting*) Antennenmolekülen sowie dem Reaktionszentrum zusammengesetzt ist. Der lichtabsorbierende Komplex (*Light-harvesting-complex* = LHC-I) enthält etwa 50% des gesamten Chlorophylls von PSI und besteht aus Chlorophyll-a und -b-Molekülen sowie einigen Proteinen. Das Reaktionszentrum enthält das lichtoxidierbare Chlorophyll P-700 (ein Chlorophyll a-Paar, λ_{max} bei 700 nm, dunkelrot) und außerdem Chlorophyll-a-Moleküle (etwa 100 pro P-700), β-Carotin, Phyllochinon sowie vier Eisen-Schwefel-Zentren (4Fe-4S-Komplexe). Nach Absorption eines Photons wird das vom PC_{red} übertragene Elektron angeregt und auf Ferredoxin (FD) geleitet. Nach Abgabe des e^- liegt das angeregte P-700* in oxidierter Form vor (P-700$^+$). Da pro abgespaltenem O_2-Molekül vier e^- transportiert werden müssen, sind auch im PSI vier Photonen ($4 \cdot h \cdot \nu$) zum Weitertransport der Elektronen notwendig. PSI katalysiert somit die photochemische Reduktion von Ferredoxin (FD) unter Verwendung der Elektronen des reduzierten Plastocyanins (PC): $h \cdot v$

$$PC_{red}+FD_{ox} \xrightarrow[h \cdot v]{e^-} PC_{ox}+FD_{red} \qquad (10.18)$$

Ferredoxin ist ein Eisen-Schwefel-Protein (2Fe-2S), das unter Valenzwechsel eines Eisenatoms (Fe^{2+}/Fe^{3+}) als Elektronenüberträger fungiert. Die Elektronen werden vom FD_{red} unter Wirkung der Ferredoxin-$NADP^+$-Oxidoreduktase auf das $NADP^+$ übertragen:

$$2 FD_{red}+2 H^++NADP^+ \qquad (10.19)$$
$$\xrightarrow{e^-} 2 FD_{ox}+NADPH+H^+$$

Die Elektronen wurden somit von Wasser (H_2O) über PS II, die Elektronentransportkette (PQ/PQH_2, Cytb6-f, PC), PS I und FD auf das $NADP^+$ übertragen, wodurch dieser Elektronenakzeptor zum Endprodukt $NADPH+H^+$ reduziert wird.

10.10 Quantenbedarf der Photosynthese und Photophosphorylierung

Bei der Betrachtung des Gesamtprozesses („Z-Schema") wird deutlich, dass zur Bildung eines O_2-Moleküls (und somit zur Reduktion eines CO_2-Moleküls zum Kohlenhydrat) $2 \cdot 4 = 8$ Photonen absorbiert werden müssen. Jedes Photosystem muss zum Weitertransport der vier Elektronen (pro O_2-Molekül) vier Photonen von den Antennenpigmenten ins Reaktionszentrum weiterleiten, wo dann die Anregung des P-680 (bzw. P-700) erfolgt. Der **Quantenbedarf** beträgt somit gemäß der in Abb. 10-12 dargestellten Photosynthese-Elektronentransportkette gleich acht Photonen pro O_2-Molekül. Der reziproke Wert des Quantenbedarfs ist die Quantenausbeute (Syn.: Quantenertrag). Diese ist theoretisch gleich $1 : 8 = 0,125$ Moleküle O_2 pro absorbiertem Photon. Unter Verwendung empfindlicher Sauerstoffelektroden (Apparaturen zur Messung der O_2-Abgabe an Blattstücken) konnte an Blättern zahlreicher Pflanzenarten ein Quantenbedarf von etwa 9 (bis 10) Photonen pro O_2-Molekül gemessen werden. Dieser Befund unterstützt die in Abb. 10-12 dargestellte Modellvorstellung zum photosynthetischen Elektronentransport auf der Thylakoidmembran der Chloroplasten. Der im Vergleich zum Z-Schema signifikant höhere Quantenbedarf in vivo (8 bis 9 an Stelle von 8 Photonen/O_2) ist auf Energieverluste beim Durchdringen der Strahlung durch die Epidermis des Blattes bis in die Chloroplasten der Mesophyllzellen zu erklären.

Nicht-zyklischer und zyklischer Elektronenfluss. Das in Abb. 10-12 dargestellte Z-Schema des photosynthetischen Elektronentransportes von H_2O zum $NADP^+$ über PS II, Cytb6-f und PS I beschreibt den nicht zyklischen (d. h. in einer Richtung verlaufenden) Elektronenfluss. Es wurde außerdem ein zyklischer Elektronenfluss, an dem nur das PS I beteiligt ist, nachgewiesen. Nach Anregung des P-700 werden die Elektronen zum FD, und dann über den Cyt b6f-Komplex und PC zum P-700 zurücktransportiert (Abb. 10-12, gestrichelte Linie). Der Zyklus läuft bei Belichtung ununterbrochen weiter. Während dieses zyklischen Elektronentransportes werden weder $NADPH+H^+$ noch Sauerstoff gebildet. Es entsteht durch zyklische Phosphorylierung ATP. Vermutlich wird der zyklische Elektronenfluss dann aktiv, wenn die Zelle genügend Reduktionsäquivalente ($NADPH+H^+$) gebildet hat, aber zusätzlich ATP benötigt wird. Die Mechanismen zur Umschaltung von „normalem" auf zyklischen Elektronentransport sind weitgehend unbekannt.

Photophosphorylierung. Der lichtgetriebene Elektronenfluss über PS II, Cytb6-f und PS I ist mit einer Ansäuerung des Thylakoidinnenraumes (Lumen) – im Vergleich zum Stroma – verbunden. Es entsteht somit ein beträchtlicher pH-Gradient (ΔpH) durch Protonenverschiebung von außen nach innen. Der Rückfluss der Protonen vom Lumen (sauer) in das Stroma (alkalisch) wird gemäß der chemiosmotischen Hypothese von P. Mitchell (1966) zur Synthese von ATP eingesetzt. Die ATP-Synthese wird an den „Köpfchen" von membranintegrierten Enzymkomplexen katalysiert. Diese als **ATP-Synthasen** bezeichneten Molekülkomplexe werden auch „Kopplungsfaktoren" genannt, weil der Protonenfluss durch das Zentrum des Komplexes mit der ATP-Bildung gekoppelt ist (Kap. 9). Die Photophosphorylierung verläuft nach der folgenden Bruttogleichung:

$$ADP+P+3\ H^+\ (Lumen) \qquad (10.20)$$
$$\rightarrow ATP+H_2O+3H^+\ (Stroma)$$

Die Bildung eines ATP-Moleküls wird vermutlich durch die Translokation von drei (möglicherweise auch vier) Protonen katalysiert. Die ATP-Synthase der Thylakoidmembran ist der ATP-Synthase der Mitochondrieninnenmembran sehr ähnlich. Der Enzymkomplex besteht aus einer membranintegrierten Komponente (CF_0; C steht für Chloroplast) und einem Kopfteil (CF_1), der in das Stroma hineinragt (Abb. 10-10B). Die Untereinheiten sind aus 5 (CF_0) bzw. 4 (CF_1) Polypeptid-Ketten zusammengesetzt. Die CF_0-CF_1-ATP-Synthase enthält außerdem im Zentrum des Molekülkomplexes einen Kanal, der den Durchtritt der Protonen ermöglicht.

Ein Modell der mitochondrialen F_0-F_1-ATP-Synthase wurde bei der Abhandlung der Atmungskette dargestellt (Kap. 9).

10.11 Photosystem II und Sauerstoffproduktion

Die Frage, über welche biochemischen Mechanismen die grünen Organismen (Cyanobakterien, Algen und Pflanzen) bei Normaltemperatur eine Spaltung der sehr stabilen H_2O-Moleküle erwirken können, steht seit Jahren im Zentrum der pflanzenphysiologischen Forschung. Die Photolyse des Wassers ist in den Photosystem (PS)II-Komplexen der Thylakoidmembranen innerhalb der Chloroplasten lokalisiert (Abb. 10-10B).

Wie Abb. 10-14 zeigt, ist das PS II („der lebenserhaltende, lichtgetriebene Sauerstoffgenerator unserer Biosphäre") ein Pigment-Protein-Ionen-Komplex, der an der Innenseite eine Untereinheit trägt, die zur H_2O-Spaltung befähigt ist:

$$2\ H_2O+4\cdot h\cdot v \rightarrow O_2+4\ e^-+4\ H^+\ (10.21)$$

Diese PS II-Domäne enthält u. a. Mangan-Atome (bzw. Ionen) (Mn) sowie Chlorid- und Calcium-Ionen (Cl^-, Ca^{2+}). Diese Bausteine sind essentielle Komponenten der „wasserspaltenden Uhr".

Der lichtgetriebene zyklische Vier-Takt-Mechanismus der H_2O-Photolyse konnte noch nicht in allen Einzelheiten entschlüsselt werden. Welche Experimente führten zur Formulierung dieser „Uhr-Hypothese" ?

Ende der 1960er Jahre wurden Untersuchungen zur Sauerstoffproduktion isolierter Chloroplastenbruchstücke durchgeführt (Abb. 10-9). Die in Dunkelheit gehaltenen Organellen-Suspensionen wurden mit kurzen Lichtblitzen bestrahlt (Dauer: 10–20μs) und die O_2-Emission mit extrem empfindlichen Sauerstoffelektroden gemessen (Einheit: O_2-Abgabe pro Blitz). Wie Abb. 10.15 A zeigt, ist nach einer Anlaufphase (Dunkelheit, Blitze 1 bis 3) ein charakteristischer Vierer-Rhythmus zu erkennen (Blitze 1/2/3/4/ ergeben am Ende der Periode einen O_2-Puls). Aus diesen Daten wurde die bereits erwähnte Hypothese von der „wasseroxidierenden Uhr" abgeleitet. Es werden hypothetische Energie-Zustände (S_0 bis S_4) angenommen. Die Zustände S_0, S_1, S_2, S_3 und S_4 sollen unter Absorption von vier Photonen ($4\cdot h\cdot v$) in einem Kreisprozess (Zyklus) durchlaufen werden, wobei nacheinander den 2 H_2O-Molekülen vier Elektronen ($4\cdot 1e^-$) entzogen werden. Beim Übergang $S_4 \rightarrow S_0$ soll die O_2-Abspaltung erfolgen. Die vier e^- werden nacheinander über die Zwischenstufe Z auf P-680 (Chl.a-Dimer) übertragen.

Der exakte biochemische Mechanismus des „Uhrwerks" (viermal „ticken" → ein O_2-Puls) konnte bisher nicht entschlüsselt werden. In Abb. 10-16 ist das derzeit aktuelle **Tyrosyl-Radikal-Modell** der H_2O (d. h. Sauerstoff)-Oxidation dargestellt. Mangan-Ionen (Mn^{2+}/Mn^{3+}/Mn^{4+}) und ein Tyrosyl-Radikal (Benzol–O ·) sollen im Vier-Takt-Rhythmus den zwei H_2O-Molekülen nacheinander alle vier e^- entziehen, wobei beim Übergang $S_4 \rightarrow S_0$ ein O_2-Molekül freigesetzt wird. Als zweites Produkt entstehen vier Protonen ($4\ H^+$).

Die primäre photochemische Reaktion in PS II (Abb. 10-13, 10-14) kann somit wie folgt schematisch zusammengefasst werden:

1. Chl.a+h · v → Chl.a*
   (Lichtabsorption, energiereicher Zustand)
2. Chl.a*+P-680 → Chl.a+P-680*
   (Übertragung der Anregungsenergie)
3. P-680*+Pheo → P-680⁺+Pheo⁻
   (lichtgetriebene Ladungstrennung)

Im letzten Schritt übernimmt das photooxidierte P-680⁺ ein Elektron (e^-) von dem Elektronencar-

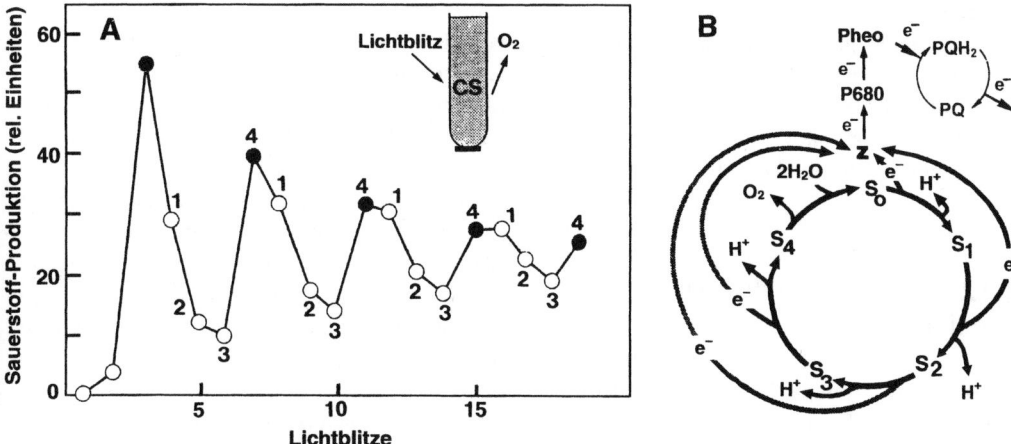

Abb. 10-15: *Experimente mit Chloroplasten-Suspensionen (CS), die zur Hypothese von der wasseroxidierenden Uhr geführt haben. In Dunkelheit gehaltene Chloroplasten-Bruchstücke wurden mit extrem kurzen Lichtpulsen bestrahlt und die O_2-Ausbeute pro Blitz ermittelt (A). Nach einer Anlaufphase ist ein Vier-Takt-Rhythmus zu erkennen (1, 2, 3, 4). Hypothetisches Modell der lichtgetriebenen Wasserspaltung in PS II (B). Die Zustände S_0 bis S_4 sind nicht durch Strukturen festgelegt, sondern hypothetischer Natur. Z = Elektronencarrier. (Nach Dismukes, G. C.: Science 291, 447–448, 2001).*

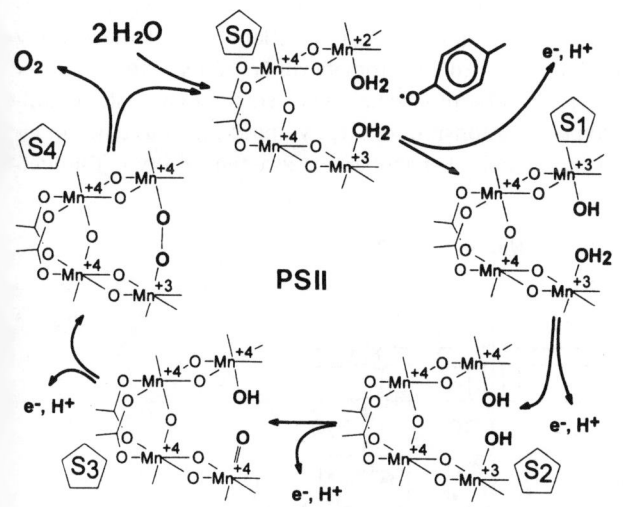

Abb. 10-16: *Das Tyrosyl-Radikal-Modell der wasserspaltenden Uhr der Photolyse des Wassers in Photosystem II. Pro einem freigesetzten O_2-Molekül werden vier Photonen absorbiert (Übergänge der Zustände S_0 bis S_4). Das Tyrosyl-Radikal (Benzol-O·) ist zur Vereinfachung nur in Schritt 1 (S_0/S_1) eingezeichnet. (Nach Hoganson, C. W. & Babcock, G. T.: Science 277, 1953–1956, 1997).*

ier (Z) („wasserspaltende Uhr") und die Sequenz 1. bis 3. wiederholt sich von Neuem. In der oben angegebenen Reaktionsfolge repräsentiert P-680 das „spezielle" Chl.a-Paar (Dimer) des Reaktionszentrums, während das Pheophytin (Chl.a-Molekül ohne zentrales Magnesium-Ion) als primärer Elektronenakzeptor dient. Der Elektronen-

überträger Z ist gemäß Abb. 10-16 mit dem Tyrosyl-Radikal gleichzusetzen.

Im Jahr 2000 wurde erstmals berichtet, dass PS II-Partikel, die aus einem Cyanobakterium isoliert wurden, in vitro eine lichtabhängige O_2-Produktion zeigen. Es ist allerdings bis heute nicht gelungen, PS II-Komplexe außerhalb der Zelle

(d. h. im Reagenzglas) zu synthetisieren. Eine Simulation dieses grundlegenden photobiologischen Prozesses (Bau künstlicher PS II-analoger wasserspaltender Maschinen) zur technischen Energiegewinnung (Gase H_2 und O_2) ist eine Herausforderung für die Zukunft.

10.12 Sekundärreaktion: Übersicht

An die Primärreaktion der Photosynthese schließt sich eine vom Licht nur indirekt abhängige Sequenz biochemischer Prozesse an (Abb. 10-12). Diese im Stroma des Chloroplasten ablaufende „Dunkelreaktion" besteht in der Fixierung und Reduktion des CO_2, wobei die energiereichen Produkte der Lichtreaktion (NADPH+H$^+$, ATP) verbraucht werden. Drei Wege der CO_2-Assimilation sind heute bekannt; sie sind in Abb. 10-17 gegenübergestellt.

C3-Pflanzen. Das erste Produkt der CO_2-Assimilation ist die aus drei Kohlenstoffatomen aufgebaute (C3)-Verbindung Glycerat-3-Phosphat (Syn.:3-Phosphoglycerat). Man hat ermittelt, dass der C3-Weg bei 85 bis 90% der etwa 250 000 beschriebenen Spezies rezenter Samenpflanzen aus-

gebildet ist. Aus dieser Hochrechnung geht hervor, dass nahezu alle unsere Nutzpflanzen dem C3-Typ angehören. Als Beispiel sei die Spinatpflanze genannt (*Spinacia oleracea*) (Abb. 10-9). Dieser häufigste Modus der CO_2-Fixierung (Abb. 10-17 A) ist zugleich der biochemisch betrachtet am wenigsten komplexe, da der gesamte Prozess in den Chloroplasten der Mesophyllzellen des Blattes lokalisiert ist. Das CO_2 gelangt durch die am Tag geöffneten Spaltöffnungen (Stomata) per Diffusion bis ins Stroma der Organellen und wird dort assimiliert.

C4-Pflanzen. Das erste Produkt der CO_2-Assimilation sind C4-Verbindungen (Oxalacetat, Malat oder Aspartat). Der C4-Weg ist bei nur etwa 2% der Samenpflanzen ausgebildet und als evolutiv höher entwickelter (komplexerer) Photosynthesemechanismus zu interpretieren. Es gehören einige wichtige Nutzpflanzen zum C4-Typ, vorwiegend Gräser (Poaceae), z. B. Mais (*Zea mays*) (Abb. 10-25, 10-32), Zuckerrohr (*Saccharum officinale*) und die Mohrenhirse (*Sorghum bicolor*). Der C4-Weg der CO_2-Fixierung ist komplexer als der C3-Grundtyp. Das CO_2 gelangt durch die am Tag geöffneten Stomata zunächst ins Cytoplasma der Mesophyllzellen. Dort entsteht das erste Assimilationsprodukt (C4-Verbindung), das dann in einen benachbarten zweiten Zelltyp (Bündel-

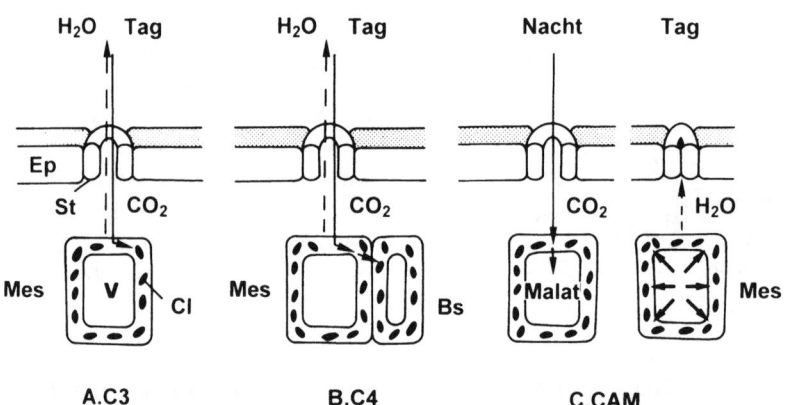

Abb. 10-17: *Gegenüberstellung der drei Typen der CO_2-Fixierung (Sekundärreaktion der Photosynthese). Bei C3-Pflanzen gelangt das CO_2 durch die am Tag geöffneten Stomata in die Chloroplasten der Mesophyllzellen (A), während bei C4- und CAM-Pflanzen eine räumliche bzw. zeitliche Separation des Gesamtprozesses ausgebildet ist (B, C). Bs = Bündelscheide, Cl = Chloroplast, Ep = Epidermis, Mes = Mesophyllzelle, St = Spaltöffnung, V = Vacuole. (Nach Nobel, P. S.: New Phytol. 119, 183–205, 1991).*

Abb. 10-18: Die Ananas (Ananas comosus) ist eine der wenigen kommerziell genutzten Pflanzen, die in die Gruppe der CAM-Photosynthesetypen gehört. Das Bild zeigt einen reifen Fruchtstand vor der Ernte.

scheide) transferiert wird. In den Chloroplasten der Zellen der Bündelscheide wird im zweiten Schritt das freigesetzte CO_2 (wie bei der C3-Pflanze) fixiert. Es ist somit eine räumliche Auftrennung des Assimilationsprozesses ausgebildet (Mesophyll/Bündelscheide) (Abb. 10-17 B).

CAM-Pflanzen. Diese spezielle Variante der Sekundärreaktion der Photosynthese ist besonders bei Vertretern der Dickblattgewächse (Crassulaceae) und anderen sukkulenten (wasserspeichernden) Pflanzen ausgebildet und wird daher als Crassulacean Acid Metabolism (CAM = Crassulaceen-Säurestoffwechsel) bezeichnet. Etwa 6–8 % der Samenpflanzen gehören dem CAM-Typ an, darunter Vertreter der Orchideen (Orchidaceae), Wolfsmilchgewächse (Euphorbiaceae), Bromelien (Bromeliaceae) und Kaktusgewächse (Cactaceae). Allerdings weisen nur zwei Nutzpflanzen, die Ananas (*Ananas comosus*) (Abb. 10-18) und der

Feigenkaktus (*Opuntia* spec.) den CAM-Weg auf. Die CO_2-Fixierung verläuft in zwei zeitlich getrennten Schritten, d. h. der CAM-Modus ist eine Anpassung an trockene Standorte mit heißen Tagen und kalten Nächten. Zur Verminderung der Wasserabgabe sind die Stomata am Tag geschlossen. Nachts öffnen sich die Spaltöffnungen; das CO_2 wird fixiert und in der Vakuole als Malat gespeichert. Am Tag wird ein Teil des wieder freigesetzten CO_2 wie bei der C3-Pflanze (allerdings bei geschlossenen Stomata) fixiert (Abb. 10-17 C). Nach diesem Überblick sollen im Folgenden die drei Wege der CO_2-Fixierung separat dargestellt werden.

10.13 Der Calvin-Zyklus

Die in Abb. 10-17 A–C dargestellte Übersicht zeigt, dass bei C3-Pflanzen weder eine räumliche noch eine zeitliche Kompartimentierung der CO_2-Fixierung und -Reduktion ausgebildet ist. Das Kohlendioxid gelangt direkt an den Ort, wo es verarbeitet wird, d. h. in das Stroma der Chloroplasten der Mesophyllzellen. Die CO_2-Reduktion ist ein zyklischer Vorgang, bei dem der Akzeptor für das Kohlendioxidmolekül regeneriert wird. Man bezeichnet diesen Kreisprozess zu Ehren seines Entdeckers als Calvin (Syn.: reduktiver Pentosephosphat oder C3)-Zyklus. Da der Calvin-Zyklus nicht nur bei allen C3-Pflanzen, sondern auch beim C4- und CAM-Typ der CO_2-Reduktion durchlaufen wird, soll die Entdeckung dieses fundamentalen biochemischen Reaktionsweges kurz dargestellt werden.

Versuchsaufbau. Die Analyse des Mechanismus der CO_2-Assimilation war erst nach der Verfügbarkeit radioaktiver Kohlenstoffisotope möglich. Unter Einsatz von Kohlenstoff-14-Isotopen (^{14}C) mit einer Halbwertzeit von 5760 Jahren kann das angebotene CO_2 markiert werden: Es ist somit möglich, die Reduktion des ^{14}C-Atoms zum Kohlenhydrat zu verfolgen. Dem Chemiker M. Calvin und Mitarbeitern gelang es im Verlauf der 1950er Jahre, durch Begasung von Grünalgenkulturen (*Chlorella* oder *Scenedesmus*) mit $^{14}CO_2$ und papierchromatographischer Auftrennung der Produkte, den Reaktionsweg der CO_2-Reduktion auf-

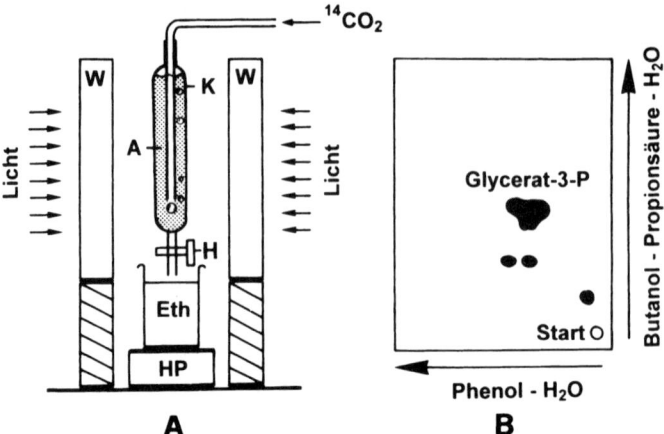

Abb. 10-19: *Schematische Darstellung der Apparatur, mit der M. Calvin den Mechanismus der CO$_2$-Fixierung entschlüsselt hat (A). Das zwei-dimensionale Papierchromatogramm (B) zeigt, dass nach einer Inkubationszeit von nur 2 Sekunden das erste stabile Produkt, das Glycerat-3-Phosphat, gebildet wird. A = Algensuspension (Chlorella), Eth = heißer Ethanol, HP = Heizplatte, K = Küvette, W = Wärmefilter. (Nach Calvin, M.: Science 135, 879–889, 1962).*

zuklären. Die Apparatur sowie das Resultat (Autoradiogramm) sind in Abb. 10-19 A, B schematisch dargestellt. Das Prinzip dieser Methode lässt sich wie folgt zusammenfassen. Eine mit starkem Weißlicht bestrahlte Kultur einzelliger Grünalgen wird zur Optimierung der Photosyntheserate mit CO$_2$-haltiger Luft begast. Für kurze Zeitintervalle (Sekunden bis Minuten) wird nun ^{14}CO$_2$ eingeleitet. Unmittelbar nach Beendigung des ^{14}C-Pulses werden die Zellen durch Öffnen eines Hahns in heißen Ethanol getropft und somit spontan abgetötet. Nach Extraktion der radioaktiv markierten Kohlenstoffverbindungen werden diese mittels einer zweidimensionalen Papierchromatographie aufgetrennt. Nach Auflegen eines Röntgenfilms können die radioaktiv markierten Assimilationsprodukte als schwarze Flecken sichtbar gemacht und durch geeignete Standardsubstanzen identifiziert werden (Autoradiographie). Weiterhin wurden die Produkte der CO$_2$-Fixierung einer chemischen Zersetzung unterzogen, um dasjenige C-Atom des Moleküls zu identifizieren, das radioaktiv markiert war.

Die mit Algensuspensionen erarbeiteten Resultate konnten in den 1960er Jahren mit Blättern (bzw. intakten Chloroplasten) höherer Pflanzen reproduziert und bestätigt werden. Sie gelten daher für Grünalgen und Pflanzen in gleicher Weise (Dokument für die nahe stammesgeschichtliche Verwandtschaft dieser Organismengruppen).

Ergebnisse. Das erste nachweisbare Produkt der CO$_2$-Fixierung ist die C3-Verbindung Glycerat-3-Phosphat: Sie ist als dominierender schwarzer Fleck nach einer Inkubationszeit von nur 2 Sekunden sichtbar (Abb. 10-19 B). Heute wissen wir, dass dieser erste Reaktionsschritt in der Aufnahme des CO$_2$ durch den Kohlendioxidakzeptor D-Ribulose-1,5-bisphosphat besteht. Diese als Carboxylierung bezeichnete Reaktion (Abb. 10-20) wird durch das Enzym **Ribulose 1,5-bisphosphat-Carboxylase/Oxygenase (Rubisco)** katalysiert (Kap. 7). Das die CO$_2$-Fixierung vermittelnde Enzym Rubisco ist das häufigste Protein der Erde; bis zu 50 % des löslichen Proteinanteils im Stroma der Chloroplasten besteht aus diesem Schlüsselenzym des Calvin-Zyklus. Das Molekül (rel. Masse ca. 550 000) ist aus acht großen und acht kleinen Untereinheiten zusammen gesetzt, wobei die großen Rubisco-Bausteine von der DNA des Chloroplasten und die kleinen vom Kerngenom kodiert werden (Kap. 7). Die in Abb. 10-20 dargestellte Reaktion zeigt, dass das Enzym die Verbindung Ribulose-1,5-bisphosphat carboxyliert, wobei zwei

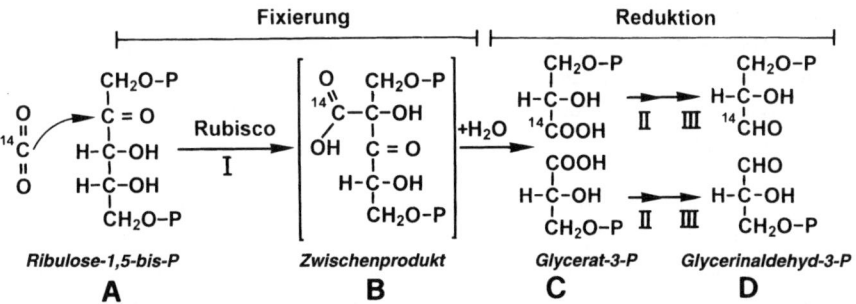

Abb. 10-20: *Fixierung und Reduktion des Kohlendioxids (Schritte I–III des Calvin-Zyklus). Der Akzeptor Ribulose-1,5-bis-Phosphat reagiert mit einem radioaktiv markierten CO_2-Molekül (A). In Folge dieser Carboxylierung (I, Enzym: Ribulose-1,5-bisphosphat-Carboxylase/Oxygenase) entsteht ein kurzlebiges Zwischenprodukt (B), das unter Anlagerung von Wasser in 2 Glycerat-3-Phosphat-Moleküle zerfällt (erstes stabiles Assimilationsprodukt) (C). Nach Reduktion (Schritte II, III) liegt das Endprodukt des Calvin-Zyklus vor (Glycerinaldehyd-3-phosphat) (D).*

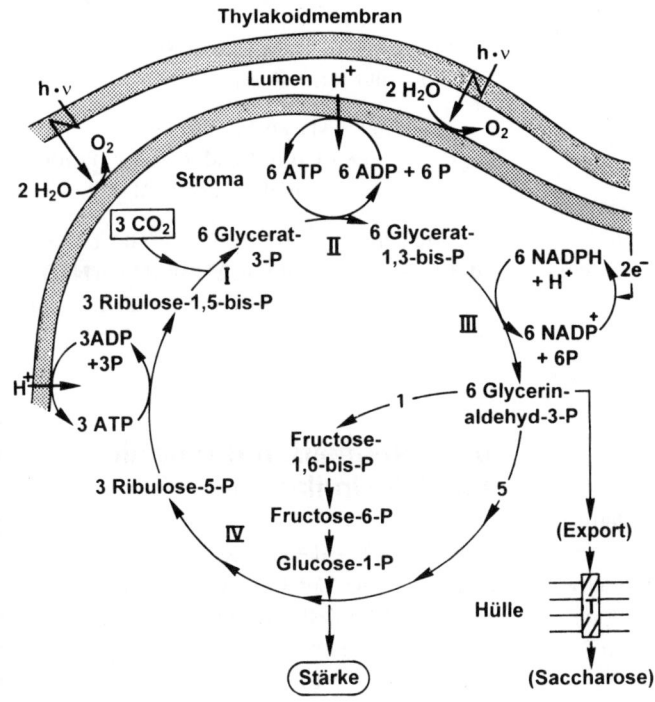

Abb. 10-21: *Calvin-Zyklus. Der Gesamtprozess zerfällt in vier Schritte. I: Anlagerung von CO_2 = Carboxylierung (Enzym: Rubisco), II: Phosphorylierung (Enzym: Phosphoglycerat-Kinase), III: Reduktion (Enzym: Glycerinaldehyd-3-P-Dehydrogenase), IV: Regeneration (zahlreiche Enzyme). Das Produkt des Zyklus (Glycerinaldehyd-3-Phosphat) wird zur Biosynthese der Assimilationsprodukte Stärke (im Chloroplast) und Saccharose (im Cytoplasma) verwendet. T = Translokatorprotein in der Chloroplastenhülle (Doppelmembran). (Nach verschiedenen Autoren).*

identische Hydrolyseprodukte entstehen. Bei der Darstellung der Photorespiration wird deutlich werden, dass Rubisco auch als Oxygenase wirken kann, wobei Glycerat-3-Phosphat sowie das Spaltprodukt Phosphoglycolat gebildet werden (s. u.).

Ableitung des C3-Zyklus. Das in Abb. 10-19 A, B dargestellte Experiment führte, wie oben dargestellt, zur Identifikation des ersten Assimilationsproduktes Glycerat-3-Phosphat. Durch Verlängerung der Begasungszeit ($+^{14}CO_2$) und Analyse der entstandenen Assimilationsprodukte konnte der im

Stroma der Chloroplasten lokalisierte Calvin-Zyklus rekonstruiert werden (Abb. 10-21). Diese komplizierte Sequenz biochemischer Reaktionen kann in vier Teilschritte zerlegt werden: Carboxylierung, Phosphorylierung, Reduktion und Regeneration.

I. Carboxylierung (Anlagerung von CO_2):
Die durch das Enzym Rubisco katalysierte Reaktion ist in Abb. 10-20 A-C dargestellt und kann durch folgende Gleichung beschrieben werden:

$$3 \text{ Ribulose-1,5-bis-P} + 3 \text{ } CO_2 + 3 \text{ } H_2O \rightarrow 6 \text{ Glycerat-3-P}$$
(10.22)

II. Phosphorylierung (Anlagerung eines Phosphatrestes):
Das zur Phosphorylierung notwendige ATP wird auf der Thylakoidmembran gebildet (Photophosphorylierung); die Reaktion wird durch das Enzym Phosphoglycerat-Kinase katalysiert:

$$6 \text{ Glycerat-3-P} + 6 \text{ ATP}$$ (10.23)
$$\rightarrow 6 \text{ Glycerat-1,3-bis-P} + 6 \text{ ADP} + 6 \text{ P}$$

III. Reduktion (Aufnahme von Elektronen):
Die eigentliche Reduktion des fixierten CO_2 erfolgt unter Verbrauch der auf der Thylakoidmembran im Licht entstandenen Reduktionsäquivalente (Enzym: Glycerinaldehyd-3-P-Dehydrogenase):

$$6 \text{ Glycerat-1,3-bis-P} + 6 \text{ NADPH} + 6 \text{ H}^+$$
$$\rightarrow 6 \text{ Glycerinaldehyd-3-P} + 6 \text{ NADP}^+ + 6 \text{ P}$$
(10.24)

Die Verbindung Glycerinaldehyd-3-Phosphat (Abb. 10-20 D) kann als das Produkt des Calvin-Zyklus betrachtet werden, da der Kohlenstoff (Oxidationszahl im CO_2: +4) nun in reduzierter Form vorliegt (Ox.zahl des C-Atoms der Aldehydgruppe: +1). Außerdem wird bei der Reduktion des Glycerat-1,3-bis-Phosphats zum Aldehyd pro Molekül ein Phosphatrest (P) freigesetzt. Die Reduktion des Kohlenstoffatoms des CO_2-Moleküls ist in Abb. 10-20 A–D dargestellt. Für die Änderung der Oxidationsstufe des C-Atoms lässt sich folgende Reihe formulieren:

$$\overset{+4}{C}O_2 \xrightarrow{I} \overset{+3}{-C}OOH \xrightarrow{II/III} \overset{+1}{-C}HO$$ (10.25)

Es wird deutlich, dass nach der Fixierung des CO_2 (I) und nachgeschalteter Hydrolyse bereits eine erste Reduktion erfolgt ist (Carboxylgruppe). Durch „Elimination eines Sauerstoffatoms (–COOH → CHO, Reaktionen II und III)" ist die endgültige Oxidationsstufe des C-Atoms im Kohlenhydrat erreicht (Aldehydgruppe: +1).

IV. Regeneration (zahlreicher Reaktionswege und Enzyme):
Von den sechs entstandenen Glycerinaldehyd-3-Phosphat-Molekülen repräsentiert nur eines ein fixiertes (reduziertes) Kohlenstoffatom; die restlichen fünf werden zur Regeneration des CO_2-Akzeptors Ribulose-1,5-bis-P benötigt. Diese komplizierte Reaktionsfolge soll hier nicht im Detail besprochen werden (s. Lehrbücher der Biochemie). Die Bruttogleichung von Teilschritt IV lautet folgendermaßen:

$$5 \text{ Glycerinaldehyd-3-P} + 3 \text{ ATP}$$ (10.26)
$$\rightarrow 3 \text{ Ribulose-1,5-bis-P} + 3 \text{ ADP} + 3 \text{ P}$$

Die Summenformel des Calvin-Zyklus lässt sich somit wie folgt formulieren:

$$3 \text{ } CO_2 + 9 \text{ ATP} + 6 \text{ NADPH} + 6 \text{ H}^+$$ (10.27)
$$\rightarrow 1 \text{ Glycerinaldehyd-3-P (Produkt)}$$
$$+ 9 \text{ ADP} + 8 \text{ P} + 6 \text{ NADP}^+$$

Pro reduziertem CO_2-Molekül (= Glycerinaldehyd-3-P) werden somit drei ATP und zwei NADPH + H$^+$ (Reduktionsäquivalente) verbraucht (s. Tab. 10-4).

10.14 Regulation der Kohlendioxid-Assimilation

Wie wird die Rate der CO_2-Reduktion (Geschwindigkeit, mit der der Calvin-Zyklus durchlaufen wird) im Chloroplasten der Pflanze reguliert? Zwei Hypothesen wurden formuliert, die wie folgt zusammengefasst werden können. 1. Es ist denkbar, dass die Aktivität des Enzyms Rubisco letztendlich die CO_2-Assimilationsrate determiniert. 2. Die Regeneration des CO_2-Akzeptors Ribulose-1,5-bis-P über Reaktionen II, III und zahlreiche, hier nicht näher besprochene Reaktionswege (IV) könnte der ratenlimitierende Schritt bei der „Dunkelreaktion" darstellen. Bei Dauerbestrahlung (konstante Photosyntheserate) ist die Aktivität von Rubisco (und somit die in Abb. 10-20 A-D darge-stellte Carboxylierungsreaktion) der ratenlimitie-rende Faktor der CO_2-Assimilation (Hypothese 1). Bei raschem Wechsel der Lichtintensität (Beschat-tung der Blätter) scheint hingegen die Regenera-tion des CO_2-Akzeptors und nicht die Aktivität von Rubisco für die Regulation der Photosyntheserate verantwortlich zu sein (Hypothese 2).

Seit einigen Jahren ist bekannt, dass das Schlüs-selenzym des Calvin-Zyklus (Rubisco) im intakten Chloroplasten lichtabhängig aktiviert werden muss, um die Carboxilierungsreaktion katalysie-ren zu können. Das Enzym **Rubisco-Aktivase** er-möglicht die Loslösung des CO_2-Akzeptors Ribu-lose-1,5-bisphosphat von Rubisco und determi-niert somit die Aktivität des „häufigsten Proteins der Biosphäre". Die Aktivierung von Rubisco ist daher der eigentliche ratenlimitierende Prozess bei der CO_2-Reduktion im Dauerlicht:

Rubisco (inaktiv)-Ribulose-1,5-bisphos-phat + Rubisco-Aktivase → Rubisco (aktiv) + Ribulose-1,5-bisphosphat (freier CO_2-Akzeptor) → Fixierung von CO_2 (10.28)

Das Enzym Rubisco-Aktivase benötigt ATP und ist somit direkt von der Lichtreaktion (Photophos-phorylierung) abhängig.

Es wurde bereits erwähnt, dass die Rate des Cal-vin-Zyklus im Licht höher ist als in Dunkelheit. Diese Lichtaktivierung des Kreisprozesses wird durch Anhebung der katalytischen Aktivität eini-ger Schlüsselenzyme (z.B. Glycerinaldehyd-3-P-Dehydrogenase) bewirkt. Die Biokatalysatoren werden über das **Ferredoxin-Thioredoxin**-System des Chloroplasten aktiviert. Am Tag steigt somit die Aktivität einiger Calvin-Zyklus-Enzyme an; nachts fallen diese wieder auf einen Grund-pegel ab. Hierdurch wird erreicht, dass die „Dun-kelreaktion" am Tag mit optimaler Rate abläuft (Resultat: lichtabhängige CO_2-Assimilation).

10.15 Biosynthese von Stärke und Saccharose

Es wurde bereits mehrfach erwähnt, dass die **Stärke** das erste im Chloroplasten sichtbare Assi-milationsprodukt ist (s. Abb. 10-1 A). Andererseits

entsteht als Produkt des Calvin-Zyklus die Triose Glycerinaldehyd-3-Phosphat (Abb. 10-20, 10-21). Wie wird das Polysaccharid Stärke synthetisiert? Vor Beantwortung dieser Frage sollte noch erläu-tert werden, warum die aus Glucose-Ketten zu-sammengesetzte hochmolekulare Stärke, und nicht etwa Triose oder Hexose, abgelagert wird. Man nimmt an, dass die Stärke als „Glucosequelle mit geringem osmotischem Druck" betrachtet werden muss. Würden einzelne Triose- oder Hexo-semoleküle als Assimilationsprodukte im Chloro-plast akkumulieren, so würde dies zu einer osmo-tischen Wasseraufnahme führen (der osmotische Druck π ist eine Funktion der Teilchenzahl), d.h. der Chloroplast würde vermutlich anschwellen und platzen.

Als Ausgangssubstanz der Stärkebiosynthese dient ein Zwischenprodukt des Calvin-Zyklus, die Verbindung Fructose-6-Phosphat (Abb. 10-21). Nach Umwandlung in Glucose-1-P entsteht zunächst der Nucleotidzucker Adenosindiphos-phat (ADP)-Glucose; dieser reagiert dann mit einem bereits vorhandenen Polymer $(Glucose)_n$ wie folgt:

$$Glucose\text{-}1\text{-}P + ATP \xrightarrow{1} ADP\text{-}Glucose + PP$$

$$ADP\text{-}Glucose + (Glucose)_n \qquad (10.29)$$
$$\xrightarrow{2} (Glucose)_{n+1} + ADP$$

Reaktion 1 wird durch das Enzym ADP-Glucose-Pyrophosphorylase katalysiert, während Reaktion 2 durch die Stärkesynthase ermöglicht wird (PP = Pyrophosphat). In den Blättern wird nach Belich-tung bis zu 30% des fixierten CO_2 als Stärke de-poniert. Die Hauptmenge des Glycerinaldehyd-3-Phosphats wird allerdings zur Biosynthese des Di-saccharids **Saccharose** (D-Glucose + D-Fructose) verbraucht. Diese Transportform der Kohlenhy-drate entsteht nicht im Chloroplasten, sondern im Cytoplasma der Zelle. Zunächst gelangt die Triose (Glycerinaldehyd-3-P) über ein in die Chloroplas-tenhülle (Doppelmembran) eingelagertes Trans-lokatorprotein ins Cytoplasma. Nach Umwand-lung in Fructose-6-Phosphat reagiert dieses Produkt mit dem Nucleotidzucker Uridindiphos-phat (UDP)-Glucose in zwei Schritten zur Saccha-rose:

$$UDP\text{-}Glucose + Fructose\text{-}6\text{-}P \qquad (10.30)$$
$$\xrightarrow{1} UDP + Saccharose\text{-}6\text{-}P$$
$$Saccharose\text{-}6\text{-}P + H_2O \xrightarrow{2} Saccharose + P$$

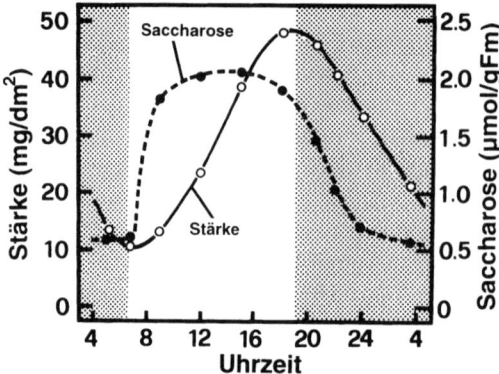

Abb. 10-22: *Akkumulation und Abbau der Assimilationsprodukte Stärke und Saccharose in den Laubblättern einer vegetativen Sojapflanze (Glycine max). Die Pflanzen wuchsen im Gewächshaus im natürlichen Tag/Nacht- (Licht/Dunkel-) Rhythmus. (Nach Rufty, T. W., Kerr, P.S. & Huber, S. C.: Plant Physiol. 73, 428–433, 1983).*

Reaktion 1 wird durch das Enzym Saccharosephosphat-Synthase, Umsetzung 2 durch die Saccharose-Phosphatase katalysiert. Die gebildete Saccharose wird entweder in der Vacuole gespeichert (z. B. Zuckerrübe, *Beta vulgaris*; Zuckerrohr, *Saccharum officinarum*) oder im Phloem abtransportiert. Eine Reihe von Untersuchungen deuten darauf hin, dass das Enzym Saccharosephosphat-Synthase (und somit Reaktion 1) die Rate der Saccharose-Synthese in photosynthetisch aktiven Blättern reguliert.

In Abb. 10-22 ist die Änderung der Stärke- und Saccharosemenge im Laubblatt einer Sojapflanze, die im Tag/Nacht-Rhythmus wuchs, dargestellt. Mit Einsetzen der Lichtperiode werden beide CO_2-Assimilations-Endprodukte synthetisiert. Nach Sonnenuntergang (Nacht) setzt ein Stärkeabbau ein: Das Assimilationsprodukt wird während der heterotrophen Phase als Atmungssubstrat verwendet. Auch die Saccharosekonzentration nimmt rasch ab und erreicht in der Nacht ihren Minimalwert.

Neben der Stärke und der Saccharose (Abb. 10-21) gibt es bei zahlreichen Gräsern (Poaceae) der gemäßigten Klimazonen eine dritte Form der Deposition von Photosyntheseprodukten. In den Vacuolen der Blätter und Halme dieser Pflanzen werden **Fructane** (= aus Fructose-Einheiten aufgebaute Polymere) abgelagert und bis zum Abtransport gespeichert („Fructangräser" der Gattungen *Hordeum, Triticum, Secale, Festuca*). Weiterhin sind auch bei einigen Korbblütlern (Asteraceae) an Stelle der Stärke spezielle Fructane als Reservekohlenhydrat nachweisbar. So wird das Inulin (polymere Verbindung aus ca. 35 Fructose-Molekülen und endständiger Glucose) in den Sproßknollen des Tobinambur (*Helianthus tuberosus*) gespeichert. Die Fructane werden durch Anlagerung von Fructose-Einheiten an das Saccharose-Molekül synthetisiert.

Die hier dargestellten Fakten können wie folgt zusammengefasst werden. Neben dem intraplastidären Assimilationsprodukt Stärke wird nach Export der Triose Glycerinaldehyd-3-P ins Cytoplasma der Zelle dort das zweite dominierende Photosyntheseprodukt, die Saccharose, synthetisiert. Das Disaccharid wird entweder in der Vacuole gespeichert, im Phloem abtransportiert oder bei einigen Pflanzen durch Verknüpfung mit Fructose-Molekülen in Form der Fructane abgelagert.

10.16 Photorespiration

Bei der Darstellung der Lichtreaktion der Photosynthese wurde bereits erwähnt, dass der auf der Thylakoidmembran gebildete molekulare Sauerstoff (O_2) ein Nebenprodukt darstellt, während die Protonen und Elektronen zur Bildung der Reduktionsäquivalente (und des ATPs) benötigt werden. Im Jahr 1920 beobachtete O. Warburg, dass die Photosynthese durch Sauerstoff gehemmt werden kann. Dieses als **Warburg-Effekt** bezeichnete Phänomen wurde bei zahlreichen höheren Pflanzen untersucht. Resultat: Bei C3-Pflanzen hemmt O_2 die Photosynthese, während bei C4-(und CAM)-Pflanzen keine derartige Wirkung gemessen wurde.

Die im Licht ablaufende Sauerstoffaufnahme ist mit einer Abgabe von CO_2 verbunden und wird daher als **Photorespiration** bezeichnet. Da bei diesem der Zellatmung analogen Gaswechsel kein ATP gebildet wird, sollte der Begriff „Lichtatmung" vermieden werden.

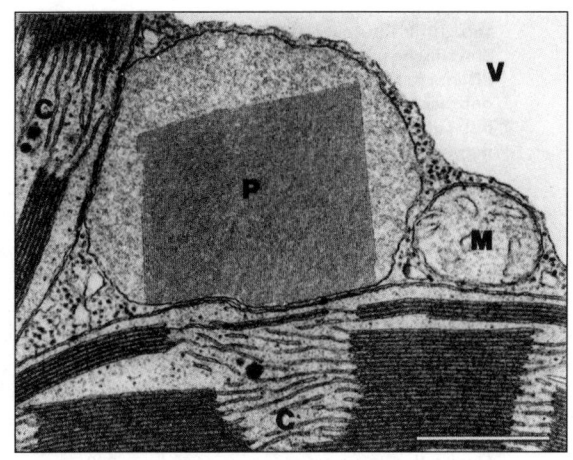

Abb. 10-23: *Elektronenmikroskopische Aufnahme des Cytoplasmasaumes einer Blatt-Mesophyllzelle der Tabakpflanze (Nicotiana tabacum). Die angeschnittenen Chloroplasten sind von einem Peroxisom und einem Mitochondrion umgeben. Über diese drei Organellen verläuft in der C3-Pflanze die Photorespiration. C = Chloroplast, M = Mitochondrion, P = Peroxisom mit dem Enzym Katalase (Gitterstruktur), V = Vacuole. Balken = 0,5 µm. (Nach Frederick, S. E. & Newcomb, E. H.: J. Cell Biol. 43, 343–353, 1969).*

Kompartimentierung und Reaktionsfolge. Im belichteten Laubblatt der C3-Pflanze laufen zwei mechanistisch völlig getrennte Prozesse ab: die auch in Dunkelheit stattfindende aerobe Dissimilation (Kap. 9) sowie die als Photorespiration bezeichneten Vorgänge. Während die Zellatmung im Cytoplasma (Glykolyse) und den Mitochondrien (Citrat-Zyklus, Atmungskette) lokalisiert ist, beruht die Photorespiration auf einer zyklischen Interaktion dreier verschiedener Organellen: Chloroplast, Peroxisom und Mitochondrion (Abb. 10-23). Es wurde bereits dargestellt, dass das Enzym Ribulose-1,5-bisphosphat-Carboxylase auch als Oxygenase fungieren kann. Bei entsprechend hoher Sauerstoffkonzentration (Luft: 21 % O_2, 0,035 % CO_2) entstehen nicht, wie im Calvin-Zyklus bei CO_2-Sättigung der Zellen (Abb. 10-19 A) aus Ribulose-1,5-bis-P zwei Glycerat-3-P-Moleküle (Abb. 10-20): Durch Anlagerung eines O_2-Moleküls wird unter der katalytischen Wirkung von Rubisco je ein Molekül Glycerat-3-P und Phosphoglycolat gebildet. Es handelt sich hierbei um eine **Konkurrenzreaktion** zwischen den Gasen CO_2 und O_2. Da die Affinität von Rubisco für CO_2 wesentlich größer ist als für O_2 (bei C3-Pflanzen gilt: K_m (CO_2) etwa 10–20 µmol/l; K_m (O_2) etwa 400–600 µmol/l), überwiegt in Anwesenheit von Luft (21 % O_2) die Carboxylase-Reaktion:

Ribulose-1,5-bis-P + CO_2, H_2O

$\xrightarrow{\text{Carboxylase}}$ 2 Glycerat-3-P (Photosynthese)

Ribulose-1,5-bis-P + O_2 (10.31)

$\xrightarrow{\text{Oxygenase}}$ 1 Glycerat-3-P + 1 Phosphoglycolat (Photorespiration)

Die der Photorespiration zugrundeliegende biochemische Reaktionssequenz ist in Abb. 10-24 dargestellt.

Das gebildete Phosphoglycolat wird nach Abspaltung des Phosphat-Restes in ein benachbartes Peroxisom transportiert. Dort wird das Glycolat unter Aufnahme von O_2 und Abgabe von H_2O_2 zu Glyoxylat oxidiert. Das gebildete H_2O_2 wird, katalysiert durch das für Peroxisomen charakteristische Enzym Katalase, in Wasser und O_2 gespalten. Da zwei O_2-Moleküle aufgenommen, jedoch nur ein O_2 abgegeben wird, ist diese Reaktion mit einer Sauerstoffaufnahme verbunden. Das Glyoxylat wird nach Anlagerung eines NH_3-Moleküls in die Aminosäure Glycin umgewandelt, die dann in ein benachbartes Mitochondrion wandert. Dort entsteht aus zwei Glycin-Molekülen ein Molekül Serin, wobei $NADH + H^+$, NH_3 sowie CO_2 freigesetzt werden (CO_2-Abgabe im Licht). Das abgespaltene NH_3-Molekül (bzw. NH^{4+}-Ion) diffundiert in den Chloroplasten, wird dort assimiliert (Kap. 15) und gelangt in Form der Aminosäure Glutamat in das Peroxisom.

Die Aminosäure Serin wandert zurück ins Peroxisom, wo nach Abspaltung der Aminogruppe Hydroxypyruvat entsteht. Nach Umwandlung in Glycerat, Transport in den Chloroplasten und Anlagerung eines Phosphat-Restes schließt sich der

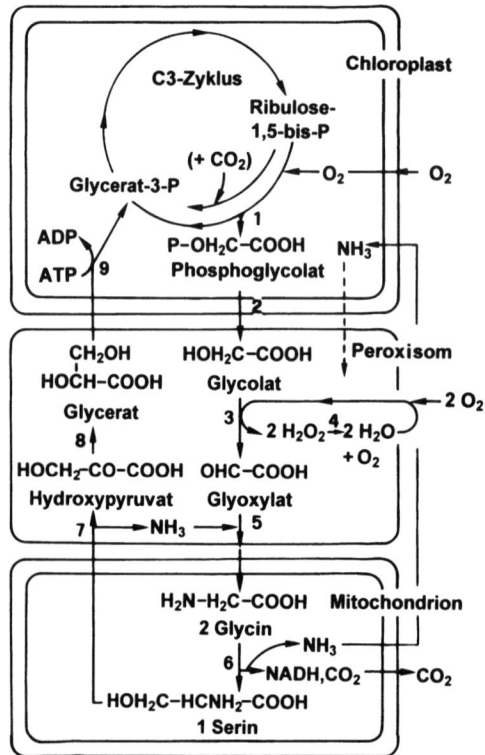

Abb. 10-24: *Schema der Photorespiration, ein mit O_2-Verbrauch und CO_2-Abgabe verbundener Nebenweg der Sekundärreaktion der Photosynthese bei C3-Pflanzen. Gestrichelter Pfeil: Aminosäure-Transport. Enzyme: 1 = Ribulose-1,5-bisphosphat-Carboxylase/Oxygenase, 2 = Phosphoglycolat-Phosphatase, 3 = Glycolat-Oxidase, 4 = Katalase, 5 = Glyoxylat-Glutamat Aminotransferase, 6 = Serin-Synthase, 7 = Serin-Aminotransferase, 8 = Hydoxypyruvat-Reduktase, 9 = Glycerat-Kinase. (In Anlehnung an Zelitch, I.: BioScience 42, 510–517, 1992).*

Kreislauf: Das gebildete Glycerat-3-P wird wieder in den Calvin-Zyklus eingeschleust.

Gaswechselmessungen. Experimente mit Blättern verschiedener C3-Pflanzen haben gezeigt, dass nach Reduktion des O_2-Gehaltes der Luft von 21% auf <1% die Photosyntheserate (CO_2-Fixierung) um 40–60% ansteigt (Tab. 10-2). Wird die Sauerstoffkonzentration der Luft von 21% auf 50% erhöht, so kann eine Hemmung der Photosyntheseaktivität beobachtet werden.

Tab. 10-2: Photosyntheserate (CO_2-Absorption pro Blattfläche und Stunde) verschiedener C4- und C3-Pflanzen. Einzelne Blätter werden in eine Küvette gebracht, mit Weißlicht bestrahlt und entweder mit Luft (21% O_2) oder mit Stickstoff (<1% O_2) begast (CO_2-Konzentration: 0,65 mg/l; Temperatur 30 °C). (Nach Hesketh, J.: Planta 76, 371–374, 1967).

Art	Photosyntheserate (mg $CO_2 \cdot dm^{-2} \cdot h^{-1}$)		Förderung nach Red. der O_2-Konz. (%)
	21% O_2	<1% O_2	
C4-Pflanzen:			
Fuchsschwanz (*Amaranthus palmeri*)	64	64	0
Sudangras (*Sorghum sudanense*)	45	45	0
Mais (*Zea mays*)	44	44	0
C3-Pflanzen:			
Sonnenblume (*Helianthus annuus*)	37	53	+ 45
Weizen (*Triticum aestivum*)	32	49	+ 53
Baumwolle (*Gossypium hirsutum*)	29	40	+ 38
Paprika (*Capsicum annuum*)	26	39	+ 50
Tabak (*Nicotiana tabacum*)	16	25	+ 56
Bohne (*Phaseolus vulgaris*)	16	22	+ 40

Es ist offensichtlich, dass durch die Oxygenase-Aktivität von Rubisco die CO_2-Fixierung der C3-Pflanzen deutlich niedriger ist als sie in Abwesenheit der Photorespiration wäre: die durch Photorespiration auftretende CO_2-Abgabe reduziert somit die **Produktivität** dieser Pflanzen erheblich. Experimente mit Sojabohnen (*Glycine max*) unterstützen diese Schlussfolgerung. Versuchspflanzen wurden für 69 Tage bei 21% (Kontrolle) oder 5% O_2 gehalten (ein O_2-Gehalt von 5% ist ausreichend, um die Zellatmung aufrechtzuerhalten). Die bei reduziertem Sauerstoffangebot gewachsenen Sojapflanzen produzierten im Versuchszeitraum etwa die doppelte Trockenmasse wie die Kontrolle. Dies zeigt, dass durch experimentelle Reduktion der O_2-Konzentration im Gewebe der Pflanze (d.h. Unterdrückung der Photorespiration) die Produktivität der Sojabohne um

100% zunimmt. Da fast alle Nutzpflanzen dem C3-Typ angehören, ist durch das Auftreten der Photorespiration ein enormer Verlust an **Ernteertrag** zu verzeichnen. Durch Elimination der Oxygenase-Aktivität von Rubisco könnte die Rate der CO_2-Fixierung dieser Pflanzen deutlich gesteigert werden (Tab. 10-2).

Warum wurde die Photorespiration im Verlauf der Evolution von nahezu 90% der Samenpflanzen (C3-Typ) nicht eliminiert? Da das Enzym Rubisco unter anaeroben Umweltbedingungen entstanden ist (der Sauerstoff der Erdatmosphäre ist das Nebenprodukt der Photosynthese grüner Organismen), war ein Schutz vor dem „Angriff" von O_2-Molekülen nicht notwendig. Mit Anstieg des O_2-Gehaltes der Luft nahm gleichzeitig die Photorespirationsrate zu, d.h. man kann die Oxygenase-Reaktion als „Fehler in der Evolution der C3-Pflanzen" interpretieren. Andererseits sind die Pflanzen jedoch in der Lage, die beiden Aminosäuren Glycin und Serin aus dem Nebenweg des Calvin-Zyklus abzuzweigen. Dies deutet darauf hin, dass die Photorespiration möglicherweise keine reine Energieverschwendung darstellt, sondern von der Pflanze zur Biosynthese von Aminosäuren ausgenutzt wird.

10.17 Photosynthese bei Starklicht: C4-Pflanzen

Im 19. Jahrhundert wurde wiederholt beobachtet, dass die Blätter einiger Pflanzenarten (z. B. Mais, *Zea mays*) eine spezielle Anatomie aufweisen: Die Zellen des Mesophylls sind nicht alle gleichartig, sondern in zwei Typen unterteilbar. Sämtliche Leitbündel sind von einem Ring großer, chloroplastenreicher Zellen (= Bündelzellen) umgeben; dieser Ring ist wiederum von einer Schicht kleinerer Zellen mit meist stärkefreien Chloroplasten umschlossen (= Mesophyllzellen) (Abb. 10-25 A, B). Wie die elektronenmikroskopische Aufnahme (Abb. 10-25 C) zeigt, enthalten die Chloroplasten der Mesophyllzellen Grana- und Stroma-Thylakoide, während in den stärkereichen Organellen der Bündelscheide nur Stroma-Membranstapel zu erkennen sind.

Im Jahr 1914 sprach der Botaniker G. Haberlandt die Vermutung aus, dass die „Kranzanatomie der Laubblätter" mit einer Arbeitsteilung zwischen den Chloroplasten der Bündelscheiden- und Mesophyllzellen verbunden sein könnte. Im Jahr 1960 wurde an Maisblättern beobachtet, dass das erste Produkt der Fixierung von $^{14}CO_2$ nur zu etwa 10% aus der C3-Verbindung Glycerat-3-Phosphat besteht. Die Hauptmenge des fixierten $^{14}CO_2$ war in den C4-Verbindungen Malat und Aspartat nachweisbar. Einige Jahre später (1966) berichteten M. D. Hatch und C. R. Slack, dass bei Zuckerrohrpflanzen, ähnlich wie bei Mais, die C4-Säuren Malat und Aspartat als erstes Produkt der CO_2-Fixierung synthetisiert werden, während das Glycerat-3-P erst später gebildet wird.

Heute ist bekannt, dass zwischen der Kranzanatomie der Laubblätter und dem Mechanismus der CO_2-Fixierung ein kausaler Zusammenhang besteht. Alle bisher untersuchten Pflanzenarten, die durch „Kranzanatomie" gekennzeichnet sind, synthetisieren als erstes Photosyntheseprodukt eine C4-Verbindung. Die Fixierung des CO_2 sowie die Bildung der C4-Verbindung erfolgt in den Mesophyllzellen des Blattes (Cytoplasma, Chloroplasten). Nach Transport der Malat-Moleküle in die Bündelscheidenzellen und Decarboxylierung wird das freigesetzte CO_2 im zweiten Schritt „reassimiliert" und in den C3-Zyklus eingeschleust (Abb. 10-26). Diese räumliche Kompartimentierung der CO_2-Fixierung hat zur Folge, dass das CO_2 in den Zellen der Bündelscheide konzentriert wird und somit das Enzym Ribulose-1,5-bisphosphat-Carboxylase/Oxygenase fast ausschließlich als Carboxylase (CO_2-Akzeptor) fungiert. Die Oxygenase-Reaktion ist vollständig gehemmt und die Photorespiration (partieller Verlust des fixierten CO_2) somit unterdrückt (Tab. 10-2).

Reaktionswege. Abbildung 10-26A, B zeigt den C4-(Syn.: C4-Dicarbonsäure- oder Hatch-Slack)-Weg der CO_2-Fixierung, wie er bei der Maispflanze ausgebildet ist (Malat-Typ). Das CO_2 gelangt über die Stomata des Blattes in die Mesophyllzellen. Als erster CO_2-Akzeptor fungiert die Verbindung **Phosphoenolpyruvat** (PEP). Das Enzym Phosphoenolpyruvat-Carboxylase (**PEP-Carboxylase**) katalysiert die Carboxylierung von PEP zu Oxalacetat, wobei Phosphat (P) freigesetzt wird (Reak-

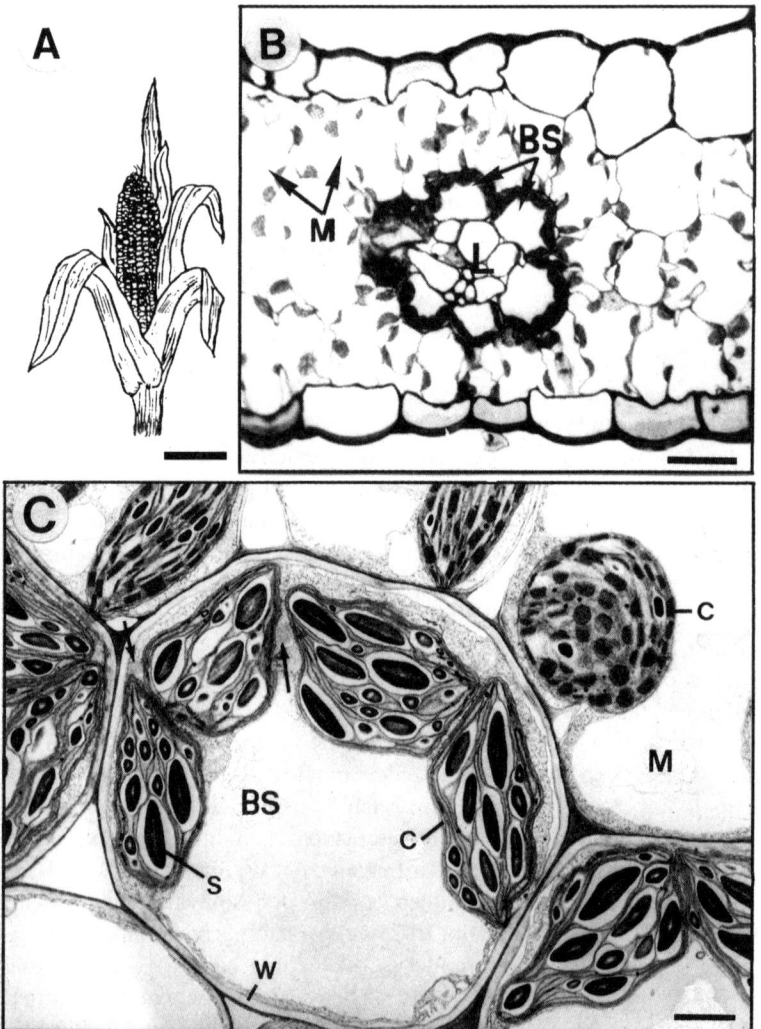

Abb.10-25: *Morphologie, Blattanatomie und Ultrastruktur der Zellen der C4-Pflanze Mais (Zea mays). Ausgewachsene Pflanze mit reifem Maiskolben (A). Lichtmikroskopische Aufnahme eines Querschnitts durch das Blatt (B). Die Kranzanatomie ist deutlich zu erkennen. Elektronenmikroskopisches Bild angeschnittener Mesophyll- und Bündelscheiden-Zellen (C). Die Mesophyllzellen (oben) enthalten normale Chloroplasten (Grana- und Stroma-Thylakoiden, kleine Stärkekörner), während die speziellen Chloroplasten der inneren Zellen nur Stroma-Thylakoide und große Stärkekörner enthalten. Das Enzym Rubisco ist ausschließlich in den Chloroplasten der inneren Zellen aktiv. Kleine Pfeile: Peroxisomen. BS = Bündelscheide, C = Chloroplast, L = Leitbündel, M = Mesphyllzellen, S = Stärkekorn, W = Zellwand. Balken: = 10 cm (A), 10 μm (B), 1 μm (C). (Nach Frederick, S. E. & Newcomb, E.H.: Planta 96, 152–174, 1971).*

tion 1, Cytoplasma). Oxalacetat wird in die Chloroplasten transferiert und unter Verbrauch von NADPH+H$^+$ zu Malat hydriert (Enzym 2: Malat-Dehydrogenase). Dieses Produkt wird nach Export ins Cytoplasma durch die Plasmodesmata in die Bündelscheidenzellen transportiert. In den Chloroplasten dieser inneren Zellen wird das Malat unter Bildung von NADPH+H$^+$ dehydriert und gleichzeitig decarboxyliert (Enzym 3: Malatenzym). Die Produkte (CO$_2$ und NADPH+H$^+$) wer-

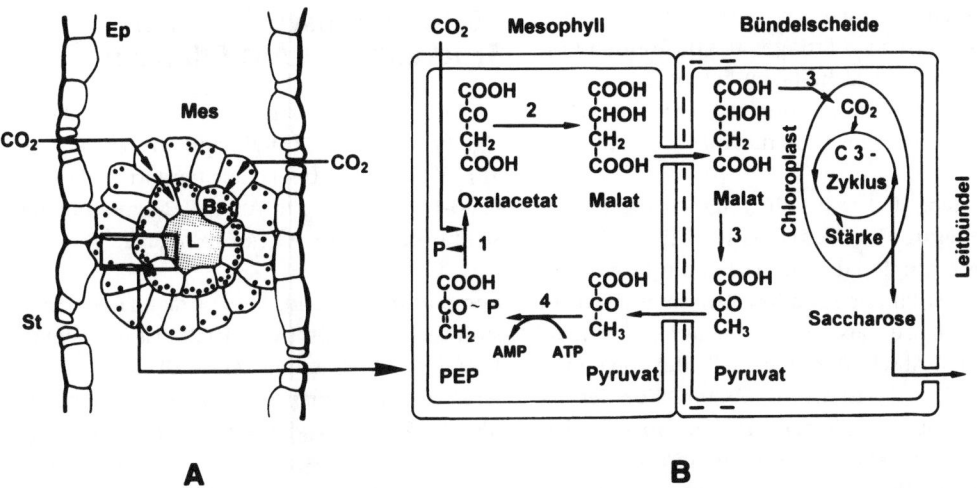

Abb. 10-26: *Der C4-Weg der CO₂-Fixierung (Malat-Typ). Ein Querschnitt durch das Blatt einer Maispflanze (Zea mays) zeigt die Kranzanatomie (A). Das Leitbündel (L) ist von Bündelzellen umgeben, die eine Bündel-scheide (Bs) bilden. Das CO₂ gelangt per Diffusion durch die Stomata (St) der Epidermis bis in die Zellen des Mesophylls (Mes). Ein Ausschnitt (B) zeigt die Interaktion zwischen Mesophyll und Bündelscheide. Enzyme: 1 = Phosphoenol-pyruvat (PEP)-Carboxylase, 2 = Malat-Dehydrogenase, 3 = Malatenzym, 4 = Pyruvatphosphat-Dikinase, P = Phosphat; (- - -) = Suberinlamelle (Diffusionsbarriere für CO₂). (In Anlehnung an Hatch, M. D.: Plant Cell Physiol. 33, 333–342, 1992).*

den in den C3-Zyklus eingeschleust, während das gebildete Pyruvat wieder in die Mesophyllzellen zurück diffundiert und dort in die Chloroplasten gelangt. Das Enzym Pyruvatphosphat-Dikinase (4) phosphoryliert das Pyruvat zu PEP, wobei pro Molekül Pyruvat 2 ATP verbraucht werden. Die Hauptfunktion dieses Kreisprozesses (Abb. 10-26 B) besteht darin, das CO_2 in den Chloroplasten der Leitbündelzellen zu konzentrieren. Nur in die-sen Organellen ist das Enzym Rubisco lokalisiert (es fehlt in den Chloroplasten der Mesophyllzel-len). Die metabolische Kooperation Mesophyll-/Bündelscheidenzellen fungiert somit als „CO_2-Pumpe" (Kohlendioxid-Konzentrationsmechanis-mus).

Neben dem in Abb. 10-26 dargestellten Malat-Typ kennt man auch C4-Pflanzen (z. B. Vertreter der Gattungen *Amaranthus, Atriplex, Panicum*), bei denen das gebildete Oxalacetat im Mesophyll zu Aspartat umgewandelt wird (Transaminierung). Das Aspartat gelangt dann in die Bündelschei-denzellen und wird dort nach Umwandlung in Oxalacetat decarboxyliert. Das freigesetzte CO_2 wird in den C3-Zyklus geschleust, während das

entstandene Pyruvat nach Umwandlung in Alanin zurück in die Mesophyllzellen gelangt. Dort entsteht aus Alanin wieder Pyruvat, und der Kreislauf schließt sich, wie es für den Malat-Typ beschrieben wurde.

Photosyntheserate und Ernteertrag. In Tab.10-2 sind die Photosyntheseraten verschiedener C3- und C4-Pflanzen, ermittelt als CO_2-Assimilation pro Blattfläche und Stunde, zusammengestellt. Bei C4-Pflanzen wurden Werte zwischen 44 und 64 mg $CO_2 \cdot dm^{-2} \cdot h^{-1}$ gemessen; die untersuch-ten C3-Pflanzen wiesen unter identischen experi-mentellen Bedingungen Photosyntheseraten auf, die im Schnitt nur etwa halb so hoch waren (16–37 mg $CO_2 \cdot dm^{-2} \cdot h^{-1}$ bei 21 % O_2). Die Ursache dieser wesentlich effektiveren CO_2-Assimilation der C4-Pflanzen beruht auf der Unterdrückung der Photorespiration durch Konzentration des CO_2 in den Bündelscheidenzellen des Blattes. Nicht nur die Photosyntheserate, sondern auch der **Ernteertrag** ist bei C4-Pflanzen höher als beim einfacher gebauten Grundtyp. Einem Bericht des *United States Department of Agriculture* aus dem Jahr

1980 ist zu entnehmen, dass Maispflanzen einen durchschnittlichen Ertrag von 3,06 Tonnen Körner pro Einheitsfläche (acre) liefern. Die C3-Getreidepflanzen Weizen und Gerste erbrachten hingegen Flächenerträge von nur 1,03 bzw. 1,21 Tonnen.

Wie Tab. 10-2 weiterhin zeigt, ist die **Photosyntheserate** des Weizenblattes bei reduzierter O_2-Konzentration der Luft ($<1\%$) und somit unterdrückter Photorespiration etwa so hoch wie in der C4-Pflanze Mais. Diese Daten unterstützen die im letzten Abschnitt gezogene Schlussfolgerung: In Luft ($21\%\ O_2$) ist die CO_2-Assimilation der C3-Pflanzen auf Grund der simultan ablaufenden Konkurrenzreaktion (Photorespiration) niedriger als sie bei Elimination des Nebenweges der Sekundärreaktion sein könnte.

Diese Resultate zeigen, dass die C4-Pflanzen bei limitierter CO_2-Versorgung (d. h. normale Luft) und hohem Photonenfluss (Starklicht) den C3-Pflanzen überlegen sind. Es sind einige rezente evolutive C3/ C4-Zwischenformen (Übergangs-Photosynthesetypen) bekannt, so z. B. Vertreter der Gattungen *Flaveria, Mollugo* und *Panicum*. Dies zeigt, dass die Evolution der Angiospermen stetig fortschreitet. Der Physiologe analysiert somit Organismen, deren Stammesgeschichte nicht abgeschlossen, sondern auf der Zeitachse „nach vorne hin" offen ist.

10.18 Photosynthese bei Trockenheit: CAM-Pflanzen

Es wurde bereits erwähnt, dass die Ananas die einzige bedeutsame CAM-Nutzpflanze ist (Abb. 10-18). Weitere an trockene Standorte adaptierte CAM-Pflanzen sind in Abb. 10-27 zusammengestellt (Feigenkaktus, Dickblatt, Agave).

Kompartimentierung. Der Crassulaceen-Säurestoffwechsel (CAM) (Abb. 10-28) ist mit dem C4-Weg der CO_2-Fixierung verwandt. Bei dem Letzteren sind die beiden Teilprozesse CO_2-Fixierung (durch PEP-Carboxylase) und Einschleusung des Kohlendioxids in den C3-Zyklus (durch Rubisco) räumlich voneinander getrennt (Mesophyll/Bündelscheidenzellen). Beim CAM ist hingegen eine zeitliche Separation der Teilprozesse der Sekundärreaktion ausgebildet (Tag/Nacht-Rhythmus). Nachts öffnen sich die Stomata und CO_2 wird aufgenommen. Das Gas wird dann durch Carboxylierung von **Phosphoenolpyruvat** (PEP) fixiert und in der Vacuole als Malat gespeichert. Der cytoplasmatische CO_2-Akzeptor PEP wird vermutlich aus Abbauprodukten von Chloroplastenstärke gebildet.

Am Tag sind die Stomata der CAM-Pflanzen geschlossen (Verhinderung der Wasserdampfabgabe). Das Malat wird alternativ durch drei verschiedene Enzyme zu Phosphoenolpyruvat (PEP) bzw. Pyruvat decarboxyliert. Das freigesetzte CO_2 wird dann am Tag über Rubisco in den C3-Zyklus

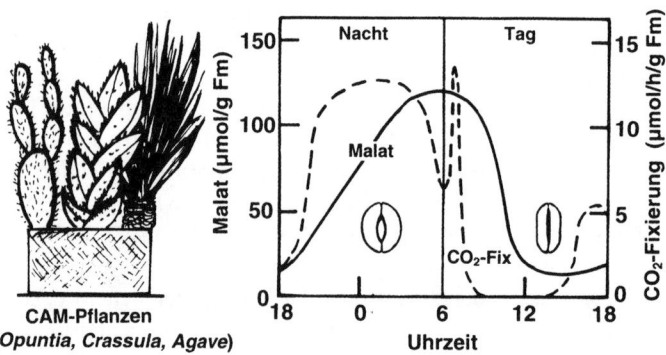

Abb. 10-27: *Repräsentative CAM-Pflanzen (links). Tageszeitabhängiger Säure-Rhythmus (Malat-Akkumulation) und CO_2-Fixierung in den Mesophyllzellen der Blätter (rechts). Nacht: Stomata offen, CO_2-Fixierung, Malat-Akkumulation (Ansäuerung des Zellsaftes). Tag: Stomata geschlossen, CO_2-Fixierung fällt ab, Malat-Abbau (Absäuerung des Zellsaftes). (Nach Cushman, J. C. & Bohnert, H. J.: Plant Physiol. 113, 667–676, 1997).*

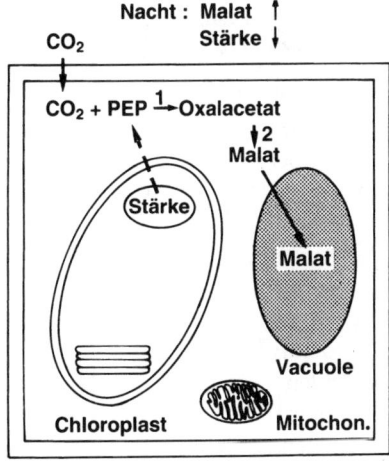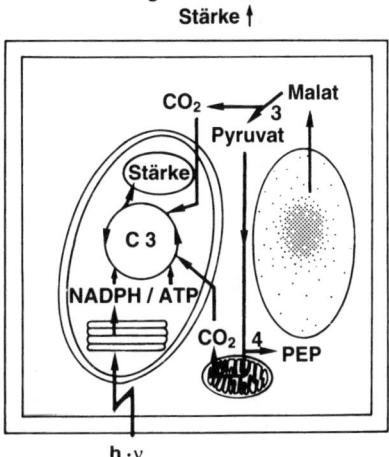

Nacht : Malat ↑
Stärke ↓

Tag : Malat ↓
Stärke ↑

Abb. 10-28: *Der CAM-Weg der CO_2-Fixierung. In der Nacht (links) entsteht via Glykolyse der CO_2-Akzeptor Phosphoenolpyruvat (PEP). Bei geöffneten Stomata wird CO_2 fixiert (1), in Oxalacetat umgewandelt und nach Reduktion zu Malat (2) in der Vacuole gespeichert. Am Tag (rechts) wird bei geschlossenen Stomata das Malat ins Cytoplasma transportiert und decarboxyliert (3). Das CO_2 gelangt in den C3-Zyklus (Rubisco); das Pyruvat wird entweder im Mitochondrion zu CO_2 abgebaut oder in PEP umgewandelt (4). Enzyme: 1 = PEP-Carboxylase, 2 = NAD^+-abhängige Malat-Dehydrogenase, 3 = $NADP^+$-abhängige decarboxylierende Malat-Dehydrogenase, 4 = Pyruvatphosphat-Dikinase. (Nach verschiedenen Autoren).*

eingeschleust. Die nach CO_2-Abspaltung verbleibenden Verbindungen (PEP und Pyruvat) werden entweder zur Synthese von Kohlenhydraten verwendet oder über verschiedene Stoffwechselwege umgesetzt. Diese Reaktionsfolgen sind schematisch in Abb. 10-28 dargestellt.

CAM-Pflanzen sind durch einen diurnalen (entgegengesetzt tagesrhythmischen) **Säurerhythmus** gekennzeichnet. In der Nacht kommt es auf Grund der Malatspeicherung in den grünen Geweben zu einer Ansäuerung (pH-Wert des Zellsaftes 3,8–4,0) sowie zum Kohlenhydratverbrauch (Stärkeabbau). In geringer Menge wird auch Citrat/Isocitrat gebildet. Am Tag steigt in Folge des Malatverbrauchs der pH-Wert wieder an (bis pH 5,6) und die Menge an Kohlenhydrat (Stärke) nimmt zu (Abb. 10-28). Diese Zusammenhänge sind in Abb. 10-27 in Form einer Nacht/Tag-Kinetik dargestellt.

Zur Veranschaulichung ein konkretes Beispiel. Die Wüsten-Agave (*Agave deserti*) lebt in den sandigen Bergregionen des Mojave-Deserts (USA). Diese CAM-Pflanze ist auf Grund ihrer speziellen Anatomie und Physiologie in der Lage, regenlose

Jahre zu überleben. Am Tag (Hitze) sind die Stomata geschlossen, während sie in der Nacht (Kälte) offen sind. Wie Tab. 10-3 zeigt, wird am Tag eine negative CO_2-Assimilation gemessen: Die Agave atmet bei geschlossenen Spaltöffnungen. In der Nacht wurden relativ niedrige positive CO_2-Absorptionsraten ermittelt, d.h. die Aufnahme des Kohlendioxids findet unter Bedingungen statt, unter denen die H_2O-Abgabe minimiert ist (Kälte, relativ feuchte Luft). Diese Daten doku-

Tab. 10-3: Photosyntheseaktivität des Blattes einer CAM-Pflanze (Wüstenagave, *Agave deserti*) unter natürlichen Umweltverhältnissen. (Nach Nobel, P. S.: Plant Physiol. 58, 576–582, 1976).

	Photonenfluss ($\mu mol \cdot m^{-2} \cdot s^{-1}$)	Blatt-Temp. (°C)	Stomata	CO_2-Assimilation ($g \cdot dm^{-2} \cdot h^{-1}$)
Tag (12 Uhr)	1200	25	zu	– 0,02
Nacht (24 Uhr)	< 0,1	5	offen	+ 0,73

Die Messungen wurden im Winter (Dezember) durchgeführt.

Tab.10.4: Vergleich der drei Photosynthese-Typen der höheren Pflanzen. Tm = Trockenmasse. (Nach Nobel, P.S.: New Phytol. 119, 183–205, 1991).

Merkmal	C3	C4	CAM
Blattanatomie	keine Leitbündelscheide	Leitbündelscheide	schwammartige Mesophyllzellen
Chlorophyll a zu b	2,8	3,9	2,5–3,0
Carboxylierung	Rubisco	1. PEP-Carboxylase	Dunkel: PEP-Carboxylase
		2. Rubisco	Licht: Rubisco
Energieverbrauch/CO_2			
ATP	3	4–5	5,5–6,5
NADPH+H^+	2	2	2
Transpiration	450–950	250–350	18–125
(g H_2O pro g Tm)			
Photosyntheserate	15–37	44–70	1–5
(mg $CO_2 \cdot dm^{-2} \cdot h^{-1}$)			
Tm-Produktion	22 ± 1	39 ± 17	niedrig und variabel
(Tonnen $\cdot$ Hektar$^{-1} \cdot$ Jahr^{-1})	(bis 39)	(bis 54)	
Temperaturoptimum	15–25 °C	30–47 °C	etwa 35 °C

mentieren, dass der CAM eine Anpassung an Extremstandorte darstellt (Hitze, Trockenheit).

Quantitativer Vergleich. In Tab. 10-4 sind die wesentlichen Unterschiede zwischen den C3-, C4- und CAM-Pflanzen zusammengestellt. Es wird deutlich, dass die „Photosynthesespezialisten" (C4 und CAM) gegenüber dem Grundtyp (C3, nahezu 90 % der höheren Pflanzen) als „Adaptionsmodelle" an warme bis heiße, sonnenreiche Standorte betrachtet werden können. Der Wasserverlust, bezogen auf die Trockenmasse, ist geringer, das Temperaturoptimum für Wachstum und Photosynthese deutlich höher. Allerdings ist die Trockenmassenproduktion bei CAM-Pflanzen wegen ihrer geringen CO_2-Assimilationsrate niedrig und von Art zu Art sehr unterschiedlich. Wie bereits oben dargestellt, sind die C4-Pflanzen die effizientesten **Biomasse-Akkumulatoren** innerhalb der Spermatophyta. Jährliche Produktionsraten von bis zu 54 Tonnen Trockenmasse pro Hektar wurden wiederholt dokumentiert (Tab. 10-4). Im letzten Abschnitt wird auf die potentielle praktische Nutzung des Energiegehaltes dieser Pflanzenmasse eingegangen (nachwachsende Rohstoffe).

10.19 Photosynthese des Blattes

Obwohl auch die Rindenzellen des Sprosses im Licht ergrünen und somit einen positiven Beitrag zur Kohlenstoffakkumulation in der heranwachsenden Pflanze liefern, sind dennoch die **Laubblätter** die weitaus wichtigsten Photosyntheseorgane der am höchsten entwickelten photoautotrophen Organismen (s. Abb. 10-1). In diesem Abschnitt wird die Frage diskutiert, von welchen Umweltfaktoren die Photosyntheserate des Laubblattes abhängt. Die Lichtverhältnisse an einem klaren Sommertag können wie folgt rekapituliert werden. Der Photonenfluss im Wellenlängenbereicht 400–700 nm (=photosynthetisch aktive Strahlung) beträgt etwa 2000 µmol $\cdot$ m^{-2} $\cdot$ s^{-1}. Die Gesamt-Strahlungsenergie des Sonnenlichtes liegt bei 1,3 kW/m^2 (Solarkonstante). Hiervon werden bis zu 5 % über Wirkung der photosynthetisch aktiven Strahlung von den Pflanzen in Form von Kohlenhydraten konserviert (Verhältnisse in dichten Vegetationsbeständen). Die Hauptmenge der eingestrahlten Sonnenenergie (> 60 %) kann von den Pflanzen nicht genutzt werden, da die Wellenlängen zu lang oder zu kurz sind (keine Absorption durch Photosynthesepigmente). Ein Teil des Lichtes wird reflektiert oder geht als Wärmeemission verloren.

Welche Strategien haben die Pflanzen entwickelt, um diese Energiekonversion (100 % Son-

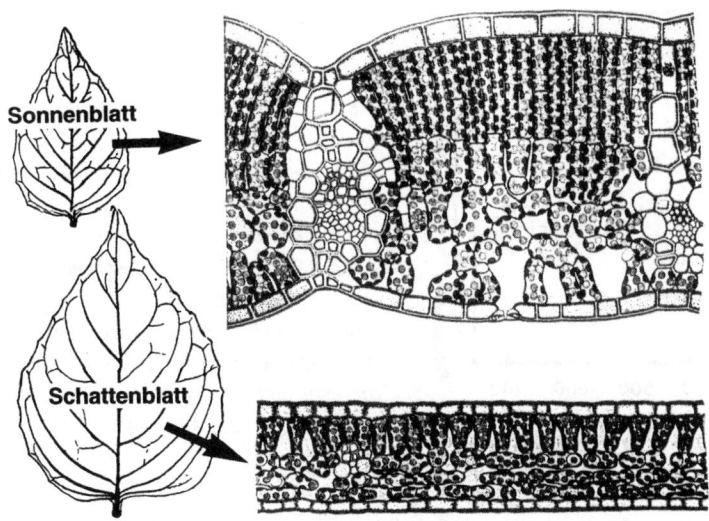

Abb. 10-29: *Morphologie und Anatomie eines Sonnen- und Schatten-Blattes der Buche (Fagus sylvatica). Die lichtexponierten Blätter sind kleiner und dicker (mehrschichtiges Palisadenparenchym im oberen Blattbereich). Im Gegensatz dazu sind die Schattenblätter größer und dünner, wobei weniger Zellschichten ausgebildet sind. Aus diesen anatomischen Unterschieden lässt sich die Differenz in den Photosyntheseraten (O_2-Produktion pro Blattfläche und Zeit) erklären. (s. Abb. 10-30).*

nenenergie → 3–5 % chemische Energie) zu optimieren?

Sonnen- und Schattenblätter. In diesem Abschnitt sind die bekannten Adaptationen der Sonnen- und Schattenblätter der Pflanze zusammengefasst. Abbildung 10-29 zeigt die Verhältnisse bei der Buche (*Fagus sylvatica*). Die röhrenförmigen Zellen des Palisadenparenchyms der Lichtblätter sind in der Regel deutlich länger als jene der Schattenblätter (z. B. Zell-Länge Sonnenblatt: 134 µm; Schattenblatt: 98 µm). Außerdem konnte ein deutlicher Unterschied in der Aktivität des Enzyms Rubisco gemessen werden. Im Sonnenblatt ist das Schlüsselenzym des Calvin-Zyklus etwa viermal aktiver als im Schattenblatt (s. o.). Diese anatomischen und biochemischen Anpassungen dienen der Optimierung der CO_2-Assimilation der lichtexponierten Blattfläche (Phänotypische Plastizität). Außerdem sind an dieser Stelle intrazelluläre Bewegungen (Chloroplastenstellung) und differentielle Wachstumsprozesse (Phototropismus) zu nennen: Diese Vorgänge ermöglichen eine optimale Ausnutzung der solaren Strahlungsenergie (Kap. 18).

Die Photosyntheseaktivität des Blattes wird in erster Linie von den Faktoren Licht, Kohlendioxidgehalt der Luft und Temperatur determiniert. Die Wirkung dieser drei limitierenden Faktoren sind in den folgenden Absätzen beschrieben.

Umweltfaktor Licht. Das in Abb. 10-4 dargestellte klassische Freilandexperiment zeigt, dass in der Nacht (Dunkelheit) eine negative CO_2-Absorption gemessen werden kann. Die C3-Pflanzen atmen, d. h. in Abwesenheit von Licht ist die Photosyntheseaktivität der Zellen gleich Null. Erst nach Sonnenaufgang wird eine positive Assimilationsrate beobachtet. In Abb. 10-30 ist ein Laborexperiment zur quantitativen Analyse der Lichtabhängigkeit der Photosynthese einer typischen C3-Pflanze dargestellt. Sonnen- und Schattenblätter wurden von einem Bananengewächs (*Heliconia* spec.) abgetrennt und separat untersucht. Als Maß für die **Photosyntheserate** wurde die Sauerstoffabgabe der Blätter gemessen und gegen den Photonenfluss aufgetragen. Im Dunkeln ist eine negative O_2-Abgabe (= O_2-Aufnahme) zu beobachten (Zellatmung). Mit Anstieg der Lichtstärke (Photonenfluss >0) nimmt die O_2-Auf-

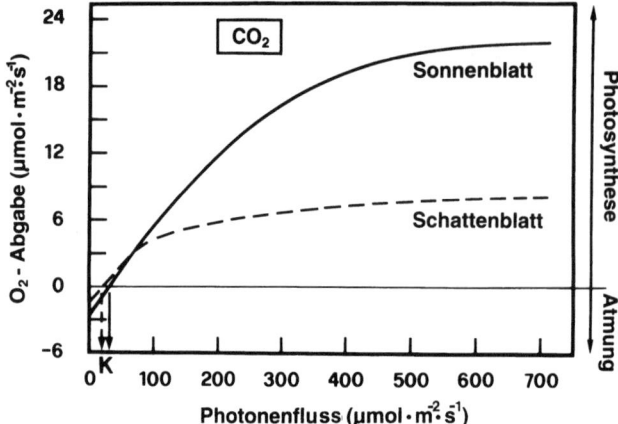

Abb. 10-30: *Abhängigkeit der Photosyntheserate (O_2-Produktion pro Blattfläche und Sekunde) von der Lichtintensität (Photonenfluss). Licht- und Schattenblätter eines Bananengewächses der Gattung Heliconia wurden separat untersucht. K = Lichtkompensationspunkt (Photonenfluss, bei dem Photosynthese und Atmung im Gleichgewicht sind). (Nach Walker, D. A.: New Phytol. 121, 325–345, 1992).*

nahme ab; sie erreicht bei $15-40$ µmol · m^{-2} · s^{-1} (Schwachlicht) den Wert Null. Bei höheren Photonenflüssen geben die grünen Blattzellen Sauerstoff ab, d. h. sie betreiben Photosynthese. Der Photonenfluss, bei dem die O_2-Aufnahme (Zellatmung) und die O_2-Abgabe (Photosynthese) im Gleichgewicht sind (Gaswechsel = Null), wird als **Lichtkompensationspunkt** bezeichnet. Er liegt beim Schattenblatt im Bereich zwischen $5-20$ µmol · m^{-2} · s^{-1}; Sonnenblätter sind durch höhere Kompensationspunkte gekennzeichnet ($30-40$ µmol · m^{-2} · s^{-1}).

Allgemein gilt folgende Regel: Der Lichtkompensationspunkt der Sonnenblätter in der Natur wachsender Pflanzen beträgt etwa 2 % der vollen Sonnenstrahlung (etwa 40 µmol · m^{-2} · s^{-1}). In einem künstlich beleuchteten Raum (z. B. Hörsaal, etwa $40-60$ µmol · m^{-2} · s^{-1}) sind die Pflanzen somit nur in sehr begrenztem Ausmaß in der Lage, Photosynthese zu betreiben. Aus diesem Grund „vegetieren" Zimmerpflanzen bei schwachem Raumlicht dahin, ohne ihr Potential zur Photoautotrophie nutzen zu können. Die in Abb. 10-30 dargestellten Dosis-Effekt-Kurven zeigen einen Sättigungsbereich: Photonenflüsse von >600 µmol · m^{-2}· s^{-1} führen zu keiner weiteren Steigerung der O_2-Produktion. Daraus folgt, dass die Photosynthese bei **Lichtsättigung** (Starklicht) durch die Sekundärprozesse (Rate der CO_2-Fixierung) limitiert wird.

Photoinhibition. Es ist seit Jahrzehnten bekannt, dass bei extrem hohen Photonenflüssen (Licht-

stress, >1500 µmol · m^{-2}· s^{-1}), kombiniert mit anderen ungünstigen Umweltbedingungen (Kälte oder Trockenheit), eine Hemmung der Photosynthese der Blätter eintreten kann. Diese als Photoinhibition bezeichnete Erscheinung wird durch lichtinduzierte Zerstörung von Photosystem II hervorgerufen. Wie Abb. 10-14 zeigt, findet in PS II die Photolyse des Wassers und somit die O_2-Produktion statt. Unter Stressbedingungen (Starklicht und Kälte oder Trockenheit) wird das Reaktionszentrum dieser „lebenserhaltenden, sauerstoffliefernden Maschine" in einzelne Bruchstücke (Polypeptide) zerlegt und somit inaktiviert. Die Pflanze ist jedoch in der Lage, über komplizierte Reparaturmechanismen das zerstörte PS II wieder zusammenzufügen: Der Organismus kann somit trotz ungünstiger Umwelteinflüsse überleben. Die Photoinhibition tritt unter Normalbedingungen nur selten auf und soll daher nicht weiter diskutiert werden.

Spurengas Kohlendioxid. Trockene, reine Luft besteht zu etwa 78 Vol. % aus Stickstoff (N_2), zu 21 % aus Sauerstoff (O_2), zu 0,93 % aus Edelgasen und zu 0,035 % aus Kohlendioxid (CO_2). Der CO_2-Gehalt der Luft ist mit 0,035 % (= 350 ppm oder 350 µl pro 1 l) somit sehr gering. Es ist offensichtlich, dass dieses Gas, das die einzige Kohlenstoffquelle für die Pflanze darstellt und per Diffusion über geöffnete Stomata aufgenommen wird, ein begrenzender Faktor der Photosynthese ist. Zur Zeit nimmt der CO_2-Gehalt der Luft auf Grund der Verbrennung fossiler Energieträger (Kohle, Erdöl,

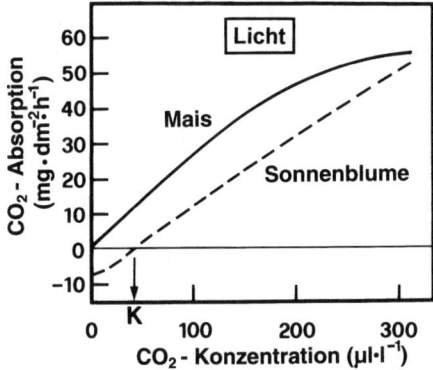

Abb. 10-31: *Abhängigkeit der Photosyntheserate (CO₂-Absorption pro Blattfläche und Stunde) von der CO₂-Konzentration der Luft bei einer C3- und einer C4-Pflanze (Sonnenblume, Helianthus annuus bzw. Mais, Zea mays). K = CO₂-Kompensationspunkt (Kohlendioxid-Konzentration der Luft, bei der Photosynthese und Atmung im Gleichgewicht sind). (Nach Hesketh, J. D.: Crop Science 3: 493–496, 1963).*

Erdgas) pro Jahr um etwa 1 µl pro l zu. Führt diese „CO₂-Düngung" zu einer Steigerung der pflanzlichen Biomasse-Akkumulation? Bei der kommerziellen Gewächshaus-Produktion (Zierpflanzen, Gemüse) wird die CO₂-Begasung routinemäßig eingesetzt. Die Pflanzen werden zur Ertrags- und Qualitätssteigerung bei erhöhter CO₂-Konzentration (0,06–0,2%) angezogen. Bei zahlreichen Nutzpflanzen (C3-Typ) wurde inzwischen nachgewiesen, dass eine Erhöhung der Kohlendioxidkonzentration der Luft eine Stimulation der Photosynthese und des Wachstums mit sich bringt. Allerdings reagieren nicht alle Pflanzenarten in gleicher Weise: Begasungsexperimente mit jungen Bäumen haben gezeigt, dass einige Arten (*Fagus grandifolia, Acer saccharum*) bei CO₂-Anreicherung der Luft eine deutliche Wachstumssteigerung aufwiesen, während z. B. bei der Birke (*Betula papyrifera*) keine positive Reaktion beobachtet wurde. Die kontinuierliche Erhöhung der CO₂-Konzentration der Luft wird daher möglicherweise eine unvorhersehbare Verschiebung des Artenspektrums in unserer Flora mit sich bringen.

Zur quantitativen Analyse der CO₂-Abhängigkeit der Photosynthese werden einzelne Blätter gesunder, im Freiland angezogener Pflanzen isoliert und dann (im Licht) mit Luft unterschiedlicher CO₂-Konzentrationen (0–400 µmol/l) begast. Durch Bestimmung der CO₂-Absorption pro Blattfläche und Stunde kann dann die Photosyntheserate ermittelt werden. In Abb. 10-31 ist ein derartiges Experiment dargestellt. Es wurde jeweils eine C3- und eine C4-Pflanze untersucht (Sonnenblume, Mais). Wird der Pflanze das CO₂ entzogen, so kommt die Photosynthese zum Stillstand. Im Blatt der C4-Pflanze (Mais) setzt bei einer CO₂-Konzentration von >0–3 µl pro l eine positive CO₂-Absorption ein. Im Blatt der C3-Pflanze (Sonnenblume) ist bei geringem CO₂-Angebot eine negative CO₂-Absorption (= CO₂-Abgabe) zu beobachten: in Luft (21 % O₂) ist die Photorespiration aktiv, d. h. das Enzym Rubisco fungiert mangels CO₂ als Oxygenase. Erst nach Erhöhung der CO₂-Konzentration auf etwa 40 µl/l erreicht die Photorespiration den Wert Null; bei höheren Partialdrücken kann eine positive CO₂-Assimilation (Photosyntheseaktivität) gemessen werden. Der **CO₂-Kompensationspunkt** (Gleichgewicht Photorespiration/Photosynthese) der C4-Pflanzen liegt zwischen 0–3 µl CO₂ pro l Luft; bei C3-Pflanzen muss zur Überwindung der Oxygenase-Reaktion von Rubisco eine CO₂-Konzentration von 35-45 µl pro l vorliegen (die Zellatmung spielt bei diesen im Licht auftretenden Gaswechselprozessen eine untergeordnete Rolle).

Zur Verdeutlichung des Gesagten soll das folgende Demonstrationsexperiment erwähnt werden. Man zieht eine C4- und eine C3-Pflanze gemeinsam in einem luftdichten, belichteten Behälter an (z. B. Mais und Weizen). Nach etwa zehn Tagen setzt ein Vergilben und langsames Absterben der C3-Pflanze ein, während die C4-Pflanze grün bleibt und noch kräftig assimiliert. Bei geringer CO₂-Konzentration der Luft (<40 µl/l) ist die C3-Pflanze nicht mehr in der Lage, Photosynthese zu betreiben (Unterschreitung des Kompensationspunktes). Sie verliert in Folge der Photorespiration (und Zellatmung) ständig CO₂, das von der C4-Pflanze assimiliert wird. Es kommt bei Verarmung an Kohlendioxid somit zu einem CO₂-Transfer (Weizen → Mais), bis die C3-Pflanze abstirbt („verhungert").

Temperatur. Wie alle biochemischen Prozesse hängt auch die Photosynthese der Pflanze von der

Luft- und Bodentemperatur ab. Trägt man die Photosyntheserate des Blattes gegen die Temperatur auf, so erhält man eine Optimumkurve. Mit Anstieg der Temperatur nimmt die CO_2-Assimilationsrate zu, erreicht einen je nach Spezies verschiedenen Maximalwert (Optimum), und fällt dann wieder ab. Wie Tab. 10-4 zeigt, sind die C3-, C4- und CAM-Pflanzen durch unterschiedliche Temperaturoptima gekennzeichnet.

Vor einigen Jahren wurde eine C4-Pflanze entdeckt, deren Photosyntheseoptimum bei 47 °C liegt. Das Wüstengewächs *Tidestromia oblongifolia* lebt unter extrem heißen, trockenen Umweltbedingungen (Death Valley, Kalifornien, USA). Bei Lufttemperaturen um 50 °C assimiliert *Tidestromia* mit maximaler Rate, während die typische C3-Pflanze unter denselben Bedingungen wegen Überhitzung rasch zugrunde geht. Der biochemische Mechanismus dieser Hitzeresistenz ist noch unbekannt.

10.20 Photosynthese und Zellatmung

Gaswechselexperimente. Im belichteten Laubblatt der C3-Pflanze laufen gleichzeitig drei biochemische Vorgänge ab: Photosynthese (CO_2-Assimilation), Photorespiration (lichtabhängiger CO_2-Verlust ohne ATP-Gewinn) und die Zellatmung (CO_2-Abgabe, ATP-Bildung). Welche Interaktion besteht zwischen diesen Prozessen? Wird die Zellatmung durch Licht stimuliert, gehemmt oder ist sie so hoch wie im Dunkeln? Diese Fragen können wie folgt beantwortet werden. Gaswechselmessungen an Blättern zahlreicher höherer Pflanzen haben zum Resultat geführt, dass die mitochondriale Zellatmung im belichteten Organ „weiter läuft". Bei einigen Spezies konnte allerdings eine signifikante Licht-Hemmung der Zellatmung gemessen werden (bis zu 70 % des Dunkelwertes). Da das in den Chloroplasten gebildete ATP (Photophosphorylierung) innerhalb der Organellen zur CO_2-Fixierung verbraucht wird, sind die „Chlorophyllkörner" als Kraftwerke der Pflanzenzelle wenig geeignet. Die Mitochondrien versorgen das Cytoplasma mit dem notwendigen ATP und können daher als die zentralen, weitgehend vom Licht unabhängigen „Energielieferanten" der Eucyte angesehen werden.

Bilanz Photosynthese/Zellatmung. Man kann analysieren, wie viel Prozent des am Tag assimilierten Kohlenstoffs in der Nacht zur Aufrechterhaltung des Zellstoffwechsels wieder verbraucht wird. Die während der Nacht stattfindende aerobe Dissimilation wird auch als **Dunkelatmung** bezeichnet. Das eingangs beschriebene Freilandexperiment (Abb. 10-4) demonstriert, dass nachts nur ein kleiner Teil des am Tag assimilierten Kohlenstoffs veratmet wird. Eine quantitative Analyse der Beziehung zwischen Photosynthese und Dunkelatmung ist in Tab. 10-5 zusammengestellt. Sojapflanzen (*Glycine max*) wurden in Klimakammern im Tag/Nacht-Rhythmus angezogen. Die CO_2-Assimilation der nach und nach hervortretenden Blätter (einschließlich Cotyledonen) wurde während der Lichtperiode gemessen; die Werte wurden addiert (= Gesamt-Photosyntheseleistung der Pflanze). In einem zweiten Versuchsansatz ermittelte man den CO_2-Verlust der ganzen Pflanze (Spross mit Blättern und Wurzeln) während der Dunkelperiode. Die so erhaltene **Kohlenstoffbilanz** (CO_2-Assimilation minus Dunkelatmung) zeigt, dass bis zum siebten Tag nach Aussaat ein Netto-Verlust an CO_2 messbar ist. Die nächtliche Zellatmung übersteigt den CO_2-Gewinn am Tag. Dieser Befund steht mit der Beobachtung in Einklang, dass bis zu diesem Zeitpunkt eine Abnahme der Trockenmasse des Keimlings gemessen werden kann (Verbrauch der Spei-

Tab. 10.5: Netto-Photosynthese der Blätter (CO_2-Assimilation) und Dunkelatmung (CO_2-Verlust des ganzen Organismus) in heranwachsenden Sojapflanzen (*Glycine max*). (Nach Harris, M., Mackender, R. O. & Smith, D. L.: New Phytol. 104, 319–329, 1986).

Alter (d)	CO_2-Assimilation (mg CO_2)	Atmung (mg CO_2)	Differenz (mg CO_2)
7	1,13	1,16	− 0,03
10	16,8	1,7	+ 15,1
16	65,7	2,2	+ 63,5
22	143,2	5,7	+137,5
31	225,4	15,6	+209,8

Die Versuchspflanzen wurden im 16 h Weißlicht-/8 h Dunkel-Rhythmus gehalten.

cherstoffe). Ab dem zehnten Tag nach Aussaat überwiegt die CO_2-Assimilation: Je nach Alter der Sojapflanze werden nur 3 bis10% des am Tag fixierten Kohlenstoffs in der Nacht wieder veratmet. Das quantitative Laborexperiment (Klimakammer, Tab. 10.5) stimmt somit mit dem in Abb. 10-4 dargestellten Freilandversuch in guter Näherung überein. Die photoautotrophe Pflanze verbraucht während der heterotrophen Phase (Nacht) nur einen Bruchteil (< 10%) der am Tag synthetisierten organischen Substanzen, d.h. es findet während der pflanzlichen Entwicklung eine stetige Netto-Kohlenstoff-Akkumulation statt.

10.21 Nachwachsende Rohstoffe

In den letzten Abschnitten wurde dargelegt, dass die photoautotrophen Pflanzen als „Biomasse-Akkumulatoren" betrachtet werden können. Über 90% der im Sonnenlicht gebildeten pflanzlichen Trockenmasse ist das Produkt der CO_2-Assimilation (Photosynthese) der Laubblätter. Bei der Verbrennung der fossilen Energieträger Kohle, Erdöl und Erdgas kommt es zu einer Anreicherung von CO_2 in der Erdatmosphäre. Der CO_2-Gehalt der Luft betrug im Jahr 1800 etwa 280 µl pro l; seit 1850 (Beginn der industriellen Revolution) ist ein kontinuierlicher Anstieg dieses Gases zu beobachten. Zur Zeit beträgt der CO_2-Gehalt der Luft etwa 350 µl/l; eine Zunahme auf 400 µl/l ist schon in naher Zukunft zu erwarten. Die Emission CO_2-haltiger Abgase (Autoverkehr, Kohlekraftwerke) ist vermutlich die Ursache des „Treibhauseffekts". Kurzwellige (energiereiche) Sonnenstrahlung durchdringt die Atmosphäre und führt zu einer Erwärmung der Erde. Längerwellige (energieärmere) Strahlung wird reflektiert und kann auf Grund der CO_2-Schicht nicht nach außen (ins Weltall) abgegeben werden. Resultat: Die Luftschicht der Erde erwärmt sich. In diesem letzten Abschnitt sind drei aktuelle Beispiele aus der angewandten Forschung zusammengestellt.

Energiepflanzenbau. Man schätzt, dass in Deutschland in naher Zukunft 4–5 Millionen Hektar landwirtschaftlicher Nutzfläche nicht mehr für die Nahrungs- und Futterproduktion benötigt werden. Auf einem Teil dieser brachliegenden Überschussflächen könnten im Prinzip nachwachsende Rohstoffe angepflanzt und anschließend zur Energiegewinnung verbrannt werden. Beim Heranwachsen der Energiepflanzen (z.B. Mais) wird dieselbe Menge an CO_2 assimiliert wie bei der thermischen Energiegewinnung wieder freigesetzt wird. Biomasse ist – im Gegensatz zu den fossilen Brennstoffen – eine CO_2-neutrale Energiequelle, d.h. es wird kein „Treibhauseffekt" verursacht. Im Verlauf der letzten Jahre wurde ein ökologisches Anbausystem für Energiepflanzen erprobt, das in Abb. 10-32 schematisch dargestellt ist. Pro Vegetationsjahr werden zwei Fruchtarten angebaut. Im Herbst werden überwinternde Kulturen wie verschiedene Getreidearten, Raps oder Winterleguminosen ausgesät. Eine erste Ernte ist somit im Mai/Juni des darauffolgenden Jahres möglich (Stadium: Blüte oder Teigreife). Die Zweitfrucht wird im Frühsommer zwischen die Stoppeln der abgeernteten Vorfrucht gepflanzt. Hier sind wärmeliebende, photosynthetisch hoch aktive C4-Pflanzen wie Mais (*Zea mays*) oder Hirse (*Sorghum bicolor*) bzw. schnell wachsende C3-Pflanzen (Sonnenblume, *Helianthus annuus*) besonders geeignet. Die Ernte der Folgekultur erfolgt im Herbst (Oktober). Der Zweifrucht-Anbau ermöglicht somit eine kontinuierliche, immergrüne Nutzung der Ackerfläche ohne zwischengeschaltete Brache-Zeiten.

Die ausgewachsenen, abgeernteten Pflanzen (überwinternde Erst- und Zweitsaat) werden zunächst in Silobehältern gelagert. Nach Reduktion des Wassergehaltes der Silage mittels einer Presse kann die Biomasse dann in Heizkraftwerken zur Strom- und Wärmegewinnung verbrannt werden. Auch eine Vergasung der Biomasse ist möglich. Mit der CO_2-neutral gewonnenen Energie können einzelne Industriebetriebe, Hotels oder kleine Dörfer versorgt werden. Der Energiepflanzenbau liefert nach derzeitigen Erfahrungen Erträge von 20–30 Tonnen Trockenmasse pro Hektar und Jahr. Zwei wichtige Aspekte sind noch hervorzuheben. Wie Abb. 10-32 zeigt, kann der stickstoffreiche Press-Saft sowie die bei der Verbrennung zurückbleibende Asche (Mineralsalze) auf die Ackerfläche zurückgebracht werden. Diese Nährstoffrückführung bringt eine deutliche Einsparung an Düngerkosten mit sich. Da die gesamte

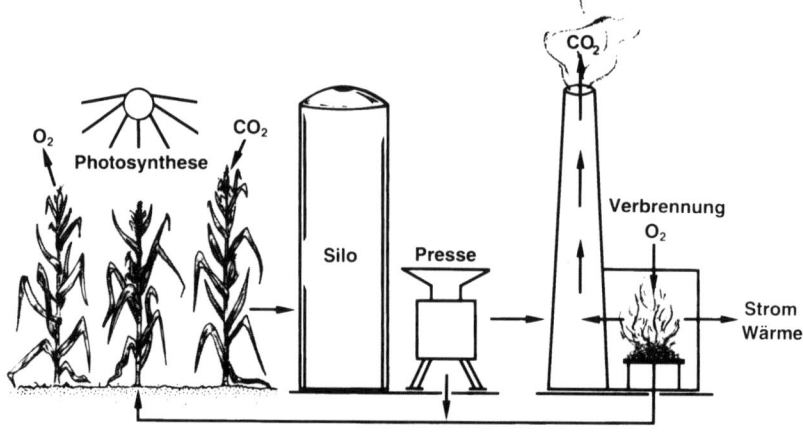

Abb. 10-32: *Energiepflanzenbau (CO$_2$-neutrale Energiegewinnung). Die photosynthetisch erzeugte Biomasse (z. B. Maispflanzen) wird in Silos gelagert, in einer Presse partiell entwässert und dann in einem Heizkraftwerk verbrannt. Die Rückstände (Press-Saft, Asche) werden gesammelt und im nächsten Jahr zur Düngung verwendet. (Nach Scheffer, K.: Mais 2, 30–33, 1992).*

oberirdische Biomasse abgeerntet und verbrannt bzw. vergast wird, ist es nicht notwendig, die Ackerunkräuter mittels Herbizidbehandlung zu dezimieren. Weiterhin kann auf Fungi- und Insektizide weitgehend verzichtet werden, da Getreide, Winterleguminosen oder Raps (Erstsaat) in einem frühen Reifestadium geerntet werden. Die C4-Pflanzen Mais und Hirse werden durch Pilze und Insekten nur wenig geschädigt. Durch Biomasseproduktion und thermische Verwertung könnte somit eine umweltfreundliche Nutzung brachliegender Agrarflächen erzielt werden.

Raps-Biodiesel. Während sich der Energiepflanzenbau derzeit noch in der Erprobungsphase befindet, ist die Gewinnung von Biodieselkraftstoff heute schon in die Praxis umgesetzt: Im Jahr 1990 wurde in Österreich die erste Anlage zur Produktion von Biodiesel in Betrieb genommen (Tagesleistung: 39 000 l). Die Samen der Rapspflanze (*Brassica napus*) bestehen zu 45–50 % aus Fett. Diese an Ölsäure reiche Speichersubstanz kann zu verbrennbarem Methylester umgewandelt werden. Raps-Biodiesel hat ähnliche Eigenschaften wie der aus fossilen Energieträgern gewonnene Dieselkraftstoff; er wird seit 1994 an öffentlichen Zapfsäulen zum selben Preis verkauft (Antrieb von Dieselkraftfahrzeugen). Die Vorteile der Nutzung

des Biodiesels von „Deutschlands schönsten Ölfeldern" können wie folgt zusammengefasst werden: 1. Der Biotreibstoff verbrennt – im Gegensatz zum konventionellen Dieselkraftstoff – ohne Schwefeldioxid-Emission. 2. Es wird kein zusätzliches CO$_2$ in die Atmosphäre abgegeben, da die Rapspflanze bei der Biosynthese des Treibstoffes dieselbe Menge an Kohlendioxid aus der Luft aufnimmt wie bei der Verbrennung freigesetzt wird (CO$_2$-neutraler Energieträger). 3. Bei der Produktion des Raps-Biodiesels fallen zwei hochwertige Abfallprodukte an: der „Rapsölkuchen" wird als eiweißreiches Futtermittel (34 % Protein) verwendet; das Glycerin wird als Rohstoff in der chemischen Industrie eingesetzt (Herstellung von wasserlöslichen Farben, Sprengstoffen, Kunststoffen und Kosmetika).

Holz-Heizkraftwerke: Der in Abb. 10-32 dargestellte CO$_2$-Kreislauf kann auch auf das System Wald/Holz übertragen werden. Das **Holz** ist als nachwachsender Roh- und Baustoff ein Produkt der CO$_2$-Assimilation der Bäume. Neben einer intensiveren Holzverwendung im Hausbau wird seit Mitte der 1990er Jahre eine Holznutzung zur CO$_2$-neutralen Energiegewinnung diskutiert und teilweise in der Praxis erprobt. Hierbei soll der im Wald gewonnene, energiereiche Naturstoff in speziellen Holz-Heizkraftwerken verbrannt und zur Erzeugung von Strom bzw. Fernwärme genutzt werden. Experimentelle Studien haben gezeigt, dass einige Baumarten bei erhöhtem CO_2-Gehalt der Luft eine gesteigerte Holz-Biosyntheserate zeigen. Ein gezielter Anbau dieser Nutzgewächse könnte zur Minderung des vom Menschen verursachten „Treibhauseffektes" beitragen. Diese Ausführungen zeigen, dass dem Ökosystem Wald sowie der Forstwirtschaft eine hohe Bedeutung zukommt. Das Potential zur umweltverträglichen biologischen Energiegewinnung ist noch lange nicht erschöpfend genutzt.

Es muss allerdings betont werden, dass der Energiepflanzenbau in Deutschland nur einen Teil der Primärenergie liefern kann (bis zu 20%). Eine optimale Ausnutzung der Sonnenenergie sollte daher angestrebt werden (Entwicklung und Bau effizienter Solaranlagen).

11 Wachstum und Entwicklung

Bei der Darstellung der Keimung wurden die Begriffe Wachstum und Differenzierung bereits erwähnt (Kap. 8); sie können wie folgt definiert werden. Unter **Wachstum** versteht man eine quantitative (irreversible) Volumenzunahme der Zellen, Gewebe und Organe der Pflanze. Dieser Anstieg im Volumen kann auch als Zunahme der Frischmasse gemessen werden. In der Regel sind beide Größen in gleicher Weise geeignet, den Wachstumsverlauf des betreffenden Systems zu beschreiben. Es wurde bereits dargelegt, dass die Trockenmasse eines sich entwickelnden Keimlings leicht abnimmt, während gleichzeitig die Frischmasse (bzw. Hypocotyllänge) der Keimpflanze um das Vielfache ansteigt (Kap. 4). Das Wachstum der Pflanze ist somit nicht notwendigerweise mit einer Zunahme der Trockenmasse verbunden; diese kann, wie z. B. bei wachsenden Keimlingen, abnehmen, während die Pflanze gleichzeitig an Größe zunimmt. Allerdings steigt die Trockenmasse einer im Sonnenlicht wachsenden photoautotrophen Pflanze bis zur Blütenbildung kontinuierlich an, da eine stetige Netto-CO_2-Assimilation (Photosynthese) stattfindet. Allgemein gilt: Die Trockenmasse ist kein geeignetes Maß für die Beschreibung des Wachstumsprozesses der Pflanze, da diese Größe, je nach Entwicklungsstufe des Organismus, ab- oder zunehmen kann (Abb. 11-1).

In der Regel ist die quantitative Volumenzunahme (Wachstum) mit einer qualitativen Änderung in der Gestalt und Funktion der Zellen des Organismus verbunden, d. h. die Zellen spezialisieren sich während des Wachstums. Dieser Prozess wird als **Differenzierung** bezeichnet (Entstehung verschiedener Gewebe aus ursprünglich

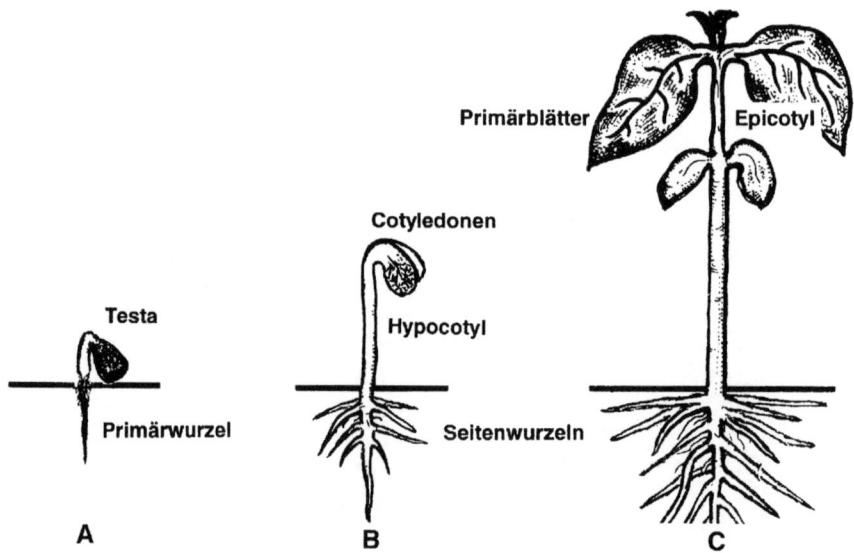

Abb. 11-1: Entwicklung der Sonnenblume (Helianthus annuus) im natürlichen Tag/Nacht-Rhythmus. Während der ersten Tage nimmt die Trockenmasse der Keimpflanze ab (A, B). Danach steigt die Gesamt-Trockenmasse in Folge der Photosyntheseaktivität der ergrünten Keim- und Primärblätter an (B, C). Die Frischmasse der Organe nimmt hingegen kontinuierlich zu. Ursache: Wasseraufnahme der wachsenden Zellen.

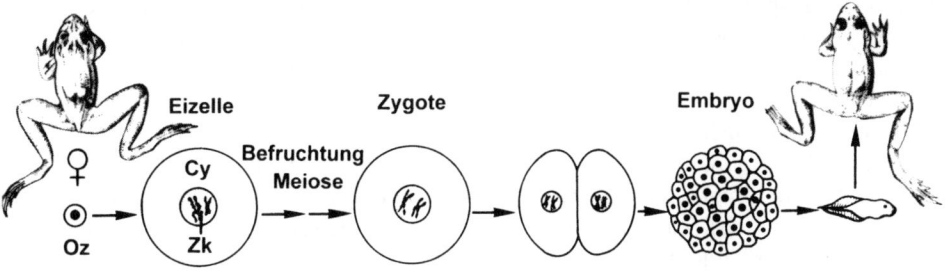

A. Wachstum ohne Teilung   B. Teilung ohne Wachstum   C. Teilung und Wachstum

Abb. 11-2: Schematische Darstellung der Entwicklung eines Amphibiums (Frosch). Die im Ovar eines weiblichen Tieres heranwachsende Oocyte nimmt beträchtlich an Volumen zu ohne sich zu teilen (A). Die befruchtete Eizelle (Zygote) teilt sich so oft, bis die ursprüngliche Zellgröße der Oocyte erreicht ist (B). Der Embryo wächst durch Zellteilung und Zellwachstum (Verdoppelung des Cytoplasmavolumens) heran (C) (Cy = Cytoplasma, Oz = Oocyte, Zk = Zellkern). (Nach Murray, A. W. & Kirschner, M. W.: Sci. Amer. 201 (3), 34–41, 1991).

gleichartigen Zellen). Der Begriff **Entwicklung** umfasst die Prozesse Wachstum und Differenzierung. Allerdings gibt es auch Entwicklungsprozesse, die ohne Differenzierung ablaufen. So wächst z. B. eine Koleoptile in die Länge, ohne dass hiermit eine erkennbare Differenzierung der Gewebe einher geht. Auch eine Differenzierung ohne Wachstum kann beobachtet werden. In der Koleoptile des Roggens (*Secale cereale*) entwickeln sich im Licht (d. h. nach Beendigung des Wachstums und Durchbruch des Primärblattes) in den Parenchymzellen unterhalb der Stomata Chloroplasten, während in anderen Geweben (z. B. Epidermis) Proplastiden beobachtet werden können. Ausgewachsene Zellen differenzieren sich somit im Licht, wobei das Zellvolumen konstant bleibt. Diese Beispiele zeigen, dass die Entwicklung eines Organs im Prinzip durch reine Volumenzunahme (Wachstum) oder durch Differenzierung der ausgewachsenen Gewebe erfolgen kann. In der Regel sind diese beiden Teilprozesse allerdings miteinander gekoppelt, d. h. es gilt: Entwicklung = Wachstum und Differenzierung.

In diesem Kapitel sind allgemeine Prinzipien zum Zell- und Organwachstum höherer Pflanzen beschrieben. Im letzten Abschnitt ist der Entwicklungszyklus einer repräsentativen Samenpflanze mit Generationswechsel dargestellt.

11.1 Das Wachstum der Tierzelle

Um den Mechanismus des Wachstums pflanzlicher Zellen, Gewebe und Organe zu verstehen, ist es notwendig, zuerst kurz die Entwicklung eines Tieres zu rekapitulieren. Abbildung 11-2 zeigt, wie ein Wirbeltier entsteht. Als Beispiel wurde ein Amphibium (Wasserfrosch, *Rana esculenta*) ausgewählt. Im Ovar eines weiblichen Tieres wächst eine Oocyte heran. Die Zelle nimmt beträchtlich an Volumen zu. Dieses Zellwachstum ohne Zellteilung (Abb. 11-2 A) erfolgt durch Einlagerung von Reservestoffen (Proteine, Lipide, Glykogen), die in der Leber synthetisiert werden und über die Blutbahn zum Ovar gelangen. Die Oocyte wächst somit im Wesentlichen durch Zunahme des Cytoplasmavolumens heran, bis eine für Tiere untypische „Riesenzelle" entstanden ist (Kap. 3). Nach Meiose (Reduktionsteilung, d. h. Halbierung der Chromosomenzahl) und Befruchtung teilt sich die **Zygote** (befruchtete Eizelle) so oft, bis wieder die ursprüngliche Oocyten-Zellgröße erreicht ist. Zellteilungen ohne anschließende Regeneration des ursprünglichen Zellvolumens (Abb. 11-2 B) führen somit zu immer kleineren Zellen. Daraus folgt: „Wachstum durch Zellteilung" oder „Teilungswachstum" gibt es nicht; diese Begriffe sollten daher vermieden werden.

Der durch wiederholte Teilungen der Zygote entstandene vielzellige **Embryo** entwickelt sich zunächst zu einer Kaulquappe weiter, aus der dann nach der Metamorphose ein Frosch entsteht (Abb. 11-2 C). Das Wachstum des Embryos erfolgt durch Zellteilungen, die mit einer Vergrößerung der Zellen gekoppelt sind. Das eigentliche Wachstum der Tierzelle wird somit durch Zunahme des Cytoplasmavolumens (Proteinbiosynthese) hervorgebracht. Da die Zellen eines wachsenden tierischen Gewebes alle etwa dieselbe Größe haben, folgt, dass nach der Teilung das Volumen der Zelle exakt verdoppelt wird. Die zeitliche Abfolge: Zellteilung (Kernteilung, Cytoplasmateilung) – Regeneration des ursprünglichen Zellvolumens (Zellwachstum) – Zellteilung wird als **Zell-Zyklus** bezeichnet. Nach erfolgter Kernteilung (Mitose) und Zellteilung (Cytokinese) tritt die Zelle in eine „Ruhepause", die Interphase, ein. Während dieser Periode findet eine Verdoppelung des Zellvolumens (= Wachstum) und die Replikation der DNA statt. Erst dann ist die Zelle zu einer neuen Teilung in zwei Tochterzellen bereit, d.h. der nächste Zellzyklus kann beginnen. Die Neubildung von Zellen (Kern- und Cytoplasmateilung) wird auch als Proliferation bezeichnet. Dieser aufbauende Prozess steht mit der genetisch determinierten physiologischen Elimination von Zellen im Gleichgewicht. Der programmierte Zelltod im wachsenden Organismus (**Apoptose**) ist im Zusammenhang mit der Seneszenz dargestellt (Kap. 16).

11.2 Das Wachstum der Pflanzenzelle

Ähnlich wie im Froschembryo (Abb. 11-2 C) laufen auch in der wachsenden Pflanze Zellteilungszyklen ab. Allerdings ist die Zellteilungsaktivität hier weitgehend auf bestimmte Gewebe, die **Meristeme** (Bildungsgewebe), beschränkt. Als primäre Meristeme werden jene Bildungsgewebe bezeichnet, die vom pflanzlichen Embryo abgeleitet sind (Kap. 3). Dies sind die Meristeme der Spross- und Wurzelspitze (Apicalmeristeme). Sekundäre Meristeme entstehen hingegen durch De-Differenzierung von Dauerzellen (z.B. des interfasciculären Kambiums).

Im Folgenden ist das Wachstum einer jungen Pflanze (Keimling) dargestellt. Zellteilungen finden in den Apicalmeristemen der Spross- und Wurzelspitze statt. Im Gegensatz zur Tierzelle ist die Pflanzenzelle von einer Zellwand umgeben. Durch Bildung eines wässrigen Zellsaftraumes (Vacuole) vergrößern sich die im Meristem gebildeten Zellen beträchtlich. Eine durch osmotische Wasseraufnahme bedingte Vacuolisierung ist nur möglich, weil die Zelle von einer Wand umgeben ist; ein Platzen des expandierenden Protoplasten wird somit verhindert. Die durch Vacuolisierung und Wasseraufnahme hervorgebrachte irreversible Streckung der Zellen ist derjenige Prozess, der die Volumen- (bzw. Längen)-zunahme der Organe der jungen Pflanze bewirkt: Die entscheidende Phase des Wachstums ist die Zellstreckung. Es soll nochmals betont werden, dass Tierzellen zu keiner durch Wasseraufnahme hervorgebrachten Streckung fähig sind, d.h. dieser Wachstumsmodus ist nur im Pflanzenreich etabliert. Pflanzenzellen strecken sich so lange, bis sie eine je nach Gewebe, Organ und Spezies unterschiedliche, vermutlich genetisch determinierte Endlänge erreicht haben. Die Epidermiszellen im etiolierten Sonnenblumenhypocotyl erreichen eine durchschnittliche Endlänge von etwa 200 µm, während die Epidermiszellen in der Roggenkoleoptile bis auf eine Länge von etwa 900 µm heranwachsen. Nach Abschluss der Zellstreckung findet eine Ausdifferenzierung der Zellen statt. Die Zellwände verdicken sich beträchtlich, wobei die Dehnbarkeit des ausgewachsenen extrazellulären Polysaccharidmantels nochmals deutlich abnimmt (d.h. Auflagerung oder Apposition sekundärer Wandschichten).

Nach J. Sachs (1887) kann das Wachstum einer Pflanzenzelle (bzw. eines Organs) in drei Teilprozesse untergliedert werden (Abb. 11-3): 1. Zell-Reproduktion (Zellteilung) in den Meristemen der Vegetationspunkte (Spross- und Wurzelspitze). 2. Zellstreckung durch Vacuolisierung und Wasseraufnahme in der Streckungszone des Organs. 3. Ausdifferenzierung der Zellen nach Abschluss der Zellstreckung (z.B. Verdickung und mechanische Stabilisierung der Zellwände durch Auflagerung einer Sekundärwand; Verholzung der Gefäßbündel; Ausbildung von Wurzelhaaren). Diese der Zellstreckung nachgeschalteten Prozesse sind in der Regel mit einer Trockenmasse-Zunahme der Zellen verbunden. Da sie außerdem das weitere

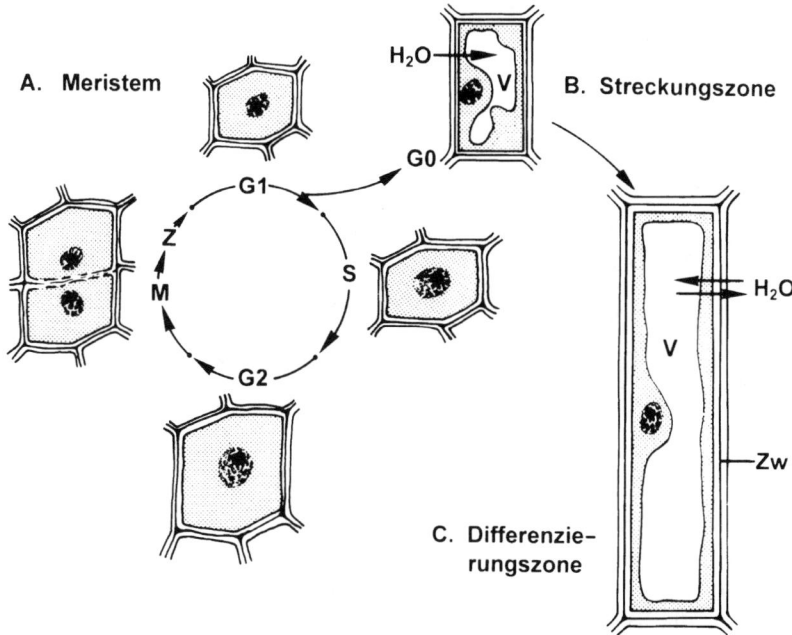

Abb. 11-3: *Die drei Teilprozesse des Wachstums der Pflanzenzelle. Im Meristem durchlaufen die Zellen den Zell-Zyklus (A). Resultat: Zell-Reproduktion (M = Mitose, Z = Cytokinese, G1 = Zeit vor DNA-Replikation, S = DNA-Replikation, G2 = Zeit bis zur nächsten Kernteilung). In der Streckungszone (B) findet eine durch Wasseraufnahme bedingte Vacuolisierung und Längenzunahme der Zellen statt (G0-Phase). Die ausgewachsene Zelle in der Differenzierungszone nimmt hingegen kein Wasser mehr auf (C) (V = Vacuole, Zw = Zellwand). (Verändert nach Yeoman, M.M.: In: John, P.C L: The Cell Cycle. Cambridge University Press, Cambridge, 1981).*

Wachstum des sich entwickelnden Organs erst ermöglichen (z.B. Verhinderung des Umknickens des basalen Sprossabschnittes durch Sekundärwandbildung), müssen diese Vorgänge als integraler Bestandteil des Wachstumsprozesses der Zelle angesehen werden. Die drei Teilprozesse des Zellwachstums sind in den folgenden Absätzen näher beschrieben.

Zell-Reproduktion. Die Zellteilungsaktivität ist im Wesentlichen auf die Meristeme der jungen Pflanze beschränkt. Der in den Bildungsgeweben ablaufende **Zell-Zyklus** kann in drei Phasen untergliedert werden: Kernteilung (Mitose), Zellteilung (Cytokinese) und Interphase (DNA-Replikation, Verdoppelung des Zellvolumens). Die Interphase wird wiederum in drei zeitlich getrennte Abschnitte unterteilt, die man als G1-Phase (Zeit vor DNA-Replikation), S-Phase (DNA-Replikation)

und G2-Phase (Zeit bis zur nächsten Kernteilung) bezeichnet (Abb. 11-3A). Der am besten untersuchte Abschnitt des Zell-Zyklus in pflanzlichen Meristemen ist die **Mitose**. Sie kann insbesondere an Wurzelspitzen gut beobachtet werden, da man mit diesem Objekt leicht Quetschpräparate anfertigen kann. Chromosomen-DNA wird mit Standardmethoden angefärbt und sichtbar gemacht. Die Mitose wird in vier Stadien unterteilt (Prophase, Metaphase, Anaphase, Telophase), die in Abb. 11-4 zu erkennen sind. Das Resultat der Mitose ist die Bildung von zwei Tochterkernen mit identischem Genom.

In Abb. 11-5 ist die Mitose einer typischen Pflanzenzelle mit anschließender Cytokinese dargestellt, wobei die Änderungen in der Anordnung der Mikrotubuli (Bestandteile des Cytoskeletts) berücksichtigt wurden (Kap. 3). Die aus DNA und Proteinen bestehenden **Chromosomen** werden

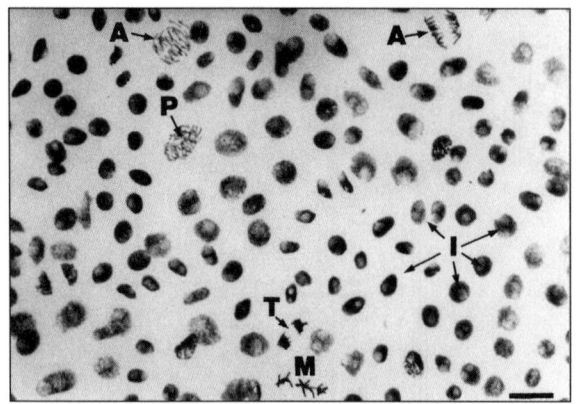

Abb. 11-4: Quetschpräparat des Wurzel-spitzenmeristems der Küchenzwiebel (Allium cepa). Die Kern-DNA (Chromosomen) wurde angefärbt. Alle Mitosestadien sind sichtbar. I = Interphase-Kerne; P = Prophase; M = Metaphase; A = Anaphase; T = Telophase. Balken = 10 µm.

durch Spiralisierung in eine geeignete Transportform gebracht. Während dieser Prophase löst sich die Kernhülle der Mutterzelle auf. Die Mikrotubuli bilden eine ringförmige Struktur, die als Pre-Prophaseband bezeichnet wird (Abb. 11-5 A, B). Vermutete Funktion: Markierung der zukünftigen Zellteilungsebene. Nach Ausbildung eines aus zahlreichen Mikrotubuli bestehenden Spindelapparates werden die beiden Spalthälften der Chromosomen (Chromatiden) auseinandergezogen (Metaphase, Anaphase) (Abb. 11-5 C). Anschließend entspiralisieren sich die beiden Chromatiden wieder (Bildung von zwei neuen Kernhüllen).

An die Kernteilung schließt sich die Zellteilung (Cytokinese) an; dieser Vorgang beginnt während der späten Telophase. Zwischen den beiden Tochterkernen befinden sich Mikrotubuli, die, parallel zur Längsachse der Zelle angeordnet, gemeinsam als Phragmoplast bezeichnet werden. Diese zylinderförmige Struktur sorgt dafür, dass der Abstand der Tochterkerne während der einsetzenden Bildung der Zwischenwand konstant bleibt (Abb. 11-5 D). Die entstehende Trennwand wird als **Zellplatte** bezeichnet. Golgi-Vesikel liefern von beiden Seiten her verschiedene Polysaccharide (Pectine, Hemicellulosen), die nach Fusion die Zellplatte bilden. Dieser Prozess wird vom Phragmoplast gesteuert. Während der frühen Phase der Cytokinese wird das β-1,3-Glucan Callose in die entstehende Trennwand eingebaut. Diese Zell-

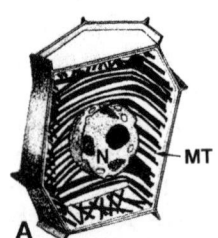
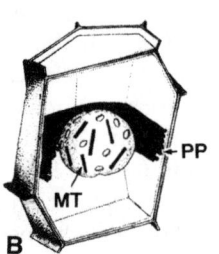
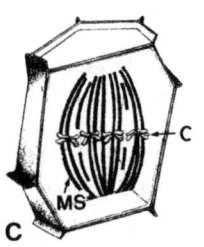
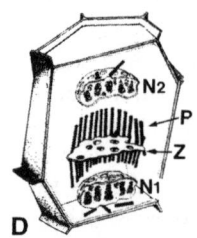

Abb. 11-5: Zell-Zyklus einer typischen Pflanzenzelle unter Berücksichtigung der Anordnung der Mikrotubuli. Interphase (A): Zellkern (N) von Hülle umschlossen; Mikrotubuli (MT) sind in der Peripherie der Zelle angeordnet (cortikale MTs). Prophase (B): MTs bilden das Pre-Prophaseband (PP). Einige MTs sind mit der Kernhülle assoziiert. Metaphase (C): MTs bilden die Metaphase-Spindel (MS) (Auseinanderweichen der Chromosomenspalthälften, C). Teleophase/Cytokinese (D): MTs bilden den Phragmoplasten (P); die Zellplatte (Z) entsteht und zwei Tochterkerne werden gebildet (N1, N2, mit neuer Kernhülle) (Nach Goddard, R. H et al.: Plant Physiol. 104, 1–6, 1994).

platten-Callose wird mit Abschluss der Cytokinese wieder abgebaut. Da Teile des endoplasmatischen Reticulums (ER) die Zellplatte durchziehen, enthält die fertige Trennwand von ER-Zisternen ausgefüllte Durchgänge, die **Plasmodesmata**. Nach erfolgter Ausbildung der Trennwand löst sich der Phragmoplast auf: die Mikrotubuli ordnen sich wieder unterhalb der Plasmamembran an (corticale MTs, Interphase-Zelle, Abb. 11-5 A). Die Cytokinese ist hiermit abgeschlossen.

Während der nachfolgenden Interphase wachsen die embryonalen Tochterzellen durch Zunahme des Cytoplasmavolumens auf das Doppelte heran, bevor die nächste Kern- und Zellteilung erfolgen kann. Allerdings muss die Erbsubstanz (DNA) vorher verdoppelt werden, damit die beiden Tochterkerne über jeweils einen identischen Satz an Genen verfügen. Die während der S-Phase des Zell-Zyklus ablaufende DNA-Replikation ist ein komplizierter, durch zahlreiche Enzyme (z. B. DNA-Polymerasen) katalysierter Prozess (s. Lehrbücher der Genetik). Die Wasserstoffbrückenbindungen zwischen den Basenpaaren der DNA werden gelöst und neue Nucleotide angelagert. Durch diese semikonservative Replikation entstehen somit zwei mit der ursprünglichen DNA identische Tochter-DNA-Stränge. Das verdoppelte Erbmaterial kann in der nächsten Kernteilung auf zwei Tochterzellen verteilt werden.

Über die **Regulation** des Zell-Zyklus in den Meristemen der intakten wachsenden Pflanze liegen bisher nur Hypothesen vor. Die Übergänge: Mitose/Cytokinese $\rightarrow$ G1 $\rightarrow$ S $\rightarrow$ G2 $\rightarrow$ u.s.w. (Abb. 11-3 A) werden durch spezifische Schlüsselenzyme (Cyclin-abhängige Proteinkinasen) katalysiert, die an positive Regulatoren (Cycline) binden. Experimente mit **Gewebekulturen** haben gezeigt, dass gewisse Phytohormone (Cytokinine und Auxine) die Zellteilungsaktivität stimulieren können. Die Cytokinine werden daher von manchen Forschern als „Zell-Zyklus-Hormone" bezeichnet (Kap. 13).

Vacuolisierung und Zellstreckung. Wie Abb. 11-3 B zeigt, werden jene Zellen, die sich nicht mehr teilen (d. h. das Meristem verlassen haben), als „G0-Phase-Zellen" bezeichnet. Während dieser zweiten Phase setzt die irreversible Vacuolisierung des Cytoplasmas der neu gebildeten Zellen ein:

Die Periode der **Zellstreckung** ist erreicht. J. Sachs (1887) beschrieb diesen Prozess als eine „durch Wasseraufnahme bewirkte Volumenzunahme der Zellen, wobei die im embryonalen Zustand soliden, bloß aus Protoplasma und Kern bestehenden Zellen sich in mit Wasser gefüllte Blasen verwandeln, deren Volumen das hundert- bis tausendfache der embryonalen Zellformen erreicht". Die Biophysik der Zellstreckung ist heute recht gut bekannt und soll weiter unten im Detail besprochen werden. In Abb. 11-6 sind meristematische und ausgewachsene Zellen im Hypocotyl der Sonnenblume (*Helianthus annuus*) dargestellt. Diese Zellabdrucke entsprechen den in Abb. 11-3 A und C dargestellten Phasen des Wachstums.

Ausdifferenzierung. Diese physiologischen Prozesse, die in ausgewachsenen Pflanzenzellen ablaufen, können wie folgt charakterisiert werden. In der Zellwand mancher Organe (z. B. Graskoleoptile) setzt mit dem Rückgang der Zellstreckungsrate eine Akkumulation der Phenole Ferulat/Diferulat ein. Wahrscheinlich kommt es über Ausbildung von Diferulat-Brücken zu einer Vernetzung der Hemicellulose-Polymere der Primärwand. Diese biochemische Reaktion führt zu einer mechanischen Verfestigung der ausgewachsenen Zellwände (Kap. 3). Das in den Primärwänden dicotyler Pflanzen in relativ großer Menge nachweisbare Glykoprotein Extensin wird ebenfalls nach Beendigung der Zellstreckung in erhöhter Rate synthetisiert und in die Wände eingelagert. Man nimmt daher an, dass dieses Hydroxyprolin-reiche Zellwandglykoprotein die Extensibilität der ausgewachsenen Zellwände herabsetzt. Der Name „Extensin" ist somit funktionell betrachtet nicht korrekt; diese Zellwandkomponente sollte eigentlich „Anti-Extensin" genannt werden, da die Moleküle durch Vernetzung lasttragender Polysaccharide die Extension der Zellwand beenden. Die mechanische Stabilität der ausgewachsenen Organe wird durch Extensin-Einlagerung deutlich erhöht. Eine Intussuszeption der Extensin-Moleküle erfolgt vermutlich simultan mit der Auflagerung (Apposition) der Sekundärwand. Die Wände verdicken sich hierbei beträchtlich, wobei der Gehalt an Cellulose von etwa 30% (Primärwand) auf über 60% ansteigt. Über die nach Wachstumsstopp einsetzende Ver-

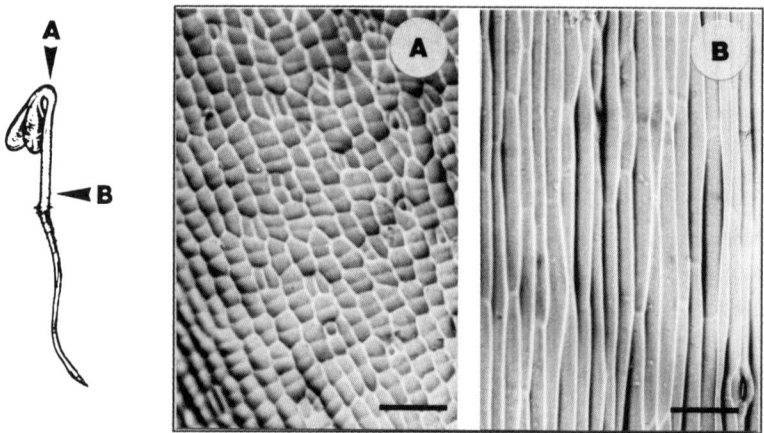

Abb. 11-6: *Abdrucke der Epidermis des Hypocotyls etiolierter Sonnenblumenkeimlinge (Helianthus annuus). Die Zellen im Bereich des Ansatzes der Keimblätter eines zwei Tage alten Keimlings haben ihre Teilungsaktivität noch nicht abgeschlossen (A). Ausgewachsene Zellen im basalen Bereich (B). Es wird deutlich, dass die Epidermiszellen während der Entwicklung an Länge zunehmen, während der Durchmesser (Breite) konstant bleibt. Balken = 100 µm. (Nach Heupel, T. & Kutschera, U.: J. Plant Physiol. 151, 397–381, 1997).*

holzung der Leitbündel sind wir heute recht gut informiert. Die Biosynthese und Struktur des Holzstoffes (Lignin) ist bei der Beschreibung der Sekundärstoffe dargestellt (Kap. 17).

Das nach Abschluss der Ausdifferenzierung der Zellen einsetzende sekundäre Dickenwachstum der Wurzel und des Stängels wird entweder durch Aktivität des Kambiums (kambiales Dickenwachstum) oder durch Vermehrung des Grundgewebes (parenchymatisches Dickenwachstum) hervorgebracht. Diese Prozesse sollen hier nicht näher diskutiert werden (s. Lehrbücher der Pflanzenanatomie).

Der in Abschnitt 11.1 erwähnte programmierte Zelltod (Apoptose) konnte auch bei einigen Differenzierungsvorgänge der Pflanze nachgewiesen werden. Dieser Entwicklungsprozess wird in Kap. 16 näher diskutiert.

11.3 Beschreibung des Organwachstums

Wie aus Abb. 11-3 A–C hervorgeht, sind die dem Wachstum zugrundeliegenden Teilprozesse (Zell-Reproduktion, Zellstreckung, Ausdifferenzierung)

in der Regel auf drei räumlich getrennte Bereiche des Organs verteilt: das Meristem, die Streckungs- und die Differenzierungszone. Die Lokalisation dieser drei Wachstumszonen entlang der Organachse soll im Folgenden anhand einiger gut untersuchter Beispiele erläutert werden.

Graskoleoptile. Bei der Beschreibung der Keimung wurde die Entwicklung der Graspflanze (Gerste, *Hordeum vulgare*) im Detail dargestellt (Kap. 8). Die Koleoptile der Gräser ist ein röhrenförmiges Schutzorgan, das zunächst durch Zellstreckung wächst, wobei Zellteilungen entlang der Organachse auftreten. Nachdem die Koleoptile eine Länge von etwa 5–7 mm erreicht hat, erlischt die Zellteilungsaktivität. Das Organ wächst von nun an ausschließlich durch Zellstreckung, wobei eine Endlänge von 40–60 mm erreicht wird. Dies ist einer der Gründe, warum die Koleoptile das bevorzugte Versuchsobjekt zur experimentellen Analyse des Mechanismus der Zellstreckung ist (Kap. 12). Nach Erreichen der Erdoberfläche und Durchbruch des Primärblattes können in den ausgewachsenen Zellen der Koleoptile Differenzierungsprozesse beobachtet werden (z. B. Chloroplastenentwicklung in der Roggenkoleoptile, s.o.). Weiterhin kommt es zu einer Verdickung

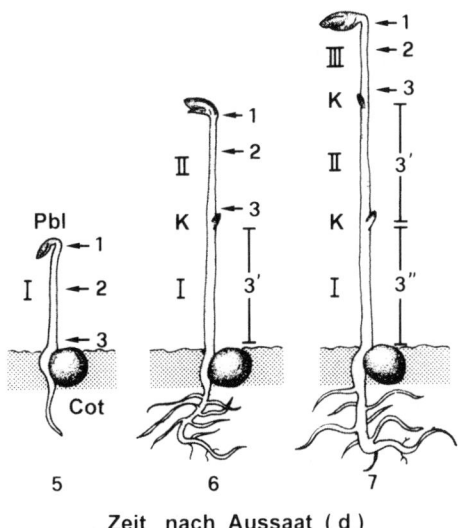

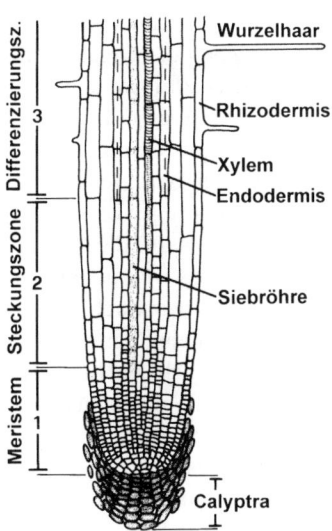

Abb. 11-7: *Lokalisation der drei Teilprozesse des Wachstums im Epicotyl sich entwickelnder Erbsenkeimlinge (Pisum sativum); 1: Zellteilung im Meristem; 2: Zellstreckung; 3: Ausdifferenzierung.*
I, II, III = Internodien. Cot = Cotyledonen, K = Knoten, Pbl = Primärblätter. Die Pflanzen wuchsen in schwachem Dauer-Hellrotlicht. (Nach Kutschera, U. & Briggs, W R.: Plant Physiol. 86, 306–311, 1988).

Abb. 11-8: *Lokalisation der drei Teilprozesse des Wachstums in der Wurzel einer Keimpflanze. 1: Zellteilung im Meristem, 2: Zellstreckung, 3: Ausdifferenzierung. In diesem Schema sind die Zellen stark vergrößert dargestellt. Die Differenzierung jeweils eines Phloem- und Xylemelements ist eingezeichnet.*
(Nach Ray, P. M.: The Living Plant. Holt, Rinehart and Winston Inc, New York 1963).

und mechanischen Verfestigung der Zellwände (Einlagerung von Lignin).

Sprossachse. Als repräsentatives Beispiel soll ein Keimling der Gartenerbse (*Pisum sativum*) dienen. Der Spross dieser hypogäisch keimenden Pflanze ist das Epicotyl (Achsenabschnitt oberhalb der Cotyledonen); es besteht aus einzelnen durch Knoten (Nodien) unterbrochenen Abschnitten (Internodien). Die in Abb. 11-7 A dargestellte fünf Tage alte Pflanze weist noch keinen Knoten auf. Die Primärblätter umschließen den Sprossvegetationspunkt, der im Wesentlichen aus dem Apicalmeristem besteht. Dort werden Zellen gebildet (1), die in der Zellstreckungszone durch Vacuolisierung und Wasseraufnahme in die Länge wachsen (2); an der Basis der Sprossachse findet keine Zellstreckung mehr statt (3). Am sechsten Tag nach Aussaat (Abb. 11-7 B) haben die Zellen des ersten Internodiums ihr Längenwachstum eingestellt. In dieser ausgewachsenen Region der Sprossachse

kann eine Ausdifferenzierung der Zellen beobachtet werden (3'). Der Durchmesser des basalen Abschnittes des Epicotyls nimmt vom 6. zum 7. Tag um etwa 10 % zu (3"). Gleichzeitig sinkt die Dehnbarkeit der Zellwände um etwa 30 % ab. Die nach Abschluss der Zellstreckung einsetzenden Prozesse dienen der mechanischen Stabilisierung des ausgewachsenen Sprossabschnittes des Erbsenkeimlings. Eine Ausdifferenzierung der Zellen (3 → 3' → 3") im basalen Bereich des Sprosses (1. Internodium) bildet somit die Voraussetzung für die weitere Entwicklung der Erbsenpflanze.

Wurzel. In der wachsenden Primärwurzel einer Keimpflanze (z. B. Gartenkresse, *Lepidium sativum*) können die für die Sprossachse beschriebenen drei Teilprozesse leicht identifiziert werden (Abb. 11-8). Das Apicalmeristem liegt an der Wurzelspitze und wird von der Wurzelhaube (Calyptra) umschlossen. Die dort gebildeten Zellen wachsen in der oberhalb des Meristems liegenden Zellstreckungszone in die Länge. In den weiter basal gelegenen Bereichen des Organs kann die Differenzierungszone erkannt werden. Neben der mechanischen Stabilisierung der Leitbündel (Verholzung) und der Entstehung der Endodermis ist die Ausbildung von Wurzelhaaren ein entscheidender Differenzierungsprozess innerhalb der Rhizodermis. Die „Haare" der Rhizodermiszellen sind lokale Auswüchse der peripheren (äußeren) Zellwand. Dieses **Spitzenwachstum** wird auch in expandierenden Pollenschläuchen beobachtet (s. Abb. 11-19). Vermutlich wird hierbei die vom Zellturgor angetriebene Wandextension durch lokale Sekretion und Einlagerung verschiedener Polysaccharide angetrieben. Im Gegensatz zum lokalen Spitzenwachstum expandiert beim **Flächenwachstum** die ganze Wand der Zelle, in der Regel bevorzugt in Längsrichtung (Abb. 11-3 B, C). Bei der nachfolgenden Darstellung der Zellstreckung soll nur das Flächenwachstum berücksichtigt werden.

Laubblatt. Während die dem Wachstum zugrunde liegenden Teilprozesse bei den achsenförmigen Organen (Sprossachse, Wurzel) eindeutig identifiziert werden können, ist dies beim Blattwachstum nicht so leicht ersichtlich. Die Laubblätter zweikeimblättriger Pflanzen entwickeln sich aus kegelförmigen Blattanlagen (Primordien). Während des Auswachsens der Blattspreite ist in der Regel keine räumliche oder zeitliche Trennung der Prozesse Zellteilung (1) und Zellstreckung (2) feststellbar. Die Blattzellen werden kontinuierlich durch Zell-Reproduktionszyklen (Cytokinesen) gebildet und strecken sich daraufhin sowohl in die Länge als auch in die Breite. An der Spitze des sich entwickelnden Blattes kommt das durch Zellteilung (und -streckung) hervorgebrachte Wachstum zuerst zum Stillstand. Die Region der Ausdifferenzierung (3) ist somit am Rand des Organs lokalisiert.

Die Entwicklung des Laubblattes soll am Beispiel der Sonnenblume erläutert werden. Abbildung 11-9 A, B zeigt ein Primordium und das ausgewachsene Blatt dieser dicotylen Nutzpflanze. Länge und Frischmasse nahmen während der Entwicklung um das 44- bzw. 1256-fache zu. Eine Bestimmung der durchschnittlichen Zellzahl ergab, dass diese von etwa 100 000 auf 5,5 Millionen

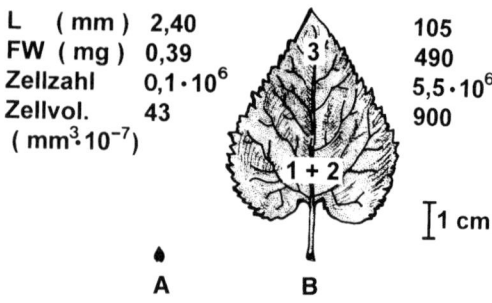

L (mm)	2,40		105
FW (mg)	0,39		490
Zellzahl	$0,1 \cdot 10^6$		$5,5 \cdot 10^6$
Zellvol.	43		900
$(mm^3 \cdot 10^{-7})$			

A   **B**

$\mathbb{I}$ 1 cm

Abb. 11-9: *Entwicklung eines Blattes (zweites Laubblatt) bei der Sonnenblume (Helianthus annuus). Das Primordium (A) ist am 21. Tag, das ausgewachsene Blatt (B) am 71. Tag nach Aussaat der Achänen dargestellt. Im noch wachsenden Blatt (Spreite) sind die drei Teilprozesse (1: Zellteilung, 2: Zellstreckung, 3: Ausdifferenzierung), wie in Abb. B dargestellt, über die Blattfläche verteilt (FW = Frischmasse, L = Länge). (Nach Daten von Sunderland, N.: J. Exp. Bot. 11, 68–80, 1960).*

(d. h. um das 55-fache) zunahm, während das durchschnittliche Volumen der Zellen um den Faktor 20 anstieg. Diese Zahlen zeigen, dass die Prozesse Zell-Reproduktion (Zunahme der Zellzahl) und Zellstreckung (Anstieg des Zellvolumens), über die Fläche des wachsenden Blattes verteilt, die Volumenzunahme des Organs hervorgebracht haben. Die drei Teilprozesse des Wachstums sind somit über die gesamte Blattfläche verteilt und gehen ineinander über.

Grashalm. Die Lokalisation der Wachstumszonen im Stängel (Halm) und Blatt der Getreidepflanze ist in Abb. 11-10 dargestellt. Der Grashalm ist innen hohl und durch Knoten (Nodien) in Segmente, die Internodien, unterteilt. Ähnlich wie bei der Erbsenpflanze (Abb. 11-7) wächst nur der oberste Abschnitt des Stängels (d. h. das zuletzt gebildete Internodium), während die basalen Halmsegmente ausgewachsen sind. Die Wachstumszonen im obersten Internodium können ohne Zerschneiden der Graspflanze nicht untersucht werden; die ausgewachsenen Blattscheiden der Laubblätter umhüllen den Halm vollständig. Schneidet man ein isoliertes Halmsegment längs in zwei Hälften, so können die drei Wachstumszonen eindeutig identifiziert werden. In Abb. 11-10 A, B ist als Beispiel eine Reispflanze (*Oryza sativa*) darge-stellt. Das oberste, wachsende Internodium be-ginnt an der Basis des Knotens. Das Zell-Bil-dungsgewebe liegt oberhalb der verdickten Re-gion des Halmes und wird, da es zwischen ausge-wachsene Gewebe eingelagert ist, als interkalares (eingeschaltetes) Meristem bezeichnet. Bei der Reispflanze ist das interkalare Meristem, d. h. die Zone der Zellteilungsaktivität (1), nur etwa 3 mm lang. Die Region der Zellstreckung (2) liegt ober-halb des interkalaren Meristems und ist bei der an Luft wachsenden Reispflanze etwa 6 mm lang. An die Zellstreckungszone schließt sich eine Region an, in der weder Teilungen noch Zell-Vergröße-rungen stattfinden (3). In dieser Differenzie-rungszone kommt es z. B. zu einer Verholzung der Leitbündel (Metaxylem-Initialen). Weiterhin setzt in den ausgewachsenen Zellen eine Auflage-rung (Apposition) sekundärer Wandschichten ein: die Zellwände werden dicker und gewinnen an mechanischer Stabilität.

Grasblatt. Da das von der Koleoptile umschlos-sene Primärblatt ein besonders gut untersuchtes Objekt ist, soll das Blattwachstum an Hand dieses Organs im Detail erläutert werden (Abb. 11-11). Zur Veranschaulichung sei auf die bereits er-wähnte Beschreibung der Keimung der Getreide-karyopse verwiesen (Kap. 8). Alle Zellen des Primärblattes werden in einem am Blattgrund lo-kalisierten Basalmeristem gebildet (1). Die vom Meristem (Zell-Zyklus) abgesonderten Zellen wachsen in der Streckungszone des Blattes unter Vacuolenbildung und Wasseraufnahme in die Länge (2). Nach Erreichen ihrer Endlänge gelan-gen die ausgewachsenen Zellen in die Differen-zierungszone, die im oberen Bereich des Blattes liegt (3). Dort verdicken sich die Wände der Blatt-zellen beträchtlich. Weiterhin nimmt z. B. die Chlorophyllmenge pro Zelle deutlich zu, d. h. die Mesophyllzellen entwickeln sich im Licht zu ei-nem photosynthetisch aktiven Gewebe (Ausdif-ferenzierung).

Eine Betrachtung des Wachstum repräsentati-ver Einzelzellen des Blattes der Weizenpflanze (*Tri-ticum aestivum*) liefert die folgenden Erkenntnisse. Wie Abb. 11-11 zeigt, wird am vierten Tag nach Aussaat die Zelle A vom Basalmeristem abgeson-dert. Da kontinuierlich neue Zellen gebildet wer-

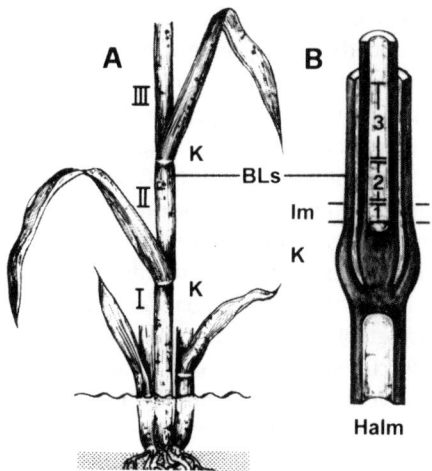

Abb. 11-10: *Lokalisation der drei Teilprozesse des Wachstums im Halm (Stängel) der Reispflanze (Oryza sativa) (1: Zellteilung im Meristem, 2: Zellstreckung, 3: Ausdifferenzierung). In der intakten Pflanze (A) sind die von der Blattscheide umhüllten Wachstums-zonen erst nach Längsspaltung eines herausgeschnit-tenen Segmentes (B) erkennbar. I, II, III = Internodien, Bls = Blattscheide, Im = intercalares Meristem, K = Knoten. (Nach Kutschera, U. & Kende, H.: Plant Physiol. 88, 361–366, 1988).*

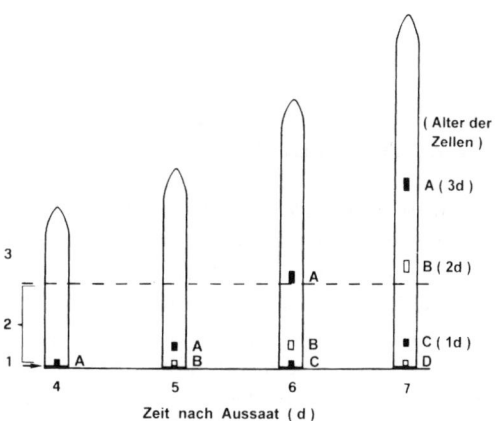

Abb. 11-11: *Schematische Darstellung des Wachs-tums des Primärblattes eines im Licht angezogenen Weizenkeimlings (Triticum aestivum). 1: Zellteilung im Basalmeristem, 2: Zellstreckung, 3: Ausdifferenzie-rung. Das Wandern der Zellen A bis D ist eingezeich-net. (Nach Boffey, S. A., Sellden, G. & Leech, R. M. : Plant Physiol. 65, 680–684, 1980).*

den, durchwandert Zelle A die Streckungszone und wächst hierbei in die Länge. Am sechsten Tag nach Aussaat verlässt Zelle A (ausgewachsen) die Streckungszone und tritt in Region (3) ein (Ausdifferenzierung). Dasselbe Schema gilt für die am fünften Tag gebildete Zelle B. Man kann somit z. B. am siebten Tag nach Aussaat das Alter der Zellen entlang der Blattachse bestimmen.

Die für das Primärblatt beschriebene Zonierung der drei Teilprozesse des Längenwachstums gilt auch für die Folgeblätter des Grases. Allerdings sind die wachsenden Blätter von älteren, bereits ausdifferenzierten Blättern umhüllt. Das Wachstum des jeweils jüngsten Grasblattes erfolgt somit innerhalb einer Schutzhülle, d. h. nur die ausdifferenzierten Blattspreiten sind der Luft ausgesetzt und regulieren den Gas- und Wasseraustausch der Pflanze. Die wachsenden Regionen der Organe unserer Getreidepflanzen sind somit im Inneren des Organismus verborgen, während bei den typischen zweikeimblättrigen Pflanzen die Meristeme und Streckungszonen zur Außenwelt hin „ungeschützt" offen liegen. Dieser Unterschied im anatomischen Bau gewisser Nutzpflanzen (Getreide, wie z. B. Weizen, Gerste, Hafer, Mais, Reis) und der meist dicotylen „Unkräuter" wird bei der chemischen **Unkrautbekämpfung** auf unseren Ackerflächen ausgenutzt (Kap. 12).

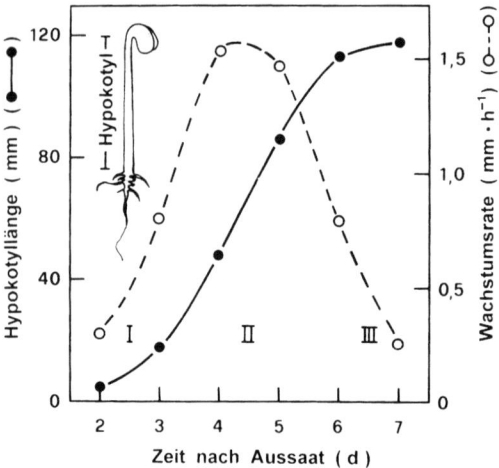

Abb. 11-12: *Zeitlicher Verlauf des Hypocotylwachstums einer Population von Sonnenblumenkeimlingen (Helianthus annuus). Die Hypocotyllängen der in Dunkelheit wachsenden Keimlinge wurden in täglichen Abständen gemessen (geschlossene Symbole); die Wachstumsraten (offene Symbole) wurden aus der Wachstumskinetik ermittelt. I: Beschleunigungsphase, II: lineare Phase, III: Wachstumsstopp. (Nach Kutschera, U.: Planta 181, 316–323, 1990).*

11.4 Die drei Perioden der Zellstreckung

Nach dieser qualitativen Beschreibung des Wachstums repräsentativer pflanzlicher Organe sollen im Folgenden einige quantitative Aspekte dargestellt werden. J. Sachs (1887) entdeckte, dass das auf Streckung der Zellen beruhende Organwachstum bei zeitlicher Betrachtung in drei Perioden zerfällt. Man erhält in der Regel s-förmige (sigmoide) **Wachstumskurven**. Zur Veranschaulichung soll das Hypocotylwachstum von Keimlingen der Sonnenblume dienen. Die Entwicklung dieser repräsentativen Nutzpflanze wurde bereits im Detail beschrieben (Kap. 2). Um eine Kinetik des Wachstums zu erhalten, sät man zum Zeitpunkt Null eine größere Zahl Achänen aus und entnimmt dieser in Dunkelheit heranwachsen-

den Population von Keimpflanzen zwischen dem zweiten und siebten Tag nach Aussaat jeweils einige Individuen. Nach Auftragen der Mittelwerte der Hypocotyllängen gegen die Zeit erhält man eine sigmoide Kurve (Abb. 11-12). Diese lässt sich in drei Perioden unterteilen: I. Beschleunigungsphase (Tage 2 und 3); II. lineare Phase, während der die Wachstumsrate ein Maximum erreicht (Tage 4 und 5) und III. Rückgang der Zellstreckungsrate, gefolgt vom Wachstumsstopp (Tage 6 und 7 nach Aussaat). Aus dieser Kinetik des Hypocotylwachstums lässt sich durch Anlegen einer Tangente an die Messpunkte die durchschnittliche Wachstumsrate ermitteln (Einheit: mm/h). Wie aus Abb. 11-12 hervorgeht, erreichen die Hypocotyle am vierten und fünften Tag nach Aussaat eine maximale Wachstumsgeschwindigkeit von etwa 1,5 mm/h.

Allgemein gilt folgende Regel: Die in Dunkelheit wachsenden Organe von Keimpflanzen (Koleoptilen, Hypocotyle, Epicotyle) erreichen während der linearen Wachstumsphase Maxi-

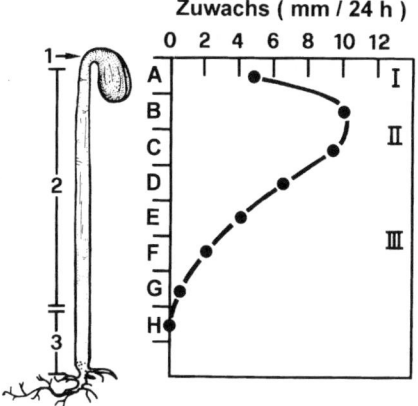

Abb. 11-13: *Markierungsexperiment zur Lokalisation der Zellstreckungszone im Sonnenblumenhypocotyl (Helianthus annuus). Ein vier Tage alter, etiolierter Keimling wurde entlang des Hypocotyls mit Tusche markiert (5 mm-Zonen A–H); der Zuwachs der Zonen wurde am fünften Tag ausgemessen. 1: Zellteilung im Meristem, 2: Zellstreckung, 3: Ausdifferenzierung. Die drei Phasen der Zellstreckung (I, II, III) sind entlang der Organachse zu erkennen.*

malraten von 1 bis 2 mm/h. Die Keimwurzeln wachsen fast ebenso rasch: Raten von 0,5 bis 1,5 mm/h wurden wiederholt dokumentiert. Außergewöhnlich hohe Wachstumsraten wurden im obersten Internodium von Pflanzen des Tiefwasserreis (*Oryza sativa*) ermittelt: Nach Überflutung der an Luft angezogenen Pflanzen konnten Zuwächse von bis zu 24 cm pro Tag (10 mm/h) gemessen werden (Kap. 13).

Die bei der kinetischen Betrachtung des Wachstumsverlaufs beobachtbaren drei Phasen (I, II, III) können auch durch Analyse der Zellstreckungszonen eines Keimlings identifiziert werden. Markiert man das Hypocotyl einer vier Tage alten Keimpflanze mit Tusche (Einteilung in 5 mm-Zonen) und bestimmt 24 Stunden später den jeweiligen Zuwachs dieser Regionen, so erhält man eine in drei Abschnitte unterteilbare Kurve (Abb. 11-13). In der 5 mm-Region A unterhalb des Hypocotylhakens ist ein relativ geringer Zuwachs messbar (Beschleunigungsphase I); die Wachstumsrate erreicht in den beiden darunter liegenden Zonen (B, C) ein Maximum (II), während in den Hypocotylregionen D bis G ein stetiger Rückgang des

Zuwachses gemessen wird (III). Die im Meristem (1) gebildeten Zellen durchlaufen somit die Streckungszone (2) (Phasen I–III), um dann in der basalen Region des Organs nach Abschluss der Zellstreckung eine Ausdifferenzierung (3) zu erfahren.

Ähnlich wie im Erbsenepicotyl (Abb. 11-7) wurde auch im basalen Bereich des Sonnenblumenhypocotyls nach Wachstumsstopp eine deutliche Zunahme der Dicke des Stängels und eine signifikante Abnahme der Zellwanddehnbarkeit gemessen. Die nach Abschluss der Zellstreckung einsetzenden Prozesse (Auflagerung einer Sekundärwand, Einlagerung von Extensin) dienen der mechanischen Stabilisierung des basalen Sprossabschnittes. Sie verhindern somit, dass der im oberen Drittel des Hypocotyls wachsende und daher immer schwerer werdende Keimling umkippt (Abknicken des Stängels). Ohne diese Ausdifferenzierung der Wände der wachsenden Zellen wäre eine Weiterentwicklung der Keimpflanze zur photoautotrophen Sonnenblume nicht möglich.

Wie Abb. 11-3 zeigt, ist das Wachstum typischer Organe mit einer stetigen Neubildung von Zellen korreliert (Zell-Reproduktion in den Meristemen der Pflanze). Untersuchungen an Hypocotylen der Sonnenblume haben gezeigt, dass drei Tage alte Keimstängel (Länge: 15 mm) aus etwa 1 Millionen Zellen bestehen. Am sechsten Tag nach Aussaat konnten in etiolierten Keimpflanzen 3 Millionen Zellen gezählt werden (Hypocotyllänge: 110 mm). Diese Zahlenwerte dokumentieren, dass das Hypocotylwachstum mit einer stetigen Neubildung von Zellen einhergeht. Diese „Bausteine" des Keimstängels wachsen unter Wasseraufnahme und Streckung heran und bewirken hierdurch die beträchtliche Längenzunahme des Organs.

11.5 Biophysik der Zellstreckung

Wie bereits im vorigen Abschnitt dargelegt, kann die Zellstreckung als irreversible Volumenzunahme bei simultaner Wasseraufnahme beschrieben werden, wobei die „treibende Kraft" durch den Turgordruck geliefert wird. Bedingt durch die anisotropen mechanischen Eigenschaften der Zellwände (Dehnbarkeit in Längsrichtung >

Dehnbarkeit in Querrichtung) wächst die Zelle (und somit das Organ) bevorzugt in Längsrichtung, wobei der Querschnitt nur geringfügig zunimmt (Abb. 11-6). Da die Zellwand beim Wachstum irreversibel (plastisch) gedehnt (d. h. deformiert) wird, sollen zunächst einige physikalische Begriffe erläutert werden.

Plastizität/Elastizität. Wird ein Festkörper einer konstanten Kraft (Belastung) ausgesetzt, so entstehen im Material Spannungen, die eine Verschiebung der Moleküle gegeneinander zur Folge haben. Das Material ändert seine Form, d. h. es wird in Folge der Belastung deformiert. Eine elastische (reversible) Deformation liegt vor, wenn das Material nach Entlastung seine ursprüngliche Form wieder einnimmt. Für die elastische Deformation eines Festkörpers (z. B. Stahlfeder, die durch Gewichte gedehnt wird) gilt das **Hookesche Gesetz**, d. h. Dehnung und Spannung sind proportionale Größen:

$$\frac{\Delta L}{L} = \frac{\sigma}{E} \qquad (11.1)$$

mit ΔL = Verlängerung, L = Ausgangslänge; $\Delta L/L$ = relative Längenänderung (Dehnung, d. h elastische Deformation); σ = Spannung (Zug oder Druck); E = Elastizitätsmodul (Materialkonstante). Die hierbei auftretende geringe Änderung im Querschnitt des gedehnten Materials soll unberücksichtigt bleiben.

Das Hookesche Gesetz gilt nur für Belastungen bis zur Proportionalitäts- oder Elastizitätsgrenze. Wird die Zugspannung über diesen Wert hinweg erhöht, so tritt eine plastische (irreversible) Deformation ein, d. h. die Formänderung bleibt nach Wegnahme der Kraft erhalten. Bei noch größerer Belastung wird die Bruchgrenze erreicht: Das Material zerbricht in zwei Stücke. Ein isotropes Material weist in allen Richtungen dieselben mechanischen Eigenschaften auf. Anisotrope Materialien zeigen hingegen ungleiche mechanische Eigenschaften in Bezug auf die Richtung der Krafteinwirkung. So lässt sich z. B. ein anisotropes Gummiband in Längsrichtung leicht, in Querrichtung jedoch nur schwer dehnen. Wie bereits erwähnt wurde, ist die Primärwand ein anisotropes Material: Die Dehnbarkeit der Längswände der Zelle ist wesentlich größer als die der Querwände.

Bei der Besprechung der Zellstreckung soll nur die Dehnung der Längswände diskutiert werden, da die Fläche der Querwände konstant bleibt.

Für aus langkettigen Molekülen zusammengesetzte Materialien (Polymere) kann man durch Applikation und anschließende Wegnahme von Gewichten Deformationskinetiken erstellen. Diese Last-Deformations-Kurven zeigen, dass man zwischen rein elastischen, plastischen, plastisch-elastischen und viscoelastischen Materialien unterscheiden kann. Die wachsende Zellwand (Primärwand) zeigt die mechanischen Eigenschaften eines plastisch-elastischen Polymers, d. h. sie kann sowohl reversibel (elastisch) als auch irreversibel (plastisch) gedehnt werden. Die wachsende Zelle besteht aus dem Protoplasten (Cytoplasma mit Organellen und Zentralvacuole, von zwei semipermeablen Membranen, Plasmamembran und Tonoplast, umhüllt) und der Primärwand. Diese ist bei dicotylen Pflanzen zu 90% aus Polysacchariden (d. h. Polymere) und zu etwa 10% aus Glycoproteinen zusammengesetzt (Kap. 3).

Allgemeine Wachstumsgleichung. Um den Prozess der Zellstreckung zu verstehen, ist es notwendig, zunächst die Entstehung des Turgordruckes zu erläutern. Wird eine plasmolysierte Zelle (Abb. 11-14 A) in ein hypotonisches Medium (z. B. Wasser) überführt, so findet eine Wasseraufnahme statt, wobei die Differenz zwischen dem osmotischen Druck des Vacuoleninhaltes (π_i) (MPa) und dem Außenmedium (π_o) die „treibende Kraft" liefert. Die osmotische Wasseraufnahme führt zu einer Volumenzunahme der Vacuole und somit zu einem hydrostatischen (von einer nicht bewegten Flüssigkeit erzeugten) Druck des Protoplasten gegen die Zellwand. Dieser in alle Richtungen gleich große Druck (> Luftdruck) wird **Turgordruck** (P_v) genannt. Das Zellvolumen nimmt zu, die Zellwand wird elastisch gedehnt und übt somit eine dem Turgordruck entgegengesetzte Wandspannung (P_w, veraltete Bezeichnung: Wanddruck) auf den Zellinhalt aus. In der turgeszenten Zellen (Abb. 11-14 B) ist das Wasserpotential (Ψ_i) (MPa) gleich Null, da $P_v = \pi_i$ wird:

$$\Psi_i = P_v - \pi_i = 0 \qquad (11.2)$$

Aus Gleichung 11.2 folgt, dass der osmotische Druck der Zelle (π_i) die Höhe des Turgordruckes

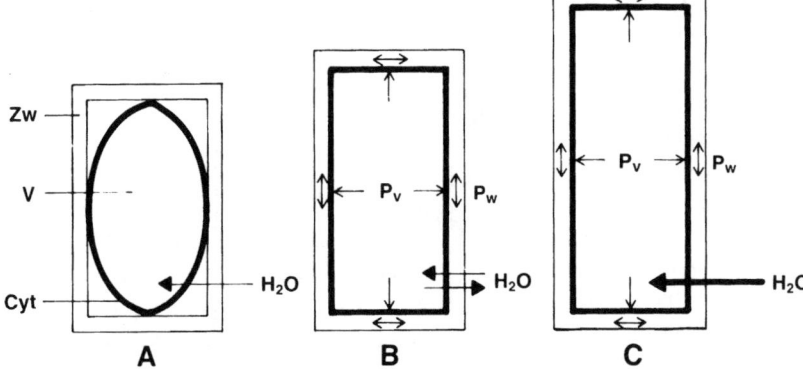

Abb. 11-14: *Schema zur Illustration der Biophysik der Zellstreckung. Wasseraufnahme der plasmolysierten Zelle (A) führt zur turgeszenten, nicht wachsenden Zelle (B). Die wachsende Zelle (C) nimmt Wasser auf und vergrößert somit kontinuierlich ihr Volumen. P_v = Zellturgor, P_w = Wandspannung. (Nach Kutschera, U.: In: Lloyd, C.W: The Cytoskeletal Basis of Plant Growth and Form, 149–158, Academic Press, London, 1991).*

bestimmt. Seit den klassischen Untersuchungen von J. Sachs (1887) ist bekannt, dass nur turgeszente Zellen wachsen können, d.h. der Turgordruck liefert die „treibende Kraft" für die Zellstreckung. Wachstum (d. h. irreversible Volumenzunahme bei simultaner Wasseraufnahme) tritt ein, wenn die Zellwand über die Elastizitätsgrenze hinweg plastisch gedehnt wird (Abb. 11-14C). Der Turgordruck P_v (bzw. P_w) fällt in Folge der Wasseraufnahme ab, und Ψ_i wird somit negativ (Gl. 11.2). Es findet daher ein Wasserfluss in die Zelle hinein statt, der analog dem Ohmschen Gesetz (Strom = Leitfähigkeit × Potentialdifferenz) wie folgt beschrieben werden kann:

$$\frac{dV}{dt} = L \cdot \Delta\Psi = L\,(\Psi_0 - \Psi_i) \qquad (11.3)$$

mit dV/dt (m³/s) = Rate der Volumenzunahme (= Wasseraufnahme) der Zelle, L (m³·s⁻¹·MPa⁻¹) = Wasserleitfähigkeit der Zellmembranen, $\Delta\Psi$ (MPa) = Differenz zwischen Ψ_0 (Medium) und Zelle (Ψ_i). Bei Atmosphärendruck (P_v = 0) wird gemäß Gleichung 11.2 $\Psi_0 = -\pi_0$. Gleichungen 11.2 und 11.3 können daher zu Gl. 11.4 kombiniert werden:

$$\frac{dV}{dt} = L\,(\Delta\pi - P_v) \qquad (11.4)$$

mit $\Delta\pi$ (MPa) = Differenz zwischen π_i (Zelle) und π_0 (Medium). Gleichung 11.4 beschreibt somit die Wasseraufnahme der wachsenden Zelle. Für die simultan stattfindende Volumenzunahme gilt die von J. Lockhart (1965) formulierte Gleichung:

$$\frac{dV}{dt} = m\,(P_v - y) \qquad (11.5)$$

mit P_v = Turgordruck, y = Schwellenwert des Turgordrucks, unterhalb dessen keine plastische Extension auftreten kann (MPa) und m (m³·s⁻¹·MPa⁻¹) = Nachgebekoeffizient (Extensibilität) der Zellwand.

Wächst die Zelle mit konstanter Rate (Abb. 11-14C), so sind Wasseraufnahme und Volumenzunahme im Gleichgewicht: Gleichungen 11.4 und 11.5 können somit zur **Allgemeinen Wachstumsgleichung** kombiniert werden:

$$\frac{dV}{dt} = \frac{L \cdot m}{L + m}\,(\Delta\pi - y) \qquad (11.6)$$

Man kann zwei Grenzfälle unterscheiden:

• Wenn L größer als m ist (L > m), wird Gleichung 11.6 identisch mit Gl.11.5, wobei $\Delta\pi$ durch P_v ersetzt wird. Das Wachstum wird dann durch die Zellwandextensibilität (m) begrenzt und reguliert.

• Es ist theoretisch möglich, dass bei großer Extensibilität der Zellwand die Wasserleitfähigkeit L zum limitierenden Faktor der Zellstreckung wird (m > L). Dann entsteht aus Gl. 11.6 die Gl. 11.4, wobei y durch P_v ersetzt ist. Das Wachstum wird dann durch die Wasseraufnahme (bzw. -leitfähigkeit) der Zelle limitiert.

Experimentelle Untersuchungen zur Wasserleitfähigkeit von Biomembranen, Zellen und Geweben haben gezeigt, dass L in der Regel groß ist und die Rate der Zellstreckung daher nicht begrenzt. Gleichung 11.5 beschreibt somit den Wachstumsprozess der Einzelzelle; die Parameter P_v (Turgordruck) und m (Zellwandextensibilität) sind die entscheidenden Größen. In allen bisher experimentell untersuchten Fällen war (bei ausreichender Wasserversorgung) die Zellstreckungsrate nicht durch P_v, sondern durch m limitiert und reguliert.

11.6 Zellwandextensibilität, Turgordruck und Osmoregulation

Der Wachstumsparameter m wurde ursprünglich als „Eigenschaft der Zellwand zur irreversiblen Extension unter konstantem Druck (Turgor)" definiert und mit dem Begriff „Zellwandextensibilität" gleichgesetzt. Die Größe m kann allerdings nicht direkt gemessen werden. Ein relatives Maß für diesen Parameter ist die Zellwandplastizität. Prinzipien zur Bestimmung dieser Größe sowie des Zellturgors sind in den folgenden Abschnitten dargestellt.

Extensiometer-Messung. Die Wände plasmolysierter Gewebestreifen (oder ganze Stängel) werden in einem Extensiometer befestigt und nach Eintauchen in Wasser (Verhinderung der Austrocknung) einer konstanten Kraft (Gewicht) ausgesetzt (Abb. 11-15). Neuere Untersuchungen haben gezeigt, dass man mit turgeszentem, metabolisch aktivem Gewebe dieselben Resultate erzielen kann wie mit plasmolysierten Proben. Typische Messungen dieser „in vivo-Extensibilität" sind in Abb. 11-16 dargestellt. Hypocotylsegmente von 18 mm Länge wurden unterhalb der Keimblätter aus dem Stängel herausgeschnitten und längs in zwei Hälften gespalten. Eine Segmenthälfte wird zwischen die Klammern des Extensiometers montiert (Abstand: 10 mm), in destilliertem Wasser inkubiert und durch Applikation einer Kraft von 0,098 N (Gewicht: 10 g) gedehnt (Dauer: 6 min).

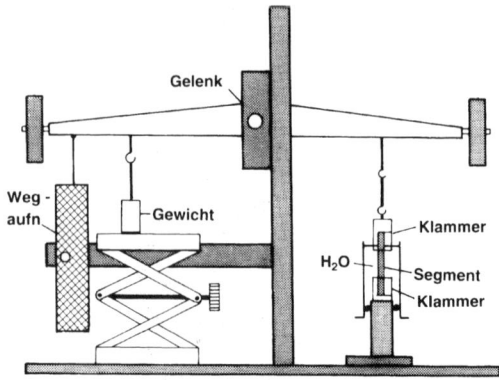

Abb. 11-15: *Extensiometer zur Bestimmung der Längenzunahme eines herausgeschnittenen Segments eines achsenförmigen Organs (Hypocotyl, Epicotyl, Koleoptile). Durch Anlegen und Wegnahme eines Gewichts kann die Dehnbarkeit (Extensibilität) des eingeklammerten Stängels gemessen werden.*

Nach Entfernung der Kraft kann eine irreversible (plastische) und eine reversible (elastische) Komponente der Extensibilität (Dehnbarkeit) gemessen werden (E_{pl}, E_{el}). Die in vivo-Zellwandplastizität (E_{pl}) repräsentiert die Fähigkeit der Wand, unter konstantem Druck (Kraft pro Fläche) irreversibel gedehnt (deformiert) zu werden. Diese Größe (Einheit: $\mu m \cdot 10\ g^{-1} \cdot 6\ min^{-1}$) kann als relatives Maß für den Wachstumsparameter m (Einheit: $m^3 \cdot s^{-1} \cdot MPa^{-1}$) gesehen werden.

Abbildung 11-16 zeigt weiterhin, dass etiolierte Hypocotyle eine etwa doppelt so hohe Zellwandplastizität wie bestrahlte (de-etiolierte) Proben aufweisen, während die Elastizität (E_{el}) der Stängel weitgehend gleich ist. Eine Belichtung der in Dunkelheit angezogenen Pflanzen führt somit zur Erniedrigung von E_{pl}, d.h. Licht hemmt die Zellstreckung durch mechanische Verfestigung (Versteifung) der Zellwände.

In Abb. 11-18 A, B sind die Effekte von Weißlicht auf die Zellstreckung und E_{pl} im etiolierten Hypocotyl der Sonnenblume dargestellt. Die Extensibilitäten wurden wie in Abb. 11-16 dargestellt ermittelt. Es wird deutlich, dass nach Belichtung eine Reduktion von E_{pl} um etwa 50% eintritt.

Die **Gewebespannung** wurde bereits dargestellt (Kap. 3). Im turgeszenten, achsenförmigen Organ (z.B. Koleoptile, Hypocotyl) tragen die dicken, peripheren Zellwände der Epidermis den

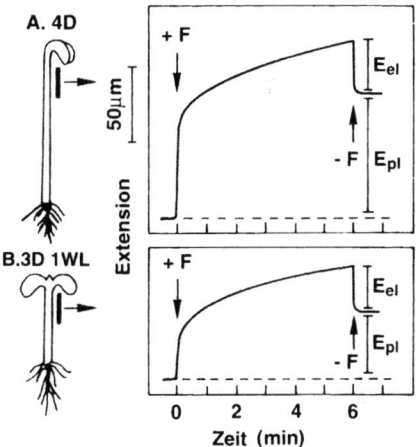

Abb. 11-16: *Bestimmung der plastischen (E_{pl}) und elastischen (E_{el}) Zellwandextensibilität in der subapicalen Region des Sonnenblumenhypocotyls (Helianthus annuus). Hypocotylsegmente von vier Tage alten Keimlingen, die entweder in Dunkelheit (= D) wuchsen (A) oder für einen Tag mit Weißlicht (= WL) bestrahlt waren (B), wurden in das Extensiometer (Abb. 11-15) montiert. Nach Anlegen/Wegnahme einer konstanten Kraft (+/–F) von 0,098 N (= Gewicht von 10 g) können E_{pl} und E_{el} graphisch ermittelt werden.*

hydrostratischen Druck der dünnwandigen Zellen der inneren Gewebe. Die peripheren Zellwände limitieren die Expansion des ganzen Organs und sind somit jene Strukturen, über deren mechanische Eigenschaften die Wachstumsrate reguliert wird. Die Extensibilität der wachstumsbegrenzenden epidermalen Zellwände (im Wesentlichen die Epidermisaußenwand) entspricht somit dem Parameter m in Gleichung 11.5. Die für das Wachstum einer Einzelzelle formulierte Beziehung lässt sich daher auch auf die Beschreibung des Wachstums vielzelliger achsenförmiger Organe übertragen, wenn die Unterschiede in der Dehnbarkeit der peripheren und inneren Wände berücksichtigt werden.

Drucksonden-Messung. Im Jahr 1978 wurde eine Methode beschrieben, mit der es möglich ist, den Turgor in den relativ kleinen Zellen höherer Pflanzen direkt zu messen. Das Prinzip dieser von U. Zimmermann und E. Steudle entwickelten Druckmess-Sonde ist in Abb. 11-17 dargestellt. Eine mit

Silikonöl gefüllte Mikrokapillare (Spitzendurchmesser: 2–6 µm) wird mit Hilfe eines Mikromanipulators in eine turgeszente Zelle eines Stängels (z.B. Hypocotyl) eingestochen (Abb. 11-17 A, B). Unter dem Lichtmikroskop kann beobachtet werden, wie das Öl auf Grund des Zellturgors in die Kapillare gedrückt wird, wobei eine gut sichtbare Öl/Zellsaft-Grenzschicht (Meniskus) entsteht. Durch Anlegen eines externen Gegendruckes (P_e) wird nun dieser Meniskus bis zur Zellwand zurückgeschoben, d.h. der Zustand vor Einstechen der Kapillarspitze wird wieder hergestellt (Abb. 11-17 C). Der somit ermittelte Gegendruck P_e ist identisch mit dem hydrostatischen Druck der Zelle (P_v) vor Einstechen der Mikrokapillare.

Wie groß sind die hydrostatischen Drücke in den Zellen der höheren Pflanzen? In achsenförmigen Organen (Sprosse, Wurzeln) wurden Turgordrücke zwischen 0,3 und 0,9 MPa gemessen; die Epidermiszellen von Laubblättern weisen ähnlich hohe Werte auf (Tab. 11.1). Dies sind beachtliche Werte, wenn man bedenkt, dass im Autoreifen eines PKWs ein Luft-Überdruck von nur 0,15 bis 0,25 MPa herrscht. Der Turgordruck in der typischen Pflanzenzelle (etwa 0,5 MPa) ist somit 2–3 mal so hoch wie der Luftdruck im Autoreifen. Auf Grund dieser hohen hydrostatischen Drücke in den turgeszenten Zellen sind unterirdisch auswachsende Keimlinge bei optimaler Wasserversorgung manchmal in der Lage, eine Asphaltdecke zu deformieren.

Wie ändert sich der Zellturgor während der Organentwicklung? In Abb. 11-18 A, C ist die Beziehung zwischen dem Turgordruck und dem Zellwachstum im Sonnenblumenhypocotyl dargestellt. In jungen, 2 Tage alten Keimstängeln (Länge etwa 5 mm) wurde ein durchschnittlicher Zellturgor von 0,6 MPa gemessen. Während der Beschleunigungsphase (Tage 2 und 3 nach Aussaat) sinkt P_v um etwa 0,1 MPa ab, um dann in der linearen Wachstumsphase (Tage 4 und 5) einen konstanten Wert von etwa 0,5 MPa zu erreichen. Der Wachstumsstopp in Dunkelheit (Tag 6) ist mit einem Abfall (– 40%) von P_v korreliert. Diese Daten zeigen, dass die „treibende Kraft für das Wachstum (P_v)" während der linearen Phase der Zellstreckung konstant ist. Der Wachstumsstopp ist auf Turgorverlust der etiolierten Zellen zurückführbar: der am 6. Tag gemessene Wert von

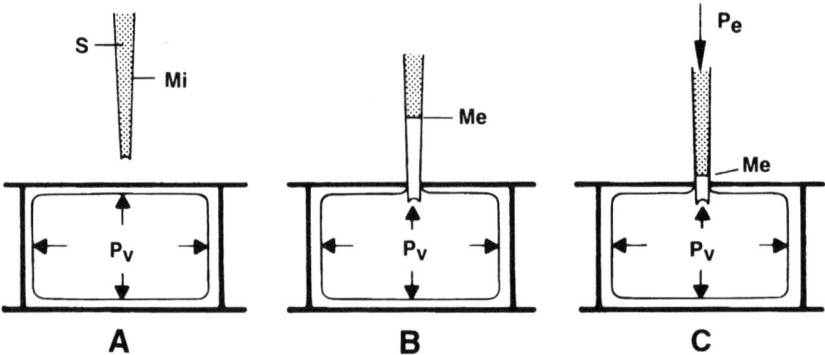

Abb. 11-17: *Prinzip der Bestimmung des Turgordruckes in einer Pflanzenzelle mit der Druckmess-Sonde. Die intakte Zelle (A) wird mit einer Mikrokapillare angestochen (B). Nach Anlegen eines Gegendruckes wird der Zellturgor vor Einstechen ermittelt (C). Mi = Mikrokapillare, Me = Meniskus, P_e = Gegendruck, P_v = Turgordruck, S = Silikonöl. (Nach Kutschera, U.: J. Plant Physiol. 146, 126–132, 1995).*

0,3 MPa entspricht dem Schwellenwert des Turgors (y), der überschritten werden muss, um eine irreversible Streckung der Zellwand (d.h. Wachstum) zu ermöglichen (Gleichung 11.5). Bestrahlung der etiolierten Hypocotyle mit Weißlicht führt zu einer drastischen Hemmung der Zellstreckung im Hypocotyl, während P_v im Vergleich zur Dunkelkontrolle unverändert bleibt (0,5 MPa).

Die in Abb. 11-16 und 11-18 dargestellten Resultate zeigen somit, dass Weißlicht das Hypocotylwachstum nicht durch Erniedrigung von P_v, sondern durch Reduktion von E_{pl} hemmt. Bei konstanter „Triebkraft" (P_v) und reduzierter Dehnbarkeit der peripheren (wachstumslimitierenden) Zellwände strecken sich die Zellen im Licht langsamer als in Dunkelheit. Allgemein gilt: Die Rate der Zellstreckung wird bei ausreichender Wasserversorgung der Zellen nicht durch Änderung von P_v, sondern durch Variation der Zellwandextensibilität reguliert (Kap.1).

Osmoregulation. In diesem Absatz soll die Frage diskutiert werden, durch welchen Mechanismus der Turgordruck der wachsenden Zellen über Tage hinweg aufrecht erhalten wird. Eine Wasseraufnahme führt zur Verdünnung des Vacuoleninhaltes und somit zum Abfall von π_i (Abb. 11-14 C). Da der hydrostatische Druck der Zelle (P_v) von der Größe π_i abhängt (osmotische Wasseraufnahme bewirkt den Zellturgor), folgt, dass eine Verdünnung der Vacuolenflüssigkeit einen entsprechenden Abfall von P_v mit sich bringt. Das in

Tab. 11.1: Größe des Turgordruckes (P_v) in den Zellen höherer Pflanzen. Die Gewebe waren optimal mit Wasser versorgt; P_v wurde mit der Druckmess-Sonde ermittelt. (Nach verschiedenen Autoren).

Art		Organ, Gewebe	Turgordruck (MPa)
Erbse	(Pisum sativum)	Epicotyl, Cortex	0,55
Senf	(Sinapis alba)	Hypocotyl, Cortex	0,50
Sojabohne	(Glycine max)	Hypocotyl, Cortex	0,45
Zucchini	(Cucurbita pepo)	Hypocotyl, Cortex	0,27
Ricinus	(Ricinus communis)	Hypocotyl, Cortex	0,90
Mais	(Zea mays)	Koleoptile, Parenchym	0,58
Mais	(Zea mays)	Wurzel, Cortex	0,70
Weizen	(Triticum aestivum)	Wurzel, Cortex	0,65
Raygras	(Lolium temulentum)	Blatt, Epidermis	0,50
Tradescantie	(Tradescantia virginiana)	Blatt, Epidermis	0,45
Begonie	(Begonia argenteo-guttata)	Blatt, Epidermis	0,55
Weinrebe	(Vitis vinifera)	Blatt, Epidermis	0,60

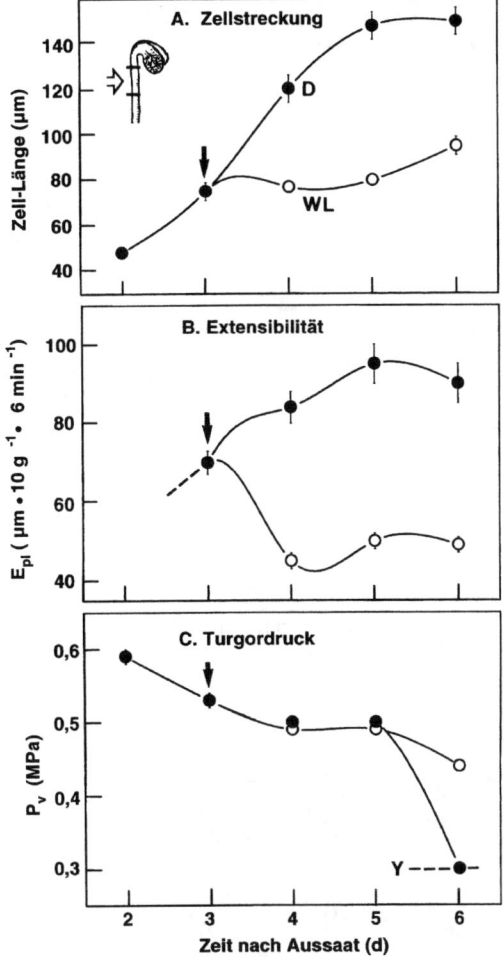

Abb. 11-18: *Zeitlicher Verlauf der Zellstreckung (A), der Zellwandplastizität (E_{pl}) (B) und des Turgordruckes (P_v) (C) in der subapicalen Region von Sonnenblumenkeimlingen (Helianthus annuus). Der Stängelabschnitt ist durch einen offenen Pfeil markiert (A). Keimpflanzen wurden in Dunkelheit angezogen und ab dem dritten Tag nach Aussaat mit Weißlicht bestrahlt (Symbole D bzw. WL; der Pfeil markiert den Beginn der Bestrahlung). Y = Schwellenwert des Turgors für irreversible Zellstreckung. (Nach Kutschera, U.: Rev. Bras. Fisiol. Veg. 12, 65–95, 2000).*

Abb. 11-18 C dargestellte Experiment zeigt jedoch, dass P_v während der linearen Wachstumsphase praktisch konstant bleibt (etwa 0,5 MPa). Daraus folgt, dass auch π_i während der Zellstreckung ständig nachreguliert und somit auf-

Tab. 11-2: Turgordruck (P_v), Osmolalität des Zellpress-Saftes, osmotischer Druck (π_i) und Wasserpotential (Ψ_i) der Zellen in der Streckungszone des Hypocotyls etiolierter Sonnenblumenkeimlinge (*Helianthus annuus*). (Daten von U. Kutschera & K. Köhler).

Alter (d)	P_v (MPa)	Osmolalität (Osmol/kg)	π_i (MPa)	Ψ_i (MPa)
3	0,53	0,280	0,68	– 0,15
4	0,50	0,230	0,56	– 0,06
5	0,49	0,220	0,54	– 0,05

P_v wurde mit der Druckmess-Sonde bestimmt. Die Osmolalität wurde mit einem Gefrierpunkt-Osmometer gemessen. Die Größen π_i und Ψ_i (= $P_v - \pi_i$) wurden berechnet.

recht erhalten werden muss. Wie kann π_i gemessen werden? Diese Größe wird – im Gegensatz zur Extensibilität und zum Zellturgor – nicht direkt, sondern nur indirekt über die Gewinnung von Gewebepress-Saft ermittelt. Man schneidet aus der Streckungszone wachsender Hypocotyle 1 cm-Segmente heraus und zermörsert das Gewebe. Nach Zentrifugation der Proben erhält man im Überstand reinen, klaren Gewebesaft. Diese Flüssigkeit besteht im Wesentlichen aus dem Vacuoleninhalt der Zellen. Mit einem **Gefrierpunkt-Osmometer** kann die Osmolalität (Syn.: osmotische Konzentration c, Einheit: Osmol/kg Wasser, $\approx$ mol/l H_2O) der Proben gemessen werden. Nach dem Gesetz von van't Hoff lässt sich dann aus c der mittlere osmotische Druck der Zellen des Gewebes π_i) berechnen (Kap. 4):

$$\pi_i = c \cdot R \cdot T \tag{11.7}$$

mit R = Gaskonstante und T = absolute Temperatur.

Für T = 298 K (25 °C) gilt die Beziehung: 0,1 Osmol/kg $\approx$ 0,247 MPa.

In Tab. 11.2 sind entsprechende Daten zusammengestellt. Es wird deutlich, dass während der Tage 4 und 5 nach Aussaat P_v und π_i weitgehend konstant bleiben. Daraus folgt, dass die Zellen beim Wachstum kontinuierlich osmotisch wirksame Moleküle (Osmotika) aufnehmen, und dadurch die durch Wasserabsorption bedingte Verdünnung des Vacuoleninhaltes ausgleichen. Diese **Osmoregulation** führt letztlich während der linearen Phase der Zellstreckung zur Konstanthaltung des Turgordruckes. Aus P_v und π_i

kann man das Wasserpotential des Gewebes (Ψ_i) berechnen (Tab. 11.2). Die Daten zeigen, dass Ψ_i negative Werte zwischen – 0,15 und – 0,05 MPa aufweist. Die Zellen können daher Wasser aus dem Xylem des Stängels ($\Psi \approx 0$) ansaugen und hiermit kontinuierlich ihr Volumen vergrößern.

Allgemein gilt, dass das Wasserpotential wachsender Zellen negative Werte zeigt ($\pi_i > P_v$), während die Saugkraft der ausgewachsenen, mit Wasser gesättigten Zelle gleich Null ist ($\pi_i = P_v$).

In diesem Abschnitt wurde eine moderne, exakte Methode zur Bestimmung des Wasserpotentials der Pflanzenzelle dargelegt. Durch direkte Messung von P_v mit der Druckmess-Sonde und anschließender Ermittlung von π_i aus dem Zellsaft desselben Gewebes kann Ψ_i berechnet werden (Tab. 11.2).

11.7 Entwicklungszyklus und Generationswechsel

Die bedecktsamigen Blütenpflanzen (Angiospermae) entwickelten sich im Erdmittelalter (Kreide, Zeitraum vor 140–90 Millionen Jahren). Im Verlauf der Erd-Neuzeit (Tertiär) besiedelten diese Gewächse in zahlreichen Arten nach und nach nahezu alle verfügbaren Lebensräume, so dass sie heute die Festlandvegetation dominieren (Kap. 3).

Die evolutiv hochentwickelten Angiospermen sind optimal an das Leben an Land angepasst. Diese Adaptation an unterschiedlichste terrestrische Habitate (u. a. auch Wüstenregionen) ist mit der phylogenetischen Entwicklung eines **Generationswechsels** einhergegangen, der zu einer extremen Reduktion der Gameten bildenden Gene-

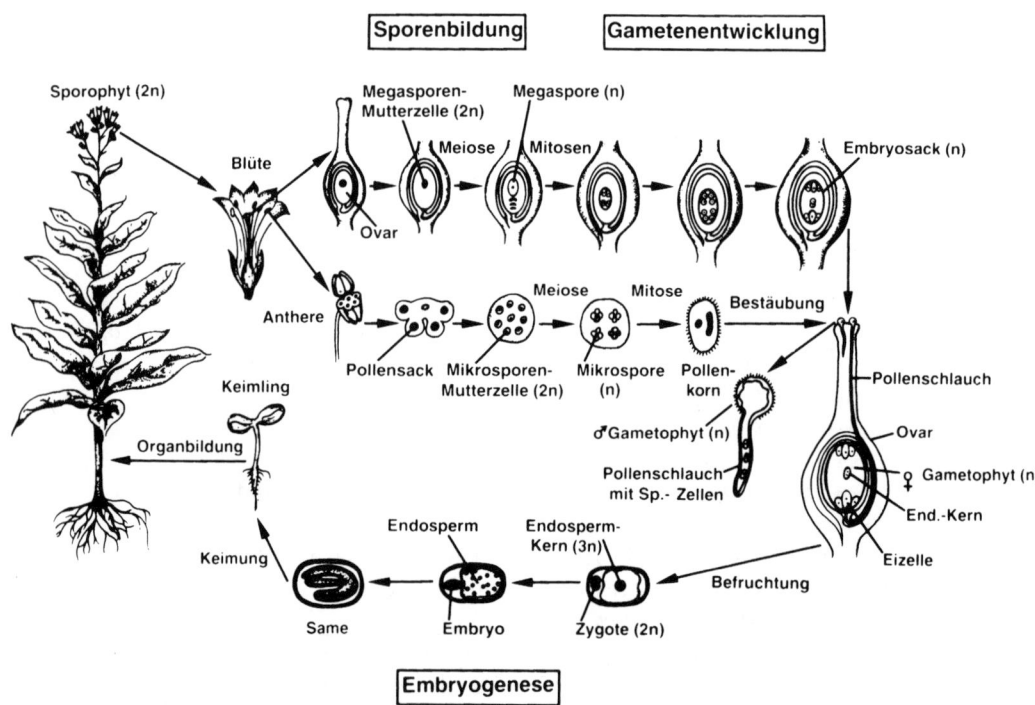

Abb. 11-19: *Generationswechsel bei der Tabakpflanze (Nicotiana tabacum): Sporenbildung, Gametenentwicklung, Bestäubung/Befruchtung, Embryogenese, Keimung/Organbildung. Der Sporophyt (diploid, 2 n) bildet nach der Meiose die Mega- bzw. Mikrosporen (haploid, 1 n). Daraus entstehen der Embryosack (weiblicher Gametophyt mit Eizelle, 1 n) bzw. die Pollenkörner (männliche Gametophyten mit Spermazellen, 1 n). Über Pollenschlauchbefruchtung (Siphonogamie) wird die diploide Zygote (2 n) sowie das triploide Nährgewebe (Endosperm, 3 n) gebildet. Der Same besteht aus der Testa, dem Embryo und dem Nährgewebe. (Nach Goldberg, R. B.: Science 240, 1460–1468, 1988).*

ration (Gametophyt) geführt hat. In Abb. 11-19 ist der Entwicklungszyklus einer typischen dicotylen Kulturpflanze dargestellt (Tabak, *Nicotiana tabacum*). Die Ontogenese (Individualentwicklung) der Pflanze beginnt mit der Keimung eines Samens (Kap. 8). Der Keimling durchläuft die Phase des Wachstums, die mit einer Organbildung einhergeht. Am Ende dieser Entwicklungsperiode werden unter geeigneten Umweltbedingungen Blüten gebildet. Nach der Seneszenz-Phase stirbt die einjährige Pflanze ab (Kap. 17).

Die in den Blüten ablaufenden Entwicklungsprozesse (Sporenbildung, Gametenentwicklung, Embryogenese) sollen im Folgenden etwas detaillierter dargestellt werden.

Sporenbildung. Wie bereits dargelegt wurde, sind alle Landpflanzen (Embryophyten oder Cormobionta) durch einen spezifischen Generationswechsel gekennzeichnet (Kap. 1). Die erste Generation bildet Sporen (**Sporophyt**, d. h. die mit einem doppelten Chromosomensatz, 2 n, ausgestattete diploide Pflanze). Die Zweite bildet Gameten (**Gametophyt**, d. h. die mit einfachem Chromosomensatz, 1 n, ausgestattete haploide Generation). Im Fruchtknoten (weiblicher Blütenstand) befindet sich das Ovar. Die Megasporen-Mutterzelle (2 n) durchläuft eine Reduktionsteilung (Meiose), so dass eine haploide Megaspore entsteht (1 n). In den männlichen Staubbeuteln (Pollensäcke) laufen analoge Vorgänge ab: Die Mikrosporen-Mutterzellen (2 n) produzieren nach Meiose zahlreiche Mikrosporen (1 n).

Gametenentwicklung. Die haploiden Sporen durchlaufen mehrere Zellteilungen (Mitosen) und entwickeln sich hierbei zu dem siebenzelligen weiblichen Gametophyt (Embryosack) bzw. zu den dreizelligen männlichen Gametophyten (Pollenkörner). Der Embryosack enthält eine haploide (befruchtungsbereite) Eizelle (1 n), während die Pollenkörner jeweils zwei Spermazellen (1 n) tragen. Diese haploiden Geschlechtszellen (Gameten) der Samenpflanzen (eine Eizelle, zahlreiche Spermazellen) werden somit über Mitosen aus Zellen der Blüte gebildet, die nicht bereits im Embryo determiniert und vorhanden waren. Eine **Keimbahn**, wie sie bei den diploiden Tieren (Metazoa) etabliert ist, gibt es daher im Pflanzenreich nicht

(Keimbahn/Soma-Differenzierung während der tierischen Embryogenese).

Die **Bestäubung** (Pollenübertragung) erfolgt bei den Angiospermen in der Regel über Insekten (Zoochorie). Blütenstaub (d. h. Pollen) wird auf die Narbe des Fruchtknotens gebracht. Nach Keimung der Pollenkörner (männlicher Gametophyt, 1 n) und Durchwandern des Griffelgewebes (Pollenschlauch) erfolgt im Embryosack (weiblicher Gametophyt, 1 n) eine doppelte Befruchtung. Die erste Spermazelle (1 n) verschmilzt mit der Eizelle (1 n) und ergibt die diploide Zygote (2 n), während die andere (1 n) mit der diploiden zentral gelegenen Nucellus-Zelle (2 n) verschmilzt und den triploiden Endospermkern ergibt (3 n).

Eine Selbstbefruchtung durch den Pollen derselben Pflanze wird in der Regel durch eine genetische **Selbst-Inkompatibilität** des weiblichen Griffelgewebes verhindert. Dieser Mechanismus sorgt dafür, dass der Pollen des eigenen Individuums am Auswachsen gehindert wird. Im Gegensatz zum Immunsystem der Tiere, das im Wesentlichen auf das Detektieren fremden Zellen ausgerichtet ist, sind die Blütenpflanzen mit einem Selbst-Erkennungssystem ausgestattet.

Embryogenese. Die diploide Sporophytengeneration der Samenpflanzen (2 n) beginnt somit mit der doppelten Befruchtung. Aus der Zygote (2 n) entwickelt sich innerhalb der Samenanlage der Embryo. Gleichzeitig entsteht das triploide Nährgewebe (Endosperm, 3 n). Als **Embryogenese** bezeichnet man all jene Entwicklungsprozesse, die von der Zygote zum mehrzelligen, reifen Embryo führen (Kap. 3). Diese Phase endet mit der Bildung ruhender (dormanter) Samen, die aus den Bausteinen Embryo, Nährgewebe und Testa zusammengesetzt sind (Kap. 8). Aus den Geweben des Ovars entwickelt sich die Frucht.

Der Embryo zeigt nur wenig Ähnlichkeiten mit der ausgewachsenen Pflanze (Abb. 11-19), d. h. praktisch alle Wachstums- und Differenzierungsprozesse verlaufen während einer langen postembryonalen Phase. Im Gegensatz zum Tier, bei dem der reife Embryo eine direkte nachgeburtliche Weiterentwicklung durchläuft, die nur in geringem Maße von Außeneinflüssen abhängig ist, endet die pflanzliche Embryogenese mit einer Ruhephase (Dormanz). Erst nach Ausbreitung der Samen (bzw. Früchte) setzt mit der Keimung die Entwicklung der nachfolgenden Sporophytengeneration ein, wobei Umweltfaktoren, wie z. B. das Licht, entscheidende gestaltbildende (morphogenetische) Wirkungen ausüben (Kap. 13). Die Entwicklung der Pflanze ist somit „offen" und umweltabhängig, während die Tiere durch eine „geschlossene", weitgehend vordeterminierte Ontogenese gekennzeichnet sind. So verläuft z. B. die Entwicklung eines Frosches nach einem endogen vorprogrammierten Muster ab, das durch Licht nur wenig modifiziert werden kann (Abb. 11-2). Anders formuliert: Die **phänotypische Plastizität** (d. h. Fähigkeit des wachsenden Organismus, seine Gestalt und Stoffwechselaktivität den sich ändernden Umweltverhältnissen anzupassen) ist bei der Pflanze groß und bei Tieren gering. Die mobilen Animalia sind in der Lage zu fliehen, während die festgewachsenen Pflanzen durch Anpassung (Adaptation) an die Umwelt ihren Fortpflanzungszyklus erfolgreich durchlaufen können.

Zusammenfassend zeigt das Entwicklungsschema der Tabakpflanze, dass die Angiospermen komplexe, hoch entwickelte Lebewesen sind. Im Gegensatz zu den Moosen und Farnpflanzen, die als relativ „urtümliche" Landpflanzen auf feuchte Standorte begrenzt und zur Übertragung der Gameten auf tropfendes Wasser angewiesen sind, haben die Angiospermen über Pollenschlauch-Befruchtung (Siphonogamie) und Ausbildung austocknungsresistenter Samen eine optimale Anpassung an das Landleben vollzogen. Diese grünen Organismen sind daher heute die „sessilen Beherrscher" des Festlandes unserer Erde.

12 Phytohormone

Im Jahr 1887 postulierte J. Sachs, dass in der Pflanze „organbildende Stoffe" wandern, die in den Vegetationspunkten die Entwicklung von Sprossknospen und Wurzeln auslösen sollen. Diese Hypothese blieb zunächst unbeachtet. Der Begriff „Hormon" (= chemischer Botenstoff) wurde 1905 von dem Physiologen E. H. Starling geprägt und folgendermaßen definiert: „Hormone sind Stoffe des menschlichen und tierischen Körpers, die in Drüsen gebildet und in die Blutbahn sezerniert werden, um an anderer Stelle des Organismus ihre spezifische, für die Aufrechterhaltung der Körperfunktion notwendige Wirkung zu entfalten."

Während der Hormonbegriff in der Tierphysiologie bis heute beibehalten wurde, ist es zweifelhaft, ob man auch bei den pflanzlichen Wachstumsregulatoren von „Hormonen" sprechen kann. Der neutrale Begriff „Wuchsstoffe" wird häufig synonym mit dem Wort „Pflanzen(= Phyto)hormon" verwendet. Allgemein bezeichnet man als **Pflanzenhormon** „eine organische Substanz, die in geringer Konzentration (mikromolarer Bereich) wirkt, an einem Syntheseort gebildet wird, in der Pflanze zum Wirkort transportiert wird und dort eine spezifische Reaktion auslöst".

Die nachfolgende Besprechung der einzelnen Phytohormongruppen wird zeigen, dass diese Definition für die wachsende Koleoptile ohne Einschränkung gilt (Abb. 12-1). Auch die bereits dargestellte Wirkung der Gibberelline bei der Auslösung der Keimung der Gerstenkaryopse (Kap. 8) lässt sich mit der oben beschriebenen Terminologie vereinbaren. Die anderen **Wachstumsregulatoren** (Cytokinine, Ethylen, Abscisinsäure, Brassinosteroide) wirken in einigen gut untersuchten Fällen jedoch direkt am Syntheseort, d.h. es ist kein erkennbarer Transportweg ausgebildet. Außerdem zeichnen sich die Phytohormone – im Gegensatz zu einigen tierischen Hormonen – durch eine vielfältige (multiple) Wirkung aus.

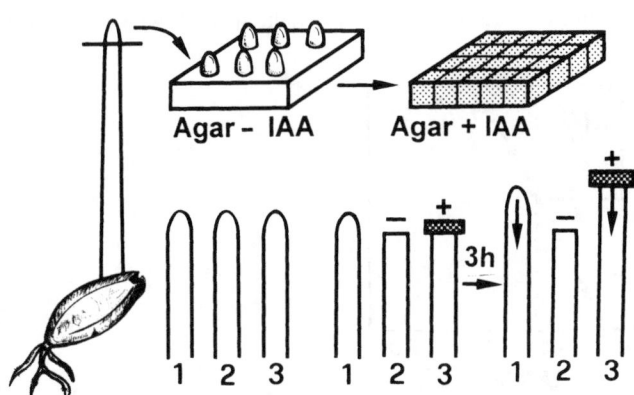

Abb. 12-1: *Agarblockmethode zur Gewinnung von Auxin (IAA) aus abgeschnittenen Koleoptilspitzen. Zur Demonstration der Auxinbildung in der Spitze der Haferkoleoptile („Hormondrüse") werden drei Keimlinge verwendet. Koleoptile 1 bleibt intakt (Kontrolle), Koleoptilen 2 und 3 werden dekapitiert. Nach Aufsetzen eines IAA-haltigen Agarblockes (3,+) kann das Koleoptilwachstum des intakten Organs (1) simuliert werden, während der dekapitierte, unbehandelte Keimling (2,–) im Versuchszeitraum nur einen geringen Zuwachs zeigt. (Nach Went, F. W.: Bot. Rev. 1, 163–182, 1935).*

12.1 Auxine

Die Entdeckung des „Wuchsstoffes" Auxin (Indol-3-essigsäure, IAA) wird dem Botaniker F. W. Went zugeschrieben. Dieser führte in den Jahren 1926 –1928 eine Serie von Experimenten mit etiolierten Haferkoleoptilen durch. Die **Koleoptile** ist ein röhrenförmiges Organ des Graskeimlings (Gramineae), das die Funktion hat, bei der Keimung in der Erde das Primärblatt vor mechanischer Verletzung zu schützen (Kap. 8). Nach Erreichen des Lichtes durchbricht das Primärblatt die Koleoptilspitze, wodurch das Wachstum der Koleoptile beendet wird. In Dunkelheit erreicht die Haferkoleoptile (*Avena sativa*) eine Länge von 60–70 mm (Durchmesser etwa 1,5 mm), wobei das Organ ausschließlich durch Zellstreckung wächst (Kap. 11).

Biotest. F. W. Went führte folgende Experimente durch (Abb. 12-1): Koleoptilspitzen wurden abgeschnitten und auf Agarschichten (6 × 8 × 1mm) gelegt (Agarblockmethode zur Gewinnung von Auxin). Wird eine Agarscheibe auf die dekapitierte (nicht wachsende) Koleoptile gesetzt, so wächst diese mit derselben Rate weiter wie das intakte Organ. Went zog daraus die Schlussfolgerung, dass die Koleoptilspitze als „Hormondrüse" betrachtet werden kann: Auxin wird im Apex synthetisiert und zu den weiter unten liegenden Zellen transportiert, in denen dann die Zellstreckung ausgelöst wird.

Zum Nachweis von Auxin sowie zur Erforschung des Wirkungsmechanismus wurden drei **Biotests** entwickelt: der Krümmungstest, der Spalttest und der Segmenttest. Der 1928 von F. W. Went beschriebene Krümmungstest (Abb. 12-2) ist heute nur noch von historischer Bedeutung, da das seitliche Aufsetzen des Agarblockes (Größe: 2 × 2 × 1mm) sowie die Auswertung (Krümmungswinkel) methodisch aufwendig sind. Außerdem eignet sich der Krümmungstest nur zur Ermittlung von Dosis-Effekt-Kurven (Auftragung der Auxinkonzentration gegen den Krümmungswinkel). Der zeitliche Verlauf der Auxinwirkung kann mit dieser Methode nicht bestimmt werden.

Der 1934 ebenfalls von F. W. Went entwickelte Spalttest wird in der Regel mit etiolierten Erbsenepicotylen durchgeführt. Ein Segment von 20–30 mm Länge wird aus der subapicalen Region des Keimlings (3. Internodium) herausgeschnitten und im oberen Drittel längs in zwei Hälften gespalten. Die Spalthälften krümmen sich nach außen, weil die dicken, mehrschichtigen Zellwände der Epidermis im intakten Organ unter starker elastischer Spannung stehen und auf die dünnwandigen, dehnbaren inneren Gewebe eine entsprechende Kompression ausüben (**Gewebespannung**, Kap. 3). Nach Inkubation in Auxinlösung kann eine Einwärtskrümmung der Spalthälften beobachtet werden. Dieses Resultat zeigt, dass Auxin nicht in allen Zellen des Organs dieselbe Wachstumsreaktion auslöst; dann würden die Spalthälften geradeaus in

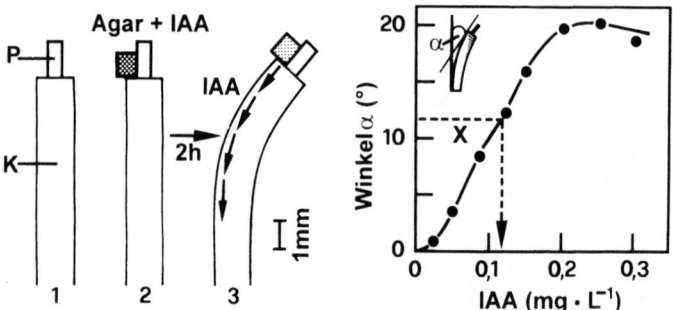

Abb. 12-2: *Krümmungstest zum Nachweis von Auxin (IAA). Nach Aufsetzen eines IAA-haltigen Agarblockes erfolgt ein differentielles Flankenwachstum (Krümmung), da das Hormon basalwärts wandert und die Zellstreckung fördert (links, 1–3). Durch Auftragen der IAA-Konzentration gegen den Krümmungswinkel erhält man eine Dosis-Effekt-Kurve (rechts), mit Hilfe derer die IAA-Konzentration einer Probe X ermittelt werden kann. K = Koleoptile, P = Primärblatt. (Nach Went, F. W. & Thimann, K. V.: Phytohormones. Macmillan, New York, 1937).*

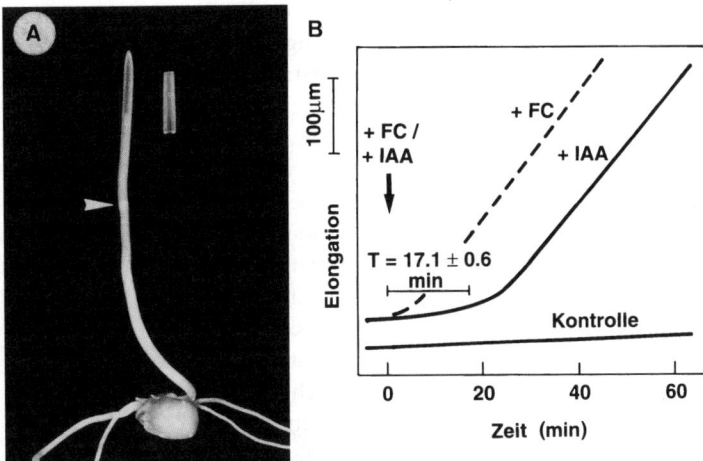

Abb. 12-3: *Segmenttest zur Analyse der Kinetik der Fusicoccin (FC)- und Auxin (IAA)-induzierten Zellstreckung. Koleoptilsegmente (1 cm) werden aus der subapicalen Region etiolierter Maiskeimlinge (Zea mays) herausge-schnitten (A) Pfeil: Mesocotylknoten. Mit Hilfe einer mit elektronischem Wegaufnehmer versehenen Apparatur kann die Längenzunahme einzelner Segmente gemessen werden (B). T = Latenzzeit der IAA-Wirkung. (Mittel-wert aus 10 Messungen), (IAA) = 10 μmol/l; (FC) = 1 μmol/l; (Kontrolle = dest. Wasser). (Nach Kutschera, U.: New Phytol. 126, 549–569, 1994).*

die Länge wachsen. Die Einkrümmung beweist viel-mehr, dass das Hormon bevorzugt in der Epidermis wirkt, und dort eine größere irreversible Längen-zunahme hervorruft als in den inneren Geweben des Organs (Rinde, Mark).

Der im Jahr 1969 erstmals beschriebene **Seg-menttest** zur kontinuierlichen Wachstumsmes-sung zeichnet sich gegenüber den beiden oben be-schriebenen Verfahren durch zahlreiche Vorteile aus und wird noch heute zur Erforschung des Wir-kungsmechanismus von Auxin eingesetzt. Kole-optilsegmente werden hierbei (nach Entfernung des Primärblattes) in einer mit einem elektroni-schen Wegaufnehmer versehenen Apparatur in-kubiert (Kap. 11). Die Längenzunahme einzelner Segmente wird daraufhin kontinuierlich gemes-sen (Abb. 12-3). Es kann somit die Latenzzeit (lag-Phase) zwischen der Zugabe des Hormons und dem Einsetzen der Wachstumsreaktion genau er-mittelt werden (Kurzzeitkinetik, Auflösung im Mi-nutenbereich). Typische Wegaufnehmermessun-gen sind in Abb. 12-3 B dargestellt.

Eine mit dem Segmenttest gewonnene Dosis-Effekt-Kurve (Konzentrationsfunktion) zeigt Abb. 12-4. Die Längenzunahme, gemessen 2 h nach Au-

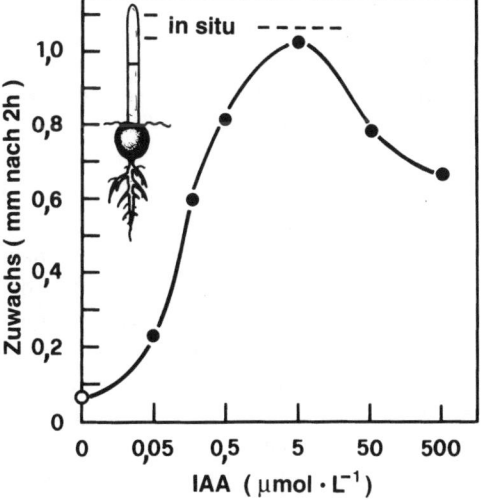

Abb. 12-4: *Dosis-Effekt-Kurve der Wirkung von Auxin (IAA) auf das Wachstum von 1 cm-Koleoptilsegmen-ten von Maiskeimlingen (s. Abb. 12-3). Der Zuwachs wurde 2 h nach IAA-Zugabe gemessen und gegen die Hormonkonzentration aufgetragen. Die Längenzu-nahme einer markierten 1 cm-Region intakter Keim-linge (in situ) ist zum Vergleich eingezeichnet (gestri-chelte Linien). (Originaldaten).*

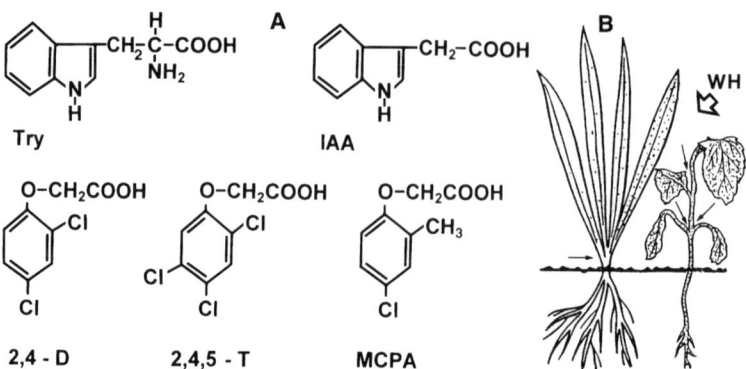

Abb. 12-5: *Struktur der Aminosäure Tryptophan (Try) und des Auxins Indol-3-essigsäure (IAA). 2,4-Dichlor-phenoxyessigsäure (2,4-D), 2,4,5-Trichlorphenoxyessigsäure (2,4,5-T) und 2-Methyl-4-chlorphenoxyessigsäure (MCPA) sind synthetische Auxine (A). Selektivität der Wuchsstoff-Herbizid-Wirkung (z. B. 2,4-D) (B). Eine Getrei-depflanze (links) und ein zweikeimblättriges „Unkraut" (rechts) werden mit Herbizid-Lösung besprüht (offener Pfeil). Die Meristeme (kleine Pfeile) sind im Pflanzenkörper verborgen bzw. exponiert. WH = Wuchsstoff-Herbizid. (Nach Weaver, R. J.: Plant Growth Substances in Agriculture. W. H. Freeman & Co, San Francisco, 1972).*

xinzugabe, wurde gegen die Hormonkonzentra-tion aufgetragen. Es wird deutlich, dass eine **Op-timumkurve** resultiert: Eine IAA-Konzentration von 5 µmol/l (Konzentrationsbereich 1–10 µmol/l) verursacht eine optimale wachstumsför-dernde Wirkung. Höhere (überoptimale) IAA-Konzentrationen bewirken hingegen eine relative Hemmung der Zellstreckung.

Wuchsstoff-Herbizide. Im Jahr 1946 gelang der Nachweis, dass die von F. W. Went isolierte Indol-3-essigsäure (IAA) auch in anderen höheren Pflan-zen vorkommt. Heute wissen wir, dass IAA das wichtigste (möglicherweise das einzige) natürlich vorkommende Auxin der höheren Pflanzen ist (Abb. 12-5 A). Es wurden jedoch eine Reihe che-mischer Verbindungen synthetisiert, die ähnlich wie Auxin im Biotest ein Zellstreckungswachstum auslösen können. Diese synthetischen Auxine, wie z. B. 2,4 Dichlor- oder 2,4,5 Trichlorphenoxy-essigsäure (2,4-D bzw. 2,4,5-T), werden – im Ge-gensatz zum natürlichen Auxin – nicht vom IAA-Oxidasesystem der Pflanze abgebaut und können daher zur Analyse der Auxinwirkung eingesetzt werden. Die synthetischen Auxine 2,4-D und 2,4,5-T sind wirksame, selektive **Herbizide**. Zur Unkrautbekämpfung werden Getreidefelder (z. B. Weizen, Hafer, Mais, Reis) mit 2,4-D-haltigen Her-

bizid-Lösungen besprüht. Die zweikeimblättrigen „Unkräuter" werden bei den eingesetzten Kon-zentrationen selektiv geschädigt und sterben in Folge eines drastisch gesteigerten Längenwachs-tums ab, während die einkeimblättrigen Nutz-pflanzen (Getreide) unbeeinträchtigt bleiben. Die Selektivität von 2,4-D beruht wahrscheinlich auf der unterschiedlichen Translokation des Herbi-zids. In der zweikeimblättrigen Pflanze wird 2,4-D rasch in den Geweben verteilt und liegt bald in sämtlichen Organen des „Unkrautes", einschließ-lich der Wurzel, in nahezu gleicher Konzentration vor. Im Gegensatz dazu erfolgt die Translokation des Herbizids in der Getreidepflanze nur mit ge-ringer Rate. Da die Vegetationspunkte der Getrei-depflanzen von Blattscheiden umhüllt sind, ist es wahrscheinlich, dass die „Immunität" der mono-cotylen Nutzpflanzen gegenüber den 2,4-D-halti-gen Herbiziden auf die spezielle Anatomie der Gramineae zurückzuführen ist : Das Herbizid ge-langt nicht zu den Wachstumszonen der Stängel und Blätter und kann somit keine letale Wachs-tumsförderung hervorrufen (Abb. 12-5 B).

Im Jahr 1999 konnte der molekulare Wir-kungsmechanismus der Wuchsstoff-Herbizide (z. B. 2,4-D) entschlüsselt werden. Die Herbizid-Wirkung beruht auf einer drastischen Stimulation der Biosynthese des Stresshormons Ethylen

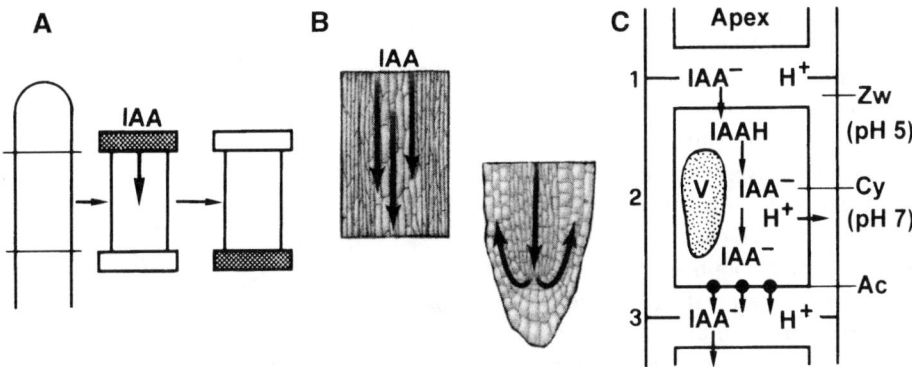

Abb. 12-6: *Nachweis des aktiven basipetalen Transports von Auxin (IAA) in der Koleoptile mit Hilfe der Agarblockmethode (A). Das Hormon wandert nur, wenn es auf die obere Schnittfläche des Segments aufgesetzt wird. Auxintransport in der Sprossachse (links) und der Wurzel (rechts) (B). Die chemiosmotische Hypothese des polaren Auxintransports (C) postuliert, dass die Aufnahme (1) und der Transport im Cytoplasma (2) durch Diffusion erfolgen, während die Weitergabe des Hormons durch basal lokalisierte Anion-Carrier ermöglicht wird (3). Ac = Anion-Carrier, Cy = Cytoplasma, V = Vacuole, Zw = Zellwand. (Nach Jones, A. M.: Science 282, 2201 −2202, 1998).*

(C_2H_4), wobei das Enzym ACC-Synthase aktiviert wird (s. Abb. 12-14). Da als Nebenprodukt der C_2H_4-Synthese die giftige Blausäure (HCN) gebildet wird, sterben die mit 2,4-D behandelten „Unkräuter" bald ab.

Biosynthese. Die Auxinkonzentration in den Geweben der Pflanze wird durch die Interaktion von drei Prozessen reguliert: Biosynthese, reversible/ irreversible Speicherung und Abbau (Destruktion) des Hormons. Auxin wird vor allem in den Vegetationspunkten (Koleoptilspitze, Sprossmeristeme) sowie in jungen Blättern synthetisiert, wobei die Aminosäure Tryptophan als Vorstufe dient. Mindestens zwei Biosynthesewege werden diskutiert; als Zwischenstufen kommen entweder Indol-3-brenztraubensäure oder Tryptamin in Frage. Über Indol-3-acetaldehyd entsteht dann die Indol-3-essigsäure (Abb. 12-5 A).

Auxin liegt im Gewebe entweder frei oder gebunden vor. Freie IAA lässt sich leicht extrahieren (z. B. mit Diethylether bei 0 °C in Dunkelheit) und ist die physiologisch aktive Form des Hormons. Gebundenes Auxin kann nur enzymatisch oder durch Hydrolyse aus dem Gewebe extrahiert werden. Es stellt offensichtlich entweder eine Speicherform von IAA dar oder muss als Entgiftungsprodukt bei überhöhter Hormonbildung angese-

hen werden. Auxinglycosylester (z. B. 2-O-Indol-3-acetyl-myo-inositol) sind vor allem in Samen und Speichergeweben nachweisbar und stellen inaktive IAA-Speicher dar, aus denen das Hormon enzymatisch freigesetzt werden kann (reversible Bindung). Auxinpeptide (z. B. Indolacetylaspartat) sind irreversibel gebundene Entgiftungsprodukte des Auxins.

Der enzymatische Abbau (Destruktion) von Auxin erfolgt unter der katalytischen Wirkung des Enzyms IAA-Oxidase (eine als Oxidase wirkende Peroxidase). Das wichtigste (inaktive) Abbauprodukt ist 3-Methylen-oxindol. Die Photooxidation von IAA spielt unter natürlichen Bedingungen (d. h. im pflanzlichen Gewebe) keine Rolle.

Transport. Der Mechanismus des IAA-Transports von der Spitze („Hormondrüse") zur Basis der Koleoptile wird seit den 1930er Jahren erforscht. Experimente mit Haferkoleoptilen haben gezeigt, dass der Hormontransport mit einer Geschwindigkeit von etwa 10 mm/h erfolgt: Diffusion kann als „Triebkraft" somit ausgeschlossen werden. Da, wie die in Abb. 12-6 A dargestellten klassischen Experimente zeigen, ein polarer (basipetaler), aktiver IAA-Transportmechanismus postuliert werden muss, soll die **Chemiosmotische Hypothese** des polaren Auxintransportes kurz dargestellt werden. Untersuchungen zum pH-Wert des Zellwandraumes (Apoplast) und des Cytoplasmas haben gezeigt, dass in wachsenden Koleoptilen ein deutlicher pH-Gradient besteht und aktiv (d.h. unter Verbrauch von ATP) aufrecht erhalten wird. Der cytoplasmatische pH-Wert liegt im Bereich von 7, während der Zellwandraum ein saures Kompartiment darstellt (pH etwa 5). Die Aufnahme des undissoziierten, lipophilen Auxin-Moleküls (HIAA) in das Cytoplasma der Zelle erfolgt vermutlich per Diffusion durch die Plasmamembran (Abb.12-6C). Im Cytoplasma der Zelle wandert das Auxin-Anion (IAA⁻) und wird dann von basal gelegenen Anion-Carriern in den Apoplasten der darunterliegenden Zelle transportiert. Diese mobilen IAA⁻-Carrierproteine konnten inzwischen isoliert und identifiziert werden.

In welchen Zellen (bzw. Geweben) der Koleoptile wandert der „Wuchsstoff"? Obwohl die Epidermiszellen die stärkste Wachstumsreaktion auf IAA-Zugabe zeigen, wird das Hormon in allen Zellen der Koleoptile (bzw. der Sprossachse) mit ähnlicher Rate transportiert. In Abb. 12-6 B ist der Translokationsweg der IAA in der Sprossachse und der Wurzel schematisch dargestellt. In der Wurzelspitze findet eine Umkehr des Auxinstromes statt, d.h. das Auxin soll, wie ein umgedrehter Springbrunnen, nach oben geleitet werden.

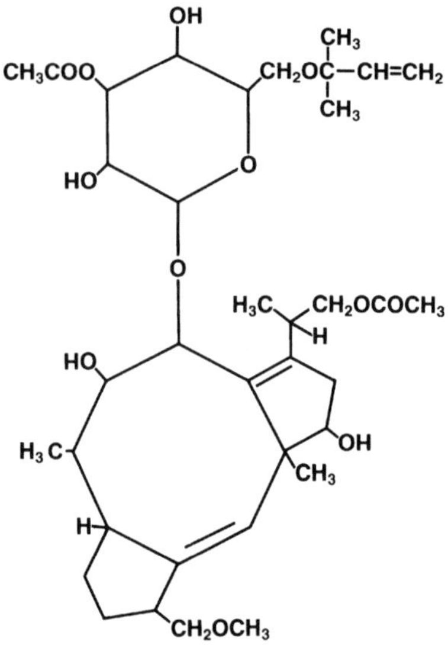

Auxin und Zellstreckung. Werden Segmente aus der sub-apicalen (wachsenden) Region einer Koleoptile herausgeschnitten und in Wasser inkubiert (– IAA), so sinkt deren Wachstumsrate kontinuierlich ab und erreicht 1–3 h nach Isolation ein Minimum. Diese an endogenem Wuchsstoff verarmten Organsegmente reagieren nach Zugabe von IAA mit einem rasch einsetzenden Zellstreckungswachstum (Segmenttest, Abb. 12-3, 12-4). Auch andere Agentien, wie z.B. das Pilzgift Fusicoccin (FC), lösen eine drastische Steigerung des Wachstums aus (Abb. 12-7).

Die biophysikalische Grundlage dieser Wachstumsreaktion wurde untersucht und konnte im Prinzip aufgeklärt werden. Schon 1930 wurde von A. Heyn gezeigt, dass Auxin die Dehnbarkeit (plastische Extensibilität, E_{pl}) der Zellwände erhöht. Neuere Untersuchungen ergaben, dass weder die Wasserleitfähigkeit des Gewebes (L), noch der Turgor- bzw. der osmotische Druck der Zellen (P_v, π_i)

Abb. 12-7: Struktur des Phytotoxins Fusicoccin (FC). Die Substanz wird vom Pilz Fusicoccum amygdali gebildet und löst das Welken der Blätter aus. Der Wasserverlust wird durch FC-induzierte Öffnung der Stomata hervorgerufen. Das Pilzgift aktiviert die H⁺-ATPasen (Protonenpumpen) der Plasmamembranen der Zellen und bewirkt im Segmenttest eine rasche Stimulation der Zellstreckung. (Nach Marrè, E.: Annu. Rev. Plant Physiol. 30, 273–288, 1979)

durch IAA direkt beeinflusst werden: Die Wachstumsreaktion wird somit durch Lockerung („Erweichung") der Zellwände ausgelöst (d.h. Erhöhung des Parameters m der Allgemeinen Wachstumsgleichung, Kap. 11). Detaillierte Untersuchungen zum IAA-Effekt auf die Erhöhung von E_{pl} unter Einsatz empfindlicher Extensiometer führten zu der Erkenntnis, dass das Hormon selektiv die wachstumslimitierende Epidermisaußenwand (OEW) lockert. Die hohe Extensibilität (E_{pl}) der dünnen, dehnbaren Wände der inneren Gewebe der Koleoptile wird durch IAA nicht beeinflusst; sie bleibt über Tage hinweg konstant. Das Phytohormon löst somit die turgorgetriebene Zellstreckung durch Erhöhung der plastischen Extensibilität der peripheren „Organwand" (OEW) aus (Abb. 12-8): Die Wandspannung (P_w) sinkt ab, die Zellen nehmen Wasser auf und strecken sich in die Länge.

Der biochemische Mechanismus dieser IAA-induzierten Primärreaktion (Zellwandlockerung)

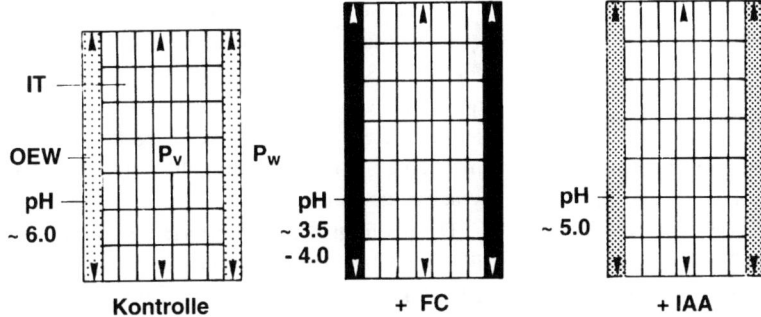

Abb. 12-8: *Modell zur Wirkung von Fusicoccin (FC) und Auxin (IAA) bei der Auslösung des Wachstums isolierter Koleoptilsegmente. Der Turgordruck (P_v) der dünnwandigen Zellen der inneren Gewebe (IT) wird von der dicken Epidermisaußenwand (OEW) des Organs getragen. Die Wandspannung (P_w) ist die Gegenkraft des Zellturgors. In der Kontrolle (Wasser –FC, –IAA; Wachstumsrate ≈ Null) beträgt der pH-Wert der OEW etwa 6,0. Nach Zugabe von FC bzw. IAA sinkt der Zellwand-pH auf 3,5–4,0 bzw. 5,0 ab und die Wachstumsrate steigt an. Die Säurewachstumshypothese postuliert, dass durch Absenkung des pH-Wertes eine Lockerung der Wand (Erniedrigung von P_w) ausgelöst wird. (Nach Kutschera, U.: New Phytol. 126, 549–569, 1994).*

konnte allerdings bis heute noch nicht eindeutig aufgeklärt werden. Da die Latenzzeit der Wachstumsreaktion 15–20 min beträgt, kommen nur Prozesse in Frage, die innerhalb dieser kurzen Zeit ablaufen (Abb. 12-3B).

Wirkungsmechanismus. Es wurden drei Hypothesen der IAA-vermittelten Zellwandlockerung formuliert, die im Folgenden diskutiert werden sollen.

- Genaktivierungshypothese: Ende der 1960er Jahre wurde postuliert, dass IAA die Zellwandlockerung durch rasche Aktivierung spezifischer Gene auslöst. Die gebildeten mRNAs sollen dieser Hypothese zufolge die Synthese „wachstumslimitierender Proteine" auslösen, die dann die Stimulation der Zellstreckung hervorbringen:

$$IAA \rightarrow mRNAs \rightarrow Protein$$
$$\rightarrow E_{pl}\ (OEW) \rightarrow Wachstum$$

Dieses Modell wird durch zwei experimentelle Befunde unterstützt. Werden Koleoptilsegmente, deren Cuticula durch Aufrauen entfernt wurde, mit Inhibitoren der Protein- und RNA-Synthese (Cycloheximid, Cordycepin) vorbehandelt, so ist eine darauffolgende IAA-Zugabe

ohne Effekt: Die Auslösung der Zellstreckung kann nur bei ungehemmter Protein- und RNA-Synthese eintreten. Im Jahr 1982 wurde entdeckt, dass IAA unter gewissen experimentellen Bedingungen die Bildung spezifischer mRNAs schon 15 min nach Hormonzugabe auslösen kann (Kap. 7). Diese raschen Effekte treten jedoch nur in etiolierten Geweben auf, während in de-etiolierten Organsegmenten erst nach Einsetzen der Wachstumsreaktion eine erhöhte IAA-abhängige mRNA-Bildung beobachtet wurde. Da außerdem bisher kein nach IAA-Zugabe neu synthetisiertes „wachstumslimitierendes" Protein nachgewiesen werden konnte, ist es sehr unwahrscheinlich, dass eine rasche Genaktivierung kausal mit der Auslösung der Zellstreckung verknüpft ist.

- Säurewachstumshypothese: Im Jahr 1934 wurde entdeckt, dass Koleoptilsegmente, die in sauren Puffern (pH 4) inkubiert wurden, eine 1–2 h andauernde Steigerung des Wachstums zeigen: Säurebehandlung löst somit eine Zellwandlockerung aus. Nachdem Anfang der 1970er Jahre beobachtet wurde, dass das IAA- und FC-induzierte Segmentwachstum (Abb. 12-3B) mit einer raschen Ansäuerung des Außenmediums einhergeht, wurde postuliert, dass beide Substanzen die Zellstreckung durch

Ansäuerung der wachstumsbegrenzenden OEW auslösen (Abb. 12-8):

$$FC(oder\ IAA) \rightarrow H^+\text{-Sekretion}$$
$$\rightarrow E_{pl}\ (OEW) \rightarrow Wachstum$$

Umfangreiche Untersuchungen mit Koleoptilsegmenten haben gezeigt, dass das Pilzgift FC, nicht jedoch der Wuchsstoff IAA, die Zellwandlockerung durch Ansäuerung der peripheren Organwand auslöst. Die experimentelle Evidenz kann folgendermaßen zusammengefasst werden. (A) Obwohl FC und IAA bei optimaler Konzentration eine etwa gleich große Wachstumsreaktion auslösen (Abb. 12-3), sinkt der pH-Wert der Zellwand FC-behandelter Segmente von etwa 6,0 auf 3,5–4,0 ab, während nach Auxin-Zugabe ein Zellwand-pH von nur etwa 5,0 erreicht wird. (B) Saure Puffer (pH 3,5–4,0) lösen eine ein bis zwei h andauernde, der FC-Wirkung ähnliche Wachstumsreaktion aus, während ein Puffer von pH 5 (im Vergleich zur Wasserkontrolle) keine signifikante Wachstumssteigerung bewirkt. (C) In Anwesenheit neutraler Puffer (pH 7) ist FC unwirksam (Unterdrückung der Zellwandansäuerung), während IAA eine deutliche Wachstumsstimulation hervorruft. (D) Werden Segmente, die nach Zugabe von Säure (pH 3,5-Puffer) mit erhöhter

Rate wachsen, mit FC behandelt, so ist das Pilzgift unwirksam. Die wachstumsfördernden Effekte von Säure (pH 3,5) und IAA sind jedoch additiv: Segmente, die in Puffer (pH 3,5) (oder FC) wachsen, reagieren nach Zugabe von IAA mit einer auf das Doppelte ansteigenden Wachstumsreaktion.

Daraus folgt: Die Hypothese beschreibt das FC-induzierte Segmentwachstum. Das Phytotoxin aktiviert die Protonenpumpen (H$^+$-ATPasen) der Plasmamembranen der Zellen und löst über eine rasche Protonierung des Apoplasten die Zellstreckung aus. Die durch IAA hervorgerufene Zellwandlockerung wird hingegen durch einen anderen, von der Protonensekretion unabhängigen Mechanismus bewirkt. Die Funktion der IAA-induzierten Ansäuerung des Zellwandraumes (pH ≈ 5,0) ist unbekannt.

• Sekretionshypothese: Elektronenmikroskopische Untersuchungen zur Ultrastruktur der Epidermisaußenwand von Maiskoleoptilen (Abb. 12-3 A) führten zu der Entdeckung, dass im intakten, wachsenden Organ (in situ) elektronendichte (osmiophile) Partikel auftreten; vermutlich handelt es sich hierbei um Zellwandkomponenten, die mit der peripheren Organwand verschmelzen. Die Zellstreckung ist somit von einer Sekretion an Zellwandmaterial ver-

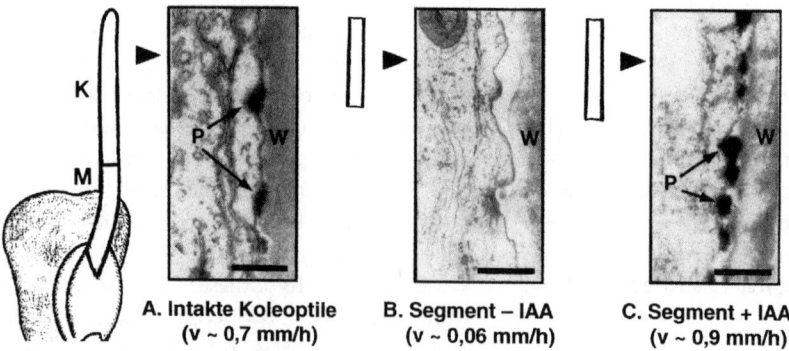

A. Intakte Koleoptile
(v ~ 0,7 mm/h)

B. Segment – IAA
(v ~ 0,06 mm/h)

C. Segment + IAA
(v ~ 0,9 mm/h)

Abb. 12-9: Wachstum und Feinstruktur der Epidermisaußenwand bei der Maiskoleoptile (Zea mays, Längsschnitte im Elektronenmikroskop). In der wachsenden etiolierten Koleoptile können zahlreiche osmiophile Partikel beobachtet werden (A). Isolierte Segmente, die für 1 h auf Wasser inkubiert wurden (Auxin-Verarmung), stellen ihr Wachstum nahezu vollständig ein. Partikel sind nicht zu beobachten (B). Nach Inkubation in Auxin (1 h, Konzentration: 10 µmol/l) setzt eine rasche Wachstumsreaktion ein. Diese IAA-induzierte Zellstreckung ist mit der Sekretion von Zellwandmaterial verbunden (C). K = Koleoptile, M = Mesocotyl, P = osmiophile Partikel, V = Wachstumsrate, W = Epidermisaußenwand. Balken = 0,5 µm. (Nach Kutschera, U.: Plant Biol. 3, 466 – 480, 2001).

bunden. Nach Herausschneiden der Segmente und Verarmung an endogenem Auxin kommen die Sekretionsprozesse zum Stillstand. Wird IAA zugegeben, so sind die in situ auftretenden Strukturen (elektronendichte Partikel) wieder in großer Zahl vorhanden (Abb. 12-9 A–C). Da das IAA-induzierte Segmentwachstum von einer ungehemmten Proteinbiosynthese abhängig ist und außerdem ein rascher Auxin-Effekt auf den Einbau der radioaktiv markierten Aminosäure ^{3}H-Leucin in die OEW gemessen werden konnte, wurde 1994 die „Sekretionshypothese der Auxinwirkung" formuliert:

$$IAA \rightarrow Zellwandproteine\ (Partikel)$$
$$\rightarrow E_{pl}\ (OEW) \rightarrow Wachstum$$

Diese Hypothese impliziert keine Neusynthese eines Proteins via Genaktivierung; es wird davon ausgegangen, dass die Sekrete bereits in der Zelle vorliegen und unter dem Einfluss der IAA in erhöhter Rate über den Golgi-Apparat ausgeschleust werden. Die chemische Zusammensetzung der osmiophilen Partikel („Zellwand-Erweicher") ist ungeklärt.

Multiple Wirkung. Seit der Entdeckung des „Wuchsstoffes" durch F. W. Went (1928) werden bevorzugt Koleoptilen zur Analyse des Transportes und des Wirkungsmechanismus von IAA verwendet. Exogen appliziertes Auxin löst auch an Hypocotyl- und Epicotylsegmenten eine Wachstumsstimulation aus. Die Koleoptile ist jedoch das einzige Organ, das offensichtlich in situ unter dem Einfluss des in der Spitze gebildeten, basal transportierten Auxins wächst. Obwohl auch herausgeschnittene Segmente dicotyler Pflanzen auf IAA reagieren, konnte bisher nicht geklärt werden, ob das im Apex gebildete Auxin in der intakten dicotylen Pflanze (z. B. Erbse) als Wachstumsregulator fungiert. Möglicherweise spielen die Gibberelline in den Organachsen dicotyler Pflanzen dieselbe Rolle wie das IAA in der Koleoptile.

Seit den 1930er Jahren ist bekannt, dass das Auxin neben der Funktion als „Wuchsstoff in der Koleoptile" in anderen pflanzlichen Organen eine Reihe von physiologischen Prozessen steuert (multiple Wirkung). Die wichtigsten Auxin-Effekte sind im Folgenden in Kurzform beschrieben.

- Zellteilung: Im Kambium dicotyler Pflanzen löst das im Apex gebildete, polar basipetal transportierte Auxin die Zellteilungsaktivität aus. Bei Nadelbäumen (z. B. Waldkiefer, *Pinus sylvestris*) konnte nachgewiesen werden, dass die Bildung des sekundären Xylems (und Phloems) durch auxininduzierte Stimulation der Kambiumaktivität reguliert wird. Der Auxinstrom kontrolliert somit vermutlich die Holzproduktion in den wachsenden Kiefernstämmen. In Gewebekulturen reguliert das Auxin gemeinsam mit dem Phytohormon Cytokinin die Zellteilungsaktivität (Abb. 12-18).

- Differenzierung der Leitbündel: Es ist seit langem bekannt, dass auswachsende Knospen und junge Blätter im darunter liegenden Sprossgewebe die Ausbildung von Leitbündeln (Xylem, Phloem) induzieren: werden die Knospen und Blätter abgeschnitten, so unterbleibt auch die Gewebedifferenzierung. Man nimmt daher an, dass in den Vegetationspunkten synthetisiertes Auxin die Ausbildung der Xylem- und Phloemelemente auslöst.

- Wurzelbildung: Auxinbehandlung führt an der Basis von Blattstielen zur Bildung von Adventivwurzeln. Diese Hormonwirkung wird in der gärtnerischen Praxis zur Bewurzelung von Stecklingen ausgenutzt (s. Abb. 12-20).

- Apicaldominanz: Wird die Spross-Spitze einer Pflanze abgeschnitten, so wachsen die weiter unten liegenden Knospen aus, d. h. der Spross verzweigt sich. Im intakten Organismus hemmt somit der Sprossvegetationspunkt das Auswachsen der in den Blattachseln lokalisierten Knospen; der Apex dominiert, daher der Ausdruck „Apicaldominanz". Wird der Stumpf der decapitierten Pflanze mit Auxin behandelt, so unterbleibt – wie im intakten System – das Austreiben der Seitensprosse. Man nimmt daher an, dass das im Apex der Pflanze gebildete basipetal transportierte Auxin die Entwicklung der Seitensprosse hemmt.

- Stimulation der Ethylensynthese: Im Jahr 1935 wurde entdeckt, dass exogen appliziertes Auxin bei zahlreichen pflanzlichen Organen die Biosynthese des gasförmigen Phytohormons Ethylen auslöst. Werden Segmente des Epicotyls oder der Wurzel von Erbsenkeimlingen (*Pisum sativum*) mit überoptimalen IAA-Konzentrationen behandelt (>10 µmol/l, s. Abb. 12-4), so ist eine Hemmung des Streckungswachstums zu beobachten. Diese IAA-induzierte Wachstumshemmung wird auf eine durch Auxin bewirkte Stimulation der Ethylenbiosynthese zurückgeführt: Ethylen ist unter diesen experimentellen Bedingungen der Wachstumsinhibitor in der Erbse. Die Wirkung des Wuchsstoff-Herbizids 2,4-D beruht auf einer Stimulation der Ethylen (und HCN)-Produktion (s. o.).

Diese Beispiele sollen genügen, um die multiple Wirkung von Auxin in der Pflanze zu dokumentieren. In keinem der angeführten Fälle ist es bisher gelungen, den exakten Wirkungsmechanismus von IAA bei der Auslösung der betreffenden physiologischen Prozesse aufzuklären.

12.2 Gibberelline

Diese Wuchsstoffe wurden 1926 von dem japanischen Pflanzenpathologen E. Kurosawa entdeckt. Er untersuchte die Ursache einer Krankheit von Reispflanzen (*Oryza sativa*), die als „Bakanae (d. h. verrückter Keimling)-Symptom" den Reisbauern schon seit langem bekannt war. Die mit der Bakanae-Krankheit befallenen Individuen sind deutlich größer als die gesunden Reispflanzen und zeichnen sich durch längere Internodien, Blattscheiden und -spreiten sowie eine reduzierte Wurzelbildung aus. Oft sterben die erkrankten Pflanzen schon vor der Blütenbildung ab. Kurosawa isolierte aus erkrankten (überlangen) Reispflanzen einen **Pilz** (*Gibberella fujikuroi*, Syn.: *Fusarium moniliforme*) und konnte nach Infektion gesunder Pflanzen mit *Gibberella* die Bakanae-Symptome hervorrufen. Der Pilz wurde isoliert und in Kulturmedium gehalten. Wurden einige Tropfen des Nährmediums auf gesunde Reis- (und Mais)-Pflanzen gegeben, so konnte die Bakanae-Krankheit ausgelöst werden. Hiermit war gezeigt, dass der Pilz *Gibberella fujikuroi* eine Substanz ausscheidet, die das Wachstum der Pflanzen drastisch stimuliert. Der Wuchsstoff wurde daher als **Gibberellin** bezeichnet.

Erst 1957 konnten Gibberelline als natürliche Biosyntheseprodukte in höheren Pflanzen nach-

gewiesen werden. Heute sind mehr als 110 strukturell verschiedene Gibberelline bekannt (GA_1– GA_{110}). Nur wenige dieser Substanzen sind aktive Phytohormone: Die Mehrzahl repräsentiert Zwischen- oder Abbauprodukte.

Definition. Gibberelline (GAs) können als Substanzen mit ent-Gibberellan-Skelett und spezifischer biologischer Aktivität (Stimulation von Zellteilung und Zellstreckung; Auslösung von Hydrolase-Aktivität) definiert werden. Neben den leicht extrahierbaren freien Gibberellinen sind auch konjugierte (gebundene) GAs bekannt (GA-Glucoside und -Glucosylester). Diese inaktiven Verbindungen kommen insbesondere in unreifen Samen vor und dienen möglicherweise als Speicherform des Hormons. Die Strukturformeln von GA_1 (aktives Gibberellin in Erbsen- und Maispflanzen) und GA_3 (Gibberellinsäure, kommerziell erhältliches Gibberellin, das in der Pflanze in GA_1 umgewandelt wird) sind in Abb. 12-10 A dargestellt.

Biosynthese. Gibberelline werden sowohl in Samen und Früchten als auch im Spross und in den Blättern der Pflanze synthetisiert. Die intrazellulären Syntheseorte sind die Plastiden und das Cytoplasma der Zellen. Als Vorstufe dient Mevalonsäure, die über das Zwischenprodukt ent-Kauren in GA_{20} oder andere GAs umgewandelt wird (Abb. 12-10 A). Unter Verwendung zellfreier Enzymsysteme konnte mit Keimlingen der Gartenerbse (*Pisum sativum*) gezeigt werden, dass die höchste Biosynthesekapazität für endogene GAs in den apicalen (obersten) Internodien, den Blättern und in der Spross-Spitze lokalisiert ist (Abb. 12-10 B). Dies zeigt, dass schnellwachsende Organe den Wuchsstoff GA selbst synthetisieren. Ein aktiver, polarer Transport wie im Falle des Auxins konnte für GAs bisher nicht eindeutig nachgewiesen werden. Man nimmt an, dass die Gibberelline passiv im Xylem und Phloem (zusammen mit Wasser bzw. organischen Substanzen) transportiert werden. Die Biosynthese der GAs kann durch Applikation synthetischer Wachstumsretardanzien (z. B. Tetcyclacis) spezifisch gehemmt werden. Unter Verwendung derartiger Hemmstoffe war es z. B. möglich, die Rolle der endogenen GAs bei der Regulation des Internodien-

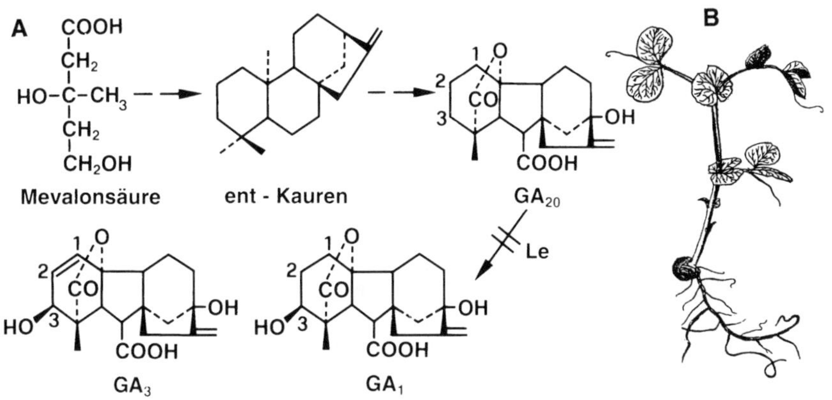

Abb. 12-10: *Biosynthese der Gibberelline GA$_{20}$ und GA$_1$ aus Mevalonsäure über das Zwischenprodukt ent-Kauren. Die 3β-Hydroxylierung ist bei Zwergmutanten der Erbse auf Grund der Mutation des Le-Gens blockiert. Weiterhin ist die Struktur der Gibberellinsäure (GA$_3$) dargestellt (A). Keimling der Gartenerbse (Pisum sativum). Die höchste GA-Biosyntheserate ist in den obersten (wachsenden) Bereichen nachweisbar. (B) (Nach Coolbaugh, R. C.: Plant Physiol. 78, 655–657, 1985).*

wachstums von Reispflanzen zu analysieren (s. u.).

Biotest. Bei zahlreichen Nutzpflanzen sind seit langem genetische **Zwergmutanten** bekannt. Von den über 1000 beschriebenen Mutanten des Mais (*Zea mays*) sind etwa 30 deutlich kleiner als die Wildform. Die Zwergmutanten dwarf (= Zwerg) -1,-2,-3,-4 und -5 weisen nur etwa 20% der Sprosshöhe der normalwüchsigen Maispflanze auf und reagieren auf exogene Hormonzugabe (z.B. GA$_3$) mit einem drastischen Internodienwachstum. Heute wissen wir, dass die Zwergmutanten nicht in der Lage sind, GA$_1$ (das aktive, wachstumsfördernde GA im Maisinternodium) zu synthetisieren: Bei dwarf-5 ist die Bildung von ent-Kauren, bei dwarf-1 die Konversion von GA$_{20}$ zu GA$_1$ blockiert. Der klassische Zwergmais-Biotest zur Analyse der GA-Aktivität von Pflanzenextrakten ist in Abb. 12-11 A dargestellt.

Maiskeimlinge (z.B. Zwergmutante dwarf-1 und Wildtyp) werden im Licht angezogen. Mit einer Pipette wird ein Tropfen GA-Lösung (oder ein Extrakt X mit unbekannter GA-Konzentration) auf das oberste, sich entfaltende Blatt gegeben. Nach einigen weiteren Tagen wird der Biotest ausgewertet, indem z.B. die Länge der ersten Blattscheide gemessen und gegen die applizierte GA-Konzentration aufgetragen wird. Die so gewonnene Dosis-Effekt-Kurve (Abb. 12-11 B) kann zur Bestimmung der GA-Konzentration eines pflanzlichen Extraktes herangezogen werden. Normalwüchsige Maispflanzen zeigen nach GA-Applikation keine Wachstumsreaktion, da eine ausreichende Menge an endogenen Gibberellinen im Gewebe vorhanden ist.

Der in Abb. 12-11 dargestellte klassische Mais-Test wurde inzwischen durch den wesentlich sensitiveren **Zwerg-Reis**-Biotest verdrängt. Wie die Entdeckungsgeschichte der GAs zeigt, reagieren Reispflanzen auf exogene Gibberelline mit einer drastischen Stimulation des Internodienwachstums. Karyopsen von Zwergmutanten (z.B. *Oryza sativa* cv. Tanginbozu) werden während der Quellungsphase mit einem Inhibitor der GA-Biosynthese behandelt. Die Keimlinge werden wie für Zwergmais beschrieben mit GA-Lösung betropft. Anhand der gewonnenen Dosis-Effekt-Kurven können pflanzliche Extrakte bezüglich ihrer GA-Aktivität analysiert werden.

Stimulation des Wachstums. Bei der Gartenerbse (Abb. 12-10 B) sind zahlreiche Zwergmutanten bekannt. Diese erreichen Sprosshöhen von nur etwa 30 cm, während die normalwüchsigen Erbsenvarietäten Sprosslängen von 1 m und mehr aufweisen. Der Zwergwuchs tritt allerdings nur im Licht auf: In Dunkelheit (etiolierte Keimlinge) ist kein

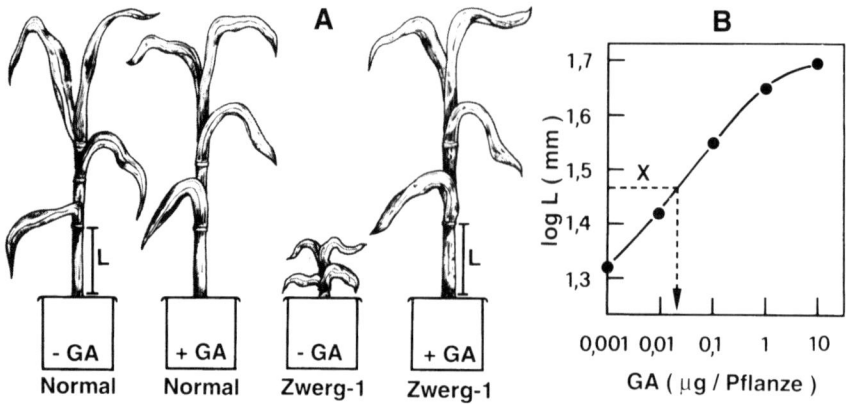

Abb. 12-11: *Zwergmais-Biotest zum Nachweis von Gibberellin-Aktivität. Normalwüchsige Maispflanzen (Zea mays) (Wildtyp) reagieren nicht auf Zugabe von Gibberellinsäure (GA), während die Zwergmutante (dwarf = Zwerg-1) nach GA-Applikation eine drastische Wachstumsstimulation erfährt (A). Die Dosis-Effekt-Kurve (Auftragen der Länge L der ersten Blattscheide gegen GA-Konzentration) kann zur Identifikation der GA-Aktivität eines Extraktes X verwendet werden. (Nach verschiedenen Autoren).*

Unterschied in den Sprosshöhen zu beobachten. Im Jahr 1955 wurde entdeckt, dass das Sprosswachstum zwergwüchsiger Erbsenvarietäten durch Besprühen mit GA_3 drastisch stimuliert werden kann, so dass die Zwergmutanten die Größe der normalwüchsigen Erbsen erreichen. Der wachstumsfördernde Effekt von GA_3 auf großwüchsige Varietäten ist gering, da diese Pflanzen über ausreichende Mengen an endogenen GAs verfügen. Auxin hat auf das Sprosswachstum der zwergwüchsigen Erbsen keinen Effekt.

Heute ist bekannt, dass die Zwergmutanten der Erbse nicht in der Lage sind, das für die Stimulation des Internodienwachstums essentielle Gibberellin GA_1 zu synthetisieren. Die Umwandlung von GA_{20} zu GA_1 (3β-Hydroxylierung) ist auf Grund einer Mutation des Le-Gens blockiert (Abb. 12-10 A). Dieser genetische Defekt kann durch exogene Applikation von GA_3 (wirkt wie GA_1) ausgeglichen werden: Zwergmutanten von *Pisum sativum* können somit zur Analyse des Wirkungsmechanismus von GA_1 bei der Regulation des Sprosswachstums eingesetzt werden.

Detaillierte Untersuchungen ergaben, dass sowohl die Länge der Zellen als auch die Zellzahl bei Zwergerbsen, die mit GA_3 besprüht wurden, im Vergleich zur unbehandelten Kontrolle zunimmt. Daraus folgt: Zellstreckung und Zellteilung werden durch das Hormon stimuliert (Tab. 12-1). Es konnte weiterhin nachgewiesen werden, dass GA_3 im obersten Internodium die Biosynthese von Indol-3-essigsäure (IAA) um das achtfache erhöht, möglicherweise durch Regulation der Konversion von L- zu D-Tryptophan. Der Effekt von GA_3 auf die Zellstreckung wird somit möglicherweise durch Stimulation der IAA-Produktion im Gewebe hervorgerufen.

Auf biophysikalischem Niveau konnte der GA-Effekt (Förderung der Zellstreckung) auf eine Erhöhung der Zellwandextensibilität zurückgeführt werden: sowohl der Turgor als auch der osmotische Druck bleiben während der Wachstumsreaktion weitgehend konstant. Die Stimulation der Zellstreckung kann somit, ähnlich wie die IAA-

Tab. 12-1: Effekt von Gibberellinsäure (GA_3) auf das Wachstum des fünften Internodiums bei der Zwergerbse (*Pisum sativum* var. Meteor). (Nach Arney, S. E. & Mancinelli, P.: New Phytol. 65: 161–175, 1966).

Behandlung	Länge des 5. Internodiums (mm)	Zell-Länge (µm)	Zellzahl
– GA	20	133	150
+ GA	88	390	234

Die im Licht angezogenen Keimlinge wurden mit einer 0,01 %igen GA_3-Lösung besprüht.

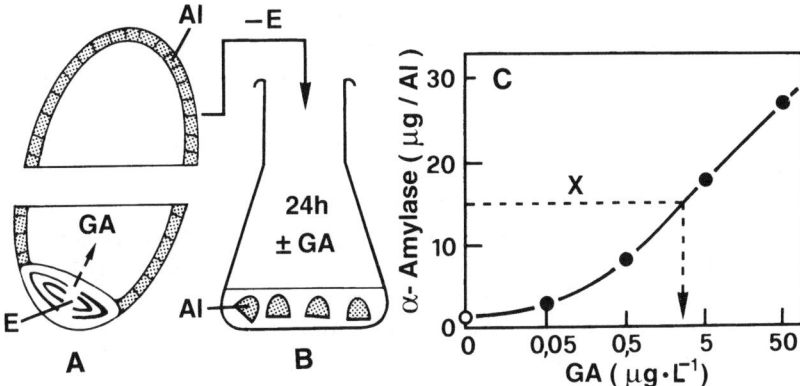

Abb. 12-12: *Methode zur Analyse des Effekts von Gibberellinsäure (GA) auf die Sekretion von α-Amylase in embryofreien Spalthälften von Gerstenkaryopsen (Hordeum vulgare) (A, B). Unter Verwendung einer Dosis-Effekt-Kurve kann die GA-Aktivität eines Extraktes X bestimmt werden (C). (Al = Aleuronschicht, E = Embryo). (Nach Jones, R. L. & Varner, J. E.: Planta 72, 155–161, 1967).*

Wirkung bei isolierten Segmenten, durch Zellwandlockerung bei konstantem Turgordruck erklärt werden. Hemmstoffversuche zeigten weiterhin, dass die GA_3-Wirkung an eine kontinuierliche Protein- und RNA-Synthese gebunden ist. Um zu überprüfen, ob GA_3 in die Expression spezifischer Gene eingreift, wurde aus Erbseninternodien mRNA isoliert, in Anwesenheit von ^{35}S-Methionin in vitro translatiert und die radioaktiv markierten Translationsprodukte (Proteine) einer zweidimensionalen Polyacrylamidgelelektrophorese unterzogen (Kap. 7). Schon 30 min nach Zugabe von GA_3 waren Effekte (Neubildung bzw. erhöhte Expression) auf spezifische mRNAs feststellbar. Dieses Resultat zeigt, dass GA_3 in der Zwergmutante der Erbse die Expression bestimmter Genprodukte induziert bzw. verstärkt. Auch das Internodienwachstum der Gräser (z. B. Tiefwasserreis) wird durch GAs reguliert. Diese Befunde sind unter der Rubrik „Überflutungseffekte" dargestellt.

Stärkeabbau. Die Keimung (Überführung eines ruhenden Embryos in eine junge Pflanze) kann in drei Phasen eingeteilt werden: Reversible Quellung, irreversibles Wachstum des Embryos und Abbau der Speicherstoffe (Kap. 8). Da der heterotrophe Embryo keine funktionstüchtigen Chloroplasten enthält, muss sein Bedarf an organischen

Molekülen durch Verbrauch (Abbau) der Nährgewebe des Endosperms gedeckt werden. Die dritte Phase der Keimung wurde insbesondere an Grasfrüchten (Karyopsen) im Detail analysiert und soll nun dargestellt werden.

Der Botaniker G. Haberlandt (1890) untersuchte die Keimung von Roggenkaryopsen (*Secale cereale*) und entdeckte, dass die **Aleuronschicht** (in Anwesenheit des Embryos) das Enzym Diastase (= α-Amylase) ausscheidet. Da hierdurch die Stärke abgebaut („verdaut") wird, zog er die Schlussfolgerung, dass die Aleuronschicht (d. h. die äußerste, einzig lebende Zellschicht des Endosperms) als Drüsengewebe anzusehen ist. Heute nimmt man an, dass der Embryo ein Keimsignal ausscheidet, das im Zielgewebe (Zellen der Aleuronschicht) die Sekretion hydrolytischer Enzyme auslöst (etwa 70 % α-Amylase; spaltet Stärke zu Oligosacchariden; daneben noch Protease, Ribonuclease, Phosphatase, β-Glucanase). Die Abbauprodukte der Speicherstoffhydrolyse (Oligosaccharide, Aminosäuren, Nucleoside) werden vom Scutellum aufgenommen und dem wachsenden Embryo zugeführt.

Dieses **Keimsignal** ist wahrscheinlich die Gibberellinsäure (GA_3), da sowohl embryofreie Hälften von Karyopsen als auch isolierte Aleuronschichten nach GA_3-Zugabe das Enzym α-Amylase in das Inkubationsmedium ausscheiden

(Abb. 12-12 A, B). Das Hormon GA_3 kann somit den Embryo in vitro ersetzen. Ob allerdings der Embryo bei der Keimung in vivo genügende Mengen an GA ausscheidet, konnte bisher noch nicht eindeutig nachgewiesen werden.

Die Ultrastruktur der Aleuronzellen weist schon 24 h nach Zugabe von GA_3 (in Anwesenheit von $CaCl_2$) deutliche Veränderungen auf: Die Menge an endoplasmatischem Reticulum sowie die Ribosomenzahl ist im Vergleich zur Kontrolle (–GA) signifikant angestiegen. Weiterhin kann beobachtet werden, dass die Proteinkörper der Aleuronzellen (>70% des Volumens der Zellen; enthalten proteinreiche Aleuronkörner) abgebaut werden. Sind die in den Proteinkörpern gespeicherten Proteine inaktive Vorstufen (Zymogene) der α-Amylase oder werden die Substanzen erst in einzelne Aminosäuren zerlegt, und findet dann eine Neusynthese des Enzyms α-Amylase statt?

Zur Klärung dieser entscheidenden Frage (Aktivierung vorhandener Enzyme oder Neusynthese) wurden zunächst Hemmstoffe (Inhibitoren) der Proteinbiosynthese eingesetzt. So konnte gezeigt werden, dass in Anwesenheit von Cycloheximid die GA_3-induzierbare Bildung von α-Amylase ausbleibt, d. h. der Prozess hängt von einer laufenden Proteinsynthese ab. Der positive (direkte) Beweis für die GA-abhängige Neusynthese von α-Amylase wurde im Jahr 1967 erbracht. Isolierte Aleuronschichten wurden in Anwesenheit von „schwerem Wasser" ($H_2{}^{18}O$) durch Zugabe von GA_3 zur α-Amylase-Bildung angeregt. Als Kontrolle wurde dasselbe Experiment mit normalem Wasser ($H_2{}^{16}O$) durchgeführt. Folgende Überlegung lag zu Grunde: Im Falle einer Neusynthese wird das gespeicherte Protein (Polypeptid aus n Aminosäuren) unter Einbau des $H_2{}^{18}O$ zu n Aminosäuren hydrolysiert (1), woraus dann durch de novo-Synthese „schwere" (d.h. ^{18}O-haltige) α-Amylase entstehen sollte (2):

$$1)\ \text{Protein (n Aminosäuren)} + n\,H_2{}^{18}O$$
$$\xrightarrow{\text{Hydrolyse}} n \text{ Aminosäuren } (^{18}O)$$

$$2)\ n \text{ Aminosäuren } (^{18}O)$$
$$\xrightarrow{\text{Proteinsynthese}} \alpha\text{-Amylase } (^{18}O)$$
$$(12.1)$$

Im Kontrollexperiment ($H_2{}^{16}O$) sollte hingegen „leichte" α-Amylase (^{16}O) synthetisiert werden. Zur Bestimmung der relativen Massen der „leichten" und „schweren" α-Amylasen wurden die Enzyme einer CsCl-Dichtegradientenzentrifugation (Gleichgewichts = isopyknische Zentrifugation) unterzogen. Es entsteht ein Bandenmuster, wobei die Partikel entsprechend ihrer Schwebedichte sedimentieren. Das in Anwesenheit von $H_2{}^{18}O$ synthetisierte Enzym hatte eine um 1,1% größere Masse als die α-Amylase in der Kontrolle. Daraus kann errechnet werden, dass die gesamte α-Amylase aus zuvor durch Hydrolyse entstandenen Aminosäuren neu synthetisiert wurde. Auch die anderen hydrolytischen Enzyme (Proteasen, Ribonuclease, β-Glucanase) werden nach GA-Applikation neu synthetisiert.

Es stellte sich dann die Frage, ob die Neusynthese der α-Amylase durch GA-induzierte Stimulation der Transkription oder der Translation bewirkt wird. Zunächst wurde entdeckt, dass GA_3 die Menge an in vitro translatierbarer mRNA für die α-Amylase erhöht. Unter Verwendung spezifischer cDNA-Klone für α-Amylase-mRNA konnte daraufhin nachgewiesen werden, dass GA die Transkription definierter Gengruppen auslöst. Die neu gebildete mRNA wird dann an den Ribosomen des ER translatiert, das Genprodukt (α-Amylase) über den Golgiapparat zur Plasmamembran transportiert und in das Endosperm sezerniert. Die postulierte Sequenz von Ereignissen bei der Keimung der Graskaryopse lässt sich somit wie folgt zusammenfassen:

Embryo $\rightarrow$ GA (Keimsignal) $\rightarrow$ 2. Aleuronschicht: GA bindet an Plasmamembran. Signaltransduktion in Nucleus $\rightarrow$ Transkription bestimmter Gene, gebildete mRNA an Ribosomen des ER: Synthese von Proteinen (Hydrolasen, 70% α-Amylase); Golgisekretion $\rightarrow$ 3. Hydolasen in Endosperm: Abbau der Stärke $\rightarrow$ Oligosaccharide $\rightarrow$ Scutellum $\rightarrow$ 4. Embryo (Wachstum).

Wie aus Abb. 12-12 C hervorgeht, kann mit dem oben beschriebenen In vitro-System eine Dosis-Effekt-Kurve der GA-Wirkung erstellt werden. Dieser Gibberellin/Amylase-Biotest ist heute allerdings nur noch von historischer Bedeutung.

12.3 Ethylen

Der russische Physiologe D. N. Neljubow beobachtete im Jahr 1901, dass exogen appliziertes Ethylen (C_2H_4, eine Komponente des Leuchtgases) bei etiolierten Erbsenkeimlingen drei Reaktionen hervorruft: Hemmung des Längenwachstums, Stimulation des Dickenwachstums und Horizontallage des Sprosses. Diese „Dreifachreaktion" des Erbsenepicotyls (Abb. 12-13 A) ist ein sensitiver Biotest zum Nachweis dieses Gases: Schon eine exogene Ethylen-Konzentration von 0,1 ppm (= 0,1 mm³ C_2H_4 pro Liter Luft) löst eine deutliche Reaktion des Sprosses aus. Mikroskopische Untersuchungen zeigten, dass die begasten Epicotyle im Vergleich zur Kontrolle folgende Unterschiede aufweisen: Die Zellen sind kürzer und haben einen größeren Durchmesser; die Zellwände sind dicker und weniger dehnbar. Die „Dreifachreaktion" ist allerdings ein reines Laborartefakt. Sie kommt unter natürlichen Umweltbedingungen (d.h. als Reaktion auf endogen von der Pflanze selbst gebildetes Ethylen) nicht vor, es sei denn, eine Gasleitung platzt in der Nähe keimender Gartenerbsen.

Erst 1935 wurde nachgewiesen, dass Ethylen von pflanzlichen Geweben (insbesondere von reifenden Früchten) gebildet wird. Seit etwa 1959 (d.h. mit der Entwicklung der Gaschromatographie) wird Ethylen als natürlicher, endogener Wachstumsregulator, der durch Diffusion im Interzellularraum der Pflanze wandert, angesehen und intensiv erforscht.

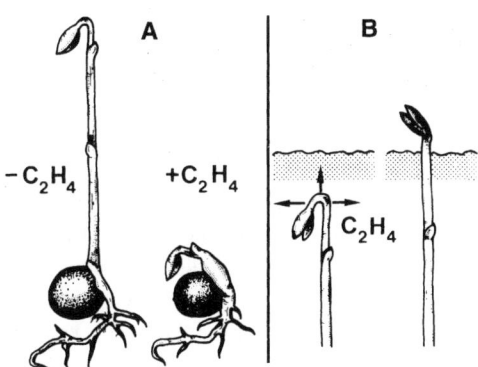

Abb. 12-13: *Wirkung einer Ethylen-Begasung (+/– C_2H_4) auf das Wachstum etiolierter Keimlinge der Gartenerbse (Pisum sativum) (Dreifach-Reaktion) (A). Die Rolle des endogen im Hypocotylhaken gebildeten Ethylens beim Durchdringen des Erdreiches ist in der rechten Abbildung illustriert. In der Erde hemmt das Gas die Öffnung des Hakens; nach Erreichen der Erdoberfläche erlischt die Ethylen-Produktion: Der Hypocotylhaken öffnet sich im Licht, und das Primärblatt ergrünt (B).*

Biosynthese. Im Prinzip können sämtliche Gewebe der Pflanze Ethylen synthetisieren. Als Vorstufe dient die Aminosäure Methionin. Der Methioninzyklus und die Bildung von Ethylen über die Zwischenstufe Aminocyclopropan-1-carbonsäure (ACC) ist in Abb. 12-14 dargestellt. Es wird deutlich, dass als Nebenprodukt dieser Reaktionsfolge die giftige Blausäure (HCN) gebildet wird. Das Enzym ACC-Synthase limitiert die Ethylen-Biosyntheserate und wird in seiner Aktivität durch zahlreiche Umweltfaktoren beeinflusst. Die Ethy-

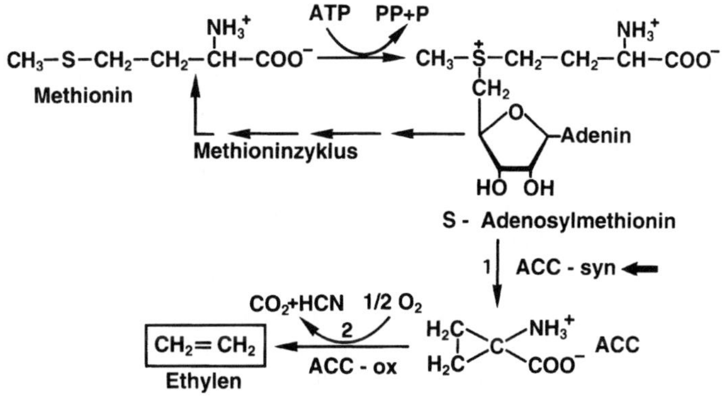

Abb. 12-14: *Biosyntheseweg von Ethylen bei höheren Pflanzen. ACC = 1-Aminocyclopropan-1-carbonsäure, Enzym 1 = ACC-Synthase, Enzym 2 = ACC-Oxidase. Umweltfaktoren (z.B. Überflutung) stimulieren die Ethylen-Biosynthese durch Aktivierung von Enzym 1 (Pfeil). (Nach Kende, H.: Plant Physiol. 91, 1–4, 1989).*

lenbiosynthese wird durch „Stressfaktoren" (hohe oder niedrige Temperatur; mechanische Verletzung; Trockenheit, Überflutung, Chemikalien wie Kupferionen oder das Herbizid 2,4-D, Gase wie CO_2 oder Ozon, Insektenbefall, Virusinfektionen) drastisch stimuliert. Das Gas wird daher – ähnlich wie die Abscisinsäuren – als ein „Stress-Hormon" der Pflanze angesehen.

In den folgenden Abschnitten sind die wichtigsten physiologischen Prozesse beschrieben, bei denen eine regulatorische Wirkung des Ethylens nachgewiesen werden konnte.

Öffnung des Hypocotylhakens. Die Mehrzahl unserer Nutzpflanzen keimt unterhalb der Erdoberfläche. Der oberste Abschnitt des Sprosses (Epicotyl, Hypocotyl) bleibt während des Durchdringens der Erde U-förmig eingekrümmt. Dieser Epi- oder Hypocotylhaken hat die Funktion, das Sprossmeristem sowie die Keim- bzw. Primärblätter vor mechanischer Verletzung zu schützen. Sobald der Spross die Erdoberfläche und somit das Tageslicht erreicht hat, öffnet sich der Haken und die Blätter entfalten sich. Die Hakenöffnung ist ein komplizierter differentieller Wachstumsprozess, der durch Licht ausgelöst wird (Abb. 12-13 B).

Es ist offensichtlich, dass der unterirdisch wachsende Keimling einer „Stress-Situation" ausgesetzt ist: Die Erde übt einen mechanischen Druck auf den wachsenden Spross aus; die junge Pflanze muss noch vor Verbrauch der Speicherstoffe ans Licht gelangen. Die Gartenerbse kann auf Grund der Speichercotyledonen bis zu 18 Tage lang in völliger Dunkelheit wachsen, wobei das etiolierte Epicotyl eine Länge von 50 cm erreicht. Die Hakenregion produziert in Dunkelheit kontinuierlich endogenes Ethylen (Biosyntheserate etwa $6\,\mu l \cdot kg^{-1} \cdot h^{-1}$). Da nur der apicale (mechanisch belastete) Bereich des Epicotyls das Hormon produziert, handelt es sich möglicherweise um „Stress-Ethylen". Man nimmt an, dass das endogene Ethylen die Hakenöffnung in Dunkelheit hemmt. Gelangt das Epicotyl ans Licht, so wird die Ethylenbiosynthese sofort fast vollständig abgeschaltet und der Haken öffnet sich (Abb. 12-13 B). Es handelt sich hierbei um eine vom Sensorpigment Phytochrom gesteuerte Reaktion (Kap. 13).

Fruchtreife und Seneszenz. Werden unreife Früchte (z. B. Bananen, Äpfel) mit Ethylen begast, so reifen sie rasch heran. Die Fruchtreife (im Prinzip eine Form der Organseneszenz) kann auch durch Zugabe einer Flüssigkeit, die nach Aufnahme in der Frucht Ethylen freisetzt, hervorgerufen werden. **Ethrel** (2-Chlorethylphosphonsäure) ist eine derartige Verbindung. Sie zerfällt im pflanzlichen Gewebe langsam (Hydrolyse) in C_2H_4 sowie Chlorid- und Phosphationen und wird kommerziell zur Beschleunigung der Fruchtreife von Äpfeln usw. eingesetzt:

$$Cl-CH_2CH_2-PO_3^{2-} + H_2O$$
$$\rightarrow C_2H_4 + Cl^- + H_2PO_4^-$$

Reifende Früchte produzieren Ethylen. Dies kann man leicht experimentell nachweisen, indem man z. B. Apfelstücke und etiolierte Erbsenkeimlinge in einem geschlossenen Einmachglas hält. Schon einen Tag nach Zugabe der Fruchtstücke zeigen die Erbsenepicotyle die typische „Dreifachreaktion" (Abb. 12-13 A). Wird das endogen produzierte, in die Luft ausgeschiedene Ethylen abgesaugt, so bleiben Früchte (z. B. Bananen) länger unreif und können in diesem Zustand transportiert werden. („Gaslagerung zur Hemmung der Fruchtreife"). Die Frage, ob das endogen gebildete Ethylen die Fruchtreife auslöst („Fruchtreifehormon") oder nur beschleunigend auf diesen Prozess einwirkt, konnte inzwischen geklärt werden. Experimente mit transgenen Tomatenpflanzen (*Lycopersicon esculentum*) haben gezeigt, dass Ethylen den Reifeprozess auslöst; das Gas erfüllt somit die Funktion eines „Fruchtreifehormons" (Induktion biochemischer Prozesse, die den Reifevorgang bewirken). Auch manche Blüten (z. B. *Ipomoea tricolor*) produzieren während der Seneszenz große Mengen an Ethylen. Es handelt sich bei dieser endogenen Ethylenbiosynthese allerdings wahrscheinlich nicht um den Auslöser, sondern um eine Begleiterscheinung der Organseneszenz (Kap. 16).

Überflutungseffekte. Werden an Land wachsende Pflanzen durch überlaufende Bäche oder starke Regenfälle überflutet, so ist unter diesen submersen (anaeroben) Bedingungen („Tiefwasserstress") eine massive Zunahme der Ethylenkonzentration im Interzellularsystem der Gewebe messbar. Die erhöhte Ethylenmenge kann auf eine gehemmte Gasdiffusion in Wasser zurückgeführt werden: Der Diffusionskoeffizient (D) von Ethylen beträgt in Luft etwa 13,5 und in Wasser nur 0,00133 mm²/s (20 °C). Das Gas diffundiert in Luft somit fast 10 000 mal schneller als in Wasser. Es reichert sich daher (bei gleicher Biosyntheserate wie in der in Luft wachsenden Pflanze) nach Überflutung in den Geweben an. Bei einigen Pflanzen konnte auch eine erhöhte Ethylenbiosynthese in submers wachsenden Organen gemessen werden.

Für eine Reihe von Landpflanzen, die unter natürlichen Bedingungen überflutet werden, konnte gezeigt werden, dass das akkumulierte Ethylen als „Signal" dient: Das Gas löst ein verstärktes Wachstum der überfluteten Organe aus, wodurch die apicalen Teile der Pflanze (z. B. Spross-Spitze, Blattspitzen) über der Wasseroberfläche bleiben. Die submers wachsenden Abschnitte der Pflanze werden mit Sauerstoff versorgt und der Tiefwasserstress kann daher überlebt werden. Ohne diese durch Ethylen vermittelte Wachstumsreaktion würde die Pflanze absterben („ertrinken").

Eine kausale Rolle von Ethylen bei der Auslösung des erhöhten Unterwasserwachstums von Stängeln und Blattstielen wurde für einige wildwachsende Kräuter nachgewiesen (z. B. Wasserstern, *Calitriche platycarpa*; Gift-Hahnenfuß, *Ranunculus sceleratus*; Seekanne, *Nymphoides peltata*; Sumpf-Ampfer, *Rumex palustris*). Im Folgenden soll der Überflutungseffekt auf das Wachstum von Reispflanzen etwas näher beschrieben werden.

Reisanbau. Global betrachtet ist der Reis (*Oryza sativa*) eine der wichtigsten Nutzpflanzen; er dient mehr als der Hälfte der Weltbevölkerung als tägliche Nahrung. Außerdem ist Reis das einzige Getreide, das in Sumpfregionen angebaut werden kann und Überschwemmungen übersteht. Man unterscheidet zwei Kategorien von Reisvarietäten: Trocken- (Syn.: Berg)- und Sumpfreis. Der Trockenreis wächst an Land und kann ohne zusätzliche Bewässerung auskommen. Im Gegensatz dazu wächst der Sumpfreis auf überschwemmten Böden. Einige Varietäten (Tiefwasser- oder flutender Reis) können auch tagelange Überflutungen überstehen (Abb. 12-16 A).

Reiskaryopsen keimen – im Gegensatz zu nahezu allen anderen Grasfrüchten – auch in stehendem Wasser, d. h. unter mehr oder weniger anaeroben Bedingungen. Unter natürlichen Umweltbedingungen wächst die Reiskoleoptile nicht selten zunächst in der Luft heran und wird dann überflutet (Abb. 12-15 A). Das endogen produzierte Ethylen diffundiert in der Luft aus dem Koleoptilgewebe heraus. Nach Überflutung steigt die Konzentration des Gases (gehemmte Diffusion) im Interzellularsystem an. Das Ethylen löst auf bisher noch unbekannte Art und Weise eine Stimulation der Zellstreckung aus. Die Koleoptile wächst unter Abbau der Stärkereserven rasch der Wasseroberfläche entgegen, wobei das Organ nicht exakt vertikal, sondern wellenförmig wächst. Schon wenige Stunden nach Beginn der Überflutung stellt sich der Stoffwechsel der Koleoptilzellen auf alkoholische Gärung um; der gebildete Ethanol (Kap. 9) wird ins Wasser abgegeben (Abb. 12-15 B). Nach Erreichen der Wasseroberfläche gelangt atmosphärischer Sauerstoff durch die Pore in der Koleoptilspitze in den Innenraum des röhrenförmigen Organs. Die Reiskoleoptile fungiert als „Schnorchel", indem sie den Sauerstoff zum basalen Blattmeristem und zu der Wurzel leitet (Abb. 12-15 C). Als Reaktion auf diese Sauerstoffzufuhr wächst das Primärblatt aus der Spitze der Koleoptile heraus. Gleichzeitig wird das Wachstum der Wurzel wieder aufgenommen (Abb. 12-15 D).

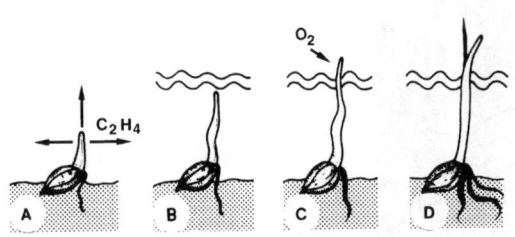

Abb. 12-15: *Überflutungseffekt beim Reiskeimling (Oryza sativa). Der an Luft wachsende Keimling produziert Ethylen (C₂H₄), das aus dem Gewebe heraus diffundiert (A). Nach Überflutung (B) akkumuliert das Gas im Gewebe, woraufhin die Koleoptile rasch der Wasseroberfläche entgegenwächst (B). Die Koleoptile leitet nach Erreichen der Wasseroberfläche atmosphärischen Sauerstoff (O₂) zu den untergetauchten Organen des Keimlings (C). Das Primärblatt durchbricht die Koleoptile und die Wurzel verzweigt sich (D).*

Auch das **Internodienwachstum** bestimmter Reisbiotypen wird nach partieller Überflutung der Pflanzen drastisch stimuliert. Tiefwasser-Reis (*Oryza sativa* cv. Habigani Aman II) wird in zahlreichen Überschwemmungsgebieten Südostasiens (z. B. Bangladesch, Thailand, Vietnam, Burma, Indien) angebaut (Abb. 12-16A). Die Karyopsen werden auf trockener Erde ausgesät. Nach den ersten Regenfällen wachsen die Reispflanzen an Luft heran und der Hauptspross verzweigt sich. Vier bis 20 Wochen nach der Keimung beginnt die durch den Monsunregen hervorgerufene Flut. Der Wasserspiegel steigt kontinuierlich an und die Reispflanzen müssen, um zu überleben, den obersten Teil ihrer Blätter über der Wasseroberfläche halten. Vollständig überflutete Pflanzen sterben ab. In Bangladesch wurden Längenzunahmen von 20–25 cm pro Tag gemessen, wobei die Reispflanzen eine Gesamthöhe von bis zu 7 m erreichen (Abb. 12-16A). Während des raschen Unterwasserwachstums beginnen die Pflanzen zu blühen. Die Ernte der Reiskörner erfolgt entweder von Booten aus oder nach Rückgang der Flut.

Die enorme Längenzunahme der überfluteten Reispflanzen kommt durch erhöhtes Wachstum der beiden obersten Internodien der Sprosse zustande (Abb. 12-16B). Nach partieller Überflutung sinkt die Sauerstoffkonzentration im Gewebe ab, wodurch das Enzym ACC-Synthase aktiviert wird. Die Biosyntheserate von **Ethylen** steigt an (Abb. 12-14) und die Konzentration dieses Gases nimmt im Hohlraum der Internodien (Interzellularraum) von etwa 0,02 auf 1,0 µl/l, d. h. um das 50fache, zu. Ethylen wirkt durch Aktivierung der endogenen **Gibberelline** (GAs). Die Zellteilungsrate im intercalaren Meristem der Internodien steigt an und die neu gebildeten, dehnbaren Zellen strecken sich mit erhöhter Rate in die Länge. Das rasche Internodienwachstum ist somit auf Gibberellin-induzierte Aktivierung der Zellteilung und der Zellstreckung zurückführbar, wobei das endogene Ethylen als „Auslöser" fungiert. Weiterhin wird im ausgewachsenen Abschnitt der obersten Internodien das Enzym α-Amylase aktiviert. Die vor der Überflutung akkumulierte Amyloplastenstärke wird während des raschen Internodienwachstums hydrolysiert und die Glucose den sich streckenden Zellen zugeführt. Der osmotische Druck der wachsenden Zellen (und somit der Turgor) bleibt daher – trotz kontinuierli-

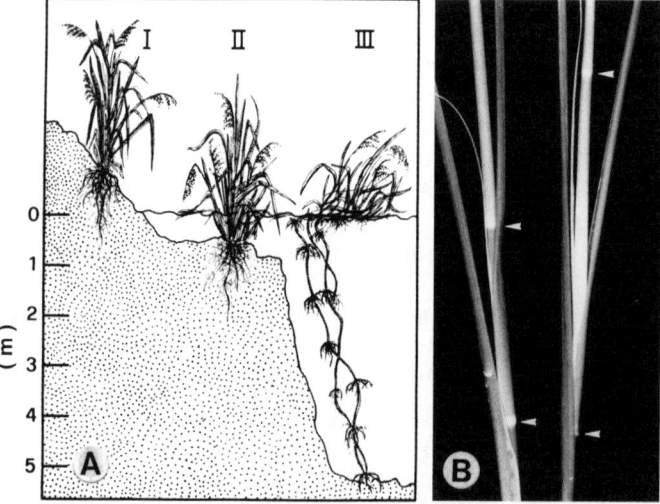

Abb. 12-16: *Schematische Darstellung der drei wichtigsten asiatischen Reiskultivare: Berg-(I), Sumpf- (II) und Tiefwasserreis (III) (A). Photo des obersten Internodiums 10 Wochen alter Tiefwasserreispflanzen (Oryza sativa cv. Habiganj Aman II), die entweder an Luft wuchsen (links) oder für drei Tage partiell überflutet wurden (rechts) (B). Die Spitzen der Blätter ragten aus dem Wasser heraus. Die Blattscheiden wurden nach außen gebogen, um das eingeschlossene Internodium sichtbar zu machen. Pfeilspitzen zeigen die Position der oberen und unteren Knoten an. (Nach Kutschera, U. & Kende, H.: Ann.Bot. 63, 385–388, 1989).*

cher Wasseraufnahme – erhalten. Die durch erhöhte Ethylen-Konzentration im Interzellularraum der überfluteten Reispflanzen ausgelösten Prozesse ermöglichen somit ein Überleben der Pflanze bei Tiefwasserstress, wobei die Sequenz von Ereignissen folgendermaßen zusammengefasst werden kann:

Überflutung → O_2 fällt ab → C_2H_4 steigt an (Signal) → endogene GAs aktiviert → Zellteilung, Zellstreckung → Internodienwachstum → Spross-Spitze bleibt über der Wasseroberfläche; die Reispflanze überlebt den Tiefwasserstress.

12.4 Cytokinine

Unter dem Begriff **Cytokinine** werden all jene Substanzen zusammengefasst, die in einem bestimmten Biotestsystem (Tabakmarkzylinder) Zellteilungen (Cytokinesen) auslösen können. Weiterhin zeigen Cytokinine morphogenetische Effekte bei der Regeneration von Sprossen und Wurzeln von Kallusgeweben und sind als „Wurzelhormone" an der Steuerung der Blattseneszenz beteiligt.

Im Jahr 1955 wurde entdeckt, dass unter hohem Druck erhitzte (d. h. autoklavierte) DNA im Tabakmarkgewebe Zellteilungen auslösen kann. Die artefiziell entstandene Substanz wurde Kinetin (= 6-Furfurylaminopurin) genannt. Das erste natürlich vorkommende Cytokinin wurde 1963 aus unreifen Maiskörnern isoliert und als Zeatin bezeichnet. Heute sind zahlreiche synthetische und natürliche Cytokinine bekannt (Abb. 12-17). Alle Cytokinine sind Derivate der Purin-Base Adenin (6-Aminopurin), die auch als Bestandteil des ATPs (und anderer Cosubstrate) sowie in den Nucleinsäuren der Zellen der Pflanze vorkommt. Cytokinine (z. B. Isopentenyladenosin) konnten als Bestandteil von transfer-Ribonucleinsäuren (t-RNAs) nachgewiesen werden. Sie sind immer am 3'-Ende des Anticodons der t-RNA eingebaut. Die Funktion dieser gebundenen Cytokinine ist noch umstritten. Weiterhin liegen die Cytokinine in gebundener Form als Ribonucleoside und Ribonucleotide in der Zelle vor.

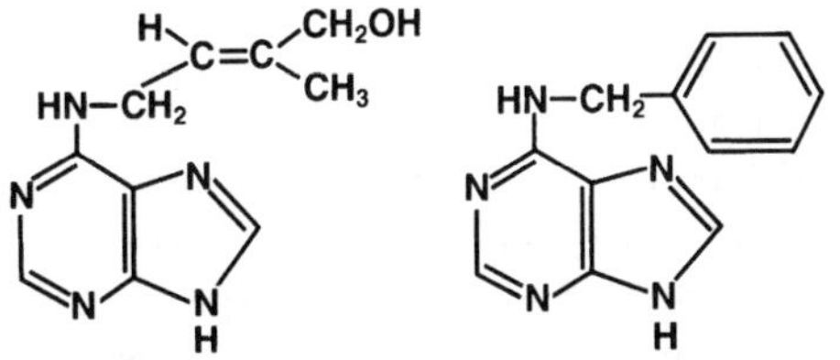

Biosynthese. Die Cytokinine werden in den Meristemen, in wachsenden Organen (junge Blätter, unreife Früchte und Samen) und im Kambium der Pflanze gebildet. Die Wurzel scheint der wichtigste Syntheseort der Cytokinine zu sein, da im „Blutungssaft" (d. h. Xylemwasser) abgeschnittener Keimlinge Cytokininaktivität nachgewiesen werden kann. Das Hormon wird akropetal (aufwärts) im Xylem in den Spross transportiert und hemmt dort die Seneszenz der Blätter. Der Biosyntheseweg der Cytokinine konnte bisher noch nicht aufgeklärt werden. Möglicherweise sind epiphytische Bakterien, die von der Wurzelspitze bis zum Sprossvegetationspunkt der Pflanze nachgewiesen werden konnten, für einen Teil der Cytokinin-Biosynthese verantwortlich (Aufnahme exogen synthetisierter Wuchsstoffe über die Cuticula der Epidermiszellen). Diese Hypothese wird allerdings noch kontrovers diskutiert.

In den folgenden Abschnitten sind einige physiologische Effekte der Cytokinine beschrieben.

Spross- und Wurzelbildung. Der von F. Skoog und F. O. Miller entwickelte Tabakmarkbiotest zum Nachweis von Cytokininaktivität ist in Abb. 12-18 dargestellt. Ausgewachsene Tabakpflanzen (Nicotiana tabacum var. Havana „Wisconsin 38") werden als Ausgangsmaterial verwendet. Aus einem Stängelstück (Internodium) wird das Mark isoliert und auf festes, steriles Nährmedium überführt. Ohne Zusatz der Phytohormone Auxin und Cytokinin (z. B. Kinetin) findet kein Zellwachstum statt (Ansatz 1, Kontrolle). Auxin allein hat nur einen sehr geringen wachstumsfördernden Effekt (Ansatz 2). Wird zusätzlich noch Cytokinin im Nährmedium angeboten, so wächst ein **Callus-Gewebe** heran (Ansatz 3). Dies ist eine amorphe

Abb. 12-17: Strukturen des natürlichen Cytokinins Zeatin und der synthetischen Verbindung Benzyladenin.

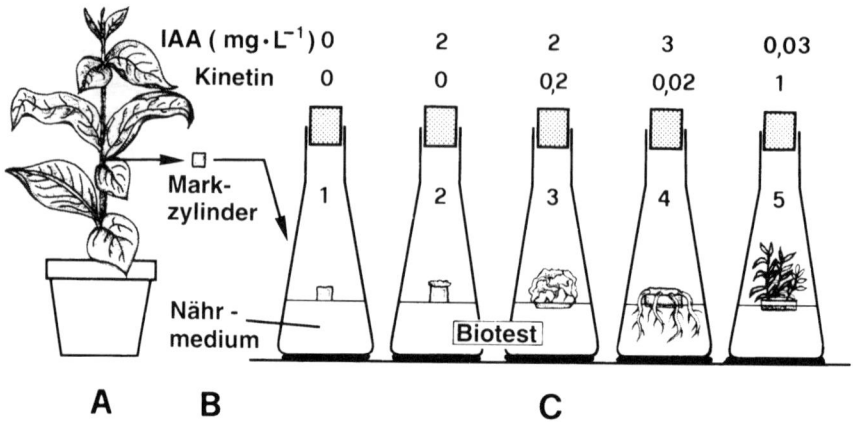

| IAA (mg·L⁻¹) | 0 | 2 | 2 | 3 | 0,03 |
| Kinetin | 0 | 0 | 0,2 | 0,02 | 1 |

Abb. 12-18: *Biotest zum Nachweis von Cytokinin-Aktivität. Aus dem Internodium einer Tabakpflanze (Nicotiana tabacum) (A) wird ein Stängelstück herausgeschnitten und das Mark aseptisch isoliert (B). Das Explantat (Markzylinder) wird auf festem Nährmedium gehalten (1–5). In der Kontrolle (1), d.h. ohne Zusatz von Auxin (IAA) und Cytokinin (Kinetin), findet kein Wachstum statt. Auxinzugabe (2) führt nur zu einer geringen Zunahme der Gewebemasse. In Anwesenheit von IAA und Kinetin (3) wächst ein Callus heran. Durch Variation der Cytokininkonzentration (0–0,2 mg/l) und Bestimmung der Frisch- oder Trockenmasse des Gewebes kann eine Dosis-Effekt-Kurve erstellt werden (Biotest). Durch Variation der Konzentrationen von IAA und Kinetin können Wurzeln (4) oder Sprosse (5) induziert werden. (Nach Steward, F. C. & Krikorian, A. D.: Plants, Chemicals and Growth. Academic Press, New York, 1971).*

Masse schnellwachsender, undifferenzierter Zellen, die an den Schnittflächen des Markzylinders austreibt. Durch Variation der Cytokinin-Konzentration und Bestimmung der Frisch- oder Trockenmasse des Callus-Gewebes (Inkubationszeit: 5 Wochen) kann eine Dosis-Effekt-Kurve erstellt werden (Biotest). Unter Verwendung einer derartigen Eichkurve kann man die Cytokinin-Aktivität einer Flüssigkeit (z. B. „Blutungssaft" abgeschnittener Sprosse) bestimmen. Durch Variation der Konzentrationen von Auxin und Cytokinin ist es möglich, Wurzel- (Ansatz 4) oder Sprossbildung (Ansatz 5) zu induzieren (Organbildung).

Pflanzenregeneration in vitro. Wie Abb. 12-18 zeigt, können Cytokinine (in Anwesenheit von IAA) zur Regeneration ganzer Pflanzen aus Callus-Gewebe herangezogen werden. Zunächst wird durch Erhöhung der Cytokininkonzentration Sprossbildung induziert; die Sprosse werden anschließend durch Erhöhung der Auxin-Konzentration bewurzelt. Callus-Gewebe können unter geeigneten Bedingungen auch zur Bildung vegetativer („somatischer") Embryonen (Syn.: Em-

bryoide) gebracht werden. Die aus Einzelzellen oder Zellverbänden entstandenen polaren Embryonen entwickeln sich dann unter Umständen zu adulten Pflanzen weiter.

Bei den oben beschriebenen Methoden wird ein isoliertes Gewebestück aus der Mutterpflanze in vitro zur Callusbildung gebracht; anschließend werden über Organ- oder Embryonen-Induktion neue Pflanzen regeneriert. Vor einiger Zeit gelang es jedoch, unter Umgehung der Callus-Kultur eine direkte Neubildung von Sprossen an Keimlingen von Erbsen, Bohnen, Linsen, Karotten und Kohl zu induzieren. Werden z. B. Erbsensamen (*Pisum sativum*) auf einer Nährlösung angezogen, die Benzyladenin enthält, so kann schon nach acht Tagen ein Cytokinin-Effekt beobachtet werden. Der Spross (Epicotyl) ist stark verdickt und kürzer als in der Kontrolle; das Wurzelwachstum ist deutlich gehemmt. An der Basis des Hauptsprosses sind zahlreiche Adventivepicotyle (Seitensprosse) entstanden. Nach 5–6 Wochen können 100–120 Adventivsprosse vom Mutterkeimling entfernt, bewurzelt und zu ganzen Pflanzen regeneriert werden (Abb. 12-19). Diese einfache Methode eignet

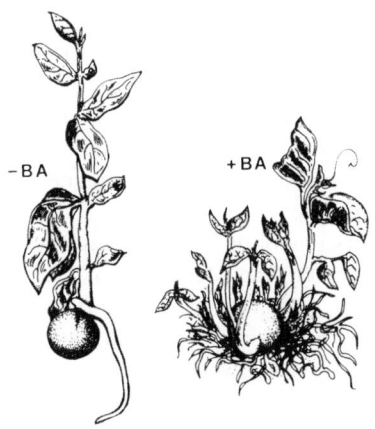

Abb. 12-19: *Effekt des synthetischen Cytokinins Benzyladenin (BA) auf die Bildung von Adventivsprossen bei Erbsenkeimlingen (Pisum sativum). Kontrollpflanze (–BA); behandelte Pflanze 6 Wochen nach Beginn der Inkubation in BA-Lösung (+BA). (Nach Malik, K. A. & Saxena, P. K.: Naturwiss. 79, 136–137, 1992).*

sich somit zur vegetativen Vermehrung von Nutzpflanzen. Es ist allerdings nicht bekannt, über welche biochemischen Mechanismen das synthetische Cytokinin Benzyladenin die Umdifferenzierung des Keimlings hervorruft.

Blattseneszenz. Im Jahr 1939 wurde beobachtet, dass abgeschnittene, nur mit Wasser versorgte Blätter rasch altern (Abbau von Chlorophyll und Protein), während nach Adventivwurzelbildung am Blattstiel die Blattseneszenz deutlich verzögert war. Man postulierte damals, dass die Wurzel ein Hormon produziert, das zur Blattspreite transportiert wird und dort die Seneszenz hemmt. Isolierte Blätter von Tabakpflanzen (*Nicotiana rustica*) bilden nach Inkubation in Auxinlösung am Blattstiel zahlreiche Wurzeln aus (Blattstecklinge, Abb. 12-20 A). Nach Entfernen der Adventivwurzeln vergilbt die Blattspreite schon nach wenigen Tagen (Abb. 12-20 B), während das bewurzelte Blatt grün bleibt und wächst. Werden wurzellose Blätter über den Stiel mit Cytokininen (z. B. Kinetin) versorgt, so setzt die Seneszenz (Vergilben) deutlich später ein: Der Alterungsprozess wird somit durch Hormonzugabe verzögert. Besprüht man die Blattspreite lokal mit Cytokininlösung, so bleibt die

hormonbehandelte Blattregion grün oder wird sogar dunkler, während die unbehandelten Bereiche rasch vergilben. Die Abbauprodukte der absterbenden Blattfläche (Aminosäuren) wandern in den grünen, besprühten Teil des Organs. Dort findet dann eine Proteinbiosynthese statt. Cytokininapplikation führt somit – neben der Hemmung der Seneszenz – zu einer Mobilisierung und Translokation von Stoffwechselprodukten in der Pflanze (Abb. 12-20 C, D).

Im Wurzelexudat (Xylemflüssigkeit) dekapitierter Sonnenblumen, Lupinen, Erbsen und anderer Pflanzen wurden Cytokinine nachgewiesen. Da der Hauptbiosyntheseort dieser Hormone das Wurzelmeristem ist, nimmt man an, dass die akropetal transportierten Cytokinine („Wurzelhormone") die Blattseneszenz hemmen. Experimente mit Sonnenblumen (*Helianthus annuus*), die im Tageslicht wuchsen, unterstützen diese Hypothese (Kap. 16).

Der direkte experimentelle Beweis für die seneszenzhemmende Wirkung der endogenen Blatt-Cytokinine konnte 1995 erbracht werden. Transgene Tabakpflanzen, die gentechnisch derart manipuliert waren, dass der Cytokiningehalt ihrer Laubblätter altersunabhängig konstant blieb, zeigten eine deutlich verzögerte Seneszenz (kein Chlorophyllabbau). Das abgeschnittene,

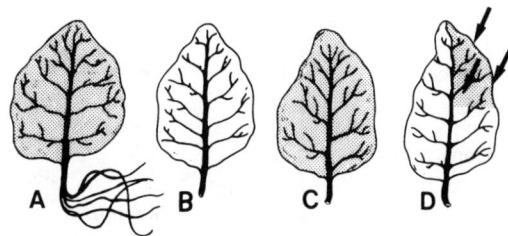

Abb. 12-20: *Demonstration der seneszenzhemmenden Wirkung von Cytokinin bei Blättern der Tabakpflanze (Nicotiana rustica). Nach Inkubation in Auxin werden Adventivwurzeln gebildet; das Blatt bleibt grün (A). Nach Abschneiden der Wurzeln vergilbt das Blatt (B). Wird das wurzellose Blatt über den Stiel mit Cytokinin versorgt, so bleibt es grün (C). Besprühen eines wurzellosen Blattes mit Cytokinin-Lösung (Pfeile) führt zu einer lokalen Hemmung der Blattseneszenz (D). (Nach Mothes, K.: Naturwiss. 47, 337–351, 1960).*

wurzellose Blatt einer entsprechenden Kontrollpflanze („Wildform") war nach 30 Tagen vergilbt
(s. Abb. 12-20 B). Im Gegensatz dazu war das Cyto-
kinin-synthetisierende (transgene) Tabakblatt zu
diesem Zeitpunkt noch grün (s. Abb. 12-20 C). Aus
diesen Untersuchungen folgt, dass die Cytokinine
im intakten Organismus die Funktion eines „Se-
neszenz-Hemmstoffes" erfüllen.

12.5 Abscisinsäure

Im Jahr 1961 wurde eine Substanz isoliert, die an
Baumwollkeimlingen (nach Abschneiden der
Keim- und Primärblattspreiten) das Abbrechen
des Blattstielstumpfes fördert. Diese Substanz
wurde Abscisin genannt. Zwei Jahre später wurde
aus Blättern der Birke (*Betula pubescens*) ein
Hemmstoff gewonnen, der an Knospen wachsender Keimlinge eine Entwicklungsruhe (Dormanz)
auslöst. Die als „Dormin" bezeichnete Substanz
erwies sich als identisch mit dem zuvor isolierten
„Abscisin". Die Struktur dieser Verbindung, die
1967 den Namen (S)-**Abscisinsäure** (ABA) erhielt,
ist in Abb. 12-21 dargestellt. Da das Hormon ABA

generell einen hemmenden Effekt auf Entwicklungsprozesse ausübt, wurde über Jahre hinweg
als Biotest die ABA-Wirkung auf Knospenruhe und
Zellstreckung eingesetzt. Heute haben diese klassischen Nachweisverfahren auf Grund ihrer relativ geringen Sensitivität keine Bedeutung mehr.

Biosynthese. Das Phytohormon ABA wird wahrscheinlich in allen Organen der höheren Pflanze,
bevorzugt jedoch in den Blättern (und dort in den
Chloroplasten) synthetisiert. Mevanolat, das erste
Produkt des Terpenoidstoffwechsels, dient als Vorläufer der ABA. Zwei Biosynthesewege werden diskutiert. Das Hormon wird entweder direkt über
die Zwischenstufen Isopentenyl-, Geranyl- und
Farnesyl-pyrophosphat, oder indirekt über die
Biosynthese von Carotinoiden (Vorstufe: Xanthoxin) synthetisiert (Abb. 12-21). Das auf indi-
rektem Weg entstandene Hormon ist als Abbauprodukt der Carotinoide anzusehen. Die als Zwischenstufe gebildete Verbindung Xanthoxin ist,
wie ABA selbst, ein Wachstumsinhibitor.

Der Transport von ABA erfolgt sowohl im Xylem als auch im Phloem der Pflanze. Dies konnte
durch Einspritzen von radioaktiv markierter ABA
in ausgewachsenen Blätter der Spitzklette (*Xan-*

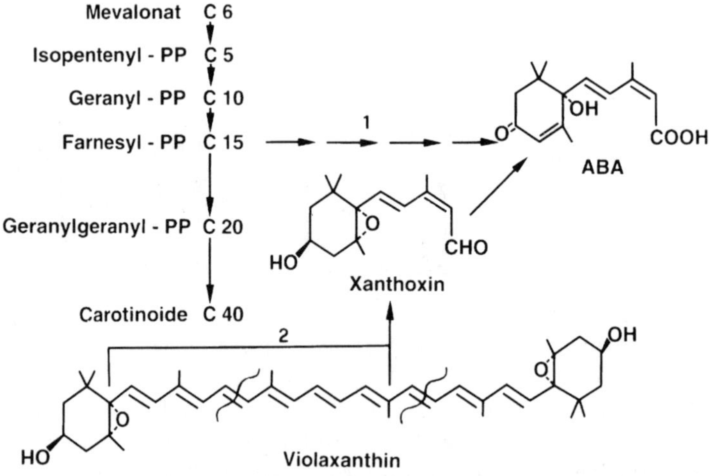

Abb. 12-21: *Biosynthese der Abscisinsäure (ABA) in höheren Pflanzen. Links ist der Biosyntheseweg der Terpene dargestellt. Mevalonat (eine C6-Verbindung) dient als Vorstufe (s. Abb. 12-10). Aus Isopentenyl-pyrophosphat (-P-P) entsteht über Farnesyl-P-P das Hormon ABA (1, direkter Biosyntheseweg). Der indirekte Biosyntheseweg (2) verläuft über die Zwischenstufen Violaxanthin (ein Oxidationsprodukt der Carotine = Carotinoid) und Xanthoxin zur ABA. (Nach Zeevaart, J. A. D. & Creelman, R. A.: Annu. Rev. Plant Physiol. Plant Mol. Biol. 39, 439–473, 1988).*

thium strumarium) nachgewiesen werden: Das Hormon war einige Stunden später in den Spross-Spitzen und jungen Blättern (Xylemtransport) sowie im Extrakt der Wurzeln nachweisbar (Phloemtransport).

Die Biosynthese der ABA wird über die Wasserversorgung der Pflanze reguliert. Bei Wassermangel (Wasserstress, d. h. nach Absinken des Wasserpotentials in der Erde) steigt die Biosyntheserate des Hormons rasch an. Wird die welke Pflanze wieder bewässert, so sinkt der ABA-Gehalt auf seinen ursprünglichen Wert ab. Als Auslöser der Stimulation der ABA-Synthese wird der Turgorverlust der Zellen des Blattes angesehen. Experimente mit ausgewachsenen, vegetativ gehaltenen Spitzkletten haben gezeigt, dass die durch Wasserstress induzierte ABA-Bildung in den obersten, jungen Blättern besonders hoch ist. Das Hormon wird allerdings bevorzugt in den unteren, alten Blättern der Pflanze synthetisiert und dann im Xylem nach oben transportiert. In den Blättern kommt es nach Anstieg der ABA-Konzentration zu einem Verschluss der Spaltöffnungen (Stomata) sowie zur Hemmung der Zellstreckung. Das „Stresshormon" ABA schützt die Pflanze somit vor weiterem Wasserverlust (Abb. 12-23).

In den folgenden abschnitten sind die wichtigsten ABA-gesteuerten Entwicklungsprozesse zusammengestellt.

Knospenruhe und Blattabwurf. An den Knospen der Birke (*Betula pubescens*) und Platane (*Acer pseudoplatanus*) kann durch exogene Applikation von ABA das Auswachsen der Knospen gehemmt werden. Weiterhin ist der ABA-Gehalt ruhender (dormanter) Knospen hoch und sinkt mit dem Austreiben der Sprosse im Frühjahr ab. Diese Resultate unterstützen die Hypothese, dass ABA kausal an der Regulation der Knospenruhe beteiligt ist. Inzwischen sind auch entsprechende Untersuchungen an anderen Baumarten durchgeführt worden; die oben beschriebenen Resultate konnten allerdings nicht bestätigt werden. Ob ABA bei allen Laubbäumen die Aufrechterhaltung der Knospenruhe steuert, ist somit offen.

Obwohl ABA an Baumwollkeimlingen den Blattabfall fördert, zeigen neuere Untersuchungen, dass dieses Hormon zumindest bei Sträuchern und Laubbäumen wahrscheinlich nicht an der Regu-

lation des Blattabwurfs (= Abscission) beteiligt ist. Der Name „Abscisin"-Säure ist daher im Grunde nicht korrekt; er wird jedoch aus historischen Gründen beibehalten.

Verhinderung der Viviparie. Nach erfolgter Bestäubung entwickelt sich die befruchtete Eizelle (Zygote) in der Samenanlage zum Embryo (Kap. 11). Dieser keimt allerdings nicht auf der Mutterpflanze aus, sondern entwickelt sich in der Samenanlage (unter Speicherstoffeinlagerung) zum Bestandteil des reifen, austrocknungsresistenten Verbreitungsorgans (Same) weiter. Nach Ausbreitung durch Wind, Tiere usw. keimen die Samen dann unter geeigneten Umweltbedingungen. **Viviparie** (das Auswachsen des Embryos auf der Mutterpflanze) kommt im Pflanzenreich nur sehr selten vor. So keimt z. B. bei einigen Vertretern der Familie der Rhizophoraceae (Vorkommen in Mangroven, d. h. tropischen Küstengehölzformationen) der Embryo auf der Mutterpflanze aus und hängt als fertig entwickelter Keimling aus der Frucht heraus. Er fällt dann ab und entwickelt sich entweder sofort oder nach Ausbreitung durch strömendes Wasser zur photoautotrophen Pflanze (Abb. 12-22 A).

Die Viviparie wird vom Wachstumsinhibitor ABA, der während der Reifung der Samen produziert wird, verhindert. Diese Theorie basiert auf folgenden Experimenten:

- Unreife Embryonen, die aus der Samenanlage herauspräpariert und in geeignetem Nährmedium gehalten werden, keimen aus (Viviparie in vitro).
- Exogen applizierte ABA hemmt das Auskeimen der unreifen Embryonen.
- Mutanten von *Arabidopsis thaliana* und anderer Pflanzen, die keine ABA synthetisieren können, zeigen Viviparie. Diese Resultate führten zur Annahme, dass der ABA eine zentrale Rolle bei der Embryogenese und Samenreife zukommt.

Das vorzeitige Auskeimen der Samen auf der Mutterpflanze (*Pre-harvest sprouting*) spielt beim **Getreideanbau** eine ökonomische Rolle und kann in feuchten Jahren einen beträchtlichen Ernteverlust verursachen (ausgekeimte Getreidekörner sind zur Mehlgewinnung ungeeignet).

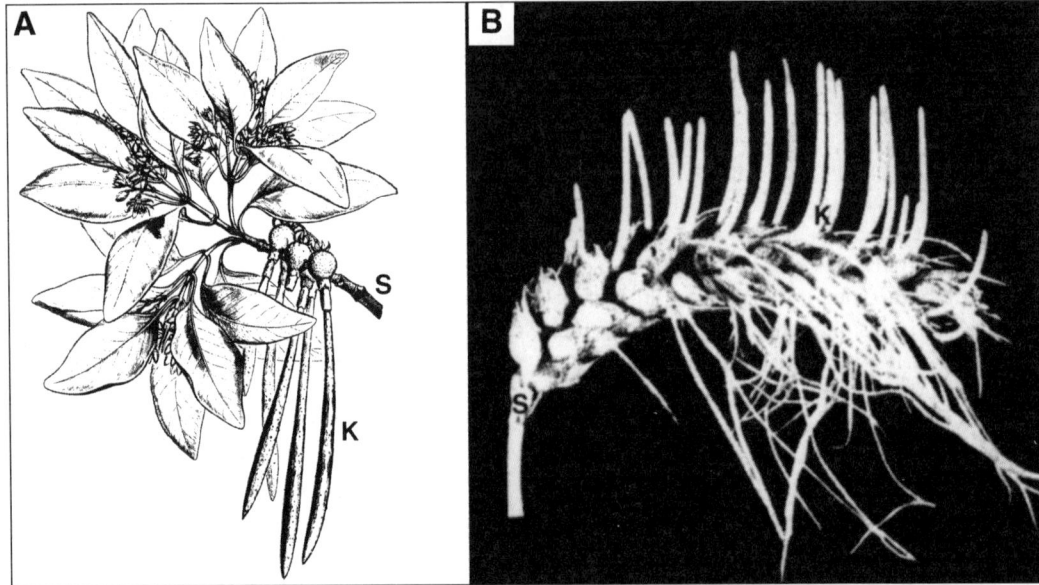

Abb. 12-22: *Auswachsen der Embryonen auf der Mutterpflanze (Viviparie) beim Mangroven-Gewächs Rhizophora spec. (A) und beim Weizen (Triticum aestivum) (B). In beiden Fällen konnte eine Funktion des Wachstumsinhibitors Abscisinsäure nachgewiesen werden. K = Keimling, S = Sporophyt (Mutterpflanze). (Nach Bewley, J. D. & Black, M.: Seeds. Physiology of Development and Germination. 2. Ed. Plenum Press, New York and London, 1994).*

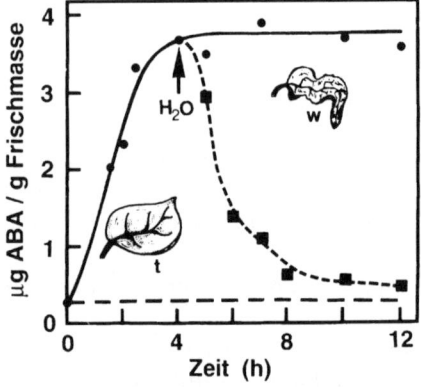

Abb. 12-23: *Effekt von Wassermangel auf die Akkumulation von Abscisinsäure (ABA) in isolierten Blättern der Spitzklette (Xanthium strumarium). Im turgeszenten Blatt (t) ist der ABA-Gehalt gering (gestrichelte Linie). Nach Wasserverlust um 10% steigt im welken, turgorlosen Blatt (w) die ABA-Menge rasch an. Nach Bewässerung (Pfeil: + H₂O) sinkt der ABA-Gehalt wieder ab, d. h. der Effekt ist reversibel. (Nach Zeevaart, J. A. D.: Plant Physiol. 66, 672–678, 1980).*

In Abb. 12-22 B ist eine im Labor induzierte fortgeschrittene Viviparie beim Weizen dargestellt. Es konnte experimentell nachgewiesen werden, dass ein zu geringer ABA-Gehalt (bzw. eine verminderte ABA-Sensitivität der Gewebe der Mutterpflanze) für das vorzeitige Auswachsen der Embryonen verantwortlich ist. Auch fertig entwickelte Samen reagieren – ähnlich wie unreife, isolierte Embryonen – auf exogen applizierte ABA mit einer Ausdehnung der Entwicklungsruhe. Quellen z. B. Rapssamen auf ABA-Lösung, so kann der Embryo über Tage hinweg dormant gehalten werden. Nach Auswaschen der ABA und Überführen auf feuchtes Medium keimen die Samen rasch aus, d. h. der Hormoneffekt ist reversibel.

Hemmung der Zellstreckung. ABA hemmt nicht nur das Auswachsen des Embryos, sondern auch die Zellstreckung von Blättern und Koleoptilsegmenten. Experimente mit Maiskoleoptilen haben gezeigt, dass ABA die Wachstumsinhibition durch Erniedrigung der Zellwandplastizität der Epidermisaußenwände hervorbringt. Diese ABA-Wirkung dürfte bei Wassermangel für die Pflanze von Vorteil sein, da durch Zellwandversteifung der Turgordruck der Blattzellen vor weiterem Abfall bewahrt bleibt.

Verschluss der Stomata. Nach Turgorverlust (Welken) der Blätter steigt der ABA-Gehalt rasch an (Abb. 12-23). Exogen applizierte ABA führt bei turgeszenten Blättern zu einem Verschluss der Stomata (Latenzzeit < 5 min). Man nimmt daher an, dass die bei Wassermangel in den Mesophyllzellen gebildete ABA im Apoplasten zu den Schließzellen wandert und dort den Verschluss der Poren auslöst. Der Mechanismus dieser ABA-Wirkung konnte weitgehend aufgeklärt werden. Das Hormon induziert die Freisetzung verschiedener Osmotica (K^+, Cl^-, Malat) aus den Schließzellen des Spaltöffnungsapparates. Der resultierende Turgorverlust führt dann zum Verschluss des Spaltes (Kap. 18). Bei Wassermangel wird auch in der Wurzel ABA synthetisiert und im Transpirationsstrom zu den Blättern transportiert; dort löst das Hormon dann den Verschluss der Stomata aus. Diese Resultate zeigen, dass ABA bei der Adaptation der Pflanze an Wasserstress eine zentrale Rolle spielt.

Heterophyllie. Zahlreiche Wasserpflanzen zeigen das Phänomen der Heterophyllie. Die Unter-Wasser-Blätter sind zerschlitzt oder länglich; sie besitzen eine sehr dünne Cuticula und nur wenige Stomata. Die über der Wasseroberfläche gewachsenen Blätter sind hingegen breitflächig und durch Ausbildung einer dicken Cuticula und Stomata vor Austrocknung geschützt. Eine Reihe von Untersuchungen an verschiedenen Wasserpflanzen (*Marsilea quadrifolia, Potamogeton nodosus, Calitriche heterophylla, Hippuris vulgaris, Ranunculus flabellaris*) haben gezeigt, dass im Spross synthetisierte ABA die Ausbildung von Luftblättern auslöst. Nach Durchstoßen der Wasseroberfläche steigt in der Luft (negatives Wasserpotential) die ABA-Konzentration im Sprossgewebe drastisch an. Die durch Wasserstress stimulierte ABA-Biosynthese führt dann zur Umsteuerung der Blattmorphologie. Auch hier löst vermutlich eine Absenkung des Turgordruckes (Erreichen der trockenen Luft) die Synthese des „Wasserstress-Hormons" ABA aus: Der Spross kann durch Adaptation an die neuen Umweltverhältnisse (Ausbil-

Tab. 12-2: Gehalt an endogen gebildeter Abscisinsäure (ABA) in Extrakten von Unterwasser- und Luftblättern des Tannenwedels (*Hippuris vulgaris*). (Nach Goliber, T. E. & Feldmann, L. J.: Plant Cell Environm. 12, 163–171, 1989).

Blattyp	Morphologie	ABA-Gehalt (ng pro g Frischmasse)
Unterwasserblatt	Stomata, Cuticula –	<1
Luftblatt	Stomata, Cuticula +	40

dung von Luftblättern) weiterwachsen, ohne dass die Organe austrocknen (phänotypische Plastizität) (Tab. 12-2).

12.6 Brassinosteroide, Salicylsäure und Jasmonate

Neben den fünf „klassischen" Phytohormonen (Auxine, Gibberelline, Ethylen, Cytokinine, Abscisinsäure) kennt man eine Reihe verschiedener Substanzen, die als chemische Signalstoffe der Pflanze identifiziert werden konnten. In diesem Abschnitt ist eine Auswahl neu entdeckter Phytohormone dargestellt.

Brassinosteroide. Im Jahr 1970 wurde entdeckt, dass Extrakte aus Pollenkörnern von Rapspflanzen (*Brassica napus*) an Bohnenkeimlingen das Internodienwachstum durch Stimulation der Zellteilung und Zellstreckung fördern. Es wurde die Schlussfolgerung gezogen, dass der Pollen von Raps ein lipidartiges Hormon enthält, das Brassin (d. h. aktiver Pollenextrakt) genannt wurde. Die Isolation der aktiven Substanz aus der Lipidfraktion von Pollen gelang 1979. Die Verbindung wurde Brassinolid genannt und erhielt die Abkürzung BR_1 (Abb.12-24). Bis heute konnten 40 strukturell verschiedene **Brassinosteroide** (BRs, d. h. Polyhydroxysteroide) in höheren Pflanzen nachgewiesen werden (BR_1-BR_{40}).Obwohl BRs wahrscheinlich in allen Organen vorkommen, ist die höchste Konzentration dieser pflanzlichen Steroidhormone in Pollenkörnern, unreifen Samen und in Insektengallen (untersucht bei *Castanea crenata*) nachweisbar.

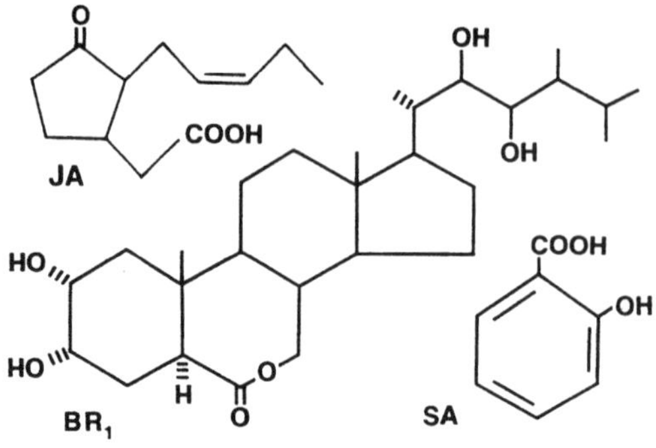

Abb. 12-24: *Strukturen der Jasmonsäure (JA), des Brassinosteroids BR$_1$ (ein Polyhydroxysteroid aus höheren Pflanzen) und der Salicylsäure (SA). Die abgebildeten Substanzen erfüllen die Funktion endogener Signalstoffe.*

Als Biotest zum Nachweis von „Brassin-Aktivität" werden Bohnenkeimlinge verwendet. Applizierte BRs lösen im zweiten Internodium Zellteilung und Zellstreckung aus. Weiterhin kann ein Anschwellen, eine Krümmung sowie die Spaltung des obersten Internodiums beobachtet werden. Der Biotest ist ein spezifischer, empfindlicher Nachweis für BRs: Gibberelline, Auxine und Cytokinine sind im gleichen Konzentrationsbereich unwirksam.

Die Funktion der BRs in der intakten Pflanze ist noch nicht im Detail bekannt. Man vermutet, dass diese Wuchsstoffe an der Regulation des Pollenschlauchwachstums, der Ausbildung von Insektengallen und der Steuerung des Wachstums etiolierter Keimlinge (Skotomorphogenese) beteiligt sind (Kap. 13). Über den Wirkungsmechanismus der Brassinosteroide bei der Förderung dieser Prozesse ist nur wenig bekannt.

Nach Isolation und chemischer Synthese von BR$_1$ und anderer analoger, aktiver Brassinosteroide wurde die Frage untersucht, ob diese in geringer Konzentration wirksamen Phytohormone zur Ertragssteigerung in der Agrikultur eingesetzt werden könnten. In Gewächshäusern und auf Freilandflächen wurden verschiedene Kulturpflanzen mit BR-haltigen Lösungen besprüht. Schon in geringen Konzentrationen appliziert (0,1–0,001 mg/l), konnte bei Salat, Rettich, Pfeffer, Tomate, Tabak, Reis und Gerste eine deutliche Zunahme der Frischmasse im Vergleich zu unbehandelten

Kontrollversuchen beobachtet werden. Ob diese in den USA und Japan durchgeführten Experimente in absehbarer Zeit eine praktische Anwendung erfahren werden ist derzeit noch unbekannt.

Salicylsäure. Im Jahr 1979 wurde beschrieben, dass Tabakpflanzen, die mit Acetylsalicylsäure (Aspirin) bzw. Salicylsäure (SA, Abb. 12-24) besprüht wurden, eine erhöhte Resistenz gegen Virusinfektionen entwickelten. Unabhängig davon konnte 1987 nachgewiesen werden, dass SA bei der Auslösung der Thermogenese im Blütenkolben des Aronstabs (*Arum maculatum*) als endogenes Signal fungiert (Kap. 9). Da SA in geringer Konzentration in den Gewebe-Extrakten vieler Pflanzenarten nachgewiesen werden konnte und im Phloem transportiert wird, erfüllt dieses Molekül die Kriterien eines Phytohormons. Möglicherweise spielt SA bei der Auslösung der Pathogenabwehr eine zentrale Rolle (Verhinderung von Virus-, Bakterien- und Pilzinfektionen).

Jasmonsäure. Experimente mit der Zaunrübe (*Bryonia dioica*) führten zu der Erkenntnis, dass die flüchtige Verbindung Methyljasmonat (der Duftstoff des Jasmins) eine Spiralisierung der fadenförmigen Ranken auslösen kann (Kap. 18). Weiterführende Untersuchungen haben gezeigt, dass die Substanz 12-oxo-Phytodiensäure, eine Zwischenstufe im Biosyntheseweg zur Jasmonsäure (JA, Abb. 12-24) als Signalstoff fungiert. Nach Perzeption des Berührungsreizes wird die Jasmonsäure-Vorstufe freigesetzt und wandert zu den Zielzellen. Die Jasmonsäure (bzw. ihre Vorstufen und Derivate) wird u.a. auch bei Krankheitsbefall und Tierfraß mit erhöhter Rate synthetisiert und dient möglicherweise als Signalstoff im Pflanzenkörper (Kap. 17). Ob diese JA-vermittelten Stressreaktionen (analog zur ABA- und Ethylenwirkung) von universeller Bedeutung sind, ist derzeit noch Gegenstand der Forschung.

12.7 Molekularer Wirkungsmechanismus der Phytohormone

Bei der Darstellung der einzelnen Hormongruppen wurden die aktuellen Hypothesen zum Wirkungsmechanismus der jeweiligen Substanzen behandelt. Insbesondere beim Auxin (Stimulation der Zellstreckung) und bei den Gibberellinen (Induktion der α-Amylase) ist die experimentelle Analyse der Hormonwirkung inzwischen weit fortgeschritten. Dennoch ist die Frage nach dem molekularen Wirkungsmechanismus der Phytohormone bis heute weitgehend ungeklärt. Betrachten wir zum Vergleich die zur Zeit akzeptierte Hypothese zur Primärwirkung der **Steroidhormone** bei Säugetieren (z. B. Cortisol, Progesteron). Die in den innersekretorischen Zellen gebildeten und im Blut transportierten Botenstoffe gelangen per Diffusion in eine Zielzelle. Im Cytoplasma verbinden sich die Steroidmoleküle mit Rezeptorproteinen und wandern als Hormon-Rezeptor-Komplex über die Kernporen in den Nucleus. Die Steroidhormone entfalten dort über die Aktivierung bestimmter Gene ihre Wirkung:

Hormon + Rezeptor $\rightarrow$ H-R-Komplex $\rightarrow$ Zellkern $\rightarrow$ Transkription bestimmter DNA-Sequenzen $\rightarrow$ Proteinbiosynthese $\rightarrow$ Genprodukt $\rightarrow$ physiologischer Effekt

Es stellt sich die Frage, inwieweit dieses Steroid-Modell der molekularen Hormonwirkung auf die Pflanze übertragen werden kann. Zunächst sollte nochmals betont werden, dass die Wirkung der beiden gut untersuchten Phytohormone Auxin und Gibberellin an eine ungehemmte RNA- und Proteinbiosynthese gebunden ist: Hemmstoffversuche haben gezeigt, dass nach Unterdrückung der Transkription bzw. Translation die physiologische Reaktion der Zelle auf Hormonzugabe unterbleibt. Der positive Beweis, dass die Wirkung des Botenstoffes an das Auftreten eines Genproduktes (Protein) gekoppelt ist, wurde bisher allerdings nur im System Gibberellin (GA)/Aleuronschicht erbracht (Abb. 12-12). Hier wird ein spezifisches Enzym gebildet (α-Amylase), unter dessen katalytischer Wirkung der Abbau der Stärke erfolgt. Die Gibberellinwirkung in der Aleuronzelle wird daher als Modellsystem zur molekularen Analyse einer Phytohormonwirkung angesehen.

Ähnlich wie bei den Steroidhormonen der Säugetiere ist auch die GA-Wirkung in den Aleuronzellen der Graskaryopse auf eine Transkription bestimmter DNA-Sequenzen (Genaktivierung) zurückführbar. Die Sekretion des Genproduktes

(α-Amylase) erfolgt über den Golgi-Apparat der Aleuronzelle. Allerdings konnten bis heute keine cytoplasmatischen (bzw. Membran-assoziierten) GA-Rezeptorproteine nachgewiesen werden. Dies gilt im Prinzip auch für die anderen Phytohormone. Es konnten verschiedene Polypeptide, die unter bestimmten experimentellen Bedingungen eine spezifische Bindung an Phytohormon-Moleküle zeigen, identifiziert werden (z. B. Auxin- oder Ethylen-bindende Proteine). Im Falle des gasförmigen Signalstoffs C_2H_4 wird ein membrangebundenes Protein (Ethylen-Rezeptor) postuliert, das biochemisch charakterisiert werden konnte. Die Frage, über welche Signalketten die Hormonwirkung (d. h. eine Genaktivierung) ausgelöst wird, ist derzeit noch offen.

Bei welchen Phytohormon-Wirkungen kann eine Genaktivierung als Primärreaktion ausgeschlossen werden? Das Wasserstress-Hormon Abscisinsäure (ABA) induziert in der Epidermis von Blättern einen Verschluss der Stomata. Im Experiment (isolierte Blattstücke + ABA) wird diese Hormonreaktion innerhalb von < 5 min ausgelöst. Auf Grund dieser kurzen Latenzzeit kann eine Genaktivierung als Primärreaktion ausgeschlossen werden (Gesamtdauer Transkription $\rightarrow$ aktives Genprodukt: >10 min). Die ABA greift offensichtlich an der Plasmamembran der Schließzellen an. Vermutlich reguliert das Hormon die Aktivität der Protonenpumpen (H^+-ATPasen) bzw. von Ionenkanälen (u. a. K^+, Cl^-), da die Schließbewegung mit einer Abgabe osmotisch aktiver Teilchen einhergeht (Kap. 18). Da auf der Plasmamembran der Schließzellen bis heute keine ABA-Bindungsproteine (Rezeptoren) nachgewiesen werden konnten, ist die molekulare Primärreaktion dieser raschen Hormonwirkung noch unbekannt.

Das Pilzgift Fusicoccin (FC, Abb. 12-7) induziert durch Aktivierung der H^+-ATPasen (Protonenpumpen) der Plasmamembranen eine ohne messbare Latenzzeit einsetzende Wachstumsreaktion (Abb. 12-3 B). Diese Stimulation der Zellwandextension erfolgt unabhängig von der Proteinbiosynthese, d. h. eine Genaktivierung kann – wie beim ABA-induzierten Verschluss der Stomata – als kausales Glied in der Reaktionskette ausgeschlossen werden. Ähnlich wie das Phytohormon ABA greift auch der „Wuchsstoff" FC an der Plasmamembran der Zellen an (Bindungsprotein bekannt). Durch rasche Ansäuerung der wachstumslimitierenden Epidermisaußenwand wird eine Zellwandlockerung induziert und somit die Zellstreckung eingeleitet. Die Protonen (H_3O^+-Ionen) fungieren daher als *second messenger* des Pilzgiftes und lösen, vermutlich durch nicht-enzymatische Hydrolyse (Abbau) der β-Glucane der Gras-Zellwände, die Plastizitätserhöhung aus.

Fazit: Die durch das Pilzgift FC im Segmenttest induzierbare Zellstreckung ist die einzige, durch einen „Wuchsstoff" experimentell auslösbare physiologische Reaktion, deren Wirkungsmechanismus weitgehend aufgeklärt ist (Säurewachstum).

13 Photomorphogenese

Die Tatsache, dass der Umweltfaktor Licht die Form, Größe und Gestalt pflanzlicher Organe beeinflussen kann, ist seit Beginn des 19. Jahrhunderts bekannt. Erst die Experimente des Pflanzenphysiologen J. Sachs (1887) führten jedoch zu einer allgemeinen Anerkennung des Befundes, dass die Sonnenstrahlung eine drastische gestaltbildende (morphogenetische) Wirkung auf die Pflanzen ausübt. Ein klassisches Experiment ist in Abb. 13-1 dargestellt. Der Vegetationspunkt einer am Tageslicht angezogenen Kürbispflanze wurde in einen geschlossenen, lichtdichten Holzkasten geführt. Fünf Wochen später wurde der in Dunkelheit weitergewachsene Sprossvegetationspunkt wieder durch ein zweites Loch ans Tageslicht gebracht und dessen Wachstum beobachtet. Im Licht waren die Blätter grün und groß, die Internodien kurz und kräftig. Im Dunkeln wurden gelbe, kleine Blätter und lange, dünne Internodien und Blattstiele beobachtet. Weiterhin zeigt dieses Experiment, dass der Lichteffekt vollständig reversibel ist und dass es zu einer Wanderung von „Baustoffen" innerhalb der Pflanze kommt: Nach künstlicher Befruchtung einer im Dunkeln entwickelten Blüte wurde eine etwa 3 kg schwere Frucht (Kürbis) gebildet, deren Samen zum Teil keimfähig waren. Da die für das heterotrophe Wachstum der etiolierten Pflanzenorgane notwendigen Nährstoffe sowie die organischen Substanzen für die Fruchtbildung aus den im Licht assimilierenden Laubblättern stammen, folgt, dass ein Ferntransport organischer Moleküle stattgefunden haben muss.

Die beim Wachstum in Dunkelheit auftretenden Symptome (Abb. 13-1) wurden von J. Sachs (1887) als „die Krankheit des Etiolements" be-

Abb. 13-1: *Experiment zum Nachweis der morphogenetischen Wirkung von Licht auf die Entwicklung der Pflanze. Der Hauptspross einer im Tageslicht angezogenen Kürbispflanze (Cucurbita pepo) wurde in einen lichtdichten Holzkasten geführt. Fünf Wochen später wurde die etiolierte Spross-Spitze wieder ans Tageslicht gebracht und deren weiteres Wachstum beobachtet. (Nach Sachs, J.: Vorlesungen über Pflanzenphysiologie. Leipzig, 1887).*

zeichnet. Dass es sich hierbei nicht um eine Krankheit, sondern um eine spezielle Art der Entwicklung der gesunden Pflanze handelt, wurde erst später erkannt.

Heute wissen wir, dass bei den höheren Pflanzen zwei verschiedene Entwicklungsstrategien ausgebildet sind: Die unabhängig von der Photosynthese erfolgende pflanzliche Entwicklung im Licht wird als **Photomorphogenese** (De-etiolierung), die Entwicklung in Dunkelheit als **Skotomorphogenese** (Etiolierung bzw. Vergeilung) bezeichnet. Photo- und Skotomorphogenese sind Extreme der phänotypischen Plastizität. Unter natürlichen Umweltbedingungen kommen – bedingt durch den Tag/Nacht-Zyklus sowie Beschattungseffekte – beide Entwicklungsstrategien vor. Die durch Beschattung vollständig „de-etiolierter" (grüner) Pflanzen hervorgerufenen Symptome werden „Re-etiolierung" genannt.

In diesem Kapitel sind die Grundlagen sowie aktuelle Resultate aus dem Gebiet der Photomorphogeneseforschung zusammengestellt.

13.1 Phytochrome und Cryptochrome

Licht hat auf Pflanzen zwei ganz unterschiedliche Wirkungen. Zum einen dient es als **Energiequelle**, wobei die solare Strahlungsenergie in freie chemische Reaktionsenthalpie umgewandelt und in Form stabiler chemischer Verbindungen gespeichert wird (Photosynthese der photoautotropen Organismen, Kap. 10). Die Photosynthesepigmente der höheren Pflanzen (Chlorophylle, Carotinoide) sind in hoher Konzentration dicht gepackt in der Thylakoidmembran der Chloroplasten lokalisiert und werden daher – wie die in der Vacuole gespeicherten Anthocyane – als **Massenpigmente** bezeichnet.

Licht wirkt außerdem – unabhängig von der Photosynthese – steuernd auf die Entwicklung und Gestaltbildung (Morphogenese) der Pflanzen. Diese morphogenetische Wirkung des Lichtes wird von **Sensorpigmenten** vermittelt, die im Gegensatz zu den Photosynthesepigmenten in geringer Konzentration im Cytoplasma aller Zellen der Pflanze vorkommen: Die Massenpigmente (Chlo-

rophylle, Carotinoide, Anthocyane) bewirken eine Färbung des Gewebes, während die Sensorpigmente zu keiner Anfärbung der Zellen führen.

Man unterscheidet heute zwischen zwei Klassen von Sensorpigmenten, den Phytochromen und den Cryptochromen. Phytochrome sind wasserlösliche, cytoplasmatische (bzw. an Membranen assoziierte) Chromoproteine, die in zwei verschiedenen, konvertierbaren Formen vorkommen. Die beiden wichtigsten **Phytochrome** sind Phy A und Phy B (Tab. 13-1). Diese Sensorpigmente dienen der Pflanze als „intrazelluläres Auge" und steuern zahlreiche Entwicklungsprozesse, angefangen von der Samenkeimung bis zur Blütenbildung. Die im Rotlichtbereich des Spektrums absorbierenden Phytochrome haben somit eine multiple Wirkung. Allgemein gilt: Die in höheren Pflanzen universell verbreiteten Phytochrome haben bei der Regulation der Wachstums- und Differenzierungsprozesses die gleiche Bedeutung wie die Chlorophylle für die Photosynthese.

Seit Jahrzehnten ist bekannt, dass die Pflanzen auf kurzwelliges Licht (blau, UV-A) spezifische Reaktionen zeigen (z. B. Hemmung des Hypocotyl-

Tab. 13-1: Die wichtigsten Sensorpigmente der Blütenpflanzen (Nach Briggs, W. R. & Olney, M. A.: Plant Physiol. 125, 85–88, 2001).

Pigment	Lichtabsorption (nm)	Struktur/ Funktion
A. *Phytochrome*		
Phy A	660/730 (hell-/dunkelrot) 280 (blau, Proteinbande)	Chromoprotein lichtlabil Keimlings- Phytochrom
Phy B	" "	Chromoprotein lichtstabil Adult-Phytochrom
B. *Cryptochrome*		
Cry 1/Cry 2	350–500 (UV-A, blau)	Flavoproteine Regulation der Zellstreckung, Blütenbildung
Phototropin	400–500 (blau)	Flavoprotein Phototropismus
Carotinoid	400–500 (")	Zeaxanthin Stomaregulation
Cry X	400–500 (")	unbekannt Chloroplastenverlagerung

wachstums etiolierter Keimlinge, Phototropismus, Öffnung der Stomata, Chloroplastverlagerung). Da bis zu Beginn der 1990er Jahre kein Blau/UV-Sensorpigment identifiziert werden konnte, hatte sich der Begriff **Cryptochrom** (d. h. verborgenes Sehpigment) etabliert. Heute sind vier verschiedene Cryptochrome mit unterschiedlichen Funktionen bekannt (Tab. 13-1). Die Cryptochrome 1 und 2 sind lösliche (bzw. membranassoziierte) Flavoproteine; das Phototropin ist ein Plasmamembran-gebundenes Flavoprotein, dessen Funktion auf die Perzeption horizontal einfallender Strahlung begrenzt ist (Phototropismus). Das Carotinoid Zeaxanthin scheint bei der lichtabhängigen Öffnung der Stomata als Photorezeptor zu fungieren, während das noch nicht identifizierte Cryptochrom X die intrazelluläre Chloroplastenbewegung steuert (Kap. 18). Über die Wirkungsmechanismen der Cryptochrome ist noch wenig bekannt.

In den folgenden Abschnitten ist das gut erforschte Phytochrom (Phy A/B) dargestellt, wobei ein hypothetisches Modell zum molekularen Wirkungsmechanismus dieses zentralen Sensorpigments der Pflanzen abgeleitet wird.

13.2 Entdeckung des Phytochroms

Im Jahr 1952 wurde von H. A. Borthwick und Mitarbeitern ein schon Jahre zuvor beobachtetes Phänomen systematisch untersucht: Die Keimung von Salatachänen (*Lactuca sativa* var. Grand Rapids) wird durch Belichtung der gequollenen Körner drastisch stimuliert. Es handelt sich bei dieser Varietät der Salatpflanze somit um einen **Lichtkeimer** (positiv photoblastische Samen). Das klassische Experiment, das zur Entdeckung des Sensorpigments hat geführt, und noch heute als Praktikumsversuch zum physiologischen Nachweis des Phytochromsystems eingesetzt wird, ist in Abb. 13-2 dargestellt. Salatachänen werden in Dunkelheit für 2 h vorgequollen und dann entweder für weitere 48 h im Dunkeln gehalten (Kontrolle) oder für 5 min mit monochromatischem Licht bestrahlt. Ein Wirkungs (=Aktions)spektrum zeigte, dass ein Lichtpuls im hellroten Spektralbereich (λ etwa 660 nm) die Keimungsrate maximal erhöht (etwa 90%), während eine Kurzzeit-Bestrahlung mit Dunkelrot (λ etwa 730 nm) eine maximale Hemmung der durch Hellrot ausgelösten Keimung bewirkt. Ein die Keimung induzierender Hellrotpuls (5 min HR) kann durch einen nachfolgenden Dunkelrotpuls (5 min DR) in seiner Wirkung aufgehoben (revertiert) werden. Dieses **Revertierungsexperiment** kann praktisch beliebig oft wiederholt werden: Der letzte Lichtpuls entscheidet darüber, ob die Keimung innerhalb der Population ausgelöst wird (etwa 90% Keimung) oder unterbleibt (etwa 10% Keimung). Wie Abb. 13-2 schematisch zeigt, beträgt die Keimrate in der Kontrolle 10%; nach HR-Puls waren 90% der Achänen gekeimt, während ein nachfolgender DR-Puls die Rate auf 10% reduzierte.

Diese Experimente führten zur Schlussfolgerung, dass in den Achänen ein Photorezeptorpigment vorhanden ist, das in zwei interkonvertierbaren Formen vorkommt. Das inaktive, hellrotabsorbierende Pigment (Phytochrom) wird als P_r (r = red = Hellrot) oder P_{660} (Absorptionsmaximum bei etwa 660 nm) bezeichnet und kommt allgemein in etiolierten Geweben (d. h. vor Bestrahlung) als einzige Pigmentform vor. Das physiologisch aktive, dunkelrotabsorbierende Phytochrom wird als P_{fr} (fr = far red = Dunkelrot) oder P_{730} (Absorptionsmaximum bei 730 nm) bezeichnet und entsteht erst nach Belichtung der Pflanze:

$$\rightarrow P_r \underset{\text{inaktiv}}{\overset{\text{Hellrot}}{\underset{\text{Dunkelrot}}{\rightleftarrows}}} \underset{\text{aktiv}}{P_{fr}} \rightarrow \text{Reaktion (Keimung)} \tag{13.1}$$

Der spektralphotometrische Nachweis dieses 1952 postulierten photoreversiblen Sensorpigments in den Zellen der Pflanze war nicht einfach, da 1. das Pigment in sehr geringer Konzentration im Gewebe vorliegt (10^{-6}–10^{-8} mol/l) und 2. der Nachweis in vivo auf Grund der optischen Dichte und lichtbrechenden Eigenschaften pflanzlicher Gewebe erschwert ist. Die Entwicklung spezieller Spektralphotometer ermöglichte es im Jahr 1959, das Pigment, das damals erstmals als Phytochrom bezeichnet wurde, in etiolierten pflanzlichen Geweben nachzuweisen. Anfang der 1960er Jahre wurde das Sensorpigment aus pflanzlichen Geweben isoliert und gereinigt.

Wird eine **Phytochrom-Lösung** mit HR oder DR-Pulsen bestrahlt, so ist eine reversible Farbän-

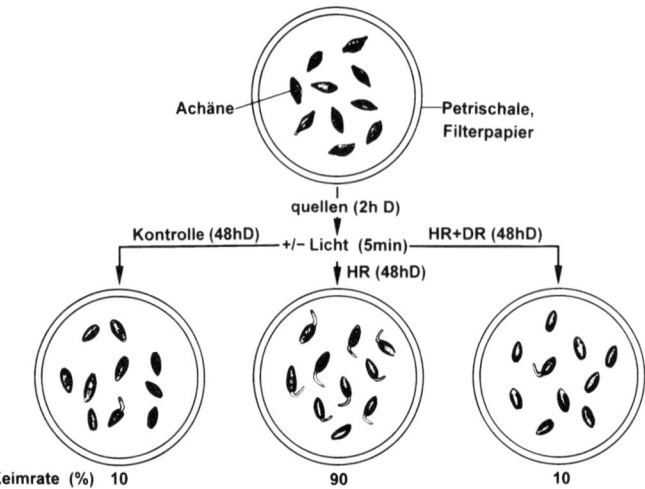

Abb. 13-2: Experiment zum Nachweis der Wirkung des Phytochroms bei der Auslösung der Keimung von Salatachänen (Lactuca sativa var. Grand Rapids). D = Dunkelheit, HR = Hellrot, DR = Dunkelrot.

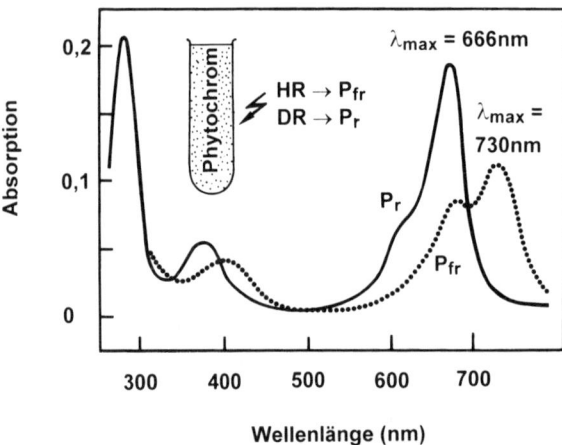

Abb. 13-3: Absorptionsspektrum einer Lösung von gereinigtem Phytochrom aus etiolierten Epicotylen der Gartenerbse (Pisum sativum). Die Phytochrom-Lösung wurde entweder mit Hellrot (HR) oder Dunkelrot (DR) bestrahlt und dann im Spektralphotometer vermessen. Das bei 280 nm auftretende Absorptionsmaximum ist die sogenannte „Proteinbande". (Nach Nakazawa, M., Yoshida, Y. & Manabe, K.: Plant Cell Physiol. 32: 1187–1194, 1991).

derung zu beobachten: Nach Belichtung mit DR liegt die blau gefärbte, im hellroten Bereich absorbierende Form des Phytochroms (P_r) vor; sie kann durch HR-Bestrahlung in die oliv-grün gefärbte, im dunkelroten Spektralbereich absorbierende Form (P_{fr}) überführt werden. Das Absorptionsspektrum von gereinigtem Phytochrom in vitro ist in Abb. 13-3 dargestellt. Aus der Tatsache, dass die Absorptionsmaxima (λ_{max}) mit der physiologischen Wirkung (HR/DR-Pulsexperimente) übereinstimmen, folgt, dass Phytochrom das die Keimungsinduktion vermittelnde Sensorpigment ist.

Allgemein gilt folgende Regel: Wird ein physiologischer Prozess (z. B. Auslösung der Keimung, Hemmung des Hypocotylwachstums, Stimula-

tion der Anthocyansynthese usw.) durch einen HR-Puls induziert und kann diese Wirkung durch einen nachfolgenden DR-Puls revertiert werden, so ist das Phytochrom der Photorezeptor, da kein anderes photoreversibles Sensorpigment bekannt ist, das in vitro diese spektralen Eigenschaften zeigt.

13.3 Struktur des Phytochroms

Das Phytochrommolekül besteht aus einem Chromophor (Phytochrombilin, ein offenkettiges Tetrapyrrolderivat, Ringe 1–4) und einem Pro-

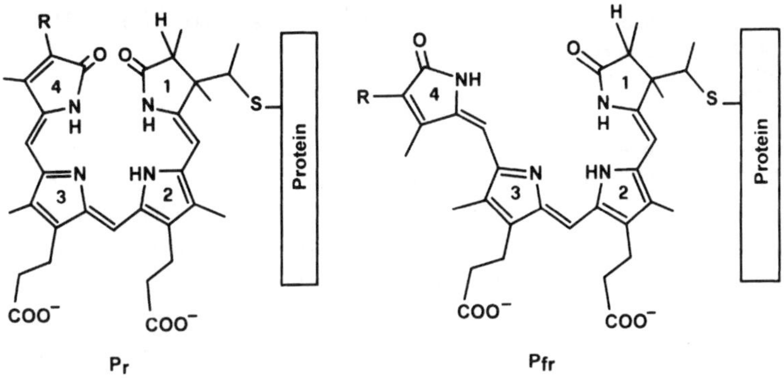

Abb. 13-4: *Struktur des Phytochrom-Moleküls. Das offenkettige Tetrapyrrol-Derivat (Chromoprotein) besteht aus den Ringen 1–4 (Chromophor) und einem Proteinanteil. (Nach Rüdiger, W.: In: Kendrick, R. E. & Kronenberg, G. H. M., ed.: Photomorphogenesis in Plants. Martinus Nijhoff Publ., Dordrecht, 1986).*

teinanteil (rel. Molekülmasse etwa 125 000); es ist somit ein **Chromoprotein**. Die Strukturformel für die P_r-Form ist aufgeklärt und wurde durch Totalsynthese bestätigt. Allerdings ist der Mechanismus der Photokonversion (Umwandlung P_r/P_{fr}) bis heute noch ungeklärt. In Abb. 13-4 ist ein Modell des Phytochrom-Chromophors und die bei der Photokonversion stattfindende cis/trans-Isomerisierung dargestellt (Umklappen der Methinbrücke zwischen den Ringen 3 und 4). Ob bei der Aktivierung des Phytochroms (d. h. Entstehung von P_{fr} aus P_r) auch Änderungen im Proteinanteil des Moleküls auftreten, ist bisher noch ungeklärt.

Betrachtet man das Absorptionsspektrum von gereinigtem Phytochrom in vitro (Abb. 13-3), so wird deutlich, dass sich die Absorptionsmaxima der interkonvertierbaren Formen P_r und P_{fr} überschneiden. Da hellrotes Licht ($\lambda = 640–690$ nm) von P_r und P_{fr} absorbiert wird, liegt nach Bestrahlung mit einem HR-Puls nicht reines P_{fr} vor, sondern es stellt sich ein Photogleichgewicht ein (85 % P_{fr}, 15 % P_r). Etwa 85 % des Gesamtphytochroms ($P_{tot} = P_r+P_{fr}$) liegt nach saturierender HR-Bestrahlung somit als physiologisch aktives Phytochrom vor (P_{fr}). Dunkelrotes Licht ($\lambda = 710–750$ nm) wird auch in sehr geringem Ausmaß von P_r absorbiert: Nach einem saturierenden DR-Puls liegt etwa 97 % des Gesamtphytochroms (P_{tot}) als P_r vor, d. h. in der Lösung ist noch 3 % P_{fr} vorhanden. Weiterhin zeigt Abb. 13-3, dass beide Phytochrom-Formen auch eine starke Absorption im UV-Spektralbereich zeigen (λ etwa 280 nm). Diese

Lichtabsorption findet nicht im Chromophor (Tetrapyrrolderivat, Ringe 1–4), sondern im Proteinanteil des Moleküls statt. Man bezeichnet das bei 280 nm messbare Absorptionsmaximum daher auch als die „Proteinbande" des Phytochroms.

13.4 Vorkommen von Phytochrom

Das photoreversible Sensorpigment Phytochrom wurde in den Zellen und Geweben von Angiospermen, Gymnospermen, Moosen, Grünalgen und einigen anderen Pflanzengruppen nachgewiesen. Es kommt daher vermutlich bei allen grünen (photoautotrophen) eukaryotischen Organismen vor.

Untersucht man die Verteilung des Phytochroms entlang der Achse eines etiolierten Maiskeimlings, so wird deutlich, dass die Konzentration an P_{tot} von der Spross-Spitze zum Wurzelansatz stetig abnimmt: Das Sensorpigment ist in den Zellen des Apex des sich entwickelnden Sprosses in höchster Konzentration vorhanden (Tab. 13-2). Da der Sprossvegetationspunkt (oder Koleoptilspitze) dem Licht entgegenwächst, ist dort die höchste Sensitivität erforderlich, d. h. die als „intrazelluläres Auge" fungierenden Pigmentmoleküle sind im Apex dichter gepackt als im darunterliegenden Gewebe der Organachse. Allerdings ist die Phytochromkonzentration mit $<10^{-6}$ mol/l

Tab. 13-2: Phytochromgehalt in den Organen eines fünf Tage alten etiolierten Maiskeimlings (*Zea mays*, s. Kap. 12). (Nach Schwarz, H. & Schneider, H. A. W.: Planta 170, 152–160, 1987).

Organsegment		Phytochrommenge (µg pro g Frischmasse)
Koleoptile:	Spitze	120
	Mitte	60
	Basis	40
Primärblatt		< 10
Mesocotyl:	Spitze	70
	Mitte	< 10
	Basis	< 10
Wurzel:	Mitte	0,2 – 0,5
	Spitze	70

Die Pflanze wurde in Segmente zerschnitten und der Phytochromgehalt der Gewebeextrakte mit monoklonalen Antikörpern quantifiziert.

auch im Apex des Keimlings so gering, dass etiolierte Sprossspitzen, die ausschließlich das physiologisch inaktive, in Lösung blau gefärbte P_r enthalten, fast völlig farblos sind. Wie Tab. 13-2 weiterhin zeigt, enthält auch die Wurzelspitze eine beträchtliche Menge an Phytochrommolekülen; die Calyptra ist, genau wie die Spitze der Koleoptile und des Mesocotyls, durch eine hohe Lichtsensitivität gekennzeichnet (Kap. 18).

Innerhalb der Zellen liegt das Phytochrom sowohl im Cytoplasma gelöst als auch an Membranen gebunden vor. Wie bereits erwähnt wurde, gibt es bei höheren Pflanzen zwei verschiedene Phytochrom-Typen, die sich nur durch die Aminosäuresequenz des Proteinanteils, nicht jedoch in der Struktur des Chromophors voneinander unterscheiden (Tab. 13-1). Das Phytochrom A kommt in den Zellen etiolierter Pflanzen vor und wird im Licht rasch abgebaut. Das Phytochrom B findet man in den grünen, de-etiolierten Geweben der im Licht wachsenden Pflanzenorgane. Es ist photostabil und repräsentiert das mengenmäßig dominierende „Standard-Phytochrom" der grünen Pflanze. Da über die Umwandlungen und Interaktionen zwischen den Phytochromen A und B noch recht wenig bekannt ist, soll bei der nachfolgenden Darstellung der Photomorphogenese von dem Phytochrom gesprochen und die Unterscheidung zwischen den Subspecies A/B nicht weiter diskutiert werden.

13.5 Photobiologische Unkrautbekämpfung

Seit den 1950er Jahren wird das im Zusammenhang mit der Keimungsinduktion von Salatachänen entdeckte Phytochrom erforscht. Es hat sich hierbei gezeigt, dass drei Sekunden **Mondlicht** oder fünf Minuten der Strahlung einer sternklaren, mondlosen Nacht ausreichen, um eine Keimung auszulösen. Diese Erkenntnisse sind möglicherweise für die biologische Unkrautbekämpfung auf Acker- und Grünlandflächen von großer praktischer Bedeutung. Es ist seit langem bekannt, dass die Samen der meisten wildwachsenden Pflanzen und „Unkräuter" nach der Quellung einen Lichtpuls benötigen um zu keimen (Kap. 8) (Das Wort Unkraut stammt aus dem Umfeld der Agrarwissenschaften. Es ist ein anthroprozentrischer und rein wirtschaftsorientierter Begriff; eigentlich müsste es „unerwünschtes Kraut" oder „Kraut am falschen Platz" aus Sicht der Landwirtschaft heißen). Im Gegensatz zu diesen positiv photoblastischen Samen (**Lichtkeimer**, Photorezeptor: Phytochrom) benötigen die Samen der vom Menschen selektionierten Nutzpflanzen keinen derartigen Keimstimulus: Die Getreidekaryopsen und andere Nutzpflanzen (z. B. Sonnenblume, Raps, Erbse, Senf; Ausnahme: Salat var. Grand Rapids) keimen in der Erde, d. h. in Dunkelheit. Diese **Dunkelkeimer** sind im Erdreich optimal mit Wasser versorgt (H_2O-Aufnahme von allen Seiten der Samen) und außerdem vor Fressfeinden wie Vögeln und Mäusen geschützt.

Wird der Acker am Tag bearbeitet, so erhalten die in der Erde in gequollenem Zustand gelagerten Samen einen Keimstimulus (Lichtpulse, Dauer < 1 s, sind ausreichend, um das Phytochrom zu aktivieren). Diese kurze Bestrahlung während der Bodenbearbeitung reicht aus, um die Samenkeimung der Unkräuter auszulösen.

Im Jahr 1981 wurde von K. M. Hartmann und Mitarbeitern untersucht, ob man durch Unterdrückung des Keimstimulus (d. h. Bodenbestellung in der Nacht, bedeckter Himmel, kein Vollmond) das Auswachsen der Unkräuter hemmen kann. Auf einer Ackerfläche bei Erlangen wurde entweder am Mittag (Kontrolle) oder – auf einer benachbarten Fläche – in der Nacht bei Infrarotlicht die Bodenbestellung durchgeführt. Im nächs-

Abb. 13-5: Effekt einer dreifach wiederholten nächtlichen Bodenbestellung auf die Auskeimung der Ackerunkräuter. Zwei benachbarte Ackerflächen wurden entweder nachts (A) oder am darauffolgenden Tag (Mittagszeit) (B) gepflügt und neun Monate später photografiert. (Nach Hartmann, K. M. & Nezadal, W.: Naturwiss.
77, 158–163, 1990).

ten Sommer wurde der Bewuchs der beiden benachbarten, nicht mit Nutzpflanzen bebauten
Ackerflächen untersucht. In der am Tag gepflüg-
ten Kontrolle war etwa 80% der Ackerfläche mit
Unkräutern bewachsen. Wurde hingegen die gesamte Bodenbestellung nachts durchgeführt, so
war nur 2% der Fläche mit Unkräutern bedeckt
(Abb. 13-5). Die Keimung der meisten dominierenden Arten (z. B. *Galium aparine, Veronica per-
sica, Matricaria chamomilla, Thlaspi arvense, Convolvulus arvensis*) war praktisch vollständig unterdrückt, während einige sich durch Adventivwurzelbildung vegetativ vermehrende Ackerunkräuter (z. B. *Equisetum arvense, Agropyron repens, Lo-
lium perenne*) durch nächtliches Pflügen nicht reduziert werden konnten.

Dieses Experiment zeigt, dass man ohne den
Einsatz von Herbiziden eine erfolgreiche Unkrautbekämpfung (d. h. Unterdrückung der
lichtabhängigen Keimung) erzielen kann:
„Nachts geeggt ist halb gejätet". Ob diese Methode
einmal in der Agrar-Praxis eine Rolle spielen wird,
ist derzeit noch offen. Es wurden inzwischen
Bodenbearbeitungsgeräte mit Lichtabschirmung
entwickelt, mit denen die Intensität des Keimstimulus (Lichtpuls) reduziert werden kann. Frei-
land-Experimente haben gezeigt, dass mit diesen Vorrichtungen eine signifikante Unterdrückung der Unkraut-Auskeimung erzielt werden kann.

13.6 Beschreibung der Photomorphogenese

Zahlreiche morphologische Merkmale und physiologische Prozesse ausgewachsener, grüner
Pflanzen, die man bei oberflächlicher Betrachtung
als „genetisch determiniert" ansehen könnte, sind
phytochromabhängige **Photomorphosen**. So
konnte z. B. die Hemmung des Internodienwachstums, die Förderung des Blattwachstums,
die Zunahme der Zahl der Stomata und das Einrollen des Blattes bei Gräsern auf Wirkung des
Phytochroms zurückgeführt werden. Auch die
Blütenbildung steht bei vielen ausgewachsenen
Pflanzen unter der Kontrolle des Phytochromsystems (Kap. 16).

Ein besonders eindrucksvolles Beispiel für eine
phytochromabhängige Photomorphose bei der
ausgewachsenen, photoautotrophen Pflanze ist
die Blattform des Löwenzahns (*Taraxacum officinale*). Die Phytochromabhängigkeit dieses Art-
merkmals lässt sich folgendermaßen experimentell nachweisen (Abb.13-6). Genetisch sehr ähnliche Pflanzen werden in einer Photoperiode von
10 Stunden Weißlicht (wirkt ähnlich wie HR) und
14 Stunden Dunkelheit angezogen. Ein Blatt einer Kontrollpflanze zeigt den arttypischen gezähnten Blattrand (Abb. 13-6A). Wird hingegen
vor Beginn der Dunkelperiode eine Dunkelrotbestrahlung (30 min) gegeben, so ist der Blattrand

A   **B**

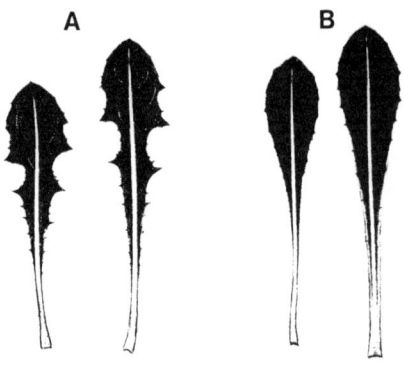

Abb. 13-6: *Nachweis der morphogenetischen Wirkung des Phytochroms in heranwachsenden, dem Tag/Nacht-Rhythmus ausgesetzten Löwenzahnpflanzen (Taraxacum officinale). Die Kontrollpflanzen (A) wuchsen im 10 Stunden Weißlicht/14 Stunden Dunkel-Rhythmus (gezähnter Blattrand). Wird vor Beginn der Dunkelperiode eine Dunkelrot-Bestrahlung eingeschaltet (10 h Weißlicht, 0,5 h DR/13,5 h Dunkelheit), so ist der Rand der Laubblätter dieser Pflanzen rund (B). (Nach Sanchez, R.: Experientia 27: 1234–1237, 1971).*

der so angezogenen Löwenzahnpflanzen nicht gezähnt, sondern nahezu glatt (Abb. 13-6 B). Der Effekt der Dunkelrotbestrahlung kann durch nachfolgende Hellrotbestrahlung aufgehoben (revertiert) werden.

Zur experimentellen Untersuchung der Photomorphogenese eignen sich grüne, ausgewachsene Pflanzen nur bedingt, da diese Organismen zur Aufrechterhaltung der Photosynthese für mehrere Stunden pro Tag im Weißlicht gehalten werden müssen und somit nur vor Beginn der Dunkelperiode mit Lichtpulsen bestrahlt werden können. Da außerdem die Anzucht und experimentelle Handhabung ausgewachsener Pflanzen nicht so leicht möglich ist, wurden die der Photomorphogenese zugrundeliegenden Mechanismen bevorzugt mit etiolierten Keimlingen erforscht. Diese ernähren sich während der ersten Tage ihrer Entwicklung heterotroph von den mitgelieferten Reservestoffen der Mutterpflanze. Das Überleben des Keimlings ist nur gewährleistet, wenn dieser so schnell wie möglich (d. h. noch vor Verbrauch der Speicherstoffe) ans Licht gelangt und sich dann – nach Ausbildung des Photosyntheseapparates –

autotroph ernähren kann. Die Skoto- und Photomorphogenese des Keimlings der Sonnenblume wurde bereits beschrieben (Kap. 2).

13.7 Photomorphogenese der Keimpflanze

Senfkeimlinge (*Sinapis alba*) wurden zur Erforschung der phytochromabhängigen Photomorphogenese besonders intensiv studiert (Abb. 13-7). Bei der nun folgenden Beschreibung der Photomorphogenese soll daher dieses klassische Versuchsobjekt im Mittelpunkt stehen. In Tab. 13.3 sind einige Unterschiede zwischen etiolierten und im Weißlicht angezogenen Senfkeimlingen gegenübergestellt. Alle aufgeführten Merkmale sind von Phytochrom gesteuerte Photomorphosen und treten auch bei Dauerdunkelrot-Bestrahlung auf (phänotypische Plastizität). Da unter diesen Bedingungen keine Chlorophyll-Synthese stattfindet, folgt, dass die Photomorphogenese unabhängig von der Photosynthese ist.

Zum Verständnis der Experimente muss betont werden, dass immer etiolierte Keimlinge (hoher Pegel an P_r) als Ausgangsmaterial verwendet wurden, die dann unter Laborbedingungen monochromatischem Licht ausgesetzt waren.

Pulsexperimente und Dauerbestrahlung. Bei der kinetischen Betrachtung der Phytochrom-Regulation der pflanzlichen Entwicklung muss man Kurzzeit-Induktionsphänomene und Langzeit-Hochintensitätsphänomene voneinander unterscheiden. Beide Versuchsansätze werden im Labor zur Erforschung der Phytochromwirkung eingesetzt und sollen separat dargestellt werden.

Die durch kurze Bestrahlung (Lichtpulse von Minutendauer) mit niedriger Lichtintensität induzierbaren, reversiblen Photomorphosen lassen sich mit dem einfachen, linearen Phytochrommodell erklären: Wenn eine durch Hellrotbestrahlung ausgelöste Photomorphose durch einen nachfolgenden Dunkelrotpuls revertiert (rückgängig gemacht) werden kann, war Phytochrom der Photorezeptor, da kein anderes Pigment bekannt ist, das diese Photoreversibilität zeigt (Abb. 13-8). Ein Revertierungsexperiment ist somit ein einfacher Test zur experimentellen Überprüfung,

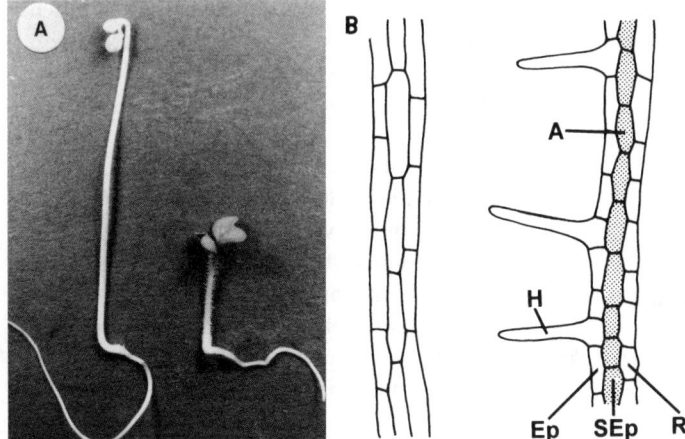

Abb. 13-7: *Skoto- und Photomorphogenese beim Senfkeimling (Sinapis alba). Die Keimpflanzen wurden für vier Tage in Dunkelheit (links) oder im Weißlicht (rechts) angezogen (A) (Originalaufnahme). Längsschnitte durch die sub-apicale Hypocotylregion (B) zeigen, dass die Zellen des etiolierten Keimlings (links) länger sind als die der im Licht gewachsenen Pflanze (rechts) und außerdem weder Haare noch Anthocyan aufweisen (räumliches Kompetenzmuster). A = Anthocyan, Ep = Epidermis, H = Haar, R = Rinde (Cortex), SEp = Subepidermis. (Nach Mohr, H.: Lectures on Photomorphogenesis. Springer, Berlin, 1972).*

Tab. 13-3: Phytochromabhängige Photomorphogenese beim Senfkeimling (*Sinapis alba*) (s. Abb. 13-7). (Nach Mohr, H.: Lectures on Photomorphogenesis. Springer, Berlin, 1972).

Skotomorphogenese (Wachstum in Dunkelheit)	Photomorphogenese (Wachstum in kont. Weißlicht)
Cotyledonen: klein, eingefaltet	Cotyledonen: ausgewachsen, entfaltet
Hypocotylhaken geschlossen	Hypocotylhaken geöffnet
kein Chlorophyll	Chlorophyll
Etioplasten	Chloroplasten (mit Stärkekörnern)
Stomata-Vorstufen	Stomata ausdifferenziert
Bildung von Glyoxisomen (Fettabbau)	Bildung von Peroxisomen (Fettabbau + Photorespiration)
keine Anthocyanbildung	Anthocyanakkumulation
schneller Export	verzögerter Export
von org. Material	von org. Material
Hypocotyl: ohne Haare	Hypocotyl: mit Haaren
W.rate Hypocotyl: 2 mm/h	W.rate Hypocotyl: 0,1 mm/h
Keine Anthocyanbildung im Hypocotyl	Anthocyanakkumulation in Subepidermis des Hypocotyls

ob Phytochrom bei einer bestimmten Lichtreaktion als Photorezeptor fungiert hat.

Beispiele für diese **Kurzzeit-Induktionsphänomene** sind die Auslösung der Samenkeimung (Abb.13-2) und die von H. Mohr und Mitarbeitern intensiv untersuchte Anthocyanbildung in den Cotyledonen und im Hypocotyl von Senfkeimlingen (Abb. 13-9 A). Im Frühjahr kann man in der Natur beobachten, dass die dem Sonnenlicht ausgesetzten Organe der Keimlinge (Stängel, Cotyledonen) dunkelrot gefärbt sind. Das Jugendanthocyan wird in den Vacuolen bestimmter Zellen der Keimlinge in hoher Konzentration abgelagert. Die Funktion dieses Massenpigments besteht vermutlich darin, die im Licht entstehenden Photosynthesepigmente vor einer destruktiven Wir-

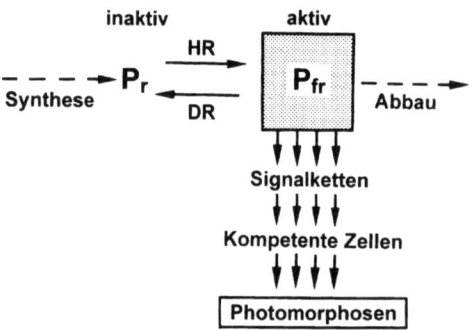

Abb. 13-8: *Schema zur Illustration der Funktion des Phytochroms bei der Photomorphogenese. Nur Kurz-zeit-Induktionsphänomene (Pulsexperimente) können mit diesem einfachen (linearen) Phytochrom-Modell erklärt werden. HR = Hellrot, DR = Dunkelrot.*

kung der Sonneneinstrahlung (Photooxidation) zu schützen.

Wie Abb. 13-9 A zeigt, kann im etiolierten Keimling nur sehr wenig Anthocyan gemessen werden. Schon ein kurzer DR-Puls, appliziert 36 h nach Aussaat, reicht aus, um eine deutliche An-

thocyanakkumulation auszulösen: Obwohl nur etwa 3 % des P_{tot} als P_{fr} vorliegt, reagieren die Zellen des Keimlings mit der Biosynthese des Schutzpigments. Ein HR-Puls führt zu einer Verdopplung der Anthocyanakkumulation im Vergleich zur DR-Kontrolle. Die Wirkung des induzierenden HR-Pulses lässt sich durch einen nachfolgenden DR-Puls völlig revertieren, d. h. die Phytochromwirkung steht mit dem in Abb. 13-8 dargestellten Modell im Einklang.

Die **Langzeit-Hochintensitätsphänomene** treten bei kontinuierlicher Bestrahlung etiolierter Pflanzen mit künstlichem, monochromatischem Licht auf, wobei Dauerdunkelrot sich als besonders wirksam erwiesen hat (Abb. 13-9 B). Außerdem besteht bei Dauerbestrahlung mit Dunkelrot eine Abhängigkeit der Reaktion vom Photonenfluss (Lichtenergie): Die Rate der Anthocyanakkumulation ist abhängig von der Intensität des DR-Lichtes. Es wurde daher zur Beschreibung dieses Phänomens der Begriff **Hochintensitätsreaktion** (HIR) geprägt. Unter natürlichen Bedingungen (Sonnenlicht) scheint die HIR nicht vorzukommen, da im Freiland die Hellrot- und Dun-

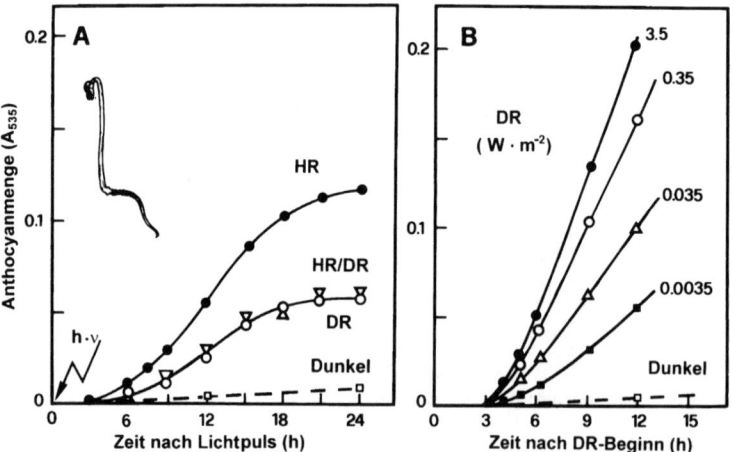

Abb. 13-9: *Kinetiken der Anthocyanakkumulation in Keimlingen (Hypocotyl + Cotyledonen) von Senf (Sinapis alba). In Dunkelheit (etiolierte Keimpflanzen) ist nur eine geringe Pigmentakkumulation messbar. Durch Kurz-zeit-Bestrahlung zum Zeitpunkt 0 (= 36 h nach Aussaat) kann auf Grund der hohen Lichtsensitivität des etiolierten Senfkeimlings auch nach einem Dunkelrot (DR)-Puls eine deutliche Anthocyanakkumulation gemessen werden (A). Ein Hellrot (HR)-Puls bewirkt eine doppelt so hohe Akkumulationsrate und ist durch nachfolgende DR-Bestrahlung (HR/DR) revertierbar. Die Anthocyanakkumulation bei Dauer-DR-Bestrahlung (B) ist durch Erhöhung des Energieflusses nicht saturierbar (Hochintensitätsreaktion). (Nach Lange, H., Shropshire, W. & Mohr, H.: Plant Physiol. 47, 649–655, 1971).*

kelrot-Anteile des Spektrums etwa gleich groß sind (Weißlicht wirkt im Experiment ähnlich wie Hellrot). Es handelt sich bei der HIR somit vermutlich um ein reines Laborphänomen. Da bei der Dauerdunkelrot-Bestrahlung die Chlorophyllbildung ausbleibt, wird die HIR häufig zur Untersuchung der Phytochromwirkung im Labor eingesetzt.

Eine Erklärung für die Tatsache, dass Dauerdunkelrot eine so deutliche Wirkung auf die Photomorphogenese der Keimpflanzen ausübt, ist derzeit nicht möglich. Es ist wahrscheinlich, dass die geringe P_{fr}-Menge ($< 1\%$ des P_{tot}) im Gewebe besonders stabil und aktiv ist. Die HIR beruht dieser Vorstellung zufolge auf einer Hemmung des P_{fr}-Abbaus von Phy A im Dauer-DR (Abb. 13-8). Das Keimlings-Phytochrom A ist lichtlabil (Tab. 13-1). Es wird bei Hellrotbestrahlung rasch, in Dauer-DR hingegen nur langsam abgebaut.

Unter natürlichen Umweltbedingungen sind die Pflanzen nicht monochromatischem Hell- oder Dunkelrotlicht ausgesetzt, sondern dem polychromatischen Sonnenlicht. Die spektrale Zusammensetzung des Sonnenlichtes variiert in Abhängigkeit von den jeweiligen Witterungsbedingungen und der Tageszeit. Weiterhin wird durch die Lichtfilterwirkung der chlorophyllreichen Laubblätter der sogenannte „Grünschatten" erzeugt, d.h. die Strahlung unterhalb einer Wellenlänge von 700 nm wird drastisch reduziert. Bei starkem Grünschatten (z.B. in der Bodenzone dichter Bestände) liegt eine Belichtung vor, die etwa der einer Dunkelrotbestrahlung entspricht (s.u.).

Die Kompetenzmuster. In Abb. 13-7 A, B sind etiolierte bzw. in Dauer-Weißlicht angezogene Senfkeimlinge dargestellt. Phytochrom löst eine ganze Reihe unterschiedlicher, gewebespezifischer Photomorphosen aus (z.B. Anthocyanbildung in der Subepidermis des Hypocotyls). Die Phytochrommoleküle sind jedoch – soweit bekannt – in allen Zellen der Pflanze bezüglich ihrer biochemischen und spektralphotometrischen Eigenschaften identisch. Weiterhin konnten keine großen Unterschiede in der Phytochromdichte in den verschiedenen Geweben der Organe der Pflanze beobachtet werden. Es folgt daraus, dass die Spezifität der Phytochromreaktion nicht durch P_{fr} selbst, sondern durch die **Kompetenz** der Zelle, auf Phytochrom zu reagieren, determi-

niert wird. Unter Kompetenz versteht man allgemein die Fähigkeit der Zelle, auf aktives Phytochrom (P_{fr}) hin eine physiologische Reaktion zu zeigen.

Man unterscheidet zwischen einem räumlichen und einem zeitlichen Kompetenzmuster. Das **räumliche Kompetenzmuster** kann leicht an Längs- und Querschnitten durch etiolierte bzw. im Licht gewachsene Senfkeimlinge demonstriert werden. Die in Abb. 13-7 B dargestellten Längsschnitte zeigen, dass 1. Epidermis, Subepidermis und Cortexzellen auf Phytochrom mit einer Wachstumshemmung reagieren, 2. bestimmte Epidermiszellen (Trichoblasten) nach Aktivierung des Phytochroms Haare ausbilden und 3. die Zellen unterhalb der Epidermis (Subepidermis) im Licht Anthocyan akkumulieren. Die Photomorphosen sind somit auf bestimmte Zelltypen (bzw. Gewebe) beschränkt, d.h. nicht alle Zellen sind bezüglich des P_{fr}-Signals gleich kompetent. Weiterhin wird deutlich, dass mehrere räumliche Kompetenzmuster gleichzeitig existieren können (Hemmung der Zellstreckung in Epidermis und Subepidermis, aber Anthocyanbildung nur in der Subepidermis). Daraus folgt, dass die jeweilige Photomorphose (Wachstumshemmung, Haarbildung, Anthocyansynthese) durch zwei Prozesse zustande kommt: 1. Herstellung einer zell- (oder gewebe)-spezifischen Kompetenz für Phytochrom (= Musterspezifikation) und 2. Expression dieses Musters durch das Phytochrom (= Musterrealisation).

Das **zeitliche Kompetenzmuster** der Photomorphogenese wurde ebenfalls an Senfkeimlingen untersucht. Es zeigte sich, dass erst zu einem bestimmten Zeitpunkt nach Aussaat bestimmte Zellen (oder Gewebe) auf Phytochrom reagieren und zu einem späteren Zeitpunkt der Entwicklung ihre Kompetenz für P_{fr} wieder verlieren. So wird z.B. in den Keimblättern von in Dauer-DR wachsenden Senfkeimlingen 24 h nach Aussaat das Enzym Phenylalaninammoniumlyase (PAL), nach 48 h die β-Amylase, nach 72 h die Uratoxidase und nach 96 h die Peroxidase phytochromabhängig induziert. Die vier Enzyme zeigen also ganz unterschiedliche „Startpunkte", obwohl die zelluläre Konzentration an aktivem Phytochrom (P_{fr}) im kontinuierlichen DR vermutlich immer dieselbe ist.

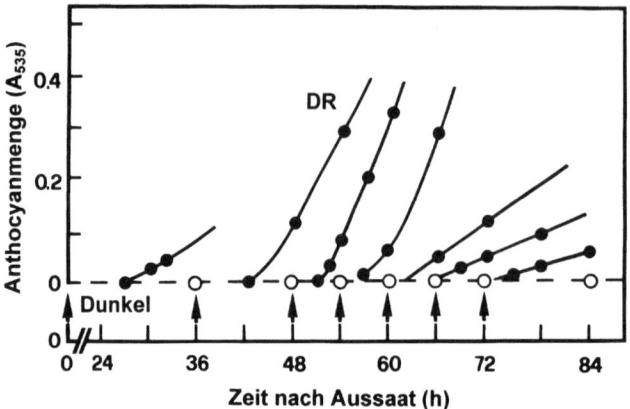

Abb. 13-10: *Kinetiken der lichtabhängigen Anthocyanakkumulation in unterschiedlich alten Senfkeimlingen (Sinapis alba). Etiolierte Pflanzen wurden entweder in Dunkelheit gehalten oder mit Dauer-Dunkelrot (DR)-Licht bestrahlt (Pfeile: Beginn der Belichtung). Es wird deutlich, dass die Akkumulationsrate 48 h nach Aussaat ein Maximum erreicht und dann langsam zurückgeht (zeitliches Kompetenzmuster). (Nach Schopfer, P.: In: Wilkins, M. B., ed.: Advanced Plant Physiology. Pitman, London 1984).*

Bei der phytochrominduzierten Anthocyanbildung im Senfkeimling (Abb. 13-7) wurde das zeitliche Kompetenzmuster (Startpunkt, Optimum, Verlust der Kompetenz) im Detail analysiert. Wie Abb. 13-10 zeigt, beginnt die P_{fr}-abhängige Anthocyanbildung etwa 24 h nach Aussaat (Startpunkt), erreicht nach 48 h ein Optimum und geht dann auf Null zurück: Die Kompetenz der Zellen zur Anthocyanbildung ist etwa 2 Tage nach Aussaat am größten und einen Tag später fast vollständig erloschen. Diese Experimente zeigen, dass die Photomorphogenese der vielzelligen höheren Pflanze eine P_{fr}-gesteuerte Realisation eines endogenen zeitlichen und räumlichen Kompetenzmusters darstellt, wobei Phytochrom als unspezifischer Auslöser fungiert.

An dieser Stelle sollte hervorgehoben werden, dass seit 1990 zur Erforschung der Photomorphogenese bevorzugt die Modellpflanze *Arabidopsis thaliana* eingesetzt wird. Da zahlreiche Sensorpigment-Mutanten bekannt sind und das Genom dieses „Ackerunkrautes" entschlüsselt ist (Kap. 7), konnten grundlegende Erkenntnisse zur Phytochromwirkung erarbeitet werden. Die in diesem Abschnitt am Beispiel *Sinapis alba* beschriebenen Grundphänomene wurden auch für *Arabidopsis* nachgewiesen und dokumentiert. Die beiden Spezies gehören zur selben Pflanzenfamilie (Kreuzblütler, Brassicaceae) und sind daher nahe miteinander verwandt.

13.8 Wirkungsmechanismus von Phytochrom

Die Frage, über welche Mechanismen das aktive Phytochrom (P_{fr}) die zahlreichen Photomorphosen auslöst und steuert, konnte bis heute noch nicht eindeutig geklärt werden. Man muss zwischen der Induktion der Samenkeimung sowie den schnellen (Latenzzeit im Bereich von Minuten) bzw. langsamen Photomorphosen (Latenzzeit von Stunden oder Tagen) unterscheiden. Diese drei Phytochrom-Reaktionen sind im Folgenden dargestellt.

Samenkeimung. Die Keimung positiv photoblastischer Samen (z. B. Saltatachänen) wird durch Licht ausgelöst. Über das aktive Phytochrom A (P_{fr}) wird eine biochemische Reaktionsfolge in Gang gesetzt, die zum Auswachsen des Embryos im gequollenen Samenkorn führt (Abb. 13-2). Seit Mitte der 1950er Jahre ist bekannt, dass ein induzierender HR-Puls durch Zugabe des Phytohormons Gibberellinsäure (GA_3) ersetzt werden kann

(Salatachänen + GA_3-Lösung in Dunkelheit → Keimung) (Kap. 12). Im Jahr 1998 konnte experimentell nachgewiesen werden, dass die Biosynthese des aktiven (endogenen) Gibberellins GA_1 nach Hellrot-Bestrahlung stimuliert wird. Das Sensorpigment wirkt im gequollenen Samenkorn somit über eine Erhöhung der Biosynthese dieses Hormons, d.h. GA_1 ist ein *second messenger* der Phytochromwirkung:

$$\text{Licht} \to P_{fr} \to GA_1 \to \text{Keimung}$$
$$\text{(Auswachsen des Embryos)}$$

Die Signalkette vom aktiven Phytochrom bis zur Stimulation der Hormonsynthese konnte noch nicht entschlüsselt werden.

Wachstumshemmung. Eine typische rasche Phytochromreaktion ist die Hemmung des Hypocotylwachstums im etiolierten Senfkeimling. Werden 2–3 Tage alte, im Dunkeln wachsende Keimlinge ins Dauer-DR gebracht, so kann schon etwa 30 min nach Beginn der Belichtung eine deutliche Wachstumshemmung beobachtet werden. Ähnlich schnelle phytochromgesteuerte Effekte wurden auch bei etiolierten Maiskeimlingen (Hemmung des Mesocotylwachstums) und Erbsen (Hemmung des Epicotylwachstums) beobachtet. Es ist unbekannt, wie P_{fr} die Wachstumshemmung der Organachse bewirkt. Wahrscheinlich wird – genau wie bei Bestrahlung mit Weißlicht – die Zellwandplastizität herabgesetzt (Wandversteifung), wodurch dann die Rate der Turgor-getriebenen Zellstreckung reduziert wird (Kap. 11).

Welche Rolle spielen die Phytohormone während der lichtinduzierten Hemmung der Zellstreckung? Es ist denkbar, dass das aktive Phytochrom (P_{fr}) durch rasche Absenkung des Hormonpegels (Auxine, Gibberelline, Brassinosteroide) die Reduktion des Wachstums hervorbringt. Diese Hypothese (Phytohormone als *second messenger* des P_{fr}) wurde im Verlauf der letzten Jahre überprüft. Die Konzentrationen der Phytohormone Auxin (IAA), Gibberellin (GA_1) und Brassinosteroid (BR_1) wurden unter Einsatz empfindlicher Nachweismethoden quantifiziert. Experimente mit etiolierten Keimlingen haben zum Resultat geführt, dass nach Belichtung der Pflanze ein signifikanter Abfall in den IAA-, GA_1- bzw. BR_1-Kon-

zentrationen eintritt. Die Frage, ob diese Änderungen im Hormonpegel (–10 bis –80%) kausal mit der Hemmung der Zellstreckung verknüpft sind, ist derzeit noch offen.

Differentielle Photoregulation der Gene. Die langsamen Photomorphosen (biochemische Reaktionen wie z.B. Enzyminduktion oder Anthocyanbildung) werden auf eine differentielle Genregulation durch P_{fr} zurückgeführt. H. Mohr postulierte im Jahr 1964, dass Phytochrom durch Aktivierung oder Hemmung potentiell aktiver Gene die langsamen Photomorphosen auslöst. Diese Hypothese (differentielle Photoregulation der Gene durch Phytochrom) besagt, dass das aktive Sensorpigment (P_{fr}) über eine noch unbekannte Signalkette differentiell regulierend in das Aktivitätsmuster der Gene eingreift. Über noch weitgehend unbekannte Reaktionsketten werden dann die verschiedenen Photomorphosen ausgelöst (Abb. 13-11). Außerdem impliziert diese Hypothese, dass phytochromunabhängige Gene, die aktiv oder auch inaktiv sein können, an der Steuerung der pflanzlichen Entwicklung beteiligt sind.

Einer der ersten experimentellen Befunde zur Unterstützung dieser Hypothese war die Beobachtung, dass die phytochromabhängige Anthocyansynthese im Senfkeimling durch **Inhibitoren** der RNA- und Proteinsynthese blockiert werden kann (z.B. Actinomycin D, Cycloheximid). Dies zeigt, dass die relativ langsame Phytochromreaktion (lag-Phase etwa 3 h, Abb. 13-9) nur erfolgen kann, wenn RNA- und Proteinsynthese unbeeinträchtigt ablaufen.

Einige Jahre später wurden die ersten phytochromabhängigen **Enzyme** entdeckt. So wird z.B. im Senfkeimling die Phenylalaninammoniumlyase (PAL), ein Schlüsselenzym im Biosyntheseweg der Phenole (Kap. 17), durch Phytochrom induziert, d.h. neu gebildet. Andere Enzyme (z.B. Lipoxygenase) werden durch P_{fr} reprimiert. Das Enzym Isocitratlyase wird hingegen vom Phytochrom der Zelle überhaupt nicht beeinflusst, d.h. es gehört in die Klasse der P_{fr}-unabhängigen Genprodukte. Im Jahr 1983 waren über 60 Enzyme bekannt, deren Aktivität durch Phytochrom reguliert wird. Man geht daher heute davon aus, dass die langsamen Photomorphosen im Wesentli-

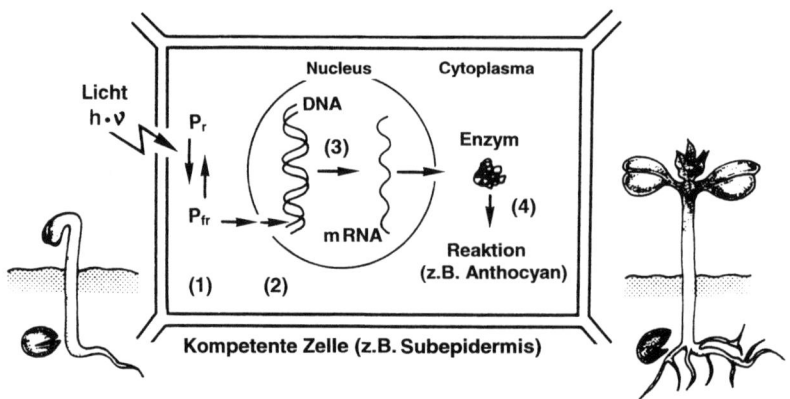

Abb. 13-11: *Hypothese zum Wirkungsmechanismus des Phytochroms bei der Induktion langsamer Photomorphosen (z. B. Anthocyanakkumulation). 1 = Perzeption, 2 = Transfer des aktiven Phytochroms in den Kern, 3 = Genaktivierung, 4 = biochemische Reaktionen. (Nach Smith, H.: Nature 407, 585–591, 2000).*

chen durch lichtabhängige Enzyminduktion (oder -repression) zu Stande kommen, wobei die Spezifität der Photoresponse jedoch durch das räumliche und zeitliche Kompetenzmuster determiniert wird.

Die entscheidende Frage ist, wie das Phytochrom die Enzymbildung steuert. Es sind im Prinzip drei verschiedene Möglichkeiten denkbar: a) Regulation der Transkription, b) Regulation der Translation und c) Regulation post-translationaler Prozesse (Aktivierung oder Repression vorhandener Enzyme):

$$DNA \longrightarrow mRNA \longrightarrow Enzym \longrightarrow Produkt$$

Transkription	Translation	Aktivierung/ Repression	
(a)	(b)	(c)	(13.2)

Die Möglichkeiten (b) und (c), d. h. eine P_{fr}-abhängige Aktivierung oder Repression bereits gebildeter mRNAs bzw. Enzyme, konnten experimentell widerlegt werden. Im Jahr 1975 konnte der direkte, (positive) Beweis erbracht werden, dass das Licht die relative Menge einer spezifischen mRNA ändert, da es damals erstmals möglich war, RNA zu isolieren und im Reagenzglas (in vitro) zu translatieren. Durch elektrophoretische Auftrennung der radioaktiv markierten Translationsprodukte (Proteine) und anschließende Autoradiographie (Sichtbarmachung der Proteinbanden auf Röntgenfilm) konnten Phytochrom-

effekte auf die relative Menge spezifischer mRNAs nachgewiesen werden.

Ein gut untersuchtes Beispiel ist das Enzym Ribulose-1,5-bisphosphat-Carboxylase/Oxygenase (**Rubisco**, Kap. 7). Dieses lösliche, im Stroma der Chloroplasten in großer Menge vorkommende Enzym („das häufigste Protein der Erde") besteht aus zwei Untereinheiten. Die große Rubisco-Untereinheit (g. U.) wird von der Chloroplasten-DNA kodiert und auch innerhalb der Organelle synthetisiert. Die kleine Untereinheit (k. U.) wird hingegen von der DNA des Zellkerns kodiert, im Cytoplasma translatiert und als Vorstufe in die Chloroplasten transportiert. Dort wird (nach Umwandlung in die aktive Form) das Holoenzym Rubisco durch Zusammenlagerung kleiner und großer Untereinheiten fertiggestellt. Es konnte gezeigt werden, dass die kleine Untereinheit durch phytochromabhängige Stimulation der mRNA-Bildung (vermutlich durch Erhöhung der Transkriptionsrate der entsprechenden DNA-Sequenzen) synthetisiert wird (Transkriptionskontrolle):

P_{fr} → Transkription (Zellkern) → mRNA → Translation (Cytoplasma) → Rubisco k. U. → Chloroplast (k. U. + g. U. → Holoenzym Rubisco)

Es sollte jedoch darauf hingewiesen werden, dass eine Bestimmung der mRNA-Menge keine Information darüber liefert, ob nicht auch die Verarbeitung, der Transport ins Cytoplasma oder der Abbau der mRNA durch cytoplasmatische Ribonucleasen vom Phytochrom beeinflusst werden. Mit anderen Worten: Neben der experimentell nachgewiesenen Transkriptionskontrolle (a) können andere Mechanismen der Regulation der Genexpression (posttranskriptionale Kontrolle, Abbau der mRNA) nicht eindeutig ausgeschlossen werden (Kap. 7).

Im Jahr 1999 konnte experimentell nachgewiesen werden, dass die aktive Form des Phytochroms (P_{fr}) nach HR-Bestrahlung vom Cytoplasma in den Nucleus wandert und dort eine Genaktivierung (Transkription) induziert:

Licht → P_{fr} → Import in den Zellkern → mRNA → Enzym

Dieses Modell der Phytochromwirkung ist in Abb. 13-11 in anschaulicher Form dargestellt. Es sollte jedoch betont werden, dass viele Fragen (z. B. die Interaktion P_{fr}/DNA) noch Gegenstand der Forschung sind.

Muster-Spezifikation. Im letzten Abschnitt wurde gezeigt, dass das aktive Phytochrom (P_{fr}) in Folge des räumlichen und zeitlichen Kompetenzmusters als unspezifischer Auslöser verschiedener Photomorphosen zu betrachten ist. Diese Musterrealisation durch P_{fr} kann zumindest in einigen gut untersuchten Fällen (z. B. Anthocyansynthese) auf Aktivierung oder Repression potentiell aktiver Gene zurückgeführt werden (Abb. 13-11). Die Frage, wie die Kompetenz der Zellen, auf das P_{fr}-Signal zu reagieren, determiniert wird (Muster-Spezifikation), ist allerdings derzeit noch völlig offen. Warum reagieren im Hypocotyl des Senfkeimlings nur die Subepidermiszellen, nicht jedoch z. B. die Cortexzellen, nach Aktivierung des Phytochroms mit einer Anthocyanbildung? Warum zeigen die Subepidermiszellen etwa 48 h nach Aussaat die größte Sensitivität in Bezug auf P_{fr}-abhängige Anthocyanbildung? Welche Prozesse führen dazu, dass die Kompetenz der Zellen etwa 80 h nach Aussaat wieder verloren geht? Eine Beantwortung dieser Fragen (Entstehung und Verlust des endogenen Kompetenzmusters) würde uns einem kausalen Verständnis der Photomorphogenese von *Sinapis alba* und *Arabidopsis thaliana* erheblich näher bringen.

13.9 Die Rolle des Phytochroms unter natürlichen Umweltbedingungen

Zur Erforschung der phytochromabhängigen Photomorphogenese werden bevorzugt etiolierte Keimlinge (z. B. *Sinapis alba*) eingesetzt. Nach Bestrahlung mit kurzen HR- oder DR-Pulsen und anschließender Inkubation in Dunkelheit (25 °C) konnten zahlreiche Photomorphosen analysiert und auf Wirkung des Phytochromsystems zurückgeführt werden (Tab. 13-3). Diese Pulsexperimente führten letztlich zur Entdeckung des Phytochroms (Abb. 13-2) und zur Formulierung des einfachen, linearen Phytochrommodells (Abb. 13-8). Weiterhin wurden durch Dauer-DR-Bestrahlung (HIR-Reaktion) eine Vielzahl phytochromabhängiger Prozesse analysiert. Das in Abb. 13-11 dargestellte Modell basiert zum großen Teil auf Daten, die durch systematische Erforschung der Langzeit-Hochintensitäts-Phänomene erarbeitet wurden.

Die Pflanzen sind unter natürlichen Umweltbedingungen niemals monochromatischem Rotlicht (HR/DR-Pulse, Dauer-DR) ausgesetzt. In der Natur unterliegt die Vegetation dem polychromatischen Sonnenlicht ($\lambda = 400–800$ nm). Die in den vorherigen Abschnitten dargestellten Experimente sind somit reine Laborphänomene, die letztlich keine direkte Information über die Rolle des Phytochroms in der Natur liefern, jedoch bei der Erforschung des Sensorpigments grundlegende Erkenntnisse erbracht haben.

Welche Funktion erfüllt das „intrazelluläre Auge der Pflanzen" unter natürlichen Umweltbedingungen? Obwohl das Phytochrom eine Vielzahl physiologischer Prozesse steuert, kann diese entscheidende Frage derzeit nicht eindeutig beantwortet werden. Die bekannten Tatsachen und Hypothesen sollen im Folgenden vorgestellt werden.

Induktion der Samenkeimung. Das in Abb. 13-5 dargestellte Freilandexperiment (Bodenbearbeitung bei Tag /Nacht) zeigt auf eindrucksvolle Weise, dass die Mehrzahl unserer wildwachsenden Pflanzen, ähnlich wie die Salatachänen var. Grand Rapids (Abb. 13-2), zur Auslösung der Keimung einen Lichtpuls benötigen. In den bisher untersuchten Spezies konnte das Phytochrom als das verantwortliche Sensorpigment identifiziert werden. Warum benötigen die wildwachsenden Pflanzen – im Gegensatz zu den vom Menschen selektionierten Nutzpflanzen – diesen Keimstimulus? Unter natürlichen Bedingungen keimen die Samen der wildwachsenden Pflanzen mit optimaler Rate (Keimhäufigkeit > 50 %), wenn sie nur wenige mm tief unterhalb der Erdoberfläche liegen; das Sonnenlicht dringt nur etwa einen cm tief in das Erdreich ein und löst somit die Keimung der dort liegenden Samen aus. Werden die Samen im Experiment tiefer als etwa einen cm unter die Erdoberfläche gebracht, so keimen sie auf Grund des dort herrschenden Lichtmangels auch im gequollenen Zustand nicht aus. Die Keimstängel der tief in der Erde vergrabenen Samen würden vermutlich bei Licht-unabhängiger Keimung die Erdoberfläche nicht erreichen und somit zugrunde gehen. Das Phytochrom „signalisiert" den gequollenen Samen somit die Höhe der über ihnen liegenden Erdschicht. Ist diese <1 cm, so wird die Keimung ausgelöst; die Keimstängel sind dann in der Lage, das Sonnenlicht zu erreichen, um sich nach Ausbildung des Photosyntheseapparates autotroph zu ernähren. Ist die Erdschicht deutlich höher, so unterbleibt der Keimstimulus. Die Samen würden im Falle einer Keimung ihre Sprossvegetationspunkte vermutlich nicht bis an die Oberfläche bringen, folglich die Entwicklungsstufe des etiolierten Keimlings nicht überschreiten und dann im Erdreich absterben.

Warum sind die tief im Erdreich keimenden Samen unserer Nutzpflanzen in der Lage, diese erste, heterotrophe Entwicklungsphase zu überleben? Die vom Menschen selektionierten Nutzpflanzen besitzen große, mit Speicherstoffen reichlich versehene Samen. Der Vorrat an Nährstoffen reicht aus, den Embryo so lange zu ernähren, bis die Spross-Spitze die Erdoberfläche erreicht hat. Manche Varietäten der Gartenerbse (*Pisum sativum*) erreichen bei Wachstum in Dunkelheit Spross(Epicotyl)höhen von bis zu 50 cm und können bis zu 14 Tage lang heterotroph (d.h. unter Verbrauch der Speicherstoffe) in die Länge wachsen. Ein Überleben einer längeren, vom Licht unabhängigen Wachstumsperiode ist somit gesichert.

Entwicklung des Keimlings. Wie bereits beschrieben wurde, erfolgt nach Erreichen der Erdoberfläche eine lichtinduzierte Umschaltung der Entwicklungsstrategie des Keimlings: die im Erdreich abgelaufene Skotomorphogenese (rasches Längenwachstum) geht in die Photomorphogenese über. Die mit etiolierten Senfkeimlingen durchgeführten Experimente haben gezeigt, dass unter Laborbedingungen das Phytochrom der zentrale Photorezeptor der Photomorphogenese ist (Abb. 13-11). Aus der Tatsache, dass die Morphologie der in Dauer-DR angezogenen Keimlinge sich bis auf die fehlende Chlorophyllbildung nicht von derjenigen unterscheidet, die bei Dauer-Weißlicht-Bestrahlung beobachtet werden kann, folgt, dass das Phytochrom auch unter Wirkung des polychromatischen Sonnenlichtes aktiv war. Der Wirkungsmechanismus des Phytochroms bei polychromatischer Bestrahlung ist jedoch mit dem in Abb. 13-8 dargestellten einfachen Modell nicht zu erklären, d.h. wir wissen, dass Phytochrom diese Prozesse auslöst, nicht jedoch, wie das Sensorpigment unter natürlichen Umweltverhältnissen wirkt. Außerdem enthält die polychromatische Sonnenstrahlung kurzwelliges Blau/UV-Licht, d.h. neben der Aktivierung des Phytochroms erfolgt gleichzeitig eine Lichtperzeption über die Cryptochrome A und B der Pflanze (Tab. 13-1). Es ist z.B. unklar, ob die durch Weißlicht induzierbare Wachstumshemmung des Hypocotyls durch das Phytochrom oder Cry A/B der Zellen vermittelt wird. Eine Interaktion der beiden Sensorpigmente ist wahrscheinlich, jedoch derzeit noch wenig erforscht.

Heranwachsende Pflanzen. Es wurde bereits erwähnt, dass zahlreiche physiologische Prozesse grüner, im Tag/Nacht-Rhythmus wachsender Pflanzen durch Phytochrom reguliert werden. So wird z.B. auch die Form des Randes der Laubblätter bei manchen Arten von diesem Sensorpigment determiniert (Abb. 13-6). Die Rolle des Phytochroms bei der Perzeption der Lichtqualität wurde im Verlauf der letzten Jahre gründlich untersucht und soll im Folgenden beschrieben werden.

Im natürlichen Biotop sind die Pflanzen dem Sonnenlicht ausgesetzt: Die spektrale Zusammensetzung dieses polychromatischen Weißlichts variiert auf Grund wechselnder Tageszeiten

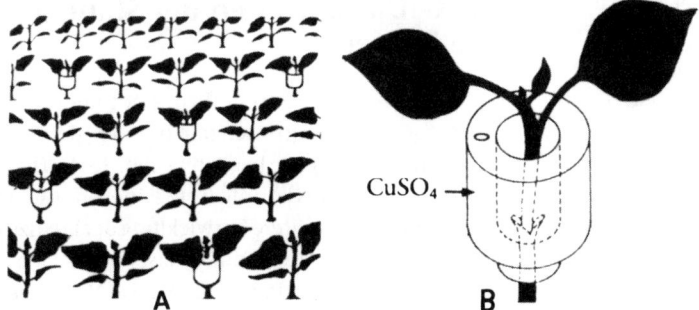

Abb. 13-12: *Experimentelle Analyse der Rolle des Phytochroms bei der Perzeption des reflektierten Lichts in heranwachsenden Populationen. Die Versuchspflanzen (Datura ferox) wurden in einzelnen Töpfen im natürlichen Tag/Nacht-Rhythmus angezogen (A). Nach Abschneiden der Keimblätter und Aufsetzen eines ringförmigen Lichtfilters (Kupfersulfat-Lösung zur Absorption von dunkelrotem Licht bzw. H$_2$O als Kontrolle) (B) kann die Wirkung der reflektierten Strahlung auf das Wachstum des obersten Internodiums bestimmt werden. (Nach Ballare, C.L., Scopel, A.L. & Sanchez, R. A.: Science 247, 329–332, 1990).*

und Witterungsbedingungen (Bewölkung) ständig. Von besonderer Bedeutung ist die **Beschattung** der Pflanze durch die benachbarte Vegetation. Bevor die in einer Population von Individuen heranwachsende Pflanze durch benachbarte „Konkurrenten" beschattet wird, ist sie dem schwachen, reflektierten Licht der sie umgebenden Stängel und Blätter ausgesetzt. Experimente mit einer Reihe von Arten (z. B. *Datura ferox, Sinapis alba, Cucurbita pepo*) haben gezeigt, dass die Pflanzen vor Beschattung durch Nachbarn in Folge der Perzeption des reflektierten Lichtes mit einem erhöhten Sprosswachstum reagieren, wobei Phytochrom der Photorezeptor ist. Die im Sonnenlicht heranwachsende Pflanze „sieht" somit mit Hilfe des „intrazellulären Auges", wie dicht sie von weiteren, um einen optimalen Platz an der Sonne konkurrierenden Individuen umgeben ist. Das Sensorpigment Phytochrom ermöglicht es der Pflanze, einer potentiellen Beschattung durch erhöhtes Sprosswachstum zu entgehen.

Welche Experimente unterstützen diese Hypothese? In Abb. 13-12 ist eine entsprechende Versuchsanordnung dargestellt. Zunächst bestimmt man die Wachstumsrate isoliert stehender Pflanzen. Nach Transfer in eine Population gleich alter Individuen (Abb. 13-12 A) kann eine deutliche Stimulation des Internodienwachstums gemessen werden (Vermeidung der Beschattung). Wird das oberste Internodium durch Aufsetzen eines ring-

förmigen Lichtfilters für DR-Licht „blind" gemacht, so ist der Anstieg in der Wachstumsrate nach Transfer fast vollständig unterdrückt (Abb. 13-12 B). Schlussfolgerung: Die heranwachsende Pflanze perzipiert das reflektierte DR-Licht mit Hilfe des Phytochroms.

Der Grünschatten. Das Sonnenlicht enthält etwa dieselbe Menge an Hellrot- wie Dunkelrot-Strahlung (HR/DR ≈ 1,2). Aus diesem Grund wirkt z. B. im Experiment schwaches Weißlicht ähnlich wie eine Hellrot-Bestrahlung. Betrachtet man einen dichten Pflanzenbestand (z. B. Mais- oder Zuckerrübenfeld), so fällt auf, dass in der Bodenzone nicht nur die Lichtquantität, sondern auch die spektrale Zusammensetzung der Strahlung im Vergleich zum ungefilterten Sonnenlicht eine drastische Änderung erfahren hat. Die chlorophyllhaltigen Blätter verursachen den sogenannten Grünschatten: Das Licht unterhalb einer Wellenlänge von 700 nm (d.h. sichtbare Strahlung von 400–700 nm) wird nahezu vollständig absorbiert, so dass fast nur noch langwellige Strahlung vorliegt. Unterhalb eines dichten Blätterdaches kommt bei hellem Sonnenschein am Boden nur noch schwaches, dunkelrotes Licht an, das einer monochromatischen Strahlung von etwa 740 nm entspricht (DR). Dieser Grünschatten hat für die Bodenregion des Pflanzenbestandes eine weitreichende ökologische Bedeutung: das Phytochrom der beschatteten Vegetation ist bei schwachem Dauer-DR-Licht weitgehend inaktiviert. Die Keimung der Samen der „Unkräuter" wird somit zum Großteil gehemmt; weiterhin kann bei den wenigen ausgekeimten Pflanzen im Grünschatten eine partielle Etiolierung (Skotomorphogenese) beobachtet werden. Parasitische Blütenpflanzen (z. B. „Teufelszwirn" *Cuscuta*) bilden nur im Dunkelrot-Licht (Grünschatten) Haustorien aus und ernähren sich dann von den organischen Substanzen (und Ionen) der „angezapften" Wirtspflanze (Kap. 18).

Die Konsequenzen des Grünschattens für die **Landwirtschaft** sind offensichtlich. Wird ein Acker zu dicht mit Getreidepflanzen bestückt, so kann insbesondere bei Überdüngung eine Ertragsdezimierung beobachtet werden: Die Pflanzen beschatten sich gegenseitig so stark, dass eine phytochromgesteuerte Etiolierung der unteren Halmglieder eintritt und die Pflanzen dann bei Wind und Sturm mangels mechanischer Stabilität umkippen. Bis zur Mitte des 19. Jahrhunderts glaubte man, dass das „Lagern des Getreides" auf Kieselsäuremangel des Bodens zurückzuführen ist. Erst die Forschungsarbeiten des Pflanzenphysiologen J. Sachs zum Einfluss des Lichtes auf die Vegetation (Abb. 13-1) haben diesem Irrglauben ein Ende bereitet. Sachs (1865) empfahl zur Verhinderung des Lagerns des Getreides eine weniger dichte Bepflanzung der Ackerfläche, da er die Ursache dieser Erscheinung erstmals klar erkannte.

Ausgewachsene Pflanzen. Die Wachstumsphase der einjährigen Samenpflanze endet unter natürlichen Umweltbedingungen mit der Blütenbildung. Phytochrom scheint der zentrale Photorezeptor bei der Auslösung dieses von der Tagesperiode gesteuerten Entwicklungsprozesses zu sein (Kap. 16).

Die in diesem Abschnitt zusammengestellten Fakten zeigen somit, dass das photoreversible Sensorpigment unter natürlichen Umweltbedingungen eine Vielzahl physiologischer Prozesse steuert. Die Frage, über welche Mechanismen das aktive Phytochrom (P_{fr}) im polychromatischen Sonnenlicht seine multiple Wirkung entfaltet, ist allerdings derzeit noch weitgehend unbeantwortet.

13.10 Das Ergrünen der Stängel und Blätter

Der Übergang von der Skoto- zur Photomorphogenese ist von einem raschen Ergrünen der ans Licht gelangten Organe begleitet (Abb. 13-1). Dieser komplexe Prozess konnte trotz seiner enormen Bedeutung für die weitere Entwicklung der Pflanze (photoautotrophe Wachstumsphase) noch nicht in allen Details aufgeklärt werden. Zwei Vorgänge stehen im Zentrum des Geschehens: Die Entwicklung der Chloroplasten und die Biosynthese des „Blattgrüns", des Chlorophylls.

Chloroplastenentwicklung. Die Struktur der Chloroplasten der im Licht wachsenden Pflanze wurde bereits beschrieben (Kap. 3). Wie entwickeln sich diese für die Photoautotrophie der Pflanze verantwortlichen Organellen? In den Zellen des Embryos des keimenden Samens sowie in den meristematischen Zellen der jungen Keimpflanze (Spross- und Wurzelvegetationspunkt) können die Vorläufer aller Plastiden, die **Proplastiden**, beobachtet werden (Abb. 13-13 A). Die Proplastiden haben einen Durchmesser von etwa 1 µm, wobei die Form sehr variabel sein kann. Sie bestehen aus einer Doppelmembran, die ein wenig strukturiertes Plastidenstroma umschließt. Im Stroma liegt das aus DNA-Fibrillen zusammengesetzte Nucleoid; weiterhin können meist einige wenige Thylakoide, Lipidtropfen sowie 1–2 kleine Stärkekörner beobachtet werden. Manche heterotrophe Gewebe und Organe (z. B. die meisten Zellen der Koleoptile; die Wurzel) entwickeln auch im Licht keine Photosynthesefähigkeit. Die Proplastiden der meristematischen Zellen bleiben während der Entwicklung in aller Regel nicht als solche erhalten; sie akkumulieren große Mengen an Stärke und werden dann als **Amyloplasten** bezeichnet. Diese mit Stärkekörnern gefüllten Organellen, die zu den Leukoplasten gezählt werden, sind bei der Darstellung des Gravitropismus abgehandelt (Kap. 18).

Potentiell grüne Gewebe und Organe (Spross, Blätter) weisen bei Wachstum in Dunkelheit einen Plastidentyp auf, der als **Etioplast** bezeichnet wird (Abb. 13-13 B). Etioplasten sind somit die Plastiden der in Dunkelheit gewachsenen (etiolierten) Organe, die sich auf Grund des Lichtmangels

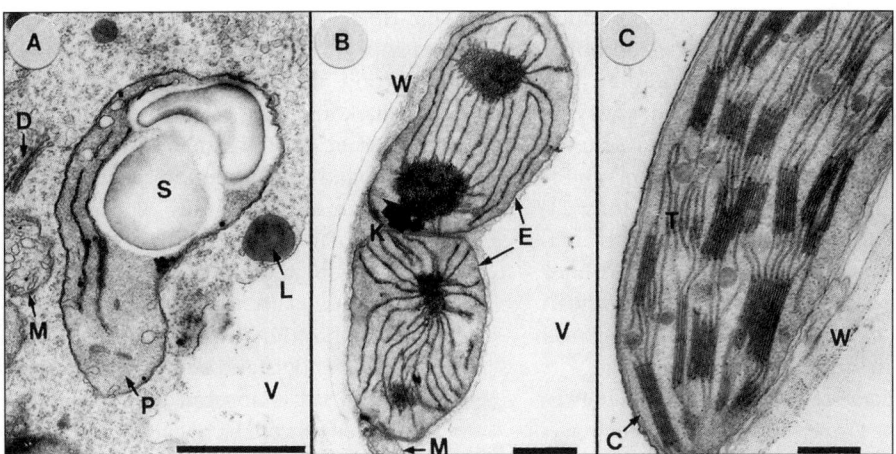

Abb. 13-13: *Elektronenmikroskopische Aufnahmen einer Proplastide (A), von zwei Etioplasten (B) und eines Chloroplasten (C) in den Blatt-Parenchymzellen von Roggenkeimlingen (Secale cereale). Im Cytoplasmasaum der meristematischen Zelle (A) sind außerdem ein Dictyosom (D), ein großer Lipidtropfen (L) und ein Mitochondrion (M) zu erkennen. C = Chloroplast, E = Etioplast, K = Prolamellarkörper, P = Proplastide, T = Thylakoidmembran, V = Vacuole, W = Zellwand, Balken = 1 µm. (Nach Fröhlich, M. & Kutschera, U. : Bot. Acta 107, 12–17, 1994).*

nicht zu ausdifferenzierten Chloroplasten entwickeln konnten. Die Etioplasten enthalten als charakteristisches Strukturmerkmal einen oder mehrere Prolamellarkörper. Dies ist ein System aus röhrenförmigen Membranen (semikristalline Gitter), das die Vorstufe des Chlorophylls, das Protochlorophyll, enthält. Weiterhin können im Stroma der Etioplasten einige Prothylakoide beobachtet werden. Etiolierte Pflanzen sind auf Grund der in den Etioplasten vorhandenen **Massenpigmente** (Carotinoide, Protochlorophyll) nicht weiß, sondern leicht gelb gefärbt. Das im Cytoplasma der Zellen vorhandene, inaktive Sensorpigment Phytochrom (P_r) führt, wie bereits erwähnt wurde, wegen seiner extrem niedrigen Konzentration zu keiner Färbung des Gewebes.

Gelangt die Spross-Spitze ans Licht, so findet in den Zellen eine rasche Umwandlung der Etioplasten statt: Die Prolamellarkörper entwickeln sich unter Absorption von Blaulicht (Photorezeptor unbekannt) zu Thylakoiden, wobei man die zu Stapeln vereinigten Granathylakoide von den einzeln in der Grundsubstanz verlaufenden Stromathylakoide unterscheidet (Abb. 13-13C). Im Stroma der Chloroplasten kann außerdem die im Licht gebildete und in der Regel nachts wieder ab-

gebaute **Assimilationsstärke** beobachtet werden. Die transitorische Stärke der Chloroplasten sollte nicht mit den Stärkekörnern in den Amyloplasten verwechselt werden; jene entstehen in Abwesenheit von Licht und unterliegen somit keinem Tag/Nacht- (Licht/Dunkel)-Rhythmus, wie er für die Assimilationsstärke typisch ist.

In Korrelation mit dem Ende der Lebenszeit eines Blattes setzt die mit einem Chlorophyllabbau einhergehende Seneszenz ein. Die Plastiden dieser vergilbenden, photosynthetisch nicht mehr aktiven Blätter werden als **Gerontoplasten** bezeichnet. Man kann die hier besprochene Plastidenentwicklung somit wie folgt zusammenfassen:

- Dunkelheit oder Licht (Wurzel): Proplastide → Amyloplast (Stärke)
- Dunkelheit (Blatt): Proplastide → Etioplast (Prolamellarkörper) → Gerontoplast
- Licht (Blatt): Etioplast → Chloroplast (Thylakoidmembran) → Gerontoplast

Biosynthese des Chlorophylls. Die Chlorophylle der höheren Pflanzen gehören in die Stoffklasse der Tetrapyrrole. Diese Pigmentmoleküle erfüllen in der Pflanze zwei ganz unterschiedliche Funktionen. Als Eisenkomplexe sind sie Bestandteil der

Elektronentransportketten in den Mitochondrien (Cytochrome a, a_3, b, c_1, c) und den Chloroplasten (Cytochrom b6-f). Weiterhin sind die Tetrapyrrol-Eisen-Komplexe als Bausteine der Enzyme Katalase, Peroxidase und Nitrit-Reduktase für die Katalyse verschiedener Redoxreaktionen verantwortlich. Tetrapyrrole sind auf Grund ihrer Eigenschaft, das sichtbare Licht zu absorbieren, außerdem als Bestandteil der Sensor- und Massenpigmente in den Zellen der Pflanzen zu finden (Phytochrome, Chlorophylle). Im Folgenden soll die Biosynthese des Photosynthesepigments Chlorophyll a dargestellt werden; der in den Plastiden lokalisierte Prozess wurde der Übersicht wegen in fünf Teilschritten zerlegt (Abb. 13-14):

- Bildung von 5-Aminolaevulinat: Diese Schlüsselreaktion der Tetrapyrrol-Biosynthese erfolgt bei Pflanzen aus der Aminosäure Glutamat, wobei im ersten Schritt eine Aktivierung des Ausgangsproduktes durch Bindung an eine tRNA stattfindet. Unter Bildung der Zwischenstufen Glutamyl-tRNA und Glutamat-1-semialdehyd entsteht das Produkt 5-Aminolaevulinat. Die durch vier verschiedene Enzyme katalysierte Reaktion wird durch Licht beschleunigt, wobei eine Aktivierung des Phytochromsystems zu einer Stimulation dieser ersten Reaktionssequenz führt. Auch in Dunkelheit wird 5-Aminolaevulinat gebildet.
- Bildung von Porphobilinogen: Unter Abspaltung von Wasser entsteht aus zwei Molekülen 5-Aminolaevulinat das Monopyrrolderivat Porphobilinogen.
- Bildung von Protoporphyrin: Vier Porphobilinogen-Moleküle reagieren unter Abspaltung von Ammonium-Ionen zum Zwischenprodukt Uroporphyrinogen III, das als erstes Tetrapyrrolderivat anzusehen ist und aus vier Ringen besteht. Über weitere Zwischenstufen entsteht dann das Protoporphyrin.
- Bildung von Protochlorophyllid: Das Protoporphyrin ist die Vorstufe der eisenhaltigen Tetrapyrrole (Cytochrome, Peroxidase, Katalase). Unter Aufnahme von Magnesium-Ionen und Ausbildung eines fünften Ringes entsteht über mehrere Zwischenstufen das Protochlorophyllid. Da dieses Molekül an ein Protein gebunden vorliegt, bezeichnet man es als Protochloro-

phyllid-Holochrom (= Chromophor-Protein-Komplex).
- Bildung von Chlorophyll a: In den Etioplasten (Prolamellarkörper) der Zellen potentiell grüner Pflanzen (Abb. 13-13 B) sammelt sich das Protochlorophyllid-Holochrom in relativ hoher Konzentration an. Gelangt die Zelle ans Licht, findet eine Anlagerung von zwei H-Atomen am Ring 4 des Protochlorophyllid-Moleküls statt. Diese Reduktion kann nur erfolgen, wenn sich der Chromophor (Ringe 1–5) in einem durch Licht angeregten Zustand befindet: Das Protochlorophyllid selbst ist somit der Photorezeptor dieser zweiten, vom Licht abhängigen Reaktion (λ_{max} = 650 nm). Diese nur unter kontinuierlicher Absorption von Photonen verlaufende **Photoreduktion** der Protochlorophyllid-Holochrom-Moleküle ist die Ursache für die seit langem bekannte Tatsache, dass das Ergrünen der Stängel und Blätter nur im Dauerlicht erfolgen kann. Kurze Lichtpulse sind zur Aufrechterhaltung der Photoreduktion nicht ausreichend. Aus dem Produkt dieser Wasserstoffanlagerung (Chlorophyllid-Holochrom + 2 H) entsteht nach Abspaltung des Proteins und anschließender Veresterung mit dem C_{20}-Alkohol Phytol das Chlorophyll a-Molekül (Abb. 13-14).

Die Darstellung des Ergrünungsprozesses zeigt, dass sowohl die Umwandlung der Etioplasten in Chloroplasten als auch die Biosynthese der Photosynthesepigmente komplizierte, durch Licht ausgelöste Reaktionssequenzen sind. Das Sensorpigment Phytochrom scheint die erste lichtabhängige Reaktionsfolge (Bildung von 5-Aminolaevulinat) zu beschleunigen. Die Photoreduktion von Protochlorophyllid zum Chlorophyllid ist hingegen ein Phytochrom-unabhängiger Teilprozess der pflanzlichen Photomorphogenese: Hier fungiert das zu reduzierende Pigmentmolekül selbst als Photorezeptor. Aus diesem Grund wird das Protochlorophyllid manchmal auch als das „dritte Sensorpigment" der Pflanzen bezeichnet. Im Gegensatz zu den Sehpigmenten (Phytochrome und Cryptochrome) ist das Protochlorophyllid allerdings nur während der Transformation Etioplast → Chloroplast vorhanden. Nach Photoreduktion der Moleküle verschwindet auch

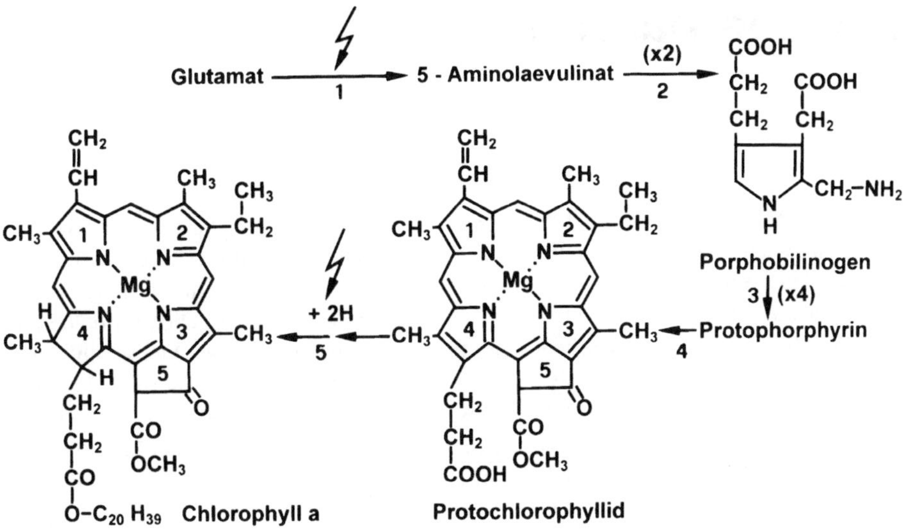

Abb. 13-14: *Vereinfachtes Schema der Biosynthese von Chlorophyll a. Die Schritte 1–5 sind im Text erläutert. Lichtabhängige Reaktionen (1. und 5.) sind durch Blitze markiert.*

die Photorezeptor-Funktion dieser Vorstufe des Chlorophylls.

Abschließend soll noch erwähnt werden, dass die Keimlinge unserer **Nadelbäume** auch im Dunkeln ergrünen. Die hier diskutierten Prozesse (Abb. 13-14) laufen bei diesen Gymnospermen, deren Keimlinge oft im tiefsten Schatten (Nadelwald) zur Entwicklung kommen, auch ohne Absorption von Photonen ab. Der Mechanismus dieser Licht-unabhängigen Ergrünung konnte inzwischen aufgeklärt werden. Reaktion 5 wird bei Gymnospermen-Keimlingen durch ein Enzym katalysiert, das auch in Dunkelheit aktiv ist.

14 Pflanzenernährung

Welche chemischen Elemente muss die Pflanze aus der Umwelt (Boden, Luft) aufnehmen, um ihren Entwicklungszyklus durchlaufen zu können? Wie funktioniert die Ionenaufnahme über das Wurzelsystem der Pflanze? Welche Mangelerscheinungen treten auf, wenn ein bestimmtes Nährelement im Boden fehlt? Mit diesen Fragen beschäftigt sich die Pflanzenernährung. Dieser Wissenschaftszweig verfolgt nebenbei jedoch auch ein praktisches Ziel: Durch Zufuhr entsprechender Pflanzennährstoffe soll auf den zu bewirtschaftenden Agrarflächen ein hoher Ertrag bei möglichst großer Qualität der Ernteprodukte erzielt werden.

Wie Abb. 14-1 zeigt, werden mit jeder Ernte (z. B. Getreidekörner, Knollen) Pflanzennährstoffe aus dem landwirtschaftlichen Betrieb exportiert. Diese Lücke in der Nährstoffbilanz wird zum einen durch wirtschaftseigene Düngemittel (Mist, Gülle, Gründüngung) und zum anderen durch Zufuhr stickstoffhaltiger Mineraldünger ausgeglichen.

Ohne künstliche Düngung wäre die Landwirtschaft, wie sie zur Versorgung der Bevölkerung in unseren dicht besiedelten Regionen notwendig ist, nicht möglich. Im Jahr 1850 ernährten vier Landwirte im Durchschnitt eine weitere Person. Heute ernährt ein Bauer zusätzlich rund 70 nicht in der Landwirtschaft tätige Menschen. Diese enorme Produktivitätssteigerung ist u. a. auf den Einsatz synthetischer Mineraldünger zurückführbar. Durch jahrzehntelange Überdüngung sind unsere landwirtschaftlich genutzten Böden derzeit allerdings mit Stickstoff-Verbindungen gesättigt, so dass das Sickerwasser mit Pflanzennährstoffen (z. B. Nitrat) belastet ist.

In diesem Kapitel sind die theoretischen Grundlagen der Pflanzenernährung dargestellt, wobei auch auf angewandte Aspekte eingegangen wird.

14.1 Experimentelle Analyse des Nährstoffbedarfs

In Abb. 14-2 sind die beiden grundlegenden Versuchsansätze gegenübergestellt, mit Hilfe derer

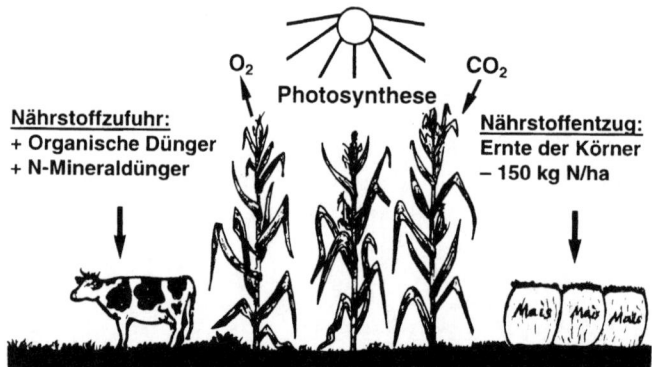

Abb. 14-1: *Kreislauf der Pflanzen-Nährstoffe im Agrarbetrieb am Beispiel des Maisanbaus (Zea mays). Unter Zufuhr entsprechender Nährelemente (wirtschaftseigene organische Substanzen, Mineraldünger) wird über die Photosynthese der Pflanzen das Ernteprodukt erzeugt (Maiskörner). Mit der Ernte werden dem Betrieb über Export der Maiskolben Nährstoffe entzogen: ca. 150 kg Stickstoff (N), 25 kg Phosphor (P) und 40 kg Kalium (K) pro Hektar Ackerfläche.*

die Bedeutung der einzelnen Pflanzennährstoffe analysiert werden kann (Hydrokultur, Elementaranalyse). Wenden wir uns zunächst der von J. Sachs (1865) entwickelten **Hydrokultur**-Technik zu (Abb. 14-2 A). Ein auf sterilem Medium (z. B. feuchter Watte) angezogener Maiskeimling wird in einem Korkstopfen befestigt und in ein Glasgefäß gestellt. Die Wurzel taucht in reines (destilliertes) Wasser, das mit einer Aquarienpumpe belüftet wird. Man stellt die Versuchspflanze an ein sonniges Fenster und beobachtet deren Weiterentwicklung. Der Keimling wächst unter Verbrauch der Speicherstoffe (einschließlich der an Phytin assoziierten Ionen) zu einer kräftigen jungen Pflanze heran, die drei bis vier Blätter und zahlreiche Nebenwurzeln entwickelt. Danach ist ein Wachstumsstopp zu beobachten; einige Wochen nach Beginn des Versuchs stirbt die Pflanze im Licht ab.

Aus diesem Experiment folgt, dass Wasser (H_2O), Sauerstoff (O_2) und Kohlendioxid (CO_2) allein nicht ausreichen, um die Pflanze am Leben zu erhalten. Sachs (1865) beobachtete, dass nach Zugabe entsprechender **Mineralsalze** verschiedene Pflanzen in Hydrokultur bis zur Blüte gebracht werden können, wobei auch keimfähige Samen entstehen. Mit Hilfe der Hydrokultur-Technik kann somit der Nährstoffbedarf der Pflanzen in Abwesenheit von Erde analysiert werden.

Welche chemischen Elemente sind in einer gesunden, kräftigen Pflanze anzutreffen? Zur Beantwortung dieser Frage entnimmt man einem optimal mit Nährstoffen versehenen Acker eine Maispflanze (Abb. 14-2 B). Der Spross wird oberhalb der Erde abgeschnitten und für ein bis zwei Tage bei 70–80 °C getrocknet. Eine chemische Elementaranalyse der Trockenmasse (etwa 9 % der Frischmasse) ergibt folgende Resultate (Element, in % der Trockenm.): Sauerstoff (44,4), Kohlenstoff (43,6), Wasserstoff (6,2), Stickstoff (1,5), Kalium (0,92), Calcium (0,23), Phosphor (0,20), Magnesium (0,18), Schwefel (0,17), Chlor (0,14), Eisen (0,08), Mangan (0,04). Weiterhin sind Silicium (1,2) und Aluminium (0,90) anzutreffen; der Rest enthält in Spuren die Elemente Kupfer, Bor und Zink.

Dieses Experiment zeigt 1., dass die drei Elemente Sauerstoff, Kohlenstoff und Wasserstoff etwa 94 % der Trockenmasse ausmachen (= pho-

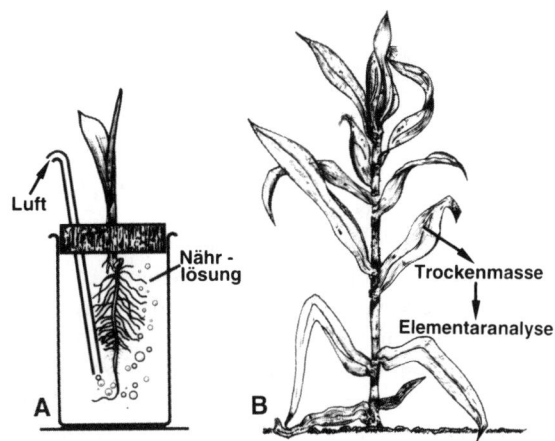

Abb. 14-2: *Versuchsansätze zur Analyse des Nährstoffbedarfs der Pflanze. Maiskeimling in Hydrokultur (A); Elementaranalyse der Trockenmasse einer gesunden, ausgewachsenen Maispflanze (B).*

tosynthetisch gebildete Kohlenhydrate, CH_2O); 2., dass der Stickstoff das vierthäufigste Element ist (Proteine, Nucleinsäuren) und 3., dass einige Elemente nachweisbar sind, die in Form von Ionen (Mineralsalze) aus der Erde aufgenommen wurden.

Der alternative Versuchsansatz (Elementaranalyse) hat jedoch gegenüber der Hydrokultur einen entschiedenen Nachteil: In der im Freiland herangewachsenen Pflanze sind Elemente nachweisbar, die keine essentiellen Nährstoffe sind (Silizium, Aluminium). Insgesamt wurden über 60 verschiedene Elemente in den Organen der höheren Pflanzen gefunden, unter anderem auch Blei, Arsen, Quecksilber und Uran. Wie im nächsten Abschnitt dargelegt, sind jedoch nur 17 chemische Elemente als essentiell anzusehen: Andere Ionen werden über die Wurzel aufgenommen und in den Zellen gespeichert, ohne jedoch für die Pflanze lebensnotwendig zu sein.

14.2 Die essentiellen Nährelemente der Pflanze

Zunächst soll der Begriff „essentielle Elemente" definiert werden. Man versteht darunter all jene chemischen Elemente, die notwendig sind, damit die Pflanze heranwachsen und sich erfolgreich fortpflanzen kann (Bildung keimfähiger Samen). Fehlt ein essentielles Element, so treten charakteristische Mangelerscheinungen auf: Die Substanzen erfüllen somit im Stoffwechsel der Pflanze eine spezifische Funktion.

Zur Identifikation der essentiellen Nährelemente wurde die Hydrokultur-Technik eingesetzt (Abb. 14-2A): Die Tatsache, dass die Pflanzen aus anorganischen Ausgangsstoffen (Salze, Luft, Wasser) im Licht organische Moleküle synthetisieren können, ist der experimentelle Beweis für die **Photoautotrophie** dieser Organismen. Weiterhin konnte mit dieser Methode die **Mineralsalz-Theorie** der Pflanzenernährung bestätigt werden (Kap. 1).

Mangelexperimente. Unter Verwendung verschiedener Nährlösungen konnte in jahrzehntelanger Forschung eine Reihe chemischer Elemente identifiziert werden, die als essentiell gelten. In Abb. 14-3 ist zur Veranschaulichung ein klassi-

Tab. 14.1: Zusammensetzung der Hoaglandschen Nährlösung. (Nach Arnon, O.I. & Hoagland, D.R.: Soil Sci 50: 463–484, 1940).

Salz		Konz. (mg/l)
Kaliumnitrat	KNO_3	1020
Calciumnitrat	$Ca(NO_3)_2$	492
Ammoniumhydrogen-phosphat	$(NH_4)_2H_2PO_4$	230
Magnesiumsulfat	$MgSO_4 \cdot 7 H_2O$	490
Borsäure	H_3BO_3	2,86
Manganchlorid	$MnCl_2 \cdot 4 H_2O$	1,81
Zinksulfat	$ZnSO_4 \cdot 7 H_2O$	0,22
Kupfersulfat	$CuSO_4 \cdot 5 H_2O$	0,08
Molybdänsäure	$H_2MoO_4 \cdot H_2O$	0,09
Eisensulfat	$FeSO_4 \cdot 7 H_2O$	0,6 ml/l
+ Weinsäure (0,4 %)		3 x pro Woche
(oder Fe-Citrat		0,025)

sches Experiment dargestellt. Buchweizen-Keimlinge (*Fagopyrum esculentum*) wurden in einer Nährlösung bis zur Blüte herangezogen (Abb. 14-3 B). Die Kontroll-Lösung war wie folgt zusammengesetzt: 4 g $Ca(NO_3)_2$, 1 g KNO_3, 1 g $MgSO_4 \cdot 7 H_2O$, 1 g KH_2PO_4, 0,5 g KCl und einige Tropfen $FeCl_3$ wurden in 7 l Wasser gelöst (es ist anzunehmen, dass die damals verwendeten Salze nicht völlig rein waren, d. h. andere Elemente waren vermutlich in sehr geringer Konzentration als Verunreinigung vorhanden). In Abb. 14-3 A ist der Effekt von Kalium-Mangel dargestellt. Die Standard-Nährlösung wurde verwendet, wobei K^+-Ionen weggelassen bzw. durch andere Kationen ersetzt waren. Die Keimpflanze ergrünt; ihr Längenwachstum ist jedoch drastisch reduziert. In Abwesenheit von Eisen-Ionen (Abb. 14-3 C) ist ebenfalls ein deutlich vermindertes Wachstum zu beobachten. Außerdem sind die oberen Laubblätter der Pflanze chlorophyllfrei, d. h. die Biosynthese des „Blattgrüns" ist gehemmt (Chlorose). In den 1930er Jahren wurde eine optimale Nährlösung entwickelt, die noch heute in derselben (oder ähnlichen) Zusammensetzung zur Hydrokultur verwendet wird. Mit dieser Hoaglandschen Lösung (Tab. 14-1) können die meisten höheren Pflanzen erfolgreich kultiviert werden: etwa 10 verschiedene Salze, Wasser, Luft und Licht sind die „Elemente", mit denen die Pflanze sämtliche organischen Biomoleküle synthetisieren kann.

Abb. 14-3: Buchweizen (Fagopyrum esculentum) in Hydrokultur. In vollständiger Nährlösung blüht die Pflanze (B). Ohne Zufuhr von Kalium ist das Wachstum drastisch gehemmt (A). In Abwesenheit von Eisen ist eine in den jüngsten Blättern einsetzende Chlorose zu beobachten (C). (Nach Pfeffer, W.: Pflanzenphysiologie Bd. I. Leipzig, 1897).

Tab. 14-2: Die essentiellen Nährelemente der höheren Pflanzen mit Aufnahmeform und mittlerer interner Konzentration im getrockneten Pflanzenkörper. (Nach verschiedenen Autoren).

Element	Aufnahme-form	% Trocken masse
Makroelemente:		
1. Sauerstoff (O)	O_2, H_2O	45
2. Kohlenstoff (C)	CO_2	45
3. Wasserstoff (H)	H_2O	6
4. Stickstoff (N)	NO_3^-, (NH_4^+)	1,5
5. Kalium (K)	K^+	1,0
6. Calcium (Ca)	Ca^{2+}	0,5
7. Magnesium (Mg)	Mg^{2+}	0,2
8. Phosphor (P)	$H_2PO_4^-$, (HPO_4^{2-})	0,2
9. Schwefel (S)	SO_4^{2-}	0,1
Mikroelemente:		
10. Chlor (Cl)	Cl^-	0,01
11. Eisen (Fe)	Fe^{2+} (Fe^{3+})	0,01
12. Mangan (Mn)	Mn^{2+}	0,005
13. Bor (B)	H_3BO_3	0,002
14. Zink (Zn)	Zn^{2+}	0,002
15. Kupfer (Cu)	Cu^{2+} (Cu^+)	0,0006
16. Molybdän (Mo)	MoO_4^{2-}	0,00001
17. Nickel (Ni)	Ni^{2+}	?

Makro- und Mikroelemente. In Tab. 14-2 sind die 17 essentiellen Nährelement der höheren Pflanzen zusammengestellt. Es wird deutlich, dass die Kohlenhydrate (CH_2O) etwa 96 % der pflanzlichen Trockenmasse ausmachen (Zellwände, Stärke). Als **Makroelemente** (1–9) werden all jene Bausteine zusammengefasst, die 45–0,1 % der Trockenmasse repräsentieren (O, C, H, N, K, Ca, Mg, P, S). Die **Mikroelemente** (10–17) sind in wesentlich geringerer Menge vorhanden: sie bilden nur 0,01–0,00001 % der Masse des getrockneten Pflanzenkörpers (Cl, Fe, Mn, B, Zn, Cu, Mo, Ni). Die Konzentration an Nickel in den Geweben der Pflanze ist nicht bekannt.

Das Element Natrium (Na) ist bei etwa 90 % der Samenpflanzen, die dem C3-Typ angehören, kein Nährelement. Bei einigen C4-Pflanzen (< 2 % aller Arten) scheint Natrium jedoch als Mikroelement zu fungieren: Die Pflanzen wachsen in Hydrokultur nach Zugabe von NaCl (0,01 mmol/l) besser als ohne Kochsalz-Zusatz. Dies gilt auch für einige CAM-Pflanzen.

Die Frage, ob Silicium (Si) als essentielles Nährelement anzusehen ist, wird seit langem kontrovers diskutiert. Bei zweikeimblättrigen Pflanzen

ist dieses Element zur erfolgreichen Entwicklung und Samenbildung nicht notwendig. Wie eingangs dargestellt, besteht jedoch die Maispflanze zu etwa 1,2 % aus Silicium. Auch andere Vertreter der Gramineae (Reis, Gerste, Hafer, Roggen usw.) enthalten zum Teil beträchtliche Mengen an Silicium (1–15 % der Trockenmasse). In der Erde liegt dieses Element als Ortho-Kieselsäure vor (H_4SiO_4); es wird in dieser Form von der Wurzel aufgenommen. Silicium wird in den Zellwänden verschiedener Gewebe des Grases, insbesondere in der Epidermis und im Xylem des Halmes, als hydratisiertes Siliciumdioxid ($SiO_2 \cdot n\,H_2O$) abgelagert. Man nimmt an, dass durch diese Imprägnierung die Stabilität des Grashalmes erhöht wird. Auch wird eine verminderte Transpiration sowie ein Schutz vor Tierfraß in diesem Zusammenhang diskutiert. Da das SiO_2 jedoch im Stoffwechsel der Graspflanze keine Funktion erfüllt, ist es gemäß der oben gegebenen Definition nicht als essentielles Nährelement anzusehen. Das Element Si wird in den Zellwänden abgelagert und bringt der Pflanze ökologische Vorteile, ohne jedoch zur Aufrechterhaltung biochemischer Prozesse notwendig zu sein.

14.3 Mechanismus der Ionenaufnahme

Wie Tab. 14-2 zeigt, werden mit Ausnahme von Sauerstoff, Kohlenstoff und Wasserstoff alle Nährelemente als **Ionen** über die Wurzeln der Pflanze aufgenommen. Das Bor wird in undissoziierter Form (H_3BO_3) absorbiert. In der Bodenlösung liegen Ionenkonzentrationen vor, die in der Regel < 2 mmol/l betragen. Die Pflanze kann aus dieser extrem verdünnten Salzlösung selektiv jene Ionen aufnehmen und in den Zellen anreichern, die sie zur Aufrechterhaltung des Stoffwechsels benötigt.

Wie funktioniert die Ionenaufnahme? In Abb. 14-5 B ist eine Wurzel (mit Haaren) schematisch dargestellt. Der Wasserfluss durch die Wurzel wurde bereits beschrieben (Mittelstreckentransport, Kap. 5). Die im Kapillarwasser der Erde gelösten Ionen wandern über die Wurzelhaare, die Rinde, die Endodermis und das Perizykel in die Xylemgefäße, von wo aus sie mit dem Transpira-

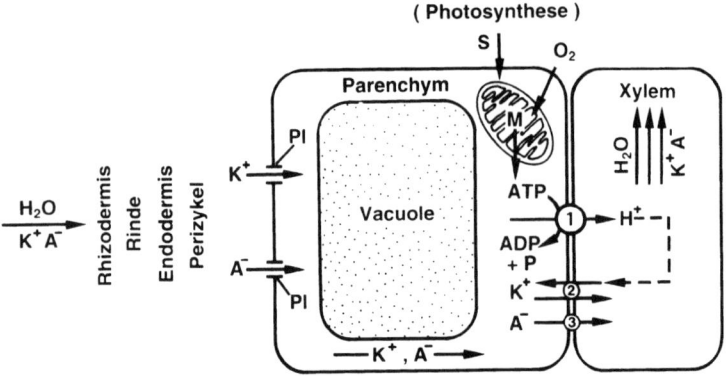

Abb. 14-4: *Modell des durch Carrier vermittelten Ionentransports in der Wurzel. Die Kationen (K^+) und Anionen (A^-) gelangen mit dem absorbierten Kapillarwasser (H_2O) über Rhizodermis, Rinde, Endodermis und Perizykel in den Zentralzylinder. Auf der Plasmamembran der Parenchymzellen des Zentralzylinders sitzen Protonenpumpen (H^+-ATPasen, 1) sowie hypothetische Kationen (2)- und Anionencarrier (3). Der pH-Gradient (Parenchymzelle/Xylem) dient der aktiven Ionenaufnahme. M = Mitochondrion, Pl = Plasmodesmata, S = Saccharose. (Nach Clarkson, D. T. & Hanson, J. B.: J. Exp. Bot. 37, 1136–1150, 1986).*

tionsstrom in den Spross gelangen. Der Mechanismus des Ionentransports (Wurzelhaar → Xylem) ist nicht im Detail bekannt. Eine Reihe experimenteller Befunde unterstützen die Hypothese, dass im Zentralzylinder (Stele) der Wurzel ein aktiver, durch Carrier vermittelter Ionentransport-Mechanismus ausgebildet ist. Die Ionen (Anionen, A^-; Kationen, K^+) gelangen mit dem absorbierten Kapillarwasser in die Parenchymzellen des Zentralzylinders der Wurzel. Dort werden sie unter Verbrauch von Stoffwechselenergie (ATP) aktiv in das Lumen der Gefäße gepumpt (Abb. 14-4). Dieses Modell der Ionenaufnahme wird durch zahlreiche Experimente unterstützt, die im Folgenden beschrieben sind.

Nachweis aktiver Protonenpumpen. Unter Einsatz polyclonaler Antiköper ist es möglich, die auf der Plasmamembran der Pflanzenzelle lokalisierten Protonenpumpen (H^+-ATPasen) immuncytochemisch nachzuweisen. An Wurzelquerschnitten konnte gezeigt werden, dass die H^+-ATPasen in den Parenchymzellen des Zentralzylinders konzentriert sind. Die Wurzelhaare (Rhizodermis) weisen ebenfalls H^+-ATPasen auf; in der Rinde sind keine Protonenpumpen zu beobachten. Die H^+-ATPasen können durch Zugabe des Pilzgifts Fusicoccin aktiviert werden (Ansäuerung des Xylem-

lumens, Kap. 12). Dies zeigt, dass die immuncytochemisch nachgewiesenen Protonenpumpen einen pH-Gradienten (Parenchym/Xylem) aufbauen, dessen Größe vom ATP-Gehalt der Zelle abhängig ist. Es ist anzunehmen, dass dieser pH-Gradient der aktiven, durch Carrier vermittelten Ionenaufnahme dient. Die in Abb. 14-4 dargestellten A^- und K^+- Carrier-Proteine wurden allerdings – im Gegensatz zu den H^+-ATPasen – nicht experimentell nachgewiesen, d. h. es handelt sich um hypothetische Strukturen.

Inhibitorexperimente. Wie bereits dargelegt wurde, beruht der bei Wassersättigung von Luft und Erde zu beobachtende Wurzeldruck auf einem aktiven Transportprozess (Kap. 5). Ionen werden in das Lumen der Xylemgefäße gepumpt, wodurch eine Wasserpotentialdifferenz zwischen Wurzel und Außenlösung (H_2O) entsteht. Ein passiver Wassereinstrom (Erde → Xylem) führt dann den Wurzeldruck herbei (Größe: 0,1–0,3 MPa). Werden optimal mit Wasser versorgte Wurzeln mit Atmungshemmstoffen behandelt, so fällt der Druck rasch ab. Als besonders wirksam haben sich KCN (hemmt Cytochrom-Oxidase) und der Entkoppler 2,4-Dinitrophenol (hemmt ATP-Bildung) erwiesen. Nach Begasung der Wurzeln mit Stickstoff (Anaerobiose) ist ebenfalls ein rascher Abfall des Wurzeldruckes zu beobachten. Diese Befunde unterstützen die in Abb. 14-4 dargestellte Hypothese des ATP-abhängigen Ionentransfers.

Salzatmung. Bei einigen Pflanzenarten wurde beobachtet, dass Wurzeln, die in einer an Ionen armen Lösung gehalten werden, nach Zugabe absorbierbarer Mineralsalze einen raschen Anstieg in der Zellatmungsrate zeigen. Die Wurzeln zwei Wochen alter Gerstenpflanzen (*Hordeum vulgare* cv. Arivat), inkubiert in einer verdünnten $CaSO_4$-Lösung (0,5 mmol/l), weisen eine mittlere Atmungsrate von 1740 µl $O_2 \cdot h^{-1} \cdot g$ Fm auf (Kap. 9, Zellatmung). Nach Zugabe von Nährsalzen (z. B. KCl, 10 mmol/l) ist ein rascher Anstieg auf etwa 3470 µl $O_2 \cdot h^{-1} \cdot g$ Fm zu beobachten. Diese „Salzatmung" (= Anstieg der O_2-Aufnahme) fällt nach Auswaschen der Wurzel (– KCl) rasch auf ihren ursprünglichen Wert ab. Es ist anzunehmen, dass die salzinduzierte Steigerung der Zellatmung mit aktiven Transportprozessen (Ionenaufnahme) in Verbindung steht. Allerdings sollte darauf hingewiesen werden, dass dieses Phänomen nicht bei allen Pflanzen beobachtet wurde: So konnte z. B. bei Maiswurzeln keine Salzatmung gemessen werden.

Das in Abb. 14-4 dargestellte Modell der durch Carrier vermittelten Ionenaufnahme verdeutlicht, dass die heterotrophe Wurzel ihre Kohlenhydrate (Transportform: Saccharose) aus den photosynthetisch aktiven Blättern bezieht. Bei nicht verholzten Landpflanzen (Kräuter) wird etwa 1/3 des in den Laubblättern assimilierten CO_2 in Form von Saccharose über das Phloem in die Wurzel transportiert. Das Disaccharid wird in den Wurzelzellen via Glykolyse, Citrat-Zyklus und Atmungskette zur ATP-Gewinnung verwendet, wodurch die aktive Ionenaufnahme angetrieben wird. Die Sonnenenergie ermöglicht somit über die photosynthetische Saccharosebiosynthese den Ionentransport in der Wurzel der Pflanze.

14.4 Interaktion Wurzel-Boden

Die Ionen der Bodenlösung sind teilweise an Erd-Partikel gebunden und stehen daher der Pflanze nicht in gelöster Form zur Verfügung (Kap. 4). Die Wurzel wirkt deshalb auf unterschiedliche Art und Weise auf die sie umgebende Umwelt (Rhizosphäre) ein. So wird z. B. unter bestimmten Bedingungen (Überangebot an Ammonium-Ionen) eine Säure-Ausscheidung (Protonensekretion) der Rhizodermiszellen induziert. Durch diese Ansäuerung der Kapillarflüssigkeit wird u. a. eine Mobilisierung adsorbierter Ionen erreicht. In Abb. 14-5 A ist die Säuresekretion einer wachsenden Wurzel dokumentiert.

Bei Gräsern (Grammineae) konnte ein spezieller Mechanismus der Eisen-Mobilisierung entschlüsselt werden. Bei Fe-Mangel werden durch Ausscheidung sogenannter Phytosiderophoren (organische Komplexbildner) extrazellulär Eisenverbindungen hergestellt, die dann über Carrier-Moleküle der Rhizodermis-Plasmamembran in die Zellen aufgenommen werden.

Unter natürlichen Umweltbedingungen ist das Fein-Wurzelsystem von etwa 90 % der Landpflanzen mit einem Pilz zu einer Symbiose zusammengeschlossen (**Mykorrhiza**). Bei zahlreichen Baumarten (z. B. Kiefer, Fichte, Lärche, Buche, Eiche) liegt eine ektotrophe Mykorrhiza vor. Die Pilzhyphen dringen zwischen die Zellen (Interzellularräume) der Wurzelrinde ein, ohne intrazelluläre Ausläufer zu bilden. Die Wurzel ist dann nicht selten von einer filzartigen Schicht (Pilzmycel) umschlossen. Ein Beispiel zeigt Abb. 14-5 B, C; nach Anzucht in sterilem Medium ist eine „saubere" Wurzel zu beobachten, während in normaler, mit Pilzsporen durchsetzter Erde ein dichtes Pilzmycel entsteht.

Bei krautigen ein- und zweikeimblättrigen Pflanzen sowie bei einigen Gymnospermen (z. B. Wachholder, Thuja) wird häufig eine endotrophe Mykorrhiza beobachtet. Die Pilzhypen dringen bei diesem Typ in das Innere der Zellen der Wurzelrinde ein; sie sind jedoch von der eingestülpten Plasmamembran umschlossen, d. h. es kommt zu keinem direkten Kontakt zwischen dem Cytoplasma des Pilzes und dem der Rindenzelle.

Eine **Symbiose** ist eine Lebensgemeinschaft artverschiedener Organismen mit gegenseitigem Nutzen. Es ist erwiesen, dass der heterotrophe Pilz von der Wurzel mit photosynthetisch gebildeten Zuckern versorgt wird (Saccharose). Welcher Vorteil entsteht für die Pflanze? Experimente mit Keimlingen, deren Wurzeln eine Mykorrhiza aus-

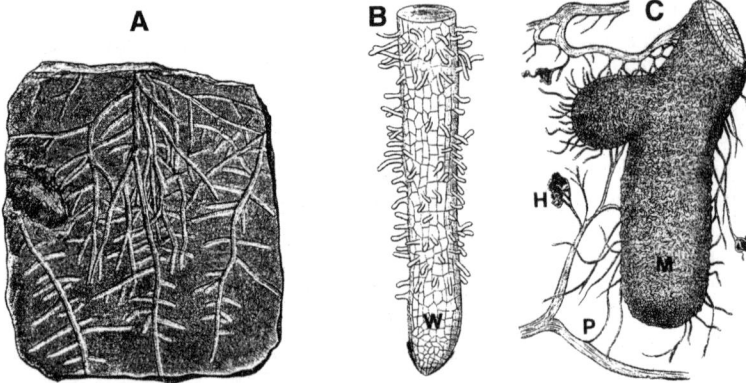

Abb. 14-5: *Nachweis der Säureexkretion wachsender Wurzeln: Corrosionen („Wurzelbilder") auf einer Kalk-platte (A). Mykorrhiza bei der Buche (Fagus sylvatica). Die Kontrollpflanze (B) wuchs in sterilem Waldhumus und ist frei von Pilzen. Unter nicht sterilen Normalbedingungen bildet die Wurzel der Buche eine ektotrophe Mykorrhiza (C). Von diesem Pilzgeflecht gehen Fäden aus, die mit den Humuspartikeln verwachsen. H = Humus, M = Mykorrhiza, P = Pilzfäden, W = sterile Wurzel.*

bilden konnten (bzw. die steril ohne Pilz heran-wuchsen, Abb. 14-5 B, C), haben gezeigt, dass die Symbiose zwischen Pilz und Wurzel eine erhöhte Absorption von Wasser und darin gelösten Ionen (Phosphat, Kalium, Nitrat, Ammonium) mit sich bringt. Die Frage, über welche Mechanismen die Mykorrhiza eine effizientere Wasser- und Salzauf-nahme verursacht, ist derzeit noch Gegenstand der Forschung. Wahrscheinlich spielt die enorme Oberflächenvergrößerung des Wurzel/Pilz-Sys-tems eine entscheidende Rolle.

14.5 Funktion der Nährelemente

In Tab. 14-2 sind die 17 essentiellen Nährelemente der typischen höheren Pflanzen zusammenge-stellt. In diesem Abschnitt sind die Funktionen dieser Elemente im Stoffwechsel der Pflanze be-schrieben. Weiterhin soll in Kurzform auf die Mangelerscheinungen beim Fehlen des betreffen-den Elements eingegangen werden.

Sauerstoff, Kohlenstoff, Wasserstoff. Die Kohlen-hydrate (CH_2O) bilden etwa 95 % der Trocken-masse der Pflanze. Ohne kontinuierliche Zufuhr von O_2, CO_2 und H_2O stirbt die Pflanze bald ab, da die beiden zentralen Stoffwechselprozesse Zell-atmung (O_2-Aufnahme) und Photosynthese (CO_2-Assimilation) zum Stillstand kommen. Die Verfüg-barkeit der drei Makroelemente O, C und H bildet somit die Voraussetzung für pflanzliches Leben.

Stickstoff. Als Bestandteil der Proteine, Nuclein-säuren (DNA, RNA), der Cosubstrate NAD(P)$^+$/ NAD(P)H + H$^+$ und des ATPs ist der Stickstoff ein unentbehrliches Element, das in fast allen Stoff-wechselprozessen involviert ist. Mit Ausnahme der Schmetterlingsblütler (Fabales oder Legumi-nosae), die den Stickstoff der Luft fixieren kön-nen, sind praktisch alle Nutzpflanzen auf die Zu-fuhr von Stickstoff angewiesen: Dieses Element ist auf Ackerböden ein wachstumsbegrenzender Fak-tor. In Abb. 14-6 ist die Bedeutung dieses Makro-elements veranschaulicht. Erbsen- und Hafer-pflanzen zeigen auf einem nährstoffarmen Boden nur ein sehr mäßiges Wachstum. Nach Zufuhr von Kaliumphosphat ist die Gartenerbse (Legumino-sae) in der Lage, ihre volle Größe zu erreichen (Abb. 14-6 A), während der Hafer nur nach Dün-gung mit Kaliumnitrat einen normalen Wuchs zeigt (Abb. 14-6 B). Bei Stickstoffmangel ist somit eine drastische Wachstumshemmung der Getreide-pflanzen zu verzeichnen. Weiterhin ist das Symp-tom der Chlorose (Chlorophyllverlust) zu beob-achten: Die vergilbten Blätter fallen bei perma-nentem Stickstoffmangel ab und die Pflanze stirbt.

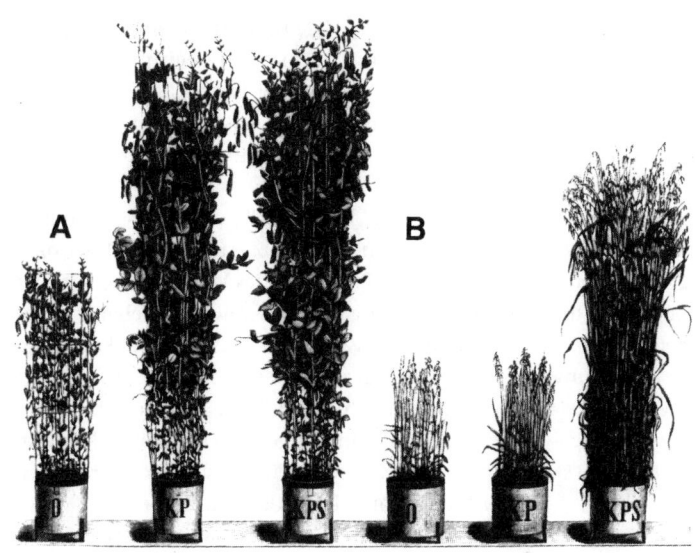

Abb. 14-6: *Effekt einer Kaliumphosphat- und Kaliumnitrat-Düngung auf das Wachstum der Gartenerbse (Pisum sativum) (A) und des Hafers (Avena sativa) (B). O = Anzucht auf einem nährstoffarmen Ackerboden, KP = Zugabe von Kaliumphosphat (KH_2PO_4), KPS = Zugabe von KH_2PO_4 + Kaliumnitrat (Salpeter, KNO_3). (Nach Pfeffer, W.: Pflanzenphysiologie Bd. I, Leipzig, 1897).*

Kalium. Die Konzentration an K^+-Ionen in den Vacuolen der Pflanzenzellen ist mit 20–100 mmol/l relativ hoch. Dieses Kation ist eines der wichtigsten Osmotica der Pflanzenzelle und daher zur Aufrechterhaltung des Turgordruckes unentbehrlich. Turgorbewegungen (z.B. Öffnung der Stomata) werden durch Verschiebung von K^+-Ionen gesteuert. Weiterhin spielen Kaliumionen als Enzym-Aktivatoren eine zentrale Rolle im Stoffwechsel der Pflanze. Kaliummangel im Ackerboden ist eine häufige Erscheinung. Wie Abb. 14-3 A zeigt, ist in Abwesenheit von Kalium das Wachstum der Pflanze fast vollständig gehemmt. Ein typisches Symptom von Kaliummangel sind dunkle Flecken in den Blättern (nekrotisches = abgestorbenes Gewebe); bei Getreidepflanzen entwickeln sich instabile Halme, die bei Wind und Regen leicht abknicken.

Calcium. Die Pectinfraktion der Zellwände ist durch einen relativ hohen Gehalt an Ca^{2+}-Ionen gekennzeichnet. In den Vacuolen mancher Zellen sind Calciumoxalat-Kristalle zu beobachten. Im Cytoplasma liegt ein Großteil der Calciumionen reversibel an das Protein Calmodulin gebunden vor (cytoplasmatische Ca^{2+}-Konzentration: $< 1\mu mol/l$). Die Ca^{2+}/Calmodulin-Komplexe sind möglicherweise an der Regulation der Aktivität verschiedener Enzyme beteiligt. Weiterhin sind Ca^{2+}-Ionen als Bestandteil der Biomembranen von Bedeutung. Bei Calciummangel zeigen die Blätter eine deformierte Gestalt. Weiterhin wird ein Absterben der Meristeme und ein Abknicken der Sprosse beobachtet.

Magnesium. Chlorophyllmoleküle enthalten ein zentrales Mg^{2+}-Ion. Magnesium ist somit ein Strukturelement des „Blattgrüns" der Pflanze. Im Cytoplasma liegt dieses Element vor allem in gebundener Form vor (Mg ATP^{2-}-Komplex). Als Aktivator bzw. Cofaktor zahlreicher Enzyme erfüllt das Mg^{2+}-Ion eine wichtige Funktion bei der Regulation des Stoffwechsels. Magnesiummangel tritt sehr selten auf und äußert sich in einer Chlorose der Blätter.

Phosphor. Dieses Element wird, im Gegensatz zum Kohlenstoff, Stickstoff und Schwefel, in der Zelle nicht reduziert: es liegt in der Pflanze als Phosphat-Ion vor ($H_2PO_4^-$; Ox.zahl des P-Atoms:

+5). Phosphor ist ein Bestandteil der „Energie-währung" der Zelle (ATP/ADP/AMP), der Nucleotide (DNA/RNA), Zuckerphosphate (z. B. UDP-Glucose) und Phospholipide (Biomembranen). Phosphatmangel tritt auf Agrarflächen relativ häufig auf. Symptome: Wachstumshemmung (Abb. 14-6A), dunkelgrüne Blätter; vor dem Absterben nehmen die ältesten Blätter der Pflanze eine dunkelbraune Farbe an. Düngemittel enthalten als Hauptkomponenten daher immer die drei Makroelemente N, K und P: Sie sind zur Sicherung der Ernteerträge von zentraler Bedeutung und müssen daher unseren Ackerböden in regelmäßigen Abständen zugeführt werden (z. B. organisch-mineralischer NPK-Dünger 11 + 6 + 4: 11 % Stickstoff, 6 % Phosphat, 4 % Kalium).

Schwefel. Die Aminosäuren Cystein und Methionin enthalten jeweils ein S-Atom. Weiterhin ist Schwefel ein Bestandteil des zentralen Stoffwechselintermediats Acetyl-Coenzym A und des Zwischenprodukts der Ethylen-Biosynthese S-Adenosylmethionin. In den seltenen Fällen, in denen Schwefelmangel beobachtet wird, äußert er sich in einem Chlorophyllverlust der Blätter (Chlorose).

Chlor. Die Vacuolenflüssigkeit (Zellsaft) enthält neben den bereits erwähnten K^+-Ionen auch Chlorid (Cl^-); das Element Chlor spielt somit als Osmoticum eine nicht unerhebliche Rolle in der Pflanzenzelle. Chlorid-Ionen wurden auch als Bestandteil von Photosystem II (Thylakoidmembran) nachgewiesen; weiterhin ist die Zellteilungsaktivität der Blattmeristeme von einer Zufuhr von Cl^--Ionen abhängig. Unter natürlichen Bedingungen tritt Chloridmangel sehr selten ein.

Eisen. Redoxprozesse spielen im Stoffwechsel der Pflanze eine wichtige Rolle (Lichtreaktion der Photosynthese; Atmungskette; Reduktion von Nitrat und Sulfat; Fixierung von Stickstoff). Eisenionen ermöglichen eine reversible Elektronenübertragung (Fe^{3+}/Fe^{2+}) und sind daher Bestandteil der Ferredoxine, Cytochrome und des Nitrogenase-Komplexes. Eisenmangel ist eine häufig zu beobachtende Erscheinung: Nach aktuellen Untersuchungen ist ein Fe-Defizit im Boden weltweit das größte Problem in der Praxis der Pflanzenernährung. Ähnlich wie bei Magnesium-mangel reagieren die Pflanzen mit einer Chlorose, die in den jüngsten Blättern beginnt (Abb. 14-3 C). Die Frage, warum bei Eisenmangel die Chlorophyllbiosynthese so rasch zum Stillstand kommt, kann derzeit nicht beantwortet werden.

Mangan. Als Bestandteil von Photosystem II (Chloroplasten) sind Mangan-Atome (Mn) bzw. -Ionen an der Photolyse des Wassers beteiligt. Der exakte Mechanismus dieser lichtgetriebenen, Mn-abhängigen Wasserspaltung ist nicht bekannt. Im Stoffwechsel der Zelle spielen Mn^{2+}-Ionen eine Rolle als Aktivator (bzw. Cofaktor) verschiedener Enzyme. Manganmangel tritt nur sehr selten auf, d. h. dieses Mikroelement ist meist in ausreichender Menge im Ackerboden vorhanden.

Bor. Dieses Element wird in Form von Borsäure (H_3BO_3) aufgenommen. Die Funktion des Bors im Stoffwechsel ist nicht im Detail bekannt. Möglicherweise wird die Nucleinsäure-Biosynthese durch Bor reguliert, da bei dem selten zu beobachtenden Bormangel die Zellteilungsaktivität der Wurzel- und Sprossmeristeme gehemmt ist. Bor löst bei zahlreichen Pflanzenarten (z. B. Sonnenblume) die Bildung von Adventivwurzeln aus. In der Pectinfraktion der Primärwand konnten Bor-Brücken nachgewiesen werden (Kap. 3).

Zink. Als Bestandteil zahlreicher Enzymproteine (z. B. Alkohol-Dehydrogenase) ist dieses Element zur Aufrechterhaltung des Zellstoffwechsels unentbehrlich. Die Aktivität dieser „Metalloenzyme" scheint vom Vorhandensein der Zn^{2+}-Ionen abhängig zu sein. Die bei Zinkmangel zu beobachtende Hemmung des Internodien- und Blattwachstums ist vermutlich auf Blockierung der Auxin-Biosynthese zurückzuführen. Eine weitere Konsequenz von Zinkmangel ist die Hemmung der Chlorophyllsynthese (Chlorose).

Kupfer. Dieses Spurenelement ist Bestandteil einiger zentraler Redox-Enzyme (Cytochrom-Oxidase in den Mitochondrien; Plastocyanin in den Chloroplasten). Kupfermangel wird selten beobachtet. Wenn er auftritt, sind die jungen Blätter der Pflanze dunkelgrün gefärbt, deformiert und durch abgestorbene Bereiche (Flecken) gekennzeichnet (Nekrose).

Molybdän. Dieses in extrem geringer Konzentration in der Pflanze nachweisbare Spurenelement wird vermutlich in Form des Molybdat-Ions dem Kapillarwasser der Erde entnommen. Über Aufnahme und Assimilation ist nichts bekannt. Molybdän ist Bestandteil der Enzyme Nitrat-Reduktase und Nitrogenase; das Element ist somit zur Aufrechterhaltung der Stickstoff-Assimilation unentbehrlich. Bei Molybdänmangel treten folgende Symptome auf: Chlorose in den ausgewachsenen Blättern; Deformation (Verdrehung) und Absterben der jüngsten Blätter der Pflanze.

Nickel. Obwohl bis heute noch keine Bestimmungen der Konzentration an Ni^{2+}-Ionen im Gewebe der Pflanze vorliegen (Tab. 14-2), haben Untersuchungen an der Gerste (*Hordeum vulgare*) gezeigt, dass in Abwesenheit von Nickel häufig keimungsunfähige Karyopsen entstehen. Da das Wachstum verschiedener Pflanzenarten durch Zugabe von Nickelionen gefördert wird, wurde 1987 das Nickel als das 17. Nährelement der höheren Pflanzen beschrieben. Das Mikroelement ist Bestandteil des Enzyms Urease, das die Hydrolyse von Harnstoff zu CO_2 und NH_3 katalysiert. Bei einigen Stickstoff-fixierenden Leguminosen (z.B. Sojabohne), die durch hohe Ureaseaktivität der Blätter gekennzeichnet sind, scheint Nickel zur Gewährleistung des Harnstoff-Abbaus notwendig zu sein (Kap. 15).

14.6 Phytoremediation

Es wurde bereits erwähnt, dass die Landpflanzen über ihr Wurzelsystem neben den essentiellen Nährelementen auch toxische Schwermetalle (z.B. Blei, Arsen, Uran) absorbieren und in den oberirdischen Organen ablagern. Weiterhin ist bekannt, dass sich manche „Unkräuter" auf schadstoffbelasteten (bzw. radioaktiv verseuchten) Böden rasch ausbreiten. Diese Beobachtungen führten zum Konzept der **Phytoremediation**. Unter Einsatz bestimmter Pflanzen kann eine Entgiftung (Dekontamination) belasteter Flächen erreicht werden (Böden und Gewässer). Durch Zugabe von Substanzen, welche die Ionenaufnahme erhöhen (Chelatoren), werden die Schadstoffe des Bodens in eine für die Pflanze leicht absorbierbare Form gebracht. Daraufhin werden bestimmte Pflanzen ausgesät, die Schwermetallionen in hoher Konzentration aufnehmen können. Diese „Hyperakkumulatoren", wie das Hellerkraut (*Thlaspi rotundifolia*), speichern auf kontaminierten Flächen z.B. bis zu 8,2 g Blei pro kg Trockenmasse. Die mit Schadstoffen beladenen Organe der Pflanzen werden abgeerntet und dann entweder zur Gewinnung der Metalle verwendet oder entsorgt. Diese Methode zur Beseitigung von Fabrik-Altlasten ist wesentlich billiger als das konventionelle Verfahren (Ausbaggern der Fläche und Endlagerung des verseuchten Bodens). Weiterhin bleibt bei der Phytoremediation der wertvolle Mutterboden erhalten.

Über erste praktische Erfolge wurde 1996 berichtet. Wissenschaftler einer US-Biotechnologie-Firma hatten entdeckt, dass die **Sonnenblume** als effizienter „lebender Filter" für die Reinigung radioaktiv belasteter Gewässer eingesetzt werden kann. Zunächst wurde mit radioaktivem Uran verseuchtes Grundwasser einer stillgelegten Uran-Bearbeitungsanlage auf Sonnenblumenfelder gepumpt. Innerhalb kurzer Zeit sammelten die Pflanzen nahezu 95% des Urans in ihrem Wurzelsystem an. Im zweiten Experiment wurde ein radioaktiv kontaminierter Teich bei Tschernobyl (Russland) durch Anpflanzen von Sonnenblumen von dem beim Reaktorunfall (1986) entstandenen Isotopen Cäsium-137 und Strontium-90 gereinigt. Hierzu wurden vier Wochen alte Sonnenblumen auf speziellen Flößen, die den ganzen Teich bedeckten, befestigt. Bereits nach 12 Tagen hatten die Pflanzen 90% des Cäsiums und 80% des Strontiums akkumuliert. Nach acht Wochen war der 75 m² große Teich frei von radioaktiven Isotopen. Die „natürlichen Filter" wurden abgeerntet und entsprechend verarbeitet (trocknen, verbrennen, Rückstand mit Zement mischen und als radioaktiven Abfall endlagern).

Diese Beispiele zeigen, dass die Pflanzen dem Menschen nicht nur als Ernährungsgrundlage dienen, sondern auch als „biologische Entgiftungsanlagen" eingesetzt werden können. Dieser angewandte Aspekt der Pflanzenphysiologie wird in den nächsten Jahren an Bedeutung gewinnen, da stetig neue (und effizientere) „Hyperakkumulatoren" im Pflanzenreich entdeckt und in der Praxis erprobt werden.

15 Assimilation von Stickstoff und Schwefel

Im letzten Kapitel wurde bereits die Bedeutung des Stickstoffs (N) für die Pflanze hervorgehoben. Dieses Makroelement steht in der Skala der essentiellen Nährstoffe nach dem Sauerstoff, Kohlenstoff und Wasserstoff an vierter Stelle. Etwa ein bis zwei Prozent der Trockenmasse einer typischen höheren Pflanze besteht aus dem Element Stickstoff (Proteine, Nucleinsäuren). Der N-Gehalt von Samen ist in der Regel deutlich höher. Das Element kann bis zu 9% der Trockenmasse der Verbreitungseinheit ausmachen (z.B. Sojabohne, *Glycine max*).

Die Assimilation von Stickstoff (d.h. der Einbau des Elements N in organische Moleküle) ist nach der Photosynthese (CO_2-Assimilation) der zweitwichtigste biochemische Prozess im Stoffwechsel der Pflanze. Bei Stickstoffmangel im Ackerboden ist z.B. eine drastische Wachstumshemmung der Getreidepflanzen zu beobachten. Als **Stickstoffquellen** kommen die Erde und die Luft in Frage. Die Bodenlösung enthält Nitrate (z.B. KNO_3) und Ammoniumsalze (z.B. NH_4Cl). Das Nitrat-Ion

(NO_3^-) ist bei weitem die wichtigste Aufnahmeform des Stickstoffs; es wird über die Wurzel absorbiert und dann in zwei Schritten über Nitrit (NO_2^-) zum Ammoniumion (NH_4^+) reduziert (Nitratassimilation).

Die Luft besteht zu 78 Vol. % aus N_2 und ist daher die bedeutendste Stickstoffquelle der Erde. Dennoch sind nur Bakterien und „Blaualgen" (Cyanobakterien) in der Lage, den Luftstickstoff zu binden. Einige höhere Pflanzen (z.B. Vertreter der Familie Leguminosae) bilden mit N_2-fixierenden Bakterien eine Symbiose und erschließen sich somit die Stickstoffquelle Luft. Für die Mehrzahl der Pflanzenarten ist jedoch die Nitratassimilation der einzige Weg zur Stickstoffgewinnung (Abb. 15-1). Man schätzt, dass die globale Nitratassimilationsrate bei etwa 10^{10} Tonnen Stickstoff pro Jahr liegt. Sie ist somit einhundertfach höher als die Rate der biologischen Stickstoff-Fixierung.

In diesem Kapitel sind die Mechanismen, die diesen fundamentalen physiologischen Prozessen

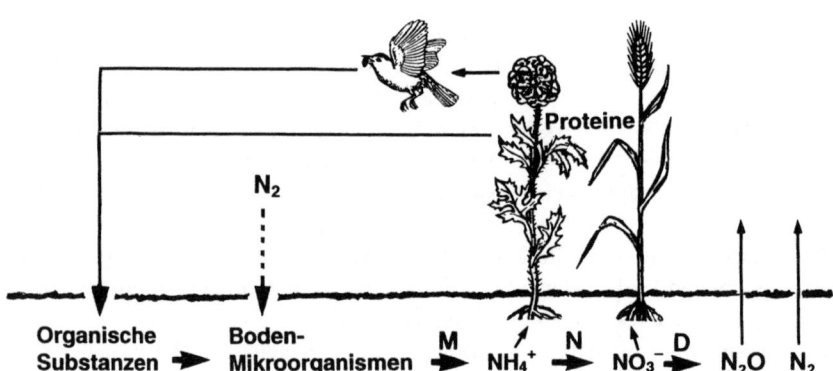

Abb. 15-1: *Der Stickstoff-Kreislauf in einem terrestrischen Ökosystem. Organische Substanzen (Pflanzenreste, tote Tiere, Ausscheidungsprodukte) werden von Boden-Mikroorganismen (Bakterien, Pilze) zu Ammonium-Ionen (NH_4^+) abgebaut (Mineralisation, M). Durch Nitrifikation (N) entsteht Nitrat (NO_3^-), das gemeinsam mit den Ammonium-Ionen von den Pflanzen aufgenommen und zur Protein- (und Nucleinsäure)-Biosynthese verwendet wird. Die Tiere nehmen diese proteinreiche Primärnahrung auf. Ein Teil des Nitrats wird durch Denitrifikation (D) in gasförmiges Distickstoffoxid (N_2O) und Stickstoff (N_2) umgewandelt. Gestrichelte Linie: Stickstoff-Fixierung. (Nach Eviner, V. T. & Chapin, F. S.: Nature 385, 26–27, 1997).*

zu Grunde liegen, dargestellt. Zum Abschluss soll in Kurzform auf die Assimilation von Sulfat eingegangen werden.

15.1 Stickstoffkreislauf und Nitratassimilation

In gut belüfteter, nicht saurer Erde wird praktisch der gesamte organisch gebundene Stickstoff nach der Mineralisation durch nitrifizierende Bakterien in Nitrat (NO_3^-) umgewandelt. Die wichtigsten Nitrifizierer unserer Ackerböden sind Bakterien der Gattungen *Nitrosolobus* und *Nitrobacter*. Der Kreislauf des Makroelements Stickstoff ist in Abb. 15-1 dargestellt.

Nitratreduktion. Die Pflanzen sind in der Lage, Nitrat- und Ammonium-Ionen über die Wurzeln aufzunehmen (möglicherweise zusammen mit Kationen wie Mg^{2+} oder K^+). Über den Mechanismus der NO_3^-- Aufnahme und die Regulation dieses Prozesses liegen nur wenige Daten vor. Es gilt als gesichert, dass die Aufnahme dieser Ionen aktiv (d.h. unter Verbrauch von ATP) über membrangebundene Carrier-Proteine erfolgt. Derartige Polypeptide konnten z.B. in den Mesophyll- und Rhizodermiszellen (Blatt bzw. Wurzel) identifiziert werden.

Die Nitrat-Ionen werden entweder in der Wurzel reduziert, in den Vacuolen der Wurzelzellen gespeichert oder im Xylem mit dem Transpirationsstrom in den Spross transportiert. Die Reduktion des Nitrats (Oxidationszahl des Stickstoffs: +5) zum Ammoniumion (Ox.zahl: – 3) erfolgt in der Wurzel oder im Spross, meist jedoch in den photosynthetisch aktiven Mesophyllzellen der Laubblätter (Abb. 15-2). Der gesamte Prozess verläuft in zwei Schritten, wobei gut charakterisierte Enzyme beteiligt sind (Gl. 15.1, 15.2):

$$NO_3^- + NADH + H^+ \xrightarrow{1} NO_2^- + NAD^+ + H_2O \quad (15.1)$$

$$NO_2^- + 6\,e^- + 8\,H^+ \xrightarrow{2} NH_4^+ + 2\,H_2O \quad (15.2)$$

Im ersten Schritt (1) katalysiert das Enzym Nitrat-Reduktase unter Verbrauch von Nicotinamid-adenin-dinucleotid (NADH + H$^+$) die Reduktion des NO_3^- zum Nitrition (NO_2^-). Das vermutlich für den Gesamtprozess ratenlimitierende Enzym ist im Cytoplasma der Zellen lokalisiert.

Die Nitrat-Reduktase der höheren Pflanzen ist ein aus zwei identischen Untereinheiten zusammengesetztes Molekül, das aus Flavin-adenin-dinucleotid (FAD), Cytochrom b_{557} und einem Molybdän-Cofaktor besteht. Man vermutet, dass die Elektronen (e$^-$) wie folgt vom reduzierten Cosubstrat zum Nitrat-Ion wandern (Gl. 15-3):

$$NADH \xrightarrow{e^-} FAD–Cytochrom\ b_{557} \quad (15.3)$$
$$\xrightarrow{e^-} Molybdän–Cofaktor \xrightarrow{e^-} NO_3^-$$

Der exakte Mechanismus dieser komplizierten Redoxreaktion ist nicht bekannt. Das Enzym Nitrat-Reduktase ist durch das Substrat (Nitrat) induzierbar: Nach Zugabe von NO_3^--Ionen steigt die Aktivität des Biokatalysators rasch an. Bei Bakterienzellen ist die Induktion der Enzymaktivität durch angebotene Substrate die Regel, bei Pflanzenzellen eine selten zu beobachtende Ausnahme.

Der zweite Schritt (2) wird durch das Enzym Nitrit-Reduktase katalysiert. Dieser besteht in der Reduktion des Nitrit-Ions zum Ammonium-Ion; die dazu erforderlichen Elektronen werden vermutlich von reduziertem Ferredoxin (FD) geliefert. Das Enzym Nitrit-Reduktase ist in den Chloroplasten der Blätter (und Stängel) bzw. in den Plastiden der Wurzeln lokalisiert. Über Struktur und Funktion dieses Enzyms ist nur wenig bekannt.

Aminosäuresynthese. Das Ammonium-Ion (NH_4^+) ist ein Zellgift und wird daher rasch in die Aminosäure Glutamin (Gln) umgewandelt (primäres N-Assimilationsprodukt). Diese Reaktion wird in den Plastiden durch das Enzym Glutamin-Synthase (3) katalysiert, wobei die Aminosäure Glutaminsäure (bzw. das Salz Glutamat, Glu) als NH_4^+-Akzeptor fungiert (Gl. 15-4):

$$Glutaminsäure + NH_4^+ + ATP \quad (15-4)$$
$$\xrightarrow{3} Glutamin + ADP + P$$

Die Reaktion verläuft unter Verbrauch von ATP, das aus der Lichtreaktion der Photosynthese stammt. Die Aminosäure Glutamin kann durch Reaktion mit der Verbindung α-Ketoglutarsäure in Glutaminsäure zurückverwandelt werden. Diese Reaktion wird durch das Enzym Glutamat-Synthase (4) katalysiert, wobei die benötigten Elek-

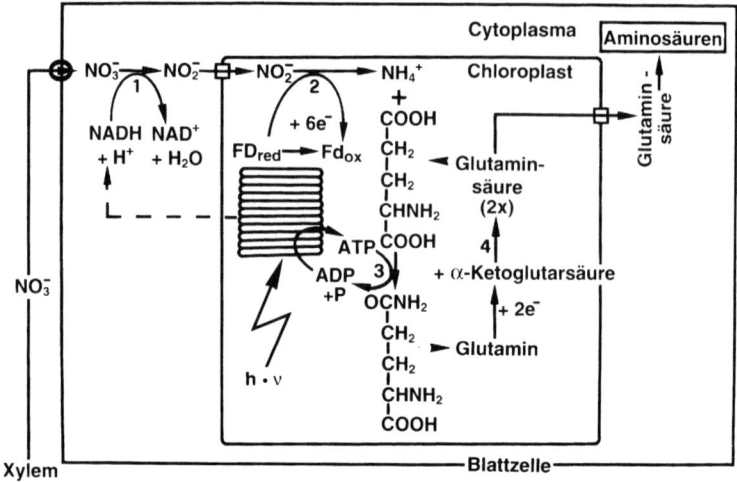

Abb. 15-2: *Reduktion von Nitrat in der photosynthetisch aktiven Pflanzenzelle. Nitrat (NO_3^-) wird über Carrier (Oval) aktiv in die Zellen aufgenommen und im Cytoplasma zu Nitrit (NO_2^-) reduziert (Enzym 1: Nitrat-Reduktase). Das NADH + H^+ entsteht aus photosynthetisch gebildetem NADPH + H^+ (– – – →). Im Stroma des Chloroplasten wird das Nitrit zum Ammoniumion (NH_4^+) reduziert, wobei die Elektronen von Ferredoxin (FD) geliefert werden (Enzym 2: Nitrit-Reduktase). NH_4^+ reagiert mit Glutaminsäure zu Glutamin (Enzym 3: Glutamin-Synthase), woraus nach Reaktion mit α-Ketoglutarsäure zwei Glutaminsäure-Moleküle entstehen (Enzym 4: Glutaminsäure-Synthase). (Nach Crawford, N. M.: The Plant Cell 7, 859–868, 1995).*

tronen ($2e^-$) von reduziertem Ferredoxin (FD_{red}) geliefert werden (Gl. 15.5):

$$\text{Glutamin} + \alpha\text{-Ketoglutarsäure} + 2\,e^- \xrightarrow{\;4\;} 2 \text{ Glutaminsäure}$$

$$(15.5)$$

Das Endprodukt der Nitratassimilation ist das Salz der Glutaminsäure (Glutamat); diese Verbindung wird nach Transport ins Cytoplasma der Zelle durch Transaminierung in andere Aminosäuren umgewandelt (Glycin, Alanin, Asparagin). Diese Produkte dienen der Protein-Biosynthese. Das zweite der beiden gebildeten Glutaminsäure-Moleküle wird als NH_4^+-Akzeptor in den Kreislauf eingeschleust (Reaktionen 3, 4 in Abb. 15-2). Der hier beschriebene Prozess kann wie folgt zusammengefasst werden:

$$2 \text{ Glutaminsäure} \rightarrow 1 \; NH_4^+\text{-Akzeptor}$$
(Chloroplast) + 1 Exportmolekül
(As-Synthese, Cytoplasma)   (15.6)

Wie Abb. 15-2 zeigt, werden die Reduktionsäquivalente (NADH + H^+, entstanden aus NADPH + H^+) sowie das ATP der Lichtreaktion der Photo-

synthese entzogen und zur Reduktion des Nitrats verbraucht. Die auf der Thylakoidmembran gebildeten Produkte der Primärreaktion der Photosynthese dienen somit sowohl der Reduktion des CO_2 als auch der Assimilation des Stickstoffs.

Neben der in Abb. 15-2 dargestellten Reaktionsfolge (Einbau von NH_4^+ in das Akzeptormolekül Glutaminsäure, Reaktionen 3, 4) ist ein alternativer Stoffwechselweg bekannt. Durch reduktive Aminierung von α-Ketoglutarsäure entsteht unter katalytischer Wirkung des Enzyms Glutamat-Dehydrogenase das Produkt Glutamat und H_2O. Dieser zweite, hier nicht näher diskutierte Weg scheint jedoch nur von untergeordneter Bedeutung zu sein.

Ammonium-Ernährung. In sauren Böden können nitrifizierende Bakterien auf Dauer nicht leben. Der Stickstoff liegt dort somit nicht als Nitrat, sondern in Form von Ammonium-Ionen (NH_4^+) vor. Wie Abb. 15-1 zeigt, werden neben dem Nitrat (Haupt-N-Aufnahmeform) auch NH_4^+-Ionen von der Wurzel absorbiert. Für die Mehrzahl der Pflanzen sind diese, in hoher Konzentration angeboten, giftig. Zahlreiche Waldbäume sind jedoch in der Lage, NH_4^+-Ionen in großer Menge über die Wurzel aufzunehmen und als Stickstoffquelle zu nutzen. Als gut untersuchtes Beispiel sei die Fichte (*Picea glauca*) genannt.

15.2 Stickstoff-Fixierung

Diazotrophie. Obwohl die Luft zu 78 Vol. % aus Stickstoff (N_2) besteht, sind nur einige Bakterien und „Blaualgen" (Cyanobakterien) in der Lage, den Luftstickstoff mittels des Enzyms Nitrogenase zu Ammoniak zu reduzieren. Diese Eigenschaft wird als Diazotrophie bezeichnet (Tab. 15.1). Höhere Pflanzen sind nur in Symbiose mit N_2-bindenden (diazotrophen) Mikroorganismen zur Nutzung des Luftstickstoffs befähigt. Die vier wichtigsten Symbiosen sollen kurz beschrieben werden:

- Schmetterlingsblütler: Die zur Familie Leguminosae gehörenden und daher auch als „Leguminosen" bezeichneten Pflanzen bilden mit freilebenden Bakterien der Gattung *Rhizobium* an den Wurzeln knöllchenartige Gewebewucherungen aus (Wurzelknöllchen). Diese gut untersuchte Symbiose ist in Abschnitt 15.3 dargestellt.
- Bäume und Sträucher: Die Erle (*Alnus glutinosa*) und der Sanddorn (*Hippophae rhamnoides*) sind einheimische Holzgewächse, die mit Actino-Bakterien (Syn.: Actinomyceten) der Gattung *Frankia* relativ voluminöse N_2-fixierende Wurzelknöllchen (Rhizothamnien) ausbilden. Über die Entstehung dieser Symbiose liegen bisher nur wenige Daten vor.

Tab.15.1: Liste einiger Bakteriengattungen, deren Vertreter den Luftstickstoff (N_2) fixieren können. (Nach Erfkamp, J. & Müller, A.: Chemie in unserer Zeit 24, 267–279, 1990).

- Freilebende Organismen:
  Bodenbakterien (*Azotobacter, Clostridium, Klebsiella, Xanthobacter*)
  Cyanobakterien (*Anabaena, Nostoc*)
- Symbiosen:
  Leguminosen/Knöllchenbakterien (*Rhizobium*)
  Bäume und Sträucher/Actinobakterien (*Frankia*)
  Zuckerrohr/Apoplasten-Bakterien (*Acetobacter*)
  Wasserfarn *Azolla*/Cyanobakterien (*Anabaena*)

- Zuckerrohrpflanze: In einigen Regionen Südamerikas wird seit Jahrzehnten die C4-Pflanze Zuckerrohr (*Saccharum officinarum*) kultiviert, ohne dass eine Stickstoffzufuhr notwendig ist. Seit einigen Jahren ist bekannt, dass in der saccharosehaltigen extrazellulären Apoplastenflüssigkeit dieses tropischen Grases N_2-fixierende Bakterien leben. Die als *Acetobacter diazotrophicus* identifizierten Endophyten ernähren sich von der Saccharose der Wirtspflanze; die Bakterien versorgen die Graspflanze mit fixiertem Stickstoff.
- Wasserfarn *Azolla*: Reis (*Oryza sativa*) ist die einzige Nutzpflanze, die auf überfluteten (anaeroben) Böden kultiviert werden kann. In zahlreichen Regionen Asiens können ohne Stickstoffdüngung über Jahrzehnte hinweg ein bis zwei Tonnen Reiskörner pro Hektar geerntet werden, weil das Wasser (bzw. der Boden) N_2-fixierende Mikroorganismen enthält (Abb. 15-3). Neben im Wasser schwimmenden Cyanobakterien (*Anabaena*) und im Erdreich angesiedelten heterotrophen Bakterien ist insbesondere eine der „Gründüngung" dienende Symbiose zu nennen: Der auf der Wasseroberfläche schwimmende Farn *Azolla* bildet mit Cyanobakterien (*Anabaena azollae*) eine Lebensgemeinschaft mit gegenseitigem Nutzen (Symbiose). Die im Wasserfarn lebenden Cyanobakterien fixieren den Luftstickstoff ($N_2 \rightarrow NH_4^+ \rightarrow$ Aminosäuren) und führen ihn den Zellen des Farns zu; dieser liefert der „Blaualge" vermutlich photosynthetisch gebildete Kohlenhydrate. Die Wasserfarne können auf diese Weise pro Tag bis zu 3 kg N_2 pro Hektar Ackerfläche fixieren. Nach Absterben und Zerfall des Farns wird der fixierte Luftstickstoff über die Wurzel von der Reispflanze aufgenommen. Die *Azolla*/*Anabaena*-Symbiose ist somit für den Reisanbau in weiten Teilen Asiens von großer praktischer Bedeutung, weil auf die Zufuhr von Mineraldünger weitgehend verzichtet werden kann.

Es sollte allerdings betont werden, dass in manchen dicht besiedelten Regionen (z. B. Japan) die Reisfelder zur Ertragssteigerung mit synthetischen Mineraldüngern behandelt werden. Die „biologische" Stickstoff-Versorgung reicht dort zur Sicherung der Ernährungsgrundlage der Menschen nicht aus.

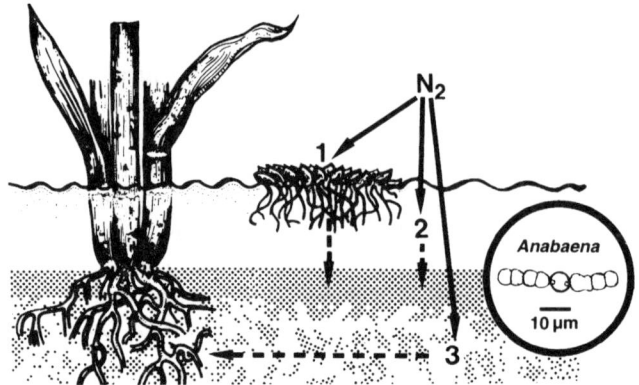

Abb. 15-3: *Stickstoff-Fixierung in überfluteten Reisfeldern. Der Wasserfarn Azolla (Symbiose mit Anabaena) (1), freilebende Cyanobakterien (2) und heterotrophe Bodenbakterien (3) fixieren den Luftstickstoff (N_2). Nach Absterben und Zerfall dieser Organismen wird der fixierte Stickstoff von den Reispflanzen aufgenommen. Das aus Zellreihen bestehende Cyanobakterium Anabaena ist vergrößert dargestellt. (Nach Swaminathan, M. S.: Sci. Amer. 250 (3), 62–71, 1984).*

Prinzip der Stickstoff-Fixierung. Um die biologische N_2-Fixierung zu verstehen, soll zunächst in Kürze die technische Darstellung von Ammoniak (NH_3), d.h., das Haber-Bosch-Verfahren, beschrieben werden. Die Synthese von Ammoniak erfolgt aus den Gasen Stickstoff und Wasserstoff:

$$3\,H_2 + N_2 \rightleftarrows 2\,NH_3 \qquad \Delta G = +92{,}3 \text{ kJ/mol} \tag{15.7}$$

Auf Grund der großen Reaktionsträgheit des N_2-Moleküls (Dreifachbindung zwischen den beiden N-Atomen) wird diese chemische Reaktion bei 500 °C und einem Druck von 20 MPa (200 bar) in hohen, sehr dicken Stahlrohren (Ammoniak-Kontaktöfen) durchgeführt. Als Katalysator wird meist Eisen verwendet.

Im Gegensatz zur technischen NH_3-Gewinnung (d.h. N_2-Fixierung) erfolgt die biologische Stickstoff-Fixierung bei Normaltemperatur und Atmosphärendruck. Man hat errechnet, dass durch technische und biologische Stickstoff-Fixierung weltweit jeweils etwa 10^8 Tonnen N_2 pro Jahr in NH_3 (bzw. NH_4^+) überführt werden. Die durch das Enzym **Nitrogenase** katalysierte bakterielle N_2-Fixierung verläuft nach Gleichung 15.8. Als Nebenprodukt entsteht Wasserstoff (H_2):

$$N_2 + 8\,H^+ + 8\,e^- + 16\,ATP \tag{15.8}$$
$$\xrightarrow{1} 2\,NH_3 + H_2 + 16\,ADP + 16\,P$$

Es wird deutlich, dass diese Reaktion enorme Mengen an ATP und Reduktionspotential (e^-) benötigt und somit von der Zellatmung abhängig ist. Die Nitrogenase (1) ist ein Enzymkomplex, der aus zwei Komponenten besteht (Abb. 15-4). Das Eisen (Fe)-Protein ist aus zwei identischen Untereinheiten zusammengesetzt und enthält eine 4 Fe-4 S (= Eisen-Schwefel)-Einheit, die an der Redoxreaktion beteiligt ist. Das Fe-Protein wird durch Sauerstoff (O_2) irreversibel inaktiviert, d.h. es muss in der Zelle vor dem Angriff des atmosphärischen Sauerstoffs geschützt werden. Die zweite Komponente, das Molybdän (Mo)-Fe-Protein, besteht aus

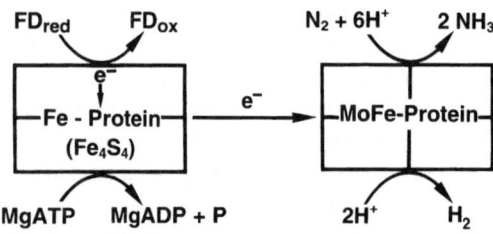

Abb. 15-4: *Struktur des Enzyms Nitrogenase und hypothetischer Mechanismus der biologischen Stickstoff-Fixierung (Hauptprodukt: NH_3; Nebenprodukt: H_2) Die Elektronen (e^-) werden vermutlich von reduziertem Ferredoxin (FD) geliefert. (Nach Orme-Johnson W. H.: Science 257, 1639–1640, 1992).*

vier Untereinheiten und ist ebenfalls sauerstofflabil. Der Mechanismus der durch Nitrogenase katalysierten N_2-Fixierung ist noch nicht im Detail aufgeklärt. Man nimmt an, dass die Elektronen (e⁻) vom reduzierten Ferredoxin (FD) geliefert werden (Abb. 15-4). Der fixierte Stickstoff (NH_3) wird zunächst in die Aminosäure Glutamin und dann in Glutamat umgewandelt.

15.3 Symbiontische Stickstoff-Fixierung bei Leguminosen

Die Symbiose zwischen den N_2-fixierenden Bakterien und der Wurzel der Leguminosen ist auf knöllchenartige Gewebewucherungen begrenzt. Diese Wurzelknöllchen (Abb. 15-5) werden von der Wirtspflanze nach Infektion mit gram-negativen Bakterien der Gattung *Rhizobium* gebildet. Mit Ausnahme eines tropischen Baumes der Gattung *Parasponia* können nur Vertreter der Familie Leguminosae (Syn.: Fabaceae) diese Symbiose eingehen. Diese Fähigkeit ist wahrscheinlich eine der Ursachen für die weltweite Verbreitung der als Leguminosen bezeichneten Pflanzen. Die im Boden frei lebenden Bakterien der Gattung *Rhizobium* zeigen eine gewisse Wirtsspezifität. So infiziert

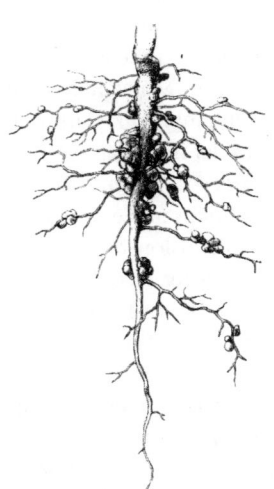

Abb. 15-5: Wurzel einer Lupine (Lupinus luteus) mit Knöllchen. (Nach Pfeffer, W.: Pflanzenphysiologie Bd. I, Leipzig, 1897).

Rhizobium leguminosarum bevorzugt Leguminosen der Gattungen *Pisum*, *Vicia* und *Lens*, während *R. trifolii* die Gattung *Trifolium* und *R. phaseoli* die Gattung *Phaseolus* befällt. Die Sojabohne (*Glycine max*) wird von *R. japonicum* infiziert. Die Interaktion zwischen Wurzel und Bakterien sowie die Entstehung der Wurzelknöllchen soll an diesem gut untersuchten Beispiel nun im Detail beschrieben werden.

Anlockung der Bodenbakterien. Abbildung 15-6 zeigt einen Querschnitt durch die Wurzel von *Glycine max*. Zunächst wandern die im Boden frei lebenden Rhizobien in die Rhizosphäre (Wurzelregion) der Pflanze. Die Wurzeln sondern Lockstoffe (Flavonoide) aus, durch die die Bakterien in die Rhizosphäre finden (Chemotaxis, 1, 2). Diese pflanzlichen Signale aktivieren im Bakterium sogenannte nod-Gene (Nodulation = Knöllchenbildung). Daraufhin sondern die Rhizobien bestimmte Substanzen (= bakterielle Signalstoffe) ab, die in der Wurzelrinde Zellteilungen auslösen: Es entsteht ein primäres Meristem (2). Wurzelhaare oberhalb des primären Meristems werden von den Rhizobien bevorzugt aufgesucht (3). Die Bakterien binden an die Oberfläche auswachsender Wurzelhaare. Diese Assoziation wird vermutlich durch zuckerbindende Proteine (Lectine) ermöglicht, die von den Wurzelhaarzellen ausgeschieden werden. Gleichzeitig werden Zellen des Perikambiums (Perizykel) zur Teilung angeregt, so dass ein sekundäres Meristem entsteht (3).

Wurzelknöllchen. Der Infektionsprozess (4) wird durch eine Einkrümmung der befallenen Wurzelhaare eingeleitet. Diese Reaktion der Wurzelhaarspitzen wird möglicherweise von Auxin, das zuvor von den Rhizobien abgegeben wurde, ausgelöst. Die Zellwand der Wurzelhaarspitze löst sich währenddessen auf.

Die Bakterien wandern durch eine feine Infektionsröhre innerhalb des Wurzelhaares, bis sie im primären Meristem der Rinde angelangt sind. Die Infektionsröhre verzweigt sich am inneren Ende, so dass die Rhizobien auf die Zellen des Rindenmeristems verteilt werden. Die beiden Meristeme verwachsen miteinander (5) und das Wurzelknöllchen, das die von einer Hülle (Bakteroidmembran) umgebenen Bakterien (= Bakteroide)

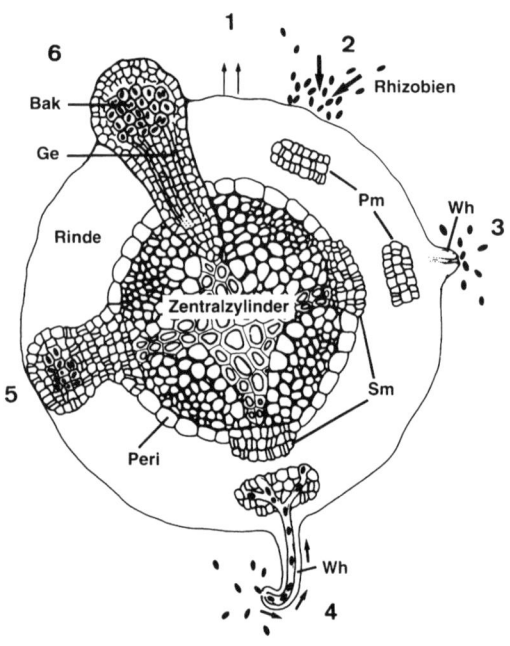

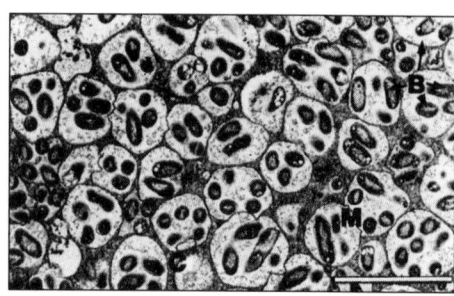

Abb. 15-7: *Elektronenmikroskopische Aufnahme eines Querschnitts durch die Zelle eines Wurzelknöll-chens der Sojapflanze (Glycine max). Im Cytoplasma sind Gruppen von 2–6 Bakteroide (Rhizobium japoni-cum), umgeben von einer Peribakteroidmembran, zu erkennen. B = Bakteroide, C = Cytoplasma, M = Peri-bakteroidmembran. Balken = 5 μm. (Nach Day, D. A., Price, G. D. & Udvardi, M. K.: Austr. J. Plant Physiol. 16, 69–84, 1989).*

Abb. 15-6: *Querschnitt durch die Wurzel einer Soja-pflanze (Glycine max). Die Knöllchenbildung kann wie folgt zusammen gefasst werden. Eine Wurzel sen-det Substanzen (Flavonoide) aus (1). Freilebende Bak-terien (Rhizobien) werden angelockt (Chemotaxis) und lösen in der Rinde Zellteilungsaktivität aus (primäres Meristem) (2). Rhizobien binden an aus-wachsende Wurzelhaare; im Perizykel entsteht ein se-kundäres Meristem (3). Die Bakterien gelangen über einen Kanal im Wurzelhaar in das primäre Meristem (4). Die beiden Meristem verwachsen miteinander (5) und das Wurzelknöllchen, das die Bakteroide (sym-biontisch lebende Rhizobien) enthält, entsteht (6). Bak = Bakteroide, Ge = Gefäße, Pm = primäres Me-ristem, Peri = Perizykel, Sm = sekundäres Meristem, Wh = Wurzelhaar. (Nach Rolfe, B.G. & Gresshoff, P. M.: Annu. Rev. Plant Physiol. Plant Mol. Biol. 39, 297–319, 1988).*

enthält, wächst aus (6). Die Bakteroide können nun als N_2-fixierende endosymbiontische Orga-nellen betrachtet werden (Abb. 15-7).

Zwischen der mit Bakteroiden befallenen Re-gion des Wurzelknöllchens und dem Zentralzy-linder der Wurzel bilden sich Leitbündel (Gefäße) aus. Über diese Kanäle werden die aus Ammoniak gebildeten Produkte (Aminosäuren wie Aspara-gin, Glutaminsäure; Ureide wie Allantoin und Allantoinsäure) der Wirtspflanze zugeführt. Als „Gegenleistung" erhalten die Bakteroide von der Sojapflanze Produkte des Kohlenhydratstoff-wechsels (aus Saccharose gebildete organische Säuren, wie z. B. Succinat, Malat und Fumarat).

Leguminosen-Hemoglobin. Im letzten Abschnitt wurde erwähnt, dass das N_2-fixierende Enzym Nitrogenase (Abb. 15-4) durch Sauerstoff inakti-viert wird. Andererseits benötigen die Bakteroid-Zellen jedoch pro fixiertem N_2-Molekül 16 ATP (Gl. 15.8), d.h. die O_2-abhängige Zellatmung muss gewährleistet sein. In der mit Rhizobien in-fizierten Region des Wurzelknöllchens ist auf Grund des hohen O_2-Verbrauchs und einer in der Wurzelrinde lokalisierten Diffusionsbarriere die Sauerstoffkonzentration so gering, dass die Nitro-genase nicht gehemmt ist. Die Diffusion von Sau-erstoff wird im Knöllchen durch das Legumino-sen (Leg)-Hämoglobin (ein rotes Häm-Protein, das reversibel O_2-Moleküle binden kann) ermöglicht. Die cytoplasmatische Leg-Hämoglobin-Konzen-tration der infizierten Wurzelzellen der Sojabohne liegt im Bereich von etwa 3 mmol/l. Der Sauer-stoff wird im Cytoplasma der Wurzelknöllchen-Zellen an Leg-Hämoglobin gebunden (LegO$_2$), zur Bakteroidmembran transportiert und dann den

Rhizobien zur Verfügung gestellt:

$$Leg + O_2 \rightleftarrows LegO_2 \qquad (15.9)$$

Man schätzt, dass 99 % des von den Bakteroiden benötigten Sauerstoffs vom Leg-Hämoglobin der infizierten Sojapflanze herantransportiert wird, d. h. die O_2-Moleküle wandern, gebunden an ein spezifisches Carrier-Molekül, im Cytoplasma der Wurzelzellen.

Aminosäuresynthese. In der Sojapflanze wird der im Wurzelknöllchen fixierte Stickstoff bevorzugt in Form der Ureide Allantoin ($C_4H_6O_3N_4$) und Allantoinsäure ($C_4H_8O_4N_4$) im Transpirationsstrom (Xylem) bis in die Blätter transportiert. Dort werden die Ureide vermutlich in Harnstoff (CH_4ON_2) umgewandelt, der dann unter der katalytischen Wirkung des Enzyms Urease (1) zu CO_2 und Ammoniak hydrolysiert wird:

$$NH_2-CO-NH_2 + H_2O \xrightarrow{1} CO_2 + 2NH_3 \qquad (15.10)$$

Die hierbei gebildeten NH_4^+-Ionen sind, wie eingangs erwähnt, ein Zellgift; sie werden daher in den photosynthetisch aktiven Blattzellen der Sojapflanze rasch in Glutaminsäure umgewandelt (Abb. 15-2). Aus der Glutaminsäure entstehen andere Aminosäuren; diese Endprodukte der symbiontischen N_2-Fixierung stehen der Pflanze nun zur Proteinbiosynthese zur Verfügung (z. B. proteinreiche Samen der Sojabohne).

15.5 Gründüngung und Biotechnologie

In diesem Abschnitt soll auf die praktische Bedeutung der Stickstoff-Fixierung eingegangen werden. Das Prinzip der „Gründüngung" wurde bereits im Zusammenhang mit der Beschreibung der Symbiose *Azolla/Anabaena* (Reisfeld) besprochen (Abb. 15-3). Auch in Europa wird diese Art der Zufuhr organischer Moleküle auf nährstoffarmen Ackerflächen seit langem praktiziert. Leguminosen sind aufgrund ihrer Fähigkeit, in Symbiose mit Rhizobien den Stickstoff der Luft zu fixieren, als „Gründüngungspflanzen" von besonderer Bedeutung. Lupinen, Luzernen, verschiedene Klee-Arten oder Ackerbohnen werden angepflanzt und nach Erreichen einer gewissen Sprosshöhe in den Boden eingepflügt (Zwischenfruchtanbau). Nach Zerfall der pflanzlichen Gewebe kommt es zu einer Nährstoffanreicherung im Ackerboden, die dem nachfolgenden Kulturpflanzenanbau zugute kommt.

Ein Ziel der aktuellen Forschung ist es, Nutzpflanzen, die keine Leguminosen sind, zu einer Symbiose mit N_2-fixierenden Rhizobien zu bringen. Die Tatsache, dass Baumarten der Gattung *Parasponia* (Ulmaceae) eine Lebensgemeinschaft mit Rhizobien eingehen können, zeigt, dass Nicht-Leguminosen im Prinzip zu einer derartigen Symbiose fähig sind. Würden z. B. N_2-fixierende Getreidepflanzen zur Verfügung stehen, so könnte man auf den Einsatz künstlich hergestellter Stickstoff-Düngemittel verzichten. Die bekannten Umweltprobleme (Auswaschen nitrathaltiger Düngemittel → Grundwasserbelastung) wären eliminiert. Außerdem könnte eine deutliche Reduktion der Kosten erzielt werden. Im Jahr 1990 wurde berichtet, dass Rhizobien und andere N_2-fixierende Bakterien an Wurzeln von Reis-, Gerste- und Rapspflanzen knöllchenartige Wucherungen auslösen. Die Bakterien waren meist in den Interzellularräumen der Wurzelzellen angesiedelt. Ein Stickstoff-Transfer in die Wirtspflanze konnte jedoch nicht beobachtet werden.

Es wurde bereits dargelegt, dass die Zuckerrohrpflanze im Interzellularraum (Apoplastenwasser) eine Saccharoselösung enthält, in der Stickstoff-fixierende Bakterien leben (Tab. 15-1). Man könnte auf Grundlage dieser Erkenntnis z. B. Mais- oder Weizensorten herstellen, die in analoger Weise eine derartige N_2-fixierende Bakteriengemeinschaft im Apoplastenraum kultivieren. Mit Hilfe der Pflanzen-Biotechnologie wird es wahrscheinlich einmal gelingen, unsere Nutzpflanzen so zu manipulieren, dass sie – wie die Leguminosen und Zuckerrohr – über Symbiosen mit diazotrophen Bakterien den Luftstickstoff fixieren können.

15.6 Assimilation von Sulfat

Der Einbau des Makroelements Schwefel (S) in die verschiedenen organischen Moleküle der Pflanze ist ein Prozess, der viele Gemeinsamkeiten mit der Nitrat-Assimilation aufweist. Er soll daher an dieser Stelle dargestellt werden. Das Element Schwefel wird in Form des Sulfat-Ions (SO_4^{2-}) von der Wurzel der Pflanze aufgenommen und im Xylem in den Spross transportiert (geringe Mengen an Schwefel werden auch in Gasform, d.h. als SO_2, über die Blätter absorbiert). Die Reduktion des Sulfations zum Sulfid (S^{2-}) erfolgt entweder in der Wurzel (Reaktionsort: Proplastiden) oder in den photosynthetisch aktiven Blättern der Pflanze. Man nimmt an, dass diese biochemische Reaktionsfolge – wie die Nitrat-Assimilation – ausschließlich in den Plastiden lokalisiert ist, wobei Produkte der Lichtreaktion (ATP, red. Ferredoxin) verbraucht werden.

Da die Oxidationszahl des Schwefels von + 6 (SO_4^{2-}) auf – 2 (S^{2-})ansteigt, werden pro Sulfat-Ion acht Elektronen benötigt, die von reduziertem Ferredoxin geliefert werden. Die Summenformel dieser in vier Stufen verlaufenden und durch mehrere Enzyme katalysierten Reaktion lautet wie folgt:

$$SO_4^{2-} + 8\,e^- + 8\,H^+ + ATP \qquad (15.11)$$
$$\rightarrow S^{2-} + 4\,H_2O + AMP + PP$$

Als Produkte entstehen neben dem Sulfid-Ion (S^{2-}) außerdem Adenosinmonophosphat (AMP) und Pyrophosphat (PP).

Das Sulfid-Ion wird nicht gespeichert, sondern sofort in organische Moleküle eingebaut. Etwa 90% des Schwefels der Pflanze ist Bestandteil der beiden Aminosäuren Cystein und Methionin. Geringe Mengen an Schwefel finden sich in den Verbindungen Coenzym A (zentrales Stoffwechselintermediat) und S-Adenosylmethionin (Ethylenbiosynthese).

Abschließend sollte betont werden, dass die Tiere, einschließlich des Menschen, nicht in der Lage sind, Sulfat (und Nitrat) zu reduzieren. Die zur optimalen Ernährung notwendigen (essentiellen) Aminosäuren Methionin und Cystein müssen somit durch Verzehr von Pflanzen aufgenommen werden. In dieser Beziehung hängen die Tiere völlig von der Biosynthesekapazität der photoautotrophen Pflanzen ab. Dies gilt auch für die durch einen Phenolring gekennzeichneten essentiellen Aminosäuren Tryptophan, Tyrosin und Phenylalanin (Kap. 17).

16 Blütenbildung und Seneszenz

Bei der Besprechung der Keimung wurde der Entwicklungszyklus einer einjährigen Nutzpflanze (Sonnenblume) dargestellt (Kap. 8). Nach Aussaat im Frühjahr endet die photoautotrophe Wachstumsphase im Spätsommer mit der Blütenbildung. Im Herbst durchläuft die Pflanze eine Entwicklungsphase, die als Seneszenz bezeichnet wird; der Organismus stirbt daraufhin ab. Nur die Achänen überleben den nachfolgenden Winter; im nächsten Frühjahr beginnt der Entwicklungszyklus mit der Samenkeimung von neuem.

Bei einjährigen Gewächsen, zu denen zahlreiche Nutzpflanzen zählen (z.B. die Getreidearten), ist die Blütenbildung mit der Seneszenz gekoppelt. Diese physiologischen Prozesse sollen daher in diesem Kapitel gemeinsam dargestellt werden.

Die Erforschung der Blüh-Induktion hat eine lange Tradition. Bereits 1863 publizierte J. Sachs die erste Forschungsarbeit zu diesem Thema. Als Versuchsobjekt verwendete er die Kapuzinerkresse (*Tropaeolum majus*), eine aus Südamerika stammende einjährige Pflanze mit schildförmigen Blättern. Das in Abb. 16-1 dargestellte Experiment zeigt, dass der Gipfel einer belaubten Kapuzinerkresse nach Entfernung aller Achselknospen in einem lichtdichten Dunkelkasten kräftig weiter wächst (Skotomorphogenese, Kap. 13). J. Sachs beobachtete mit dieser einfachen Versuchsanordnung, dass nur dann, wenn die außerhalb des Kastens liegenden Laubblätter dem vollen Sonnenlicht ausgesetzt sind, im Dunkeln eine Blütenbildung eintritt. Ist die lichtexponierte Blattfläche zu gering oder die Strahlungsintensität niedrig, so entstehen keine Blüten. Der Physiologe formulierte daher die Hypothese, dass in den grünen Blättern im Licht „blütenbildende Stoffe" entstehen. Diese Substanzen sollen dann zu den Vegetationspunkten wandern und dort die Umsteuerung der Apicalmeristeme auslösen, so dass aus vegetativen Bildungsgeweben Blütenanlagen gebildet werden.

In den folgenden Abschnitten sind aktuelle Daten und Hypothesen zur Blütenbildung und Seneszenz höherer Pflanzen dargestellt, wobei auch einige klassische Experimente berücksichtigt wurden.

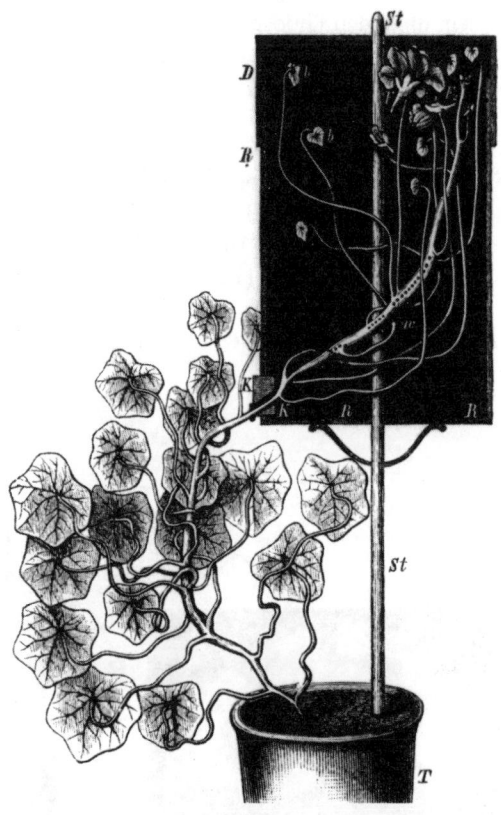

Abb. 16-1: *Experiment zum Nachweis der Rolle der grünen Blätter bei der Induktion der Blütenbildung. Der Spross einer am Licht gewachsenen Kapuzinerkresse (Tropaeolum majus) wurde nach Entfernung aller Achsel- und Blütenknospen in eine Dunkelkammer gebracht. Blütenbildung trat nur bei ausreichender Belichtung der außerhalb liegenden Laubblätter ein. (Nach Sachs, J.: Arb. Bot. Inst. Würzburg 3, 372–388, 1887).*

16.1 Blütenbildung: Allgemeine Definitionen

Bei höheren Pflanzen spielt die vegetative Vermehrung, von wenigen Ausnahmen abgesehen (z. B. Kartoffel), nur eine untergeordnete Rolle. Die über Ausbildung von **Blüten** verlaufende sexuelle Fortpflanzung ist der dominierende Vermehrungsmodus bei den Samenpflanzen. In der Blüte laufen folgende Prozesse ab (Kap. 11):

- Fruchtknoten (Samenanlage): Bildung des Embryosackes (weiblicher Gametophyt, bestehend aus der befruchtungsfähigen haploiden Eizelle, dem diploiden Endospermkern, den zwei Synergiden und den drei Antipodenzellen).
- Antheren (Pollensäcke): Bildung der Pollenkörner (männliche Gametophyten, enthalten zwei haploide, wandlose Spermazellen).
- Bestäubung und doppelte Befruchtung: Auswachsen des Pollenschlauchs (Spitzenwachstum) auf der Narbe. Die Spitze des Pollenschlauchs dringt zum Embryosack durch. Eine Spermazelle verschmilzt mit der Eizelle zur diploiden Zygote, die zweite vereinigt sich mit dem diploiden Endospermkern zum triploiden sekundären Endospermkern.
- Embryogenese und Samenbildung: Aus der Zygote entwickelt sich der diploide Embryo; dieser besteht aus der Radicula, dem Keimstängel (Hypocotyl) und den Keimblättern. Gleichzeitig entsteht das triploide Endosperm (Nährgewebe). Die Integumente differenzieren sich zur Samenschale, so dass in Folge dieser drei simultan ablaufenden Prozesse der Same (d. h. ein Produkt aus Embryo, Nährgewebe und Testa) entsteht.

Die oben dargestellten Fakten lassen nun eine Definition des Begriffs **Blütenbildung** zu. Man versteht darunter die Gesamtheit jener Prozesse, die während der Ontogenese der Pflanze von der vegetativen in die reproduktive Entwicklungsphase führen. Anatomisch betrachtet wandelt sich hierbei das vegetative Sprossmeristem derart um, dass nun an Stelle von Laubblättern Frucht-, Staub-, Blüten- und Kelchblätter entstehen (Abb. 16-2). Die Frage, durch welche biochemischen bzw. molekularen Prozesse diese Umsteuerung der Entwicklungsstrategie hervorgebracht wird, ist derzeit noch Gegenstand der Forschung.

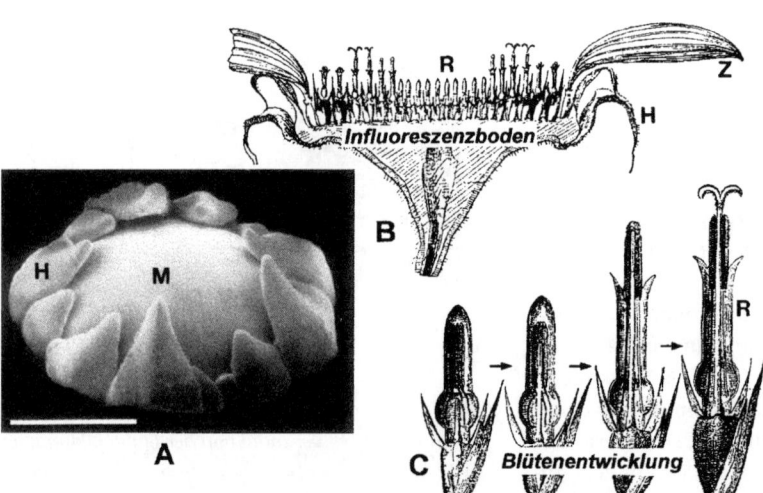

Abb. 16-2: *Blütenbildung bei der Sonnenblume (Helianthus annuus). Das vegetative Apicalmeristem (M) der Sprossachse entwickelt sich zu einem scheibenförmigen Influoreszenzboden (A, B). Am Rand entstehen sterile Zungenblüten (Z, Schauapparat), im Zentrum radiäre, fertile Röhrenblüten (R) (C). Der Blütenstand (Influoreszenz) wird von zahlreichen Hochblättern (H) umgeben, die den Hüllkelch bilden. Balken = 0,5 µm. (Nach Dumais, J. & Steele, C. R.: J. Plant Growth Regul. 19, 7–18, 2000).*

Analysen verschiedener Mutanten der Modell-pflanzen Ackerschmalwand (*Arabidopsis thaliana*) und Löwenmäulchen (*Antirrhinum majus*) führten zu der Erkenntnis, dass die Blütenbildung durch ein Netzwerk folgender drei Blüten-Kontrollgene determiniert wird:

*   Blühzeitpunkt (Heterochronie)-Gene;
*   Blütenmeristemidentitäts- und Kataster-Gene;
*   Blütenorganidentitäts-Gene (A, B, C).

Die Funktionen der jeweiligen Genprodukte (Pro-teine) sind weitgehend unbekannt; ein physiolo-gisches Modell der genetischen Kontrolle der Blü-tenbildung kann daher noch nicht abgeleitet wer-den.

Die Mehrzahl der Pflanzen nutzt Umweltfakto-ren aus, um die Blütenbildung einzuleiten. Vor-teil: Alle Individuen einer Population blühen auf diese exogenen Signale hin etwa gleichzeitig. Durch diese **Synchronisation** wird eine Fremd-bestäubung der Pflanze gewährleistet. Die Blü-tenbildung kann jedoch nur eintreten, wenn die Pflanzen ein bestimmtes Alter erreicht haben („Stadium der Blühreife"). Nachdem die „Blüh-reife" eingetreten ist, wird, in der Regel ausgelöst durch Umweltfaktoren (induktive Außenbedin-gungen), die Blütenbildung eingeleitet. Hierbei werden die oben genannten Gene aktiviert.

Die beiden wichtigsten exogenen Faktoren sind die Tageslänge (Photoperiode) und die Tempera-tur.

16.2 Photoperiodismus

Im Jahr 1920 wurde erstmals beschrieben, dass die Blütenbildung bei vielen Pflanzenarten durch eine sich verändernde Tageslänge ausgelöst wer-den kann. Wie kam es zu dieser wichtigen Ent-deckung? Eine neue Varietät der Tabakpflanze (*Ni-cotiana tabacum* var. Maryland Mammut) sollte in einer bestimmten Region der USA im Feld zur Blüte gebracht werden. Die Pflanzen blieben je-doch unter den dort herrschenden Langtagbe-dingungen vegetativ. Wurden sie jedoch ins Ge-wächshaus gebracht, setzte eine rasche Blüten-bildung ein. W. W. Garner und H. A. Allard vom United States Department of Agriculture in Belts-

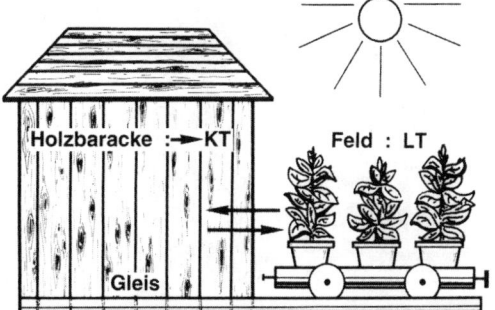

Abb. 16-3: *Schematische Darstellung der Versuchs-anordnung, mit Hilfe derer der Photoperiodismus ent-deckt wurde. Die auf einem Eisenbahnwagen stehen-den Pflanzen konnten zur Verkürzung der Tageslänge (→ Kurztag) in eine lichtdichte, mit Lüftungsschlitzen versehene Holzbaracke geschoben werden. KT = Kurz-tag, LT = Langtag. (Nach einem Photo).*

ville, Md., kamen nach langen erfolglosen Expe-rimenten auf die unkonventionelle Idee, dass die Pflanzen in der Lage sein könnten, die Tageslänge (Photoperiode) zu messen. Sie verkürzten die lan-gen Sommertage durch vorzeitige Verdunkelung der auf Eisenbahnwagen stehenden Pflanzen (Abb. 16-3). Wurde der Langtag (LT) in einen Kurz-tag (KT) verwandelt, so blühten die Tabakpflan-zen im Freiland (Abb. 16-4 A). Sie benötigten so-mit kurze Tage (bzw. lange Nächte), um zur Blüte zu gelangen. W. W. Garner und H. A. Allard un-tersuchten mit der in Abb. 16-3 dargestellten Ver-suchsanordnung auch zahlreiche andere Spezies und konnten die höheren Pflanzen daraufhin in drei Gruppen einteilen:

*   Kurztag- (= Langnacht)-Pflanzen: Blütenbildung nur bei Unterschreitung einer kritischer Tages-länge von < 11–15 h
*   Langtag- (= Kurznacht)-Pflanzen: Blütenbildung nur bei Überschreitung einer kritischer Tages-länge von > 9–13 h
*   Tagneutrale Pflanzen: Blütenbildung unabhän-gig von der Tageslänge; in der Regel wird dieser Entwicklungsprozess durch die Kälteperiode ge-steuert (Vernalisation).

Einige Beispiele sind in Tabelle 16-1 aufgelistet. Diese Resultate können wie folgt zusammenge-fasst werden:

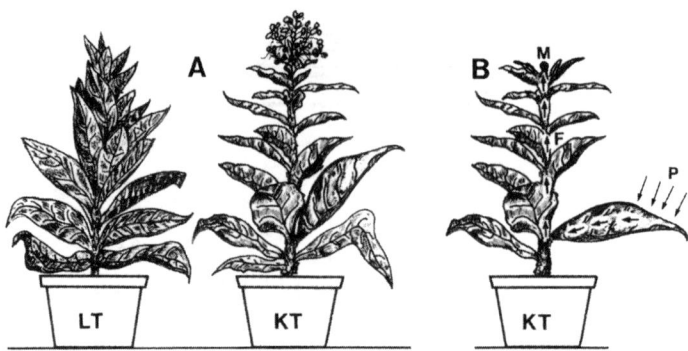

Abb. 16-4: *Effekt einer künstlichen Verkürzung der Tageslänge auf die Entwicklung der Tabakpflanze (Nicotiana tabacum var. Maryland Mammut). Im Langtag (LT) bleibt die Pflanze vegetativ, während sie im Kurztag (KT) blüht (A). Das Florigen-Konzept (B). Im KT wird über die Laubblätter die Photoperiode (P, d.h. Belichtungsdauer) perzipiert. Ein Hormon (F, Florigen) wandert zum Apicalmeristem (M) (Pfeile) und löst dort die Blütenbildung aus. (Nach Colasanti, J. & Sundaresan, V.: Trends Biochem. Sci. 25, 236–240, 2000).*

• Die kritischen Tageslängen variieren beträchtlich voneinander, d.h. es gibt „mittlere Tageslängen", bei denen beide Gruppen von Pflanzen zur Blütenbildung kommen.

Tab. 16-1: Photoperiodische Klassifikation einiger Blütenpflanzen. Die kritischen Tageslängen (h) sind Näherungswerte. (Nach verschiedenen Autoren).

Kurztagpflanzen	Kritische Tageslänge <
Reis (*Oryza sativa*)	12
Tabak (*Nicotiana tabacum*, Maryland M.)	14
Sojabohne (*Glycine max*)	14
Spitzklette (*Xanthium strumarium*)	15
Weihnachtsstern (*Euphorbia pulcherrima*)	12
Veilchen (*Viola papilionaceae*)	11

Langtagpflanzen	Kritische Tageslänge >
Hafer (*Avena sativa*)	9
Winterweizen (*Triticum aestivum*)	12
Wintergerste (*Hordeum vulgare*)	12
Tabak (*Nicotiana sylvestris*)	?
Spinat (*Spinacia oleracea*)	13
Senf (*Sinapis alba*)	14

Tagneutrale Pflanzen

Mais (*Zea mays*), Tomate (*Lycopersicum esculentum*), Bohne (*Phaseolus vulgaris*), Gurke (*Cucumis sativus*), Buchweizen (*Fagopyron tataricum*), Tabak (*Nicotiana tabacum* Wisconsin 38), Sonnenblume (*Helianthus annuus*)

• Nahe verwandte Pflanzengattungen zeigen ein ganz unterschiedliches photoperiodisches Verhalten. So ist z.B. der Reis eine Kurztag(= KT)pflanze, während Hafer, Weizen und Gerste Langtag (= LT)pflanzen sind. Der Mais blüht hingegen unabhängig von der Photoperiode.

• Innerhalb einer Gattung gibt es Unterschiede bezüglich der Blühinduktion (vergl. Tabak, *Nicotiana tabacum*, *N. sylvestris*).

Schon bald nach der Entdeckung des Photoperiodismus wurde diese Erkenntnis auch in der Praxis ausgenutzt. So bringt man z.B. den Weihnachtsstern (*Euphorbia pulcherrima*) vom Langtag in den Kurztag, um zur gewünschten Zeit blühende Pflanzen zum Verkauf anbieten zu können.

Der von Garner und Allard geprägte Begriff „Photoperiodismus" (= Auslösung der Blütenbildung in Abhängigkeit von der Tageslänge) hat heute eine erweiterte Bedeutung. Da auch zahlreiche vegetative Prozesse (z.B. Wachstum von Ausläufen; Ausbildung von Speicherorganen; Seneszenz der Blätter usw.) von der Tagesperiode gesteuert werden, umfasst der Photoperiodismus all jene physiologischen Vorgänge, die über „Messung" kritischer Tageslängen induziert werden. Auch bei Tieren sind zahlreiche photoperiodisch gesteuerte Prozesse bekannt: Bei Zugvögeln induziert die Zunahme der Tageslänge eine Aktivierung der Gonaden, d.h. der Heimflug ins Brutrevier wird letztlich von der Photoperiode gesteuert.

16.3 Lichtperzeption und Blüh-Hormon

Die Entdeckung, dass die Blütenbildung bei zahlreichen Pflanzenarten durch die Photoperiode synchronisiert und ausgelöst wird, führte zu drei Fragen: 1. Von welchem Photorezeptor wird das Tageslicht perzipiert? 2. Wie misst die Pflanze die Tageslänge (Mechanismus der Zeitmessvorgänge)? 3. In welchem Organ (Blatt, Spross, Vegetationspunkt) wird der Lichtreiz wahrgenommen? Im Folgenden sollen diese drei Probleme separat diskutiert werden.

Lichtperzeption durch Phytochrom. In Kapitel 13 (Photomorphogenese) wurde bereits dargestellt, dass das photoreversible Sensorpigment Phytochrom praktisch sämtliche lichtabhängige Entwicklungsprozesse der Pflanze, einschließlich der Blütenbildung, steuert. Welche experimentellen Befunde sprechen für die Rolle des Phytochroms? Im Prinzip können die in Tab. 16-1 für verschiedene Pflanzenspezies angegebenen kritischen Tageslängen auch durch Messung der Dauer der entsprechenden Dunkelperioden erfolgen. Zahlreiche experimentelle Befunde unterstützen die Hypothese, dass die Dauer der **Dunkelperiode** und nicht die Tageslänge (Lichtperiode) über die Induktion der Blütenbildung entscheidet. Wird während der Lichtperiode eine LT-Pflanze für einige Minuten verdunkelt, so hat diese Störung auf die induzierende Wirkung der langen Photoperiode keinen Einfluss. Das umgekehrte Experiment, d.h. eine kurze Belichtung der Pflanze während der Dunkelperiode (Störlicht), hat hingegen eine drastische Wirkung. Wird eine KT-Pflanze (z.B. Sojabohne) im 11 h Licht / 13 h Dunkel-Rhythmus gehalten, so blüht sie (Abb. 16-5). Eine kurze, nur wenige Minuten dauernde Bestrahlung während der Dunkelperiode führt zu einer Unterdrückung der Blütenbildung, obwohl die KT-Pflanze im Kurztag wächst. Eine LT-Pflanze (Gerste) blüht unter diesen KT-Bedingungen nicht; ein kurzer Lichtpuls während der Dunkelperiode ist jedoch

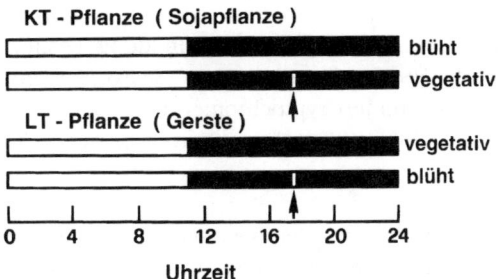

Abb. 16-5: Effekt von Störlicht (Pfeile) während der Dunkelperiode bei Kurztag (KT)- und Langtag (LT)-Pflanzen. Versuchsobjekte: Sojabohne (Glycine max) und Gerste (Hordeum vulgare). (Nach Daten von Downs, R.J.: Plant Physiol. 31, 279–284, 1956).

ausreichend, um die Gerste im Kurztag zur Blütenbildung zu bringen.

Über welchen Photorezeptor wird das Störlicht perzipiert? Zur Klärung dieser Frage wurden KT-Pflanzen verwendet und Wirkungsspektren erstellt. Es zeigte sich, dass hellrote Strahlung (λ_{max} etwa 640 nm), appliziert als Störlicht während der Dunkelperiode, eine maximale Wirkung ausübt (Hemmung der Blütenbildung). Weiterhin lassen sich Hellrot(HR)-Pulse durch nachfolgende Dunkelrot(DR)-Pulse revertieren (Tab. 16-2). Diese Befunde zeigen, dass Phytochrom das Sensorpigment ist, über welches das Störlicht und somit die Dauer der ununterbrochenen Dunkelperiode wahrgenommen wird. KT-Pflanzen sollten daher eigentlich als Langnachtpflanzen, LT-Pflanzen entsprechend als Kurznachtpflanzen bezeichnet werden.

Experimente mit *Arabidopsis thaliana* haben gezeigt, dass zumindest bei dieser Modellpflanze die

Tab. 16-2: Effekt von Störlicht während der Dunkelperiode auf die Blütenbildung bei Kurztagpflanzen (Spitzklette, *Xanthium strumarium*; Sojabohne, *Glycine max*). (Revertierungsexperiment; HR = Hellrotpuls, R = Dunkelrotpuls). (Nach Downs, R.J.: Plant Physiol. 31: 279–284, 1956).

Störlicht	Kurztagpflanze
Dunkelkontrolle	blüht
HR	vegetativ
HR/DR	blüht
HR/DR/HR	vegetativ
HR/DR/HR/DR	blüht

Cryptochrome Cry 1 und 2 als Sensorpigmente bei der Auslösung der Blütenbildung beteiligt sind. Vermutlich wirken beide Sensorpigmente (Phytochrome, Cryptochrome) zusammen. Diese Interaktion ist jedoch noch weitgehend unerforscht.

Mechanismus der Zeitmessung. Die oben dargestellten Fakten zeigen, dass die meisten LT- und KT-Pflanzen das Sensorpigment Phytochrom zur Perzeption des Tageslichtes und somit zur Messung der Tages- bzw. Nachtlänge einsetzen. Man geht heute davon aus, dass das Phytochrom über eine Interaktion mit der „inneren Uhr" der Pflanze den Zeitmessvorgang steuert. Ein hypothetischer, endogener circadianer Oszillator (Kap. 18) soll im 24 h-Rhythmus in den Zellen der Pflanze „ticken" und durch Lichtperzeption via Phytochrom zur Messung der Dauer der Dunkelperiode dienen. Da über die Funktionsweise der „inneren Uhr" der Pflanzen bis heute nur wenig bekannt ist, folgt, dass auch der Mechanismus zur Messung der Dauer der Licht- bzw. Dunkelperiode noch nicht entschlüsselt werden konnte.

Perzeptionsort des Blühstimulus. Die Blütenbildung ist ein Prozess, der in den Apicalmeristemen der vegetativen Pflanze ausgelöst wird. Man sollte daher annehmen, dass der durch eine relativ hohe Phytochrommenge gekennzeichnete Vegetationspunkt der Ort ist, wo der Lichtreiz perzipiert wird. Seit den klassischen Untersuchungen von J. Sachs (1863) wissen wir jedoch, dass die grünen Laubblätter jene Organe sind, die unter dem Einfluss des Lichtes die Blütenbildung im Sprossvegetationspunkt induzieren (Abb. 16-1).

Der von J. Sachs geprägte Begriff „blütenbildende Stoffe" wurde in den 1930er Jahren von M. Chailakhyan durch das Synonym „Florigen" (=Blüh-Hormon) ersetzt. Die folgenden Experimente unterstützen die Existenz eines in den Blättern gebildeten Florigens:

- Verdunkelung eines Blattes: Wird eine KT-Pflanze (z.B. Spitzklette, *Xanthium strumarium*) bei Langtagbedingungen gehalten, so unterbleibt die Blütenbildung. Wird nur ein Laubblatt durch Abdunkeln (z.B. Einschlagen in Alufolie) Kurztagbedingungen ausgesetzt, so blüht die Pflanze. Schlussfolgerung: Im „KT-Blatt" wird ein Florigen gebildet; die Substanz wandert zum Vegetationspunkt und löst dort die Blütenbildung aus.

- Pfropfexperimente: Ist das im Blatt der KT-Pflanze gebildete Florigen in der Lage, in den Vegetationspunkt einer LT-Pflanze zu wandern und dort eine Umsteuerung des Meristems auszulösen? Zur Beantwortung dieser Frage wurden Tabakpflanzen verwendet. Wird ein Laubblatt der KT-Pflanze *Nicotiana tabacum* var. Maryland Mammut auf die LT-Pflanze *Nicotiana sylvestris* gepfopft, so blüht diese auch unter Kurztag-Bedingungen. Schlussfolgerung: Das im Laubblatt der KT-Pflanze gebildete Florigen wandert in den Vegetationspunkt der LT-Pflanze und ist dort aktiv, d. h. KT- und LT-Pflanzen verfügen über ein funktionell identisches Florigen.

Die beschriebenen Experimente unterstützen die von J.Sachs formulierte Hypothese (Abb. 16-1). Man geht heute davon aus, dass im Blatt ein Florigen (= blütenbildender Stoff) gebildet wird, der im Phloem-Strom zum Apicalmeristem wandert und dort die Blütenbildung auslöst (Abb. 16-4 B).

Extraktion des Florigens. Sämtliche Versuche, diese blütenauslösende Substanz aus Laubblättern zu isolieren und chemisch zu identifizieren, sind bisher gescheitert. Im Jahr 1989 wurde von M.Chailakhyan und Mitarbeitern berichtet, dass Extrakte aus Blättern der KT-Pflanze *Nicotiana tabacum* var. Maryland Mammut, die im Kurztag gehalten wurden, blüteninduzierende Wirkung zeigen. Wurde eine geringe Menge des Blattextraktes auf die KT-Pflanze *Chenopodium rubrum* gegeben, die unter nicht induzierenden Langtagbedingungen wuchs, so trat eine Blütenbildung ein. Dies zeigt, dass im Blatt der Tabakpflanze im KT eine extrahierbare, blüteninduzierende Substanz entsteht. Allerdings konnte dieses Experiment nicht von anderen Wissenschaftlern reproduziert werden. Unter Verwendung desselben Materials gelang es zwar, einen Extrakt aus Tabakblättern zu isolieren, der das Längenwachstum des Vegetationspunktes der *Chenopodium*-Pflanzen stimulierte; eine Blütenbildung trat jedoch nicht ein.

Es wurde bereits dargelegt, dass Experimente, die nicht reproduzierbar sind, keine wissenschaftliche Aussagekraft besitzen (Kap. 2). Wir müssen daher den Schluss ziehen, dass die Suche nach den blütenbildenden Stoffen bisher erfolglos verlaufen ist. Andererseits haben die in Abb. 16-4 B dargestellten Experimente (u. a. Propfversuche) zum Resultat geführt, dass das Florigen mit einer Geschwindigkeit von 2,4–3,5 mm pro h wandert. Detaillierte chemische Analysen von Phloemsäften haben allerdings noch keine positiven Resultate erbracht.

Die Anfang der 1960er Jahre postulierte Hypothese, das Florigen sei mit dem Phytohormon Gibberellinsäure (GA_3) identisch, konnte nicht bestätigt werden. Applikation von GA_3 auf den Apex vegetativer LT-Pflanzen (z. B. Karotte, *Daucus carota*) löst im Kurztag eine Blütenbildung aus. Weiterführende Experimente zeigten jedoch, dass die Gibberelline keine kausale Rolle bei der Induktion der Blüten spielen.

Experimente mit der Spinatpflanze (*Spinacia oleracea*), die in die Gruppe der LT-Gewächse gehört (Tab. 16-1), haben gezeigt, dass nach Transfer vom KT in den LT eine drastische Zunahme zahlreicher endogener Gibberelline (GA) messbar ist. Der erhöhte Hormonpegel bewirkt eine Steigerung des Sprosswachstums. Diese LT/GA-induzierte Stimulation der Stängelelongation führt letztlich zur Blütenbildung. Trotz dieser bemerkenswerten Resultate sind die Gibberelline nicht als Florigene zu interpretieren.

16.4 Blühinduktion in der Natur

Zum Abschluss dieses Themenbereichs soll die Rolle des Photoperiodismus unter natürlichen Umweltverhältnissen betrachtet werden. Die Tageslänge nimmt in der nördlichen Hemisphäre während des Frühjahrs zu und erreicht am 22. Juni ein Maximum (15–16 h Licht/8–9 h Dunkelheit). Während des Sommers und Herbstes nimmt die Tageslänge wieder kontinuierlich ab und erreicht am 22. Dezember ihr Minimum (etwa 9 h Licht/ 15 h Dunkelheit). In der Natur sind die Pflanzen somit einer von der Jahreszeit abhängigen Tageslänge (Photoperiode) ausgesetzt (Abb. 16-6).

Ende März/Anfang April keimen die Samen bzw. es beginnt die vegetative Wachstumsphase. Im Frühsommer, wenn die Tage länger werden,

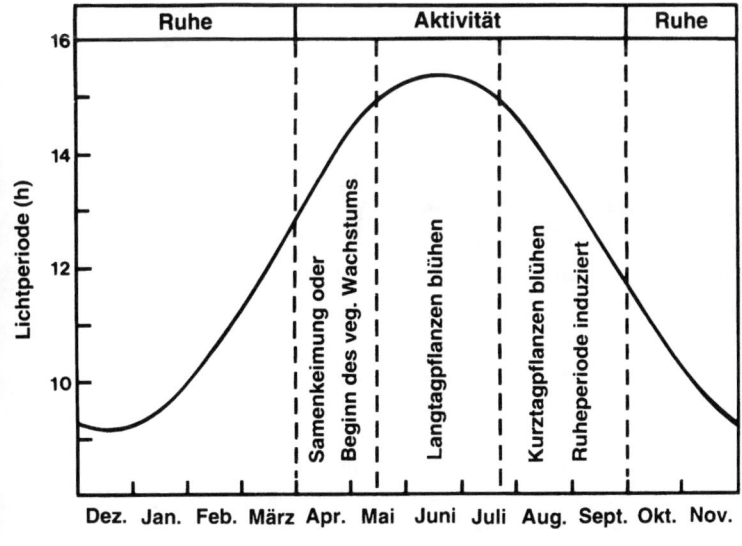

Abb. 16-6: *Änderung der Tageslänge im Jahresverlauf und die damit gekoppelte Aktivität der Lang- und Kurztagpflanzen in der Natur. Die Werte für die Dauer der Tageslänge gelten für 43° nördlicher Breite. (Nach Ray, P.M.: The Living Plant. Holt, Rinehart and Winston Inc., New York, 1963).*

blühen die LT-Pflanzen, wobei eine je nach Spezies verschiedene kritische Tages(bzw. Nacht)-länge erreicht werden muss, damit die Blütenbildung induziert wird. Die KT-Pflanzen wachsen hingegen während dieser Langtagperiode (Frühjahr/Frühsommer) ausschließlich vegetativ; die Blütenbildung wird erst eingeleitet, wenn die Tage wieder kürzer werden, d. h. etwa von der Mitte des Sommers bis zum Beginn des Herbstes. Da, wie Abb. 16-6 zeigt, die Dauer der Lichtperiode im August/September rasch abnimmt, folgt, dass KT-Pflanzen mit kürzeren kritischen Tageslängen später im Jahr blühen als jene mit längeren (Tab. 16-1). Die Photoperiode löst somit in der Natur die Blütenbildung großer Populationen von Individuen aus, wobei die blühreifen, vegetativen Pflanzen eines Biotops auf Grund ihrer artspezifischen kritischen Tageslängen nicht alle gleichzeitig, sondern nacheinander in die Fortpflanzungsphase gelangen. Eine interspezifische Konkurrenz um die den Pollen übertragenden Insekten wird somit weitgehend verhindert.

16.5 Vernalisation

Neben der Tageslänge spielt die Temperatur, insbesondere längere Kälteperioden, bei der Auslösung der Blütenbildung eine steuernde Rolle. Der Begriff **Vernalisation**, in den 1920er Jahren vom Genetiker T. D. Lysenko geprägt, hatte lange Zeit eine sehr weite Bedeutung (= Kälteeffekt auf eine Vielzahl physiologischer Prozesse). Es soll hier eine präzise Definition verwendet werden: Unter Vernalisation versteht man die Förderung der Blütenbildung durch eine über mehrere Wochen hinweg auf die Pflanze einwirkende Kältebehandlung (Temperaturbereich: 0–10 °C). Zwei Beispiele sollen zur Illustration dargestellt werden.

Winterroggen. Bei einjährigen Pflanzen, die im Frühjahr keimen und wachsen, im Sommer blühen und im Herbst Früchte bilden, spielt die Vernalisation keine obligatorische Rolle. So blüht z. B. der Petkuser Winterroggen (Secale cereale) auch ohne Kälteperiode, allerdings erst spät, d. h. 14–18 Wochen nach Beginn der vegetativen Wachstumsperiode. Die Blütenbildung setzt je-

doch wesentlich früher ein, wenn die gequollenen Samen oder Keimlinge für einige Wochen einer Temperatur von 0–8 °C ausgesetzt wurden. Die Kältebehandlung hat somit eine fördernde Wirkung auf die Ausbildung der Blüten. Der Petkuser Winterroggen wird im Herbst ausgesät und keimt noch vor Beginn des Winters. Die nur wenige Zentimeter großen Roggenkeimlinge überwintern, oft bedeckt von einer hohen Schneedecke; sie beginnen erst im darauffolgenden Frühjahr mit dem autotrophen, vegetativen Wachstum. Im Frühsommer (Langtag) blühen die Getreidepflanzen: Die Blütenbildung wird bei Vernalisation der Keimlinge somit schon sieben Wochen nach Einsetzen der Wachstumsphase induziert.

Bilsenkraut. Zweijährige Pflanzen überdauern einen Winter bevor sie blühen und dann absterben. Als repräsentatives Beispiel soll das Bilsenkraut (Hyoscyamus niger), eine ein- bzw. zweijährige Rosettenpflanze, betrachtet werden. Die einjährige Rasse dieser Spezies durchläuft ihren ganzen Entwicklungszyklus innerhalb einer Vegetationsperiode, während die zweijährige Varietät im ersten Jahr nur vegetativ wächst und erst im zweiten Jahr

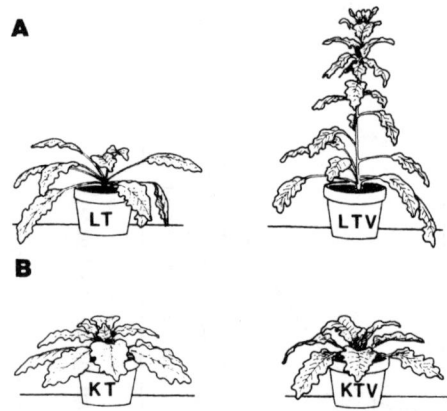

Abb. 16-7: Blühinduktion beim Bilsenkraut (Hyoscyamus niger, zweijährige Rasse). Im Kontrollversuch (Kurztag, KT) bleiben die Pflanzen auch nach Kältebehandlung (Vernalisation, V) vegetativ (B). Nach Vernalisation im Winter (V) blüht die Pflanze im darauffolgenden Sommer, wenn sie im Langtag (LT) gehalten wird (A). (Nach Devlin, R.M.: Plant Physiology, Reinhold Publ., New York, 1966).

im Langtag blüht. Allerdings wird die Blütenbildung nur nach Vernalisation während der Wintermonate ausgelöst: Unterbleibt die Kältebehandlung, so bleibt das Bilsenkraut auch im zweiten Jahr vegetativ (Abb. 16-7). Die Blütenbildung dieser Pflanze hängt somit von zwei Umweltfaktoren ab: der Tageslänge und der Temperatur.

Bei zahlreichen tagneutralen Pflanzen wird die Blütenbildung nur eingeleitet, wenn diese im Winter zuvor einer Kältebehandlung unterzogen wurden. Zu dieser Gruppe gehört die wilde Karotte (*Daucus carota*) und die Zwiebel (*Allium cepa*). Der Perzeptionsort für die Kälte ist nicht das Blatt, sondern der Sprossvegetationspunkt. Die Frage, über welchen Temperatursensor der Kältereiz wahrgenommen, und dann verarbeitet und weitergeleitet wird, ist völlig offen. Der Mechanismus der Vernalisation (d. h. die Kausalkette: Kälteeinwirkung → Blütenbildung) ist eines der großen Rätsel der Entwicklungsphysiologie der Pflanzen.

Tab. 16-3: Lebensdauer verschiedener Pflanzenarten. (Nach Nooden, L. D. & Leopold, A. C.: Senescence and Aging in Plants. Academic Press, London 1988).

Art	Maximales Alter (Jahre)
Borsten-Kiefer (*Pinus aristata*)	4600–4900
Mammutbaum (*Sequoia gigantea*)	3200
Wacholder (*Juniperus communis*)	2000
Stein-Kiefer (*Pinus cembra*)	1200
Rotbuche (*Fagus sylvatica*)	600–930
Wald-Kiefer (*Pinus sylvestris*)	500
Garten-Birnbaum (*Pyrus communis*)	300
Walnuß (*Juglans nigra*),	250
Esche (*Fraxinus excelsior*)	250
Efeu (*Hedera helix*)	200
Hartriegel (*Cornus florida*),	120
Birke (*Betula verrucosa*)	120
Weinrebe (*Vitis vinifera*)	80–100
Heidekraut (*Calluna vulgaris*)	42
Trauben-Holunder (*Sambucus racemosa*)	20
Salomonsiegel (*Polygonatum multiflorum*) (Wurzelstock)	16

16.6 Lebensdauer der Pflanze

Das „ewige Leben" ist ein Wunschtraum des Menschen, der bei mehrzelligen Organismen nirgendwo verwirklicht ist. Dennoch gibt es Pflanzen und Tiere, die sehr lange leben. Durch Bestimmung der Zahl der Jahresringe und Einsatz der ^{14}C-Datierung („Kohlenstoff-Uhr") kann das Alter von Bäumen recht präzise ermittelt werden. Der Einsatz dieser Methoden führte zur Erkenntnis, dass einige Baumarten ein Alter von mehreren tausend Jahren erreichen können. Einige repräsentative Altersangaben sind in Tab. 16.3 zusammengestellt.

Die im Südwesten der USA beheimatete Borsten-Kiefer (*Pinus aristata*) erreicht ein Alter von bis zu 4900 Jahren. In Abb. 16-8 ist ein noch lebendes Exemplar dieser Spezies dargestellt. Der 4915 Jahre alte Baum (1986) besteht zum Großteil aus totem Holz, d. h. der Absterbeprozess ist bereits weit fortgeschritten. Die in Kalifornien beheimateten Mammutbäume erreichen ein Alter von 3200 Jahren; der Wacholder ist der langlebigste Baum unserer Flora und kann bis 2000 Jahre alt werden. Der Holunder stirbt hingegen bereits nach etwa 20 Jahren ab.

Abb. 16-8: Photo einer etwa 4915 Jahre alten Borsten-Kiefer (*Pinus aristata*). Dieser Baum ist wahrscheinlich das älteste mehrzellige Lebewesen der Erde. (Nach Leshem, Y.Y., Halevy, A.H. & Frenkel, C.: Processes and Control of Plant Senescence. Elsevier, Amsterdam, 1986).

Diese Daten zeigen, dass das maximal erreichbare Lebensalter eine artspezifische, genetisch determinierte Eigenschaft des Organismus ist. Die Frage, durch welche Mechanismen der Tod der ganzen Pflanze ausgelöst und gesteuert wird, kann derzeit nicht umfassend beantwortet werden. Im Folgenden ist die Seneszenz einzelner Organe (Sprosse, Blätter, Blüten) dargestellt

16.7 Die Organseneszenz

Zunächst sollen die Begriffe Alterung und Seneszenz (lat.: *senex*, der Greis) definiert werden. **Alterung** ist ein durch Außenfaktoren (z. B. Stress, Verwundung) hervorgerufener Prozess, der im Laufe der Zeit das Absterben des Individuums hervorruft. Die **Seneszenz** ist hingegen ein endogen gesteuerter (d. h. von Umweltfaktoren unabhängiger) natürlicher Entwicklungsgang, der zum Tod des Organs (bzw. des Lebewesens) führt. Man kann diesen koordinierten physiologischen Prozess auch als End-Differenzierung bezeichnen. Stirbt die Borsten-Kiefer (Abb. 16-8) durch Alterung oder in Folge der Seneszenz langsam ab? Diese Frage kann nicht eindeutig beantwortet werden. Vermutlich sterben Bäume, die in der Regel ein Alter von mehreren hundert Jahren erreichen (Tab. 16.3), durch Umwelteinflüsse wie Sturm oder Insektenbefall. Man sollte diesen Absterbeprozess dann als Alterung bezeichnen. Ob ein der oben gegebenen Definition entsprechender Seneszenzvorgang im Stamm alternder Bäume abläuft ist nicht bekannt.

Klassifizierung. Man unterscheidet drei Seneszenz-Typen, die in Abb. 16-9 A–C gegenübergestellt sind. Die Blatt-Seneszenz (Abb. 16-9 A) tritt bei Holzgewächsen auf (Phanero- und Chamaephyten, d. h. Bäume, Sträucher und Halb-Zwergsträucher). Bei diesen Lebensformen bleiben die Wurzeln, der Stamm sowie die Äste bis zum Tod des Individuums erhalten, während die Blätter und Blüten in regelmäßigen Abständen die Seneszenz durchlaufen und absterben. Bei den Laubbäumen erfolgt der Blattabwurf einmal jährlich im Herbst; Nadelbäume ersetzen, von einigen Ausnahmen abgesehen (z. B. Lärche, *Larix decidua*),

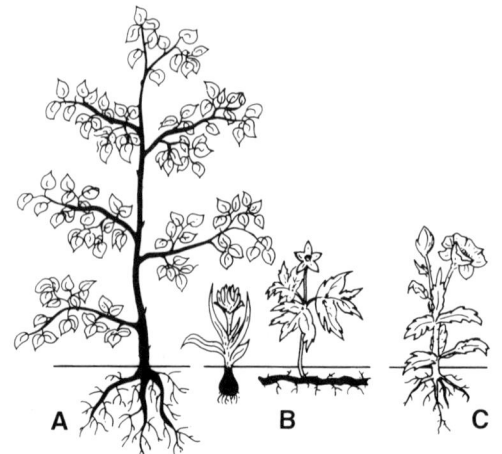

Abb. 16-9: *Seneszenz-Typen bei höheren Pflanzen. Blatt- (A), Spross- (B) und Total-Seneszenz (C). Die dunkel gezeichneten Organe (Stamm, Äste, Wurzeln, Zwiebel, Rhizom) überdauern. (In Anlehnung an Leopold, A. C.: Science 134, 1727–1732, 1961).*

ihre Blätter graduell durch Abwurf und nachfolgenden Neuaustrieb einzelner Nadeln. Spross- und Totalseneszenz (Abb. 16-9 B, C) sind weiter unten beschrieben.

Blattseneszenz. Der koordiniert ablaufende Blattabfall ist ein komplizierter, noch nicht im Detail verstandener Entwicklungsprozess, der jährlich bei den Laubbäumen der gemäßigten Breiten auftritt. Zunächst muss man sich fragen, warum diese Blattseneszenz überhaupt Jahr für Jahr erfolgt. Vermutlich würden die viele Meter hoch über der Erdoberfläche lokalisierten Laubblätter im kalten Winter mangels ausreichender Wasserversorgung absterben und dann abfallen. Um den damit verbundenen Verlust an Nährelementen zu verhindern, werden im Herbst die Chlorophylle, Proteine und Nucleinsäuren der Laubblattzellen abgebaut. Die entstehenden Spaltprodukte enthalten die Elemente Stickstoff, Phosphor, Schwefel und Mangan sowie verschiedene Ionen (Mg^{2+}, K^+, Fe^{2+}); sie werden in den Speichergeweben des Stammes und der Äste abgelagert und im nächsten Frühjahr wieder mobilisiert.

Chlorophyllabbau. Der Verlust des „Blattgrüns" (Chlorophyll) konnte Mitte der 1990er Jahre weit-

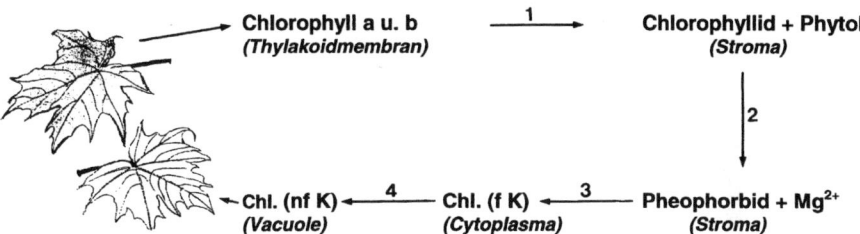

Abb. 16-10: *Blattseneszenz und Chlorophyllabbau bei höheren Pflanzen. Im ersten Schritt werden die membranintegrierten Chlorophylle in Chlorophyllid und Phytol gespalten (Enzym 1: Chlorophyllase). Aus Chlorophyllid entsteht Pheophorbid (Enzym 2: Mg-Dechelatase). Nach Transport ins Cytoplasma werden fluoreszierende Chlorophyll-Katabolite gebildet (f K, Enzym 3: Pheophorbid-α-Oxygenase), die nach Transfer in die Vacuole als nicht fluoreszierende Chl-Katabolite deponiert werden (nf K, Enzym 4: noch unbekannt). (Nach Matile, P., Hörtensteiner, S. & Thomas, H.: Ann. Rev. Plant Physiol. Plant Mol. Biol. 50, 67–95, 1999).*

gehend entschlüsselt werden (Abb. 16-10), wobei die ersten drei Enzyme dieses katabolischen Stoffwechselweges (Schritte 1–4) identifiziert sind (Chlorophyllase, Mg-Dechelatase, Pheophorbid-α-Oxygenase). Nach Abspaltung des Phytol-Restes und Freisetzung des zentralen Mg^{2+}-Ions entsteht im Stroma der Chloroplasten das Pheophorbid. Im Cytoplasma der Blattzellen werden daraus fluoreszierende Chlorophyll-Abbauprodukte gebildet, die nach Translokation in die Vacuole als nichtfluoreszierende Endprodukte abgelagert werden.

Warum baut die Blattzelle unter Energieaufwand (Biosynthese verschiedener Enzyme) die Chlorophyllmoleküle ab und „entsorgt" die Bruchstücke in der Vacuole? Chlorophyllmoleküle können im Licht den reaktionsbereiten Singulet-Sauerstoff bilden (Kap. 10), der als aggressives Oxidationsmittel die Zelle zerstören kann. Der Chlorophyllabbau ist somit ein Schutz- bzw. Entgiftungsmechanismus, um den Abzug der für die Pflanze wertvollen Bausteine (z. B. Ionen) zu gewährleisten.

Der Abbau des „Blattgrüns" ist die Hauptursache der Herbstfärbung der Blätter. Die Gelbfärbung beruht darauf, dass die nur aus den Elementen C, H und O aufgebauten Carotinoide zu über 50 % im Blatt bleiben und nach Abzug des Chlorophylls (–95 %) sichtbar werden. Die rote bzw. purpurne Färbung mancher Blätter wird durch Biosynthese verschiedener Anthocyane hervorgebracht. Der biologische Sinn dieser insbesondere bei starker Sonneneinstrahlung induzierten Herbst-Anthocyanakkumulation ist nicht

klar. Ein Schutz der Chloroplasten vor Photooxidation gilt als wahrscheinlichste Funktion. Die braune Farbe der alternden Blätter (z. B. Eiche und Buche) ist auf Oxidationsprozesse in den absterbenden Mesophyllzellen, und nicht auf Hervortreten eines speziellen Pigments, zurückführbar.

Das Ablösen der aller essentiellen Nährstoffe entleerten „Blatthülsen" erfolgt bei den meisten Holzgewächsen durch Ausbildung einer Trennschicht an der Basis des Blattstiels. Nach Abwurf (Abscission) des Blattes (Abb. 16-10) wird an der Abbruchstelle durch Reaktivierung der Zellteilungsaktivität ein für Wasser weitgehend undurchlässiger Wundverschluss gebildet. Die Pflanze verhindert dadurch, dass Krankheitserreger in die Gewebe der Abbruchstelle eindringen. Die Beschreibung der Blattseneszenz zeigt, dass der Laubfall ein endogen regulierter Entwicklungsprozess ist, der als End-Differenzierung des funktionslos gewordenen Photosyntheseorgans angesehen werden kann.

Spross- und Totalseneszenz. Bei den Staudengewächsen mit unterirdischen Überdauerungsorganen (Geo- oder Kryptophyten) durchlaufen alle oberirdischen Teile eine End-Differenzierung. Diese Spross-Seneszenz (Abb. 16-9 B) ist insbesondere bei Rhizom- und Zwiebelgeophyten anzutreffen. Die Frage, durch welche Signale die Sprosse, Laub- und Blütenblätter zum Absterben veranlasst werden, während die unterirdischen Organe am Leben bleiben, kann nicht beantwortet werden.

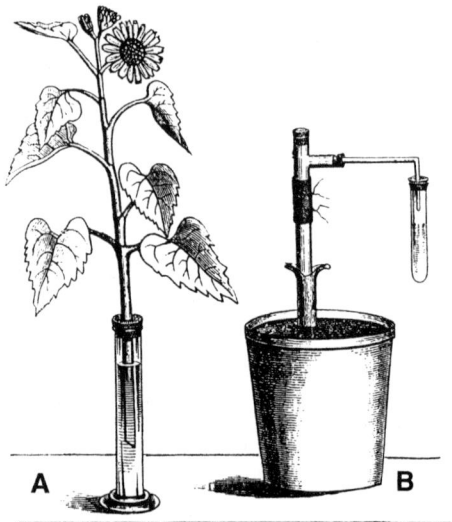

Abb. 16-11: *Experiment zur Gewinnung von Xylemwasser. Die im Topf angezogene Sonnenblume (Helianthus annuus) wurde abgeschnitten und in ein Glas gestellt (A). Durch Aufsetzen eines Rohres kann das Wurzelexudat gesammelt werden (B). (Nach Sachs, J.: Vorlesungen über Pflanzenphysiologie. Leipzig, 1887).*

Kräuter (einjährige, d.h. annuelle und zweijährige, d.h. bienne Therophyten) sind Pflanzen, bei denen nach der Blüte der ganze Organismus abstirbt; nur die Samen überwintern und sichern somit das Überleben der Art. Diese **Total-Seneszenz** (Abb. 16-9 C) tritt bei zahlreichen Kulturpflanzen auf. So ist auch die Sonnenblume trotz ihrer enormen Sprosshöhe ein einjähriges Kraut (Abb. 16-11). Die auf den Äckern jährlich zu beobachtende, simultan eingeleitete Total-Seneszenz unserer Nutzpflanzen (z.B. Raps, Getreide) ist ein Entwicklungsprozess von großer praktischer Bedeutung: Eine effiziente Ernte wäre ohne ein gleichzeitiges Absterben der gesamten Population nicht möglich.

Mono- und polykarpe Gewächse. Neben der in Abb. 16-9 dargestellten Klassifikation der Seneszenz ist noch eine zweite Art der Einteilung etabliert, die wie folgt zusammengefasst werden kann. Als **monokarpe Pflanzen** werden all jene Spezies bezeichnet, die nur einmal im Leben blühen, Früchte tragen und daraufhin absterben. Mono-

karpe Seneszenz ist bei ein- und zweijährigen Kräutern (Abb. 16-9 C), aber auch z.B. bei Agaven anzutreffen. **Polykarpe Pflanzen** blühen mehrmals während ihres Lebens (Gehölze, Geophyten usw.). Die polykarpe Seneszenz ist somit nicht zeitlich mit dem Ende der Reproduktionsphase korreliert, während dies bei den monokarpen Pflanzen der Fall ist.

16.8 Cytokinine und Blattalterung

Die Organseneszenz ist ein endogen gesteuerter Entwicklungsprozess, der vermutlich unter der Kontrolle von Phytohormonen steht. Bei der Darstellung der Cytokinine wurde erwähnt, dass diese Wuchsstoffe die Seneszenz abgeschnittener, wurzelloser Blätter verzögern können (Kap. 12). Cytokinine werden bevorzugt in den Meristemen der Wurzelspitzen gebildet und wandern in der aufsteigenden Xylemflüssigkeit in die oberirdischen Organe der Pflanze. Man bezeichnet die Cytokinine daher auch als „Wurzelhormone". Wie kann man die Rolle der endogen gebildeten Cytokinine bei der Auslösung der Blattseneszenz in der intakten Pflanze analysieren? Zwei Beispiele sollen die Grundprinzipien veranschaulichen.

Xylem-Analyse. Schneidet man den Spross einer gut mit Wasser versorgten Pflanze einige Zentimeter oberhalb des Wurzelansatzes ab, so tritt aus dem Stumpf Xylemwasser („Blutungssaft") aus (Kap. 5). Man kann die abgegebene Flüssigkeit durch Aufsetzen eines Rohres sammeln und analysieren (Abb. 16-11). Das unter Wirkung des Wurzeldrucks aus dem Stumpf herausgepresste Exudat (Xylemflüssigkeit) enthält unter anderem Cytokinine. In Tab. 16-4 ist ein entsprechendes Experiment mit heranwachsenden Sonnenblumen (*Helianthus annuus*) beschrieben. Die Daten zeigen, dass die Cytokininkonzentration im Wurzelexudat der Pflanzen, die im Tag/Nacht-Rhythmus wuchsen, bis zum 68. Tag nach Aussaat ansteigt. Dies ist vermutlich auf Vergrößerung des Wurzelsystems zurückzuführen: Mit Zunahme der Zahl der Wurzelspitzen (Sekundärwurzelbildung) steigt die Cytokininproduktion an. Zeitlich korreliert mit dem Einsetzen der Blattseneszenz (= Zu-

Tab. 16-4: Cytokininkonzentration im Wurzelexudat dekapitierter Sonnenblumen (*Helianthus annuus*). Das abgegebene Xylemwasser von jeweils 100 Pflanzen, die im Gewächshaus heranwuchsen, wurde 43–96 Tage nach Aussaat analysiert. (Nach Sitton, D., Itai C. & Kende, H.: Planta 73, 296–300, 1967).

Alter (d)	Spross- höhe (cm)	Blatt- zahl	Zahl der welken Blätter	Cytokinin- konzen- tration µg/l
43	42	11	0	3,8
49	46	12	0	10,0
61	96	17	0	18,7
68	115	20	2	28,0
89	173	27	7	3,1
96	167	28	9	3,5

nahme der Zahl welker Blätter) ist ein drastischer Abfall der Cytokininkonzentration im Exudat zu beobachten. Diese Resultate (Tab. 16-4) unterstützen die Hypothese, dass die in der Wurzel gebildeten Cytokinine als endogene Hemmstoffe der Blattseneszenz wirken: Eine verminderte Cytokininproduktion in den Wurzelspitzen löst das Welken der Laubblätter aus.

Transgene Tabakpflanzen. Unter Einsatz verschiedener Methoden der Molekularbiologie ist es Mitte der 1990er Jahre gelungen, genetisch modifizierte Tabakpflanzen (*Nicotiana tabacum* cv. Wisconsin 38) zu erzeugen, die „selbstregulatorisch" Cytokinine produzieren. Die transgenen *Nicotiana*-Pflanzen waren derart verändert, dass mit Beginn der Blattseneszenz eine endogene Cytokinin-Biosynthese einsetzte. Diese autoregulatorische Hormonproduktion führte zu einer Verzögerung der Blattvergilbung. Da die Seneszenz bei Tabakblättern durch exogene Cytokininzugabe gehemmt werden kann (Kap. 12) folgt, dass die in der Wurzel produzierten Cytokinine als endogene Seneszenz-Hemmstoffe betrachtet werden müssen.

16.9 Die Seneszenz der Blüte

Zur experimentellen Analyse eines physiologischen Prozesses sind insbesondere jene pflanzliche Systeme geeignet, bei denen der entsprechende Lebensvorgang rasch und intensiv abläuft. So eignen sich z.B. isolierte Koleoptilsegmente gut zum Studium des Mechanismus der Zellwandlockerung, während Überflutungseffekte bevorzugt mit Reispflanzen untersucht werden (Kap. 12).

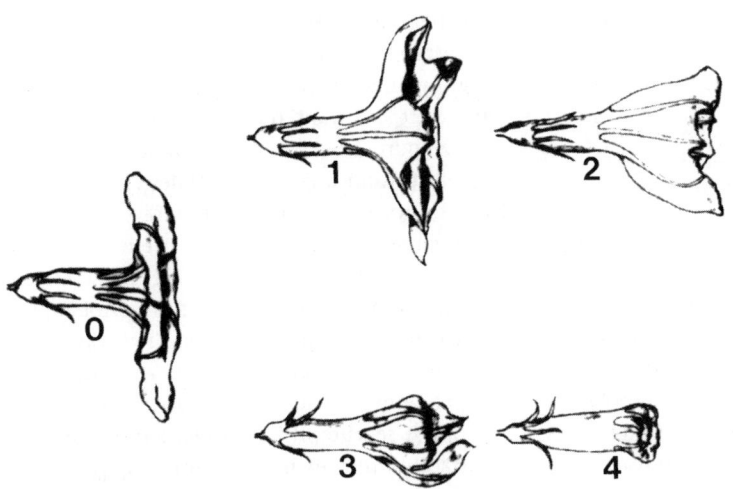

Abb. 16-12: *Seneszenz der Blütenkrone bei der Prachtwinde (Ipomoea tricolor). Um 6 Uhr morgens öffnet sich die Knospe. Die Krone bleibt bis etwa 14 Uhr geöffnet (Phase 0) und durchläuft dann innerhalb weniger Stunden die Phasen 1–4 (Seneszenz). Die eingerollte Krone (4) fällt 1–2 Tage nach Öffnung ab. (Nach Leshem, Y. Y., Halevy, A. H. & Frenkel, C.: Processes and Control of Plant Senescence. Elsevier, Amsterdam, 1986).*

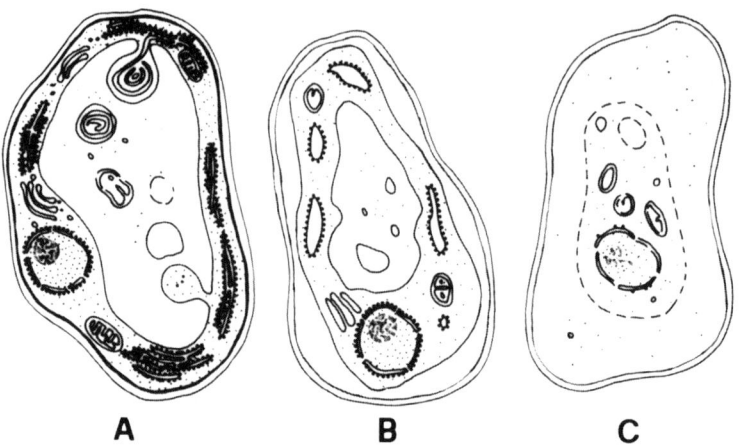

A   **B**   **C**

Abb. 16-13: Morphologische Änderungen in den Mesophyllzellen der Blütenkrone der Prunkwinde (Ipomoea tricolor) während der Seneszenz (Phasen 1–4, s. Abb. 16-12). Durch Einstülpungen (Invaginationen) des Tonoplasten gelangen Teile des Cytoplasmas in die Vacuole (A). Die Vacuole schrumpft und das endoplasmatische Reticulum schwillt an (B). Durch Zerfall des Tonoplasten wird die Autolyse der Zelle eingeleitet (C). (Nach Matile, P. & Winkenbach, F.: J. Exp. Bot. 22, 759–771, 1971).

Die japanische Prunkwinde (*Ipomoea tricolor*) durchläuft ihre gesamte reproduktive Entwicklungsphase innerhalb eines Tages (Abb. 16-12). Unter natürlichen Lichtverhältnissen öffnen sich die Blütenknospen am frühen Morgen und beginnen schon am Mittag (13–15 Uhr) desselben Tages zu welken. Die Blumenkrone (Corolle) rollt sich von der Spitze her basalwärts ein und fällt am nächsten oder übernächsten Tag ab. Die Seneszenz der Corolle der Prunkwinde wurde aus den eingangs genannten Gründen intensiv studiert und soll im Folgenden beschrieben werden.

Ultrastruktur der Zellen. Unter Einsatz des Transmissionselektronenmikroskops wurden die Änderungen in der Feinstruktur der Mesophyllzellen verwelkender Corollen analysiert. Die Ergebnisse sind schematisch in Abb. 16-13 A–C zusammengestellt. Der Seneszenzvorgang wird durch Einstülpungen (Invaginationen) des Tonoplasten eingeleitet. Hierdurch werden Bestandteile des Cytoplasmas, eingeschlossen in intravacuoläre Vesikel, in den Zellsaftraum transportiert. Die Membranvesikel zerfallen, und die den lytisch wirkenden Enzymen ausgesetzten Cytoplasmabestandteile (Mitochondrien, Ribosomen, Zisternen des endoplasmatischen Reticulums) werden in-

nerhalb der Vacuole abgebaut. Man bezeichnet diesen Prozess als **Autophagie**. Daraufhin schrumpft die Vacuole; Zellsaft gelangt in den peripheren Cytoplasmasaum. Der Turgordruck sinkt in Folge des Zerfalls des Tonoplasten rasch ab, wodurch das Einrollen der Corolle hervorgebracht wird. Da der Vacuoleninhalt in den Cytoplasmabereich gelangt, ist ein Anschwellen der Membranzisternen (endoplasmatisches Reticulum, Golgi-Apparat) zu beobachten. Die Farbe der Blüten ändert sich währenddessen von blau (turgeszent) zu purpur (welk). Im Endstadium kommt es zur Selbst-Auflösung (Autolyse) des Protoplasten. Der Tonoplast zerfällt vollständig in einzelne Membranvesikel; die Organellen, einschließlich Zellkern, werden unter Wirkung der freigesetzten Enzyme in ihre Bausteine zerlegt. Die Abbauprodukte (Aminosäuren, Nucleotide, Zucker) werden aus den absterbenden Zellen exportiert und vermutlich zum Aufbau der Samen verwendet. Der Protoplast schrumpft kontinuierlich, so dass im Endstadium nur noch leere Kammern, d. h. Zellwände ohne Inhalt, übrigbleiben (Zelltod).

Hydrolyse der Makromoleküle. Nach Beschreibung der strukturellen Änderungen während der Seneszenz der Corolle (Abb. 16-13) sollen nun die

Tab. 16-5: Aktivität des Enzyms RNAse und Ethylenproduktion in welkenden Blüten der Prunkwinde (*Ipomoea tricolor*). Die Phasen 0–4 sind in Abb. 16-12 dargestellt. (Nach Kende, H. & Baumgartner, B.: Planta 116, 279–289, 1974).

Phase	RNAse-Aktivität (rel. Einh. pro Blüte)	Ethylenbildung (nl C_2H_4 pro Blüte)
0	20	3
1	50	5
2	90	8
3	140	15
4	300	30

zu Grunde liegenden biochemischen Vorgänge kurz dargestellt werden. Mit Einsetzen des Welkeprozesses wird ein Abbau der Nucleinsäuren (RNA, DNA) und der Proteine beobachtet. Die Degradation der Makromoleküle korreliert mit einem deutlichen Anstieg in der Aktivität hydrolytischer Enzyme (RNAse, DNAse) (Tab. 16-5). Allerdings bleibt die relative Aktivität des Enzyms Protease weitgehend konstant, obwohl ein stetiger Rückgang der Proteinmenge pro Corolle gemessen werden kann. Man nimmt an, dass durch Zerfall des Tonoplasten die in der Vacuole gespeicherten Proteasen mit den cytoplasmatischen Proteinen in Kontakt kommen, wodurch dann der Abbau dieser Makromoleküle induziert wird. Die Vacuole wird auf Grund dieser Befunde auch als das „lytische Kompartiment" der Zelle bezeichnet (Kap. 3).

Rolle des Ethylens. Das gasförmige Phytohormon Ethylen (C_2H_4) wird von reifenden Früchten und während der Organseneszenz mit erhöhter Rate gebildet (Kap.12). Welche Rolle spielt dieses Gas beim Verwelken der Corolle der Prunkwinde? Das Einrollen der Krone (Abb. 16-12) ist von einem drastischen Anstieg der endogenen Ethylen-Produktion begleitet (Tab. 16-5). Wird die Corolle mit Kohlendioxid begast (CO_2 ist ein kompetitiver Inhibitor des C_2H_4), so tritt die Seneszenz erst deutlich später ein als bei dem an Luft gehaltenen Kontrollversuch. Andererseits kann durch Begasung geöffneter Blüten mit exogenem C_2H_4 eine rasch einsetzende Seneszenz vorzeitig induziert werden. Diese Befunde zeigen, dass dem Ethylen eine Funktion beim Welkeprozess zugeschrieben werden muss.

Ist das Ethylen der Auslöser der Blütenseneszenz? Ein Vergleich von Abb. 16-12 und den Daten in Tab. 16-5 zeigt, dass der Anstieg der endogenen C_2H_4-Produktion erst nach Einsetzen der Einrollung der Corolle eintritt (Phase 2). Man geht daher davon aus, dass die Ethylenbildung eine Begleiterscheinung der Blütenseneszenz ist und nicht als Initiator der End-Differenzierung fungiert. Allerdings fördert das endogen vom welkenden Gewebe produzierte Gas den Absterbeprozess: Einige Zellen bilden mit Einsatz der Seneszenz C_2H_4; dieses „Signal" breitet sich im Interzellularraum aus und sorgt für den synchronisierten Ablauf des Welkens der Corolle. Der eigentliche Auslöser der Blütenseneszenz ist bis heute unbekannt.

16.10 Apoptose: der programmierte Zelltod

Bereits im 19. Jahrhundert wurde an tierischen Gewebeproben beobachtet, dass neben der Zell-Reproduktion (Proliferation) ein Absterben oder „Auflösen" einzelner Zellen eintritt. Dieses Phänomen wurde damals als „Karyolysis" beschrieben, jedoch in den folgenden Jahren kaum beachtet. Erst 1972 hat man diese physiologische Elimination einzelner Zellen im tierischen Organismus als genetisch kontrollierte Form des Zelltods erkannt und als **Apoptose** bezeichnet. Neben diesem programmierten Zelltod, der dazu führt, dass funktionsunfähige, verbrauchte oder geschädigte (z. B. infizierte) Einzelzellen aus dem Gewebeverband eliminiert werden, ist eine als **Nekrose** bezeichnete Todesform bekannt. Nekrosen werden durch Außeneinflüsse (Stressfaktoren) ausgelöst, erfassen ganze Zellgruppen und sind von Gewebeschwellungen (Entzündungsreaktionen) begleitet. Die Apoptose tritt hingegen in gesunden Geweben in Erscheinung und hinterlässt keine Spuren: Die durch „Selbstmord" in Bruchstücke zerfallenen Zellen des tierischen Körpers werden von Fresszellen (Makrophagen) aufgenommen und deren Materie somit dem Organismus wieder zugeführt (*Recycling*-Prozess).

Der Ablauf der Apoptose im Tiergewebe konnte zum Teil entschlüsselt werden. Nach Einleitung

Abb. 16-14: *Beispiele für den programmierten Zelltod (Apoptose) bei höheren Pflanzen. Ausbildung der Blatt-Einschnitte beim Fensterblatt (Monstera deliciosa) (A). Absterben der Calyptra-Zellen in der wachsenden Keimwurzel der Gartenkresse (Lepidium sativum) (B). (Nach Pennell, R. I. & Lamb, C.: Plant Cell 9, 1157–1168, 1997).*

durch ein externes „Todessignal" wird ein genetisches Programm in Gang gesetzt. Über Aktivierung spezifischer „Todesenzyme" (Caspasen, d. h. spezielle Proteinasen, die wichtige Zell-Proteine abbauen sowie Endonucleasen, die das Erbgut zerstören und eine DNA-Destruktion einleiten) wird der Zell-Selbstmord exekutiert. Die Apoptose spielt bei der Entwicklung des Tieres eine zentrale Rolle und steht mit der Zell-Reproduktion im Gleichgewicht (Elimination überzähliger oder kranker Zellen im wachsenden Körper) (Kap. 11).

Seit 1998 ist bekannt, dass auch die Blattseneszenz (Abb. 16-10) typische Merkmale der Apoptose zeigt: Abbau der Proteine, Lipide, RNA-Moleküle und der Erbsubstanz DNA. Weiterhin konnte die Seneszenz der Blütenblätter (Abb. 16-12, 16-13) als eine spezielle Form des programmierten Zelltods entschlüsselt werden. Als weitere Beispiele für Apoptosen im Pflanzenreich sind die Differenzierung der Xylemelemente (Kap. 5), die Ausbildung von Durchlüftungsgeweben (Aerenchyme) nach Überflutung von Landpflanzen, das Absterben der Aleuronzellen mit Abschluss der

Karyopsen-Auskeimung sowie die Degeneration der Endospermzellen bei der Keimung von Rizinus-Samen zu nennen (Kap. 8).

Zwei besonders anschauliche Beispiele sind in Abb. 16-14 A, B gegenübergestellt. Bei der Blattentwicklung mancher Aronstab-Gewächse (z. B. Fensterblatt, *Monstera*) werden die Einbuchtungen durch programmierten Tod definierter Zellen hervorgebracht. In der Wurzelspitze von Keimlingen (Wurzelhaube, Calyptra) konnte ebenfalls eindeutig gezeigt werden, dass die ins Erdreich abgesonderten Zellen durch Apoptose-analoge Vorgänge zum Absterben gebracht wurden.

Der exakte biochemische Mechanismus der pflanzlichen Apoptose ist noch unbekannt. Eine Phagocytose gibt es bei Pflanzen nicht, da diesen Organismen die für Tiere typischen mobilen Fresszellen (Macrophagen) fehlen. Der programmierte Zelltod in der Pflanze zieht sich oft über Tage und Wochen hin, wobei die starren (toten) Zellwände als Kammern erhalten bleiben. Zur Veranschaulichung dieses Entwicklungsprozesses sei nochmals auf Abb. 16-13 A–C verwiesen.

17 Interaktion Pflanze – Tierwelt: Sekundärstoffe

Die Pflanzen sind mit ihrem Wurzelsystem fest im Erdreich verankert. Diese sessile Lebensweise bringt den Nachteil mit sich, dass die Organismen saugenden bzw. fressenden Schaderregern (Fadenwürmern, Insekten, Milben, Nagetieren) und Krankheitserregern (Pilzen, Bakterien, Viren) nicht ausweichen können (Abb. 17-1 A). Die Pflanzen haben daher im Verlauf der Evolution Systeme zur Abwehr von Fressfeinden und Pathogenen entwickelt.

Die ältesten fossil erhaltenen bedecktsamigen Blütenpflanzen (Angiospermen) sind aus Gesteinsformationen der Kreidezeit bekannt (Kap. 3). Im Verlauf der vergangenen 140 Millionen Jahre entwickelten sich die Angiospermen in wechselseitiger Abhängigkeit von verschiedenen Tieren (insbesondere Insekten), die als Bestäuber und Ausbreiter der Früchte (bzw. Samen) agierten. Diese **Ko-Evolution** zwischen Blütenpflanzen und Insekten hat zur Ausbildung optischer Signale geführt, die als auffällige Blütenfarben bekannt sind (Abb. 17-1 B). Die Farbmoleküle gehören, wie die Mehrzahl der Abwehrsubstanzen, in die Gruppe der so genannten Sekundärstoffe.

Das pflanzliche Verteidigungssystem besteht aus physikalischen (mechanischen) Barrieren sowie einem biochemischen Syntheseapparat, der in vielen Fällen erst nach Anfressen einzelner Organe aktiviert wird. Es wurde bereits dargelegt, dass die Cuticula, die die äußere Epidermis der luftexponierten Organe der Pflanze umschließt, in erster Linie als Transpirationsschutz fungiert. Neben der Verminderung der H_2O-Abgabe erfüllt dieses wasserabstoßende Polymer-System, das von einer Wachsschicht überzogen ist, noch eine zweite Funktion: Cutin ist eine Barriere für Pilzhyphen und Bakterien. Die Krankheitserreger können nur über natürliche Eintrittsorte (z. B. Stomata) oder mechanische Wunden in den Wirtsorganismus eindringen. Neben der Cuticula dienen außerdem Haare (z. B. Bennessel), Emergenzen wie Stacheln (z. B. Brombeere) und Dornen (z. B. Kakteen, Feuerdorn) der mechanischen Abwehr potentieller Schaderreger.

17.1 Sekundärstoffe: Definition und Einteilung

Höhere Pflanzen synthetisieren eine große Zahl organischer Verbindungen, die für Wachstum, Entwicklung und Energiegewinnung (Zellatmung, Photosynthese) keine direkt erkennbare Funktion erfüllen. Man bezeichnet diese nicht unbedingt notwendigen, von Art zu Art unterschiedlichen Stoffwechselprodukte als sekundäre

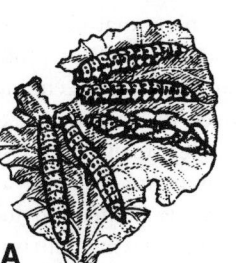
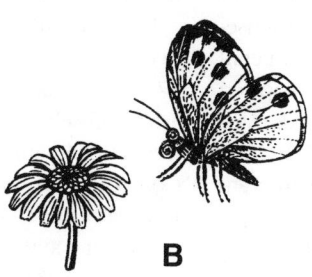

A **B**

Abb. 17-1: *Wechselbeziehungen zwischen Pflanzen und Tieren (Insekten). Neben den indirekten gegenseitigen Abhängigkeitsverhältnissen (Stoffkreisläufe) sind zwei direkte Interaktionen von besonderer Bedeutung: Insektenfraß an Laubblättern (A) und die Anlockung von Bestäubern über Blütenfarbstoffe (B).*

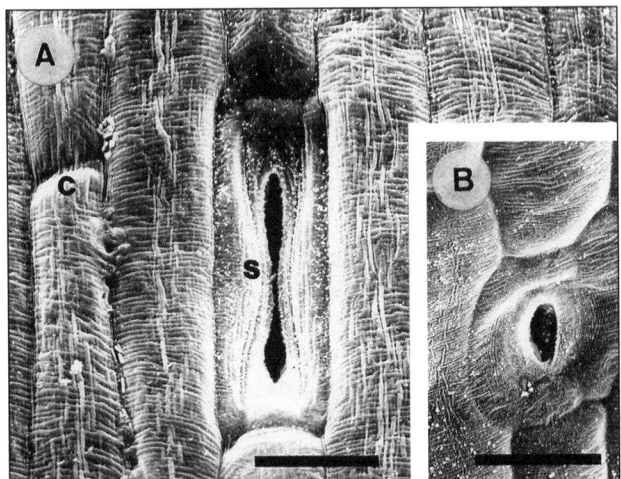

Abb. 17-2: Rasterelektronenmikroskopische Aufnahme der Oberfläche der äußeren (A) und inneren (B) Epidermis einer drei Tage alten Roggenkoleoptile (Secale cereale). C = Cuticula mit Wachsschicht, S = Spaltöffnung. Balken = 20 μm. (Nach Fröhlich, M. & Kutschera, U.: Bot. Acta 107, 12–17, 1994).

Pflanzenstoffe oder kurz als **Sekundärstoffe**. Im Gegensatz dazu sind die **Primärstoffe** (Kohlenhydrate wie z.B. Glucose oder Saccharose, Nucleinsäuren, Aminosäuren, die meisten Proteine, Lipide der Biomembranen, Chlorophylle, Sensorpigmente wie z.B. Phytochrome) universell in allen Zellen der Pflanze anzutreffen und Träger des zur Aufrechterhaltung des lebensnotwendigen Grund (oder Primär)-stoffwechsels. Die Grenze zwischen Primär- und Sekundärstoffwechsel ist allerdings fließend und nicht durch Stoffgruppen abgrenzbar. So sind z.B. fast alle nicht-proteinogenen Aminosäuren Sekundärstoffe, während die 20 proteinogenen Aminosäuren Metabolite des Grundstoffwechsels darstellen. Über lange Zeit hinweg war die Funktion der mehr als 50 000 beschriebenen pflanzlichen Sekundärstoffe rätselhaft. In den letzten Jahren wurde allerdings deutlich, dass diese Sekundärprodukte des Stoffwechsels eine zentrale Rolle im Leben der Pflanzen erfüllen: sie schützen den festgewachsenen Kormus vor Tierfraß (Herbivorie) und Befall durch Bakterien und Pilze. Diese mikroskopisch kleinen Schaderreger dringen meist über die Stomata in den Pflanzenkörper ein (Abb. 17-2). Weiterhin sind die Sekundär-Metaboliten als Blütenfarbstoffe, Lichtschutzpigmente und bei der gegenseitigen Beeinflussung verschiedener Pflanzenarten in der Natur (Allelopathie) von Bedeutung.

Je nach Biosyntheseweg können die sekundären Pflanzenstoffe in drei große Gruppen eingeteilt werden: Die Terpene, die Phenole und die stickstoffhaltigen Sekundärstoffe. In den folgenden Abschnitten sind diese Stoffklassen näher charakterisiert.

17.2 Terpene

Die umfangreichste Gruppe der Sekundärstoffe bilden die wasserunlöslichen **Terpene** (Syn.: Terpenoide, Isoprene). Es wurden bisher etwa 30 000 verschiedene Terpene aus Pflanzen isoliert und beschrieben. Der Grundbaustein dieser Biomoleküle ist das Isopren (C_5H_8), ein verzweigter ungesättigter Kohlenwasserstoff ($CH_2=C(CH_3)–CH=CH_2$), der als Hemiterpen bezeichnet wird. Je nach Zahl der C-Atome unterscheidet man Monoterpene (C_{10}), Sesquiterpene (C_{15}), Diterpene (C_{20}), Triterpene (C_{30}), Tetraterpene (C_{40}) und Polyterpene (bis zu C_{25000}).

Die Biosynthese der Terpene erfolgt über den Acetat-Mevalonat (Syn.: Isoprenoid)-Weg (Abb. 17-3). Als Ausgangssubstanz dient das zentrale Stoffwechselintermediat **Acetyl-Coenzym** A (aktivierte Essigsäure, Kap. 9). Drei Moleküle Acetyl-CoA reagieren über das Zwischenprodukt Mevalonsäure zur C_5-Verbindung Isopentenyl-pyrophosphat („aktiviertes Isopren"), das mit dem isomeren Dimethylallyl-pyrophosphat im Gleichgewicht steht.

Die isomeren C_5-Verbindungen dienen als Ausgangssubstanzen (Bausteine) der verschiedenen

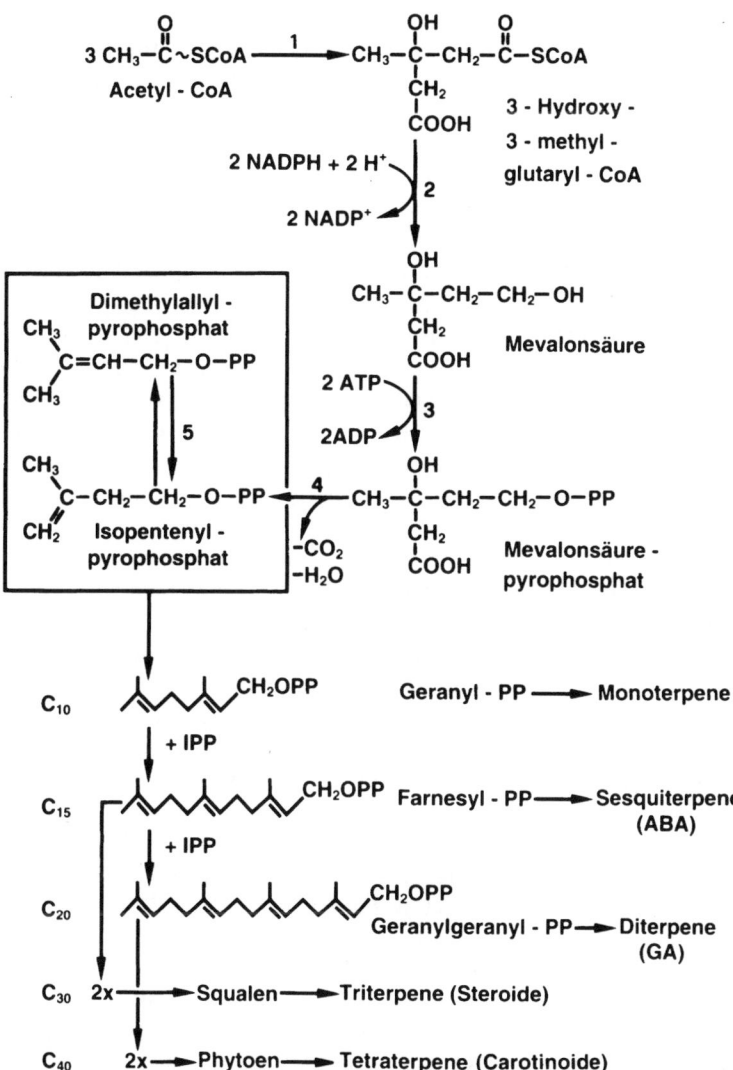

Abb. 17-3: *Biosyntheseweg der Terpene (vereinfacht). Aus Acetyl-Coenzym A entsteht über den Acetat-Mevalonat-Weg das Endprodukt Isopentenyl-pyrophosphat (IPP). Enzyme: 1 = Thiolase und Hydroxymethylglutaryl-CoA-Synthase, 2 = Hydroxymethylglutaryl-CoA-Reduktase, 3 = Mevalonsäure-Kinase und Phosphomevalonsäure-Kinase, 4 = Anhydrodecarboxylase, 5 = IPP-Isomerase. Die isomeren C_5-Verbindungen IPP und Dimethylallyl-pyrophosphat dienen als Bausteine der Monoterpene (C_{10}), Sesquiterpene (C_{15}, z. B. Abscisinsäure, ABA), Diterpene (C_{20}, z. B. Gibberelline, GA). Triterpene (C_{30}, z. B. Steroide) entstehen aus zwei C15-Einheiten, Tetraterpene (C_{40}, z. B. Carotinoide) aus zwei C_{20}-Bausteinen. (Nach verschiedenen Autoren).*

Terpene. Das Dimethylallyl-pyrophosphat reagiert mit einzelnen Isopentenyl-pyrophosphat-(IPP)-Molekülen durch „Kopf-Schwanz-Kondensationen" zu den Verbindungen Geranyl-pyrophosphat (C_{10}), Farnesyl-pyrophosphat (C_{15}) und Geranylgeranyl-pyrophosphat (C_{20}). Dies sind die Ausgangsverbindungen der Mono-, Sesqui- und Diterpene. Durch Kondensation von zwei Farnesyl-PP-Molekülen entsteht Squalen, die Ausgangssubstanz der Triterpene. Durch Zusammenlagerung von zwei Geranylgeranyl-PP-Einheiten wird über das Zwischenprodukt Phytoen die Biosynthese der Tetraterpene ermöglicht. Die Polyterpene entstehen durch fortlaufende Kondensationen einzelner C_5-Bausteine.

Einige Terpene sind an der Regulation von Entwicklungs- und Stoffwechselprozessen beteiligt und müssen daher als Primärstoffe angesehen werden. So ist z. B. die Abscisinsäure ein Sesquiterpenderivat, während die Gibberelline aus einem Diterpen (ent-Kauren) hervorgehen (Kap. 12, Phytohormone). Steroide sind als Bestandteile der Biomembranen Derivate der Triterpene. Die Carotinoide entstehen aus der Vorstufe Phytoen und sind somit Tetraterpene.

Die überwiegende Mehrzahl der Terpene müssen jedoch als Sekundärstoffe interpretiert werden, deren Funktion in der Abwehr von Fressfeinden wie Insekten und Säugetieren besteht. Im Folgenden soll eine kleine Auswahl genügen, die Schutzfunktion der für viele Pflanzenfresser (Herbivoren) giftigen Terpenoide zu erläutern.

Monoterpene. Die Nadelhölzer (z. B. Pinaceae) enthalten als Bestandteil des Harzes im Stamm, den Zweigen und den Nadelblättern verschiedene Monoterpene (α-Pinen, β-Pinen, Limonen, Myrcen). Diese sind für viele Insekten (z. B. Borkenkäfer) giftig und dienen der Pflanze somit zur biologischen Schädlingsbekämpfung. Monoterpene sind auch als Bestandteil der in den Drüsenhaaren der Lippenblütler (Lamiaceae) vorhandenen ätherischen Öle als Insektenabwehrstoffe von Bedeutung. So soll das Menthol der Pfefferminze (*Mentha*) die Pflanze erfolgreich vor Insektenbefall schützen.

Sesquiterpene. Bei zahlreichen Vertretern der Korbblütler (Asteraceae) findet man als Bestandteil der ätherischen Öle der Drüsenschuppen und schizogenen Exkretgänge neben Monoterpenen auch Sesquiterpenlactone. Experimente mit Sonnenblumen haben gezeigt, dass die Sesquiterpenlactone als wirksamer Fraßschutz dienen.

Diterpene. Die Harze der Nadelhölzer enthalten neben den Monoterpenen auch Diterpene wie z. B. die Abietinsäure. Bei Wolfsmilchgewächsen (Euphorbiaceae) wurde der giftige Diterpenalkohol Phorbol als Fraßschutz-Substanz erkannt.

Triterpene. Die beiden wichtigsten als Fraßschutz gegen Wirbeltiere fungierenden Triterpene sind die Cardenolide und die Saponine. Vertreter der Gattung *Digitalis* (Fingerhut, Scrophulariaceae) gehören wegen ihres Gehaltes an Cardenoliden (Triterpene mit Zuckeranteil, daher „Digitalis-Glycoside" genannt) zu den wichtigsten Gift- und Arzneipflanzen. Die aus Blättern isolierbaren Cardenolide (z. B. Digitoxin) wirken bei Wirbeltieren über Beeinflussung der Na^+/K^+-ATPase des Herzmuskels und werden daher zur Behandlung von Herzerkrankungen in der Medizin eingesetzt. Saponine (Steroid- oder Triterpenglycoside) sind in den Blättern verschiedener Pflanzenfamilien (z. B. Fabaceae, Caryophyllaceae) weit verbreitet und fungieren dort als (giftiger) Fraßschutz.

Tetraterpene. Die in den Plastiden lokalisierten gelb-roten Carotinoide sind Bestandteil der Photosysteme und daher für die Energiegewinnung (Lichtreaktion) von zentraler Bedeutung (Kap. 10). Als Farbstoffe der Blüten und Früchte sind folgende Carotinoide mit „sekundärer Funktion" zu nennen: Lutein (gelb): z. B. Sonnenblume; β-Carotin (orange): z. B. Karotte; Lycopin (rot): z. B. Tomate; Capsorubin (dunkelrot): z. B. Paprika.

Polyterpene. Das bekannteste Polyterpen ist der Kautschuk, der im Milchsaft des Gummibaumes (*Hevea brasiliensis*, Euphorbiaceae) und anderer Pflanzen auftritt. Kautschuk enthält Makromoleküle, die aus 1500–15 000 Isopentenyl (C_5)-Einheiten zusammengesetzt sind. Man vermutet, dass der Kautschuk primär zur Wundheilung dient. Eine Fraßschutz-Funktion ist wahrscheinlich, jedoch nicht eindeutig nachgewiesen.

Blatt-Emissionen. Das Hemiterpen Isopren (C_5H_8) hat einen Siedepunkt von 33 °C und wird daher von den sonnenbeschienenen Laubblättern vieler Pflanzen (insbesondere Bäume) als Gas in die Umwelt freigesetzt. Bei Insektenfraß (Abb. 17-1 A) geben die Blätter zahlreicher Pflanzenarten eine Mischung mehrerer gasförmiger Stoffe an die Umwelt ab, wodurch z. B. Schlupfwespen angelockt werden (s. Abb. 17-10). Neben den Terpenen ist der Alkohol Methanol (CH_3OH) als gasförmige Emission von Bedeutung. Diese Methylalkohol-Freisetzung ist vermutlich als Nebenprodukt des

Pectinstoffwechsels der wachsenden Zellwände zu interpretieren.

17.3 Phenole

Die phenolischen Substanzen (Kurzform: Phenole) bilden eine heterogene Gruppe von Sekundärstoffen, die durch das Vorhandensein einer (oder mehrerer) Phenolringe (Benzol = C_6H_6-Ring mit einer OH-Gruppe) gekennzeichnet sind. Etwa 2500 verschiedene Phenole wurden bisher beschrieben. Die Funktionen dieser Substanzen sind vielfältig. Neben dem Schutz (Abwehr von Fressfeinden und Krankheitserregern) spielen sie als mechanisches Strukturelement in der Zellwand (Lignin, Diferulat), als Pigmente (Flavonoide, Anthocyane) sowie bei der Allelopathie eine Rolle im Leben der Pflanzen.

Zunächst soll die Biosynthese der Phenole dargestellt werden.

Die zentrale Biosynthesekette der Phenolderivate bei höheren Pflanzen ist der **Shikimisäure-Chorisminsäure-Weg**. Er wurde bei Pflanzen, Pilzen und Bakterien nachgewiesen, nicht jedoch bei Tieren, einschließlich des Menschen. Daher sind Tiere nicht in der Lage, die drei aromatischen Aminosäuren Tryptophan, Tyrosin und Phenylalanin zu synthetisieren; sie müssen diese als essentielle Aminosäuren mit der Nahrung aufnehmen.

Wie Abb. 17-4 zeigt, bilden die Verbindungen **Phosphoenolpyruvat** (aus der Glykolyse) und **Erythrose-4-Phosphat** (aus dem oxidativen Pentosephosphatzyklus) die Ausgangsstoffe (Kap. 9). Über die Zwischenprodukte Shikimi- und Chorisminsäure entstehen die drei Aminosäuren Tryptophan, Tyrosin und Phenylalanin. Die meisten Phenolderivate werden aus Phenylalanin über die trans-Zimtsäure synthetisiert. Das Enzym Phenylalaninammoniumlyase (PAL) katalysiert die Abspaltung des Ammoniaks und nimmt im Biosyntheseweg der Phenole eine Schlüsselrolle ein. Die Aktivität dieses Biokatalysators wird durch Umweltfaktoren (z. B. Licht; Sensorpigment: Phytochrom) reguliert. Nach Infektion der Pflanze mit pathogenen Pilzen setzt eine massive, durch erhöhte PAL-Aktivität katalysierte Phenol-Biosynthese ein, die der Abwehr dient (physikalische Bar-

rieren gegen weiteres Vordringen der Krankheitserreger). Die wichtigsten Phenole sind die Phenylpropane, die Flavonoide und das Lignin.

Phenylpropane. Diese Substanzen sind aus einem Phenylrest (C_6) und einer n-Propyl-Seitenkette zusammengesetzt (C_6-C_3). Hierzu gehören die Kaffee- und Ferulasäure. Letztere bildet in der Primärwand der Gräser Diferulatbrücken aus, wodurch die Dehnbarkeit der Zellwand herabgesetzt wird. In Reiskoleoptilen ist die Ausbildung (bzw. Unterdrückung) der Diferulatbrücken vermutlich an der Regulation der Zellstreckung beteiligt (Kap. 3). Bei Doldengewächsen (Apiaceae) scheinen toxische Cumarinverbindungen nach Aktivierung durch Licht (UV) einen effektiven Schutz gegen Insektenbefall zu bewirken. Auch die gegenseitige Beeinflussung verschiedener Pflanzenarten (Allelopathie), z. B. die Hemmung des Wurzelwachstums durch Ausscheidungen benachbarter Wurzeln, wird auf Phenylpropane wie Kaffee-, Ferulasäure oder Cumarin zurückgeführt. Ob die in zahlreichen Laborexperimenten gut untersuchte Allelopathie im natürlichen Ökosystem eine Bedeutung für die Pflanzengesellschaften hat, wird allerdings bestritten.

Flavonoide. Diese große Gruppe phenolischer Sekundärstoffe umfasst Verbindungen, die eine C_6-Einheit (Flavan = 2-Phenylchroman) enthalten (Abb. 17-5). Das Flavan-Gerüst ist das Produkt zweier verschiedener Biosynthesewege. Der Ring B sowie die aus 3 C-Atomen bestehende Brücke sind Produkte des Shikimisäure-Chorisminsäure-Weges, während Ring A aus drei Acetet-Einheiten (Acetat-Mevalonat-Weg) zusammengesetzt ist. Die Flavonoide werden je nach Seitengruppen in vier große Klassen unterteilt: Anthocyane, Flavone, Flavonole und Isoflavone.

- Anthocyane: Zur Förderung der Verbreitung von Pollenkörnern, Früchten und Samen durch Tiere (Insekten, Vögel) synthetisiert die Pflanze Pigmente, die als optische Signale dienen. Diese Farbstoffe sind entweder Carotinoide (gelb, orange oder hellrot gefärbte Tetraterpene) oder Flavonoide. Die **Anthocyane** bilden die am weitaus häufigsten anzutreffende Gruppe der Flavonoid-Pigmente. Es handelt sich hierbei um im Vacuolensaft gelöste rote, violette oder blaue

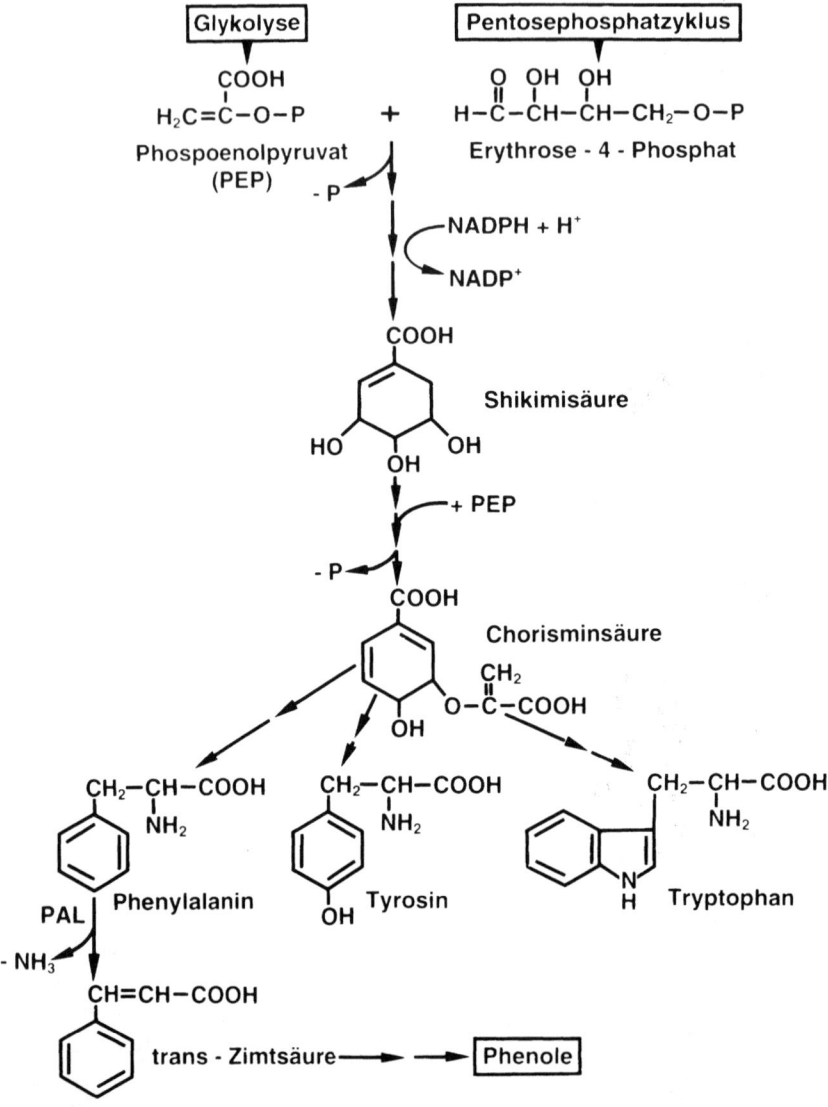

Abb. 17-4: *Schema der Biosynthese pflanzlicher Phenole über den Shikimisäure-Chorisminsäure-Weg. Phosphoenolpyruvat (PEP) (aus der Glykolyse) und Erythrose-4-Phosphat (aus dem oxidativen Pentosephosphat-zyklus) ergeben über drei Zwischenstufen die Shikimisäure. Aus dieser werden unter Umwandlung in Chorisminsäure die aromatischen Aminosäuren Tryptophan, Tyrosin und Phenylalanin gebildet. Die meisten Phenole werden aus Phenylalanin über trans-Zimtsäure synthetisiert (Enzym: PAL = Phenylalaninammoniumlyase). (Nach verschiedenen Autoren).*

Farbstoffe (= Massenpigmente), die als Glycoside der Anthocyanidine klassifiziert werden. Anthocyane sind somit Zuckerderivate der Anthocyanidine (= Farbkomponente des Moleküls). In Blüten und Früchten dienen sie als Signalstoffe zur Anlockung von Tieren. In den Organen der Keimlinge (Spross, Cotyledonen) kommt es im Licht zu einer Akkumulation von „Jugendanthocyan". Dieses Substanzgemisch wird als Schutzpigment-System angesehen (Verhinderung der Photooxidation). Die Anthocyansynthese im Keimling des Senfs *(Sinapis*

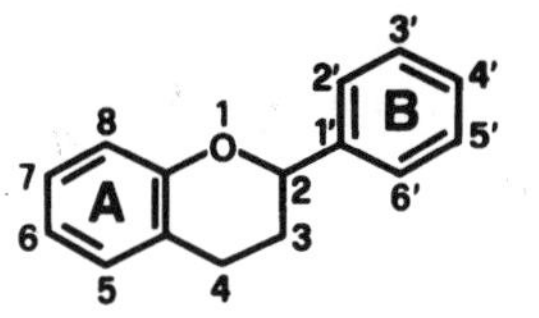

Abb. 17-5: *Grundstrukturen der Flavonoide; das Flavan (2-Phenylchroman) bildet das Grundgerüst. Anthocyane sind Glykoside (Zuckerderivate) der Anthocyanidine. Beispiel: Cyanin. Flavone und Flavonole (3-Hydroxyflavone) unterscheiden sich durch eine OH-Gruppe voneinander. Isoflavone unterscheiden sich von den Flavonen durch die Position von Ring B des Flavan-Grundgerüsts. (Nach Stafford, H. A.: Plant Sci. 101, 91–98, 1994).*

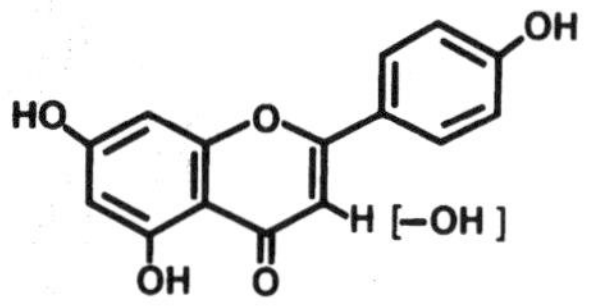

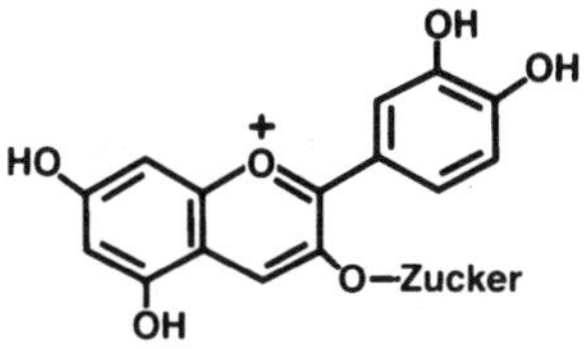

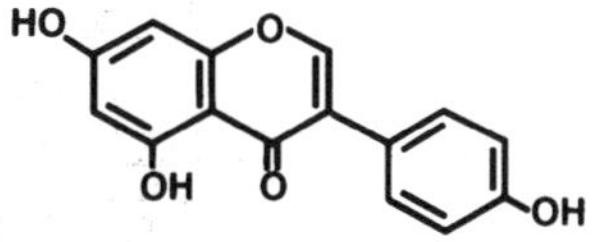

alba) wird durch das Sensorpigment Phytochrom gesteuert und wurde bereits dargestellt (Kap. 13). Die Farbe der über 100 verschiedenen Anthocyane, die in mehrere Gruppen eingeteilt werden, hängt von der Zahl und Struktur der Substituenten an Ring B des Moleküls ab (Tab. 17-1). Außerdem spielt der pH-Wert des Vacuolensafts eine Rolle. Häufig bilden die Anthocyane auch Komplexe (Chelate) mit Metallionen (Fe^{3+}, Al^{3+}), die letztlich über deren Farbe entscheiden. So ist z. B. das häufigste Anthocyan Cyanin (Abb. 17-5) in der Rose rot und in der Kornblume blau gefärbt, weil in der Letzteren ein Chelatkomplex (Fe^{3+}/Al^{3+}-Ionen/Cyanin) vorliegt.

Bei einer Reihe von Pflanzenfamilien (Ordnung Caryophyllales, z. B. Cactaceae, Chenopodiaceae, Amaranthaceae) sind die Anthocyane durch Betalaine (blauviolett-rote Betacyane, gelb-orangerote Betaxanthine) ersetzt. So ist z. B. die Farbe der Roten Rübe (*Beta vulgaris*) nicht auf das Pigment Anthocyan, sondern auf den Gehalt an Betacyanen zurückzuführen.

- Flavone und Flavonole. Diese in Blüten, Blättern und Stängeln nachgewiesenen Flavonoid-Pigmente absorbieren im kurzwelligen UV-Bereich des Spektrums und sind in Lösung farblos oder schwach gelb gefärbt. Sie liegen entweder

Tab. 17-1: Die wichtigsten Anthocyane (= Anthocyanidin-Derivate) mit Substituenten (Ring B des Flavan-Gerüsts, s. Abb. 17-5) und Farbe.

Anthocyanidin	Substituenten	Farbe
Cyanidin	3'–OH, 4'–OH	purpurrot
Pelargonidin	4'–OH	orangerot
Delphinidin	3'–OH, 4'–OH, 5'–OH	blau-purpur
Paeonidin	3'–OCH$_3$, 4'–OH	rosenrot
Petunidin	3'–OCH$_3$, 4'–OH, 5'–OCH$_3$	purpur

frei oder gebunden (als Glycoside) vor (Abb. 17-5). Honigbienen können, im Gegensatz zum Menschen, UV-Licht sehen. Die in Blütenblättern häufig nachweisbaren Flavone und Flavonole dienen vermutlich als Signal zur Anlockung der Insekten. Außerdem fungieren diese Pigmente wahrscheinlich als Schutz vor zu starker UV-Bestrahlung: Werden Pflanzen mit kurzwelligem Licht hoher Intensität bestrahlt, so setzt eine verstärkte Biosynthese der Flavone und Flavonole ein.

- Isoflavone. Die dritte große Gruppe der Flavonoide bilden die Isoflavone. Sie sind insbesondere bei Schmetterlingsblütlern (Fabaceae) anzutreffen. Am bekanntesten sind die als **Phytoalexine** (= Pflanzenabwehrstoffe) wirkenden Isoflavone.

Allgemein lassen sich die Phytoalexine folgendermaßen charakterisieren. Vor einer Infektion mit pathogenen Pilzen oder Bakterien ist ihre Konzentration in der Pflanze sehr gering. Nach Befall durch einen Pilz wird, oft ausgelöst durch Polysaccharid-Fragmente, Glykoproteine oder Peptide des Pilzes (= Elicitoren), sehr rasch eine drastische Phytoalexin-Biosynthese eingeleitet. Die Stimulation des Biosyntheseweges ist auf die befallene Region der Pflanze beschränkt. Schon wenige Stunden nach Beginn der Pilz- oder Bakterien-Infektion ist die Phytoalexin-Konzentration derart angestiegen, dass das weitere Wachstum des Erregers vollständig gehemmt wird.

Bei den Fabaceae fungieren Isoflavone als Phytoalexine (z. B. Glyceollin I bei Sojabohnen, Pisatin bei Erbsen). Bei Vertretern der Nachtschattengewächse (Solanaceae) wirken hingegen verschiedene Sesquiterpenderivate als Phytoalexine (z. B. Rishitin bei Tomate und Kartoffel, Capsidiol bei Paprika). Baumwollpflanzen synthetisieren bei Pathogenbefall das Polyphenol Gossypol. Diese Beispiele zeigen, dass die Gruppe der Phytoalexine zahlreiche, chemisch nicht verwandte Verbindungen umfasst.

Lignin. Holzstoff oder Lignin wird sekundär zwischen die Cellulosemikrofibrillen der Zellwände eingelagert und erhöht deren mechanische Festigkeit. Lignifizierte (verholzte) Zellen finden sich insbesondere im Holzteil (Xylem) des Sprosses (Tracheen, Tracheiden, Holzfasern). Die Zellwände der Nadel- und Laubhölzer bestehen zu 20–30 % aus Lignin; der Holzstoff ist somit nach der Cellulose die zweithäufigste organische Substanz auf der Erde.

Lignin ist ein aus drei verschiedenen Phenylpropanderivaten aufgebauter hochpolymerer Stoff, dessen Struktur nicht genau bekannt ist, weil das kovalent an Cellulose und Hemicellulosen gebundene Molekül nicht in reiner Form extrahierbar ist. Die drei Phenylpropanalkohole Coniferyl-, Sinapyl- und p-Cumaryl-Alkohol (Abb. 17-6) bilden in der Zellwand ein dreidimensionales Netzwerk, wobei die Verknüpfung der Monomere durch das Enzym Peroxidase katalysiert wird. Im Gegensatz zu anderen Polymeren, wie z. B. Cellulose oder Stärke, sind Lignin-Makromoleküle nicht geordnet, d. h. jedes Molekül ist als individuelles Netzwerk anzusehen. Ein Beispiel für die hypothetische Struk-

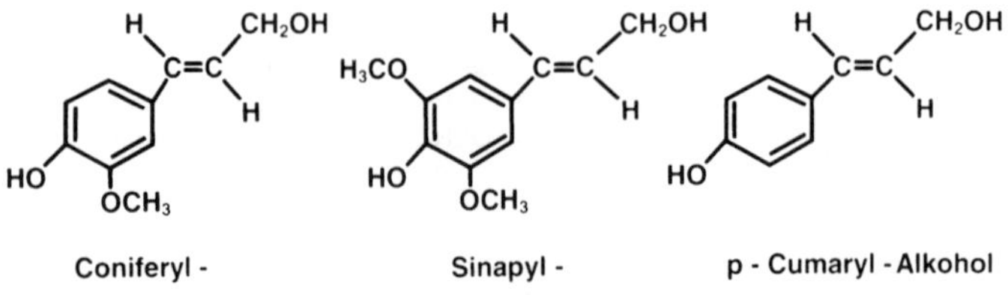

Abb. 17-6: Struktur der drei Phenylpropanalkohole, aus denen der Holzstoff Lignin aufgebaut ist.

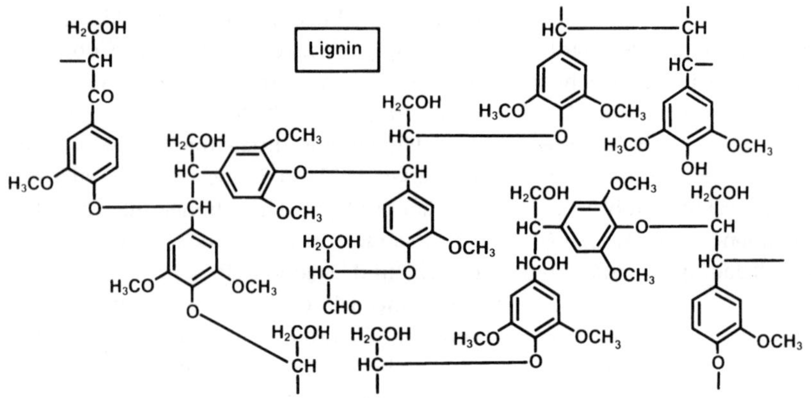

Abb. 17-7: Hypothetische Struktur des Lignins der Buche (Fagus sylvatica) als Beispiel eines typischen Holzstoffs der Angiospermen. (Nach Nimz, H.: Angew. Chem. Int. Ed. 13, 313–321, 1974).

tur des Lignins der Buche ist in Abb. 17-7 dargestellt.

Neben der mechanischen Stützfunktion kommt dem Lignin noch eine zweite Rolle zu. Man nimmt an, dass es in der Rinde der Gehölze als Fraßschutz wirkt. Außerdem setzt bei manchen Pflanzen nach Infektion der nicht verholzten Teile des Stammes eine der Pathogenabwehr dienende Lignifizierung des Gewebes ein.

Tab. 17-2: Die wichtigsten Alkaloid-Gruppen mit Vorstufen (Aminosäuren) und Beispielen.

Alkaloid-Gruppe	Vorstufe	Beispiele
Indol-Alkaloide	Tryptophan	Strychnin, Reserpin
Isochinolin-A.	Tyrosin	Morphin, Codein
Piperidin-A.	Lysin (oder Acetat)	Coniin
Pyridin-A.	Asparaginsäure	Nicotin
Chinolizin-A.	Lysin	Lupinin, Cytisin
Tropan-A.	Ornithin	Atropin, Cocain

17.4 Stickstoffhaltige Sekundärstoffe

Die dritte große Gruppe der pflanzlichen Sekundärstoffe unterscheidet sich von den beiden oben beschriebenen (Terpene, Phenole) durch das Vorhandensein von Stickstoffatomen, die im Molekül eingelagert sind. Fast alle stickstoffhaltigen Sekundärstoffe entstehen über verschiedene Biosynthesewege aus den 20 proteinogenen Aminosäuren. Die wichtigsten Vertreter sind die nichtproteinogenen Aminosäuren, die Alkaloide, die cyanogenen Glycoside und die Glucosinolate. Man kennt heute über 14 000 verschiedene N-haltige Sekundärstoffe, darunter etwa 12 000 Alkaloide.

Nichtproteinogene Aminosäuren. Neben den 20 proteinogenen (eiweißaufbauenden) Aminosäuren kommen bei zahlreichen Pflanzenarten auch Aminosäuren (meist in freier Form) vor, die nicht Bestandteil der Proteine sind. Die Familie der Schmetterlingsblütler (Fabaceae) zeichnet sich durch das Vorkommen zahlreicher nichtproteinogener Aminosäuren aus. Bei etwa 60% der

bisher untersuchten Arten wurde die Aminosäure Canavanin (ein Strukturanalogon des Arginins) gefunden. Die Giftigkeit der Samen mancher Fabaceae (z. B. *Lathyrus*) beruht auf dem Vorhandensein dieser (und anderer) nichtproteinogener Aminosäuren. Möglicherweise fungiert das Canavanin als Fraßschutz.

Alkaloide. Etwa 20% aller höheren Pflanzen synthetisieren von Aminosäuren abgeleitete, stickstoffhaltige, alkalische Sekundärstoffe, die als Alkaloide bezeichnet werden. Die „echten" **Alkaloide** enthalten heterozyklische Ringe, in die ein oder mehrere N-Atome eingebaut sind. Die Biosynthese der Alkaloide erfolgt meist aus einer oder mehreren Aminosäuren (bevorzugt Asparaginsäure, Lysin, Tryptophan, Tyrosin, Ornithin). Die wichtigsten sechs Alkaloid-Gruppen sowie die als Vorstufen dienenden Aminosäuren sind in Tab. 17-2 zusammengefasst. Abbildung 17-8 zeigt drei repräsentative Beispiele.

Die Funktion der jeweiligen Alkaloide im Leben der Pflanze ist nicht eindeutig geklärt. Früher glaubte man, die in der Vacuole abgelagerten Alkaloide seien stickstoffhaltige Abfallstoffe (analog dem Harnstoff bzw. der Harnsäure bei Tieren) oder

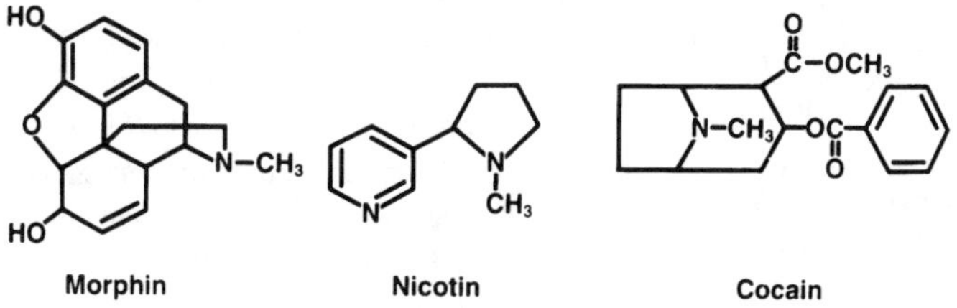

Abb. 17-8: *Struktur der drei Alkaloide Morphin (Hauptalkaloid des Opiums aus Kapseln der Mohnpflanze, Papaver somniferum), Nicotin (in den Wurzeln gebildetes und in den Blättern abgelagertes Pyridin-Alkaloid der Tabakpflanze, Nicotiana tabacum) und Cocain (Tropan-Alkaloid des Cocastrauches, Erythroxylum coca).*

Speichersubstanzen. Heute wissen wir, dass die Giftigkeit vieler Pflanzen (z. B. Lupinen oder Goldregen) auf ihren Gehalt an Alkaloiden zurückführbar ist. Man nimmt daher an, dass diese Substanzen als Fraßschutz fungieren. Diese Hypothese konnte inzwischen auch für das giftige Pyridin-Alkaloid **Nicotin** bestätigt werden (Abb. 17-8). Diese Substanz wird in Blättern, Stängeln und Wurzeln verschiedener Tabak (*Nicotiana*)-Arten synthetisiert. Nicotinsulfat, ein Nebenprodukt der Tabakindustrie, wird als effizientes Insektenvernichtungsmittel eingesetzt.

Bei Insektenfraß und mechanischer Verletzung wird im Laubblatt der Tabakpflanze das Phytohormon Jasmonsäure (JA) freigesetzt (Kap. 12). Der Signalstoff wandert in die Wurzel und erhöht die Biosyntheserate von Nicotin. Das Alkaloid wird daraufhin in die Blätter transportiert und fungiert dort als Fraßschutz-Substanz: den Schadinsekten (z. B. Schmetterlingslarven) „vergeht der Appetit" und die Beschädigung der Laubblätter wird deutlich reduziert.

Cyanogene Glycoside. Neben den Alkaloiden verfügen viele Pflanzen auch über Substanzen, die erst nach mechanischer Schädigung der Gewebe (Tierfraß) zerfallen und dabei flüchtige, giftige Spaltprodukte abgeben. Die bei Rosengewächsen, Schmetterlingsblütlern und Gräsern verbreiteten cyanogenen Glycoside sind Zuckerderivate von Cyanhydrinen. Der Zerfall dieser Substanzen erfolgt in zwei Schritten. Durch Abspaltung des Zuckers (Enzym: Glucosidase) und anschließender Wirkung des Enzyms Hydroxynitril-Lyase entsteht als giftiges Spaltprodukt Blausäure (HCN).

Das durch Cyanogenese entstandene HCN ist für Tiere toxisch, weil es die eisenhaltigen Cytochrome der Atmungskette, insbesondere die Cytochrom-Oxidase (Cytochrom a/a3-Komplex), hemmt. Insekten, Schnecken und andere Pflanzenschädlinge werden somit am Weiterfressen gehindert.

Wodurch wird die **Cyanogenese** in der unverletzten Pflanze verhindert? Die Glycoside sowie die Enzyme sind auf verschiedene Gewebe verteilt, d. h. räumlich voneinander getrennt. Erst nach Homogenisation der Gewebe (Tierfraß) entsteht ein Enzym-Substrat-Gemisch und somit das toxische Spaltprodukt HCN.

Ein gut untersuchtes Beispiel ist die Mohrenhirse oder Durrha (*Sorghum bicolor*). Diese in die Gruppe der C4-Pflanzen gehörende Hirse enthält in den Epidermiszellen der Blätter das cyanogene Glycosid Dhurrin (Abb. 17-9). Das Sekundärprodukt bildet bis zu 5 % der Trockenmasse junger *Sorghum*-Keimlinge. Die zur Cyanogenese notwendigen Enzyme (β-Glucosidase, Hydroxynitril-Lyase) sind hingegen in den Mesophyllzellen lokalisiert. Im unverletzten Organ ist somit die HCN-Bildung blockiert; sie wird erst nach mechanischer Zerstörung der Blattstruktur (Tierfraß) ausgelöst.

Glucosinolate. Eine zweite Gruppe stickstoffhaltiger Sekundärstoffe, die in giftige, flüchtige Spaltprodukte zerfallen können, sind die Glucosinolate (Syn.: Senfölglucoside). Diese aus Aminosäuren entstandenen Substanzen sind sulfathaltige Glucoside der Thiocyanate bzw. Isothiocyanate (= Senföle). Die Glucosinolate sind eines der chemi-

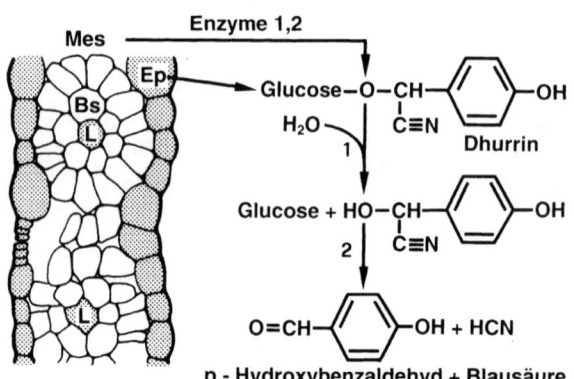

Abb. 17-9: Kompartimentierung des cyanogenen Glycosids Dhurrin im Blatt des Keimlings der Mohrenhirse (Sorghum bicolor) und Freisetzung von Blausäure (HCN) nach Tierfraß (Homogenisation). Im Blattquerschnitt ist die für C4-Pflanzen typische Kranzanatomie zu erkennen (Bs = Bündelscheide, L = Leitbündel). Die Zellen der Epidermis (Ep) enthalten Dhurrin, die Mesophyllzellen (Mes) die Enzyme 1 und 2 (β-Glucosidase, Hydroxynitril-Lyase). (Nach Kojima, M. et al.: Plant Physiol. 63, 1022–1028, 1979).

schen Merkmale der Familie der Kreuzblütler (Brassicaceae). Sie sind für den scharfen Geschmack zahlreicher Gewürzpflanzen verantwortlich (z. B. Senf, Meerrettich, Kresse). Wie bei den cyanogenen Glycosiden sind auch hier die Substrate und die Enzyme auf verschiedene Gewebe der Pflanze verteilt. Nach Verletzung der Pflanzenorgane (z. B. Blätter) kommt es zur enzymatischen Zersetzung. Das Enzym Myrosinase (β-Thioglucosidase) zerlegt die Glucosinolate in Glucose, Sulfat und die nach Senf riechenden, flüchtigen Spaltprodukte Isothiocyanate (R-NCS) bzw. Thiocyanate (R-SCN). Die Senföle scheinen eine für Tiere abstoßende Wirkung zu haben:

$$\text{Glucosinolate + Myrosinase} \qquad (17.1)$$
$$\xrightarrow{\text{Tierfraß}} \text{Glucose + Sulfat + Senföle}$$
$$\text{(R–NCS, R–SCN)}$$

Untersuchungen an Rapspflanzen (*Brassica napus*) unterstützen diese Hypothese. Blattläuse und Nacktschnecken richten an Rapskeimlingen, die einen geringen Glucosinolat-Gehalt aufweisen, großen Schaden an. Raps-Sorten mit normaler Glucosinolat-Ausstattung werden von den genannten Schaderregern jedoch gemieden.

17.5 Ernteverluste durch Schadinsekten

Viele Nutzpflanzen, die vom Menschen in Monokultur gehalten werden, leiden unter dem Befall von Krankheitserregern (Viren, Bakterien, Pilze) und Schaderregern (Tierfraß durch Fadenwürmer, Schnecken, Milben, Insekten, Vögel, Nagetiere). Die hier zusammengestellten Beispiele haben gezeigt, dass die Pflanzen durch Biosynthese verschiedener Sekundärstoffe effektive Wege zur biologischen Schädlingsbekämpfung entwickelt haben. Unter natürlichen Umweltbedingungen (Mischkulturen) reicht dieses Abwehrsystem in der Regel aus, um die Gewächse vor einer vollständigen Zerstörung zu schützen.

Es ist eine bekannte Tatsache, dass eine Massenvermehrung bestimmter Schadinsekten (z. B. Borkenkäfer) in einer Monokultur (z. B. Fichtenwald) zu einem völligen Zusammenbruch des Abwehrsystems der Pflanzen führen kann. Ein Absterben ganzer Pflanzenbestände ist nicht selten die Folge derartiger „Kalamitäten". Der Einsatz von chemischen Mitteln zur Schädlingsbekämpfung (**Insektizide**) ist in solchen Fällen zur Eindämmung der Vermehrung der Schadinsekten leider auch heute noch notwendig. Man schätzt, dass pro Jahr 10–15 % der in der Land- und Forstwirtschaft erzeugten Produkte durch Insektenfraß eliminiert werden. Als Beispiel sollen die drei Nutzpflanzen Reis, Mais und Baumwolle, auf die fast 50 % des weltweiten Insektizidbedarfs entfallen, betrachtet werden. Berechnungen ergaben, dass weltweit pro Jahr etwa vier Milliarden US-Dollar aufgebracht werden müssen, um mittels Insektizid-Einsatz die drei genannten Pflanzenarten vor Massenbefall zu schützen. Die kontinuierliche Verwendung chemischer Insektenvertilgungsmittel bringt allerdings zwei große Probleme mit sich. Zunächst ist eine Schädigung der Nutzpflanzen sowie eine Belastung der Umwelt unvermeidbar. Weiterhin entwickeln sich in Folge der natürlichen Selektion relativ rasch gegen die verwendete Chemikalie resistente Insekten-Varietäten (Mikro-Evolution), so dass bald ein anderes Schädlingsbekämpfungsgift eingesetzt werden muss. Ein Ziel der aktuellen Züchtungsforschung und Biotechnologie ist es daher, gentechnisch veränderte Nutzpflanzen zu erzeugen, die bei Insektenbefall ein wirksames, spezifisches Toxin synthetisieren.

Als Beispiel sollen die seit einigen Jahren erfolgreich in der Praxis erprobten transgenen Pflanzen mit „eingebauter Insektenresistenz" genannt werden. Die Schadinsekten sind mit aufgelistet: *Zea mays*: Maiszünsler; *Solanum tuberosum*: Kartoffelkäfer; *Gossypium hirsutum*: Baumwoll-Mottenlarve. Das Prinzip der Herstellung dieser Nutzpflanzen kann wie folgt zusammengefasst werden. Manche universell verbreiteten Boden-Bakterien (z. B. *Bacillus thuringiensis*) bilden spezielle Peptide, die als *Bt*-Proteine bezeichnet werden. Diese Substanzen wirken bei bestimmten Insekten als Giftstoff (Fraßinsekten nehmen das Pro-Toxin auf; im Tierkörper wird das eigentliche Gift gebildet). Die Kerbtiere sterben daraufhin bald ab, wobei erwiesen ist, dass die Gesundheit des Menschen durch diese natürlichen Insektengifte nicht beeinträchtigt wird. Man hat die oben genannten Nutzpflanzen genetisch transformiert (Einbau der bakteriellen Gene für verschiedene *Bt*-Proteine in das Pflanzengenom), so dass die transgenen Gewächse endogen die *Bacillus thuringiensis*-Insektentoxine synthetisieren können.

In den USA wurden 1998 nahezu 20 % der Mais-Anbauflächen mit transgenen Varietäten bestellt. Die Erfahrungen waren positiv (geringer Einsatz chemischer Insektizide, d. h. Schonung der Umwelt), obwohl auch negative Berichte zu verzeichnen sind (z. B. Abgabe geringer Mengen an *Bt*-Toxinen über die Wurzel in die Bodenlösung). Eine Gesundheits- bzw. Umweltgefährdung kann nach derzeitigem Kenntnisstand jedoch ausgeschlossen werden.

17.6 Pflanzliche Duftstoffe und Insektenabwehr

Jeder Gartenbesitzer ist mit der Tatsache vertraut, dass Insektenlarven (Raupen) bei Massenvermehrung durch Blattfraß große Schäden verursachen können (Abb. 17-1 A). Die festgewachsene Pflanze ist diesen Angriffen durch herbivore Insekten jedoch nicht schutzlos ausgeliefert. Wie in den letzten Abschnitten dargelegt wurde, dienen Sekundärstoffe, die in den Blattzellen deponiert werden, zur chemischen Abwehr der gefräßigen Kerbtiere (**direkte Abwehr**).

Seit einigen Jahren ist bekannt, dass manche höhere Pflanzen (z. B. Tabak, Mais) nach Beginn des Insektenfraßes mit verstärkter Intensität eine Mischung verschiedener flüchtiger Substanzen (Duftstoffe) aussenden. Diese gasförmigen Signalmoleküle werden von bestimmten Insekten, die natürliche Feinde der Schaderreger sind, wahrgenommen. Die Räuber (oder Parasiten), wie z. B. Käferlarven (oder Schlupfwespen), werden zur Fraßstelle gelockt. Dort bekämpfen sie die Blattschädlinge, indem sie die Raupen fressen oder in dem Körper derselben ihre Eier ablegen (**indirekte Abwehr**).

In Abb. 17-10 A ist diese bemerkenswerte Verteidigungsstrategie der Pflanze am Beispiel des Tabaks (*Nicotiana tabacum*) dargestellt. Eine Reihe von Untersuchungen haben gezeigt, dass die Hauptkomponente des am Tag ausgesandten flüchtigen Insektenanlock-Stoffgemischs aus ver-

Abb. 17-10: *Biologische Bekämpfung von Schadinsekten bei der Tabakpflanze (Nicotiana tabacum). Am Tag (A) geben die Laubblätter spezifische Duftstoffe ab: Anlockung von Schlupfwespen (bzw. Raub-Insekten), die Blattschädlinge (Raupen) bekämpfen. In der Nacht (B) werden andere flüchtige Substanzen abgesondert, die auf Nachtschmetterlinge eine abstoßende Wirkung ausüben: Verhinderung der Eiablage. (Nach Ryan, C. A.: Nature 410, 530–531, 2001).*

schiedenen Terpenen besteht. Diese Sekundärstoffe werden auch im ungeschädigten Blatt, allerdings in sehr geringer Rate, abgegeben (s. o.). Bei Fraßschäden setzt, ausgelöst durch Substanzen im Speichel der Raupen, eine erhöhte Terpen-Biosynthese ein. Die Frage nach der Signal-Transduktionskette (Blattschaden → erhöhte Terpen-Emission) ist noch unbeantwortet.

Untersuchungen an Tabakpflanzen haben gezeigt, dass in der Nacht ein qualitativ anders zusammengesetzter flüchtiger „Cocktail" abgesondert wird (Abb. 17-10 B). Diese nächtliche Duftstoff-Mischung enthält insbesondere Derivate verschiedener Fettsäuren, die auf potentielle Ei-

Ableger (z. B. Nachtschmetterlinge) eine abstoßende Wirkung ausübt. Die „schwangeren Motten" kehren nach Wahrnehmung dieser Duftmischung um und suchen sich einen anderen Ei-Ablageplatz. Hierdurch wird die Tabakpflanze vor potentiellem Schaden bewahrt.

Diese Beispiele zeigen, dass im Verlauf der Jahrmillionen andauernden Evolution komplexe Interaktionen zwischen der Pflanzen- und Tierwelt entstanden sind, die sich nicht nur auf die Bestäubung (Blütenfarben, Pollenübertragung) erstrecken. Die weitere Erforschung der chemischen „Konversation" zwischen den fest gewachsenen und frei beweglichen Organismen wird mit großer Wahrscheinlichkeit zu einer praktischen Ausnutzung der „chemischen Kampfstoffe" der Gewächse führen (Züchtung bzw. Herstellung transgener, sich selbst verteidigender Nutzpflanzen mit induzierbarem Abwehrsystem). Der weltweit noch immer steigende Verbrauch von Insektiziden könnte hierdurch drastisch reduziert werden.

18 Bewegungsvorgänge

Unter der Rubrik „Bewegungsphysiologie" werden ganz verschiedene Prozesse der Orts- und Lageveränderungen von Organellen, Zellen oder Organen der festgewurzelten Pflanzen bzw. der frei beweglichen einzelligen Grünalgen zusammen gefasst. Man kann die Bewegungsvorgänge in drei Klassen unterteilen:

- Induzierte (aitionome) Bewegungen: durch äußere Signale (d.h. Reize) ausgelöste Prozesse: Nastien, Tropismen, Taxien und intrazelluläre Organellenverlagerungen.
- Endogene (autonome) Bewegungen: unabhängig von äußeren Signalen ablaufende Vorgänge: Nyctinastien, Circumnutationen.
- Mechanische Bewegungen: Physikalische Prozesse, die der Freisetzung und Ausbreitung von Pollenkörnern, Sporen und Samen dienen.

Von besonderem Interesse sind die durch Reize auslösbaren Bewegungsvorgänge der höheren Pflanzen (Abb. 18-1). Der Mensch kann bekanntlich folgende Reize wahrnehmen: Licht (Auge), Schwerkraft (Gleichgewichtsorgan), chemische Stoffe (Geruchs- und Geschmackssinn), Wärme/Kälte (Temperatursinn) und Schallwellen (Gehörorgane). Es wird immer wieder gefragt, welche **Reizqualitäten** die Pflanzen perzipieren können. Wie bereits dargelegt, wird das Licht über Sensorpigmente (Phytochrome, Cryptochrome) wahrgenommen (Kap. 13). In diesem Kapitel sind weitere lichtabhängige Prozesse beschrieben, die über die oben genannten „Sehpigmente" vermittelt werden. Weiterhin soll der Schweresinn der Pflanzen (Graviperzeption) sowie das Vermögen zur Wahrnehmung von mechanischen Reizen und Temperaturänderungen am Beispiel der Mimose dargelegt werden. Die wiederholt geäußerte Behauptung, Pflanzen würden auf Schallwellen (z.B. Musik) reagieren, konnte bis heute nicht experimentell bestätigt werden. Die Vegetation besteht aus hoch sensitiven Organismen, die z.B. feinste Berührungsreize oder das Mondlicht wahrnehmen können. Ein Gehörsinn existiert im Pflanzenbereich jedoch nicht.

In diesem Kapitel ist eine repräsentative Auswahl der wichtigsten pflanzlichen Bewegungsvorgänge zusammen gestellt.

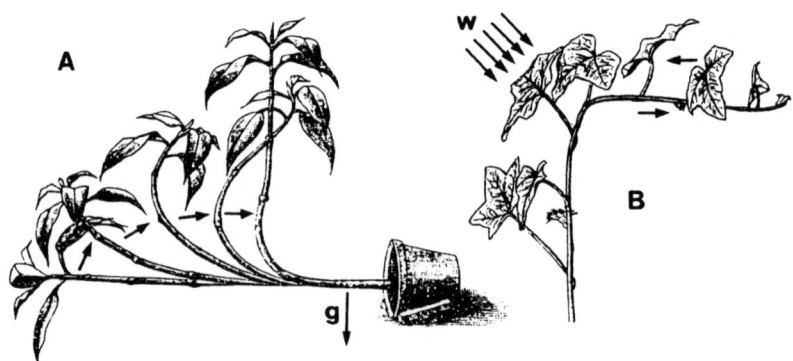

Abb. 18-1: *Reizbewegungen bei höheren Pflanzen. Negativer Gravitropismus beim Indischen Springkraut (Impatiens glandulifera) (A) und positiver (Blattstiel) bzw. negativer (Sprossachse) Phototropismus beim Efeu (Hedera helix). Kurze Pfeile: Bewegungsrichtung. g = Richtung der Schwerkraft, w = Weißlicht. (Nach Pfeffer, W.: Pflanzenphysiologie Bd. II. Leipzig, 1904).*

18.1 Induzierte Bewegungen: Reiz und Reaktion

Alle Organismen sind zumindest in einem bestimmten Entwicklungsstadium ihres Lebenszyklus reizbar, d. h. sie antworten auf äußere Einwirkungen mit einer spezifischen Reaktion. Die **Reizbarkeit** ist somit eine fundamentale Eigenschaft der Lebewesen. Diese wichtige Regel ist uns allen intuitiv bekannt. Trifft man bei einem Spaziergang auf ein verletztes Tier (z. B. einen Vogel) und möchte untersuchen, ob es noch lebt, so prüft man, ob der Organismus auf einen Reiz hin (z. B. Berührung) eine Reaktion zeigt. Reagiert das Tier nicht, so betrachtet man es als tot (leblos). Ganz analog verläuft der Test auf Lebensfähigkeit bei der Pflanze. Möchte man überprüfen, ob eine welke Pflanze noch lebt oder schon abgestorben (vertrocknet) ist, so bewässert man sie und beobachtet, ob sie nach Wasserzufuhr ihre Turgeszenz wiedererlangt. Nehmen die Zellen kein Wasser auf und bleiben somit welk, so ist die Pflanze tot. Der einfachste Test zur Überprüfung, ob pflanzliche Zellen leben oder tot sind, ist somit das Plasmolyse/Deplasmolyse-Experiment. Reagieren die Zellen nach Inkubation in einer hypertonischen Lösung mit einem Abheben des Protoplasten, und ist dieser Prozess revertierbar, so leben sie: Tote Zellen zeigen auf Grund der zerstörten Biomembranen keine Plasmolyse (Kap. 4).

Reiz-Reaktionskette. Eine Reizbewegung kann ganz allgemein als sogenannte Reiz-Reaktionskette beschrieben werden. Sie besteht aus der Reizaufnahme (Perzeption), der Erregungsleitung (Transduktion) und der physiologischen Reaktion (Response). Reizbewegungen zeichnen sich durch eine Disproportionalität zwischen Ursache (Reiz) und Wirkung (Reaktion) aus. So reicht z. B. das Berühren von zwei Sinnesborsten im Blatt der Venusfliegenfalle (= Reiz) aus, um eine drastische Reaktion (= Einklappen der Blatthälften) zu bewirken (s. u.).

Bei **Tieren** erfolgt die Perzeption verschiedener Reize in den Sinnesorganen (z. B. Augen). Diese enthalten die Rezeptor- oder Sinneszellen; dort werden die Reize in Erregungen umgewandelt. Die Erregung (Rezeptorpotential) wird bei sekundären Sinneszellen auf eine Nervenzelle (Neuron) übertragen und über das Axon (Nervenfaser) in Form von Aktionspotentialen (= Nervenimpulse) weitergeleitet. Die Erregungsbildung und -leitung erfolgt an der Zellmembran der Nervenfaser (Transduktion). Das Aktionspotential breitet sich entlang der Nervenfaser aus, wobei die Erregungsleitung bei mit Myelinscheide versehenen Axonen eine Geschwindigkeit von 120 m/s erreichen kann. An den Synapsen wird die Erregung dann entweder zunächst auf ein anderes Neuron oder auf eine Muskelzelle übertragen. Dort erfolgt die physiologische Reaktion (Response).

Bei **Pflanzen** konnte bisher nur in einigen wenigen Fällen eine vollständige Reiz-Reaktionskette experimentell nachgewiesen werden. Im Folgenden soll die Fangbewegung einer Fleisch fressenden Blütenpflanze als gut untersuchtes Beispiel beschrieben werden.

Venusfliegenfalle. Die nur in einigen Regionen von Nordamerika verbreitete carnivore Venusfliegenfalle (*Dionaea muscipula*) ergänzt ihre photosynthetisch gebildeten Nährstoffe durch den Fang von Insekten, Spinnen und anderen kleinen Wirbellosen. Da die Pflanze auf salzarmen Böden vorkommt und außerdem ein nur mäßig entwickeltes Wurzelsystem aufweist, liegt die Bedeutung der **Carnivorie** vermutlich im Gewinn von Stickstoff (Abbau der Proteine) und Mineralsalzen. Die zu einem Fangapparat umgebildete Blattspreite kann auf Grund der als Scharnier fungierenden Blattrippe eingeklappt werden (Abb. 18-2 A, C). Die offene Blattoberfläche sondert Nektar ab, der die Beutetiere anlockt. Auf der Oberseite der Blattspreite befinden sich sechs (pro Blatthälfte drei) berührungsempfindliche Borstenhaare („Sinnesborsten"), an deren Basis jeweils zwei große, plasmareiche Sinneszellen liegen. Läuft ein Insekt über die Blattoberfläche und berührt hierbei zufällig die Sinnesborsten, so kommt es zu einem raschen Einklappen der Blatthälften, wobei die gezähnten Blattränder ineinander greifen und somit die Falle nach außen hin verschließen. Das Beutetier wird durch den Druck der eingeklappten Blatthälften mit den auf der Oberseite der Blattspreite befindlichen Drüsen in Kontakt gebracht und im Verlauf der nächsten Tage von abgesonderten Enzymen verdaut. Die Blattspreite öffnet sich nach etwa zwei Wochen; erst dann kann ein weiteres Beutetier gefangen werden.

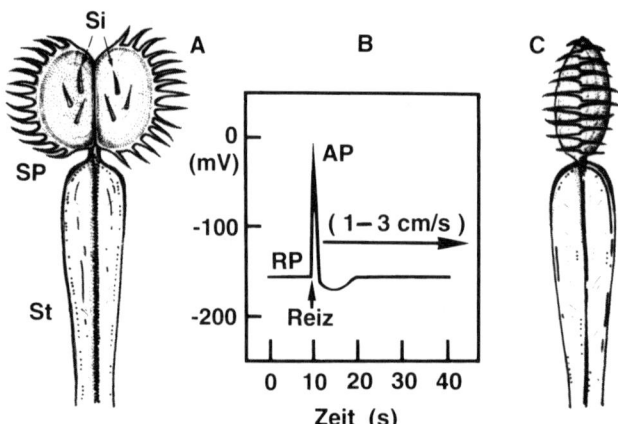

Abb. 18-2: *Reiz-Reaktionskette bei der Fangbewegung der Venusfliegenfalle (Dionaea muscipula). Offenes, reaktionsbereites Blatt (A). Durch intrazelluläre Ableitung kann in den Sinneszellen ein konstantes Ruhepotential von etwa –150 mV gemessen werden. Nach Reizung der Sinneshaare (Pfeile) entsteht ein Aktionspotential (B). Dieses pflanzt sich mit einer Geschwindigkeit von 1–3 cm/s über die Blattfläche fort und löst den Verschluss des Fangapparates aus (C). AP = Aktionspotential, RP = Ruhepotential, Si = Sinneshaare mit Sinneszellen, SP = Blattspreite, St = Blattstiel. (Nach Daten von Hodick D. & Sievers A.: Planta 174, 8–18, 1988).*

Der Fangapparat ist gegen tote Objekte wie herbeifliegende Blätter oder andere zufällig vom Wind herbeigewehte Gegenstände insensitiv; durch einmalige Berührung einer Sinnesborste wird noch keine Fangbewegung ausgelöst. Erst nach zweimaliger Reizung desselben Tasthaares (oder nach Berührung von zwei verschiedenen Borsten) im Abstand von <20 s wird die Schließbewegung ausgelöst (Latenzzeit <0,1 s; Dauer <1 s), (s. u.).

Unter Verwendung von Glaskapillar-Mikroelektoden kann in der ungereizten Blattspreite ein Ruhepotential von etwa –150 mV gemessen werden. Unmittelbar nach zweimaliger Reizung der Sinnesborsten entsteht in den Sinneszellen ein Aktionspotential („Nervenimpuls"), das sich über die Blattspreite zur Mittelrippe hin fortpflanzt (Abb. 18-2 B). Die Geschwindigkeit der elektrischen Erregung, die von Zelle zu Zelle via Plasmodesmata wandert, beträgt 1–3 cm/s. Das Aktionspotential löst auf nicht im Detail geklärte Art und Weise den Verschluss der Klappe aus. Die Zellen auf der Oberseite der Mittelrippe verlieren rasch ihren Turgordruck, wodurch das Einklappen der Blatthälften bewirkt wird. Das Öffnen der Klappe (Dauer etwa 30 min) erfolgt durch Wasseraufnahme und Wiederaufbau des Turgordruckes der Zellen in der Mittelrippe der Blattspreite.

Die Frage, durch welche Ionenflüsse das Aktionspotential (= Depolarisation des Ruhepotentials um 100–150 mV, gefolgt von einer Hyperpolarisation) hervorgerufen wird, ist noch offen. Wahrscheinlich kommt es zu einer raschen Verschiebung von Ca^{2+}-Ionen von der Zellwand in das Cytoplasma der Zellen. Die Fangbewegung wird, wie bereits erwähnt, erst durch zweifache Reizung der Sinnesborsten ausgelöst, d. h. es muss ein Schwellenwert (Reizschwelle) überschritten werden. Allerdings können auch mehrere unterschwellige Einzelreize perzipiert werden: Bei einem Reizabstand von jeweils 1 min sind 3–4 Einzelreize nötig; bei einem Reizabstand von 20 min muss etwa 20 mal gereizt werden, um eine Reaktion auszulösen. Allerdings erfolgt dann das Einklappen der Blatthälften sehr langsam.

Allgemeine Definitionen. Im Folgenden werden einige Begriffe eingeführt, die zum Verständnis pflanzlicher Reizbewegungen notwendig sind. Als **Präsentationszeit** bezeichnet man die Mindestzeitdauer, über die hinweg ein Reiz einwirken muss, um eine Reaktion auszulösen. Das **Reizmengengesetz** besagt, dass die Reaktionsgröße das Produkt aus Reizintensität und Reizdauer ist. Ein kurzer Reiz von großer Intensität führt somit zum gleichen Reizerfolg (physiologische Reaktion) wie ein langer Reiz von geringer Intensität. Das Reizmengengesetz gilt z. B. für den Phototropismus der Graskoleoptile:

Reaktion (Krümmung) = Intensität
(Lichtstärke) × Zeit (Sekunden)

Als **Reaktionszeit** bezeichnet man die Zeit zwischen dem Beginn der Reizung und dem Eintritt der Reaktion. Die **Latenzzeit** („Lag-Phase") gibt an, wie lange es nach Ende des Reizes dauert, bis die Reaktion einsetzt. Eine „Alles- oder Nichts-Reaktion" liegt vor, wenn nach Überschreiten der Reizschwelle unabhängig von Stärke und Dauer des Reizes eine Reaktion eintritt (z. B. Aktionspotential in der Nervenfaser; Fangbewegung bei *Dionaea*, Abb. 18-2). Bei der Mehrzahl der Bewegungsvorgänge hängt die Reaktionsgröße jedoch von der Reizintensität und der Reizdauer ab (z. B. Tropismen).

18.2 Nastien: Definition und Übersicht

Im Pflanzenreich sind zahlreiche ungerichtete, durch reversible Turgoränderungen hervorgebrachte Bewegungsvorgänge bekannt. **Nastien** (griech.: *nastos* = festgedrückt) sind durch Reize ausgelöste Bewegungen von Zellen, Geweben oder Organen der Pflanze, die durch die Anatomie des Bewegungsapparates bestimmt sind und unabhängig von der Reizrichtung (d. h. ungerichtet) erfolgen. Weiterhin sind Nastien durch Reversibilität und Wiederholbarkeit gekennzeichnet.

Nastien werden durch Turgoränderungen hervorgerufen, wobei die Zellwände nur elastische Längenänderungen erfahren. Mechanische Turgorbewegungen (z. B. Verbreitung von Sporen) sind im Gegensatz zu den Nastien einmalige, irreversible Ereignisse, die in der Regel unabhängig vom lebenden Protoplasten erfolgen. Man kann die Nastien in zwei Gruppen einteilen. Die oszillatorischen Bewegungen (1.) mit Periodenlängen von 24 Stunden (oder kürzer) werden durch den Tag/Nacht-Rhythmus ausgelöst. Im Gegensatz

dazu erfolgen die raschen, einmaligen Bewegungen (2.) unabhängig von einem exogenen Zeitgeber. In den folgenden Abschnitten sind repräsentative Beispiele dargestellt.

18.3 Oszillatorische Bewegungen

Diese physiologischen Prozesse können als „etwa der Tageslänge" entsprechende Rhythmen beschrieben werden. Sie laufen jedoch häufig auch unter konstanten Umweltbedingungen (endogen) weiter und sind dann unter der Kontrolle der „inneren Uhr" der Pflanze (s. u.). Hierzu gehören die nyctinastischen „Schlafbewegungen" der Blätter. Dieses Phänomen ist bei zahlreichen, mit Blattgelenken versehenen Pflanzenarten zu beobachten (z. B. Bohne, *Phaseolus coccineus*; Mimose, *Mimosa pudica*; Kriechender Klee, *Trifolium repens*; Wald-Sauerklee, *Oxalis acetosella*). Weiterhin zeigen die Spaltöffnungen (Stomata) der Blätter und Stängel eine mit dem Tag/Nacht-Rhythmus verbundene oszillatorische Öffnungsbewegung.

Blattstellung. Betrachtet man in einer Wiese des Wirtschaftsgrünlandes bei Tag und bei Nacht (Taschenlampe) die Fiederblättchen des Kriechenden Klees (*Trifolium repens*), so fällt auf, dass diese ganz unterschiedliche Stellungen aufweisen. Am Tag ist die Blattfläche geöffnet (Tagstellung), während in der Nacht die Fiederblättchen eingeklappt sind (Nachtstellung) (Abb. 18-3 A, B). Durch welche Prozesse wird die vom Tag/Nacht-Rhythmus ausgelöste Blattbewegung hervorgerufen?

Als Bewegungsorgane fungieren die Blattgelenke der drei Fiederblättchen. Ein Querschnitt durch ein Blattgelenk (Pulvinus) zeigt, dass dort – im Gegensatz zum Blattstiel – nur ein zentrales Leitbündel verläuft. Dieses Leitbündel ist von einem Rindenparenchym umgeben und nach außen hin durch die Epidermis abgeschlossen. Der Mechanismus der Bewegung des obersten (terminalen) Fiederblättchens wurde im Detail untersucht und soll kurz dargestellt werden. Die Parenchymzellen auf der einen Seite des Blattgelenkes bilden das Extensorgewebe, während die gegenüberliegenden Zellen als Flexorgewebe bezeichnet werden. Bei Tagstellung (Abb. 18-3 A, C)

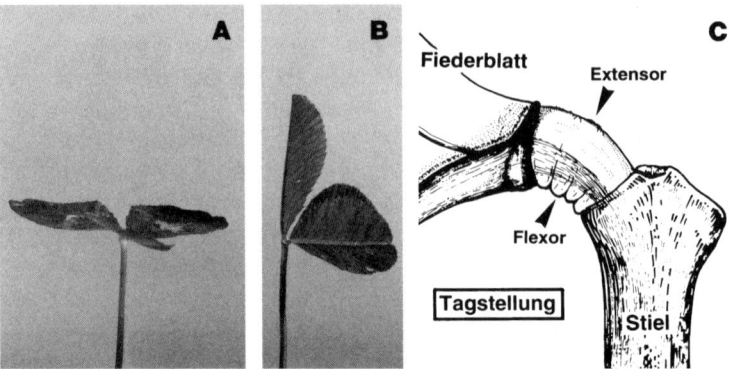

Abb. 18-3: Oszillatorische Bewegung der Fiederblättchen beim Kriechenden Klee (Trifolium repens). Tagstellung (A), Nachtstellung (B), anatomischer Bau eines Blattgelenks (C). (Originalaufnahmen).

sind die Extensorzellen turgeszent, während die gegenüberliegenden Flexorzellen nur einen geringen hydrostatischen Druck aufweisen, manchmal sogar zusammengedrückt erscheinen. In Nachtstellung (Abb. 18-3 B) sind die Verhältnisse genau umgekehrt, d. h. die Flexorzellen weisen einen höheren Turgor auf als die Extensorzellen.

Diese reversiblen Turgoränderungen (Anschwellen/Schrumpfen) werden durch eine Verschiebung von Kalium-Ionen zwischen den beiden durch das zentrale Leitbündel getrennten Gewebe hervorgerufen: Eine hohe K$^+$-Konzentration bewirkt einen Anstieg des Zellturgors (osmotische Wasseraufnahme), ein Abfall in der Ionenkonzentration ruft ein Absinken des Turgordruckes hervor. Hierdurch wird die Bewegung der Fiederblättchen verursacht. Auch bei der Mimose und bei der Bohne können auf Turgoränderungen zurückführbare „Schlafbewegungen" der Laubblätter beobachtet werden (s. u.). Die Funktion dieser nyctinastischen Blattbewegungen (Selektionsvorteil für die Pflanze) ist nicht bekannt.

Stomaregulation. Als zweites Beispiel für oszillatorische Bewegungen soll die Öffnung bzw. der Verschluss der **Stomata** dargestellt werden. Die Epidermis der an Land wachsenden höheren Pflanze ist von einer weitgehend für Gase und Wasser undurchlässigen Cuticula überzogen. Die Wasserdampfabgabe sowie der Gasaustausch werden über in die Epidermis eingelagerte, in ihrer Öffnungsweite regulierbare Poren, die Spaltöff-

nungsapparate, gesteuert. Einfache Spaltöffnungen (Stomata) bestehen aus zwei bohnen- oder hantelförmigen Schließzellen, die den verschließbaren Spalt (Porus) umgeben. Im Gegensatz zu den Epidermiszellen enthalten die ausdifferenzierten Schließzellen Chloroplasten, jedoch keine Plasmodesmata; sie zeichnen sich außerdem durch ungleiche Zellwandverdickungen aus. Häufig besteht der Spaltöffnungsapparat jedoch aus den beiden Schließzellen und 2–4 von den Epidermiszellen sich unterscheidenden Nebenzellen. Es werden je nach Bau der Schließzellen verschiedene Spaltöffnungstypen unterschieden (Mnium-, Amaryllideen-, Helleborus-, Gramineen-Typ), wobei es jedoch zahlreiche Übergangsformen gibt. Der Mechanismus der Stomaöffnung soll im Folgenden anhand eines einfach gebauten Typus erläutert werden, wobei die photonastischen und hydronastischen Bewegungen separat dargestellt sind.

• Photonastie: Unter Normalbedingungen (d. h. ausreichender Wasserversorgung, mittlerer Temperatur) öffnen sich die Stomata der C3- und C4-Pflanzen im Licht (Ermöglichung des photosynthetischen Gasaustausches) und schließen sich wieder bei Anbruch der Dunkelheit. Die Öffnung des in Dunkelheit geschlossenen Spaltes ist eine Turgorbewegung: Erhöhung des Turgors (P$_v$) führt auf Grund der ungleichen Zellwandverdickungen zur Öffnung, Erniedrigung des Turgors zum Verschluss des Spaltes (Abb. 18-4 A, B). Die Erhöhung des Turgordruckes wird durch aktive Aufnahme (und endogene Produktion) von osmotisch wirksamem Material, gefolgt von einer passiven Wasseraufnahme, bewirkt. Der Verschluss des Spaltes wird durch Abtransport (bzw. Verbrauch) der Osmotica und nachfolgende osmotische Wasserabgabe hervorgebracht; der Turgordruck sinkt daraufhin ab.

In Abb. 18-4 ist ein Modell der photonastischen Stomabewegung dargestellt. Bei der lichtinduzierten Öffnung laufen zwei Prozesse ab. Im Licht wird durch Öffnung von Kalium-Kanälen, die in großer Zahl auf der Plasmamembran der Schließzellen anzutreffen sind, ein Einstrom von K^+-Ionen induziert. Gleichzeitig wird eine Plasmamembran-gebundene Protonenpumpe (ATPase) aktiviert (H^+-Eflux), so dass eine Ansäuerung des Apoplasten erfolgt. Das ATP stammt vermutlich aus den Chloroplasten der Schließzelle. Der pH-Gradient liefert die „treibende Kraft" für die K^+-Aufnahme. Gleichzeitig werden auch Cl^--Ionen importiert. Eine zweite Serie biochemischer Prozesse wird in den Chloroplasten der belichteten Schließzellen induziert: der Abbau von Assimilationsstärke. Das wichtigste niedermolekulare Osmoticum ist das Malat ($COO^-\ CH_2\ CH\ OH\ COO^-$). Dieses Anion entsteht nach Hydrolyse der Stärke via Glykolyse im Cytoplasma der Schließzellen und wandert, gemeinsam mit den anorganischen Ionen (K^+, Cl^-), in die Vacuole der Zelle. Außerdem werden verschiedene Zucker (Saccharose, Fructose) in Folge des Stärkeabbaus freigesetzt, so dass dann vier verschiedene Osmotica (K^+, Cl^-, Malat, Zucker) zu der bereits oben dargestellten osmotischen Wasseraufnahme beitragen (Anstieg von P_v, Öffnung des Spaltes) (Abb. 18-4 A). In Dunkelheit erlischt der lichtabhängige pH-Gradient (keine ATP-Bildung in den Chloroplasten), und die K^+- und Cl^--Ionen verlassen über die nach außen geöffneten Kanäle der Plasmamembran die Zelle. Das Malat sowie die Zucker werden vermutlich in Stärke zurückverwandelt oder über die

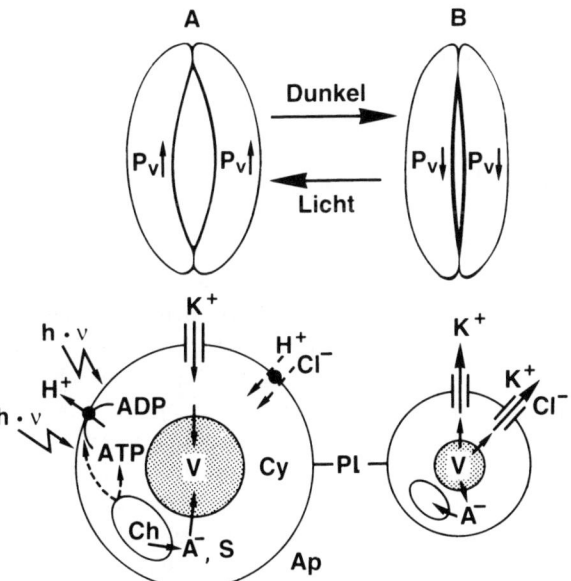

Abb. 18-4: *Modell der photonastischen Öffnungsbewegung der Stomata. Belichtung: Spalt geöffnet (A), Verdunkelung: Spalt geschlossen (B). Die obere Teilabbildung zeigt schematisch die beiden bohnenförmigen Schließzellen; in den unteren Abbildungen ist jeweils eine Schließzelle in runder Form dargestellt. A^- = Anion (z. B. Malat), Ap = Apoplast, Ch = Chloroplast, Cy = Cytoplasma, Pl = Plasmamembran, P_v = Turgordruck, S = Zucker (Saccharose, Fructose), V = Vacuole. Kalium-Ionen (K^+) werden über Ionen-Kanäle aufgenommen, Protonen (H^+) und Chlorid-Ionen (Cl^-) gelangen über hypothetische Pumpen in die Schließzelle. Die Protonenpumpe (H^+-ATPase) erhält das ATP vermutlich vom photosynthetisch aktiven Chloroplasten. Ca^{2+}-Kanäle wurden nicht berücksichtigt. (Nach Schröder, J. L. & Hedrich, R.: Trends Biochem. Sci. 14, 187–192, 1989).*

Glykolyse im Cytoplasma abgebaut. Die Ionen-konzentration in der Zelle (Vacuole/Cytoplasma) sinkt, der Turgor fällt ab, und der Spalt schließt sich (Abb. 18-4 B).

Welche **Sensorpigmente** (Photorezeptoren) sind für die Perzeption des Lichtsignals in den Schließzellen der Stomata verantwortlich? Wie Abb. 18-4 A schematisch zeigt, sind zwei verschiedene Photorezeptoren beteiligt. Auf der Plasmamembran sitzt ein Blaulicht-Photorezeptor(Cryptochrom). Dieses Sensorpigment (vermutlich das Carotinoid Zeaxanthin, Kap. 13) aktiviert nach Absorption von blauem Licht (λ_{max} ≈ 450 nm) die Protonenpumpen (H$^+$-ATPasen) der Plasmamembran. Die Chloroplasten der Schließzellen absorbieren photosynthetisch aktive Strahlung (Funktion als zweiter „Photorezeptor") und liefern vermutlich das ATP für die Protonenpumpen. Da sie außerdem im Licht CO$_2$ fixieren, d. h. photosynthetisch aktiv sind, müssen die Chloroplasten als die Produktionsorte der organischen Osmotica (Malat, Zucker) betrachtet werden. Die aus Glucose-Bausteinen aufgebaute Stärke ist, wie oben dargestellt, das Ausgangsprodukt (Substrat) für die osmotisch aktiven Moleküle Malat und Zucker (Saccharose, Fructose).

• Hygronastie: Die in Abb. 18-4 A, B dargestellte tagesperiodische Bewegung der Stomata erfolgt nur bei ausreichender Wasserversorgung der Pflanze. Sinkt das Wasserpotential der Erde (bzw. der Luft) unter einen bestimmten Wert ab, so kommt es im Licht zu einem raschen Verschluss der Stomata. Diese hygronastische Bewegung (Reaktion der Pflanze auf Wasserstress) wird vermutlich durch die in erhöhter Rate gebildete Abscisinsäure (ABA) vermittelt. Wie in Kapitel 12 bereits dargestellt wurde, steigt der ABA-Gehalt der Blätter bei Wassermangel drastisch an. Da außerdem exogen applizierte ABA die im Licht geöffneten Stomata rasch zum Verschluss bringt, liegt die Vermutung nahe, dass die in den Mesophyllzellen der Blätter gebildete ABA via Zellwandraum in die Schließzellen wandert (Stomata besitzen keine Plasmodesmen, s. Kap. 3). Dort löst das Phytohormon die Abgabe der Osmotica Malat, K$^+$ und Cl$^-$ aus, wodurch der Turgorabfall (Verschluss des Spaltes) hervorgebracht wird. Möglicherweise bewirkt ABA die Öffnung der in Abb. 18-4 schematisch dargestellten Ionenkanäle: Der Angriffsort des Hormons ist somit vermutlich die Plasmamembran der Schließzellen.

18.4 Rasche, einmal ablaufende Bewegungen

Neben den oben besprochenen oszillatorischen Bewegungen gibt es rasch ablaufende Bewegungsvorgänge (Dauer: ms bis min), die erst nach einer längeren Erholungsphase wieder ausgelöst werden können. Ein gut untersuchtes Beispiel ist die oben dargestellte Fangbewegung bei *Dionaea muscipula* (Abb. 18-2). Auch beim Sonnentau (*Drosera rotundifolia*) konnten mit Aktionspotentialen einhergehende Krümmungsbewegungen nachgewiesen werden. Die Blattspreiten dieser seltenen, meist in Torfmoosrasen vorkommenden insektenfressenden Pflanze sind mit Tentakeln besetzt, deren Köpfchen mit Drüsenzellen ausgestattet sind. Kleine Insekten werden angelockt, durch ein Sekret festgehalten und nach Einkrümmung der Tentakeln verdaut. Die Krümmungsbewegung kommt durch verstärktes Wachstum der Außenseite des Tentakels zustande und ist nach 10–20 min abgeschlossen.

Seismonastie. Als besonders eindrucksvolles Beispiel für eine typische Nastie soll die Blattbewegung bei der Mimose besprochen werden. Die „Sinnpflanze" (*Mimosa pudica*) stammt ursprünglich aus Südamerika. Schon im vorigen Jahrhundert wurde die Pflanze nach Europa importiert, wo sie nicht nur im Gewächshaus, sondern auch im Freiland kultiviert und vermehrt wurde. Die Blattbewegungen bei der Mimose gehören zu den am intensivsten untersuchten Reizvorgängen. Im ungereizten Zustand führen die zusammengesetzten Fiederblätter nyctinastische, oszillatorische Bewegungen durch, wie sie für *Trifolium repens* beschrieben wurden (Abb. 18-3). Allerdings sind die Blattbewegungen komplizierter. An jeder Sprossachse (Hauptspross und mehrere Seitensprosse) entspringen 6–10 doppelt zusammengesetzte Laubblätter. Auf einem 4–8 mm langen primären Blattstiel, der mit der Sprossachse über das primäre Blattgelenk (= Bewegungsorgan oder Pulvinus)

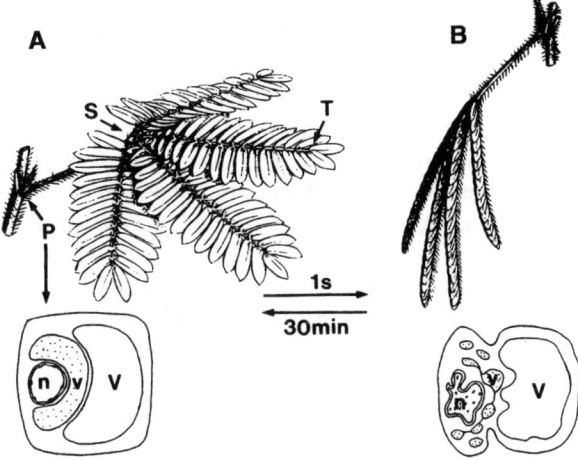

Abb. 18-5: *Blattbewegung bei der Mimose (Mimosa pudica). Tagstellung (A), Nachtstellung (B). Am Tag kann die Mimose z. B. durch Erschütterung gereizt werden, wodurch ein rasches Einklappen des zusammengesetzten Fiederblattes ausgelöst wird (Dauer: 1 s; Seismonastie: A → B). Nach 30 min ist wieder die Ausgangslage erreicht. P = primäres, S = sekundäres, T = tertiäres Blattgelenk. In der unteren Teilabbildung ist eine typische Zelle aus dem primären Blattgelenk dargestellt (Turgor hoch bzw. niedrig). n = Zellkern, v = kleine, V = große Vacuole. (Nach Fleurat-Lessard, P. et al.: Plant Physiol. 114, 827–834, 1997).*

verbunden ist, sitzen zwei (oder zwei Paare) sekundäre Blattstiele von 4–5 cm Länge. Diese sind mit dem primären Blattstiel durch sekundäre Blattgelenke verbunden. Die sekundären Blattstiele tragen 15–25 Paare kleiner Fiederblättchen, die wiederum jeweils durch tertiäre Blattgelenke mit dem sekundären Blattstiel verbunden sind (Abb. 18-5).

Die Reizung der Mimose kann auf verschiedenste Art und Weise erfolgen. Unter natürlichen Umweltbedingungen dürfte die Erschütterung (**Seismonastie**) von größter Bedeutung sein. Im Labor

reagiert die Mimose auf chemische Reize, thermische Reize wie Temperaturerniedrigung oder -erhöhung, mechanische Beschädigung der Blättchen wie Abschneiden oder Anbrennen (Tab. 18.1).

Auf den Reiz folgt eine rasche Reaktion (Latenzzeit 0,1–1 s): Der Blattstiel klappt im Primärgelenk nach unten. Das motorische Gewebe liegt somit in der unteren Hälfte des Pulvinus. Die gefiederten Teilblätter und die Fiederblättchen klappen ebenfalls, wie in Abb. 18-5 A, B dargestellt, zusammen. Die Rückreaktion setzt erst einige Mi-

Tab. 18.1: Reizqualitäten, die von der Sinnpflanze (*Mimosa pudica*) perzipiert werden und eine sichtbare Reaktion, d. h. das Einklappen der Blätter, hervorrufen. (Nach Roblin, G.: Biol. Rev. 54, 135–155, 1979).

Reiz (Reaktion)	Erläuterung
Erschütterung (Seismonastie)	In der Natur beobachtet, wird durch Wind verursacht
Berührung (Thigmonastie)	Mechanischer Druck auf Blättchen. Empfindlichkeit der tertiären Gelenke vergleichbar mit menschlicher Haut
Temperatur (Thermonastie)	Abkühlung der Blättchen um –2 bis –5 °C bzw. Erwärmung um + 10 °C (Eiswürfel, Kerze)
Licht (Photonastie)	Übergang Schwachlicht zu Starklicht (Blau- und Rotlicht besonders wirksam)
Chemikaliendämpfe (Chemonastie)	Narkotika (Ether und Chloroform) wirken ähnlich wie bei Tieren; Schwefelwasserstoff, Ammoniak, Formaldehyd und Essigsäure besonders wirksam
Verletzung (Traumatonastie)	Verbrennung, Anschneiden oder Quetschen der Fiederblättchen (Kerze, Schere, Pinzette)

nuten nach Einklappen des Blattes ein. Es dauert etwa 30 min, bis wieder die Ausgangslage erreicht ist.

Die Reizung kann entweder am Gelenk selbst oder an den Fiederblättchen erfolgen, wobei – wie bei *Dionaea* (Abb. 18-2) – eine Reizleitung (Aktionspotential) zum primären Pulvinus hin gemessen werden konnte. Die Bewegung selbst wird durch raschen Verlust und langsamen Wiederaufbau des Turgordruckes im motorischen Gewebe des Blattgelenkes hervorgebracht. Diese reversible Turgoränderung wird durch Verschiebung von Ionen bewirkt (K⁺, Cl⁻). Der Bewegungsmechanismus im motorischen Gewebe des Pulvinus der Mimose ist somit im Prinzip derselbe wie in den Schließzellen der Stomata (vergl. Abb. 18-4 und 18-5).

Seit einigen Jahren sind chemische Substanzen bekannt, die in einem Biotest-System das Einklappen der Fiederblättchen der Mimose auslösen. Ob diese als Turgorine beschriebenen Botenstoffe allerdings in der intakten Pflanze eine vermittelnde Rolle bei der Induktion der Blattbewegung spielen ist derzeit noch offen.

Das rasche Einklappen und Wiederöffnen der doppelt zusammengesetzten Blätter der Mimose (Abb. 18-5 A, B) ist ein energieaufwendiger Prozess (ATP-Verbrauch bei Ionenverschiebung). Welchen Selektionsvorteil bringt er der „Sinn-

pflanze"? Diese Frage kann wie folgt beantwortet werden. Die Vorstellung, dass bei starkem Wind (Erschütterung der Pflanze → Einklappen) ein Transpirationsschutz erzielt wird, erscheint unwahrscheinlich, da ein Verschluss der Stomata denselben Effekt bringt. Auch ein Fraßschutz (Berührung der Blätter durch Fressfeind → Einklappen) scheint wenig plausibel zu sein, da das eingeklappte Fiederblatt genauso an- oder abgefressen werden kann wie das entfaltete Organ. Obwohl man den Mechanismus der Blattbewegung bei der Mimose nun seit mehr als hundert Jahren erforscht, wissen wir nicht im Detail, welcher Selektionsdruck während der Evolution dieses eigenartige Verhalten der Mimose hervorgebracht hat.

Thigmonastie. In diesem Absatz soll ein zweites Beispiel für eine rasche, nur einmal ablaufende Turgorbewegung dargestellt werden: Die durch Berührung ausgelöste Thigmonastie der Ranken. Betrachten wir die Zaunrübe (*Bryonia dioica*). Diese Blütenpflanze (Abb. 18-6) bildet keine stabilen Festigungsgewebe aus; sie kann aber dennoch Sprosslängen von bis zu 10 m erreichen und vertikal der Sonne entgegen wachsen. Die Zaunrübe kommt ohne Stützgewebe aus, weil sie durch Ausbildung von Ranken an festen Gegenständen (Zäune, Äste anderer Pflanzen) emporklettern

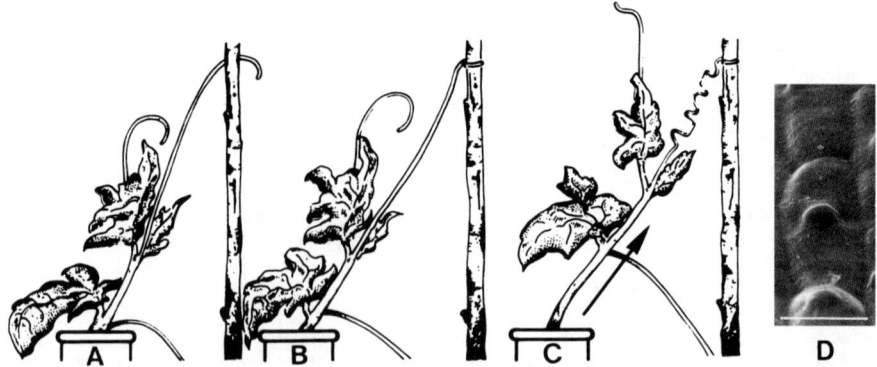

Abb. 18-6: *Rankenbewegung bei der Zaunrübe (Bryonia dioica). Die zweitoberste Ranke führt endogene Suchbewegungen durch (Circumnutationen). Nach Kontakt mit einer Stütze (Holzstock, t = 0 h) (A) erfolgt das Einrollen der Rankenspitze (B) (t = 5 min). Ein Tag später (t = 24 h) ist die freie Einspiralisierung abgeschlossen (C). Die Spross-Spitze wird nach oben gezogen (Pfeil). Die oberste Ranke ist inzwischen entrollt und reaktionsbereit. (A–C: Originalzeichnungen). Aufnahme (D) zeigt die Fühltüpfel in der Epidermis einer reaktionsbereiten Rankenspitze. Balken = 10 µm. (Nach Weiler, E.: Spektrum d. Wiss., März: 60–66, 2000).*

kann. Um diese Bewegungsvorgänge zu verstehen, führt man ein einfaches Experiment durch. Die Spross-Spitze (apicale 10 cm) einer in der Natur wachsenden Zaunrübe wird abgeschnitten und in eine Zuckerlösung (0,5 % Glucose) gestellt (Abb. 18-6 A). Schon nach etwa 1 h ist die zweitoberste, längste Ranke reaktionsbereit. Das Organ führt „Suchbewegungen" (endogene Circumnutationen) durch. Bringt man einen festen Gegenstand (z. B. Holzstock) mit dem subapicalen Bereich der Ranke (ca. 1 – 2 cm unterhalb der Spitze) in Berührung, so ist eine Kontaktkrümmung zu beobachten. Auf der Unterseite der Ranke kommt es zu einem raschen Turgorverlust, gefolgt von einem Einkrümmen und Umwinden des Holzstockes (Abb. 18-6 B). Diese **Thigmonastie** (durch Berührungsreiz ausgelöste Turgorbewegung) wird durch mechanische Reizung bestimmter Regionen der unteren Epidermiszellen (unverdickte Zellwandbereiche = „Fühltüpfel") ausgelöst (Abb. 18-6 D). Etwa 3 h nach Beginn der Einkrümmung ist die Rankenspitze am Holzstab verankert und die Kontaktkrümmung beendet.

Das für das „Emporranken" der Kletterpflanze verantwortliche freie Einrollen des Organs setzt etwa 12 h nach Kontaktaufnahme mit der Stütze ein (Abb. 18-6 C). Die Ranke nimmt hierbei die Form einer Spirale ein, die mehrere Wendepunkte (Wechsel des Windungssinnes) aufweist. Die Länge des Befestigungsorgans nimmt durch Spiralisierung um mehr als die Hälfte ab; der Apex der Zaunrübe wird dadurch emporgehoben. Die am oberen Ende den Stab umfassende elastische Spirale ist somit nicht nur ein effizienter Befestigungsapparat, sondern sie dient auch dem Anheben der Spross-Spitze. Da nach Abschluss der freien Spiralisierung der zweitobersten Ranke die darunter liegende oberste Ranke der Zaunrübe in der Regel ihre Suchbewegungen erfolgreich beendet hat, wiederholt sich die in Abb. 18-6 A – C dargestellte Reaktionsfolge von neuem. Die Kletterpflanze wächst somit ohne Investition in ein mechanisches Festigungssystem meterhoch empor.

Wie aus Abb. 18-6 B, C außerdem hervorgeht, setzt die Spiralisierung einige mm unterhalb der Rankenspitze ein und pflanzt sich basalwärts fort. Es muss somit ein Botenstoff (Hormon) vom eingerollten, apicalen Ende des Befestigungsorgans in die basalen Bereiche der Ranke wandern. Diese chemische Substanz („Einspiralisierungs-Signal") ist vermutlich die Jasmonsäure (bzw. Methyljasmonat) oder eine Vorstufe dieser Verbindungen. Die gasförmige Substanz wird wahrscheinlich bei mechanischer Reizung in der Rankenspitze gebildet, wandert im Interzellularraum des Gewebes per Diffusion basalwärts und löst dann die Spiralisierung (freie Krümmung) der Ranke aus.

18.5 Tropismen: Definition und Übersicht

Es ist seit langem bekannt, dass sich der Spross heranwachsender Pflanzen bei einseitiger Bestrahlung zur Sonne hin krümmt. Anders formuliert: Der Stängel bewegt sich in Richtung des Lichtes. **Tropismen** (griech.: *tropos* = Wendung, Richtung) sind durch Reize ausgelöste, gerichtete Bewegungen ortsgebundener Pflanzen bzw. ihrer Organe. Die „Bewegung" wird durch ein differentielles Flankenwachstum verursacht, d. h. es finden – im Gegensatz zu den Nastien – irreversible, durch den Turgordruck hervorgebrachte Volumenänderungen bestimmter Zellen statt (= Wachstumsprozesse). Je nach Qualität des Reizes können folgende Tropismen unterschieden werden:

- Gravitropismus (Schwerkraft)
- Phototropismus (Licht)
- Hydrotropismus (Luftfeuchtigkeit)
- Thermotropismus (Temperatur)
- Thigmotropismus (Berührung)

Man spricht von einem positiven Tropismus, wenn das Organ sich zum Reiz hin bewegt, und von negativem Tropismus, wenn eine Bewegung entgegen der Reizrichtung erfolgt (Abb. 18-1). Von den oben aufgeführten Tropismen spielt der **Gravitropismus** für das Überleben der sich entwickelnden Pflanze die größte Rolle: Die oberirdischen Organe können sich nur nach mechanischer Verankerung der Wurzel im Erdreich entwickeln. Die ökologische Bedeutung des Phototropismus des Sprosses liegt in der optimalen Ausnutzung des Lichtes. Auch dem Hydrotropismus der Wurzel kommt sicher eine gewisse ökologische Bedeutung zu (Verhinderung der Austrocknung der Zellen). Thermo- und Thigmotropismus sind wahrscheinlich reine Laborphänomene, die in der Natur wohl nicht vorkommen. Es sollen daher die durch Temperatur und mechanische Stimulation ausgelösten Bewegungsvorgänge nicht näher dargestellt werden.

18.6 Gravitropismus

Unsere Nutzpflanzen keimen unterhalb der Erdoberfläche, d. h. in völliger Dunkelheit. Um überleben zu können, muss der Spross des sich entwickelnden Keimlings noch vor Verbrauch der Speicherstoffe ans Tageslicht gelangen, so dass die Pflanze Photosynthese betreiben kann. Gelingt dies dem Keimling nicht, so stirbt er nach wenigen Tagen ab. Die Keimwurzel muss nach unten wachsen, um den Keimling mechanisch im Erdreich zu verankern und außerdem das in der Erde gespeicherte Wasser sowie die darin gelösten Ionen aufnehmen zu können. Der einzige Umweltfaktor, nach dem sich Spross und Wurzel orientieren können, ist unter diesen Bedingungen (d. h. in der Erde) die **Schwerkraft**. Die Perzeption (Wahrnehmung) des Schwerereizes ist somit für das Überleben des Keimlings von großer Bedeutung: Würde die Keimwurzel nicht positiv gravitrop reagieren, so wäre der Anbau unserer Nutzpflanzen nicht möglich. Weiterhin besitzen auch manche ausgewachsene Sprosse die Fähigkeit, auf den Schwerereiz zu reagieren. So richten sich z. B. horizontal liegende Getreidepflanzen nach einem Sturm wieder auf. Sowohl die Perzeption des Schwerereizes als auch die Reaktion ist in den Knoten des Sprosses lokalisiert. Es ist offensichtlich, dass auch diese Antwort auf den Schwerereiz (Graviresponse) von großer ökonomischer Bedeutung ist.

Wächst das Organ senkrecht nach unten (d. h. zum Schwerereiz hin), so bezeichnet man diese Reaktion als positiven Gravitropismus. Die Hauptwurzeln reagieren meist positiv gravitrop. Wächst das Organ senkrecht nach oben, d. h. vom Schwerereiz weg, so spricht man von einem negativen Gravitropismus (z. B. Sprossachsen). Spross und Wurzel sind somit orthogravitrope Organe, d. h. sie richten sich parallel zum Schwerkraftvektor aus. Im Gegensatz dazu wachsen manche Organe

der Pflanze in einem bestimmten Winkel zur Schwerkraft. Man bezeichnet sie dann als plagiogravitrope Organe. So wachsen z. B. die Seitensprosse und Blätter der meisten Pflanzen schräg aufwärts. Diagravitrope Organe wachsen genau horizontal, d. h. in einem Winkel von 90° zur Schwerkraft (z. B. Ausläufer, Rhizome). Der Diagravitropismus (Horizontalwachstum) ist somit als Spezialfall des Plagiogravitropismus (Wachstum in einem bestimmten Winkel zum Schwerevektor) zu betrachten. Im Folgenden soll der positive bzw. negative Orthogravitropismus von Spross und Wurzel dargestellt werden.

Reiz-Reaktionskette. Der Gravitropismus kann, wie alle induzierten Bewegungen, als Reiz-Reaktionskette beschrieben werden. Nach Wahrnehmung (Perzeption) des Schwerereizes folgt die Weiterleitung (Transmission). Einige Millimeter vom Perzeptionsort entfernt findet die physiologische Reaktion statt: Eine Organhälfte wächst schneller als die andere, d. h. die gravitrope Krümmung wird durch differentielles Flankenwachstum hervorgebracht. Wie Abb. 18-1 A zeigt, folgt nach einer Überkrümmung der Sprossachse eine der gravitropen Reaktion nachgeschaltete Organbewegung, die als Autotropismus bezeichnet wird. Die Organachse (Spross, Wurzel) pendelt sich in Vertikallage ein, wobei die erste Über-Reaktion ausgeglichen wird. Der Gravitropismus kann somit wie folgt zusammengefasst werden:

Horizontallage: Perzeption → Transmission → Reaktion (diff. Flankenwachstum) → Autotropismus: Organachse in Vertikallage.

Bei der nachfolgenden Darstellung der Gravireaktion soll der Autotropismus nicht näher diskutiert werden, da über diesen Prozess nur wenig bekannt ist.

Betrachtet man als einfaches Beispiel eine in Horizontallage gebrachte Keimwurzel, so ergeben sich folgende Resultate (Abb. 18-7). Die Perzeption des Schwerereizes erfolgt in der Spitze des Organs (Calyptra = Wurzelhaube), während die Krümmung im weiter basal gelegenen Abschnitt der Wurzel eintritt (Streckungszone). Über die Mechanismen der Perzeption und Reaktion gibt es eine Fülle von Daten und Hypothesen (s. u.). Die Frage, welches Signal vom Perzeptionsort zur

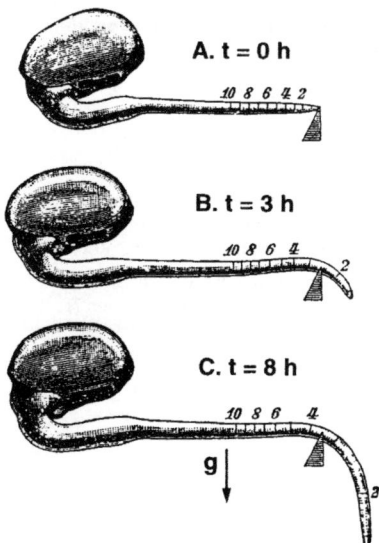

A. t = 0 h

10 8 6 4 2

B. t = 3 h

10 8 6 4

2

C. t = 8 h

10 8 6 4

g

3

Abb. 18-7: Gravitropismus einer Keimwurzel der Lupine (Lupinus albus). Die Wurzel wurde mit Tusche markiert (mm-Abstände) und in Horizontallage gebracht (t = 0 h) (A). Die gravitrope Krümmung wird durch differentielles Flankenwachstum verursacht (t = 3 h) (B) und ist bereits wenige Stunden nach Beginn der Reizung beendet (t = 8 h) (C). (Nach Pfeffer, W.: Pflanzenphysiologie Bd. II. Leipzig, 1904).

Streckungsregion wandert (Transmission), konnte bis heute nicht eindeutig geklärt werden. Da schon wenige Minuten nach Horizontallage der Wurzel eine messbare Krümmung einsetzt, ist es wahrscheinlich, dass diese relativ rasche Reizleitung durch in der Calyptra erzeugte elektrische Signale vollbracht wird. Aktionspotentiale, wie im Fangapparat der Venusfliegenfalle gemessen (Abb. 18-2), konnten in gravitrop reagierenden Wurzeln nicht nachgewiesen werden, d.h. diese Hypothese (Signaltransmission über elektrische Signale) bedarf weiterer experimenteller Überprüfung. Die Vorstellung, dass ein Phytohormon (z.B. Auxin) von der Calyptra zur Streckungszone wandert, konnte ebenfalls nicht bestätigt werden.

Stärke-Statolithentheorie. Die Frage nach der Perzeption des Schwerereizes wird seit Jahrzehnten untersucht. Der von T. A. Knight (1806) durchgeführte Rotationsversuch hat gezeigt, dass die Pflanze eine Massenbeschleunigung wahrneh-

men kann (Kap. 1). Wurden wachsende Keimlinge auf einem horizontal rotierenden Rad angebracht, so richteten sich Spross und Wurzel schräg aus. Daraus folgt, dass Zentrifugal- und Schwerkraft perzipiert werden können, d.h. beide Kräfte wirken in gleicher Weise.

In der Nähe der Erdoberfläche erfährt jeder Körper eine auf den Erdmittelpunkt gerichtete Beschleunigung g = 9,81 m/s². Der Körper (Masse m) steht daher unter dem Einfluss der Kraft F = m · g; diese Kraft wird als das Gewicht des Körpers bezeichnet und sollte nicht mit der Masse (Einheit: kg) verwechselt werden. Es ist offensichtlich, dass ein Körper größerer Masse einer stärkeren, dem Erdmittelpunkt entgegengerichteten Kraft ausgesetzt ist als ein Körper von geringerer Masse. Auf den lebenden Organismus übertragen bedeutet dies, dass ein Körper, der eine größere spezifische Masse (= Dichte) besitzt als die ihn umgebenden Biomoleküle (z.B. ein Kalksteinchen) einer größeren Kraft F ausgesetzt ist und folglich am Grunde des Organs zur Unterseite der Zelle sedimentiert.

Gibt es Kalksteinchen im Organismus? Bereits im 19. Jahrhundert war bekannt, dass bei wirbellosen Tieren (z.B. Flusskrebs) die Perzeption des Schwerereizes in vielzelligen Gleichgewichtsorganen, den **Statocysten**, erfolgt. Dies sind mit Flüssigkeit gefüllte Bläschen, die einen Statolithen (Kalksteinchen) enthalten, der auf einem Polster aus Sinneszellen lagert. Wird der Krebs in Horizontallage gebracht, so kommt es zu einer Verbiegung der Sinneshaare der entsprechenden Sinneszellen, wodurch über die Nervenfaser ein entsprechender Reiz abgeleitet wird. Das Tier reagiert mit einer Kompensationsbewegung und bringt sich somit aktiv wieder „ins Gleichgewicht".

Im Jahr 1900 wurde von G. Haberlandt und B. Nemec postuliert, dass bei Pflanzen die Wahrnehmung des Schwerereizes in analoger Weise wie bei den wirbellosen Tieren erfolgt. Diese **Stärke-Statolithentheorie** der Graviperzeption besagt, dass das der Statocyste der wirbellosen Tiere analoge „Sinnesorgan" der Pflanzen aus zahlreichen Sinneszellen (**Statocyten**) zusammengesetzt ist. Als Statolithen fungieren die leicht beweglichen, mit Stärke gefüllten Amyloplasten (Tab. 18-2). Da diese eine größere spezifische Masse als andere cytoplasmatische Bestandteile aufweisen (Dichte

Tab. 18.2: Stärke-Statolithen-Theorie der Graviperzeption: Analogie wirbelloses Tier (z. B. Krebs) und höhere Pflanze. (Nach Haberlandt, G.: Ber. Dtsch. Bot. Ges. 18, 261–272, 1900).

Tier	Pflanze
Statocyste (= mehrzelliges, mit Flüssigkeit gefülltes Organ; enthält zahlreiche Sinneszellen)	Statocyten (= zahlreiche Einzelzellen, Gesamtheit wird als Statenchym bezeichnet)
Statolith (= Kalkstein, schwerer als Flüssigkeit, liegt auf Sinneszellen)	Amyloplasten (= mit jeweils mehreren Särkekörnern ausgefüllte Plastiden, schwerer als Cytoplasma, liegen auf der unteren Plasmamembran der Statocyte)
Horizontallage (→ Sinneshaare der Sinneszellen durch Statolith abgeknickt: Perzeption)	Horizontallage (→ Verlagerung der Amyloplasten auf physikalische Unterseite der Statocyte: Perzeption ?)

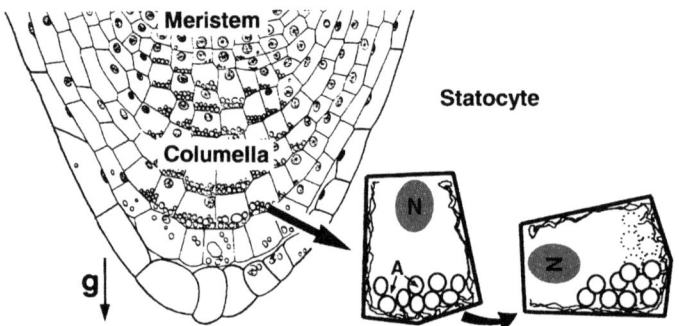

Abb. 18-8: Längsschnitt durch die Haube (Calyptra) einer vertikal wachsenden Wurzel. Im Statenchym (Columella) liegen die Amyloplasten den physikalisch unteren Zellwänden auf, d. h. sie sind sedimentiert (links). Eine vergrößert dargestellte Statocyte zeigt die sedimentierten Amyloplasten (A) sowie den Zellkern (N). Zelle in Vertikal- (links) bzw. Horizontallage (rechts). g = Richtung der Schwerkraft. (Nach Kutschera, U.: Adv. Space Res. 27, 851–860, 2001).

der Stärke: 1,44 g/cm³), sedimentieren die Amyloplasten im horizontal wie im vertikal orientierten Organ auf die jeweilige physikalische Unterseite der Statocyte. In Horizontallage gebracht, lösen die sedimentierten (d. h. der unteren Plasmamembran aufliegenden) Amyloplasten dann auf bisher noch ungeklärte Art und Weise einen Reiz aus, der in die Zellstreckungszone wandert (Transmission) und dort das differentielle Flankenwachstum auslöst (Reaktion) (Abb. 18-8).

Im Folgenden soll der Gravitropismus der Wurzel, des Sprosses und des Grasknotens dargestellt werden. Die experimentellen Daten zur Unterstützung der Stärke-Statolithen-Theorie werden für alle drei Organe separat diskutiert.

Keimwurzel. Bereits C. Darwin (1880) hatte erkannt, dass die Wurzelhaube (Calyptra) der Ort der Graviperzeption ist. Nach Abschneiden der Wurzelspitze war keine Abwärtskrümmung des Organs mehr nachweisbar. Der Botaniker B. Nemec (1900) beobachtete in den Wurzelhauben verschiedener Pflanzenarten „Körperchen" (= Amyloplasten); diese „sinken je nach Lage des Pflanzenorgans, in welchen die Statocyten vorkommen, immer in den physikalisch unteren Teil der Zelle" (Abb. 18-8). Die Gesamtheit der Statocyten der Wurzelspitze wird **Statenchym** oder Columella genannt; dieses liegt direkt unterhalb des Wurzelmeristems. Das Statenchym ist nach unten hin von Sekretzellen umschlossen, die hygroskopische Schleime absondern, wodurch das Durchwachsen der Erde erleichtert wird. Die peripheren Sekretzellen werden nach einer gewissen Zeit abgestoßen, d. h. sie sterben und verlassen somit die Calyptra (Apoptose). Während des Wurzelwachstums durchlaufen die Zellen der Wurzelhaube drei Entwicklungsphasen. Das Meristem

(Dermatocalyptrogen) sondert Zellen ab. Diese fungieren zunächst als Statocyten, dann als Sekretzellen und enden schließlich als tote, in die Erde abgesonderte Zelltrümmer. Die Gewebe der Calyptra bestehen somit aus sich ständig erneuernden Zellen, wobei die räumliche Anordnung der Gewebe (Statenchym, Sekretgewebe, abgestorbene Zellen) erhalten bleibt (Fließgleichgewicht, Kap. 16).

Wie bereits in Tab. 18-2 vermerkt, ist nicht bekannt, über welchen Mechanismus die Sedimentation der Amyloplasten innerhalb der Sinneszelle perzipiert wird. In den Wurzelspitzen der Kreuzblütler (Brassicaceae, z. B. Gartenkresse, *Lepidium sativum*) liegen die Amyloplasten einem Komplex von endoplasmatischem Reticulum (ER) auf. Es wurde postuliert, dass dieses ER-Polster als Gravisensor fungiert. Neuere Untersuchungen haben jedoch gezeigt, dass auch Kressewurzeln, deren ER-Komplex an die „Decke" der Statocyte zentrifugiert wurde, eine Graviresponse (Abwärtskrümmung) zeigen. Da außerdem das bei *Lepidium* beobachtete ER-Polster am unteren Pol der Statocyten die Ausnahme und nicht die Regel im Pflanzenbereich darstellt, muss geschlossen werden, dass die Perzeption des Schwerereizes („Druck der Amyloplasten") an der unteren Plasmamembran der Statocyte erfolgt. Die Frage, welche intrazellulären Drucksensoren hier am Werke sind, kann derzeit nicht beantwortet werden.

Welche Experimente unterstützen die postulierte Rolle der Amyloplasten als „Statolithen" in der Wurzel? Hier sind insbesondere **Entstärkungsversuche** zu nennen. Werden Kressewurzeln durch Behandlung mit Gibberellinsäure stärkefrei gemacht (GA → Hydrolyse der Amyloplastenstärke), so unterbleibt auch die gravitrope Krümmung. Erst nach Regeneration der Amyloplastenstärke zeigen die horizontal gelegten Wurzeln wieder eine Antwort auf den Schwerereiz: In der Oberseite der Wachstumszone des Organs setzt eine Beschleunigung der Zellstreckung ein, während auf der Unterseite eine fast vollständige Wachstumshemmung beobachtet werden kann (Abb. 18-7). Die gravitrope Reaktion (differentielles Flankenwachstum) ist einige Stunden später beendet, d. h. beide Organflanken wachsen, wie vor Horizontallage, wieder mit gleicher Rate.

Sprossachse. In Abb. 18-1 A ist der Gravitropismus des Sprosses einer Springkraut (*Impatiens*)-Pflanze dargestellt. Im Gegensatz zur Wurzel, die positiv gravitrop reagiert (Abb. 18-7), wächst der in Horizontallage gebrachte Spross nach oben, d. h. er reagiert negativ gravitrop (Abb. 18-9, 18-11). Als das „Statolithenorgan" des Sprosses wurde

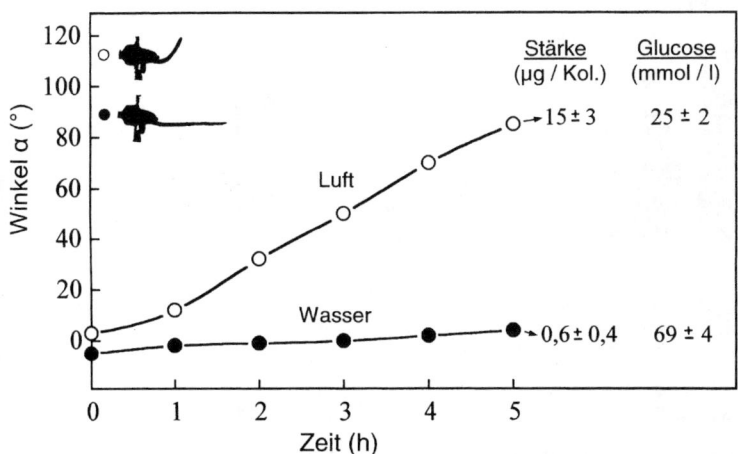

Abb. 18-9: *Gravitropismus der Reiskoleoptile (Oryza sativa). Schattenbilder einer fünf Tage alten Kontrolle (Anzucht in Luft, offene Symbole) und einer gleich alten überfluteten Pflanze (geschlossene Symbole). Der Krümmungswinkel wurde gegen die Zeit nach Beginn der gravitropischen Reizung (Horizontallage) aufgetragen. Stärke- und Glucosegehalt der Gewebeproben sind tabellarisch aufgelistet (± Standardfehler). (Nach Kutschera, U.: Adv. Space Res. 27, 851–860, 2001)*

von G. Haberlandt (1900) die schon lange zuvor beschriebene „Stärkescheide" erkannt. In zahlreichen achsenförmigen Organen (z. B. Hypocotyle, Epicotyle) ist zwischen dem Rindenparenchym (Cortex) und dem Gefäßbündelkreis eine Zellschicht ausgebildet, die aus Statocyten besteht. Die Amyloplasten dieser „Stärkescheide" sedimentieren nach Horizontallage des Stängels rasch auf die physikalische Unterseite der Zelle und dienen gemäß der Stärke-Statolithen-Theorie der Perzeption des gravitropen Reizes. In der Koleoptile ist keine „Stärkescheide" ausgebildet; einzelne Statocyten sind in der Region um das Leitbündel herum im Parenchym des Organes angeordnet.

In diesem Absatz ist der Gravitropismus der Reiskoleoptile (*Oryza sativa*) und des Hypocotyls der Sonnenblume (*Helianthus annuus*) dargestellt. Abbildung 18-9 zeigt fünf Tage alte, an Luft bzw. unter Wasser angezogene Reiskeimlinge. In den Statocyten der Leitbündelregion können mit Hilfe des Rasterelektronenmikroskops zahlreiche sedi-

mentierte Amyloplasten beobachtet werden (Abb. 18-10 A). Bei stärkerer Vergrößerung (Transmissionselektronenmikroskop) wird deutlich, dass die Amyloplasten zahlreiche Stärkekörner enthalten (Abb. 18-9 C). Nach Horizontallage der an Luft angezogenen Koleoptilen verlagern sich die Amyloplasten. Eine gravitrope Aufwärtskrümmung setzt schon etwa einer Stunde nach Beginn des Reizes ein. Etwa fünf Stunden später sind die Koleoptilen wieder vertikal ausgerichtet, d. h. die gravitrope Krümmung (Wachstumsbeschleunigung auf der Unterseite, Wachstumshemmung auf der Oberseite) ist abgeschlossen (Abb. 18-9).

Zur experimentellen Überprüfung der Rolle der Amyloplasten bei der Graviperzeption eignet sich der **Reis** besonders gut, da diese Pflanze unter Wasser angezogen werden kann. Submers gewachsene Reiskoleoptilen sind fast vollständig frei von Stärke, da das Organ alle verfügbaren Kohlenhydrate zur anaeroben Energiegewinnung (alkoholische Gärung) und Aufrechterhaltung einer hohen Zellstreckungsrate benötigt (Kap. 9). Da der Auf-

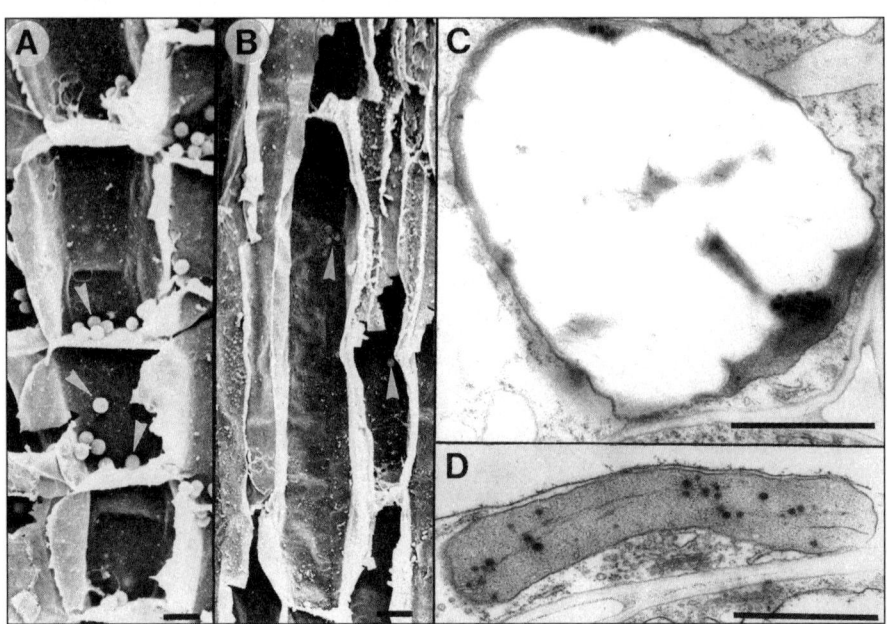

Abb. 18-10: *Ultrastruktur der Statocyten und Amyloplasten fünf Tage alter Reiskoleoptilen. In der an Luft gewachsenen Koleoptile (A) sind zahlreiche sedimentierte Amyloplasten zu erkennen, während die kleinen Plastiden der überfluteten Koleoptile (B) an den Längswänden der Statocyten hängen (Pfeile). Die Feinstruktur eines typischen Amyloplasten der an Luft gewachsenen Koleoptile zeigt zahlreiche Stärkekörner (C). In den Statocyten der submers angezogenen Koleoptile sind Proplastiden zu erkennen (D). Balken = 1 µm. (Nach Kutschera, U. et al.: Planta 183, 112–119, 1990).*

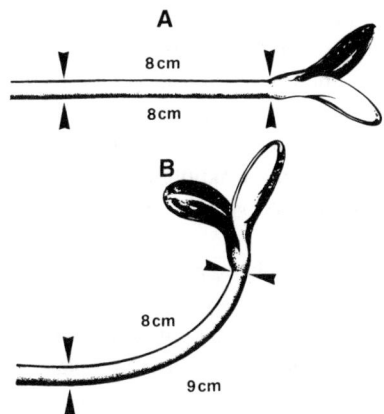

Abb. 18-11: *Gravitropismus des Hypocotyls des Sonnenblumenkeimlings. Ein Keimling wird in Horizontallage gebracht und markiert (t = 0 h) (A). Die gravitrope Aufwärtskrümmung wird durch differentielles Flankenwachstum hervorgebracht (t = 3 h) (B).*

trieb die Reiskoleoptile ohnehin nach oben wachsen lässt, kann das Organ unter Wasser auf ein funktionstüchtiges Graviperzeptionssystem verzichten. Wie bereits dargestellt (Kap. 9), wächst die submers gehaltene Koleoptile nicht, wie beim Kontrollversuch in Luft, gerade nach oben, sondern wellenförmig. Werden fünf Tage alte unter Wasser angezogene Koleoptilen in feuchter Luft in Horizontallage gebracht, so unterbleibt während der ersten fünf Stunden die gravitrope Aufwärtskrümmung, obwohl die Koleoptilen in dieser Position mit derselben Rate wachsen wie die sich krümmenden Koleoptilen des Kontrollversuchs (Abb. 18-9). Mikroskopische Untersuchungen haben gezeigt, dass die kleinen, nicht sedimentierten Amyloplasten der überfluteten Reiskoleoptilen nahezu frei an Stärke sind und die Morphologie von Proplastiden zeigen (Abb. 18-10 B, D). Der Stärkegehalt der überfluteten Reiskoleoptile ist um 95 % geringer als in der Kontrolle (an Luft gewachsenes Organ), während die Konzentration an Glucose (Hydrolyseprodukt der Amyloplastenstärke) dreifach höher ist (Abb. 18-9). Dieses physiologische Entstärkungsexperiment unterstützt die Stärke-Statolithen-Theorie der Graviperzeption.

Als zweites Beispiel soll das Hypocotyl der Sonnenblume dargestellt werden. Abbildung 18-11 zeigt einen in Horizontallage gebrachten und einen gravitrop gekrümmten Keimling. Während des normalen vertikalen Wachstums strecken sich die Zellen der beiden Organhälften mit gleicher Rate. Etwa 30 min nach Beginn der Horizontallage setzt auf der Organunterseite eine Beschleunigung der Zellstreckungsrate ein, während die Zellen der Oberseite mit einer Wachstumshemmung reagieren. Das Hypocotyl krümmt sich, bedingt durch dieses differentielle Flankenwachstum, aufwärts und erreicht etwa 2,5–3 h nach Beginn der gravitropen Reizung die Vertikallage (Abb. 18-11).

Der Turgor sowie die osmotischen Drücke der unteren und oberen Zellen bleiben während der Aufwärtskrümmung in etwa konstant. Die Extensibilität der rascher wachsenden unteren Epidermiszellen nimmt hingegen mit Einsetzen der Krümmung zu, während die Dehnbarkeit der oberen, peripheren Zellschichten abnimmt. Diese Änderung in den mechanischen Eigenschaften der wachstumsbegrenzenden peripheren Zellschichten lässt sich ganz einfach durch Längsspaltung herausgeschnittener Hypocotylsegmente demonstrieren. Die Segmentspalthälften vertikal wachsender Hypocotyle krümmen sich konkav nach außen (Gewebespannung, Kap. 3). Gravitrop gekrümmte Hypocotyle zeigen auf der Oberseite ebenfalls eine Auswärtskrümmung. Auf der Organunterseite unterbleibt hingegen die konkave Krümmung der Hypocotylspalthälfte: Die peripheren Zellwände sind derart dehnbar (extensibel), dass deren Wandspannung nicht höher ist als diejenige der weiter innen liegenden Zellen.

Zusammenfassend lässt sich somit sagen, dass das differentielle Flankenwachstum des Hypocotyls auf mechanische Lockerung („Erweichung") der unteren epidermalen Zellwände zurückführbar ist, während auf der Oberseite eine Abnahme der Dehnbarkeit („Versteifung") eintritt. Die zugrundeliegenden biochemischen Prozesse sind bisher noch unbekannt.

Grasknoten. Bei starkem Wind, Regen oder Sturm kommt es vor, dass auf den Äckern die Getreidepflanzen umgeworfen werden. Dies erfolgt nicht etwa durch Abknicken der Grashalme, sondern durch eine teilweise Entwurzelung der Pflanzen. Schon bald nach Umfallen der Gräser kann man ein Aufrichten der Halme beobachten. Dieser ne-

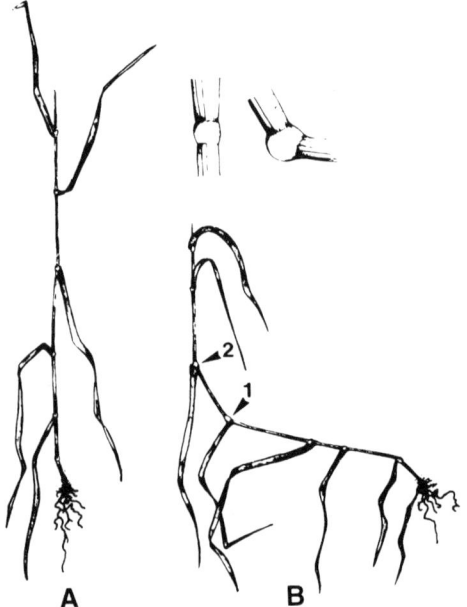

Abb. 18-12: *Gravitropismus des Halmes der Hafer-pflanze (Avena sativa). Vertikallage (A). Horizontal-lage, nach Abschluss der Aufwärtskrümmung (etwa drei Tage nach Umkippen der Pflanze) (B). Zwei Kno-ten (1, 2) reagieren nach gravitroper Reizung mit ei-nem differentiellen Flankenwachstum und bringen da-durch die Spross-Spitze in Vertikallage. (Nach Kauf-mann, P. B. et al.: Amer. J. Bot. 74: 1446–1457, 1987).*

gative Gravitropismus erfolgt nicht in den inter-calaren Wachstumszonen der Stängel, sondern in den Grasknoten. Der Aufbau eines Grashalmes wurde bereits dargestellt (Kap. 11). Der Knoten ist nicht nur der Ansatzpunkt für das den Halm (In-ternodium) umschließende Blatt, sondern ein po-tentiell wachstumsfähiges Organ. Allerdings setzt erst nach Horizontallage der Pflanze im Graskno-ten ein differentielles Flankenwachstum ein: Die Unterseite des Knotens reagiert mit einer Be-schleunigung der Zellstreckungsrate, während in der oberen Hälfte kein Wachstum beobachtet wer-den kann. Der Knoten verlängert sich während der Krümmung. In der Regel reagieren mindestens zwei, oft auch mehrere Knoten nacheinander auf den Schwerereiz. Nachdem ein älterer Knoten ei-nen Krümmungswinkel von 40–60 ° erreicht hat, stellt er das Wachstum in der unteren Hälfte ein

(Abb. 18-12). Im darüberliegenden Knoten setzt dann eine entsprechende Krümmung ein, so dass nach Abschluss dieser Reaktion die obere Hälfte des umgeworfenen, horizontal am Boden liegen-den Grashalms vertikal nach oben gerichtet ist. Die zwei gekrümmten Grasknoten bilden somit zusammen einen Winkel von 90°, d. h. der Spross steht wieder aufrecht.

Auch im Grasknoten kann ein Statenchym be-obachtet werden. Die Statocyten sind außerhalb der Leitbündel lokalisiert und enthalten zahlrei-che, mit Stärkekörnern angefüllte Amyloplasten. Wird diese Amyloplastenstärke durch Verdunke-lung der an Licht angezogenen Pflanzen abgebaut (Inkubation der Gräser für fünf Tage bei 25 °C in Dunkelheit), so unterbleibt nach Horizontallage dieser „re-etiolierten" Individuen die gravitrope Aufwärtskrümmung. Erst nach Neusynthese von Amyloplastenstärke im Licht sind die Grasknoten wieder in der Lage, auf den Schwererez zu rea-gieren. Genau wie in der Wurzel und im Spross dienen somit auch im Grasknoten die sedimen-tierten Amyloplasten als Gravisensoren.

Die Frage, ob das nach Sedimentation der Amy-loplasten ausgelöste differentielle Flankenwachs-tum durch Änderungen im Pegel von Phytohor-monen (Auxin, Gibberelline) hervorgebracht wird, kann derzeit noch nicht eindeutig beant-wortet werden. In der unteren Hälfte gekrümmter Knoten von Haferpflanzen (*Avena sativa*) wurde eine 2–3 mal höhere Konzentration an Auxin (IAA) im Vergleich zur Oberseite gemessen. Eine kausale Rolle des Auxins bei der Auslösung der Wachstumsbeschleunigung in der unteren Organ-hälfte ist durch diese Daten jedoch nicht belegt.

Der Klinostat. In der Einleitung wurde eine Ap-paratur zur Rotation wachsender Pflanzen vorge-stellt (Kap. 1). Dieser von J. Sachs erfundene und von W. Pfeffer technisch verbesserte Klinostat wurde ursprünglich entwickelt, um die Wirkung der Schwerkraft auf die Pflanze auf der Erde aus-zuschalten. Diese Annahme hat sich inzwischen als falsch erwiesen. Obwohl z. B. Wurzeln oder Keimstängel, die langsam in Horizontallage um ihre eigene Achse rotieren, keine gravitrope Krüm-mung zeigen, sondern gerade weiter wachsen, wird dennoch ein Schwererez perzipiert. Die Wir-kung der die Krümmung unterdrückenden Reaktion besteht darin, dass der Winkel, unter dem der Schwerereiz auf das rotierende Organ wirkt, sich ständig ändert. Die Schwerereize kompensieren sich hierbei gegenseitig, d. h. es wird ein von allen Seiten her wirkender (omnilateraler) Reiz von der Pflanze perzipiert. Der Klinostat schaltet somit die einseitige (unilaterale) Wirkung der Schwerkraft aus. Da die Interpretation und Signifikanz derartiger Rotationsversuche fragwürdig ist, soll auf die Beschreibung von Klinostat-Experimenten verzichtet werden.

Zur „Ausschaltung" der Schwerkraft kommen nur Weltraum-Raketen-Experimente in Frage. Umfangreiche Untersuchungen wurden in den 1990er Jahre durchgeführt. Die Resultate haben gezeigt, dass bei um über 90% verminderter Gravitation (Raketenflug) die Sedimentation der Amyloplasten innerhalb der Statocyten verhindert wird. Diese Daten unterstützen die Stärke-Statolithen-Theorie der Graviperzeption.

18.7 Phototropismus

Werden wachsende pflanzliche Organe wie Koleoptilen, Hypocotyle, Blätter, Internodien oder Wurzeln einer einseitigen Belichtung ausgesetzt, so reagieren sie mit einem differentiellen Flankenwachstum. Das Organ krümmt sich zum Licht hin oder vom Licht weg (Abb. 18-1 B). Im Allgemeinen reagiert der Spross positiv phototropisch.

Auch die einseitig belichtete Wurzel reagiert auf den Lichtreiz, wobei je nach Spezies, Alter und Lichtbedingungen ein positiver oder negativer Phototropismus beobachtet werden kann. In den folgenden Absätzen ist der Phototropismus der Wurzel, der Graskoleoptile und der Sonnenblumenpflanze dargestellt.

Keimwurzel. Untersuchungen an größeren Populationen von Keimlingen der Gartenkresse (*Lepidium sativum*) ergaben, dass bei einseitiger Bestrahlung mit kontinuierlichem Weißlicht bei 30 % der Pflanzen keine phototrope Krümmung der Wurzel auftritt. Etwa 15 % der Kressewurzeln reagieren positiv, die Mehrzahl (55 %) jedoch negativ phototropisch (Abb. 18-13 A–C). Der Phototropismus der Wurzel hat, da dieses Organ normalerweise in die Erde wächst, in der Natur offensichtlich keine Bedeutung für die Pflanze und soll daher nicht weiter diskutiert werden.

Graskoleoptile. Zur Analyse des Phototropismus werden seit den klassischen Untersuchungen von C. Darwin (*The Power of Movement in Plants*, 1880) bevorzugt Graskoleoptilen verwendet. Darwin beobachtete, dass einseitig an der Spitze bestrahlte Koleoptilen des Glanzgrases (*Phalaris*) sich einige Millimeter unterhalb des Apex (d. h. in der Streckungszone) zum Licht hin krümmen. Er zog daraus die Schlussfolgerung, dass die Spitze einen „Einfluss" aussendet; dieser soll weiter unten die phototrope Krümmung auslösen. Nach Ab-

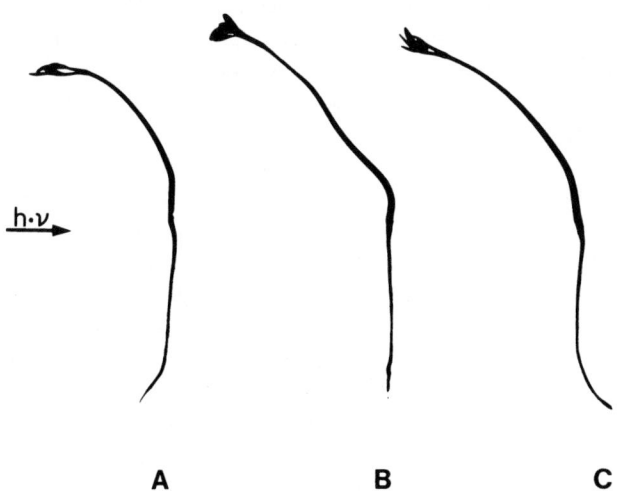

h·ν

A **B** **C**

Abb. 18-13: Phototropismus von Spross und Wurzel bei Kressekeimlingen (Lepidium sativum). Die Pflanzen wurden in durchsichtigen Plexiglasküvetten in Dunkelheit angezogen und dann einseitig mit kontinuierlichem Weißlicht bestrahlt (Pfeil). Während das Hypocotyl immer positiv reagierte, zeigten 15 % der Wurzeln eine positive (A), 30 % keine (B) und 55 % eine negative phototropische Krümmung (C). (Nach Jäger, A.: Diplomarbeit, Universität Bonn, 1989).

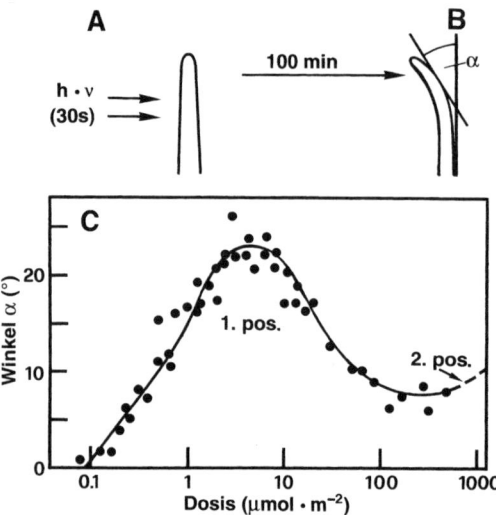

Abb. 18-14: *Experiment zur Ermittlung einer Dosis-Effekt-Kurve des Phototropismus der Maiskoleoptile (Zea mays). Die Keimlinge wuchsen in schwachem Dauer-Hellrotlicht. Drei Tage nach Aussaat wurden die Koleoptilen für 30 s einseitig mit Blaulicht bestrahlt (A). Der Krümmungswinkel (α) wurde 100 min später graphisch ermittelt (B) und gegen die Licht-Dosis aufgetragen (C). 1. pos., 2. pos. = erste und zweite positive Krümmung. (Nach Iino, M. & Briggs, W. R.: Plant Cell Environm. 7, 97–104, 1984).*

schneiden oder Verdunkelung der Koleoptilspitze war hingegen kein Phototropismus zu beobachten.

Im Folgenden sollen einige aktuelle Analysen zum Phototropismus der Maiskoleoptile (*Zea mays*) besprochen werden. Wie bei allen gut untersuchten positiv phototropisch reagierenden Organen ist auch bei der Maiskoleoptile Blaulicht (λ = 400 – 500 nm) die Komponente des Spektrums, die den Phototropismus auslöst. Die Perzeption erfolgt über einen identifizierten, in der Koleoptilspitze lokalisierten Blau/UV-Photorezeptor (Phototropin, Kap. 13). Die Keimlinge werden in kontinuierlichem, schwachem Hellrotlicht (Photonenfluss: 0,1–0,2 µmol · m^{-2} · s^{-1}) angezogen und am dritten Tag nach Aussaat für 30 s einseitig mit Blaulicht bestrahlt (Lichtpuls) (Abb. 18-14 A, B). Die Krümmung sowie die Längenänderungen der Licht- und Schattenseiten der Koleoptile

werden 100 min später gemessen, wobei die Pflanzen während dieser Zeit in schwachem Hellrot gehalten wurden. Wird die Lichtdosis (= Photonenfluenz) des Blaulichtpulses variiert und gegen die Krümmung aufgetragen, so erhält man eine Dosis-Effekt-Kurve des Phototropismus (Abb. 18-14 C). Es wird deutlich, dass die Koleoptile eine extrem hohe Lichtsensitivität aufweist (30 s-Pulse von > 0,1 µmol/m^2 sind bereits wirksam) und dass bei etwa 5 µmol/m^2 eine maximale phototropische Krümmung von etwa 25 Grad eintritt. Höhere Dosen führen zu einer Abnahme des Krümmungswinkels. Die in Abb. 18-14 C dargestellte Kurve wird als die erste positive phototropische Krümmung bezeichnet. In der Haferkoleoptile (*Avena sativa*) schließt sich bei höheren Lichtdosen zunächst eine negative und dann eine zweite positive Krümmung an. Bei Mais konnte keine negative, jedoch eine zweite positive Krümmung beobachtet werden (Lichtdosis > 1000 µmol/m^2); diese nur bei extrem hohen Lichtstärken messbaren Krümmungen sollen nicht näher diskutiert werden.

Bei der ersten positiven Krümmung gilt das Reizmengengesetz:

Das Produkt aus Lichtintensität (Dosis) und Bestrahlungsdauer (Zeit) (= „Reizmenge") ergibt bei gleichem Wert immer dieselbe physiologische Reaktion. Mit anderen Worten: Ein kurzer, starker Lichtpuls (hohe Intensität) führt zur selben Reaktion (Krümmungswinkel) wie eine lange Bestrahlung mit niedriger Intensität.

Betrachtet man den zeitlichen Verlauf (Kinetik) der Längenänderungen der belichteten und beschatteten Seiten der Koleoptile im Vergleich zum unbelichteten Kontrollversuch, so ergeben sich folgende Resultate (Abb. 18-15). Etwa 40 min nach Applikation des Blaulichtpulses setzt ein differentielles Flankenwachstum ein; es ist eine Stimulation der Zellstreckungsrate auf der Schattenseite und ein simultaner Wachstumsstopp auf der belichteten Organhälfte messbar. Diese Beschleunigung des Wachstums der nicht dem Lichtpuls ausgesetzten Organflanke, verbunden mit der praktisch vollständigen Hemmung der Extension auf der gegenüberliegenden Seite, führt zur Krümmung der Koleoptile zum Lichtpuls (Reiz) hin. Bei einseitiger Bestrahlung mit Dauerlicht (natürliche

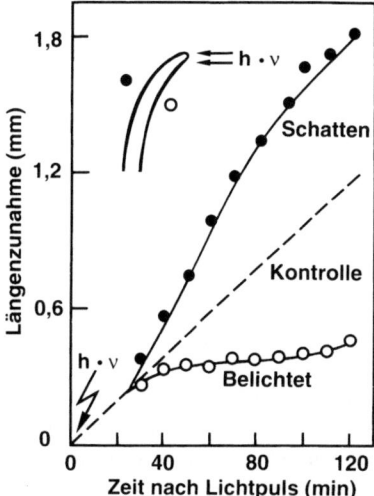

Abb. 18-15: *Zeitlicher Verlauf des differentiellen Flankenwachstums während der ersten positiven phototropischen Krümmung der Maiskoleoptile (Zea mays). Die Keimlinge wurden am dritten Tag nach Aussaat für 30 s mit Blaulicht bestrahlt (Photonenfluenz: 5 µmol/m²). Die Längenzunahmen der belichteten und beschatteten Seiten wurden während der nachfolgenden 120 min (Wachstum in Hellrotlicht) gemessen. Kontrolle: Längenzunahme einer nicht einseitig belichteten Koleoptile. (Nach Iino, M. & Briggs, W.R.: Plant Cell Environm. 7, 97–104, 1984).*

Situation) können ähnliche Kinetiken gemessen werden.

Wie bewirkt der Blaulicht-Puls (bzw. Dauerlicht) diese Umsteuerung des Wachstums in der Koleoptile?

Cholodny-Went-Theorie. Bei der Darstellung des Krümmungstests zur Analyse der Auxinwirkung (Kap. 12) wurde erwähnt, dass einseitig auf dekapitierte Koleoptilen aufgesetzte Agarblöckchen ein differentielles Flankenwachstum verursachen. In analoger Weise soll die phototrope Krümmung hervorgebracht werden. N. Cholodny (1927) und der Entdecker des Auxins, F.W. Went (1928), postulierten unabhängig voneinander, dass der Phototropismus durch Umverteilung des endogenen Auxins hervorgerufen wird. Die sogenannte Cholodny-Went-Theorie besagt somit, dass die Wachstumsbeschleunigung auf der Schattenseite durch

Erhöhung der Auxinkonzentration und die Wachstumshemmung auf der belichteten Seite durch Erniedrigung des Hormonpegels bewirkt wird. Die postulierte lichtgetriebene laterale Auxin-Verschiebung ist in Abb. 18-16 schematisch dargestellt. Die Koleoptilspitze ist nicht nur die „Hormondrüse" des Organs, sondern sie fungiert auch als Ort der Lichtperzeption. In der allseitig bestrahlten (oder etiolierten), vertikal wachsenden Koleoptile ist das endogene Auxin gleichmäßig über den Querschnitt verteilt. Die in Abb. 18-16 dargestellten Experimente mit Maiskoleoptilen haben gezeigt, dass etwa 20–30 min nach Applikation des Lichtpulses, d.h. vor Beginn des differentiellen Flankenwachstums (Abb. 18-15), eine laterale Auxinverschiebung in der sub-apicalen (wachsenden) Region des Organes eintritt. Nach Einsetzen der Krümmung wurden die in Abb. 18-16 E dargestellten Zahlenwerte gemessen, d.h. in der beschatteten Hälfte ist eine etwa doppelt so hohe Auxinkonzentration wie in der dem Lichtpuls zugewandten Seite nachweisbar. Die Frage, ob diese relativ geringen Konzentrationsunterschiede ausreichend sind, um die gemessene große Differenz in den Wachstumsraten der Organhälften zu bewirken (Abb. 18-15), ist offen. Es erscheint unwahrscheinlich, dass der rasche Wachstumsstop auf der belichteten Seite durch einen relativ geringen Abfall des endogenen Auxins hervorgebracht wird. Fazit: Experimente mit Maiskoleoptilen zeigen, dass kurz vor Induktion des Phototropismus eine rasche laterale Verschiebung des Auxins eintritt. Ob dieser Prozess kausal mit dem differentiellen Flankenwachstum in Verbindung steht oder nicht, ist derzeit noch offen.

Welche Bedeutung hat die Cholodny-Went-Theorie in Bezug auf den Gravitropismus? Neuere Untersuchungen haben gezeigt, dass die Auxinkonzentration der Ober- und Unterseite sich gravitrop aufwärts krümmender Koleoptilen und Hypocotyle keine oder nur sehr geringe Unterschiede aufweist. Eine Umverteilung des endogenen Wuchsstoffes, wie von der Theorie gefordert, ist für diese Umsteuerung des Wachstums offensichtlich nicht verantwortlich.

Sonnenblume. Zum Abschluss soll die Funktion des Phototropismus in der heranwachsenden, grünen Pflanze betrachtet werden. Als Beispiel

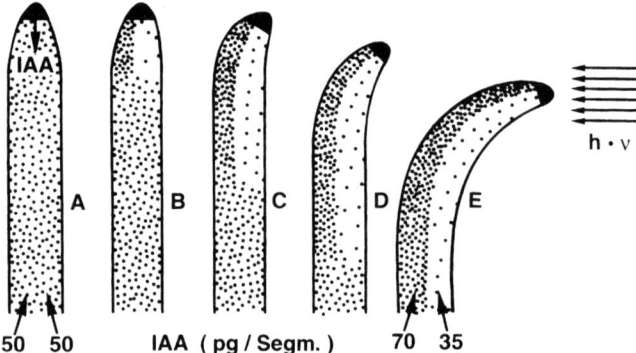

50 50   IAA (pg / Segm.)   70 35

Abb. 18-16: *Illustration der Cholodny-Went-Theorie des Phototropismus der Maiskoleoptile (Zea mays). In der Koleoptilspitze wird Auxin (IAA) gebildet (A). Der IAA-Gehalt der beiden Organhälften ist identisch. Bei einseitiger Belichtung (B–E) wird eine seitliche (laterale) Verschiebung des Auxins induziert, wodurch das differentielle Flankenwachstum hervorgebracht werden soll. Segm. = 1/2 Koleoptile. (Nach Daten von Iino, M.: Plant Cell Environm. 14, 279–286, 1991).*

dient die bereits in Kap. 8 (Keimung) vorgestellte Sonnenblume. An diesem einjährigen Kraut, das innerhalb einer Wachstumsphase von wenigen Monaten eine Sprosshöhe von bis zu 4 m erreicht, kann der Phototropismus des obersten Internodiums (Spross-Spitze) leicht beobachtet werden. Die nachfolgend beschriebenen Phänomene und Analysen wurden in den 1950er Jahren in Japan durchgeführt.

Heranwachsende Sonnenblumen wenden ihre Spross-Spitzen morgens (Sonnenaufgang) in Richtung Osten. In der Mittagszeit erreichen die Pflanzen die Vertikallage; abends (Sonnenuntergang) sind die wachsenden Sprossabschnitte gegen Westen gerichtet (Abb. 18-17 A–C). In der darauffolgenden Nacht krümmt sich der Apex wieder in Richtung Osten. Die photosynthetisch hoch aktiven (expandierenden) obersten Blätter der Pflanze stehen, bedingt durch dieses differentielle Flankenwachstum, immer nahezu im rechten Winkel zum einfallenden Sonnenlicht. Hierdurch wird eine Optimierung der Photosyntheseleistung der assimilierenden Organe erreicht. Dies ist insbesondere während der Morgen- und Abendstunden von Bedeutung, da während dieser Zeit der Photonenfluss zum Antrieb der Photosynthese im

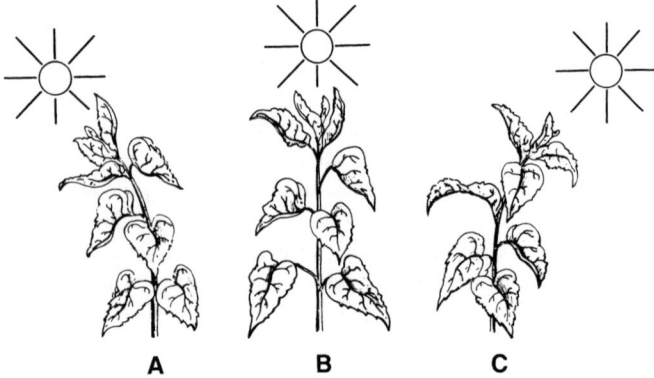

A   B   C

Abb. 18-17: *Phototropismus des obersten Internodiums in der heranwachsenden Sonnenblume (Helianthus annuus). Spross-Stellung am Morgen (→ Osten) (A), am Mittag (Vertikallage) (B) und am Abend (→ Westen) (C). (Nach Shibaoka, H. & Yamaki, T.: Sci. Papers Univ. Tokyo 9, 105–126, 1959).*

sub-optimalen Bereich liegt. Ausgewachsene (blühende) Pflanzen weisen, da die Zellstreckung abgeschlossen ist, keinen Phototropismus mehr auf. Die reifen Blütenstände sind nun alle gegen Osten gerichtet (s. Buchumschlag).

18.8 Hydrotropismus

Im Jahr 1872 konnte J. Sachs die schon lange zuvor geäußerte Hypothese, dass Wurzeln durch die Feuchtigkeit ihrer Umgebung zu Krümmungen veranlasst werden, experimentell beweisen. Er ließ gequollene Samen der Gartenerbse in feuchten Sägespänen auskeimen und beobachtete, dass die Keimwurzeln in mit Wasserdampf gesättigter Luft gravitrop nach unten (aus den Sägespänen heraus) wuchsen (Abb. 18-18 A). In trockener Luft wuchsen die Keimwurzeln entlang der feuchten Sägespäne schräg (d. h. nicht orthogravitrop) nach unten (Abb. 18-18 B): In einigen Fällen „nähten sich" die Keimwurzeln in das feuchte Tuch ein. Der positive Hydrotropismus der Wurzeln (Krümmung zur Feuchtigkeitsquelle) war somit stärker als die gravitrope Reaktion. Ein Austrocknen und somit das Absterben der Keimwurzeln wird durch den Hydrotropismus verhindert.

Es ist bis heute unbekannt, wie die Wurzel den Feuchtigkeitsgradienten zwischen den Sägespänen und der Luft perzipiert. Allerdings bleibt nach Entfernung der Wurzelhaube (Calyptra) die hydrotropische Reaktion aus. Die Calyptra scheint somit nicht nur den Schwerereiz, sondern auch auf noch unbekannte Art und Weise die Luftfeuchtigkeit wahrnehmen zu können. Die Suche nach dem „intrazellulären Hygrometer" in der Calyptra der Keimwurzeln hat bisher noch zu keinem Erfolg geführt.

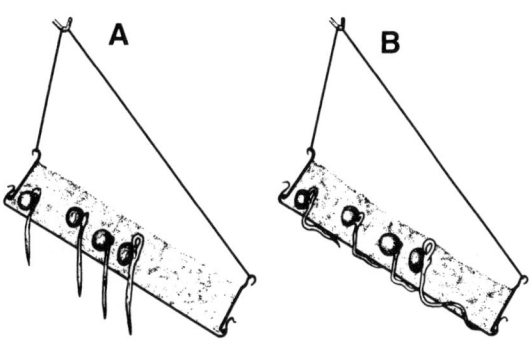

Hohe Luftfeuchtigkeit   **Niedrige Luftfeuchtigkeit**

Abb. 18-18: Experiment zum Nachweis des Hydrotropismus der Wurzel. Gequollene Erbsensamen (Pisum sativum) wurden in feuchten Sägespänen zur Weiterentwicklung gebracht. Bei hoher Luftfeuchtigkeit (A) wachsen die Wurzeln positiv gravitropisch nach unten, während sie bei niedriger Luftfeuchtigkeit (B) entlang des nassen Tuches weiterwachsen (Hydrotropismus). (Nach Sachs, J.: Vorlesungen über Pflanzenphysiologie. Leipzig, 1887).

18.9 Taxien

In stark mit organischem Material angereicherten Gewässern (z. B. Abwassergräben, Dorfteichen) kann man freischwimmende, begeißelte, einzellige Grünalgen (z. B. *Euglena viridis*) finden. Entnimmt man eine Gewässerprobe und stellt die daraus gewonnene *Euglena*-Kultur an ein Fenster, so sammeln sich die Flagellaten als dicke, grüne Linie an der dem Licht zugewandten Seite an. Die frei beweglichen Einzeller ernähren sich photoauxotroph (Photosynthese, aber Abhängigkeit von exogenen Vitaminen) und bewegen sich daher auf die Lichtquelle zu.

Taxien (griech.: *taxis* = Ordnung, Aufstellung) sind freie Ortsbewegungen ein- oder mehrzelliger Organismen, deren Richtung durch einen Reiz bestimmt wird. Erfolgt die Bewegung zum Reiz hin, so spricht man von positiver Taxis; entfernt sich der freibewegliche Organismus von der Reizquelle weg, so wird diese Reaktion als negative Taxis bezeichnet. Unter natürlichen Umweltbedingungen ist die Photo- und Chemotaxis (Reize: Licht, chemische Stoffe) von Bedeutung. Die positive Phototaxis des Flagellaten *Euglena viridis* wurde eingangs schon beschrieben. Die Fortbewegung des Einzellers erfolgt durch ein „Bewegungsorgan" (Geißel), welches sich am Vorderende des Organismus befindet. An der Basis der Geißel sitzt ein Photorezeptor, der durch Beschattung durch einen das Licht absorbierenden Pigmentfleck (Stigma) differentiell belichtet werden kann. Die *Euglena*-Zelle dreht sich beim Geradeausschwimmen permanent um die eigene Längsachse. Bei seitlicher Belichtung wird der Photorezeptor beschattet und dadurch die „photophobische Reaktion" ausgelöst: Die Geißel krümmt sich seitwärts weg, wodurch der Einzeller in Richtung des Lichtreizes schwimmt. Da mit jeder Umdrehung der Zelle eine Beschattung und somit eine photophobische Reaktion ausgelöst wird, bewegt sich der Flagellat durch Addition der einzelnen Photoantworten zur Lichtquelle hin.

Die Chemotaxis aerotaktischer Bakterien wurde im Zusammenhang mit der Besprechung der Photosynthesepigmente dargestellt (Kap. 10). Ob diese Reaktion der Bakterien (Ansammlung entlang des Chloroplasten einer photosynthetisch aktiven Grünalgenzelle) allerdings unter natürlichen Umweltbedingungen vorkommt, ist unbekannt. Bei der Erforschung der Lichtreaktion der Photosynthese war der Bakterienversuch von T. W. Engelmann jedoch von großer Bedeutung, da mit dieser Methode erstmals ein Wirkungsspektrum der photosynthetischen O_2-Produktion erarbeitet werden konnte. Ein zweites Beispiel für eine Chemotaxis wurde in Kap. 15 beschrieben (Wurzel der Sojapflanze/Rhizobien).

Grünalgen und Bakterien sind keine Pflanzen; sie werden gemäß der Fünf-Reiche-Klassifizierung in die Organismengruppen Protoctista bzw. Bacteria gestellt (Kap. 1). Die Analyse von Taxien liegt somit außerhalb des Gebiets der Pflanzenphysiologie und soll nicht näher diskutiert werden (Ausnahme: Befruchtung bei Moosen).

18.10 Intrazelluläre Bewegungen

Die Organellen der vacuolisierten Zellen der Pflanzen sind nicht an einen bestimmten Ort im Cytoplasma gebunden: Innerhalb der Zelle können Bewegungsvorgänge beobachtet werden, die für die Adaptation des Organismus an bestimmte Umweltbedingungen von großer Bedeutung sind. Es sollen hier die zwei wichtigsten intrazellulären Bewegungen, die Protoplasmaströmung und die Translokation der Chloroplasten, diskutiert werden.

Protoplasmaströmung. Betrachtet man eine lebende, vacuolisierte Pflanzenzelle unter dem Mikroskop, so fällt auf, dass die im Cytoplasmasaum eingeschlossenen Organellen (z. B. Chloroplasten, Mitochondrien) in ständiger Bewegung sind (Abb. 18-19). Ein Vergleich mit einer nicht vacuolisierten, meristematischen Zelle zeigt, dass die Protoplasmaströmung auf große, mit einer Zentralvacuole versehene Zellen beschränkt ist, während sie in den kleinen, dicht mit Cytoplasma und Organellen gepackten Zellen der Bildungsgewebe in der Regel nicht beobachtet werden kann. Die Funktion dieser ständigen Rotation bzw. Zirkulation des Cytoplasmas ist offensichtlich. Durch Diffusion allein wäre ein intrazellulärer **Kurzstreckentransport** im Cytoplasma der heranwachsenden bzw. ausgewachsenen Pflanzenzellen (Länge 100–1000 µm) nicht möglich. Die Zelle muss zur Translokation von Enzymen, Substraten, Phytohormonen und Ionen über ein in-

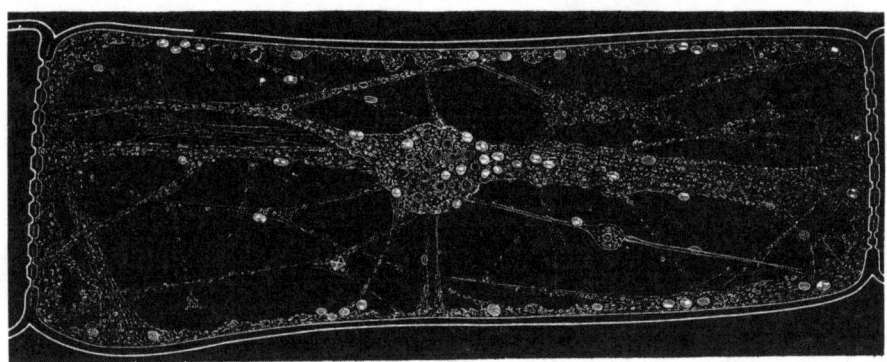

Abb. 18-19: *Protoplasmaströmung in einer Haarzelle der Blütenknospe des Kürbis (Cucurbita pepo). In der Mitte der Zelle ist der Nucleus zu sehen. Neben den Chloroplasten (weiße Körperchen) wird auch ein Kristall mit fortbewegt. (Nach Sachs, J.: Handbuch der Experimentalphysiologie der Pflanzen. Leipzig, 1865).*

trazelluläres Transportsystem verfügen, um den Stoffwechsel in diesen großen, vacuolisierten Zellen aufrecht zu erhalten. Man geht heute davon aus, dass die Protoplasmaströmung der Ermöglichung dieses intrazellulären Stofftransportes dient (Kap. 5).

In den langgestreckten, hoch vacuolisierten Internodialzellen der Armleuchteralgen (Characeae) oder in den Mesophyllzellen einiger Wasserpflanzen (z. B. *Vallisneria spiralis*) tritt eine regelmäßige Rotation des Cytoplasmasaumes auf, die als Cyclosis (= Rotationsströmung) bezeichnet wird. Im Gegensatz dazu können in den Zellen der Landpflanzen oft neben dem peripheren Cytoplasmasaum auch einzelne, die Zentralvacuole durchziehende, dünne Cytoplasmastränge beobachtet werden. Die Strömung ist nicht auf den Cytoplasmasaum beschränkt, sondern erfolgt auch entlang dieser transvacuolären Stränge. Diese weniger regelmäßige Form der Protoplasmabewegung wird als Zirkulationsströmung bezeichnet (Abb. 18-19).

Im Folgenden wollen wir uns auf die gut untersuchte Protoplasmaströmung (Zirkulation) in den Epidermiszellen der Koleoptile beschränken. Die Geschwindigkeit der Strömung liegt im Bereich von 10–15 μm/s. Für eine Epidermiszelle durchschnittlicher Länge (etwa 200 μm) bedeutet dies, dass ein Partikel (z. B. Mitochondrion) innerhalb von 14–20 s von einem Zellende zum anderen transportiert wird. Diese Daten zeigen, dass ein rasch arbeitendes intrazelluläres Transportsystem ausgebildet ist. Durch Diffusion allein würde das Partikel mehrere Wochen benötigen, um die Zelle zu durchwandern. Bei mechanischer Verletzung der Zelle oder bei Sauerstoffmangel (Begasung der Pflanze mit Stickstoff) kommt die Zirkulationsströmung sofort zum Stillstand. Die Cytoplasmabewegung ist somit an den lebenden, stoffwechselaktiven Protoplasten gebunden, wobei zur Aufrechterhaltung der intrazellulären Strömung ständig ATP verbraucht wird (aktiver Transportprozess). Welcher Mechanismus liegt diesem Bewegungsvorgang zu Grunde?

Unter Einsatz von Antikörpern konnte im Jahr 1985 gezeigt werden, dass das periphere Cytoplasma sowie die transvacuolären Stränge der Epidermiszellen von einem Netzwerk an F-Actin-Bündeln durchzogen sind. Wie Abb. 18-20 zeigt,

Abb. 18-20: *Actin-Bündel in einer Epidermiszelle der Gerstenkoleoptile (Hordeum vulgare). A = F-Actin, Z = Zellgrenze. Balken = 30 μm. (Nach Parthasarathy, M. V.: Eur. J. Cell Biol. 39, 1–12, 1985).*

sind die F-Actin-Bündel bevorzugt entlang der Längsachse der Zelle angeordnet. Werden die Zellen mit dem Hemmstoff Cytochalasin B behandelt, so erfolgt eine De-Polymerisation des F-Actins, d. h. die Bündel zerfallen. Gleichzeitig kommt die Protoplasmaströmung zum Stillstand. Der Effekt ist reversibel, d. h. nach Auswaschen des Hemmstoffes baut sich wieder das in Abb. 18-20 dargestellte F-Actin-Netzwerk auf und die Cytoplasmazirkulation beginnt von neuem. Diese Daten zeigen, dass die ATPabhängige Bewegung offensichtlich durch Actin-Bündel vermittelt wird. Das F-Actin (F = Faser) ist ein Bestandteil des Cytoskeletts der Zelle und gehört in die Klasse der kontraktilen Proteine. Filamente aus F-Actin sind insbesondere im quergestreiften Muskel der Wirbeltiere zu finden und vermitteln dort zusammen mit den Myosinfilamenten die Kontraktion. In den Epidermiszellen der Koleoptile sind einzelne F-Actin-Filamente zu den in Abb. 18-20 dargestellten Bündeln vereinigt. Die Protoplasmaströmung (Transport von Zellpartikeln wie Mitochondrien usw.) verläuft vermutlich entlang dieser F-Actin-Bündel. Der molekulare Mechanismus der intrazellulären Transportprozesse konnte noch nicht aufgeklärt werden. Da in den Zellen höherer Pflanzen neben dem F-Actin auch das Myosin nachgewiesen werden konnte, ist ein der Muskelkontraktion analoger Actin/Myosin-Mechanismus wahrscheinlich.

Durch welche Faktoren wird die Protoplasmaströmung gesteuert? Bei einigen Gewächsen (z. B. Wasserpflanzen der Gattung *Vallisneria*) wird die intrazelluläre Bewegung durch Licht ausgelöst. Man bezeichnet diesen Vorgang als Photodinese. Die Protoplasmaströmung in den Epidermiszellen der Koleoptile wird hingegen durch das Phyto-

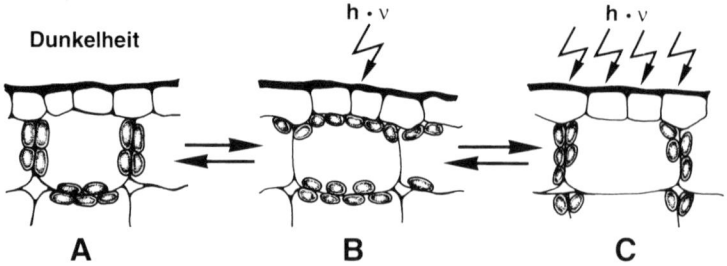

Abb. 18-21: *Chloroplastenbewegung in den Mesophyllzellen der Wasserlinse (Lemna trisulca). Dunkelstellung (A), Schwachlicht- (B) und Starklichtstellung (C). (Nach Haupt, W. & Scheuerlein, R.: Plant Cell Environm. 13, 595–614, 1990).*

hormon Auxin beschleunigt. Diese Beispiele zeigen, dass die intrazellulären Transportprozesse einer gewissen Regulation durch exogene bzw. endogene Faktoren unterliegen, d. h. nicht autonom erfolgen.

Chloroplastenbewegung. Im Jahr 1861 beobachtete J. Sachs, dass die Intensität der Blatt-Grünfärbung bei manchen Pflanzen je nach Belichtungsstärke variiert. Im Schatten erscheinen die Blätter dunkelgrün, während sie bei starker Sonneneinstrahlung eine hellgrüne Färbung zeigen. Deckt man ein dem direkten Sonnenlicht ausgesetztes Laubblatt durch einen Streifen schwarzen Karton partiell ab und nimmt die Verdunkelung einige Zeit später wieder weg, so ist ein dunkelgrüner Streifen sichtbar. Die intensiv grüne Färbung des verdunkelten Blattbereichs verschwindet nach erneuter Lichtexposition bald wieder, d. h. das Sonnenblatt ist wie vor Beginn des Experiments wieder gleichmäßig hellgrün gefärbt.

Als Ursache dieser reversiblen Farbänderungen wurde die Bewegung der Chloroplasten im Mesophyll des Blattes erkannt. In Abb. 18-21 ist dieser Prozess am Beispiel der dreifurchigen Wasserlinse (*Lemna trisulca*) dargestellt. In Dunkelheit sind die Chloroplasten bevorzugt entlang der Wände angeordnet, die an benachbarte Mesophyllzellen grenzen (Abb.18-21 A). Ist die Wasserlinse einer niedrigen Lichtintensität ausgesetzt, so wandern die Chloroplasten an die „Decken" und „Böden" der Mesophyllzellen (Abb. 18-21 B), während sie bei starker Sonnenstrahlung parallel zum einfallenden Licht angeordnet sind (Abb.18-21 C). Die Funktion dieser Wanderung der Chloroplasten be-

steht in einer Adaption der Pflanze an den Umweltfaktor Licht. In Schwachlichtstellung ist eine optimale Lichtabsorption gewährleistet, d. h. die Photosyntheseintensität in den Chloroplasten der Mesophyllzellen kann ihr Maximum erreichen. Bei Starklichtstellung wird ein Schutz des Photosyntheseapparates vor zu starker Strahlungsintensität erreicht, d. h. eine Photooxidation der Pigmente wird verhindert. Die Frage, warum die Chloroplasten in Dunkelheit eine andere Stellung als im Schwachlicht einnehmen, ist allerdings offen.

Durch welches Sensorpigment wird der Lichtreiz perzipiert? Experimente mit *Lemna trisulca* haben gezeigt, dass nur Blau- oder UV-Licht ($\lambda_{max} \approx 380-450$ nm) eine Plastidenwanderung auslöst, während längerwelligere Strahlung ($\lambda > 500$ nm) unwirksam ist. Der Lichtreiz wird somit durch das bisher noch nicht identifizierte Sensorpigment Cryptochrom X perzipiert, während das Phytochrom hier keine Rolle spielt (Kap. 13). Bei zahlreichen anderen Pflanzenarten wurde dasselbe Resultat erzielt, d. h. die Chloroplastenbewegung ist, genau wie die Öffnungsbewegung der Stomata und der Phototropismus, eine durch Blau/UV-Licht gesteuerte Photoreaktion. Es gibt jedoch Ausnahmen von dieser Regel. So wird die Umorientierung des Chloroplasten bei einigen Algen (*Mougeotia scalaris*, *Mesotaenium caldariorum*) durch Lichtperzeption des Sensorpigments Phytochrom ausgelöst.

Abschließend soll der Mechanismus der Chloroplastenbewegung diskutiert werden. In den Zellen der Alge *Vaucheria sessilis*, deren Chloroplasten im Prinzip die in Abb. 18-21 dargestellten lichtabhängigen Bewegungen zeigen, wurden F-Actin-Bündel beobachtet. Die Chloroplasten bewegen sich entlang dieser aus zahlreichen Mikrofilamenten zusammengesetzten Actin-Stränge. Da außerdem das kontraktile Protein Myosin als Bestandteil des Cytoskeletts nachgewiesen wurde, geht man davon aus, dass die unter ATP-Verbrauch erfolgende Chloroplastenbewegung durch Interaktion zwischen Actin/Myosin hervorgebracht wird. Der exakte Mechanismus dieser Actin/Myosin-Kooperation im Cytoplasma der Zelle ist derzeit noch unbekannt. Die hier beschriebenen Verhältnisse gelten für die Alge *Vaucheria* und für *Lemna trisulca*. Möglicherweise ist dieser Modus der Chloroplastenbewegung universell in den Organismen-Reichen Protoctista und Plantae etabliert.

18.11 Endogene Bewegungen

Induzierte Bewegungsvorgänge werden durch Reize wie der Licht/Dunkel-Wechsel, die Schwerkraft, die Luftfeuchtigkeit usw. ausgelöst. Neben diesen Reizbewegungen sind im Pflanzenreich jedoch eine Vielzahl Reiz-unabhängiger Bewegungen bekannt. Diese Prozesse werden als endogene oder autonome Bewegungsvorgänge bezeichnet, wobei ganz unterschiedliche Mechanismen der Orts- und Lageveränderung anzutreffen sind. Im Folgenden sollen drei weitverbreitete endogene Bewegungstypen dargestellt werden: die „Schlafbewegungen" der Blätter, die Öffnung der Stomata und die „Suchbewegungen" rasch wachsender Organe.

Im Zusammenhang mit diesen Circumnutationen werden als Spezialfall einige parasitische Blütenpflanzen besprochen. Die Keimlingsentwicklung dieser Schmarotzer ist von endogenen Sprossrotationen begleitet.

Nyctinastien. Bei der Besprechung der Nastien wurden die durch den Tag/Nacht-Rhythmus ausgelösten oszillatorischen Blattbewegungen diskutiert (Abb. 18-3). Man kann diese Prozesse als Photonastie bezeichnen. Insbesondere die Untersuchungen von W. Pfeffer haben jedoch klar gezeigt, dass diese „Photonastie" auch ohne exogenen Zeitgeber (Tag/Nacht-Rhythmus), d.h. in Dauer-Dunkelheit, weiterläuft. In Abb. 18-22 ist ein klassisches Experiment dargestellt. Betrachtet man die Stellung der Primärblätter einer jungen, im Tag/Nacht-Rhythmus wachsenden Bohnenpflanze (*Phaseolus coccineus*), so kann man eine Tag- und Nachtstellung unterscheiden. Das Heben und Senken kommt durch reversible Turgoränderungen in den Flexor- und Extensorzellen der Blattgelenke zu Stande (s. 18-5). Wird die Pflanze ins Dauerdunkel gestellt, so verläuft die Blattbewegung einige Tage lang weiter und kommt dann langsam zum Erliegen (in Dunkelheit unterbleibt die Photosynthese). Betrachtet man die Periodenlänge im Tag/Nacht-Rhythmus, so beträgt diese genau 24 h (Uhrzeit 24 h: Nachtstellung; Uhrzeit 12 h: Tagstellung; Uhrzeit 24 h: Nachtstellung = 1 Periode). Im Dauerdunkel beträgt die Periodenlänge > 24 h (etwa 27 h): sie entspricht „im Freilauf" somit nur etwa der Tageslänge. Man bezeichnet derartige Prozesse daher als endogene **circadiane Rhythmen** (*circa* = etwa, *dies* = Tag). Wird die Bohnenpflanze ins Dauerweißlicht gebracht, so setzt sich die Blattbewegung in der photosynthetisch aktiven Pflanze über Wochen hinweg fort, ohne dass ein exogener Zeitgeber

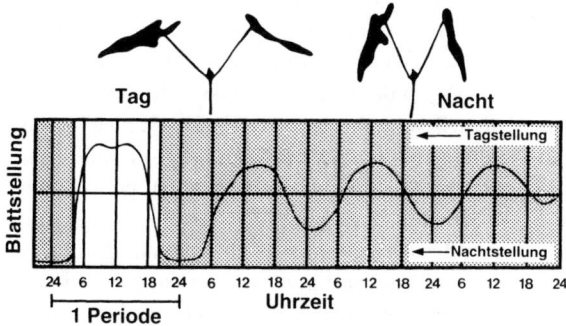

Abb. 18-22: *Periodische Bewegungen der Primärblätter bei der Feuerbohne (Phaseolus coccineus). In Dauer-Dunkelheit setzt sich der Prozess zunächst fort und kommt dann zum Stillstand. (Nach Pfeffer, W.: Abhandl. kgl. sächs. Ges. Wiss. Leipzig 30, 259–472, 1907).*

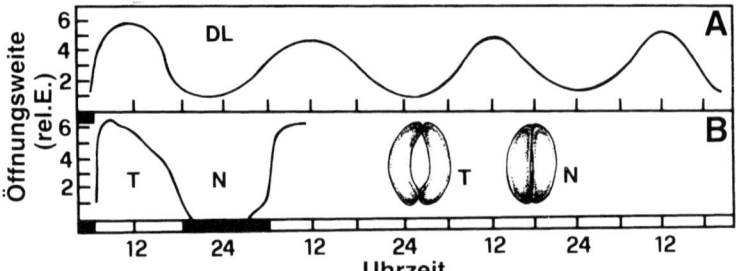

Abb. 18-23: *Endogene circadiane Rhythmik der Stomabewegung im Blatt der Tradescantie (Tradescantia virginiana). Die Öffnungsweiten der Poren wurden kontinuierlich gemessen. Im Dauer-Weißlicht (DL) sind die Poren jeweils um 12 Uhr maximal geöffnet und um 24 Uhr fast vollständig geschlossen (A). Das Kontrollexperiment (B) zeigt die Öffnungsbewegung im Tag/Nacht (T/N)-Rhythmus. (Nach Martin, E. S. & Meidner, H.: New Phytol. 70, 923–928, 1971).*

(Tag/Nacht-Rhythmus) notwendig ist. Daraus folgt, dass in der Pflanze eine „innere Uhr" tickt: Der Organismus verfügt über einen Mechanismus zur Zeitmessung.

Stomata. Auch die bereits besprochene photonastische Bewegung der Spaltöffnung (Abb. 18-4) setzt sich nach Transfer der Pflanzen ins Dauerlicht fort. Wie das Kontrollexperiment (Abb. 18-23 B) zeigt, sind die Stomata während der Nacht geschlossen (Öffnungsweite gleich Null). Am Tag erfolgt eine rasche Öffnung des Spaltes; gegen Abend kann ein Verschluss der Pore gemessen werden. Wird die Pflanze vom Tag/Nacht-Rhythmus ins Dauerweißlicht gebracht, so setzen sich die Öffnungs- und Schließbewegungen ohne Zeitgeber endogen fort (Abb. 18-23 A). Da die ausdifferenzierten Stomata nicht über Plasmodesmata mit den anderen Zellen der Pflanze verbunden (d. h. symplastisch isoliert) sind (Kap. 3) folgt, dass der Zeitmessvorgang eine Eigenschaft der Zelle ist. Anders formuliert: Die Schließzellen verfügen über eine „innere Uhr", die unabhängig vom Gesamtorganismus die periodischen Schließbewegungen steuert.

Nicht nur Bewegungsvorgänge, sondern auch zahlreiche Stoffwechselprozesse zeigen endogene circadiane Rhythmen (z. B. CO_2-Abgabe der Blätter bei Crassulaceen wie *Kalanchoe pinnata*; Biolumineszenz beim marinen Dinoflagellaten *Gonyaulax polyedra*). Man geht heute davon aus, dass die endogene Rhythmik eine Systemeigen-

schaft der Eucyte ist. Der Mechanismus des endogenen Oszillators („innere Uhr") konnte allerdings bis heute nicht aufgeklärt werden. Anders formuliert: Wir wissen, dass in den Flexor/Extensorzellen der Bohne (Abb. 18-22) bzw. in den Schließzellen des Blattes der Tradescantie und anderer Pflanzen (Abb. 18-23) ein periodischer Zeitmessvorgang abläuft. Welche biochemischen Prozesse hierbei beteiligt sind, ist allerdings noch unbekannt.

Circumnutationen. Charles Darwin (1880) beobachtete, dass die apicalen Regionen rasch wachsender Pflanzenorgane (Ranken, Hypocotyle usw.) ständig kreisende, ellipsenförmige Bewegungen durchführen. Er bezeichnete diese endogenen Wachstumsbewegungen als Circumnutationen. Betrachtet man als gut untersuchtes Beispiel einen in Dunkelheit wachsenden Keimling der Sonnenblume, so ergeben sich folgende Resultate. Wie Abb. 18-24 A zeigt, wachsen die Organflanken nicht exakt mit derselben Rate: Die Wachstumszone des Keimlings pendelt, bedingt durch lokale Änderungen der Zellstreckungsraten, ständig in der Ebene des Hakens hin und her. Da diese Bewegung einer flachen Ellipse gleicht, handelt es sich um eine Circumnutation. Eine quantitative Analyse dieser autonomen, periodischen Wachstumsbewegung zeigt, dass die Abweichung von der Horizontalen nach rechts und links mit einer weitgehend konstanten Periodenlänge von 2,5 h erfolgt (Abb. 18-24 B). Der Keimling pendelt

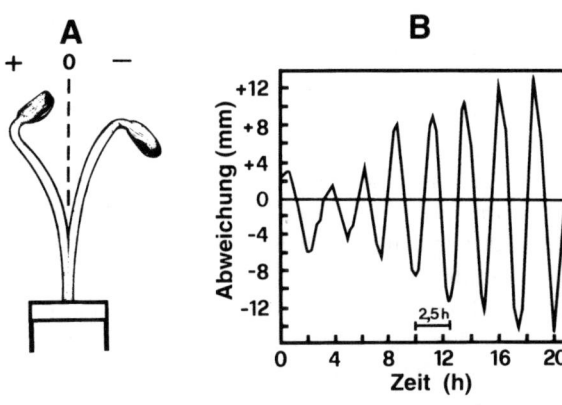

Abb. 18-24: *Circumnutation des Hypocotyls eines etiolierten Sonnenblumenkeimlings (Helianthus annuus). Die selbe Pflanze wurde bei Extremstellung nach links (+) und rechts (−) fotografiert (A). Der zeitliche Verlauf der endogenen Pendelbewegung (B) zeigt, dass die durchschnittliche Periodenlänge etwa 2,5 h beträgt. (Nach Berg, A. R. & Peacock, K.: Amer. J. Bot. 79, 77–85, 1992).*

somit mit einer konstanten Frequenz, wobei die Amplitude (Auslenkung) mit der Zeit zunimmt und etwa 20 h nach Beginn der Messungen einen Wert von 14 mm erreicht hat. Allerdings zeigen nicht alle Keimlinge innerhalb einer heranwachsenden Population dieselben endogenen Wachstumsbewegungen; die Circumnutation schwankt von Pflanze zu Pflanze beträchtlich und ist bei manchen Individuen nur sehr schwach ausgebildet. Sie scheint für den aufrecht wachsenden Sonnenblumenkeimling ohne Selektionsvorteil zu sein, obwohl nicht ausgeschlossen werden kann, dass das Durchdringen des Erdreichs durch diese zyklischen Wachstumsbewegungen erleichtert wird.

Bei einigen Pflanzengruppen kommt der Circumnutation jedoch eine überlebenswichtige Bedeutung zu. Dazu gehören die Vertreter der Windengewächse (Convolvulaceae). Die Keimpflanzen müssen, um ihre Photosyntheseorgane ans Licht zu bringen, eine Stütze (Äste; Stängel anderer Pflanzen) finden, an denen sich ihre Sprosse empor winden können. Bekannte Beispiele sind die Zaunwinde (*Calystegia sepium*) und die Ackerwinde (*Convolvulus arvensis*). Einen Sonderfall bilden die parasitischen Angiospermen, die im nächsten Abschnitt exemplarisch dargestellt sind.

Ein weiteres Beispiel für Circumnutationen wurde bereits besprochen. Die Ranken der Zaunrübe führen vor Kontaktaufnahme endogene „Suchbewegungen" durch (Abb. 18-6 A). Der Aktionsradius der Ranke und somit die Wahrscheinlichkeit, mit der eine Stütze gefunden wird, nimmt dadurch beträchtlich zu. Diese Beispiele zeigen, dass die universell im Pflanzenreich verbreiteten

endogenen Wachstumsbewegungen zumindest bei einigen Arten wichtige Funktionen erfüllen.

Holoparasiten. Die chlorophyllfreien, blattlosen, parasitisch lebenden Seidepflanzen (Cuscutaceae) haben sich im Verlauf der Evolution zu Spross-Parasiten entwickelt. Die auch als „Teufelszwirn" bekannten Vertreter der Gattung *Cuscuta* (Abb. 18-25) umschlingen die Stängel und Blätter ihrer Wirtspflanzen und bilden wurzelähnliche Fortsätze (Haustorien) aus, mit denen sie die Leitbündel des Wirtes „anzapfen". Sie leben dann parasitisch von den Assimilaten ihres Wirts (Kap. 10). Um möglichst rasch eine Wirtspflanze zu finden, führen die wurmförmigen *Cuscuta*-Keimlinge kreisende „Suchbewegungen" (Circumnutationen) durch (Abb. 18-25 A). Nach Kontaktaufnahme mit dem Stängel der Wirtspflanze wird diese endogene Wachstumsbewegung weitergeführt, wodurch sich die Keimpflanze – ähnlich wie eine Ranke – um den Wirtsorganismus windet: Das „Opfer" wird vom Parasit fest umschlungen (Abb. 18-25 B). Einige Tage später dringen die Haustorien in die Leitbündel der Wirtspflanze ein. Die Verbindung mit dem Erdreich bricht ab, und die Seidepflanze lebt von nun an als heterotropher (blühender) Holoparasit, der seiner Wirtspflanze nicht nur alle lebenswichtigen organischen Substanzen, sondern auch das Wasser (mit Ionen) entzieht (Abb. 18-25 C).

Die Wirtsfindung des Holoparasiten *Cuscuta japonica* wurde analysiert und konnte weitgehend aufgeklärt werden. Zunächst vermutete man, dass die kreisenden „Teufelszwirn"-Keimlinge durch chemische Signale der Wirtspflanze angelockt

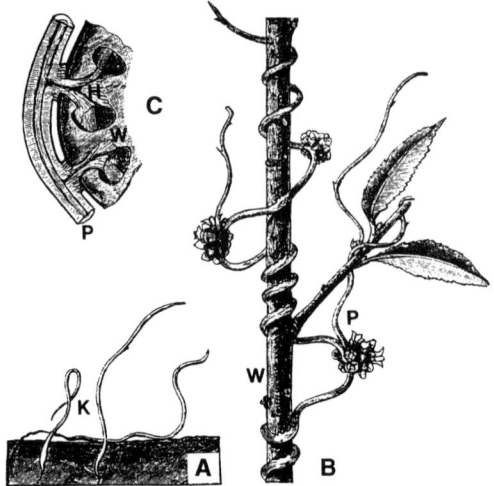

Abb. 18-25: *Circumnutationen der Keimlinge (A), Wirtsumwindung mit Blütenbildung (B) und Feinstruktur der Haustorien (C) beim heterotrophen Spross-Holoparasiten Cuscuta europaea („Teufelszwirn"). H = Haustorien, K = Keimlinge, P = Parasit (Cuscuta), W = Wirtspflanze.*

werden. Diese für Wurzelparasiten (z. B. *Striga asiatica*) nachgewiesene Chemotaxis kommt bei *Cuscuta* nicht vor. Bestrahlungsexperimente haben gezeigt, dass dunkelrotes Licht perzipiert wird und den Parasitismus (Umwindungsreaktion, Haustorienbildung) auslöst. Wie Tab. 18-3 A zeigt, wird in Dunkelheit, Weißlicht (enthält kaum Dunkelrot) und Hellrot kein Parasitismus induziert. Bei Bestrahlung mit Dunkelrot (DR) „ergreifen" die Parasiten rasch den Stängel ihrer Wirtspflanze und

bilden Haustorien aus (Abb. 18-25 B, C). Diese DR-Reaktion kann durch nachfolgende Hellrot (HR)-Bestrahlung unterdrückt werden (Tab. 18-3 B). Ein derartiges Revertierungsexperiment beweist, dass Phytochrom der verantwortliche Photorezeptor war. Es wurde bereits dargelegt, dass DR geringer Intensität dem sogenannten „Grünschatten" in der Bodenregion dichter Pflanzenbestände sehr ähnlich ist (Kap. 13).

Diese Befunde führen somit zur folgenden Schlussfolgerung: Dunkelrot-Licht (d.h. der Grünschatten potentieller Wirtspflanzen) wird vom Holoparasit wahrgenommen und signalisiert den *Cuscuta*-Keimlingen, dass ein „Opfer" in Reichweite ist. Die Ausbildung der Haustorien kann somit im Prinzip als eine spezielle Art der Phytochrom-gesteuerten Photomorphogenese dieser heterotrophen Blütenpflanzen interpretiert werden.

18.12 Mechanische Bewegungen

Zur Ausbreitung von Pollenkörnern, Samen und Sporen haben die Pflanzen eine Reihe von Mechanismen entwickelt, die als „Bewegungsvorgänge" interpretiert werden können. Da es sich hierbei um physikalische Prozesse handelt, die in einigen gut untersuchten Fällen nicht vom lebenden Protoplasten abhängig sind, soll im Folgenden nur eine kleine Auswahl präsentiert werden.

Quellungsbewegungen. Die pflanzlichen Zellwände enthalten neben den relativ starren Cellulose-Mikrofibrillen eine quellbare Grundsubstanz, die Matrix. Diese Polysaccharide (Pectine, Hemicellulosen) können beträchtliche Mengen an Wasser anlagern, d.h. sie sind durch eine hohe Quellbarkeit charakterisiert. Experimente mit fraktionierten Zellwänden ergaben, dass die Quellbarkeit (d.h. Fähigkeit zur reversiblen Aufnahme von H_2O-Molekülen) der Pectine größer ist als jene der Hemicellulosen. Da das Lignin wiederum eine wesentlich geringere Quellbarkeit als die Cellulose aufweist, können die Zellwandbausteine bezüglich dieser physikalischen Eigenschaft folgendermaßen in einer Reihe angeordnet werden:

Pectine > Hemicellulosen > Cellulose > Lignin

Tab. 18-3: Effekt von Licht auf die Auslösung des Spross-Parasitismus beim „Teufelszwirn" (*Cuscuta japonica*). Wirtspflanze: Ergrünte Keimlinge der Kuhbohne (*Vigna radiata*). (Nach Tada, Y. *et al.*: Plant Cell Physiol. 37, 1049–1053, 1996).

A. Exp. 1	Parasitismus (%)	B. Exp. 2	Parasitismus (%)
Dunkelheit	0	DR/HR	0
Weißlicht	0	DR/HR/DR	33
Hellrot (HR)	0	DR/HR/DR/HR	0
Dunkelrot (DR)	72	DR/HR/DR/HR/DR	30

Die Pflanzen wuchsen im Labor heran und waren bei der Auswertung 9 Tage alt. Es sind zwei unabhängige Experimente (A und B) zusammengestellt.

Die Unterschiede in der Quellbarkeit verschiedener Zellwandfraktionen bildet die Grundlage der als „Quellungsbewegungen" bekannten Mechanismen zur Ausbreitung der Samen. Sind in den Fruchtblättern Zellwandschichten unterschiedlicher Quellbarkeit übereinandergelagert (z. B. Pectine/Cellulose), so kann es bei Austrocknung der Zellwände zu einer Krümmung kommen. Dieses Prinzip liegt den „Explosionsbewegungen" der reifen Hülsenfrüchte der Schmetterlingsblütler (Fabaceae) zu Grunde. Beim Austrocknen (Entquellen) dieser Leguminosenhülsen erfolgt eine schraubenförmige Torsion der Fruchtblätter. Die Hülse reißt an der dünnwandigen Bauch- und Rückennaht auf; die eingeschlossenen Samen werden hierbei weggeschleudert (z. B. Platterbse, *Lathyrus vernus*).

Kohäsionsbewegungen. Die Kohäsion des Wassers wurde bereits beschrieben (Kap. 4). Die H_2O-Moleküle sind über Wasserstoffbrücken miteinander verbunden, wobei die „Kohäsionskraft" des Wassers ausreicht, den Ferntransport bis in die Spitzen hoher Bäume zu ermöglichen. Diese intermolekularen Anziehungskräfte bilden die Grundlage der Öffnungsbewegungen von Sporenkapseln und Antheren. Bei Farnen (z. B. Vertreter der Gattungen *Dryopteris, Polypodium*) ist die Sporenkapsel (Sporangium) durch eine Zellschicht mit hufeisenförmig verdickten Wänden gekennzeichnet. Diese Anuluszellen enthalten im geschlossenen, reifen Sporangium reichlich Wasser. Bei Wasserverlust in Folge von Verdunstung werden die U-förmigen, stark verdickten Zellwände über die Kohäsionskräfte der noch verbleibenden H_2O-Moleküle zusammengedrückt. Es entsteht eine elastische Spannung innerhalb der Anulusschicht. Nach Überschreiten eines gewissen Schwellenwertes reißt das Sporangium an präformierter Stelle (Stomium) auf. Die verdickten Außenwände der Anulus-Zellen verkürzen sich hierbei, wodurch die Sporen herausfallen und verdriftet werden.

Ganz analog funktioniert die Öffnungsbewegung der Antheren bei den Angiospermen. Das Staubblatt besteht aus einem Stiel (Filament) und dem Staubbeutel (Anthere) (Kap. 11). Dieser ist aus zwei identischen Hälften, den Theken, zusammengesetzt. Jede Theka enthält wiederum zwei

Pollensäcke. Die Antherenwand besteht aus mehreren Schichten und ist durch das Endothecium gekennzeichnet. Die Zellen dieser „Faserschicht" sind durch lignifizierte Verdickungsleisten (Spangen) in der Lage, im turgeszenten Zustand eine elastische Spannung aufzubauen. Ausgelöst durch eine Wasserabgabe dieser Faserzellen, reißt die Antherenwand entlang der Verwachsungsnaht (Stomium) auf, wodurch die reifen Pollenkörner freigesetzt werden.

Turgor-Schleuderbewegungen. Diese Bewegungsformen beruhen auf dem Aufbau und der Freisetzung eines Turgordruckes und der daraus resultierenden Gewebespannung. Ein aus dünnwandigen, turgeszenten Zellen aufgebautes Schwellgewebe wird durch ein dickwandiges, wenig dehnbares Widerstandsgewebe an der Expansion gehindert. Nach mechanischer Reizung (z. B. Wind) reißt das Organ an präformierter Stelle auf, wobei es zum spontanen Ausgleich der Spannung kommt. Hierbei werden die Sporen oder Früchte verdriftet.

Das in Abb. 18-1 A dargestellte, bis drei Meter hohe einjährige Indische Springkraut (*Impatiens glandulifera*) ist ein gut untersuchtes Beispiel (s. S. 290). Die um 1895 aus dem Himalaya nach Europa importierte „Asiatische Schönheit" ist später aus Gärten ausgewildert; sie breitet sich in Deutschland noch heute in Auenwäldern stetig aus (Abb. 18-26 A). Das Indische Springkraut verdrängt einheimische Arten, die den selben Lebensraum besiedeln (z. B. Sumpf-Ziest, *Stachys palustris*) und wird daher neuerdings als „aggressiver Neophyt" bezeichnet.

Zum Mechanismus der Samenverbreitung liegen folgende Daten vor. Die zu einem synkarpen Fruchtknoten verwachsenen fünf Fruchtblätter (Abb. 18-27 A, C) weisen im reifen Zustand osmotische Drücke (π) von 0,9–1,4 MPa auf. (Die Größe π wurde osmometrisch aus dem Gewebepress-Saft ermittelt). Man kann daraus den Schluss ziehen, dass der Zellturgor (P_v), der nicht direkt gemessen wurde, ähnlich hohe Werte zeigt (für ausgewachsene Zellen gilt bei Wasserdampfsättigung der Luft: $\pi \approx P_v$). Es entsteht eine Gewebespannung zwischen den äußeren, dünnwandigen Zellschichten (turgeszentes Schwellgewebe) und den durch Kollenchymablagerung weniger dehnba-

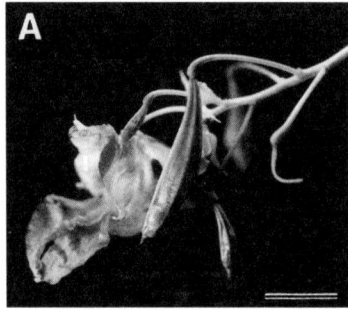

B

Art	Zucker (mg/h)
Impatiens glandulifera	0,47
Stachys palustris	0,04
Lythrum salicaria	0.02
Epilobium hirsutum	0,01

Abb. 18-26: *Blüte und reife (turgeszente) Fruchtknoten des Indischen Springkrauts (Impatiens glandulifera) (A) (Originalaufnahme). Balken = 1 cm. Rate der Zuckerproduktion pro Blüte (Nektar) konkurrierender Hummel-Pflanzen, die denselben Biotop besiedeln. Art 1 = Neophyt; Arten 2–4 = einheimische Kräuter (B). (Nach Chittka, L. & Schürkens, S.: Nature 411, 653, 2001).*

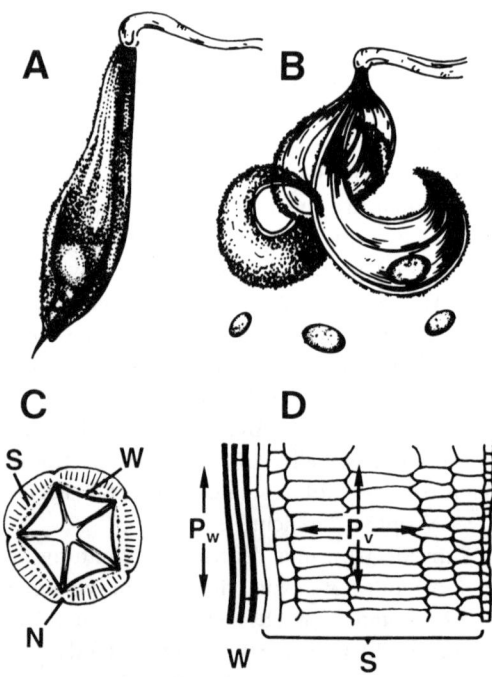

Abb. 18-27: *Turgor-Schleuderbewegung in der reifen Frucht beim Indischen Springkraut (Impatiens glandulifera). Nach Berührung des turgeszenten Fruchtknotens (A) reißen die fünf verwachsenen Fruchtblätter in Längsrichtung auf. Hierbei werden die Samen verbreitet (B). Querschnitt (C) und Längsschnitt (D) durch den reifen Fruchtknoten. N = Verwachsungsnaht, P_v = Turgordruck, P_w = Wandspannung, S = Schwellgewebe, W = Widerstandsgewebe.*

ren, dickwandigen inneren Schichten der Fruchtwand (Widerstandsgewebe) (Abb. 18-27 D). Zellturgor (P_v) und Wandspannung (P_w) im Widerstandsgewebe sind somit die Gegenkräfte im reifen Fruchtblatt. Durch mechanische Berührung oder Erschütterung kommt es zur „Entspannung" des turgeszenten Fruchknotens: Die Verwachsungsnähte reißen auf und die Fruchtblätter rollen sich auf Grund der Kontraktion des unter Spannung stehenden dickwandigen Kollenchyms ein (Abb. 18-27 B). Die Außenseite (Epidermis) verlängert sich um etwa 30 %, während die Innenseite (Widerstandsgewebe) bei dieser Freisetzung der Gewebespannung eine Verkürzung um 10 % erfährt. Die Samen (etwa 2500 pro Pflanze) werden bis zu drei Meter weit weggeschleudert. Da ein Zellturgor nur entstehen und aufrecht erhalten werden kann, solange die Biomembranen semipermeabel (intakt) sind, folgt, dass diese Schleuderbewegung an das Vorhandensein lebender Zellen gebunden ist.

Das Indische Springkraut ist als Eindringling in unsere Flora inzwischen zu einem Umweltproblem geworden. Der auf nahezu allen Böden rasch wachsende exotische Neophyt zieht durch große rote Blüten und hohe Zuckerproduktion (Nektar) die Bestäuber, insbesondere Hummeln, an. Wie die Daten in Abb. 18-26 B zeigen, ist die „Belohnung" der bestäubenden Insekten durch *Impatiens*-Blüten besonders hoch, da reichlich zuckerhaltiger Nektar angeboten wird. Hierdurch werden die im gleichen Biotop wachsenden einheimischen Pflanzen, die deutlich weniger Zucker pro Blüte produzieren, in ihrer Fortpflanzungsfähigkeit (*fitness*) gehemmt (geringere Samenbildung durch konkurrierende Springkräuter). Der in Abb. 18-27 dargestellte Turgor-Schleudermechanismus trägt weiterhin zur effizienten Ausbreitung der *Impatiens*-Samen bei.

Am Beispiel dieses exotischen Himalaya-Krautes kann exemplarisch dargelegt werden, dass der Import fremdländischer Organismen, die über ein hohes Fortpflanzungspotential verfügen, zu einer Verfälschung unserer Flora (und Fauna) führen kann. Die ökologischen Konsequenzen einer derartigen „Bio-Invasion" sind von großer Tragweite, da einheimische Arten verdrängt und möglicherweise ausgerottet werden.

Verzeichnis der Abkürzungen und Symbole

ABA	= Abscisinsäure
ADP	= Adenosindiphosphat
AMP	= Adenosinmonophosphat
ATP	= Adenosintriphosphat
BRs	= Brassinosteroide
CAM	= Crassulaceen-Säurestoffwechsel
Chl.	= Chlorophyll
CoA-SH	= Coenzym A (Stoffwechselintermediat)
Cyt.	= Cytochrom (Elektonencarrier)
d	= Tag
D	= Diffusionskoeffizient (m^2/s)
DNA	= Desoxyribonucleinsäure
DR	= Dunkelrot
E_0	= Normalpotential (V)
E_0'	= biochemisches Normalpotential bei pH 7 (V)
FAD/FADH$_2$	= oxidiertes bzw. reduzierter Flavin-adenin-dinucleotid (Cosubstrat)
FC	= Fusicoccin (Pilzgift)
Fm bzw. Tm	= Frischmasse bzw. Trockenmasse (g)
ΔG°	= Änderung der freien Standard(oder Reaktions)energie (d. h. die maximal in Form von Arbeit gewinnbare Energiemenge, außerhalb der Zelle ermittelt) (KJ/mol)
$\Delta G^{\circ\prime}$	= Änderung von G° bei pH 7 in vitro (KJ/mol)
GAs	= Gibberelline
h	= Stunde
IAA	= Indol-3-essigsäure (Auxin)
H^+-ATPase	= membrangebundene Protonenpumpe
HIR	= Hochintensitätsreaktion
HR	= Hellrot
K_m	= Michaelis-Konstante (mol/l)
λ	= Wellenlänge des Lichts (nm)
KT	= Kurztag
LT	= Langtag
min	= Minute
MPa	= Megapascal (Druckeinheit: 0,1 MPa $\approx$ 1 bar)
NAD^+/$NADH + H^+$	= oxidiertes bzw. reduziertes Nicotinamid-adenin-dinucleotid (Cosubstrat)
$NADP^+$/$NADPH + H^+$	= oxidiertes bzw. reduziertes Nicotinamid-adenin-dinucleotidphosphat (Cosubstrat)
OEW	= Epidermisaußenwand
P	= hydrostatischer (durch unbewegte Flüssigkeit erzeugter) Druck (MPa) bzw. Phosphat-Ion ($H_2PO_4^-$)
P_v	= Turgordruck (MPa)
P_w	= Wandspannung (MPa)

PEG	= Polyethylenglycol (Osmotikum)
PSI/PSII	= Photosystem I/II
P_r	= inaktives, hellrotabsorbierendes Phytochrom (Sensorpigment)
P_{fr}	= aktives, dunkelrotabsorbierendes Phytochrom
P-680	= Reaktionszentrum von PSII
P-700	= Reaktionszentrum von PSI
π	= osmotischer Druck (MPa)
π_i	= π innerhalb der Zelle (MPa)
π_0	= π des Außenmediums (MPa)
R	= Allgemeine Gaskonstante (0,0083 MPa $\cdot$ l $\cdot$ mol^{-1} $\cdot$ K^{-1} bzw. 8,314 J $\cdot$ K^{-1} $\cdot$ mol^{-1})
RH	= rel. Luftfeuchtigkeit (%)
RNA	= Ribonucleinsäure
mRNA	= messenger (= Boten) RNA
Rubisco	= Ribulose-1,5-bisphosphat-Carboxylase/Oxygenase
s	= Sekunde
S	= Saugkraft (MPa) bzw. Saccharose
SA	= Salicylsäure
UDP	= Uridindiphosphat
WL	= Weißlicht
τ	= Matrixdruck (MPa)
Ψ	= Wasserpotential (MPa)

Literaturhinweise

Das vorliegende Buch wurde unter Verwendung von Originalarbeiten und Übersichtsartikeln verfasst, wobei die Zitate in den Legenden der Abbildungen und Tabellen zu finden sind. Im folgenden Literaturverzeichnis sind Lehrbücher und Monographien zur Pflanzenphysiologie und verwandter Gebiete aufgelistet, die dem Leser ein weiterführendes Studium ermöglichen. Die Auswahl erhebt keinen Anspruch auf Vollständigkeit.

1. Lehr- und Handbücher:

Borris, H & Libbert, E (Hrsg.): Wörterbuch der Biologie. Pflanzenphysiologie. G. Fischer, Stuttgart, 1985

Dennis, D. T. & Turpin, D. H. (Eds.): Plant Physiology, Biochemistry and Molecular Biology. Longman Scientific and Technical, Essex, 1990

Galston, A. W.: Life Processes of Plants. W. H. Freeman Co., New York, 1994

Hess, D.: Pflanzenphysiologie. Molekulare und biochemisch-physiologische Grundlagen von Stoffwechsel, Entwicklung und Ökologie. 10. Aufl. E. Ulmer, Stuttgart, 1999

Kull, U.: Grundriss der Allgemeinen Botanik. 2. Aufl. Spektrum Akademischer Verlag, Heidelberg Berlin, 2000

Lüttge, U., Kluge, M. & Bauer, G.: Botanik. 2. Aufl. VCH Verlagsgesellschaft, Weinheim, 1994

Nobel, P. S.: Physicochemical and Environmental Plant Physiology. Academic Press, London, 1991

Pirson, A. & Zimmermann. M. H. (Eds.): Encyclopedia of Plant Physiology. New Series, Vols. I – XIX. Springer, Berlin Heidelberg New York, 1975 – 1986

Ruhland, W. (Ed.): Handbuch der Pflanzenphysiologie. Bd. I – XVIII. Springer, Berlin Heidelberg New York, 1955 – 1967

Salisbury, F. B. & Ross. C. W.: Plant Physiology. 4. Ed., Wadsworth Publ. Co., Belmont, California, 1992

Schopfer, P. & Brennicke, A.: Pflanzenphysiologie. 5. Aufl. Springer Verlag, Berlin Heidelberg New York, 1999

Sitte, P., Ziegler, H., Ehrendorfer, F. & Bresinsky, A.: Strasburger-Lehrbuch der Botanik. 34. Aufl. Gustav Fischer Verlag, Stuttgart, 1998

Steward, F. C. (Ed.): Plant Physiology. A Treatise. Vols. I – VIII. Academic Press, New York and London, 1960–1983

Taiz, L. & Zeiger, E. (Eds.): Physiologie der Pflanzen. 2. Aufl. Spektrum Akademischer Verlag, Heidelberg Berlin, 1999

Wilkins, M. B. (Ed.) Advanced Plant Physiology. Longman Scientific and Technical. Essex, 1984

2. Angewandte Aspekte der Pflanzenphysiologie:

Brücher, H.: Tropische Nutzpflanzen. Ursprung, Evolution und Domestikation. Springer, Berlin Heidelberg New York, 1977

Franke, W.: Nutzpflanzenkunde. Nutzbare Gewächse der gemäßigten Breiten, Subtropen und Tropen. 3. Aufl. G. Thieme, Stuttgart, 1985

Geisler, G.: Pflanzenbau. Ein Lehrbuch – Biologische Grundlagen und Technik der Pflanzenproduktion. 2. Aufl. Paul Parey, Berlin Hamburg, 1988

Loomis, R. S. & Connor, D. J.: Crop Ecology. Productivity and Management in Agricultural Systems. Cambridge University Press, Cambridge, 1992

Pessarakli, M. (Ed.): Handbook of Plant and Crop Physiology. Marcel Dekker Inc., New York Basel Hong Kong, 1994

3. Geschichte/Theorie:

Bünning, E.: Wilhelm Pfeffer. Apotheker, Chemiker, Botaniker, Physiologe. Wiss. Verlagsgesellschaft, Stuttgart, 1975

Gimmler, H. (Ed.) Julius Sachs und die Pflanzenphysiologie heute. Verlag der Phys. Med. Gesellschaft, Würzburg, 1984

Jahn, I. (Hrsg.) Geschichte der Biologie. Theorien, Methoden, Institutionen, Kurzbiographien. 3. Aufl. Spektrum Akademischer Verlag, Heidelberg Berlin, 1999.

Mägdefrau, K.: Geschichte der Botanik. 2. Aufl. G. Fischer, 1992

Morton, A. G.: History of Botanical Science. Academic Press, London, 1981

Nachtigall, W.: Einführung in biologisches Denken und Arbeiten. 2. Aufl. Quelle & Meyer Verlag, Heidelberg, 1978

Schopfer, P.: Experimentelle Pflanzenphysiologie. Bd. 1: Einführung in die Methoden. Springer-Verlag, Berlin Heidelberg New York Tokyo, 1986

4. Anatomie/Evolution/Zellbiologie:

Alberts, B., Bray, D., Johnson, A., Levis, J. Raff, M., Roberts, K. & Walter, P.: Essential Cell Biology. Garland Publ., Inc. New York and London, 1998

Eschrich, W.: Funktionelle Pflanzenanatomie. Springer, Berlin Heidelberg New York, 1995

Fahn, A.: Plant Anatomy. 4. Ed. Pergamon Press, Oxford 1990

Fry, S. C.: The Growing Plant Cell Wall: Chemical and Metabolic Analysis. Longman, New York, 1988

Jurzitza, G.: Anatomie der Samenpflanzen. G. Thieme, Stuttgart, 1987

Kleinig, H. & Sitte, P.: Zellbiologie, 3. Aufl. G. Fischer, Stuttgart, 1992

Kutschera, U.: Grundpraktikum zur Pflanzenphysiologie. Quelle & Meyer Verlag, Wiesbaden, 1998.

Kutschera, U.: Evolutionsbiologie. Eine allgemeine Einführung. Parey Buchverlag, Berlin 2001

Lloyd, C. W. (Ed.): The Cytoskeletal Basis of Plant Growth and Form. Academic Press, London, 1991

Margulis, L. & Schwartz, K. V.: Five Kingdoms. An Illustrated Guide to the Phyla of Life on Earth. 3. Ed. W. H. Freeman & Co., New York, 1999

Niklas, K. J.: Plant Biomechanics. An Engineering Approach to Plant Form and Function. University of Chicago Press, Chicago, 1992

Rauh, W.: Morphologie der Nutzpflanzen. Quelle & Meyer, Heidelberg Wiesbaden, 1994

5. Wasserhaushalt/Stofftransport:

Kramer, P. J.: Water Relations of Plants. Academic Press, London, 1983

Kramer, P. J. & Boyer, J. S.: Water Relations of Plants and Soils. Academic Press, San Diego, California, 1995

Larcher, W.: Ökophysiologie der Pflanzen. Leben, Leistung und Streßbewältigung der Pflanzen in ihrer Umwelt. 5. Aufl. E. Ulmer, Stuttgart, 1994

Lüttge, U. & Higinbotham, N.: Transport in Plants. Springer, New York Heidelberg Berlin, 1979

Sutcliffe, J.: Plants and Water. Edward Arnold, London, 1968

Willert, D. J. v., Matyssek, R. & Herppich, W.: Experimentelle Pflanzenökologie. Grundlagen und Anwendungen. G. Thieme, Stuttgart, 1995

Willmer, C. & Fricker, M.: Stomata. 2. Ed. Chapman & Hall, London, 1996

6. Biochemie/Stoffwechselphysiologie/Photosynthese:

Abrol, Y. P., Mohanty, P. & Govindjee, A. (Eds.) Photosynthesis: Photoreactions to Plant Productivity. Kluwer, Acad. Publ. Dordrecht, 1993

Amthor, J. S.: Respiration and Crop Productivity. Springer, Berlin New York, 1989

Anderson, J. W. & Beardall, J.: Molecular Activities of Plant Cells. An Introduction to Plant Biochemistry. Blackwell Scientific Publications, Oxford, 1991

Barber, J., Guerrero, M. G. & Medrano, H. (Eds.): Trends in Photosynthesis Research. Intercept, Andover, 1992

Bewley, J. D. & Black, M.: Seeds. Physiolgy of Development and Germination. 2. Ed. Plenum Press, New York and London, 1994

Dey, P. M.& Harborne, J. B.(Eds): Plant Biochemistry. Academic Press, London, 1997

Epstein, E.: Mineral Nutrition of Plants: Principles and Perspectives. J. Wiley & Sons, New York, 1972

Heldt, H. W.: Pflanzenbiochemie. 2. Aufl. Spektrum Akademischer Verlag, Heidelberg Berlin, 1999

Hall, D. O. & Rao, K. K.: Photosynthesis. 5. Ed. Cambridge University Press, Cambridge, 1994

Hemleben, V.: Molekularbiologie der Pflanzen. G. Fischer, Stuttgart, 1990

Lehninger, A. L., Nelson, D. L. & Cox, M.: Principles of Biochemistry. 2. Ed. Worth Publishers, New York, 1993

Marschner, H.: Mineral Nutrition of Higher Plants. 2. Ed., Academic Press, London, 1995

Mengel, K.: Ernährung und Stoffwechsel der Pflanze. 7. Aufl. G. Fischer, 1991

Rabinowitch, E. & Govindjee, A.: Photosynthesis. J. Wiley & Sons, New York, 1969

Richter, G.: Stoffwechselphysiologie der Pflanzen. 5. Aufl. G. Thieme, 1988

Stryer, L.: Biochemistry. 4. Ed. Freeman & Co., New York, 1995

Wolfe, S. L.: Molecular and Cellular Biology. Wadsworth Publ. Co., Belmont, California, 1993

Schulze, E.-D. & Caldwell, M. M. (Eds.): Ecophysiology of Photosynthesis. Springer, Berlin Heidelberg New York, 1995

Tevini, M. & Häder, D.-P.: Allgemeine Photobiologie. G. Thieme, Stuttgart, 1985

7. Entwicklungs- und Bewegungsphysiologie:

Davies, P. J. (Ed.): Plant Hormones. Physiology, Biochemistry and Molecular Biology. Kluwer Academic Publ., Dordrecht, 1994

Fosket, D. E.: Plant Growth and Development. A Molecular Approach. Academic Press, San Diego, California, 1994

Hart, J. W.: Light and Plant Growth. Unwin Hyman, London, 1988

Hart, J. W.: Plant Tropisms and other Growth Movements. Chapman & Hall, London, 1990

Haupt, W.: Bewegungsphysiologie der Pflanzen. G. Thieme, Stuttgart, 1977

Hensel, W.: Pflanzen in Aktion: krümmen, klappen, schleudern. Spektrum Akademischer Verlag, Heidelberg, 1993

Hock, B., Fedtke, C. & Schmidt, R. R.: Herbizide. Entwicklung, Anwendung, Wirkungen, Nebenwirkungen. G. Thieme, Stuttgart, 1995

Kendrick, R. E. & Kronenberg, G. H. M. (Eds.): Photomorphogenesis in Plants. 2. Ed. Kluwer Academic Publ., Dordrecht, 1993

Leshem, Y. Y., Halevy, A. H. & Frenkel, C. (Eds.): Processes and Control of Plant Senescence. Elsevier, Amsterdam, 1986

Lyndon, R. F.: Plant Development. The Cellular Basis. Unwin Hyman, London, 1990

Mohr, H.: Lectures on Photomorphogenesis. Springer-Verlag, Berlin Heidelberg New York, 1972

Moore, T. C.: Biochemistry and Physiology of Plant Hormones. 2. Ed. Springer-Verlag, New York Berlin Heidelberg, 1989

Nooden, L. D. & Leopold, A. C. (Eds.): Senescence and Aging in Plants. Academic Press, London, 1988

Steward, F. C. & Krikorian, A. D.: Plants, Chemicals and Growth. Academic Press, New York, 1971

Westhoff, P., Jeske, H., Jürgens, G., Kloppstech, K. & Link, G.: Molekulare Entwicklungsbiologie. Vom Gen zur Pflanze. G. Thieme, Stuttgart, 1996

Index